VERHANDLUNGEN

DER

MEDICINISCHEN GESELLSCHA

ZU

LEIPZIG.

VERHANDLUNGEN

DER

MEDICINISCHEN GESELLSCHAFT

ZU

LEIPZIG.

I. BAND 1863-1864.

LEIPZIG
VERLAG VON VEIT & COMP.
1864.

VORWORT.

Die medicinische Gesellschaft zu Leipzig, gestiftet im Jahre 1829, hat, geleitet von dem Wunsche, ihre Thätigkeit auch in weitern Kreisen zur Kenntniss der Fachgenossen zu bringen, beschlossen, selbstständige Berichte über ihre Verhandlungen zu veröffentlichen.

Es wird beabsichtigt, in der Regel jährlich einen solchen Bericht erscheinen zu lassen, und dieselben sollen, wie der vorliegende 1. Band, zunächst eine gedrängte Uebersicht über die in jeder einzelnen Sitzung verhandelten Gegenstände enthalten. Ausserdem sind diese Berichte auch noch bestimmt, um grössere und wichtigere Arbeiten der Mitglieder, deren Hauptergebniss in den Sitzungen der Gesellschaft schon mitgetheilt worden ist, in ihrer vollen Ausdehnung zu veröffentlichen, deren Verbreitung noch dadurch begünstigt wird, dass in Uebereinstimmung mit unserem Herrn Verleger diese grösseren Arbeiten sämmtlich auch im Sonderabdruck zu haben sein werden.

Es ist der Gesellschaft im hohen Grade erfreulich, die Reihe dieser Berichte mit zwei Arbeiten eröffnen zu können, wie die in dem vorliegenden Bande enthaltenen, und die Wichtigkeit derselben hat auch den einstimmigen Beschluss hervorgerufen, von der Regel, dass die zum Abdrucke kommenden Arbeiten in dem Vorjahre schon der Gesellschaft mitgetheilt worden sein müssen, abzusehen. Die Gesellschaft hofft in der Lage zu sein, in den nächsten Bänden nicht weniger werthvolle Arbeiten veröffentlichen zu können, und würde es ihr namentlich sehr erwünscht sein, wenn auch ihre auswärtigen Mitglieder zur Veröffentlichung geeignete Aufsätze einsenden wollten.

Schlüsslich betrachtet es die Gesellschaft noch als eine angenehme Pflicht, dem Herrn Verleger für die gefällige Uebernahme sowohl, als die ausgezeichnete Ausstattung dieser Berichte öffentlich ihren Dank zu sagen.

Leipzig, im Juli 1864.

Im Auftrage der Gesellschaft:

Prof. Dr. Winter,

1. Sekretär.

VERHANDLUNGEN

der

medicinischen Gesellschaft zu Leipzig

im Jahre 1863 *).

Sitzung vom 27. Januar — Bericht über die Thätigkeit und Personalverhältnisse der Gesellschaft im Jahre 1862. — Prof. Merkel demonstrirte, nach Vorausschickung einiger physiologischen Bemerkungen, die *normalen anatomischen Verhältnisse des menschlichen Kehlkopfs* unter Vorzeigung seines Apparates zur Darstellung derselben auf matter Glastafel.

Sitzung vom 24. Februar. — G. M.-R. Ruete gab eine für Nichtspecialisten entworfene Darstellung des gegenwärtigen Standpunktes der Lehre vom *Astigmatismus des Auges* unter Vorzeigung eines sehr sinnreichen Instruments nach der Angabe des Dr. F. Zöllner zu Leipzig, behufs der Bestimmung der Auswahl der dabei erforderlichen cylindrischen Gläser.

Sitzung vom 31. März. — Dr. B. Brunner: *Ueber den Muskel- und Nervenstrom.*

Der Nachweis von Spannungsdifferenzen verschiedener Punkte von Muskeln und Nerven gelingt nur durch die empfindlichsten Multiplicatoren, natürlich unter der Voraussetzung, dass in der Art, wie die Theile in den Multiplicatorkreis aufgenommen werden, keine Stromquellen selbst enthalten sind; in zweiter Linie steht das Nervenmuskelpräparat, dem Wesen electrischer Nervenreizung nach nur ein Entstehen und Verschwinden von Strömen, nicht, oder nur in seltenen Fällen, eine unveränderte Dauer eines Stromes anzeigend; ganz unbrauchbar hat sich die Electrolyse erwiesen. Verbindet man nun einen Punkt des Längsschnittes mit einem Punkte des Querschnittes, so läuft ein Stromarm von jenem durch den Multiplicator zu diesem; die Sehnen vertreten den natürlichen Querschnitt, und der Strom ist am stärksten, wenn man den Aequator mit

*) Sämmtliche Sitzungen unter Vorsitz des Directors Prof. Dr Streubel.

dem Querschnitte verbindet, und wenn zwei Punkte des Längsschnittes mit einander verbunden werden, so entsteht kein Strom, wenn sie gleich weit vom Aequator abstehen, und wenn sie verschiedenen Abstand haben, spielt der dem Querschnitt näher gelegene Punkt dessen Rolle, der dem Aequator näher gelegene, die des Aequators. Wird durch ein Stück eines Nerven ein constanter Strom geleitet, so verändert sich dessen electromotorische Thätigkeit im Sinne des ihn durchfliessenden Stromes, der Nerv verfällt in den Electrotonus und die Ablenkung der Magnetnadel nimmt zu oder ab, je nachdem jener constante Strom gleiche oder entgegengesetzte Richtung hat mit dem Stromarme, der vom Nerven abgeleitet ist; Grösse der durchflossenen Strecke, Stärke des constanten Stromes, Entfernung der abgeleiteten, d. h. in den Multiplicatorkreis aufgenommenen Strecke von der durchflossenen, beeinflussen die Stärke des Electrotonus; die Zunahme der Ablenkung (positive Phase) ist aber im Allgemeinen grösser als die Abnahme (negative Phase). Wird der Nerv durch irgend einen Reiz in Thätigkeit versetzt, so nimmt seine electromotorische Kraft ab und es kommt die negative Schwankung zum Vorschein, ganz gleichgültig, ob electrischer, mechanischer, chemischer oder thermischer Reiz angewendet worden ist. Diese Schwankung, sowie der Electrotonus lassen sich nicht durch die Annahme erklären, dass Nerv und Muskel durch ihren geschichteten Bau nach dem Schema einer Volta'schen Säule wirken; andererseits sind aber die bisherigen Erklärungsversuche sämmtlich als verfrüht anzusehen. Beim Muskel erlischt die electromotorische Kraft mit Eintritt der Todtenstarre, meist nach vorheriger Umkehr, beim Nerven mit der Reizbarkeit, oder sie überdauert die letztere nur um ein Weniges.

Sitzung vom 28. April. — Prof. Streubel: Ueber die bisherigen Methoden zur *Einrichtung der Verrenkung des Unterkiefers*, unter Angabe der neuesten von Maisonneuve über diesen Gegenstand angestellten Versuche. S. die ausführliche Mittheilung in Schmidt's Jahrbb. d. ges. Med. Bd. CXIX. p. 71.

Sitzung vom 26. Mai. — Der Unterzeichnete legte ein *Mikroskop* von *Wasserlein* in Berlin vor, zu dem Preise von 13 Thlrn., das zwar viel Beifall fand, jedoch von mehreren Seiten als selbst für Studirende nicht in allen Fällen als ausreichend bezeichnet wurde. Das von demselben gleichfalls vorgelegte Werk von Béraud über *chirurgische Anatomie* fand in Bezug auf technische Ausführung der Tafeln grosse Anerkennung, während gegen die Treue und praktische Anwendbarkeit der Abbildungen mancher Zweifel erhoben wurde. Prof. Streubel berichtete über einen vor Kurzem bei einer trunkenen Frau zu seiner Beobachtung gekommenen Fall der seltenen *Luxation des Vorderarms nach innen,* welchen er später ausführlicher zu veröffentlichen gedenkt.

Sitzung vom 30. Juni. — Dr. H. Meissner berichtete über den neuesten Stand der *Trichinenfrage*, unter Zugrundelegung seiner in Schmidt's Jahrbb. Bd. CXIX. p. 186 f. veröffentlichten Zusammenstellung.

Sitzung vom 28. Juli. — Besprechung einiger neuerdings in Sachsen getroffenen *Sanitäts-Einrichtungen*, mit besonderer Beziehung auf die neueste Verordnung, betreffs der *Aufnahme in Irrenanstalten*, die wegen ihres grossen Umfangs mehrfache Anfechtungen fand.

Sitzung vom 25. August. — Dr. F. Bärwinkel gab eine *kritische Zusammenstellung* dessen, was von den verschiedenen Autoren bisher über die *Bedeutung und den therapeutischen Werth des constanten Stromes* veröffentlicht worden ist, verbunden mit den Resultaten seiner eigenen Erfahrung. — Nach kurzer historischer Einleitung schilderte er zunächst die Erscheinungen bei der Einwirkung des constanten Stromes auf Gesunde, und die währenddessen wahrscheinlich vor sich gehenden Processe im Nerven- und Muskelsystem, dabei auch die electrolytische Funktion desselben berücksichtigend, und ging dann auf die Theorie von Pflüger und Brenner über, wonach nicht die Richtung des Stromes, sondern die Wahl des Poles die Wirkungsweise bestimmt. Die Wirkung selbst besteht nach ihm in einem Zuwachs des ursprünglichen Nerven-Muskelstromes und dadurch bedingter Reizbarkeit, gleichzeitig mit einer durch Gefässlumenänderung bedingten regeren Stoffmetamorphose. Diesem Einflusse des gleichmässig andauernden Stromes wirken die Zuckungen entgogen, indem sie, besonders die bei der Oeffnung der Kette, das aufgespeicherte Nervenagens consumiren. Dieser kräftigenden Einwirkung des constanten Stromes gegenüber ist der Inductionsstrom nur ein Reizmittel, da er fast nur durch die momentanen Intensitätsschwankungen des Stromes wirken kann. Die Mitte zwischen dem letzteren und dem constanten Strome hält der sogenannte Rotationsapparat, weil bei diesem der Strom eine, wenn auch nur minimale Dauer hat. Nach der Besprechung der physiologischen Bedeutung des constanten Stromes ging B. zum therapeutischen Theile über. Das Heilgebiet ist sehr umfänglich und lässt sich praktisch in 3 Theile trennen, in die eigentlichen Nervenkrankheiten, die Muskelleiden und die Exsudationsprocesse, besonders in andern Systemen.

Von den Nervenleiden eignen sich für die galvanische Behandlung besonders manche Lähmungen, die hemiplegischen vorzüglich, wenn ihnen eine noch frische Entzündung zu Grunde liegt und etwaige spastische Contracturen noch nicht lange bestehen. Rückenmarkslähmungen sind im Ganzen ungeeignet, doch auch hier ist das kurze Bestehen von günstiger Bedeutung. Bei Tabes dorsalis will besonders Remak Erfolg gesehen haben, Andere leugnen ihn, nach B.'s Erfahrungen tilgt der Galvanismus nur die frischen Veränderungen und wirkt sonst nur vorübergehend. Die Leitungslähmungen, d. h. die saturninen traumatischen und zum Theil die rheumatischen, sind ein passendes Heilobject, die durch völlige Trennung des Nervenstammes bedingten wohl kaum. Ueber hysterische Lähmungen fehlen noch genauere Angaben. Gegen Pollutionen mit oder ohne Tabes hat sich der constante Strom oft bewährt.

Ausser der therapeutischen hat der Galvanismus bei Lähmungen auch diagnostische Bedeutung, indem er den Grad derselben durch die Art der Reaction des Muskels erkennen lässt.

Bei Krämpfen hat sich die nach den Erfahrungen bei Thieren erwartete lähmende Einwirkung des constanten Stromes nicht gezeigt. Gleichwohl sind ihm manche Arten derselben zugänglich, so besonders die Zitterkrämpfe, und unter ihnen vorzüglich die Chorea, ferner einige Formen von Schreibekrampf, auch Gesichtskrampf. Von den übrigen soll er Torticollis und die durch Neuritis bedingten Krämpfe heilen. Ueber hysterische und epileptische fehlen die Angaben.

Von den Sensibilitätsneurosen werden die Neuralgien als geeignetes Object empfohlen, soweit sie durch Ausschwitzungen im Neurilem bedingt sind. Von diesem Gesichtspunkte aus verdient auch der traumatische Tetanus, wie überhaupt alle Fälle von Neuritis, einen Versuch mit dem Galvanismus. Dasselbe gilt vom Ohrensausen, wenn es symptomatisch auftritt.

Von den Anästhesien gilt dasselbe. Besonders scheinen die der Sinnesnerven günstig influirt zu werden.

Unter den Muskelkrankheiten handelt es sich vorzüglich um die atrophischen Zustände. Ist hier noch nicht fettige oder zellgewebige Entartung eingetreten, so kann man auf sichern Erfolg rechnen. Dies gilt nicht blos von den local bedingten, sondern selbst von der sogenannten progressiven Atrophie, bei der die Reizung des Halssympathicus besonders empfohlen wird.

Ausser den Atrophien sind auch die Muskelrheumatismen ein sehr dankbares Object.

Bei den Exsudationsprocessen vorzüglich, in geringerem Grade aber auch sicher bei den bisher erwähnten Krankheitszuständen, kommt die sogen. electrolytische Wirksamkeit des constanten Stromes zur Geltung, d. h. sein chemischer Einfluss. Speciell anzuführen sind hier die chronischen Gelenksanschwellungen seröser Natur, ferner die nach acutem Rheumatismus zurückbleibenden Bewewegungsstörungen in den Gelenken, sowie gleiche Veränderungen traumatischer Natur. Auch der sogen. Tumor albus soll bisweilen durch den c. Str. heilbar sein. Dasselbe gilt von Geschwülsten, besonders Bubonen, die nicht blos aus organisirtem Gewebe bestehen. Die Wirkung der Galvanopunktur bei Hydrocele ist wohl blos mechanisch.

Von chronischen Gelenkdeformationen soll sich die Arthritis nodosa deformans besonders, aber auch die gewöhnliche Gicht, für galvanische Behandlung eignen. Einen Versuch verdient sie jedenfalls bei plastischen Ausschwitzungen in der Haut, mögen sie einen Namen haben, welchen sie wollen.

Zum Schlusse besprach B. noch andeutungsweise die Behandlung von Aneurysmen mit dem constanten Strome, ferner die Galvanokaustik und erwähnte als noch der Bestätigung bedürftig die Angaben über die fortführende Kraft des Galvanismus, die man in neuerer Zeit sowohl zur Einleitung als zur Ausführung von Medicamenten in und aus dem Körper hat benutzen wollen.

Sitzung vom 29. September. — Prof. Hennig sprach mit Bezug auf 12 Leichenöffnungen und mehrfache Beobachtungen an lebenden Kranken über die *Flexionen des Uterus.*

Ueber die Entstehung derselben hatte Rokitansky folgende Theorie aufgestellt: das hauptsächlich an der Peripherie des Mutterhalses gelegene Bindegewebe kann diese beschränkte Verbreitung überschreiten und die Muskulatur des Scheidentheils der Gebärmutter, hauptsächlich aber die der Gegend des inneren Muttermunds verlängern und so die Elasticität der unteren Hälfte des Uterus herabsetzen. Derselbe wird an der Stelle, wo die Muskulatur am kümmerlichsten entwickelt ist, knicken, wie ein vorgezeigtes Präparat aus dem Jacobshospital bestätigte.

Virchow betont bei seiner Knickungshypothese besonders die Umstände, welche den Mutterhals feststellen und weniger beweglich machen, während der Körper des Uterus von den sich aufblähenden oder falsch lagernden Nachbareingeweiden gezwungen wird, auf dem inneren Mund zu schaukeln und endlich nach einer bestimmten Richtung hin zu knicken, worauf Adhäsionen oder Einlagerungen von Pseudoplasmen in eine Gebärmutterwand die abnorme Haltung des Organs zu einer bleibenden machen.

In einzelnen Fällen wirken beide Ursachen zugleich, die von Rokitansky vorgebrachte als Causa disponens, die Virchow'sche als efficiens.

Die Bindegewebswucherung ist jedoch nicht das Einzige, was das Gewebe des Mutterhalses erschlafft, es wirken ähnlich: Verfettung der glatten Muskelfasern, Erweiterung der Kranzvene des inneren Mundes, tiefgelagerte Naboth'sche Körper. Die *Folge* der Knickungen, Unfruchtbarkeit, wird von Holst mit Unrecht auf die Deviation des Os uteri externum, als die Begattung unvollkommen machend, geschoben; die Verengung des Canals und die damit in Verbindung stehenden Folgen: Katarrh, hämorrhagischer Infarkt, Verdickung der Schleimhaut, tragen sicher auch das Ihre bei.

Prognose. Im 5. Monate der Schwangerschaft pflegt die Knickung ausgeglichen zu werden. Rückfall schliesst jedoch nicht Heilung aus.

Therapie. Beseitigung der Complicationen und der unterhaltenden (mechanischen) Ursachen. Sondiren schafft Erleichterung der Dysmenorrhöe, nicht selten, vorsichtig fortgesetzt, aber auch manchmal nach der ersten Sitzung Heilung, wie in cadavere demonstrirt werden kann. Orthopädie des Muttermundes kurz vor der Begattung nach Holst und Hutin.

Dr. Schüppel bemerkte, dass auffallenderweise in keinem der gangbaren Handbücher der Anatomie der Mittel Erwähnung geschehen sei, vermöge deren wir die *Wirbelsäule, besonders in ihrem Dorsal- und Lumbartheil, zu beugen* im Stande sind. Es ist notorisch, dass man in horizontaler Lage dadurch den Rumpf beugt, dass die Bauchmuskeln durch das Sternum und die Rippen (natürlich mit Zuhülfenahme der Intercostalmuskeln, der Scaleni, der Sternocleidomastoidei) auf die Wirbelsäule einen Zug ausüben und diese beugen. Fälschlich hat man den obigen Vorgang supponirt, wenn es gilt, bei aufrecht stehendem Körper die Beugung der Wirbelsäule vorzunehmen. Denn wenn man sich z. B. tief vorbeugt, ohne zugleich mit dem Oberkörper oder mit den Armen einen Druck auszuüben, so contrahiren sich die Bauchmuskeln nicht, sondern bleiben weich, wohl aber bemerkt man, dass mit Beginn der Beugung die Rückenstrecker anschwellen und hart werden, gerade so, wie sie es thun, wenn sie den Oberkörper aus der gebeugten Stellung wieder aufrichten sollen. Dieser Umstand erklärt sich dadurch, dass die Beugung des Rumpfes bei aufrechter Stellung im Wesentlichen durch ein passives nach vorn Ueberfallen des Oberkörpers geschieht, wobei der letztere nur an dem freien Fall durch die Gegenwirkung der Rückenstrecker nach unserm Belieben aufgehalten wird. Es ist derselbe Vorgang, als wenn wir sitzend das gestreckte Bein im Knie beugen. Wir brauchen keine Beugemuskel dazu, obschon wir sie haben, wir lassen nur den Unterschenkel fallen und hindern ihn am zu schnellen Fall durch den vierköpfigen Unterschenkelstrecker, welcher so lange angespannt bleibt, bis die Ferse eine feste Unterlage erreicht hat. — Bei Funktionsunfähigkeit der Rückenstrecker, z. B. wenn die letzteren von der progressiven fettigen Degeneration betroffen sind, riskirt es der Patient nicht, den Oberkörper zu beugen, wenn gleich die vermeintlichen Beuger, nämlich die Bauchmuskeln, stark entwickelt sind, denn seine Rückenstrecker werden den freien Fall des Körpers nicht aufzuhalten vermögen. Er sucht daher, anstatt die Wirbelsäule zu beugen, einen Unterstützungspunkt für die Hand und knickt dann im Hüftgelenk mit steifer Wirbelsäule zusammen. Ja die instinktive Vorsicht des Patienten geht so weit, dass er stets bei vorgestrecktem Bauch den Oberkörper stark zurückhält, um letzteren ja nicht in die

Gefahr des nach vorn Ueberfallens (was er nicht verhüten könnte) kommen zu lassen um vielmehr durch die gesunden Bauchmuskeln das Balancement der Wirbelsäule zu leiten, welches bei gesunden Menschen den Rückenmuskeln anvertraut ist.

Sitzung vom 27. October. — G. M.-R. Ruete gab eine Uebersicht seiner Erfahrungen über die Wirkung der *Calabarbohne auf das Auge*, welche seitdem im Archiv der Heilkunde V. 2. p. 174 ausführlich veröffentlicht worden sind.

Sitzung vom 24. November. — Vorlegung von Lebert's Atlas de l'Anatomie pathologique; Liebreich's ophthalmoscopischem Atlas, sowie einer Abbildung der Mutterpflanze der Calabarbohne aus Edinb. philosoph. Transactions etc. — Dr. B. Brunner erörterte die *Quellen der thierischen Wärme.*

Die geringen Schwankungen der Eigenwärme bei Warmblütern trotz den grossen Schwankungen der Luftwärme beweisen schon an sich die Behauptung, dass bei diesen Thieren durch irgend welche Processe eine gewisse, aber variable Wärmemenge frei wird. Dem Principe der Erhaltung der Kraft entsprechend muss aber eine ganz bestimmte Quantität von Spannkräften zur Entwickelung dieser Wärme verbraucht werden; die verschiedensten Bestimmungsmethoden, wie sie Joule, Holtzmann, Clausius, Person, Kupffer angewendet haben, das mechanische Aequivalent der Wärme zu bestimmen, haben auf theoretischem wie auf experimentellem Wege fast ganz gleiche Resultate ergeben, dass nämlich das mechanische Aequivalent einer Wärmeeinheit etwa 0.421 — 0.425 Kilogrammometer gleichzusetzen ist.

Die Wärme des Blutes wird nun durch einen Oxydationsprocess erhalten, der im Wesentlichen in Verbrennung von Kohlenstoff durch respirirten Sauerstoff zu Kohlensäure besteht. Der freie Kohlenstoff liefert erstens, je nach der Modifikation, in welcher er angewendet wird (Holz-, Zucker-, Gas-Kohle, Graphit, Diamant), verschiedene Verbrennungswärme, zweitens aber wird er im Organismus nicht frei verbrannt, sondern er ist in irgend welchen Verbindungen enthalten (Stärkemehl, Zucker, Fette, Eiweiss). Wenn nun bereits beim Entstehen dieser Verbindungen Spannkräfte verloren gegangen sind, also Wärme frei geworden ist, so werden andere Wärmemengen frei bei der nochmaligen Verbrennung der Verbindungen. Favre und Silbermann haben auf tadellosem Wege für eine grosse Anzahl von Substanzen die Verbrennungswärme bestimmt, und den alten Satz, der allen Sauerstoff und allen Wasserstoff, der in irgend einer Verbindung enthalten ist, als bereits zu Wasser verbunden annahm, als irrig erwiesen, namentlich auch für Wasserstoff eine grössere Verbrennungswärme gefunden, als Lavoisier (34462 statt 22270). Durch letzteren Umstand wird erklärlich, wie Dulong und Despretz zu kleine Wärmemengen für den Organismus fanden. Nimmt man nun den erwiesenen Satz zu Hülfe, dass schliesslich, wenn ein Körper verbrennt, ganz dieselbe Wärmemenge frei wird, ganz gleichgültig, welche Zwischenstufen die Verbrennung durchläuft, so stellt sich nach Helmholtz die Wärmeökonomie beim Menschen etwa folgendermaassen heraus.

Nach Scharling werden von einem 82 Kgr. wiegenden Menschen 878,4 Grmm. Kohlensäure ausgehaucht: = 1730760 Wärme-Einheiten. Der Ueberschuss an Sauerstoff, nach Valentin zur Verbrennung von Wasserstoff benutzt, liefert = 138600 Wärme-Einheiten. Die Summe beider, gleich 75 % der producirten Wärme gesetzt (Dulong), lieferte 2700000 Wärme-Einheiten pro Tag.

Barral berechnet die Menge aus der gelieferten Wassermenge etc. und kommt auf einem andern Wege zur Bestimmung, dass 2706076 Wärme-Einheiten von einem Erwachsenen geliefert werden.

Die Ausgaben der Wärme stellen sich nach Helmholtz:

1. Erwärmung von Ingesten = 2,6 %,
2. „ der respirirten Luft = 2,6 % — 5,2 % je nach der Aussentemperatur,
3. Verdunstung von 363 pro St. = 14,7 %.

Danach bleiben 77,5 % min. für Verdunstung von Haut und Arbeitsleistung übrig.

Nach Barral sind die Ausgaben.

durch Wasserverdunstung	= 25,86 %,	so dass für Strahlung und Arbeitsleistung noch 67,22 % übrig bleiben.
an Athemluft abgegeben	= 3,72 %,	
an Nahrungsmittel	= 1,94 %,	
an Excremente	= 1,22 %,	

Setzt man danach, sicher zu gering angeschlagen, die Menge für Arbeitsleistung disponibel = 50 %, so könnte ein Mensch täglich 1350000 Kgr. 0,424 Meter hoch heben, d. i. 2700000 *ℓ.* = 18 Zoll; bei Zugthieren stellt sich nach Traube die Arbeitsleistung noch höher heraus.

Sitzung vom 28. December. — Prof. E. Wagner berichtete über eine vor Kurzem in Leipzig zur Beobachtung gekommene kleine *Trichinenepidemie,* unter Beleuchtung einiger neuerer Mittheilungen über Trichiniasis. Vergl. die ausführliche Mittheilung im Archiv der Heilkunde, V. 2. p. 183. Hieran knüpfte sich eine ziemlich lebhafte Discussion über die prophylaktischen Maassregeln, bei welcher der Nutzen der mikroskopischen Untersuchung der geschlachteten Thiere wegen Schwierigkeit der Ausführung mehrfach in Zweifel gezogen, übrigens über die schlechte Beschaffenheit des Schlachtviehs in vielen Fällen schwere Klage erhoben wurde.

Als neue Mitglieder sind in dem Jahre 1863 erwählt worden: DDr. Schüppel zu Leipzig und Alfr. Reumont zu Aachen. Durch den Tod verlor die Gesellschaft den Prof. Jul. Clarus hierselbst, durch Wegzug die DDr. Pohl und Polak.

An *Geschenken* hat die Gesellschaft im erwähnten Jahre von den betreffenden Herren Verfassern erhalten: Reumont: a) die Aachener Schwefelthermen gegen Syphilis; b) über Winterkuren in Aachen. — Clot-Bey, fünf französische Schriften über Einrichtung des Medicinalwesens in Egypten und seine Beziehung zur Gestaltung desselben. — Schildbach: Beobachtungen und Betrachtungen über Skoliose. — Berend (Berlin): a) Reiseskizzen aus England im Sommer 1862; b) 11. Bericht über das gymnastisch-orthopädische Institut zu Berlin. — Jahresbericht der Gesellschaft für Natur- und Heilkunde zu Dresden für 1861—62. — v. Breuning: Nekrolog des Ritters v. Vering. — L. Dittrich: Sulzbrunnen im Kemptner Waldgebirge. — Dr. Pfaff: a) Heilung der Blutarmuth und Bleichsucht des weiblichen Geschlechts; b) ärztliche Rathschläge über die beim Turnen erforderlichen diätetischen Vorsichtsmaasregeln.

Prof. Dr. **Winter,**
d. Z. Sekretär.

ÜBER DIE

SCHEINREDUCTIONEN

BEI

HERNIEN

UND INSBESONDERE

BEI

EINGEKLEMMTEN HERNIEN

VON

PROF DR C. W. STREUBEL
DIRECTOR DER CHIRURGISCHEN POLIKLINIK ZU LEIPZIG

INHALTS-VERZEICHNISS.

Bei eingeklemmten Brüchen hat es sich öfters ereignet, dass, obgleich durch die Taxis die vorgefallenen Partien zurückgebracht worden waren, dennoch die Einklemmungserscheinungen nicht nur fortbestanden, sondern sich sogar steigerten und die später vorgenommene Operation oder die Section den Beweis lieferte, dass eine falsche, nur scheinbare Reduction stattgefunden habe, dass die ganze Bruchgeschwulst oder nur der Inhalt derselben mehr oder weniger verschoben worden sei, während die Einklemmung selbst ungelöst fortbestand. Solche falsche, scheinbare Reductionen sind aber nicht allein durch die Taxis bewirkt worden, sondern sie sind auch bei den Herniotomien vorgekommen, ja es hat sich selbst zugetragen, dass blos vorgefallene Brüche durch die Reposition erst in Einklemmungsverhältnisse versetzt worden sind.

Obgleich nun die falschen, scheinbaren Reductionen im Allgemeinen zu den seltenen Erscheinungen gehören, so kommen sie doch keineswegs so selten vor, als man nach dem Schweigen der meisten Schriftsteller, die sich mit Hernien beschäftigt haben, meinen sollte, und in der neuesten Zeit namentlich hat sich die Zahl der hierher gehörigen Beispiele beträchtlich gemehrt.

Die Literatur über die scheinbaren Reductionen ist sehr zerstreut, und nur einzelne Arten derselben haben zu eingehenderen Betrachtungen Veranlassung gegeben. In den Handbüchern und Monographien finden wir gewöhnlich bei der Besprechung der Taxis erwähnt und vielleicht auch durch einige Beispiele belegt, dass unzweckmässige und übermässige Gewalt bei Anwendung derselben ausser anderen Verletzungen auch scheinbare Reduction des eingeklemmten Bruchs bewirken könne. Wir finden ferner bei den Erörterungen über die verschiedenen Formen der Bruchsäcke, über den Bruchinhalt, über die verschiedenen Einklemmungsverhältnisse, über die Bruchoperation, einzelne Umstände angegeben, welche zu Irrungen und Täuschungen und namentlich zu falschen Reductionen führen können und geführt haben. Die neueren Schriftsteller gebrauchen vielfach den Namen Massenreduction zur Bezeichnung stattgehabter falscher und scheinbarer Reduction. Da aber dieser Name passender Weise nur einer, wenn gleich der am häufigsten vorkommenden Art der scheinbaren Reductionen zukommt, es aber noch viele andere Arten von scheinbaren Reductionen giebt, bei welchen dieser

Name ganz unpassend ist, so hat dieser willkürliche Gebrauch der Benennung nur zu Verwechslung und Verwirrung Anlass gegeben. Das meiste in Betracht kommende Material finden wir vereinzelt in der Casuistik der Brucheinklemmung angegeben. Die Berichterstatter führen die einzelnen Beispiele unter verschiedenen Titeln an, z. B. Fall von doppelter Einklemmung, von Einklemmung doppelter Brüche, Einklemmung durch Taschenbildung, durch Netzstränge, Pseudoligamente, innere Einklemmung nach äuserer u. s. f., und wenn diese Bezeichnungen in Bezug auf die vorhandenen Einklemmungsverhältnisse wohl richtig sein mögen, so berücksichtigen sie doch das wichtige Ereigniss der scheinbaren Reduction zu wenig.

Wir haben den Namen *Scheinreduction* gewählt, den wir für umfassend und bezeichnend erachten. Mögen in den einzelnen hierher gehörigen Fällen die verschiedensten Bedingungen und Verhältnisse die Brucheinklemmung eingeleitet und verwirklicht haben, darin kommen alle Fälle überein, dass die in Anwendung gebrachte mechanische Hilfe der Taxis und Herniotomie nur anscheinend zum Ziele führte, das Gelungensein nur vortäuschte.

Die Scheinreductionen bieten eine verhängnissvolle Liste von Irrungen und Täuschungen dar, die sich als noch weit grösser würde darstellen lassen, wenn die Chirurgen die Fälle, in welchen sie irrten und getäuscht wurden, offenherzig einzugestehen ehrlich genug gewesen wären. Wenn wir unter den Scheinreductionen als Gesammtheit Fälle finden, in welchen der Irrthum und Zweifel längere Zeit, ja bis zum Tode des Kranken fortbestehen musste, so stehen doch diesen andere und weit zahlreichere Fälle gegenüber, in welchen Haltepunkte genug vorhanden waren, um jeden Zweifel und Irrthum zu beseitigen.

Die Scheinreductionen werden bei vorhandener Brucheinklemmung einestheils und am häufigsten dadurch veranlasst, dass der angebrachte Druck, der die Einklemmung beseitigen, die Bruchcontenta reponiren soll, ohne Lösung der Einklemmung blos eine Verschiebung der ganzen Bruchgeschwulst oder ihres Inhalts vermittelt, anderntheils dadurch, dass bei der Ausführung der Herniotomie die hauptsächliche Stelle der Einklemmung übersehen oder nur unvollständig gelöst wird, oder von mehreren Brucheinklemmungen nur eine beseitigt wird, oder dass die Bruchcontenta reponirt werden, ohne dass jene Bedingungen, welche Strangulation fort unterhalten oder neue Strangulationen hervorrufen können, aufgehoben sind.

Wir haben uns der Mühe unterzogen, die bekannt gewordenen Fälle von Scheinreduction zu sammeln und zu ordnen, um daraus einestheils die verschiedenen Bedingungen des Zustandekommens der Scheinreductionen kennen zu lernen, anderntheils um jene Anhaltspunkte zu gewinnen, welche im einzelnen Falle mit Wahrscheinlichkeit oder Gewissheit auf das stattgehabte Ereigniss der Scheinreduction hinweisen. In practischer Beziehung werden uns aber die Kenntnisse über die Mechanismen und Zeichen der verschiedenen Arten der Scheinreduction den Gewinn bringen, dass wir bei Anwendung der mechanischen Hilfe in gegebenen Fällen von Brucheinklemmung mit Vorsicht und Umsicht verfahren, um die Erzeugung der Scheinreduction zu vermeiden, und dass wir, wenn dennoch eine solche stattgefunden hat, uns von der Existenz derselben nicht nur baldmöglichst überzeugen, sondern auch sofort auf eine zweckmässige Weise zur Beseitigung derselben einschreiten, denn die Erfahrung hat gelehrt, dass je länger in einem Falle von Scheinreduction die Täuschung obwaltete, je später man sich entschloss einzuschreiten, den Sitz der Einklemmung zu suchen und diese zu heben, um so seltner das Leben des Patienten gerettet wurde.

Die Brucheinklemmung bei Scheinreductionen kann ihren Sitz haben im Bruchsackhalse, in der Bruchpforte, in dem Bruchinhalte und in der Bauchhöhle. Von dem Sitze der Brucheinklemmung, von der anatomisch-pathologischen Beschaffenheit der Bruchgebilde und ihrer Umgebung, so wie von der Applicationsweise der mechanischen Hilfe werden die verschiedenen Arten der Scheinreductionen bedingt.

Classe I.

Scheinreductionen durch mehr oder minder vollständige Verdrängung der Bruchgeschwulst hinter die Bruchpforte; Sitz der Brucheinklemmung im Bruchsackhalse.

Ehe wir zu den verschiedenen einzelnen Arten der Scheinreductionen dieser grossen Klasse übergehen, halten wir es für zweckmässig, einige Bemerkungen über die Bildung des Bruchsacks und insbesondere des Bruchsackhalses, sowie über das Verhalten der Bruchgebilde zu der Bruchpforte, dem Bruchkanale und zu den umgebenden Gebilden vorauszuschicken, weil eben diese anatomischen Verhältnisse Prädisposition zur Entstehung dieser oder jener Art der Scheinreduction abgeben.

Die bekannten Arbeiten von Arnaud und Cloquet über die Formation des Bruchsacks und von Demeaux und Roustan über die Bildung des Bruchsackhalses brauchen wir nicht zu wiederholen, wir heben nur Folgendes hervor. Die Organisation des Bruchsackhalses erfolgt dadurch, dass die an der Bruchpforte durch Herausziehen oder Herausstülpen des Bauchfells gebildeten Falten mit einander verwachsen, indem es zur Exsudation, Verklebung kommt, die wohl auch durch Gefässbildung im subserösen Zellgewebe eingeleitet wird. Die Stelle des Bruchsackhalses wird durch die Faltenbildung und Verklebung verdickt, und es folgt nun eine Art von Narbenbildung, Narbencontraction, der Brucksackhals nimmt die Beschaffenheit von Narbengewebe an und verliert seine Dehnbarkeit. Die Schrumpfung des Bruchsackhalses kann bis zur Obliteration gehen, und hierauf beruht die spontane Heilung von Hernien, die indessen nur bei jugendlichen Subjecten beobachtet wird. Der narbig contrahirte, nicht mehr nachgiebige Bruchsackhals widersteht dem Andrange der Därme der Bauchhöhle, und wenn diese durch ihn sich hindurch drängen, so veranlasst er leicht Einklemmung. Mit der Contraction des Bruchsackhalses ändert sich das Verhältniss desselben zur Bruchpforte; zuweilen schwindet mit der Schrumpfung des Bruchsackhalses auch das subseröse Zellgewebe, und der stielartige Bruchsackhals liegt wie ein Pendel in der geräumigen Bruchpforte, in welcher er hin und her bewegt werden kann; in anderen Fällen bleibt der Bruchsackhals fest an der Bruchpforte liegen, wird an dieselbe durch ein kurzes, straffes Zellgewebe befestigt. Zwischen beiden Arten von Fällen existiren viele Zwischenstufen. Nach dem geringeren oder stärkeren Andrange der Baucheingeweide nach der Bruchpforte geht die Schrumpfung des Bruchsackhalses schneller oder langsamer von statten, ja bei constant sich vordrängenden, vorliegenden Darmschlingen, bei constant wachsenden und sich vergrössernden Hernien, wird die Bildung eines unnachgiebigen, narbigen Bruchsackes hintertrieben, und es bilden sich nur einzelne Narbenflecke, Narbenstreifen *(Stigmata)*. Es kann sich ereignen, dass blos an der Stelle wo das Bauchfell in der Bruchpforte am stärksten gefaltet wurde, eine Faltenverwachsung und Contraction eintritt, während der Bruchsackhals im übrigen Umfange ausdehnbar bleibt, und die einseitige Narbencontraction am Bruchsackhalse nimmt oft eine halbringähnliche, klappig vorspringende Beschaffenheit an. Das fortwährende Tragen eines gut passenden, den Bruchsackhals zusammendrückenden Bruchbandes unterstützt und beschleunigt die Schrumpfung am Bruchsackhalse. Wo das Bauchfell langsam aus einer erweiterten Bruchpforte vorgezogen wird, da findet keine Faltung desselben statt, oder sie wird nur angedeutet, und die narbige Bruchsackhalsbildung fällt weg. — Was den Bruchsackkörper betrifft, so geht derselbe schon ziemlich zeitig mit seinen Umgebungen Verbindungen ein, und es bleibt demnach gewöhnlich, wenn man den Bruchinhalt reponirt, der Bruchsack in seiner Lage. Am Bruchsackgrunde pflegen die zellgewebigen Verbindungen am lockersten zu sein, und es kann hierselbst der Bruchsack bei nur einiger Grösse mehr oder weniger verschoben werden. Zuweilen, namentlich bei kugel- und birnförmiger Gestalt des Bruchsacks, sind die Adhärenzen des Bruchsacks so locker, dass sie leicht gedehnt, verlängert und zerrissen werden können, und dass demnach der Bruchsack in ausgedehnter Weise verschoben werden kann.

Die Verschiebungen werden aber um so leichter sich bewerkstelligen lassen, je weiter die Bruchpforte, der Bruchcanal ist.

Da bei den Scheinreductionen der ersten Classe die Einklemmung durch den Bruchsackhals gegeben ist, die Brucheinklemmungen durch den Bruchsackhals aber bei Leistenbrüchen vorzugsweise, ja fast ausschliesslich vorkommen, so folgt schon hieraus, dass bei Leistenbrüchen die zu erörternden Scheinreductionen am häufigsten sich erzeugen, dass bei Schenkelbrüchen, wo der Bruchsackhals seltner die Einklemmung veranlasst, auch die Scheinreductionen seltner auftreten, und dass diese bei Nabelbrüchen und anderen Hernien nur ausnahmsweise zur Beobachtung kommen werden. Das anatomische Verhältniss der Bruchtheile unter sich und zu den umgebenden Gebilden giebt die Prädisposition zur Entstehung der einzelnen Arten der Scheinreduction ab. Gewisse Scheinreductionen können nur durch unzweckmässige, anhaltende und gewaltsame Taxis erzeugt werden, bei anderen Scheinreductionen reicht ein mässiger und selbst leichter Druck zum Entstehen hin; wo nach vergeblicher Taxis zur Herniotomie geschritten wurde, kann ein Uebersehen der Einklemmung durch den Bruchsackhals, Zurückbringung des mit dem Messer bis zur Bruchpforte freigelegten Bruchs ohne Lösung der Einklemmung durch den Bruchsackhals Scheinreduction erzeugen.

Erste Art der Scheinreduction:

Verdrängung der ganzen Bruchgeschwulst; Massenreduction.

Wir beginnen mit der Art der Scheinreduction, die am häufigsten zur Beobachtung gekommen ist, und die, weil dabei die ganze Masse des Bruchs, der Bruchsack sammt seinem Inhalte aus dem Bruchbette verschoben ist, einzig den Namen der Massenreduction, *reduction en bloc* verdient.

Zum Zustandekommen dieser Art der Scheinreduction wird als Prädisposition erfordert, dass der einklemmende Bruchsackhals nur locker befestigt, oder frei hin und her beweglich in der Bruchpforte liegt, dass die Adhärenzen des Bruchsackkörpers sparsam, leicht dehnbar und zerreissbar sind, und dass die Bruchpforte, der Bruchcanal die gehörige Geräumigkeit besitzt, um die Durchdrängung der Bruchgeschwulst zu gestatten. Je kleiner die Bruchgeschwulst, je geräumiger die Bruchpforte, je contrahirter der Bruchsackhals, je lockerer und dehnbarer die Verbindungen des Bruchsacks mit seiner Umgebung, um so leichter wird Druck die Verschiebung der ganzen Bruchgeschwulst hinter die Bruchpforte bewirken, während bei grösseren eingeklemmten Brüchen, deren Bruchpforte im Verhältnisse weniger geräumig ist, wo der Bruchsackhals der

Bruchpforte eng anliegt, der Bruchsackkörper stärker und fester mit der Umgebung zusammenhängt, ein bedeutender, anhaltender und selbst gewaltsamer Druck dazu gehört, um die Massenreduction hervorzurufen. Wir müssen indessen noch hinzufügen, dass auch ohne alle Prädisposition, bei Verhältnissen, welche das Zustandekommen der Scheinreduction durch Druckgewalt hindern, immer noch bei der Herniotomie unter besonderen Umständen Scheinreduction erzeugt werden kann. Wir werden demzufolge die Massenreductionen, welche sich bei der Taxis eingeklemmter Brüche, und diejenigen, welche bei der Herniotomie zu Stande kommen, gesondert betrachten.

Die Massenreduction ist bei äusseren Leistenbrüchen, acquirirten wie angeborenen, bei inneren, directen Leistenbrüchen und bei Schenkelbrüchen beobachtet worden; sie hat sich jedoch am häufigsten bei äusseren acquirirten Leistenbrüchen ereignet.

Die ersten Beobachtungen von Massenreduction stammen von Ledran, Arnaud und de la Faye, und wir werden derselben weiter unten noch gedenken. Obgleich nun diese Beobachtungen so gut und präcis geschildert worden sind, dass über ihre Existenz ein Zweifel nicht entstehen konnte, so stellte doch Antoine Louis, der berühmte Secretair der Academie de Chirurgie, das Ereigniss der Massenreduction in Abrede. Da er die Behauptung ausgesprochen hatte, der Bruchsack sei nur bei kleinen, nicht lange entstandenen Brüchen reponirbar und verwachse sehr bald fest mit der Bruchpforte und den umgebenden Theilen, da er ferner die Einklemmung durch den Bruchsackhals bezweifelte, so mussten die Beispiele von Massenreduction mit seiner Behauptung in Widerspruch treten. Diesen Widerspruch suchte Louis dadurch zu beseitigen, dass er die Glaubwürdigkeit Ledran's und Arnaud's in Frage stellte, und die Unmöglichkeit der Massenreduction darzuthun sich bemühte *(Mémoires de l'Académie de chirurgie de Paris. Tom. XI. p. 484).* A. G. Richter, obgleich er selbst kein Beispiel von Massenreduction beobachtet hatte und noch die Ansicht hegte, dass in der Mehrzahl der Fälle der aponeurotische Ring den Sitz der Einklemmung abgäbe, trat doch gegen Louis auf und widerlegte in einer Abhandlung die Gründe Louis', und räumte den Beobochtungen von Ledran, Arnaud und de la Faye ihr Recht ein. *(Panegyricus, Gottingae 1777. Herniam incarceratam una cum sacco suo reponi per annulum posse, contra chirurgum Gallum Louis monet A. G. Richter.)* Seit Richter wurde die Möglichkeit der Massenreduction als thatsächlich anerkannt, es kamen durch Lassus, Bell, Sabatier, Scarpa u. A. noch Beispiele hinzu, bis Dupuytren endlich, der die Einklemmung durch den Bruchsackhals als den gewöhnlichen Sitz der Einklemmung erwies, auch durch eine Reihe von Beispielen zeigte, dass die Massenreductionen sich nicht so selten ereigneten, als man bisher gemeint habe. Seit Dupuytren sind in allen Ländern, namentlich in England und Deutschland, Fälle von Massenreduction beobachtet und ausführlich beschrieben worden.

J. Cloquet in seiner berühmten Abhandlung *(Recherches sur les causes et l'anatomie des hernies abdominales. Thèse. Paris 1819. p. 112 u. f.)* hat zuerst seinen Betrachtungen ein umfängliches pathologisch-anatomisches Material untergebreitet und auch die *reduction en bloc* in einem besonderen Capitel einer ausführlichen Besprechung unterworfen. Er hat 20 bis 25 Mal die *reduction en bloc* bei eingeklemmten oder auf irgend eine andere Weise irreducibeln Brüchen oder bei leeren Bruchsäcken hervorgebracht. Sie kommt nach ihm am leichtsten zu Stande bei inneren Leistenbrüchen, dann bei Schenkelbrüchen und zuletzt bei äusseren Leistenbrüchen; bei Nabelbrüchen schlugen die Experimente des Verfassers fehl. So richtig und wahr diese Resultate des Leichenexperiments sein mögen, so stehen sie doch im Widerspruch mit der Erfahrung an Lebenden; denn hier hat sich herausgestellt, dass die durch das Leichenexperiment am schwersten hervorzubringende Massenreduction bei äusseren Leistenhernien gerade am häufigsten sich ereignet, dass die Massenreduction bei Schenkelhernien weit seltener vorkommt, und die Massenreduction bei inneren Leistenbrüchen nur durch wenige Beispiele dargethan ist. Es ist richtig, dass ein einfacher aponeurotischer Ring von gehöriger Weite, wie bei den inneren Leistenhernien, die Massenreduction erleichtern wird, die bei einem Bruchcanale, wie bei den äusseren Leistenhernien, der in zwei aponeurotische Ringe ausläuft, erschwert wird, allein innere Leistenbrüche sind überhaupt nicht häufig, sind zur Einklemmung aus bekannten Gründen weniger disponirt, und wenn sie sich einklemmen, wird das Zustandekommen der *reduction en masse* dadurch verringert, dass der vordere Leistenring oder der Spalt der durchbrochenen *fascia transversa* eben so oft den Sitz der Einklemmung abgiebt, als der Bruchsackhals. Wenn man nach Cloquet an der Leiche den leeren Bruchsack einer inneren Leistenhernie leicht hinter die Bruchpforte zurückdrängen kann, wenn Cloquet solche zurückgedrängte Bruchsäcke bei der Section fand *(cf. Beobacht. 92 u. 94)* so folgt daraus nur, dass im Falle von Einklemmung durch den Bruchsackhals die innere Leistenhernie leicht *en bloc* wird reducirt werden können. Bei den Schenkelbrüchen, bei welchen, auch des kurzen Canals halber, wenn dieser gehörig weit ist, eine *reduction en bloc* erleichtert scheint, wo Cloquet gleichfalls leere Bruchsäcke hinter den Schenkelkanal gedrängt fand *(cf. Beobacht. 91 u. 95)*, muss erinnert werden, dass eben bei diesen Hernien der Bruchsackhals bekanntermaassen nur selten den Sitz der Einklemmung abgiebt, dass schon deswegen auch die Massenreductionen nur selten sich ereignen, und dass bei

Zurückdrängung leerer Bruchsäcke hinter die Bruchpforte überhaupt von *reduction en bloc* nicht wohl die Rede sein kann.

Der Mechanismus der Massenreduction ist im allgemeinen folgender. Der Druck auf den Bruchsackkörper des im Brucksackhalse eingeklemmten, locker mit seiner Umgebung verbundenen Bruchs, treibt den Bruchsackhals vorwärts. Die etwaigen zellgewebigen Adhärenzen zwischen Bruchsackhals und Aponeurosenöffnung werden verlängert, gedehnt, zerrissen, die beiden ringförmigen mit einander in Berührung stehenden Gebilde entfernen sich in der Weise von einander, dass der Bruchsackhals nach innen weicht, während der aponeurotische Ring stehen bleibt. Der Bruchsackhals bildet die Spitze eines Kegels, die sich durch die Oeffnung der Bruchpforte drängt. Je mehr der Bruchsackhals sich nach innen erhebt, um so mehr zieht er das parietale Bauchfell um die Bruchpforte herum nach sich. Der Bruchsack weicht allmälig durch den aponeurotischen Ring, löst dabei das Bauchfell immer mehr von der Bauchwand ab, schlüpft endlich vollständig durch und lagert sich unter dem abgelösten Bauchfelle, zwischen diesem und der Bauchwand. Ist die Bruchpforte canalförmig, der Bruch sehr umfänglich, so kann es sich zutragen, dass der Druck auf den Bruchsackkörper zwar den Bruchsackhals mehr oder weniger nach innen drängt, so dass er eine Vorwölbung bildet, allein der Bruchsackgrund kann nicht bis hinter die Bruchpforte gebracht werden, bleibt im Bruchcanale liegen, es bildet sich eine unvollständige Massenreduction, und diese kann wiederum in verschiedenen Graden vorkommen. Ist die Bruchpforte sehr weit und schlaff, so dass es wenig Gewalt erfordert, den Bruchsack sammt seinem Inhalte durchzuschieben, so ist die Massenreduction gewöhnlich keine dauernde, der Bruch fällt bald wieder in seine frühere Stellung zurück. Musste dagegen starker, anhaltender Druck angewendet werden, um die Massenreduction zu bewirken, so bleibt der *en bloc* reducirte Bruch in Lage, ja der aponeurotische Ring wird nach der gewaltsamen Erweiterung, und nachdem er den Bruchsack durchgelassen hat, sich wohl vermöge seiner, wenn auch geringen, Elasticität etwas zusammenziehen, und dadurch das Wiedervortreten des Bruchs verhindern. Ueber die Lagerung des durch die Bruchpforte *en bloc* reducirten Bruchs, über den Grad und die Art der Bauchfellablösung werden wir bei der speciellen Betrachtung der Massenreduction nach der Oertlichkeit der betreffenden Brüche ausführlich zu reden kommen.

Massenreduction bei äusserem Leistenbruche.

Betrachtet man die Form des Leistencanals, so sollte man meinen, die Massenreduction müsste vorzugsweise bei kleinen, noch im Leistencanale liegenden, acquirirten Hernien (interstitiellen) vorkommen, weil bei diesen der wenig umfängliche Bruch durch Druck blos durch den hinteren Ring des aponeurotischen Canals geschoben zu werden braucht, der Bruchsack mehr cylinderisch ist und weniger dem Canale adhärirt. Die Erfahrung spricht gegen diese theoretische Annahme; es sind nur wenige Beispiele verzeichnet, in welchen kleine, interstitielle, äussere Leistenbrüche *en bloc* reducirt worden waren, und die Mehrzahl der Fälle bezieht sich auf ziemlich voluminöse, ei- und selbst faustgrosse Scrotalhernien. Der Grund muss jedenfalls darin gesucht werden, dass kleine, äussere Leistenbrüche mit cylindrischem Bruchsacke lange Zeit brauchen, ehe an ihrem Bruchsacke jene narbige Contraction sich ausbildet, welche die Einklemmung durch den Bruchsackhals begünstigt. Cloquet, Roustan u. A. haben schon lange bestehende Bruchsäcke kleiner Leistenhernien untersucht, und an denselben in der Gegend des Bruchsackhalses kaum einige Stigmata wahrgenommen.

Wir gehen nun über zur Betrachtung der Fälle von vollständiger Massenreduction von Leistenbrüchen, wo der ganze Bruchsack sammt seinem Inhalte durch und hinter den Leistencanal geschoben worden ist.

Arnaud (*Traité des hernies ou descentes Paris 1749. pars. II. p. 31. Observ. V.*) Den 2. Februar 1736 wurde ein 38—40jähriger kräftiger Mann von Einklemmungserscheinungen befallen; er hatte einen rechtseitigen Leistenbruch. Der hinzugerufene Chirurg brachte den Bruch zurück, allein die Erscheinungen liessen nicht nach. Verfasser, hinzugerufen, erfuhr von dem Patienten, dass der Bruch 7—8" lang gewesen sei (also Scrotalhernie), und dass das Bruchband den Bruch nie vollständig zurückgehalten habe. Der Bruch war so complet verschwunden, dass keine Spur von demselben sich entdecken liess, nur wenn man den Finger in den erweiterten Leistencanal führte, fühlte man mit der Fingerspitze eine pralle Geschwulst, welche sich beim Husten entgegendrängte, ohne weiter abwärts zu sinken. Da der Leib sehr gespannt war, der Patient häufiges Erbrechen hatte, wurde am 4. Tage operirt. Nachdem der Leistenring blosgelegt war, konnte man leicht den Bruchsack erreichen, allein da derselbe voluminös war, wurden 2 tiefe Incisionen angebracht, um ihn besser vorziehen zu können. Der Bruchsack wurde in der Länge eines Zolls eröffnet, und nun mit den Fingern an den Rändern des Schnitts gezogen, um den Sack weiter vorzubringen, allein vergeblich. Verfasser führte den Finger in den Sack, vermochte aber die Oeffnung desselben nicht zu erreichen, er erweiterte daher mit dem Messer noch einmal nach oben, und nun erst konnte er die Strictur nach oben 2" unterhalb des Nabels fühlen. Der Bruchsack enthielt nur Darm, er spitzte sich nach oben conisch zu. Auch jetzt misslang der Versuch, den Bruchsack abwärts zu ziehen, und es musste das Knopfmesser auf der Fingerspitze eingeführt werden, um die Strictur zu erweitern, worauf die Zurückbringung der Därme, weil nur ein Finger eingebracht werden konnte, sich nicht ausführen liess, und Verfasser die aus der Klemme befreiten Därme, in der Voraussetzung, dass sie sich von selbst zurückziehen würden, liegen lassen musste. Der Patient genas. Durch das Zerreissen des subperitonäalen Zellgewebes war der Bruchsack zwischen Bauchfell und Muskeln getrieben worden, und wurde von dem in Folge der Dehnung und Reissung angeschwollenen und entzündeten Zellgewebe festgehalten.

Vacher theilte Arnaud im Jahre 1840 brieflich zwei Fälle mit, von welchen der zweite Fall eine complete Massenreduction eines Leistenbruchs darstellt *(Arnaud ibidem p. 56. Observat IX.)*

Ein 50jähriger Mann, der seit Jahren an einem Leistenbruche litt, bemerkte vor 6 Monaten zum erstenmal, dass er seinen Bruch nach dem Vortreten nicht zurückbringen konnte; er liess einen Chirurgen kommen, welcher den Bruch vollständig zurückbrachte und dem Patienten ein Bruchband anordnete. Die Hernie trat nicht wieder vor, Patient fühlte aber seit dieser Zeit zuweilen Schmerzen, die er durch warme Umschläge beseitigte. 6 Monate später wurde Patient von den heftigsten Einklemmungserscheinungen befallen, ohne dass die Hernie dazu Veranlassung gegeben zu haben schien. Nach vergeblicher Anwendung aller Mittel starb Patient am 8. Tage. Die Section zeigte keine Einklemmung im Leistenkanale, es wurde hinter dem inneren Leistenringe ein Bruchsack von ziemlicher Grösse gefunden, der 3" bereits brandigen Dünndarm des Ileum enthielt. Der Bruchsack erstreckte sich mit seinem Grunde nach der Blase, mit seinem Halse, welcher die Einklemmung bewirkt hatte, adhärirte er dem inneren Leistenringe. Der Bruchsackhals bildete eine feste Strictur. —

Arnaud *(ibid. p. 90. Observ. XIII.)* Ein 18jähriger Arbeiter, 12 Meilen von Paris, wurde den 28. Januar 1735 von Einklemmungserscheinungen befallen. Er hatte seit seiner Geburt eine Hernie. Den 4. Tag wurde Verfasser zu Rathe gezogen. Die Bruchgeschwulst hatte den Umfang eines grossen Eies und war sehr hart, sie liess sich leicht zurückbringen, fiel aber gleich wieder vor, die Bruchpforte war sehr weit. Verfasser operirte. Der Bruchsackhals zeigte eine Strictur 1" unter dem inneren Leistenringe; der Brucksack war fest mit dem Darm verwachsen, liess sich nicht der Länge nach spalten. Verfasser zog den Bruch mehr herab und löste sorgfältig den Bruchsack von den Darmschlingen, was namentlich am Bruchsackhalse sehr schwierig war. Nach der Lösung und Einschneidung des Bruchsackhalses wurden die lividen Darmschlingen reponirt; es folgte Genesung. —

De la Faye *(Cours d'opérations de chirurgie par Dionis. Cinquième édition par G. de la Faye. Paris 1757, p. 324.)*

Ein 40jähriger Mann, der seit mehreren Jahren einen Leistenbruch hatte, der durch kein Bruchband zurückgehalten wurde, bekam Einklemmungserscheinungen. F. vermochte durch die Taxis den Bruch nach und nach zurückzubringen (ohne Gewalt); dessenungeachtet dauerten die Einklemmungserscheinungen fort. Der Leistenring war frei, wenn man aber den Finger in den Leistencanal brachte, fühlte man nach hinten einen runden Sack, welcher beim Husten des Patienten an die Fingerspitze stiess. Arnaud, welcher zugleich den Patienten untersuchte, bestätigte die Wahrnehmung. F. vermuthete, der Bruchsack sei mit dem eingeschlossenen Darm reponirt worden; er wiederholte die Untersuchung des Pat. im Stehen, und der pralle Sack trat noch deutlicher beim Husten vor, ja ein Theil der Geschwulst drang wieder in den Leistencanal. Es wurde operirt. F. fand den Bruchsack sehr verdickt, er enthielt eine wallnussgrosse, durch den Bruchsackhals eingeklemmte Darmpartie. Der Bruchsackhals war so eng, dass man mit der Fingerspitze nicht eindringen konnte. Nach Einschneidung des Bruchsackhalses liess sich der Darm reponiren; der Patient genas. —

P. Lassus *(De la médecine opératoire. Paris an III. de la république. Tom I. p. 145).* Ein Mann mit einer kleinen Leistenhernie bekam die Symptome der Brucheinklemmung; die Einrichtungsversuche blieben fruchtlos; L. schlug die Operation vor, die Patient aus Furcht zurückwies. Da letzterer sich überzeugt hielt, dass er gesund würde, sobald die Hernie zurückgebracht sei, so stieg er aus dem Bette, nahm einen Stock, stemmte ihn mit dem einen Ende gegen die Wand, während er ihn mit dem anderen Ende auf die Bruchgeschwulst setzte, und so stark drückte, dass die Geschwulst verschwand. Die Einklemmungserscheinungen dauerten nicht nur fort, sondern steigerten sich, und Patient starb nach 30 Stunden. Bei Eröffnung des Leichnams erkannte L. einen Darmnetzbruch, welcher 4—5''' weit hinter den Leistenring zurückgedrängt war. Der Darm war mit dem Netze und Bruchsacke verwachsen, an einer nagelgrossen Stelle brandig. (Der Bruchsackhals wird nicht besonders erwähnt). —

Sabatier *(de la médecine opératoire, übersetzt von Borges, Berlin 1797. 1. Theil, p. 63)* hatte die Gedärme eines eingeklemmten Leistenbruchs zurückgebracht, allein sie waren, statt dass sie allmälig hätten zurückgehen und das bekannte Geräusch hörbar machen sollen, in Masse und ohne Geräusch zurückgetreten. Es wurde ein Bruchband angelegt, allein die Zufälle der Einklemmung liessen nicht nach. Die heftigen Schmerzen im Unterleibe, das Schneiden in den Gedärmen und das häufige Erbrechen dauerten fort, ohne dass der Patient weder Winde noch Koth los werden konnte. Der Leib war gespannt. Der Bauchring war so weit, dass S. durch die allgemeinen Bedeckungen zwei Finger eindrücken konnte. In der Tiefe fühlte man eine runde Geschwulst, die noch deutlicher wahrnehmbar war, wenn man den Patienten husten oder schneuzen liess. Es war leicht zu erkennen, dass eine Einklemmung innerhalb der Bauchhöhle statt fand, und dass nichts als die Operation den Patienten retten könne, wenn es glückte, den Bruch wieder zum Vorfallen zu bringen. S. liess den Patienten auf die Füsse treten und sich stark schneuzen; der Bruch fiel wieder vor und wurde nun operirt. Der Bruchsack war verdickt und am Bauchringe verengert, er wurde gespalten, am Halse incidirt. Der Bruch gehörte zu den angeborenen, wo die Theile mit dem Hoden in Berührung sind. Genesung. —

Scarpa *(Sull' ernie edit. 2. p. 49).* Bei einem 13jährigen Knaben hatte sich ein Leistenbruch eingeklemmt, der durch die Taxis zurückgebracht wurde. Die Zufälle der Einklemmung dauerten fort, der Knabe starb. Nach dem Tode konnte man in der Leistengegend nicht das Geringste von einer Geschwulst sehen oder fühlen; nach der Eröffnung des Bauches aber erkannte man, dass der noch im Bruchsackhalse eingeklemmte Darm über den Bauchring hinaus, zwischen den Aponeurosen und dem Bauchfelle, welches letztere in einem gewissen Umfange losgetrennt war, zurückgeschoben lag.

Dupuytren *(Sabatier. nouvelle édition par Sanson et Begin. Paris 1824. Tom III. p. 322).* Nachstehender Fall ist in den *Leçons orales* nicht erwähnt, John Birkett hat ihn aber fälschlich Sabatier beigemessen.

Schnuder, 23 Jahr alt, stark und robust, hatte nie von einer Hernie etwas bemerkt; er sprang eines Tages über einen Bach und fühlte ein Krachen mit Schmerz in der rechten Leistengegend; er ging weiter, nahm ein Bad und bemerkte eine Geschwulst in der rechten Leiste, welche beim Drucke schmerzte. Ein herbeigerufener Chirurg erkannte eine eingeklemmte Hernie, und suchte vergeblich sie zurückzubringen. In der Nacht traten heftige Schmerzen auf, es stellte sich Erbrechen ein. Am folgenden Tage wurde ein Aderlass gemacht, ein Bad gebraucht und Roux herbeigeholt, welcher allmälig durch Taxis die Bruchgeschwulst vollständig zum Verschwinden brachte. Nichtsdestoweniger dauerten die Einklemmungserscheinungen fort und steigerten sich. Roux diagnosticirte innere Einklemmung und schlug die Operation vor. Dupuytren wurde nun zu Rathe gezogen; von der Hernie war keine Spur mehr zu fühlen, aber in der *Fossa iliaca dextra* fühlte man eine harte Geschwulst. Nach einem abermaligen Aderlasse liessen die Erscheinungen etwas nach, am 4. Tage aber traten sie mit verstärkter Heftigkeit auf, und D. schritt nun zur Operation. Es wurde ein schiefer Hautschnitt über den Leistencanal hinweg bis zum Hodensack gemacht, und der äussere Leistenring blosgelegt; Husten brachte den Bruch nicht zum Vorschein. D. spaltete den Leistenkanal und nun konnte er die Geschwulst ergreifen, und sie nach aussen vorziehen. Nach Eröffnung des Bruchsacks fand man eine dunkelblaurothe, glänzende, pralle Darmschlinge. Die Einklemmung im Bruchsackhalse war ringförmig, scharfrandig, sie wurde eingeschnitten und der Darm vorgezogen, der sich als unverletzt erwies und demnach reponirt wurde. Es erfolgte Heilung nach 5 Wochen. —

Ulrich in Coblenz beschreibt unter dem Titel „innere Einklemmung eines Leistenbruchs" folgenden Fall *(Preuss. Med. Zeit. 1834. Nr. 32)*. Ein 40jähriger Bauer, der wegen eines linken Leistenbruchs schon seit Jahren ein Bruchband trug, wurde bei anstrengender Arbeit plötzlich von Schmerzen im Bruche befallen. Es gelang ihm, die Bruchgeschwulst unterhalb des nicht gelösten Bandes in den Leib zurückzudrängen, doch liessen dadurch die Schmerzen nicht nach. Ein Arzt gab die Versicherung, dass er wegen des Bruchs nichts zu besorgen habe, verordnete Bettliegen und innere Mittel. Am 3. Tage wurde Verfasser befragt. Er fand den Patienten mit verfallenen Gesichtszügen daliegend, der Leib war gespannt und beim Druck sehr empfindlich. In der linken Leistengegend, wo der Bruch gewesen, war keine Anschwellung mehr zu fühlen, man konnte vielmehr den Finger durch den erweiterten Bruchring ziemlich hoch hinaufführen, dagegen nahm man höher oben und etwas nach aussen eine flache Wölbung der Bauchdecken wahr, und entdeckte beim stärkeren Drücken deutlich eine rundliche, sehr pralle Geschwulst in der Tiefe. Verfasser hielt die Operation für dringend. Er trennte die Haut in der Richtung des Leistencanals, und schnitt den äusseren schiefen Bauchmuskel in der Gegend der Geschwulst durch. Nachdem er eine den Muskelfasern parallele, etwa 1" lange Spalte zerschnitten, fand er die sehr gespannte Bruchgeschwulst, deren vordere Fläche nun sichtbar wurde. Der eingeführte Finger zeigte, dass der Bruchsackhals tief im Leibe lag, es wurde demnach der Schnitt nach aufwärts erweitert. Da U. die Einklemmungsstelle nicht erreichen konnte, eröffnete er den Bruchsack; es flossen gegen 4 Unzen Flüssigkeit ab, und der Bruchsack konnte mit der geknöpften Schere hinlänglich weit aufgeschnitten werden. Die Darmschlinge darin war gegen 8" lang, dunkelroth und theilweise mit Exsudat bedeckt. Verfasser fühlte nun mit der Fingerspitze im Bruchsacke die bewegliche Einklemmungsstelle, er zog den eingeschnittenen Bruchsack etwas an und schnitt den knorpelharten, breiten Bruchsackhals ein. Der Darm liess sich nicht leicht vorziehen, es trat auch noch mehr entzündeter Darm beim Husten vor. Die Reposition der Därme verursachte Mühe und wollte nicht gelingen, weil die Därme immer zwischen Bauchfell und Muskel geschoben wurden, es musste daher der Bruchsackhals noch weiter herabgezogen und durchschnitten werden, worauf die Reposition gelang. Obgleich der Patient sich erleichtert fühlte, stellten sich doch wieder Schmerzen am folgenden Tage ein, und der Patient starb 40 Stunden nach der Operation. Section wurde nicht gemacht. —

B. B. Cooper *(Guy's Hospit. Reports volum IV. p. 331)*. Adams, 67 Jahre alt, litt seit 30 Jahren an einem Bruche der rechten Leistengegend, der aber bis an das Scrotum sich erstreckte, und sich eingeklemmt hatte. Nach einem warmen Bade gelang die Reduction, Patient fühlte sich besser und legte sein Bruchband wieder an. Bald kehrten indessen die Zufälle der Einklemmung wieder, die Nacht war schlecht, Patient erbrach Kothflüssigkeit. Cooper, zu Hilfe gerufen, konnte durch die Exploration nichts ermitteln, er verordnete Injectionen mittels einer elastischen in die *Flexura sigmoidea* zu führenden Röhre, deren Applicirung sehr schwierig war und nicht völlig gelang. Die Nacht war besser, Patient erhielt Calomel mit Opium, gegen Morgen erneuerte sich das Erbrechen, die Kräfte sanken, der Tod trat ein. Die Section zeigte Peritonitis; eine 2" lange, brandige Dünndarmschlinge stack in einem Sacke zwischen der rechten *Linea ileo-pectinaea* und der Blase; der Hals war zwar ziemlich weit, allein er war sehr fest und schnürte den Darm stark. Der Sack hatte die Grösse einer grösseren Wallnuss. Im Mastdarm war ein Loch von dunkelen Ecchymosen umgeben, was offenbar durch die elastische Röhre erzeugt worden war. —

† Banner *(Prov. Med. et Surg. Journal. Febr. 1842, nach Teale und Birkett citirt*)* Ein 42jähriger Mann hatte seit mehreren Jahren eine eigrosse Leistenhernie, welche sich vor zwei Tagen eingeklemmt hatte. Die Taxis wurde mit Erfolg ausgeführt, ohne die Zufälle zu erleichtern. Der Leistencanal konnte durchfühlt werden, es war keine Spur einer Geschwulst vorhanden. Nach 4 Tagen Tod. Bei der Section fand man eine Bruchgeschwulst an der inneren Seite des inneren Leistenrings, welche eine durch den Bruchsackhals abgeschnürte Darmschlinge enthielt. —

† Melchiori *(Gaz. med. Lomb. November 1849, nach Birkett citirt).* Ein 62jähriger Mann hatte seit seiner Kindheit eine rechtseitige Leistenhernie, die den Canal nicht überschritt. Es trat Einklemmung auf, Chirurg und Patient brachten die Hernie zurück. Die Zufälle der Einklemmung steigerten sich, es war eine gewisse Völle in der *fossa iliaca* zu fühlen. Es wurde am dritten Tage operirt. Nach Spaltung des Leistencanals wurde die Geschwulst von hinten hervorgezogen. Nach Spaltung des Sacks, der von dem Scheidenfortsatze gebildet wurde, fand man Netz und eine Darmschlinge, die Strictur sass im Halse, der incidirt wurde; Genesung. —

James Luke *(Wichtige Abhandlung über die en masse reponirten eingeklemmten Brüche, Medico-Chirurgical Transactions vol. XXVI. p. 162 u. f., und Journal de Chirurgie p. Malgaigne 1844. p. 108),* berichtet fünf Fälle von Massenreduction bei Leistenbrüchen, von welchen vier den vollständigen Reductionen beizuzählen sind. Von diesen vier Fällen sind drei nur kurz, einer aber ausführlich beschrieben.

Ein 50jähriger Mann war mit einem Unterschenkelgeschwür in das London-Hospital aufgenommen worden, er hatte seit Jahren einen rechtseitigen Leistenbruch, welcher vortrat und sich einklemmte, die Assistenzärzte reponirten den Bruch, und die Symptome der Einklemmung verschwanden. 14 Tage später trat eine abermalige Einklemmung auf, und dieses Mal reponirte der Patient selbst seinen Bruch, allein die Einklemmungserscheinungen dauerten fort, steigerten sich, und der Patient starb nach einigen Tagen unmittelbar nach einer erheblichen Stuhlanstrengung.

Zwei andere Fälle bekam Verfasser erst nach dem Tode zu sehen.

In allen drei Fällen handelte es sich um schiefe Leistenbrüche, die von den Patienten selbst zurückgebracht worden waren. Während des Lebens blieb die Natur der Affection unbekannt. Die Autopsie enthüllte eine Bruchgeschwulst in der Nähe des inneren Leistenrings, die hinter die Bauchwandung in der Weise geschoben war, dass sie noch vor dem Peritonäum lag. Der Grund des Bruchsacks befand sich unter dem Niveau des inneren Leistenrings nach dem kleinen Becken zu. Der Bruchsack enthielt brandige Darmpartien, welche durch den Bruchsackhals zusammengeschnürt worden waren.

Der vierte Fall bildet den ersten, den Verfasser zu behandeln bekam. Er betraf einen 30jährigen, kräftigen und robusten Kutscher. Derselbe fühlte, als er sein Fuhrwerk in den belebtesten Strassen London's herumfuhr, dass ihm sein linkseitiger Leistenbruch vortrat, er reponirte auch sofort denselben, auf seinem Kutscherbock sitzen bleibend. Eine Stunde später traten Leibschmerzen und Uebelkeiten auf, die allmälig sich steigerten, so dass Patient den 30. August 1839, drei Tage nach dem Beginne der Erscheinungen, in das London-Hospital gebracht wurde. Patient erschien

*) Die mit einem † bezeichneten Fälle haben mir im Original nicht vorgelegen. Str.

collabirt, der Leib war sehr aufgetrieben, Kothbrechen wiederholte sich häufig; die Constipation war unüberwindlich, der Puls klein und fadenförmig. Patient referirte, dass er seit Jahren eine ziemlich voluminöse linkseitige Leistenhernie besitze. Bei der Untersuchung der Leistengegenden fand man die Canäle frei, keine Geschwulst war zu fühlen. Druck bewirkte rechterseits wie linkerseits einigen Schmerz. Am folgenden Tage hielt Verfasser eine Consultation, deren Resultat dahin ging, dass es gerathener sei, da alle objectiven Anhaltepunkte mangelten, von der Operation abzusehen. Verfasser besuchte den Patienten täglich mehrmals, vertraute denselben einem geübten Assistenten während einer kurzen Reise an. Den 4. September hatten die Erscheinungen zugenommen, man fühlte jetzt deutlich Geschwulst längst des Samenstranges, weswegen auch Verfasser sofort operirte. Ein Hautschnitt wurde über den Leistenring geführt; es floss saniöses Serum ab und stellte sich heraus, dass Infiltration ins Zellgewebe stattgefunden habe. Der Leistencanal wurde gespalten, es zeigte sich am inneren Leistenringe eine vorgewölbte, dunkle Membran, die sich prall anfühlte und als Bruchsack erkannt wurde. Nach Einschneidung des Bruchsacks fand man gangränösen erweichten Darm, der eingebrachte Finger konnte die Einklemmungsstelle nicht erreichen; es wurde weiter gespalten und floss viel dünner Koth zwei Tage lang ab, dann starb der Patient — Section. — Der Grund des Bruchsacks lag unter dem Niveau des inneren Leistenrings, erstreckte sich nach dem Becken hin, der harte contrahirte Bruchsackhals befand sich nach oben und vorn, nach dem Nabel hin und 3—4 Querfinger über dem inneren Leistenringe. Die Därme im Bruchsacke waren leer, zerreiblich und erweicht.

(Wir finden in Luke's 29 Seiten enthaltender Abhandlung wichtige Bemerkungen über Diagnose und Operation.) —

Wade *(Lancet 16. August 1845)*. Ein 75jähriger Mann hatte seit 30 Jahren einen rechtseitigen Leistenbruch, der allmälig bis zur Grösse einer Birne gewachsen war und öfters vorfiel. Eines Tags war der Bruch stärker als gewöhnlich vorgefallen, der Patient brachte ihn nur mit Mühe zurück, und nach der Reduction erst stellten sich heftige Schmerzen und Erbrechen ein. Bei der Untersuchung wurde der Leistencanal frei gefunden, keine Geschwulst in der Leistengegend entdeckt, W. liess den Patienten auf die Füsse treten und heftig husten, es trat eine pralle, kleine Anschwellung bis zum äusseren Leistenringe. Verfasser operirte etwa drei Tage nach Beginn der Einklemmungserscheinungen. Nach theilweiser Eröffnung des Leistencanals wurde der Bruchsack eingeschnitten und die 3″ vom Grunde entfernte Strictur des Bruchsackhalses über dem inneren Leistenringe eingeschnitten. Die dunkeln, glänzenden Därme wurden reponirt, es folgte Genesung. —

Dieffenbach *(Operative Chirurgie. Band II. p. 574 u. f.)* berichtet folgende 2 Fälle.

I. Ein 60jähriger Schuhmacher seit Jahren mit einem linken Leistenbruch behaftet, der sich schon einigemal eingeklemmt hatte, wurde wieder von Einklemmung befallen. Nach 3 Tagen wurde der Bruch zurückgebracht, die Schmerzen im Leibe und das Erbrechen steigerten sich aber nach der Reposition. Als D. den Patienten sah, war keine Spur von Bruchgeschwulst zu bemerken, ja die Stelle, an welcher der Bruch sich befunden haben sollte, war leerer anzufühlen, als die Gegend des rechten Bauchringes; der linke Bauchring war auch der weiteste. Der Bauch war trommelartig aufgetrieben, die Angst des Patienten gross, der Puls klein, die Extremitäten kühl. Es war hier leicht zu erkennen, dass der Bruch zwar reponirt worden, aber innen noch zusammengehalten und nicht reducirt sei. An eine Operation war nicht zu denken, da der Tod nahe bevorstand und auch nach 8 Stunden erfolgte. Bei der Section wurde der Bruchsack sammt seinem Inhalte im Becken gefunden. Derselbe war an dem oberen Rande umgekrämpt und das Bauchfell ringsum von seiner Adhäsion gelöst und in die Höhe gehoben, so dass man von aussen nach Spaltung dieser Gegend wohl in das Becken, aber nicht in die Bauchhöhle gelangte; mit seinem Grunde lagerte er sich auf die hintere Oeffnung des Bauchringes. Er enthielt ein Stück fetten harten Netzes und eine 3" lange Schlinge des Dünndarms, ersteres war durch feste Adhäsion mit dem Sacke verwachsen, letztere überall durch Exsudationen angeklebt, aber brandig.

II. Bei einem mageren, schwächlichen Manne in den Dreissigen, klemmte sich ein linker äusserer Leistenbruch von der Grösse eines Hühnereies zum drittenmal bereits ein. Nach vielem Drücken und Drängen brachte der Patient seinen Bruch selbst am zweiten Tage nach der Einklemmung zurück. Von diesem Augenblicke an wurden die Zufälle heftiger. D. konnte durch den weiten Leistencanal den Finger tief einführen, ohne eine Bruchgeschwulst zu entdecken. D. machte zuerst an der äusseren Seite des *Funiculus spermaticus* einen 3" langen Einschnitt, fand aber keinen Bruchsack und erhielt dadurch die Bestätigung, dass derselbe mit zurückgebracht sei. Leider verlor D. noch ein Paar Tage durch Unentschlossenheit, doch als der Zustand fortdauerte, sich immer noch Reaction zeigte, eröffnete er die Bauchhöhle in schräger Richtung nach aussen und oben durch einen 3" langen Einschnitt oberhalb der an der gewöhnlichen Incisionsstelle gemachten Wunde, indem er dem Laufe der Fasern des schiefen Bauchmuskels folgte und das Bauchfell zuerst auf einer *Sonde à panaris* öffnete. D. traf gerade auf die Seite des Bruchsacks, welchen er, nachdem die Wundränder auseinandergezogen waren, aus der Oeffnung hervorheben konnte. Er wurde behutsam eröffnet, bis zu seinem Uebergange in das allgemeine Bauchfell gespalten, darauf zog D. eine $1\frac{1}{2}$ Finger lange Darmschlinge und ein Stück Netz heraus und brachte beide in den Leib zurück. Den geöffneten Bruchsack drängte D., um ihn von den Theilen, mit welchen er verklebt gewesen war, zu entfernen, mit dem Zeigefinger nach unten möglichst in die Bruchpforte hinein, damit er nicht zur einer Umschlagung um irgend einen Darm Veranlassung gebe. Der befreite Darm war von dunkelblauer Farbe, seine Wandungen angeschwollen, das Netz natürlich, nur von starken Venen durchzogen. Die Bauchwunde wurde unmittelbar vereinigt, während die in der Inguinalgegend mit Charpie ausgefüllt wurde. Bei gelind kühlender Behandlung besserte sich der Zustand von Tage zu Tage, das Erbrechen hörte sogleich auf, es folgte Stuhlgang. Die obere Wunde war nach einigen Tagen fest geschlossen, die untere eiterte gut, als sich am siebenten Tage Fieber mit Trockenheit der Zunge und kleinem schnellen Pulse einstellte. Der Leib blieb schmerzlos, die obere Wunde war geschlossen, die untere eiterte gut, dessenungeachtet starb der Patient am elften Tage. Section wurde nicht gestattet. —

Von Blumhard berichtet Grossmann (*Inauguraldissertation über die Fortdauer der Einklemmungssymptome nach der Reposition oder Operation incarcerirter Hernien. Tübingen 1848*) folgenden Fall. Ein 40jähriger Steinbrecher, sonst gesund und kräftig, litt schon seit 16 Jahren an einem linkseitigen Leistenbruche, den er mit einem Bruchband verwahrte. Der Angabe nach hatten sich früherhin öfters Einklemmungszufälle eingestellt, die jedoch durch Zurückbringung des Bruchs, der allmälig ins Scrotum gesunken war, stets bald beseitigt wurden. Auffallend war die Angabe, dass der Bruch seit einigen Jahren, nach einer vorausgegangenen Einklemmung, nicht mehr bis in das Scrotum herabgetreten sei, sondern blos noch Anschwellung in der Leistengegend bewirkt habe. Als Patient im Januar 1848 mit erhitztem Körper von der Arbeit nach Hause ging, fühlte er plötzlich heftigen Schmerz in der Bruchgeschwulst. Nachdem er zu Hause vergeblich den Bruch zurückzubringen versucht hatte, liess er in der Nacht einen Wundarzt holen, der durch anhaltende

Taxisversuche den grössten Theil der Bruchgeschwulst zurückbrachte, ohne dass die Zufälle nachliessen, die sich vielmehr steigerten und erst nach einer reichlichen Venaesection sich etwas beruhigten. B. sah den Patienten 46 Stunden nach Beginn der Einklemmung. Patient sah ängstlich, hatte mehrmals Erbrechen, klagte über fortwährende Brechneigung; Bäder und Klystire waren vergeblich angewendet worden. Bei der Untersuchung zeigte sich 1" über dem Leistencanale eine länglich runde, 2" lange, bruchartige Vorragung, die beim leichten Drucke schwand, beim Husten sofort wieder vortrat. Der äussere Leistenring war erweitert, frei, man konnte die Scrotalhaut durch den kurzen weiten Leistencanal stülpen, und erkannte, dass auch der innere Leistenring frei sei, dagegen fühlte man bei tief durch den Leistencanal eingeführtem Finger hinter dem inneren Ringe eine kuglig-gespannte Geschwulst, und mittelst der von aussen her aufgelegten Hand erkannte man eine harte schmerzhafte Anschwellung, die von der Leistengegend nach dem Nabel verlief. Es wurde eine Massenreduction diagnosticirt und zur Operation geschritten, die mehr einer Laparotomie, als Herniotomie glich. Nachdem durch einen schiefen 3" langen Schnitt der Leistenring blosgelegt war, fand sich hinter dem inneren Leistenringe der sehr verdickte, über 1" dicke Bruchsack, der übrigens in dieser Gegend nichts als röthlich braune Flüssigkeit, aber keinen Darm enthielt. Nach Eröffnung des Bruchsacks zeigte sich in der Tiefe eine eingeklemmte kleine Darmschlinge, welche verdickt und mit dem Bruchsacke verwachsen war. Da sich weder der Darm noch der Bruchsack weiter aus der Operationswunde vorziehen liessen, musste der Bruchsack weiter aufgeschnitten, der Darm mit dem Messer in der Tiefe gelöst werden. Jetzt zeigte sich die enge 2—3''' grosse Einklemmungsstelle im Bruchsackhalse, an welcher auch noch Verwachsung mit dem Darm bestand; es liess sich mit Mühe eine Hohlsonde einbringen, und als abermals versucht wurde, Bruchsack und Därme vorzuziehen, kam plötzlich ein kleiner Strom schleimiger, flockiger Flüssigkeit zum Vorschein den man für Darminhalt halten musste, wobei übrigens der Darm nicht collabirte, sondern seine pralle Beschaffenheit beibehielt. B. musste sich begnügen, mit dem 3" in die Bauchhöhle eingebrachten Messer die Strictur einzuschneiden, nach deren Erweiterung erst der Darm nach aussen gezogen werden konnte, an dem sich eine deutliche Einschnürungsrinne und eine mehrere Linien lange quere Darmwunde zeigte, von welcher es ungewiss war, ob sie durch das Messer, oder durch den Zug am Darm erzeugt worden sei. Der Darm wurde nicht reponirt, sondern so gelagert, dass die Darmwunde nach aussen zu liegen kam. Der Operation folgte eine Nachblutung, die Schmerzen liessen nach; am zweiten Tage Erbrechen und flüssiger Stuhl durch den After, worauf Erleichterung folgte. Es stellte sich Durst ein, der Patient wurde hinfällig, schlafsüchtig. Erbrechen und Würgen trat wieder auf, der Leib schmerzte, ohne aufgetrieben zu sein. Der Tod erfolgte am neunten Tage nach der Operation. — Section. Die Oberhaut war in weiter Ausdehnung excoriirt, der verdickte aufgeschnittene Bruchsack sah wie abgestorben, im oberen Wundwinkel lag der geöffnete blaurothe Darm. Nach Eröffnung der Bauchhöhle erschien die obere Hälfte des Dünndarms dunkel blauroth, strotzend von flüssiger Fäcalmasse. Das Bauchfell war vom inneren Leistenringe nach der *Fossa iliaca* hin abgelöst und bildete eine mehrere Löffel Eiter enthaltende Tasche. Der $2^1/_2$" von Leistenringe entfernte Bruchsackhals war 2 " dick; hier lag die geöffnete Darmschlinge, deren zu und abführende Röhren nicht nur unter sich, sondern auch mit dem Bruchsackhalse äusserst fest verwachsen waren. Das untere collabirte Darmstück umschlang spiralförmig das obere, und durch diese Drehung beider Darmröhren um ihre Längenaxe wurde das Darmlumen fast völlig verschlossen. Ueber der Einklemmung war der Dünndarm weit ausgedehnt, prall vollgefüllt; das eingeklemmte Darmstück von der Mitte des Dünndarms war in seinen Häuten verdickt. Der Dickdarm hatte abnormen Verlauf, das *Colon transv.* war mit der Milz verwachsen, die *Flexura coli sinistra* war straff an die hintere Wand der Bauchhöhle geheftet; das *Colon* drang unter einem spitzen Winkel durch das Gekrös des Dünndarms über den Anfang des linken Psoas nach rechts bis zum *Coecum*. —

† Robert *(L'Union méd. 1849, nach Birkett)*. Eine *Entero-epiplocele* von ziemlichem Umfange war *en masse* reponirt worden, es wurde nur noch hinter dem inneren Leistenringe und neben demselben Geschwulst gefühlt. Bei der Operation, drei Tage nach Beginn der Einklemmung, wurde der Leistencanal eröffnet, die Geschwulst herabgezogen, der strangulirende Sack eingeschnitten und die Därme nebst dem Netze reponirt. Genesung. —

J. Syme *(Dublin Journal. Febr. 1850)*. Ein ziemlich beleibter, sonst gesunder Mann von 50 Jahren, der seit 11 Jahren einen Leistenbruch auf der rechten Seite hatte, legte sein Bruchband für einige Wochen weg, weil er an der Bruchstelle nicht die mindeste Anschwellung mehr bemerkte. Plötzlich wurde er mitten in der Nacht von heftigen Leibschmerzen befallen. Dr. Sidey zu Hilfe gerufen, fand denselben in kaltem Schweisse gebadet, sich erbrechend, über fürchterlichen Leibschmerz klagend und eine eigrosse harte, unbewegliche Geschwulst dicht über dem Leistencanale in der rechten *Regio iliaca*. Da der Kranke einige Tage keinen Stuhlgang gehabt hatte, so wurden Klystire applicirt und an die Geschwulst einige Blutegel gesetzt. Es trat wirkliches Kothbrechen auf, der Puls wurde kaum fühlbar, und der Unterleib dehnte sich so aus, dass die Geschwulst in der *Regio iliaca* fast verschwunden schien. Syme fand bei der Untersuchung nichts, als eine indurirte Stelle dicht über dem Leistencanale, glaubte aber, dass die drängenden Einklemmungssymptome eine Operation rechtfertigen würden, zumal da beim Auftreten der Zufälle eine Geschwulst über der rechten Leistengegend deutlich gefühlt worden war. S. machte eine Hautincision in die Bedeckungen des rechten Leistencanals, dann führte er den Finger in den Leistencanal und bediente sich desselben als Leitungsinstrument, um darauf die vordere Wand des Leistencanals zu spalten. Als er bis zum inneren Leistenring gekommen war, wölbte sich eine Geschwulst entgegen, die hervorgezogen wurde, die Grösse eines Eies hatte und das Aussehen eines Bruchsacks darbot. Der geöffnete Sack enthielt eine Dünndarmschlinge. Beim Aufsuchen der Strictur rutschte der Bruchsack zu wiederholten Malen in die Bauchhöhle, bis er durch Haken fixirt wurde, wo dann dicht über dem inneren Leistenringe eine Einklemmungsstelle im Bruchsackhalse wahrgenommen wurde, in welche Verfasser den Fingernagel brachte, und über diesem ein geknöpftes Bistouri einführte, womit er die Strictur leicht incidirte. Nach der Incision wich die Darmschlinge zurück, der Patient fühlte sofort Erleichterung, es trat bald Stuhl ein, nach drei Wochen war der Kranke völlig hergestellt. — S. bemerkt noch, dass er mehrmals gesehen, dass die nach der Reposition fortbestehende Einklemmung den Patienten das Leben kostete, und in zwei Fällen, wo die Obduction gestattet wurde, überzeugte er sich, dass die Einklemmung durch den Bruchsackhals des *en bloc* reducirten Bruchs, nicht so stark war, dass sie nicht hätte durch eine kleine Incision gehoben werden können. —

J. Luke *(London. Gaz. Februar 1850)*. Ein 77jähriger Greis, der seit vielen Jahren einen mässig grossen, beweglichen Leistenbruch hatte, der, wenn er beim Abnehmen des Bruchbands vorgetreten war, sich stets leicht reponiren liess, bekam auf einmal nach Zurückführung des gedachten Bruchs wiederholtes Erbrechen, wobei indessen die Darmausleerungen noch einige Tage lang stattfanden. Endlich entwickelten sich in rascher Folge alle Symptome der Einklemmung. Die Untersuchung der Leistengegend zeigte keine gesteigerte Empfindlichkeit, selbst wenn der Finger in den etwas erweiterten linken Leistencanal eingebracht wurde; da indessen Verfasser den Samenstrang auf seinem Wege durch den Leistencanal durch die Hautdecke durchfühlen konnte, ohne dass ein Bruchsack den Samenstrang bedeckte, so vermuthete er, es könne sich wohl um einen innerhalb der Bauchhöhle durch den Bruchsackhals eingeklemmten Bruch handeln, an welchem der Kranke selbst die *réduction en masse* vorgenommen hatte. Es wurden vergebliche Versuche gemacht. durch Husten, Rütteln und andere Bewegungen den Bruch wieder zum Vorschein zu bringen, und nach dem Eintritte von Tympanitis liess sich Patient endlich zur Herniotomie willig finden. Der Hautschnitt wurde auf dem Leistencanale geführt und dessen vordere Wand gespalten, wobei der Samenstrang sich präsentirte. Als die Spaltung bis in die Gegend des inneren Leistenrings gekommen war, erschien hier eine kleine Geschwulst, die immer mehr hervortrat, je mehr durch den Schnitt der Raum erweitert wurde. Die Geschwulst hatte eine runde Form und ein weissliches Aussehen, schien indessen einen dunkleren Inhalt zu haben. Aus einem kleinen Einschnitte in den weisslichen fibrösen Sack floss etwas blutiges Serum aus, und nach gehöriger Erweiterung des Einschnitts auf der Hohlsonde wurde ein dunkelroth gefärbtes Darmstück sichtbar, welches sich im Zustande der Einklemmung befand. Der längs dem Darmstücke in die Bauchhöhle geführte Finger entdeckte 2″ etwa vom inneren Leistenringe entfernt eine strangulirende Stelle, die nicht sehr eng war und ohne Zweifel von dem Bruchsackhalse gebildet wurde. L. führte langsam die Spitze des linken Zeigefingers in die Strictur, leitete ein geknöpftes Bistouri über den Fingernagel und machte eine leichte Incision, nach welcher der Darm sich ohne Mühe in die Bauchhöhle zurückschieben liess. Die Operationswunde wurde mit einigen Heften und Pflasterstreifen vereinigt. Wenige Stunden nach der Operation traten reichliche Darmentleerungen ein, schon nach 5 Tagen war die Wunde durch erste Vereinigung geheilt, und der Patient konnte als völlig hergestellt betrachtet werden. —

Curling *(Lancet 1850. vol. II. p. 81)* machte an einem 35jährigen Manne, welcher der Angabe nach früher einen rechtseitigen Leistenbruch gehabt hatte, wegen schnell auftretender und sich rasch steigernder Einklemmungserscheinungen eine exploratorische Operation. Es wurde im rechten Leistencanale kein Bruchsack gefunden, der Finger entdeckte nach hinten in der *Fossa iliaca* eine Geschwulst, die vorgezogen, eröffnet wurde, und welche übelriechende Secrete und Darm enthielt. Der Bruchsackhals liess sich schwer erreichen und einschneiden. Tod. Die Section zeigte verbreitete Peritonitis. In der *Fossa iliaca*, zwischen Bauchfell und *Fascia transversa*, lag ein Bruchsack, der brandig zusammengesunkenen Darm enthielt. Der Bruchsackhals schien mit dem hinteren Leistenringe zu correspondiren, war verdickt, stand rechtwinklig zum Poupart'schen Bande. —

A. Scriba berichtet in einer gut geschriebenen Inauguraldissertation über Bruchreduction *en masse (Giessen 1853)* folgenden Fall aus Wernher's Klinik. Ein 42jähriger, kräftig gebauter Landmann trug seit 10 Jahren, eines rechtseitigen, äusseren Leistenbruchs halber, der sich bei einer Anstrengung eines Tages vergrössert hatte, ein doppeltes Leistenbruchband, weil er auch Bruchbildung auf der linken Seite befürchtete. Der Bruch fiel nicht selten vor, war aber allemal mit Leichtigkeit vom Pat. reponirt worden, niemals war der Bruch tief in das Scrotum hinabgestiegen. Den 16. März 1853 trat der Bruch zu Ende einer Stuhlentleerung wiederum vor, dieses Mal war aber die Reposition nicht so leicht als sonst, und kam erst nach längerer Anstrengung ohne kollerndes Geräusche zu Stande. Nach derselben empfand Patient sogleich Schmerz in der rechten hypogastrischen Gegend, der sich bald nach einer eingenommenen Mahlzeit so steigerte, dass Patient sich auf dem Bette hin- und herwälzte, während zu gleicher Zeit Frost und Hitze sich einstellten, Uebelkeit, Erbrechen auftraten und der Leib sich auftrieb. Die von einem Arzte verordneten Mittel (Bleiwasserklystire, Ol. ricini, Calomel, Jalappe, Narcotica, Eisfomente u. s. w.) blieben wirkungslos: am folgenden Morgen erfolgte zwar noch eine mässige Stuhlentleerung, aber dann trat Erbrechen krümlicher Massen von faecalem Geruche ein, die Ructus hatten fauligen Geruch und es wurde selbst ein nussgrosser Kothballen ausgeworfen. Den 19. März wurde Patient in das academische Hospital gebracht. Er behauptete, dass während des Transports das Leibweh abgenommen habe, dass er sich wohler fühle. Der Gesichtsausdruck war nicht sehr leidend, Patient konnte gehen und stehen, der Puls machte 66 Schläge, war voll und kräftig, die Haut natürlich warm. Die fauligen Ructus dauerten fort, es wurden auch schleimig-fäcaloide Massen erbrochen. Die untere Bauchhälfte war aufgetrieben und durch eine quere unterhalb des Nabels hinlaufende Falte von der oberen geschieden. Tieferer Druck wurde überall vertragen; über dem rechten Leistenringe fühlte man eine tiefliegende, gänseeigrosse Geschwulst, die etwas verschieblich und gegen den Druck mehr empfindlich war. Die Percussion gab über dem Nabel einen vollen, tympanitischen, links unten einen leeren, rechts unten einen gedämpften tympanitischen Ton. In den rechten weiten Leistencanal drang der Finger bequem ein. Der Canal war frei. Beim Husten, Erbrechen oder Pressen trat keine Geschwulst vor; der rechte horizontale Schambeinast liess sich deutlich fühlen. Patient erhielt eine *Emulsio ricini* mit *Aqua laurocerasi*, 2 mal 15 Blutegel auf den Leib, ein Bad und narcotische Fomente. Der Zustand verschlimmerte sich wieder, das Kothbrechen und die Ructus wurden häufiger, die Zunge belegte sich, der Puls wurde kleiner, so dass Wernher den 20. März zur Operation schritt. Nachdem Patient mit erhöhtem Steiss gelagert, die Schamhaare abrasirt worden waren, wurde ein senkrechter, über dem Leistenringe beginnender und am Scrotum endender, $2\frac{1}{2}''$ langer Hautschnitt gemacht, dann wurden, unter fortwährendem Auseinanderziehen der Wunde mit stumpfen Haken, die Zellgewebsschichten auf der Hohlsonde bis zum äusseren Leistenringe getrennt. Die geringe Blutung stand nach Aufdrücken von kalten Schwämmen. Nachdem der Leistencanal auf dem Finger 1'' weit nach oben und aussen eingeschnitten war, zeigte sich eine fast durchsichtige, sackförmige Membran, die röthliche Klumpen durchschimmern liess und geöffnet eine glatte Fläche darbot, die mit vielen zum Theil festgewachsenen Fettbrocken bedeckt war; nach oben war keine Oeffnung in diesem vermeintlichen Bruchsacke. Erst nach Entfernung der Fettmasse erschien nach aussen eine nussgrosse, blauschwarze Geschwulst, die von einem sehr dünnen, kein Bruchwasser enthaltenden Sacke umgeben war, und eine dunkel gefärbte, aber noch glänzende, sehr gespannte Darmschlinge enthielt. Der in diesen Bruchsack gebrachte Finger fand die einklemmende und sehr enge Stelle hoch oben und aussen in der Nähe der *Spina anter. inf.* Mittels des Cooper'schen Bruchmessers wurde der einschnürende Ring $1\frac{1}{2}$—2''' weit eingeschnitten und die incarcerirte Schlinge befreit. Hinter dem horizontalen Aste des Schambeins befand sich eine faustgrosse, mit Därmen angefüllte Tasche, die nur durch Ablösung und Ausstülpung des Bauchfells in Folge der öfteren Repositionsversuche entstanden sein konnte; mit einiger Schwierigkeit wurde der Inhalt dieser Tasche in die Bauchhöhle befördert. Nachdem die Wunde gereinigt und einfach verbunden worden war, wurden kalte Umschläge angeordnet. Zwei Stunden nach der Operation stellte sich reichlicher Stuhlgang dünner, gelblicher Massen ein, die Einklemmungserscheinungen hörten auf, der Kranke fühlte sich sehr erleichtert. Die nachfolgenden entzündlichen Erscheinungen waren von geringem Belang. Nach drei Wochen wurde Patient geheilt entlassen. —

Hahn (*Würtemb. Zeitschr. für Wundärzte und Geburtsh. Bd. X. p. 23, 1857*). Ein 36jähriger Tischler, der seit einigen Jahren mit einem rechtseitigen Leistenbruche behaftet war, der durch ein schlechtes Bruchband ungenügend zurückgehalten wurde. und sich einigemal bereits eingeklemmt hatte, merkte den 31. October 1854 beim Aufheben einer Last, dass sein Bruch unter dem Bruchbande vorgefallen sei. Da er selbst den Bruch zurückzubringen nicht vermochte, liess er einen Wundarzt kommen. der nach mehreren Taxisversuchen endlich den Bruch zurück drängte, wobei kein Kollern wahrgenommen wurde. Die Einklemmungserscheinungen dauerten fort. steigerten sich. Verfasser, nach 36 Stunden gerufen, fand den Leistencanal erweitert. konnte mit dem Finger in denselben eingehen, und fühlte hinter dem inneren Leistenringe die untere Fläche einer verschiebbaren, elastischen Geschwulst, welche auch äusserlich über dem inneren Leistenringe durch die Bauchdecken hindurch zu fühlen war. Es war ziemlich gewiss, das der Bruchsack sammt seinem incarcerirten Inhalt in die Bauchhöhle zurückgedrängt worden sei. Verfasser schlug die Operation vor. die aber erst am folgenden Tage vom Patienten gestattet wurde. Die Haut über dem Leistencanale wurde mittels Faltenbildung eingeschnitten, hierauf der Leistencanal auf dem eingeführten Finger fast in seiner ganzen vordern Wand gespalten. Der durch den inneren Leistenring eingebrachte Finger fühlte eine birnenförmige, mit der Spitze aufwärts gerichtete Geschwulst, die die Fingerspitze umgehen, und sogar den knorpligen Bruchsackhals erreichen konnte. Verfasser führte neben dem Zeigefinger eine Kornzange ein und suchte damit den Bruchsackgrund zu fassen und vorzuziehen. was auch nach einigen vergeblichen Versuchen gelang. Der hervorgezogene Theil stellte einen birnenförmigen, elastischen Sack von violetter Färbung dar, nach dessen Eröffnung ein Esslöffel voll, stark von Blut gefärbter, aber klarer Flüssigkeit abfloss. Die im Bruchsacke befindliche, etwa 4" lange Darmschlinge war stark dunkelbraun gefärbt, die Häute derselben waren etwas verdickt, jedoch noch nicht welk, und es wurde daher kein Anstand genommen, die Darmschlinge nach Erweiterung des Bruchsackhalses mittels einiger kleiner Einschnitte in die Bauchhöhle zurückzubringen. Die Reposition wurde dadurch etwas schwierig, dass der Bruchsack stets der Darmschlinge folgte, und es gelang dieselbe erst nach gehöriger Fixirung der Spaltränder des Bruchsacks durch einen Gehilfen mittels zweier Pincetten. Der Bruchsackhals zeigte sich deutlich strahlig gefaltet, die Falten verdickt, fast knorpelartig hart und weiss, während der übrige Theil des Sacks eine violette Färbung zeigte und nicht verdickt war. Der leere Bruchsack wurde absichtlich nicht reponirt, die Ränder der Hautwunde wurden mit Pflasterstreifen aneinander gebracht und ein gewöhnlicher Verband angelegt. Von den Incarcerationserscheinungen hörte das Schluchzen und Brechen auf, Schmerz im Hypogastrium und Empfindlichkeit des aufgetriebenen Bauchs gegen Druck dauerte fort, weswegen Blutegel und kalte Fomente applicirt, auch *Ung. cin.* eingerieben, Klystire gereicht und Opium gegeben wurde. Erst 106 Stunden nach der Operation erfolgte der erste copiöse Stuhlgang, worauf die erwähnten Symptome beträchtlich nachliessen, und am folgenden Tage nach abermals zwei Stühlen völlig verschwanden. In der Nacht vom 8. zum 9. November erfolgte ein Durchbruch des Darms, und ein reichlicher, flüssiger Erguss nach aussen, den gegen Morgen ein reichlicher Stuhlgang begleitete. Durch Diätfehler verschlechterte Patient einigemal seinen Zustand, zog sich dadurch beträchtliche Beschwerden zu. Vom 20. November an ging nur wenig gallig gefärbte Flüssigkeit aus der Wunde ab, dieselbe vernarbte bis auf eine kleine Fistelöffnung, welche nach 9maligem Cauterisiren mit *Lapis inf.* sich den 28. December schloss.

Textor jun. *(Verhandl. der physik. med. Gesellschaft zu Würzburg. VII. p. 237 u. f. 1857).* Ein 60jähriger, mittelgrosser, sonst kräftig gebauter Mann hatte seit vielen Jahren einen linkseitigen Leistenbruch, der trotz dem Bruchbande häufig vorfiel, aber stets mit leichter Mühe zurückgebracht werden konnte, nur einmal, vor

10 Jahren, hatte sich der Bruch eingeklemmt, und behufs der Reposition die Hilfe eines Chirurgen erfordert. Den 20. Januar 1856 klemmte sich der Bruch abermals ein, wurde aber von dem Patienten nach vielfachen Versuchen endlich zurückgebracht; dessenungeachtet verloren sich die Zufälle der Einklemmung nicht. Ein hinzugerufener Arzt rieth dem Patienten, sich in das Juliushospital bringen zu lassen, und verordnete, da dieser Vorschlag zurückgewiesen wurde, einfache Klystire, Tabaksklystire und verschiedene Abführmittel, die indessen keinen Erfolg hatten. Nach Verlauf von 5 Tagen, nachdem die Erscheinungen beträchtlich sich gesteigert hatten, willigte Patient endlich in den Transport in das Hospital. Der Unterleib erschien mässig gespannt, nur in der Nabelgegend und oberhalb der linken Leiste beim Druck empfindlich; in der letzteren Gegend fühlte man, tief in die *Fossa iliaca* eingebettet, eine ziemlich umfängliche, scharf abgegrenzte Geschwulst, die einen matten Ton gab, während höher oben der Percussionston tympanitisch war. Die beiden Leistengegenden waren vollkommen frei; in den linken erweiterten Leistencanal konnte man leicht mit dem Zeigefinger eindringen, ohne die Spur einer Vorlagerung oder eines leeren Bruchsacks zu entdecken. Auch beim Husten und Drängen trat nichts hervor. Puls wenig beschleunigt, Durst und Hitze mässig. T. diagnosticirte eine Massenreduction und schlug die Operation vor, die Patient, durch den augenblicklichen Nachlass der gefährlichen Zufälle bewogen, zurückwies. Patient erhielt ein warmes Bad, noch einige Tabaksklystire; in der Nacht trat wirkliches Kothbrechen auf, der Puls wurde schnell, fadenförmig; am folgenden Tage wiederholte sich das Erbrechen, die Schmerzen wurden beträchtlich, aber immer noch verweigerte Patient die Operation, und willigte erst am Morgen des 28. Januar in dieselbe. Nachdem Patient chloroformirt worden war, machte T. etwa $^1/_2$—1″ oberhalb des linken Leistenbandes einen 3″ langen, etwas nach innen abgeschrägten Schnitt durch die Bauchwandungen, den er bis zur *Fascia transversa* fortsetzte, indem er den Plan verfolgte, zwischen *Fascia transversa* und Bauchfell einzudringen, um wo möglich die Eröffnung der Bauchfellhöhle zu vermeiden. Nach vorsichtiger Einschneidung der *Fascia transversa* erweiterte T. den Schnitt auf der Hohlsonde, indem er mit dem Finger das lockere Bindegewebe wie beim Aufsuchen der Darmbeinschlagader nach aussen und nach innen lockerte. T. gelangte so in die Darmbeingrube, zu dem dahin zurückgeschobenen, am Rande des Iliopsoas liegenden, sehr straff gespannten Bruchsacke. Um diesen eröffnen zu können, wurde der Schnitt durch die Bauchdecken nach Ablösung des Bauchfells auf dem Finger erweitert, so dass er nun 5—6″ betragen mochte. Der grünlich-röthlich aussehende, in seiner ganzen Ausdehnung vorliegende Bruchsack war so gespannt, dass er sich zu keiner Falte erheben liess, und daher mit einem freien Schnittchen und unter Eindringung mit der Hohlsonde zwischen die Schichten desselben vorsichtig eröffnet werden musste. Als die innerste Bruchsackschicht incidirt worden war, entleerte sich eine ziemliche Menge eines dünnen übelriechenden Bruchwassers. Nachdem die Bruchsackwand $2^1/_2$″ in der Richtung der Hautwunde gespalten worden war, kam eine blassgelbliche, mit grünlichen Exsudatschichten überzogene Darmschlinge zum Vorschein, die sich mit dem Finger leicht ablösen liess, worauf derselbe nach innen und unten, nahe an der Harnblase, etwa 1″ unterhalb des Leistenrings zur Einklemmungsstelle gelangte. Der einklemmende Ring, der etwa den Umfang eines Sechskreuzerstücks, wie sich später herausstellte, hatte, wurde auf der Fingerspitze mit dem Pott'schen Messer nach innen und oben 3‴ weit unter deutlichem Krachen eingeschnitten, dann wurde die äussere Bruchsackwand noch weiter nach aussen und oben gespalten, so dass sich der ganze Inhalt des Bruchs übersehen liess. Die eine Hälfte der Darmschlinge war graugelblich gefärbt, mit dunkelen, schwarzblauen Flecken besät, und von Gas ausgedehnt, die andere

kleinere Hälfte sah rothbraun und hellroth, war gefleckt und mit reichlichem fetzigen Exsudate bedeckt. Nach der Erweiterung des einklemmenden Rings konnte der Finger in die Bauchhöhle eingebracht werden, allein das Zurückbringen des Vorgelagerten war noch nicht möglich, und der Ring musste weiter eingeschnitten werden, was auf der anderen Seite geschah, wo in 2 Absätzen ein etwa 1" langer Einschnitt gemacht wurde. Nachdem endlich unter vieler Mühe und unter fortwährendem Schreien des Patienten, der aus der Chloroformnarcose erwacht war, die Bruchcontenta reponirt worden waren, wurde die Erweiterungswunde der Bruchpforte mit der Kürschnernaht vereinigt, beide Fadenenden nach aussen geführt und auf der Haut mit Pflasterstreifen befestigt, zuletzt wurde die Bauchwunde mit 5 tief greifenden Knopfnähten geschlossen und ein einfacher Druckverband angelegt. Die Blutung während der Operation war sehr gering gewesen. Nach der Operation stellte sich bald Meteorismus und heftiger Schmerz ein, dann wurde Patient theilnahmlos; nach 5 Stunden erfolgte der Abgang einer Menge Kothflüssigkeit, dem keine Erleichterung, sondern *Collapsus* folgte. Gegen Abend starb der Operirte. — Bei der Section wurde der Dünndarm zumeist erweitert gefunden; nach links lag eine sehr blasse Darmschlinge fast an der Umgebung der Schnittwunde festgelöthet, am inneren Umfange der Schnittöffnung befand sich eine etwa 8½" lange Darmschlinge, die in einer Strecke von 4½" anämisch, welk, abgestorben erschien und nach oben von einer starken Einklemmungsfurche begrenzt wurde. Am unteren Ende des abgestorbenen Stücks war die Darmwand 3" weit sehr verdickt, von schwarzrothem Aussehen, und unterhalb dieser Stelle war eine zweite 3''' tiefe Furche mit vollständiger Mortification und stecknadelkopfgrosser Durchbohrung. Am vorderen Umfange, 3" oberhalb dieses Abschnitts fand sich eine dritte Einklemmungsstelle, die sich auf der hinteren Wand als eine erhabene schwärzliche Linie bis auf das Gekrös fortsetzte und älteren Ursprungs war; eine ähnliche vierte Einklemmungsstelle befand sich 5" weiter abwärts. Von der letztgedachten Stelle 6" entfernt befand sich die Einmündung des Dünndarms in den Blinddarm; das ganze untere Dünndarmstück war verhältnissmässig eng. Am Dünndarmgekröse zeigten sich weissliche Narbenzüge, die den Darm nach den Blinddarm hingezogen hatten. An der hinteren Seite des Gekröses, entsprechend der eingeklemmt gewesenen Darmpartie, befand sich eine anämische, von zwei rothen Linien begrenzte Furche, die nach oben in schwärzliche Infiltration auslief. Die *Flexura iliaca coli* war in ihrem oberen Theile an einem dickwandigen, ausserhalb des Bauchfells liegenden Sacke angeheftet. Die Operationswunde sah missfarbig, der linke Hode stand höher, seine Scheidenhaut enthielt etwas klare Flüssigkeit. Der Samenstrang war von einer verdickten, bis in den Leistencanal sich erstreckenden Haut überzogen; in den Leistencanal konnte der Daumen bequem eingeführt werden. Die Schenkelader war erweitert, mit Blutgerinnseln gefüllt. Der Schenkelring war verschlossen. Der Bruchsack hatte 3" Durchmesser, war in seinem oberen äusseren Theile vom Bauchfelle abgelöst, dickwandig, missfarbig; an seiner unteren inneren Seite war die durch die Kürschnernaht geschlossene, erweiterte alte Bruchpforte; der einklemmende Ring hatte einen dicken, derben Rand. —

Poland *(John Birkett: Guy's Hosp. Rep. 3. Ser. VII. 1861).* Ein 35jähriger Mann, der seit 24 Jahren eine reducirbare Leistenhernie besass, die er nur am Tage und bei der Arbeit durch ein Bruchband zurückhielt, bemerkte eines Morgens, dass sein Bruch stärker vorgetreten sei; er brachte ihn zurück, es folgte aber Uebelkeit und Erbrechen. Patient nahm Abführmittel, welche eine Entleerung bewirkten, der Bruch trat wieder vor, und Patient fühlte sich erleichtert. Einige Tage später, nachdem der Bruch abermals zurückgebracht worden war, machte Patient einen ziemlich weiten Marsch; er bekam heftige Schmerzen in der Nabelgegend mit Erbrechen, der

Bruch blieb zurück. P. fand den Unterleib weich, nirgends eine Spur einer Vorlagerung, dessenungeachtet verschlimmerte sich in den folgenden zwei Tagen der Zustand so, dass Patient in die proponirte exploratorische Operation willigte. Der Leistencanal wurde frei gelegt, gespalten, der eingebrachte Finger drang in eine weite Höhle in der vorderen Bauchwand, die sich nach der *Linea alba* hin erstreckte, allein in der Höhle konnte nichts gefühlt werden. P. spaltete weiter nach oben und innen, um die Höhlung bloszulegen; nach hinten lag in derselben ein beweglicher Bruchsack, der mit Mühe vorgezogen und dann eingeschnitten wurde; er enthielt eine dunkelrothe, congestiv geschwollene Darmschlinge, die durch den engen Bruchsackhals abgeschnürt wurde. Nach Einschneidung des Bruchsackhalses wurde die eingeklemmte Schlinge reponirt, die grosse Operationswunde mit Heften geschlossen. —

Wo lag, fragen wir in diesem Falle, der Bruchsackhals? Wie war die grosse Höhle in der Bauchwand entstanden?

Derselbe *(Ibidem)*. Die rechtseitige Hernie eines 60jährigen Mannes war stark vorgetreten und durch Taxis reponirt worden; es folgte keine Erleichterung, sondern der Zustand wurde schlimmer. P. operirte. Nachdem der Leistencanal blosgelegt und gespalten worden war, drängte sich ein Sack vor, der ergriffen und nach aussen gezogen wurde. Der Sack war verdickt, enthielt viel Bruchsackwasser, war aber leer, der Bruchsackhals war frei. Genesung. Vielleicht war bei der Vorziehung und Eröffnung des Bruchsacks die eingeklemmt gewesene Darmschlinge von selbst zurückgewichen. —

Arnott *(Ibidem.)* Ein 35jähriger Mann hatte einen doppelten Leistenbruch, der rechtseitige bestand seit 5 Jahren, wurde durch ein Bruchband zurückgehalten und liess sich leicht reponiren, wenn er in das Scrotum vorgefallen war; der linkseitige Bruch bestand seit dem sechsten Jahre, fiel nur selten einmal vor und wurde durch kein Bruchband zurückgehalten. Ueber Nacht fiel im Jahre 1857 der linke Bruch vor und klemmte sich ein, ein herbeigerufener Arzt hatte ihn mit Mühe reponirt, die Einklemmungserscheinungen hatten sich nach der Reposition verstärkt. A. fand keine Spur einer Vorlagerung, er setzte Massenreduction voraus und operirte. Im Leistencanale lag kein Bruchsack, hinter dem inneren Leistenringe zeigte sich eine Geschwulst, die mit Mühe vorgezogen wurde; sie stellte einen Sack dar, welcher eine eingeklemmte Darmschlinge enthielt. Der Bruchsackhals war schwer zu erreichen, kam erst nach starkem Anziehen des eröffneten Bruchsacks zu Gesicht; nach dem Débridement desselben mit dem Knopfmesser wurde jedoch der Darm reponirt und es erfolgte Heilung. A. ist der Ansicht, der Bruchsack sammt dem Inhalte sei durch dieTaxis zwischen die *Fascia transversa* und das Bauchfell in die *Fossa iliaca* gedrängt worden. —

Dieulafoy *(Journal de Toulouse. Mai 1858)* erzählt drei Fälle, von welchen zwei als complete Massenreductionen betrachtet werden müssen.

1. Ein 60jähriger Mann, der seit vielen Jahren einen grossen Leistenbruch besass, der durch ein Bruchband zurückgehalten wurde, und wenn er einmal vorgefallen war, vom Patienten leicht zurückgebracht zu werden pflegte, konnte eines Tags, als nach einer Anstrengung der Bruch hervorgetreten war, diesen trotz mehrstündiger Versuche nicht zurückbringen. Nach 12 Stunden wurde Dr. Viguerie gerufen, versuchte die Taxis mit Anwendung einiger Kraft und reponirte die Geschwulst nach und nach. Die Einklemmungserscheinungen hörten nach der Reduction nicht auf, steigerten sich vielmehr, der Leib wurde über der Leistengegend sehr schmerzhaft; trotzdem liess sich eine Geschwulst nicht entdecken, und man konnte mit dem Finger den erweiterten Leistencanal fast durchdringen. Viguerie schritt 24 Stunden nach der anscheinend gelungenen Taxis unter Assistenz von Dieulafoy

zur Operation. Durch einen schiefen Hautschnitt wurde der äussere Leistenring blosgelegt, man fand keinen Bruchsack. Jetzt schnitt V. den äusseren Leistenring ein und ging mit dem Finger in die Bauchhöhle. Hinter dem inneren Leistenringe und nach innen von demselben fühlte er mit der Fingerspitze eine pralle Geschwulst er erweiterte nun mit dem Messer den inneren Leistenring, führte einen stumpfen Haken ein und zog die Geschwulst nach unten. Die Geschwulst war von einem Sacke umgeben, der eingeschnitten trübes Serum auslaufen liess; im Bruchsacke lag eine braunrothe Darmschlinge, welche vom Bruchsackhalse eingeklemmt wurde. Nach Einschneidung des Bruchsackhalses wurde die sonst gesund aussehende Darmschlinge reponirt. Nach 4 Wochen Heilung.

2. Ein 30jähriger Mann mit einem etwa seit 16 Stunden eingeklemmten Leistenbruche wurde in das Hôtel-Dieu von Toulouse gebracht. Der Assistenzarzt hatte dem Patienten ein Bad verabreichen lassen, und nach diesem den nicht sehr grossen, teigig anzufühlenden Bruch leicht reponirt. Am folgenden Tage bestanden die Einklemmungserscheinungen fort, der Leistencanal war frei, über demselben schien der Leib aufgetrieben und empfindlich. Patient referirte, er habe schon seit 12 Jahren einen Bruch bemerkt, derselbe habe stets vorgelegen, aber keine Beschwerden verursacht; nur seit einigen Jahren erst sei der Bruch gewachsen, deswegen habe er selbst versucht, den Bruch zurückzubringen, was ihm auch mehrmals bis auf eine kaum zu fühlende Anschwellung gelungen wäre. D. operirte, er schnitt die Haut schief ein, legte den äusseren Leistenring blos und führte den Zeigefinger in den Leistencanal; er entdeckte hier nach innen am inneren Leistenringe und hinter demselben eine Geschwulst, die nach Spaltung des inneren Leistenrings mit dem Zeigefinger hervorgezogen werden konnte. Die Bruchgeschwulst wurde eröffnet; der Sack enthielt einen indurirten, mit dem Bruchsacke vielfach verwachsenen, und mit Exsudat bedeckten Netzklumpen, der vom Bruchsackhalse eingeschnürt wurde. Nach Spaltung des Bruchsackhalses und Bloslegung des Netzes wurde letzteres excidirt und die spritzenden Gefässe unterbunden. Es folgte heftige Reaction, dann Eiterung; Patient genas. —

Thilenius *(Frickhöffer's Statistik der Brucheinklemmung, Herniotomien etc. in Nassau von 1818—1858. Nassau'sche med. Jahrbücher 17 und 18. 1861. p. 194)* beobachtete 1858 bei einem 50jährigen Manne eine *réposition en masse* wie es scheint eines kleinen Leistenbruchs. Die Operation stellte die Richtigkeit der Diagnose ausser Zweifel, der Bruchsackhals schnürte eine kleine Darmschlinge ab. Nach der Spaltung des Halses und Reposition der Darmschlinge hörten die Einklemmungserscheinungen auf. Nach 10 Tagen bekam der Patient Pneumonie und starb. Die eingeklemmt gewesene Darmschlinge zeigte sich etwas hyperämisch. —

Eigene Beobachtung. — Ein 36jähriger Schuhmachergeselle, der seit länger als 10 Jahren einen rechtseitigen Leistenbruch hatte, der durch ein Bruchband zurückgehalten wurde, und der, wenn er vorgefallen war, vom Patienten stets zurückgebracht worden war, bemerkte am Morgen des 7. November 1858 beim Stuhlpressen, dass sein Bruch sich stark unter dem Bruchbande befinde. Patient mühte sich eine Zeit lang vergeblich, den Bruch zurückzubringen; nach einigen Stunden empfand er ziehende Schmerzen im Leibe und bekam Uebelkeiten; er legte sich in das Bette und wärmte sich den Leib, worauf die Schmerzen nachliessen. Gegen 5 Uhr begab er sich, da der Bruch immer noch nicht zurückgehen wollte, zu einem Wundarzte, und dieser brachte denselben in einigen Minuten ohne grosse Mühe zurück. Patient legte sofort sein Bruchband an und ging nach Hause. Nach 4 Stunden fiel der Bruch abermals unter dem Bruchbande beim Husten vor, der Patient schickte zu demselben Wundarzte, welcher alsbald kam und den Bruch abermals ziemlich rasch reponirte Patient hatte eine schlechte Nacht, er wurde von periodisch auftretenden Leibschmerzen gepeinigt, hatte grossen Durst, bekam Aufstossen, Uebelkeiten und musste sich einigemal erbrechen. Am andern Morgen, etwa 30 Stunden nach Beginn der Einklemmung, wurde ich zu Rathe gezogen. Die Gesichtszüge des Patienten waren nicht entstellt, der Puls wenig beschleunigt, die Zunge sah weisslich belegt. Der Unterleib war weich, nicht besonders empfindlich, nur rechts über dem Leistenband war eine Völle zu bemerken, die beim stärkeren Drucke schmerzte. Von einem Bruche liess sich keine Spur entdecken, obgleich der Chirurg, der den Bruch zweimal reponirt hatte, bemerkte, derselbe habe bis fast zum Hoden sich herab erstreckt. Der die Scrotalhaut einstülpende Finger erkannte Erweiterung und einige Verkürzung des Leistencanals, und drang bis zum inneren Leistenringe vor, hinter welchem eine Geschwulst gefühlt wurde, die beim Husten gegen die Fingerspitze anprallte. Ich liess den Patienten auf die Füsse treten und stark aufhusten, er klagte, dass er hierbei einen stechenden Schmerz in der rechten Leistengegend empfinde; als er dessenungeachtet nach meiner Aufforderung mehrmals energisch gehustet und gepresst hatte, rief er auf einmal „mein Bruch ist wieder vorgetreten“, und ich fand nun eine gespannte, cylinderförmige Geschwulst, die fast bis zum Hoden herabreichte. Ich konnte mit der Fingerspitze neben der Bruchgeschwulst noch immer in den Leistencanal dringen und fühlte daselbst den Hals der Hernie als einen stielartigen festen Strang, der sich nach hinten zog. Schob man den Bruchkörper nach aufwärts, so überzeugte man sich, dass nicht viel Kraft dazu gehören würde, denselben durch den Leistencanal durchzudrängen. Da die Umstände nicht drängten, versuchte ich, nachdem ich den Patienten vorher in die Chloroformnarcose gebracht hatte, nochmals die Taxis in nachfolgender Weise. Ich zog den Bruch an, drang mit den Spitzen des Daumens und Zeigefingers neben demselben in den Leistencanal und führte hier einen stetigen Druck auf die Stelle des Bruchs, an welcher der stielartige Hals begann, aus. Als ich nach etwa 5 Minuten fühlte, dass die Härte unter den Fingerspitzen sich gemindert hatte, brachte ich eine kleine vorwärtsschiebende und ruckende Bewegung an und nahm hierbei ein feines Knistern wahr, welches sich, als ich auch die Spitze des dritten Fingers nachschob und drückte, zu einem deutlichen Gurren verstärkte. Ohne die Finger zu entfernen, erkannte ich mit den Fingern der andern Hand, dass der Bruch an Spannung verloren habe, ich drückte daher behutsam jetzt mit beiden Händen weiter und brachte dadurch den Bruchinhalt bald zurück. Nach der Reposition liess sich der leere Bruchsack im Scrotum deutlich fühlen. Es folgte bald Stuhlgang; der Patient erholte sich rasch und wurde mit einem neuen Bruchbande versehen. —

R. Partridge *(Brit. med. Journ. Jan. 15 1859)* Eine 54jährige Frau wurde in das Kings College Hosp. gebracht; sie hatte am Tage vorher in Folge von Husten das Vortreten einer harten Geschwulst in der linken Leistengegend bemerkt. Da bald nachher sich Einklemmungserscheinungen zeigten, so liess sie einen Chirurgen kommen, der das Vorhandensein einer taubeneigrossen, linkseitigen, interstitiellen Leistenhernie erkannte, die jedenfalls schon früher bestanden hatte, allein durch die Einklemmung erst zur Kenntniss der Patientin gekommen war. Nach einigen (forcirten) Taxisversuchen wurde die Hernie reponirt. Da die Einklemmungserscheinungen nach der Reposition sich noch steigerten, so wurde die Kranke am folgenden Tage in das Hospital geschafft. P. fand am untern Theile des Leistencanals linkerseits eine geringe schmerzlose Anschwellung, die mehr einer Drüsenanschwellung glich. Das constante Erbrechen, der fadenförmige Puls und die Spannung der Bauchdecken bewogen Verfasser, sofort zu operiren. Nach Spaltung der Haut über dem äusseren Leistenringe stiess man auf eine Membran, die man für einen Bruchsack hielt, die sich aber nach dem Einschneiden als ein von einer Zellgewebshülle umgebener Fettklumpen auswies. Der Leistencanal war geräumig und frei, man konnte den Finger bis in die Bauchhöhle einbringen. Partridge begnügte sich mit diesem negativen Befunde, schloss die Operationswunde. Patientin starb nach 12 Stunden. — Die Section zeigte nach innen neben dem inneren Leistenringe einen taubeneigrossen Bruchsack, dessen ringförmiger Hals eine 2" lange Darmschlinge abgeschnürt hatte. Der eingeklemmte Darm sah schwärzlich und hatte den Glanz verloren. —

Benno Schmidt *(Günther's Lehre von den blutigen Operationen. Abth. IV. Unterabth. 2. p. 86).* Bei einem 42jährigen Manne wurde ein eingeklemmter Leistenbruch, welcher wie eine welsche Nuss unter dem vorderen Leistenringe hervorragte, leicht reponirt. Nach 4 Stunden war der Bruch wieder vorgetreten und die Einklemmungserscheinungen, welche auch unmittelbar nach der Zurückbringung nicht vermindert waren, dauerten fort. Verfasser fand den Bruch äusserst leicht im Canale verschiebbar, die Einklemmung war offenbar durch den Bruchsackhals bedingt. Er nahm die Taxis auf veränderte Art und zwar so vor, dass er sich ausdrücklich hütete, den Bruch zurückzuschieben, sondern ihn nur comprimirte. Nach 10 Minuten lang fortgesetztem Drucke ging der Bruch unter Gurren zurück. —

W. Gruber *(Petersburger med. Zeitschr. I. p. 13. 1861)* beschreibt zwei Fälle von Darmwandbrüchen, die zu Massenreductionen Veranlassung gegeben hatten.

Fall 1. Ein Soldat, längere Zeit mit einer *Hernia inguinalis interstitialis dextra* behaftet, die er sich selbst öfters reponirt hatte, wurde Ende Februar 1860 wegen Einklemmungserscheinungen in das Land-Militärhospital aufgenommen. Der ordinirende Arzt fand eine kleine interstitielle Leistenhernie, die bis zum vorderen Leistenringe reichte, und welche durch die Taxis reponirt wurde. Die Einklemmungserscheinungen dauerten fort. Am folgenden Tage, zur Consultation gezogen, fand Verfasser den rechten Leistencanal erweitert, frei, so dass der Finger bis zu einer dicht hinter dem hintern Leistenringe liegenden Geschwulst dringen konnte. Die kleine, wurstförmige, pralle, durch die Bauchdecken fühlbare, schmerzhafte und etwas hin und her bewegbare Geschwulst lag über und hinter der äusseren Hälfte des Schenkelbogens und erstreckte sich bis zum vordern obern Darmbeinstachel. Verfasser diagnosticirte eine mit dem Bruchsacke reponirte äussere interstitielle Leistenhernie, die wahrscheinlich ein Darmstück durch den Bruchsackhals abschnürte. Verfasser rieth zur Herniotomie, aber erst nachdem die Hernie wieder in den Leistencanal würde getreten sein; sollte Verzug Gefahr bringen, so glaubte Verfasser, der Hernie sei bei der jetzigen Lage nur durch die Laparotomie beizukommen. Am folgenden Tage war die Hernie wieder in den Leistencanal getreten, Dr. Ritter schritt zur Operation; er spaltete die ganze vordere Wand des Leistencanals, und nachdem auf der Hohlsonde eine die Hernie bedeckende Membran (die *Fascia infundibiliformis)* gespalten worden war, lag der 7—8 Centim. lange, und etwa 3 Centim. breite, flaschenförmige Bruchsack zu Tage, welcher sich teigig anfühlte. Der Bruchsack zeigte im Niveau des hintern Leistenrings eine tiefe Einschnürung, welche man mit der Fingerspitze umgehen konnte. Der verdickte Bruchsack enthielt ein Stück Netz und in seinem Halse, in Gestalt eines kleinen Beutels, eine vorgestülpte und eingeklemmte Darmwand. Der etwa $1^1/_2$—2 Centim. lange Darmbeutel war prall, gespannt und mit dem einschnürenden Bruchsacke durch Exsudat verklebt. Das Netz war mit dem Grunde des Bruchsacks und der inneren Wand desselben, nicht aber mit dem Bruchsackhalse verwachsen. Der Darmbeutel wurde nach Incision des Halses, da er nicht brandig war, reponirt, das Netz blieb liegen, die Wunde wurde geschlossen. Der Operirte starb nach 24 Stunden. Verfasser fand bei der Section eine beträchtliche Quantität faserstoffigen Exsudats in der Bauchhöhle, welches die

Därme und namentlich die Ileumschlingen verklebte. Die eingeklemmt gewesene Darmpartie war mit der hinteren Wand des Leistencanals verklebt, sie erschien nun im Ganzen als eine 6 Centim. lange, 3 Centim. an ihrer Basis weite, schwärzliche Ausbuchtung des Ileumrohrs, war aber kein Divertikel, lag 122 Centim. über der Ileocoecalklappe und hatte $^5/_9$ des Umfangs der Wand des Darmrohrs in Anspruch genommen. An dem 2 Centim. langen Theile der Ileumwand, der vorgelegen hatte, war die Schleimhaut in einen runden, gelben Schorf verwandelt, der sich an der Peripherie etwas ablösen liess; an der incarcerirt gewesenen Stelle war eine kreisförmige Verschorfung zu bemerken, welche seitwärts alle Schichten der Darmwand ergriffen, und dadurch einen halbkreisförmigen Darmriss bedingt hatte. Die Verklebung der Darmwand mit dem Bauchfell hatte den Durchbruch der Darmcontenta in die Bauchhöhle gehindert. —

Fall 2. Ein 32jähriger Mann wurde den 19. September 1860 mit den Symptomen der Brucheinklemmung in das Land-Militärhospital aufgenommen. Der Patient hatte angeblich seit seiner Kindheit eine rechtseitige Leistenhernie und hatte stets ein Bruchband getragen. Die Hernie war drei Mal vorgetreten, wie weit, konnte nicht ermittelt werden. Der letzten Reposition waren die vorhandenen Einklemmungserscheinungen gefolgt. Der Hode soll nie im Hodensacke gewesen, niemals eine Geschwulst, die als Hydrocele gedeutet werden könnte, bemerkt worden sein. Verfasser, vom Professor Besser zur Untersuchung aufgefordert, fand den Unterleib in der rechten Leistengegend aufgetrieben und bemerkte daselbst unter der Bauchwand eine flache, nicht umschriebene, schmerzhafte Geschwulst in der *Fossa iliaca;* der Hode liess sich im Leistencanale nicht auffinden, wohl aber wurde unterhalb des vorderen Leistenrings ein ziemlich weit in dem Hodensacke herabhängender leerer Sack unterschieden. Ob der Sack die ausgedehnte *Tunica vaginalis propria* bei vorhandener Kryptorchie, oder ein leerer Bruchsack sei, liess sich nicht bestimmen. Die Geschwulst in der *Fossa iliaca* wurde auf die reponirten Bruchcontenta bezogen, die hier incarcerirende Verbindungen eingegangen waren. Verfasser glaubte nicht, dass die Herniotomie den vorhandenen Verhältnissen würde beikommen können. Der Patient starb nach 6 Tagen. Section. Im hinteren Ringe des Leistencanals lag der verkümmerte Hode mit dem Nebenhoden, der nicht weggezogen war, in die enorm ausgedehnte *Tunica vaginalis propria* eingehüllt, welche einen Sack von 15 Centim. Länge bildete. Der Sack lag in der Bauchhöhle, im Leistencanale und im Scrotum. Im Abdominaltheile befand sich eine Einstülpung in der Vaginalhaut, die von hinten nach vorn ging, und in welcher ein Bruchsack mit $^2/_3$ seines Umfangs eingehüllt war. Der Bruchsack lag mit dem Halse nach aussen, mit der Spitze nach innen, 1 Centim. über dem hinteren Leistenringe, und war 5 Centim. lang und 3 Centim. breit. Im Bruchsackhalse war eine Wand des Ileum incarcerirt, die wie ein kleiner Beutel nur einen Theil des Bruchsacks ausfüllte. Die Darmwand hing mit dem Bruchsacke durch ein Pseudoligament zusammen und war auch mit der Bruchpforte durch frisches Exsudat verklebt. Der Bruchsack war mit einer Exsudatschicht bedeckt, übrigens leer. Der Dünndarmwandbeutel war brandig; an der Stelle, wo er mit dem Bruchsacke nach hinten und an der nicht invaginirten Seite verklebt war, befand sich eine den Darm und den Bruchsack perforirende Oeffnung, durch welche zwischen Bauchfell und *Fascia iliaca* Fäcalmassen ausgetreten waren und einen retroperitonäalen Stercoralabscess gebildet hatten. —

Larquet *(Gaz. des hôp. 15. 1861).* Ein 53jähriger Mann, der seit einigen 20 Jahren einen rechtseitigen Leistenbruch besass, der nur selten vortrat und dann mit leichter Mühe zurückgebracht werden konnte, wurde von Colikschmerzen befallen, bekam Uebelkeiten, Erbrechen und Leibesauftreibung; ein Abführmittel brachte in einigen Stunden Alles in Ordnung. Nach zwei Tagen wiederholte sich der Vorgang, aber diesesmal half das Abführmittel nichts, steigerte vielmehr die Symptome. Der Leib war aufgetrieben, heiss und bei der Berührung empfindlich; ein Leistencanal konnte nicht gefühlt werden, derselbe existirte eigentlich gar nicht, denn die beiden Oeffnungen desselben waren zusammengerückt und bildeten eine Oeffnung, in welche man eindringen konnte. Zwischen der *Spina ilei sup. ant.* und dem Leistenringe rechterseits fühlte man unter den Hautdecken eine gespannte Geschwulst von der Grösse eines kleines Apfels. L. versuchte Klystire, Einreibungen, er brachte Electricität in Anwendung und machte selbst einen Taxisversuch durch die Bauchwandungen, allein Alles blieb erfolglos, Patient bekam Kothbrechen, die Kräfte sanken, weshalb sich L. zu einem operativen Eingriffe entschloss. Er machte einen Hautschnitt von der *Spina sup. ant.* zu dem Leistenringe, durchschnitt die Bedeckungen in derselben Richtung bis zur *Fascia transversa* und spaltete diese vorsichtig; nachdem dies geschehen, konnte er den Finger einbringen und die Geschwulst aus dem subperitonäalen Zellgewebe lösen und nach aussen vorziehen. Die Geschwulst bildete einen Bruchsack mit engem und festem Halse; nach Spaltung des Bruchsacks zeigten sich congestiv geschwollene, dunkelblaue Darmschlingen, die sich nach Einschneidung des Bruchsackhalses reponiren liessen, die Operationswunde wurde mit zwei blutigen Nähten geschlossen. Gleich nach der Operation stellten sich Stuhlentleerungen ein und wiederholten sich am folgenden Tage. Nach vier Tagen wurden die Suturen entfernt, die Wunde hatte sich zum Theil geschlossen; es zeigte sich keine Spur von Peritonitis. Nach 4 Wochen war der Patient völlig hergestellt. — Da im vorstehenden Falle weder ein Vorfallen des Bruchs, noch ein Zurückdrängen desselben vor der Einklemmung statt gefunden hatte, so müssen wir annehmen, dass früher einmal beim Vorfallen des Bruchs dieser sammt dem Bruchsacke zurückgebracht worden sei, und dass später durch Eindringen des Darms in den leeren Bruchsack oder durch Anschwellung der locker im Bruchsacke liegenden Darmpartie die Einklemmung zu Stande gekommen sei. —

Nélaton *(Wiener Medicinal-Halle. II. 3 und 5. 1861).* Ein 23jähriger kräftiger Eisenbahnarbeiter, der seit mehreren Jahren eine Geschwulst in der rechten Leiste besass, bemerkte nach einer Körperanstrengung Auftreibung der Geschwulst mit Schmerzen, denen bald Uebelkeiten, Erbrechen und Fieber nachfolgte. Als Patient am 20. November 1860 in das Hospital kam, erkannte der Assistenzarzt eine Brucheinklemmung und schritt zur Taxis. Die Geschwulst bestand aus einem flüssigen, fluctuirenden und einem festen Theile. Die Hernie wurde, ohne dass man Gurren wahrnahm, zurückgebracht. Nach der Reposition fühlte sich Patient erleichtert. Am folgenden Tage traten wieder alle Symptome der Brucheinklemmung auf. Der Unterleib war längs der Coecalgegend und dem *Colon adsc.* meteoristisch aufgetrieben, und schon der leiseste Druck daselbst schmerzte. Die Haut des Hodensacks konnte in den Leistencanal gestülpt werden, und dabei fühlte man über dem Poupart'schem Bande hinter der Bauchwand auf der rechten Seite eine eiförmige, nicht genau umschriebene Geschwulst, welche an ihrem oberen Rande schärfer begrenzt war als an ihrem untern, und sich ziemlich derb anfühlte. Der Sitz der Geschwulst war in der Nähe des Leistencanals; die Stuhl- und Gasverhaltung, verbunden mit den acuten Zufällen der Einklemmung, machten es wahrscheinlich, dass eine Massenreduction stattgefunden habe. Da es nicht gelang, durch tiefe Inspirationen und Hustenbewegungen die Hernie wieder zum Vortreten zu bringen, so wurde zur Operation geschritten. Nachdem die Haut über dem Leistencanale und der Canal selbst gespalten worden waren, wurde der Finger eingeführt, um den Bruchsack zu suchen. Eine Zeit lang konnte nichts gefühlt werden, plötzlich aber, bei einer unwillkürlichen Bewegung des narcotisirten Patienten, zeigte sich eine Geschwulst von der Grösse eines Hühnereies, die nichts anderes als die Hernie sein konnte, welche anstatt unter der Einwirkung der Taxis in den Unterleib zurückzugehen, sich nach oben und aussen der *Fossa iliaca* zugewendet hatte. Die Geschwulst wurde vorgezogen, der Bruchsack aufgeschlitzt, es ergoss sich eine bräunliche Flüssigkeit. In der Tiefe des Bruchsacks fand der eingeführte Finger eine dunkel-violette, ekchymotische, gespannte und mit membranösen Ausschwitzungen bedeckte Darmschlinge. Die Mündung, durch welche die Darmpartie in den Bruchsack getreten war, lag nicht an der höchsten Stelle des Bruchsacks, sondern vielmehr an der inneren Seite. Die Oeffnung war gross genug, um die Fingerspitze eindringen zu lassen, und es gelang, ohne Spaltung, die Darmschlinge zu reponiren. Gleich nach der Operation stellten sich mehrere dünnflüssige Stühle ein, der Patient fühlte sich sehr erleichtert. Die Wunde fing nach einigen Tagen an zu eitern, der Patient war ausser aller Gefahr. —

Bach in Kuttenberg *(Wiener Med.-Halle. III. 14. 1862).* Ein 42jähriger Mann empfand beim Heben einer Last einen heftigen Schmerz in der linken Leistengegend und fühlte auch daselbst eine kugliche Erhabenheit; da er vor 5 Jahren durch Heben eine gleiche Geschwulst sich zugezogen hatte, die von dem Arzte für eine Hernie erklärt und reponirt worden war, so suchte er die Geschwulst im Liegen zurückzubringen, was auch nach zwei Stunden gelang; es folgten indessen intensive Schmerzen in der Leisten- und Nabelgegend mit Erbrechen nach. Der am zweiten Tage gerufene Arzt verordnete Abführmittel und Klystire, allein der Zustand wurde immer schlechter. Nach siebentägiger vergeblicher Behandlung wurde Verfasser noch zu Rathe gezogen. Er fand den sonst kräftig gebauten Patienten mit kalten, angegezogenen Extremitäten daliegend; die Gesichtszüge waren verfallen, der Puls fadenförmig, der Athem beschleunigt, der Unterleib tympanitisch aufgetrieben. Es wurde keine Geschwulst gefunden, welche als incarcerirte Hernie aufgefasst werden konnte; 2" über dem Poupart'schen Bande war die Percussion linkerseits dumpf-tympanitisch, der Schmerz bei der Betastung sehr lebhaft. Verfasser liess den Patienten in ein warmes Bad setzen; am andern Morgen wurde das Bad wiederholt, und dann auf die gedachte Stelle über dem linken Leistenbande einige Minuten lang ein Strahl kalten Wassers mittels einer Giesskanne geleitet. Nach viertelstündiger Manipulation bemerkte Verfasser jetzt 2" über dem linken horizontalen Schambeinaste eine handtellergrosse, bläulich-umschriebene Geschwulst, welche sich resistent anfühlte. Er hielt sich nun für berechtigt, eine stattgefundene Massenreduction anzunehmen und schritt zur Operation. Er machte einen 5" langen Hautschnitt, ziemlich parallel der Mittellinie des Körpers, über der Mitte der Geschwulst, legte die *Fascia transversa* blos und spaltete diese auf der Hohlsonde in querer Richtung zum Hautschnitte. Jetzt wurde der Bruchsack sichtbar, der bläulich aussah und eine Birnenform mit der Basis nach unten hatte. Der ziemlich dicke Bruchsack war leicht mit der vorderen Bauchwand verwachsen. Nach Spaltung des Bruchsacks auf der Hohlsonde erschienen geröthete, mit Exsudat bedeckte und mit der inneren Sackwandung verklebte Darmschlingen, die namentlich nach oben und innen an dem sonst geräumigen Bruchsackhalse fester angelöthet waren. Nach Trennung der Adhäsionen wurde die Darmschlinge in die Bauchhöhle reponirt, die Hautwunde mit einigen umschlungenen Nähten geschlossen, mit Charpie bedeckt und kalt fomentirt. Der Zustand besserte sich, nach zwei Tagen erfolgte Stuhlentleerung, die Eiterung war mässig und nach 22 Tagen war der Operirte hergestellt. —

Adelmann *(Haken, Inaug.-Dissert. Allgemeine Bemerkungen zu den Hernien und Laparotomie etc. Dorpat. 1861).* Ein 27jähriger Student bekam nach einem Diätfehler in der Nacht Stuhlgang und Erbrechen und fühlte, wie sich bei letzterem eine noch nie dagewesene Geschwulst in der rechten Leistengegend vordrängte. Es wurde am folgenden Tage in der hinteren Hälfte des rechten Leistencanals eine halbtaubeneigrose, sehr gespannte und empfindliche Geschwulst gefunden. Nachdem eine Zeit lang Kataplasmen aufgelegt worden waren, wurde Patient anästhesirt und in der Narcose die Geschwulst reponirt; der Finger konnte jetzt bis zum hintern Ringe des etwas kurzen Leistencanals gebracht werden. Nach der Reposition hörte das Erbrechen nicht auf, doch war der Zustand des Patienten leidlich. Vergebens suchte man Stuhl zu erzielen, der Leib trieb sich auf. Endlich, nach 10 Tagen, entschloss sich A. zur Laparotomie. Es wurde rechterseits ein 4" langer Schnitt unterhalb des Nabels am Rande des *M. rectus abdominis* gemacht, die dünne *Fascia transversa* auf der Hohlsonde gespalten, das Bauchfell eröffnet. Es zeigte sich ein Netzstrang von 2" Länge und 3''' Breite, welcher auf den Dünndärmen ausgespannt schief nach unten verlief und sogleich in der Mitte durchschnitten wurde. Die nach dem hinteren Leistenringe hingeführten Finger entdeckten hierselbst eine Schlinge, die fest angeheftet erschien. Diese Anheftung wurde durch das Bauchfell hervorgebracht, welches in Form eines Bechers die Darmschlinge und das Stückchen des abgeschnittenen Netzstrangs umfasste, und sie mit seinem scharfgeschnittenen Rande fest zusammendrückte. Ober- und unterhalb der Einschnürung war der Darm bläulich gefärbt, leer, die Darmserosa glänzte noch. Eben wollte der Operateur den Bruchsack eröffnen, als die festgehaltene Darmschlinge durch den Zug am Dünndarme herausglitt. Die eingeschnürt gewesene Darmschlinge sah nicht dunkler aus, als ihre Umgebung, war mit Exsudat bedeckt und verklebt, welches sich abstreifen liess. Nach Hebung der Incarceration zeigte die befreite Schlinge weder Bewegung, noch füllte sie sich mit Darminhalt. Die Wunde wurde kunstgemäss geschlossen und verbunden. Am folgenden Tage starb der Operirte. — Die Section ergab nichts weiter Bemerkenswerthes; Darmlähmung schien die Todesursache abgegeben zu haben. —

Wir haben ein Material von 42 Fällen von completen Massenreductionen bei äusseren Leistenbrüchen vor uns, und wenn auch einige dieser Fälle nur kurz geschildert worden sind und noch Manches zu wünschen übrig lassen, so sind die meisten ziemlich genau und praecis beschrieben. (Die Fälle, die B. Bell, Le Blanc, Viguerie beobachtet haben sollen, habe ich nicht auffinden können.)

Aus der vorstehenden Uebersicht heben wir Folgendes hervor:

Alter. — Von 10 Jahren bis 20 Jahren 2 Fälle,
„ 20 „ „ 30 „ 8 „
„ 30 „ „ 50 „ 19 „
über 50 „ 8 „

In 5 Fällen ist das Alter nicht angegeben worden, wenn wir aber die oben referirten Krankenschichten durchlesen, so können wir diese Fälle wohl auf Personen im Alter von 30—50 Jahren beziehen. Die grösste Frequenz von Massenreductionen bei äusseren Leistenbrüchen fällt daher in das Alter von 30—50 Jahren.

Geschlecht. — Alle Fälle, mit Ausnahme eines einzigen, der eine 54jährige Frau betraf, beziehen sich auf männliche Individuen.

Seite. — Als rechtseitige Leistenhernien sind 17, als linkseitige 9 bezeichnet, in 16 Fällen ist die Seite nicht angegeben. Da beim Vorkommen der Leistenbrüche die rechte Seite die linke bedeutend überwiegt, so folgt daraus, dass auch mehr Brucheinklemmungen rechterseits wie linkerseits auftreten und auch die Massenreductionen rechterseits öfter als linkerseits sich ereignen werden.

Beschaffenheit, Grösse und Inhalt. — In 4 Fällen sind die Hernien als angeborene (bei offen gebliebenem Scheidenfortsatz) angegeben. In 17 Fällen reichten die Hernien bis in das Scrotum, in 10 Fällen hatten sie den vorderen Leistenring noch nicht verlassen. In 15 Fällen ist die Grösse nicht genau bestimmt. In 35 Fällen bildete nur Darm den Inhalt des Bruchs, in 6 Fällen Darm und Netz und in 1 Falle blos Netz.

Alter der Hernien. — In den meisten Fällen hatten die Hernien seit mehreren und selbst seit vielen Jahren bestanden; nur in 2 Fällen waren sie erst seit 3—4 Jahren bemerkt worden, und in 1 Falle hatte der Patient vor der Einklemmung keine Hernie wahrgenommen.

Taxis. — Der die Massenreduction bewirkende Druck war in 22 Fällen von dem zu Hilfe gerufenen Chirurgen, in 8 Fällen von dem Patienten selbst ausgeführt worden. In 11 Fällen ist es nicht erwähnt, ob der Chirurg oder der Patient die Hernie reponirt habe. In 1 Falle war gar kein Druck angebracht worden. In 9 Fällen ist hervorgehoben, dass Gewalt beim Zurückbringen des Bruchs angewendet wurde. In 3 Fällen der Zurückbringung durch den Chirurgen wurde ein allmäliges Zurückweichen der Hernie bemerkt. In einigen Fällen beobachtete man eine ganz leichte Reducirbarkeit der Bruchgeschwulst. In 4 Fällen fiel die ohne Mühe zurückgebrachte Hernie einmal und mehrmals wieder vor, ehe sie zurückblieb.

Oertliche Symptome. — In einer ziemlichen Anzahl von Fällen fehlten alle örtlichen Kennzeichen einer vorhandenen Geschwulst, in anderen Fällen konnte man entweder durch den in dem Leistencanale vorgeschobenen Finger, oder auch durch die Betastung von aussen her eine mehr oder weniger deutlich umschriebene Geschwulst erkennen.

Dauer der Einklemmung. — Nur in wenigen Fällen war die Einklemmung kurz nach ihrem Entstehen zur Beobachtung und Behandlung gekommen, sie hatte in den meisten Fällen schon mehrere Tage gedauert, ehe chirurgische Hilfe nachgesucht wurde. In einigen Fällen hatten die Einklemmungssymptome schon 8—12 Tage gedauert.

Operation. — In 10 Fällen war nicht operirt worden, und in 9 Fällen unter diesen 10 hatte man auch keine Ahnung, dass eine Massenreduction bestehen könnte; im 10. Falle war zwar die stattgehabte Massenreduction diagnosticirt worden, ein operativer Eingriff aber musste, da der Patient sich im Sterben befand, unterlassen werden. In 30 Fällen wurde nach mehr oder weniger genau begründeter Diagnose operirt. 10 Operationsfälle liefen tödtlich ab, es war meist zu spät operirt worden;

unter diesen 10 Fällen befand sich 1, in welchem bei der Operation die *en masse* reducirte Hernie nicht gefunden worden war. In 20 Operationsfällen folgte Genesung. In 2 Fällen gelang es, nachdem die *en masse* reponirte Hernie wieder zum Vortreten gebracht worden war, die eingeklemmten Bruchcontenta durch rationell angebrachten Druck aus der Einklemmung zu befreien. —

Die vollständige Massenreduction bei äusseren Leistenbrüchen bleibt immerhin schwer zu ergreifen, namentlich in jenen die Mehrzahl bildenden Fällen, wo es sich um die Massenreduction von ziemlich grossen, scrotalen Hernien handelte. Ein Bruch von mehreren Zollen Länge soll durch und hinter einen Canal mit 2 fibrösen Oeffnungen gedrängt werden, und es müssen zu dem Ende nicht nur die zellgewebigen Adhäsionen des Bruchsacks im Leistencanale und Scrotum gedehnt und zerissen werden, sondern es muss auch das subperitonäale Zellgewebe um und neben dem inneren Leistenringe in so weiter Ausdehnung abgetrennt werden dass das Bauchfell selbst zurückweichen kann und der Bruch darunter eine Lagerstätte findet. An Leichen lassen sich die Bruchsäcke von Leistenhernien, welche den Canal durchwandert haben, nur schwer zurückbringen, weil dieselben gewöhnlich so feste Adhärenzen eingegangen sind, dass die Dehnung und Trennung derselben viel Zeit und Kraft erfordert Begünstigt wird die Massenreduction durch Weite und Kürze des Leistencanals, und in mehreren der oben erzählten Fälle ist auch ausdrücklich hervorgehoben, dass der Leistencanal erweitert und verkürzt war. Der Bruchsackhals muss ziemlich locker oder gar nicht adhärirend im inneren Leistenringe liegen, er muss ferner beträchtlich contrahirt, narbig zusammengezogen sein.

Wir haben noch den *pathologisch-anatomischen Befund* bei den vollständigen Massenreductionen von Leistenhernien ins Auge zu fassen. War die *en masse* reducirte Hernie eine umfängliche Scrotalhernie, so erscheint der Hodensack der betreffenden Seite schlaff, wie ausgehöhlt, ja es werden vor dem Samenstrange zuweilen sackförmig gestaltete Membranen gefunden. Der äussere Leistenring steht weit offen, erscheint abgerundet; der Leistencanal ist geräumig und gestattet nicht nur die Einführung, sondern meist auch die Durchführung des Fingers. Der Samenstrang fühlt sich zuweilen etwas geschwollen an. Bluterguss im Zellgewebe des Scrotum oder im Leistencanale fanden wir nirgends erwähnt, obgleich in mehreren Fällen ausdrücklich gesagt ist, dass bei der Taxis anhaltende Gewalt in Anwendung kam. Die *en masse* vollständig reducirte Bruchgeschwulst wird allemal mit einem Theile ihres Umfanges auf, oder dicht neben dem inneren Leistenringe gelagert gefunden, die ganze Bruchgeschwulst liegt im subperitonäalen Zellgewebe, sie erhebt das in grösserem oder geringerem Umfange abgetrennte Peritonaeum nach dem Cavum peritonaei zu. Die älteren Chirurgen, wie Le Dran und de la Faye, und selbst einige Neuere, wie Laugier, Roux u. A. geben an, dass bei der Massenreduction die Bruchcontenta mit dem sie einklemmenden Bruchsacke in die Bauchhöhle reponirt würden, dass die äussere Einklemmung durch die Massenreduction sich in eine innere Einklemmung verwandele; diese Angabe ist unrichtig, denn die *en masse* reducirte Hernie bleibt stets ausserhalb des Bauchfells, ausserhalb der Peritonäalhöhle liegen. Das parietale Bauchfell gehört zu den Bauchwandungen, bildet die innerste Schicht derselben, und da dasselbe bei der Massenreduction nur abgelöst und vorgetrieben wird, um der Bruchgeschwulst Platz zu machen, so muss es stets eine Scheidewand zwischen der Peritonäalhöhle und der dislocirten Bruchgeschwulst abgeben. Wir können demnach nur sagen: die *en masse* reducirte Bruchgeschwulst ist nach der Bauchhöhle hin verschoben worden, sie ist aber zwischen den Abdominalwandungen stecken geblieben; die äussere Hernie ist durch die Massenreduction *inter parietes abdominis* dislocirt worden, hat sich zur intraparietalen Hernie umgestaltet. Die Lagerung der *en masse* vollständig reponirten Leistenhernien ist nun, wie Sectionen und Operationen gezeigt haben, verschieden. Schon Arnaud (p. 57) bemerkte, dass die *en bloc* reducirten Hernien nach oben, nach unten, nach links und nach rechts verschoben werden könnten, und belegte seinen Ausspruch mit Beispielen. Anatomisch richtiger ist es, wenn wir sagen: bei der Massenreduction wird das Bauchfell von der Gegend des inneren Leistenrings aus entweder in der Richtung nach der unteren Wand, oder in der Richtung nach der vorderen Wand des Bauchfellsacks abgelöst, um der Bruchgeschwulst Raum zu schaffen; wir müssen noch hinzufügen, dass auch noch Verschiedenheiten in diesen zwei Hauptrichtungen der Bauchfellablösungen vorkommen. In der Mehrzahl der Fälle sind die Ablösungen in der Richtung nach der unteren Wand des Bauchfellsacks hin erfolgt, und zwar entweder so, dass das Bauchfell über dem *M. iliacus int.* erhoben, die Bruchgeschwulst in die *Fossa iliaca* verschoben wurde (Arnaud, Blumhard, Syme, Textor jun., Dieffenbach, Curling u. A.), oder das Bauchfell hinter dem horizontalen Schambeinaste, neben und vor der Blase die Trennung erlitt (Arnaud, Vacher, B. B. Cooper, Viguerie, Dieulafoy). Die vordere Wand des Bauchfellsacks ist erhoben worden entweder in der Richtung nach aussen, nach der *Spina ant. sup. ossis il.* hin (Arnaud, Ulrich, Wernher, Hahn, Nélaton), oder in der Richtung nach oben, nach dem Nabel zu (Arnaud, Luke, Poland, Bach). In mehreren Fällen von Operation lag der Grund des Bruchsacks auf dem inneren Leistenringe, der Bruchsack wurde vorgezogen, und wir finden daher nicht angegeben, nach welcher Richtung das Bauchfell abgetrennt, die Bruchgeschwulst dislocirt war. In einigen Fällen heisst es, die Bruchgeschwulst lag hinter dem inneren Leistenringe, und es musste demzufolge die untere Wand des Bauchfellsacks erhoben worden sein. Bei kleinen Brüchen kann es sich zutragen, dass das Bauchfell circulär um den inneren Leistenring herum erhoben wird (Scarpa), bei sehr grossen Brüchen kann die Bauchfellablösung nach der unteren und vorderen Wand zugleich erfolgen (Wernher).

Erkundigen wir uns nun näher nach der Lagerung der Bruchgeschwulst, fragen wir, an welcher Stelle lag der Bruchsackhals, an welcher Stelle der Bruchsackgrund? Leider sind die Angaben in mehreren Fällen nicht genau, und in jenen Fällen, wo die Bruchgeschwulst operirt wurde, nachdem sie wieder vorgefallen war, oder der Bruchsack bei der Operation vorgezogen wurde, können wir nähere Angaben über die Lagerungsverhältnisse nicht erwarten; doch liegt eine ziemliche Reihe von präcisen Beobachtungen vor, aus welchen wir ersehen, dass auch hier sehr bemerkenswerthe Verschiedenheiten bestehen. Man sollte denken, der Bruchsackhals der *en masse* reducirten Bruchgeschwulst, welcher beim Zurückdrängen die höchste Stelle der Geschwulst einnimmt und das Bauchfell gewissermaassen vor sich hertreibt, müsste stets diese Stelle beibehalten, und in den Fällen von Arnaud, Vacher, Ulrich, Dieffenbach, Luke, Blumhard, Wade, Wernher, Hahn und Bach finden wir auch bemerkt, dass eben der Bruchsackhals am weitesten von der Bruchpforte entfernt war, während der Bruchsackgrund dicht am inneren Leistenringe lag. Allein nicht selten ist die Lagerung anders, der Bruchsackhals bleibt nahe am Leistenringe haften, während der Bruchsackgrund sich am weitesten von der Bruchpforte entfernt lagert. Im Falle von Vacher lag der Bruchsackgrund vor der Blase, während der Bruchsackhals dicht neben dem inneren Leistenringe gefunden wurde; im Falle von Textor jun. füllte der Bruchsackgrund die *Fossa iliaca* aus, der Bruchsackhals lag neben der Blase. Nélaton sagt ausdrücklich: der Bruchsackhals befand sich nicht an der höchsten Stelle der Geschwulst, sondern an der inneren Seite derselben. Bei Curling lag der Bruchsack in der *Fossa iliaca*, der Bruchsackhals stand aber rechtwinklig zum Poupart'schen Bande. In einem Falle von Luke war der Bruchsackhals ebenfalls der Bruchpforte näher geblieben, als der Bruchsackgrund. In den Fällen, wo der Bruchsackhals nahe oder dicht am inneren Leistenringe gefunden wurde, während der Grund des Bruchsacks weiter hin dislocirt war, können wir in Bezug auf den Mechanismus des Zustandekommens annehmen, dass der Bruchsackhals in der Nähe des inneren Leistenrings durch festere Adhärenzen zurückgehalten wurde. Die Erhebung und Ablösung des Bauchfells an der unteren oder vorderen Wand des Bauchfellsacks hängt einestheils von der Richtung des Drucks ab, in welcher die Geschwulst vorgedrängt wird, anderntheils von der leichteren oder schwereren Abtrennbarkeit des Bauchfells an der einen oder anderen Stelle.

Der Umstand, dass bei den vollständigen Massenreductionen grösserer Hernien das Bauchfell in weiter Ausdehnung von der Bauchwand abgelöst gefunden wird, dass an der Ablösungsstelle des Bauchfells, sowie im Leistencanale und Hodensacke, wo der Bruch lag, keine Blutergüsse nachgewiesen worden sind, lässt uns ferner bezüglich des Zustandekommens der vollständigen Massenreduction den Schluss ziehen, dass diese, mit Ausnahme der kleinen Hernien, wohl kaum je auf einmal und ohne schon seit längerer Zeit vorausgegangene Vorbereitung herauskommen möge. In den meisten oben gedachten Fällen ist in Bezug auf die Anamnese erwähnt, dass der schon seit Jahren bestehende Bruch öfters vorgefallen und von dem Patienten mehr oder weniger leicht zurückgebracht worden sei. Durch derartige Zurückbringungen von Seiten der Patienten werden aber die Massenreductionen jedenfalls eingeleitet; indem der Kranke durch unzweckmässigen Druck die Adhärenzen des Bruchsacks lockert, das Bauchfell zurückdrängt und abhebt, bereitet er die Massenreduction vor, ja vielleicht hat der Kranke, ehe Brucheinklemmung und wirkliche Massenreduction eintrat, die Hernie schon mehrmals *en masse* reponirt. Ohne derartige Vorbereitung lässt es sich nicht begreifen, dass oft ziemlich voluminöse Hernien ohne Gewalt *en bloc* reducirt worden sind. In 4 Fällen waren die *en masse* reducirten Hernien angeboren und zwar in 3 Fällen *Herniae congenitae testis*, d. h. der Hoden war mit der den Bruchsack bildenden, offen gebliebenen Scheidenhaut, in welcher er lag, zurückgebracht worden; im vierten Falle handelte es sich um eine *Hernia congenita invaginata.*

Die Symptome der Massenreductionen sind schon von Arnaud ausführlich und trefflich geschildert worden, späterhin hat auch Dupuytren die hauptsächlichsten derselben gehörig hervorgehoben; um so wunderbarer erscheint es, dass wir in den neueren Handbüchern, Encyclopädien und Monographien diese so wenig berücksichtigt finden.

Die vollständige Massenreduction bei äusseren Leistenbrüchen characterisirt sich durch folgende Symptome.

1. Der gespannte Bruch weicht wie er ist auf einmal zurück, oder wenn er nur allmälig zurückgeht, behält er dabei seine Härte und Spannung, während bei der erfolgreichen Taxis die Bruchgeschwulst weicher wird, und der Umfang derselben sich vermindert, ehe die Reposition der Bruchcontenta erfolgt.

2. Bei der Massenreduction wird der Bruchsack sammt dem Inhalte hinter die Bruchpforte geschoben, während nach der Taxis, seltne Fälle von kleinen, nicht lange erst bestehenden Hernien ausgenommen, der

Bruchsack zurückbleibt und mehr oder weniger deutlich mit den Fingern gefühlt werden kann.

3. Bei dem Drucke, welcher die Massenreduction verwirklicht, wird jenes gurrende Geräusch weder gehört noch gefühlt, welches bei der Taxis von Darmbrüchen anzeigt, dass der abgeschnürte Darm aus der Klemmung gerückt sei.

4. Ist eine Scrotalhernie vollständig *en bloc* reducirt, so findet man die betreffende Hodensackhälfte schlaff, ohne Spur eines Bruchsacks, der Finger kann durch Einstülpung der Scrotalhaut in den erweiterten Leistencanal dringen, kann meist, namentlich bei gleichzeitiger Verkürzung des Leistencanals, durch diesen hindurch geführt werden. Bei kleinen interstitiellen *en masse* reponirten Hernien ist der Leistencanal manchmal nicht geräumig genug, um den Finger eindringen zu lassen.

5. Der in den Leistencanal durch Einstülpung der Scrotalhaut gebrachte Finger stösst nicht selten in die Gegend des inneren Leistenrings mit der Spitze gegen eine pralle Anschwellung, die beim Husten, Räuspern, Schneuzen des Patienten, so wie beim Stehen desselben stärker sich markirt.

6. War die *en masse* zurückgebrachte Leistenhernie nach der vordern Bauchwand zu verschoben worden, so findet man eine mehr oder weniger abgegrenzte, beim Druck schmerzhafte Geschwulst über dem inneren Leistenringe, die sich entweder nach der *Spina sup. ant.* des Darmbeins, oder nach dem Nabel hinzieht. Hatte die Massenreduction nach der unteren Bauchwand hin statt gehabt, so wird die Bruchgeschwulst, wofern sie in der *Fossa iliaca* auf dem *M. iliacus* liegt, nur bei ziemlichem Volumen von aussen her gefühlt, liegt sie vor der Harnblase hinter dem Schambeine, so kann selbst bei ziemlichem Volumen keine Spur derselben von aussen her entdeckt werden. Es dürfte in dem letzteren Falle zuweilen noch möglich sein, mit dem in den Mastdarm oder in die Scheide gebrachten Finger die Geschwulst zu fühlen. Wo grosse Schmerzhaftigkeit des Leibes bei der Berührung besteht, wo ein dickes Fettpolster unter der Haut die Untersuchung von aussen her erschwert oder hindert, da wird man häufig bei der Untersuchung in der Chloroformnarcose das Vorhandensein der Geschwulst ermitteln können.

7. Fällt die *en masse* reducirte Leistenhernie wieder vor, so ist sie so gespannt wie vor der Reduction, es gelingt zuweilen, bei geräumigem Leistencanale in diesen mit der Fingerspitze bis zum einklemmenden Bruchsackhalse vorzudringen. —

Was die anderen nicht objectiven Erscheinungen betrifft, so ist vor Allem hervorzuheben, dass nach der sattgehabten Massenreduction die Zufälle der Einklemmung nicht nachlassen, sondern sich gewöhnlich verschlimmern; das Würgen und Erbrechen dauert fort, letzteres wird kothig, der Puls wird klein, schnell, die Gesichtszüge verfallen etc. Wenn in einigen Fällen die Kranken nach der Massenreduction sich etwas erleichtert gefühlt haben, wohl auch einmal Stuhlgang erfolgt ist, so hat doch diese Erleichterung stets nur kurze Zeit gedauert, und die Zufälle der Einklemmung sind gar bald mit erneuter Heftigkeit wiedergekehrt. Uebrigens ist es eine bekannte und schon von Arnaud erwähnte Thatsache, dass trotz fortbestehender Brucheinklemmung doch nicht selten Intermissionen der Einklemmungserscheinungen beobachtet werden. Dupuytren hat einen grossen Werth auf den Schmerz gelegt, den der Kranke an der Stelle, wo die eingeklemmte Bruchgeschwulst hingeschoben worden ist, empfinden soll; allein dieser locale Schmerz mangelt nicht selten, auch darf man demselben allein kein zu grosses Gewicht beilegen. Ist die Bruchgeschwulst in der Weise translocirt worden, dass sie auf die Harnblase drückt, so kann nach der Massenreduction Harndrang sich bemerklich machen; ist die Geschwulst so nach hinten geschoben, dass sie auf den grossen Gefässstämmen lastet, so kann ein Gefühl von Taubsein in dem Schenkel auftreten. Diese letzteren Symptome finden wir allerdings nirgends in den referirten Beobachtungen erwähnt, es leidet aber keinen Zweifel, dass sie unter Umständen vorkommen können.

Was die Diagnose betrifft, so kann die grosse Schwierigkeit und selbst Unmöglichkeit, eine stattgefundene vollständige Massenreduction zu erkennen, welche von vielen Schriftstellern besonders betont worden ist, nur bedingungsweise zugegeben werden. In der Mehrzahl der Fälle sind objective Zeichen zur Begründung einer präcisen Diagnose genug vorhanden, und wo diese nicht hinlänglich scharf hervortreten, wird sich noch immer eine Wahrscheinlichkeitsdiagnose stellen lassen. Wird der Chirurg zu einer eingeklemmten Scrotalhernie gerufen, erkennt er bei der Untersuchung, dass die Einklemmung im Bruchsackhalse sitzt, dass der Leistencanal sehr erweitert ist, bemerkt er bei angebrachtem Drucke, dass die Geschwulst ruckend oder allmälig ohne gurrendes Geräusch zurücktritt, fühlt er nach dem Zurücktreten der Bruchgeschwulst das Bruchbett leer, stösst er mit der Spitze des in den Leistencanal gebrachten Fingers in der Gegend des innern Leistenrings auf eine pralle, beim Husten, Pressen, Schneuzen des Patienten sich stärker vorwölbende Geschwulst, oder fühlt er von aussen her in der vorderen Bauchwand in der *Fossa iliaca* eine begrenzte, schmerzhafte Geschwulst, so kann bei der Fortdauer der Einklemmungserscheinungen über die stattgehabte Massenreduction ein Zweifel nicht obwalten. Schwieriger ist die Diagnose, wenn der Chirurg erst gerufen wird, nachdem die Einklemmung schon längere Zeit bestanden, nachdem die Massenreduction vom Patienten selbst, oder von einem anderen Arzte bereits ausgeführt worden ist, ferner wenn sich eine Geschwulst im Leistencanal oder von aussen her gar nicht oder nur sehr undeutlich fühlen lässt, wenn der Unterleib des Patienten trommelartig aufgetrieben ist, und der Kranke sich im Zustande des Collapsus befindet; doch geben auch hier die vorausgegangenen Umstände zusammengenommen mit dem Befunde noch immer Haltepuncte ab, um das stattgehabte Ereigniss der Massenreduction zu vermuthen. War die *en bloc* zurückgebrachte Leistenhernie klein, wurde sie vom Patienten selbst reducirt, mangeln bei der Untersuchung alle objectiven Zeichen, welche auf eine dislocirte Geschwulst hinweisen, so liegt allerdings die Diagnose ausser dem Bereiche der Möglichkeit, man wird oft eher an eine innere Darmeinklemmung, als an eine Massenreduction denken.

Ueber die differentielle Diagnose der vollständigen und unvollständigen Massenreductionen bei Leistenbrüchen, sowie über die Behandlung wird weiter unten die Rede sein.

Wir lassen nun die Fälle von unvollständigen Massenreductionen bei äusseren Leistenbrüchen folgen.

Arnaud *(l. c. p. 9. Observ. I.)* Im Jahre 1741 wurde A. zu einem 65jährigen Officiere in der Nähe von Paris gerufen, der seit 3 Tagen an heftiger *Passio iliaca* in Folge einer Brucheinklemmung litt. Patient hatte seit 30 Jahren einen Leistenbruch, den er nur mangelhaft durch ein Bruchband zurückgehalten hatte, und der nach und nach sich vergrössert hatte. Endlich war eine Einklemmung hinzugekommen. Der Bruch hatte eine Länge von 9—10″, eine Breite von 2″. Die Aerzte, welche den Patienten bisher behandelt hatten, gaben an, dass die am 1. Tage nach dem Auftreten der Zufälle gemachte Taxis den Bruch um $^2/_3$ verkleinert habe. Verfasser fand bei der Untersuchung, dass der Bruch in keiner Weise verkleinert worden sei, denn was nach unten die Geschwulst an Umfang verloren haben mochte, das hatte sie durch eine Geschwulst gewonnen, welche sich nach oben bis 2 Querfinger breit vor der *Spina ilei ant. sup.* hin erstreckte. A. hielt die Operation für dringend und glaubte an eine Einklemmung durch das Bauchfell (Bruchsackhals); er fand bestätigende Gründe in der Leichtigkeit, mit welcher der Bruch verschoben worden war und in der Härte desselben. Nachdem der Bruchsack im Scrotum durch eine Incision blosgelegt worden war, zeigte sich einen Finger breit über dem äusseren Leistenringe eine circuläre Einschnürung desselben, welche vorher nicht gefühlt worden war. Nach Eröffnung des Bruchsacks wurde eine etwa 4″ lange, livid aussehende Portion des Dünndarms gefunden, die den Sackwandungen leicht anklebte. A. incidirte den Bruchsackhals über dem äusseren Leistenringe, der eine fast knorpelharte Beschaffenheit hatte und 3‴ breit und dick war. Um der oberen Einklemmung beizukommen, hielt A. es für unthunlich, so weit zu spalten, da der Bruchsack der genommenen Adhärenzen halber sich nicht weiter abwärts wollte ziehen lassen, er machte daher über dem Fallop'schen Bande eine Incision von 3″ Länge, die er vorsichtig bis zum Bruchsacke, der hier lag, fortsetzte. Nachdem dieser Sack eröffnet worden war, fand man 3″ Darm, der noch livider aussah, als in dem unteren Sacke; auch war etwas Netz vorhanden. Der einklemmende Bruchsackhals war sehr eng, wurde mit dem Knopfmesser erweitert, der Darm reponirt. Patient genass nach 5 Wochen. Der Verlauf der Genesung wurde durch verschiedene Zufälle gestört. —

Dupuytren *(Leçons orales de clinique chirurg. recueillies et publ. par une société des Médecins. Paris 1832, Deutsch von Bech und Leonhardi. Tome I. Article XIX. De l'étranglement au collet du sac herniaire. Observ. III. p. 583).*

Geoffroy, Schlosser, 40 Jahre, hatte zwei Leistenbrüche; den der linken Seite schon seit 12 Jahren, den der rechten Seite seit 3 Jahren; gegen den ersteren trug er seit 7—8 Jahren ein Bruchband, gegen den letzteren hatte er nichts gethan. Eines Tages riss beim Gehen das Bruchband, er merkte, dass der linke Bruch heftig schmerzte, an Grösse zugenommen hatte. Vergeblich versuchte er die Zurückbringung; bald stellten sich die Zufälle der Einklemmung ein. Am folgenden Tage nahm Patient aus eignem Antriebe 2 Gr. Brechweinstein und liess einen Chirurgen kommen, welcher endlich nach vielen Versuchen den linken Bruch (mit Gewalt) zurückbrachte, allein die Zufälle dauerten fort. Den fünften Tag liess sich Patient in das Hôtel-Dieu schaffen. Das Gesicht war entstellt, der Leib schmerzhaft, es fand Kothbrechen statt. Hinter dem Leistenringe konnte keine Geschwulst bemerkt werden, beide Leistencanäle zeigten sich erweitert; nach zwei Tagen Zögerung entschloss sich D. am siebenten Tage der Einklemmung zur Operation. D. hatte bemerkt, dass Patient mehr Schmerz in der rechten Leistengegend empfand und dass hier auch undeutlich eine Anschwellung wahrgenommen wurde. Nach einem Einschnitte rechts stiess man auf eine kleine Geschwulst, welche sich als Cyste erwies, hinter derselben lag ein Bruchsack, welcher eröffnet wurde, nur Flüssigkeit abfliessen liess, aber weder Darm, noch Netz enthielt, der eingeführte Finger drang in die Unterleibshöhle und fühlte die Verklebung der Darmschlingen unter sich und mit der Bauchwand; deutliche Zeichen der Peritonitis. Nun machte D. die Operation auf der linken Seite; er stiess unter der Haut auf eine Fettmasse, welche Netz zu sein schien, darunter lag fibröses Gewebe, welches eingeschnitten wurde und serös-blutige Flüssigkeit abfliessen liess; jetzt war D. sicher, dass eine Incarceration auf dieser Seite bestände, er fand einen Sack, der eine geringe Partie Netz enthielt, brachte den Finger ein und fand ziemlich hoch oben eine kreisförmige Zusammenschnürung. Jetzt zog er den Sack nach aussen und mit ihm ein kleines Stück roth gefärbten, glänzenden Darms herab. Mit dem geknöpften Bistouri auf der Fingerspitze wurde die Einschnürung nach oben und aussen eingeschnitten, während ein Gehilfe die Ränder des Schnitts im Sacke auseinander hielt. Der Schmerz hierbei nöthigte den Patienten zu stärkeren Athemzügen und in Folge dieser trat ein grösseres Darmstück hervor. Nun konnte der Einschnitt nach mehreren Richtungen hin verlängert werden, wobei zur Vermeidung einer unvollkommenen Reduction das Darmstück hervorgezogen gehalten und der Bruchsack gehörig fixirt wurde. Es folgte vollständige Heilung. —

Dupuytren *(Leçons orales de clin. chir. Recueill. et publ. par Brierre de Boismont et Marx. 2. édit. 6 vol. Paris 1839. Deutsch von Flies. Bd. III. p. 484. Observ. III.)* H. Lefèvre, 59 Jahre alt, Kutscher wurde den 2. Sept. 1819 in folgendem Zustande in das Hôtel-Dieu gebracht: er erbrach jeden Augenblick flüssigen Darmkoth, seine Gesichtszüge waren sehr entstellt; der Puls sehr klein, der Unterleib gespannt aufgetrieben und sehr empfindlich. Eine kleine weiche, schmerzlose Geschwulst von 2'' Länge erstreckte sich rechterseits im Leistencanale abwärts. Nach dem Berichte des Kranken existirte hier eine beträchtliche Geschwulst von der Grösse einer Billardkugel, die vor 23 Jahren nach Hebung einer Last entstanden war. Die Geschwulst war durch ein Bruchband zurückgehalten worden, hatte aber schon mehrmals Zufälle hervorgerufen. Als am 30. Aug. die Einklemmungserscheinungen sich zeigten, hatte ein hinzugerufener Arzt Repositionsversuche gemacht und den Bruch fast ganz zurückgebracht, ohne dass indessen die Zufälle nachliessen. D. operirte sofort. Nach Bloslegung des vordern Leistenrings fühlte der Finger im Leistencanale eine runde Geschwulst; nach Einschneidung des Rings nach oben wurde die Geschwulst gefasst, herabgezogen, punctirt, wobei viel Serum abfloss. Der eröffnete Bruchsack enthielt 3'' Darm. Der Sitz der Strictur war nach aussen über dem inneren Leistenringe, sie wurde mit einem geknöpften Bistouri eingeschnitten. Der Darm wurde vorgezogen. hatte eine sehr dunkle Farbe, eine tiefe Einklemmungsrinne, er glänzte noch und wurde reponirt. Es folgten reichliche Stuhlgänge, Verschwinden des Aufstossens und Erbrechens, der Unterleib sank zusammen, der Puls hob sich. Den folgenden Tag stellten sich Schauder und Schmerzen ein, der Patient fing an zu deliriren, der Leib trieb sich auf, der Kranke starb. — Section. Der Bruchsackhals zeigte einen scharfen Rand, nach innen und rückwärts von demselben verlängerte sich der Bruchsack zu einem geschlossenen Sack, der bis an die Blase reichte. Der eingeklemmt gewesene Darm sah durchaus schwarz. —

C. Bell *(London med. Gaz. 1828. vol. I. p. 484).* Ein 47jähriger Mann, mit rechtseitigem Scrotalbruche, der seit 20 Jahren bestand, wurde von Einklemmungserscheinungen befallen, nachdem der Bruch stark vorgetreten war. Der Bruch wurde durch die Taxis zurückgebracht, fiel aber noch mehrmals vor, bis er vollständig reducirt wurde. Die Zufälle nach der Reduction steigerten sich, der Patient starb. Die Section zeigte den Bruchsack noch im Scrotum, den Bruchsackhals vom Leistenringe abgedreht, die Därme in einer Tasche hinter den Bauchmuskeln.

Luke *(l. c.)* Ein Bäcker von 50 Jahren, der seit 20 Jahren einen voluminösen rechten Leistenbruch und seit 4 Jahren einen linken Leistenbruch besass, wurde den 6. Januar 1843 bei der Arbeit von heftigen Schmerzen befallen, die sich in der Leistengegend kund gaben. Der Bruch war unter dem Bruchbande vorgetreten. Patient machte Breiumschläge und nach einiger Zeit versuchte er die Reduction, die auch gelang. Nichtsdestoweniger hielten die Uebelkeiten und das Erbrechen an, er nahm Bittersalz, ohne eine Erleichterung zu erzielen. Ein Arzt wurde gerufen, welcher die Bruchgegenden untersuchte, ohne etwas zu finden. Verfasser wurde den folgenden Tag zur Consultation gezogen. Patient hatte eine etwas trockne Zunge, ziemlich normalen Puls, die rechte Hernie war herabgestiegen, dehnte das Scrotum aus, liess sich aber leicht reponiren; linkerseits bemerkte man keine Bruchgeschwulst, wenn man aber auf die Gegend des inneren Leistenrings drückte, fühlte man eine kleine abgerundete Geschwulst, die beim Druck noch weiter zurücktrat. L. erklärte, es habe *Reduction en masse* stattgefunden, er liess den Patienten auftreten, husten, pressen, allein vergeblich, der Bruch trat nicht vor. Patient erhielt Calomel mit Opium. Das Erbrechen hörte auf, Patient hatte eine ruhige Nacht, allein gegen Nachmittag des folgenden Tags erneuerten sich die Einklemmungserscheinungen mit grösster Heftigkeit, das Gesicht entstellte sich, und Verfasser schritt zu einer explorativen Operation. Ein 3—4'' langer Hautschnitt wurde entlang dem Leistencanale geführt und dessen andere Wand nebst dem äussern Ringe und Samenstrange blosgelegt. Der eingeführte Finger konnte nichts entdecken; es wurde der Leistencanal gespalten, und nach innen vom Samenstrange zeigte sich eine dichte fibröse Membran, welche erhoben, eingeschnitten wurde und sich als eine Tasche vom Umfang eines Eies darstellte. Von dieser Tasche aus konnte man den inneren Leistenring deutlich fühlen, und weiter nach hinten fühlte man eine abgerundete pralle Oberfläche. Der innere Leistenring wurde gespalten, der Bruchsack vorgezogen, und man erkannte nun 6'' Dünndarm von dunkler Farbe, eingeklemmt im Bruchsackhalse, der weit nach hinten lag. Nach Einschneidung des Bruchsackhalses wurden die Därme reponirt, es folgte Genesung. —

James Paget *(Med. Times and Gazette. October 1853).*

1. Ein 23jähriger Mann, der seit 10 Jahren an einem doppelten Leistenbruche litt, kam in das Bartholomäus-Hospital, nachdem er am Abend vorher den vorgefallenen linken Bruch zurückgebracht hatte, wobei es ihm jedoch vorkam, als ob in der Gegend des inneren Rings noch etwas festsitze. Gleich nacher hatte er Schmerzen bekommen und eine unruhige Nacht verbracht. Am Morgen war Entleerung ein-

getreten und nach einem gleich nach der Aufnahme verabreichten Klystire gingen ebenfalls Fäces ab. Der Puls war voll, stark, die Haut natürlich. Im Laufe des linken Leistencanals war eine geringe Völle sichtbar und fühlbar, als wenn ein leerer Bruchsack bis an den äusseren Ring herabstiege. Der linke Samenstrang war stärker als der rechte, aber ein Bruchsack liess sich nicht unterscheiden. Der linke Hoden war ungewöhnlich gegen den äusseren Ring in die Höhe gezogen. Der Druck über dem inneren Ringe war sehr schmerzhaft, weniger zwischen diesem und dem Nabel, gar nicht nach der *Crista ilei* und dem äusseren Ringe zu. In der Tiefe hinter dem inneren Ringe konnte man eine nicht deutlich begrenzte Härte fühlen, und der untere Theil des linken *M. rectus abdom.* war gespannter als der rechte. Der Impuls beim Husten wurde vom inneren Ringe bis zum äusseren gefühlt. Der Patient klagte blos uber Schmerz am inneren Ringe und der Umgegend und zuweilen über Kneipen in der Nabelgegend. Es erschien wahrscheinlich, dass in diesem Falle der Bruch entweder *en masse* zurückgebracht worden sei, oder dass ein Stück Darm am inneren Ringe eingeklemmt geblieben war. Da nach 5 Stunden der Zustand des Patienten sich verschlimmert hatte, so wurde zur Operation geschritten; der Leistencanal ward in der ganzen Länge geöffnet und der untere Rand des *M. obliquus int.* und *transversus* getrennt. Man fand einen Bruchsack, der vom äusseren Leistenringe bis zum inneren reichte und sich anfühlte, als ob Netz darin enthalten sei, beim Eröffnen floss aber nur seröse Flüssigkeit mit coagulirtem Blute aus. Beim Einführen des Fingers durch den Bruchsack in die Bauchhöhle schien anfangs Alles frei, es war Dünndarm zu fühlen, wie wenn man durch einen gewöhnlichen leeren geöffneten Bruchsack in die Bauchhöhle eingeht. Als der Finger aber mehr nach rückwärts gerichtet wurde, fühlte man mit der äussersten Spitze desselben eine feste Einschnürung der entferntesten Dünndarmpartien, welche durch die Mündung des Bruchsacks bewirkt wurde, welcher zugleich mit dem Darme zurückgeschoben war. P. zog an dem vorliegenden Stücke des Bruchsacks den übrigen Theil hervor. Dieser bildete eine kugelförmige Geschwulst von 2—3" Durchmesser und enthielt dunkel gefärbten, congestiv geschwollenen Dünndarm, der durch den Bruchsackhals sehr fest eingeschnürt war. Nach dem Einschneiden der scharfrandigen, harten und unnachgiebigen Bruchsackmündung ging der Darm ohne Schwierigkeit zurück. In den ersten vier Tagen nach der Operation erhob sich ziemlich lebhafte locale Entzündung des Bauchfells und der benachbarten Partien, die mit Antiphlogose bekämpft wurde. Genesung. Nach zwei Jahren referirte der Operirte, dass der linke Bruch nie wieder vorgetreten sei, dagegen der rechte Bruch sich häufiger vorgedrängt habe.

2. Ein 41jähriger, muskelkräftiger Mann, der seit 20 Jahren eine *Hernia scrotalis* hatte, glaubte, als er eines Tags seinen vorgefallenen Bruch zurückbrachte, zu fühlen, dass der Bruch einen falschen Weg nehme. Als der Bruch nach einigen Tagen wieder vortrat, bildete er eine Inguinalgeschwulst statt einer Scrotalgeschwulst, die nach einem Bade und einem Opiate zurückging. Fünf Wochen später bekam Patient ohne bekannte Ursache Erbrechen, wobei die Geschwulst in der Leistengegend wieder erschien und Schmerz, wie Erbrechen erregte. Bei der Untersuchung im Hospitale, 6 Stunden später, fühlte man am inneren Leistenringe eine feste, nicht begrenzte Anschwellung, wegen der sehr grossen Schmerzhaftigkeit liessen sich jedoch die hinter derselben und tiefer gelegenen Theile nicht genau untersuchen. Der übrige Theil des Canals fühlte sich etwas gefüllt an, der Finger konnte mit dem eingestülpten Scrotum in den Canal gebracht und demselben entlang geführt werden, ohne auf ein Hinderniss zu stossen. Da der Versuch, die Geschwulst im warmen Bade zu reponiren, misslang, der Zustand sich verschlimmerte, so wurde operirt. Nach Eröffnung des Inguinalcanals kam in demselben ein collabirter Bruchsack zum Vorschein

mit dünnen durchscheinenden Wandungen, der sich bis über den äusseren Leistenring erstreckte und wenig klare Flüssigkeit enthielt. Als der untere Theil des *Obliqu. int.* und *transv.* hinreichend getrennt war, fand man, dass der Bruchsack mit einem andern Theile, der sich hinter den innern Leistenring erstreckte, zusammenhing. Der Finger konnte an der Aussenseite der erweiterten Stelle des Sacks durch den weiten inneren Ring ohne Gewalt nach rück- und abwärts, nicht so leicht jedoch nach aufwärts geführt werden, wobei sich in der Tiefe der Finger nach einwärts zu wenden schien, wie nach einer allmäligen Verengung des Halses nach der Mündung zu. Da sich dieser allem Anscheine nach zurückgeschobene Theil des Sacks nicht vorziehen liess, so wurde er nach unten, wo er Flüssigkeit enthielt, vorsichtig eröffnet und dann vorgezogen, wobei die entfernte Partie desselben zum Vorschein kam. Dieser Theil hatte 2" Durchmesser und klemmte ein 3—4" langes Stück Dünndarm fest ein. Der Darm war dunkel gefärbt, congestiv geschwollen, ging aber nach Durchschneidung der Bruchsackwand leicht zurück. Es folgte vollständige Genesung. —

Nath. Ward *(Lancet. Februar 1856.)* Ein 28jähriger Milchmann, der seit seiner Kindheit an einem Leistenbruche litt, der indessen wenig belästigte, merkte nach einem heftigen Hustenanfalle, dass sein Bruch stärker als je vorgetreten sei und eine gespannte, irreponible Geschwulst bilde. Er begab sich zu einem Chirurgen, dem es nach halbstündiger ziemlich starker Anstrengung gelang, den Bruch zu reponiren; die Schmerzen im Leibe hörten nach der Reduction nicht auf, verschlimmerten sich, es kam zum Würgen, Erbrechen, kurz die Einklemmungserscheinungen entwickelten sich erst deutlich. Der Kranke suchte nun im London-Hospital Hilfe. Es konnte bei der Untersuchung der Leistengegend eine Geschwulst nicht gefühlt werden, doch trat im Leistencanale der linken Seite der Samenstrang stark hervor und war beim leisen Druck sehr empfindlich. Da der Fall ziemlich unklar war, so wurde die Herniotomie noch 20 Stunden verschoben und während dieser Zeit eine allerdings fruchtlose, palliative Behandlung in Anwendung gebracht. Bei der Herniotomie wurde nach Bloslegung des Leistencanals dieser auf der Hohlsonde gespalten; es zeigte sich nun der Samenstrang, der wie ausgebreitet über einer länglichen Geschwulst lag. Durch Wegziehung des Samenstrangs gelangte man zu einem Bruchsacke, der vorsichtig eröffnet wurde und eine etwa 5" lange Dünndarmschlinge enthielt. Der Bruchsack musste vorgezogen werden, um die Einklemmungsstelle am Bruchsackhalse, die hinter dem inneren Leistenringe sich befand, zu erreichen. Genesung nach 15 Tagen. —

Nath. Ward *(Med. Times and Gaz. 1854. July).* Bei einem 14jährigen Knaben mit angeborenem rechtseitigen Leistenbruche stellte sich Einklemmung ein, die nach zwei Tagen im London-Hospital unter Beihilfe von Chloroform reponirt wurde. Die Zufälle liessen nicht nach, es wurde noch schmerzhafte Geschwulst in der Gegend des inneren Leistenrings bemerkt. Herniotomie. Nach Eröffnung des Leistencanals wurde der Bruchsack eingeschnitten und herabgezogen, die Strictur sass im Halse, wurde incidirt, der Darm reducirt. Genesung.

Ward *(l. c.)* Ein 37jähriger Mann mit doppeltem Leistenbruche bekam Anschwellung und Auftreibung der linken Hernie, die durch viele Taxisversuche über die Hälfte verkleinert wurde; die augenblickliche Erleichterung, die Patient fühlte, liess auf eine Beseitigung der Einklemmung schliessen, leider aber traten bald wieder heftige Erscheinungen auf, und der Kranke wurde am vierten Tage nach der Einklemmung in das Hospital gebracht. Nachdem die Bedeckungen und der Bruchsack gespalten, traten dunkelgefärbte Dünndarmschlingen hervor, die sich indessen nicht reponiren liessen, bis die Einklemmungsstelle, die früher im Niveau mit dem inneren Leistenringe gelegen hatte, reichlich 1" über letzterem eingeschnitten worden war.

Der Tod folgte nach drei Tagen. Die Section zeigte Verklebung der Darmschlingen, die ihre dunkle Röthung beibehalten hatten.

Delaharpe *(Schweizerische Cant. Zeitschr. Heft 4. 1856).* Ein Handarbeiter, der seit seiner Kindheit einen Leistenbruch hatte, der durch kein Bruchband zurückgehalten wurde, bekam im Juni 1855 plötzlich Einklemmungssymptome. Ein zu Hilfe gerufener Chirurg machte sofort die Taxis, brachte den Bruch zurück und legte einen Contentivapparat an. In der Nacht riss der Kranke wegen Schmerzen den Apparat ab. Am folgenden Tage zeigte sich der Bruch abermals eingeklemmt. Eine abermalige, sehr kräftige und anhaltende Taxis brachte den Bruch zum zweitenmal zurück, die Zufälle der Einklemmung wichen aber nicht, sondern steigerten sich. Ein anderer Chirurg untersuchte den Kranken, und da er keine Spur einer Bruchgeschwulst fand, schrieb er die Erscheinungen einer beginnenden Peritonitis zu. Am dritten Tage wurde Patient in das Hospital zu Lausanne gebracht. Der Leib war aufgetrieben, schmerzhaft, aber in der Inguinalgegend konnte keine Geschwulst wahrgenommen werden. Die gereichten Mittel fruchteten nichts, der Kranke starb nach zwei Tagen. Die Section zeigte den Inguinalcanal frei, allein über dem inneren rechten Leistenringe befand sich ein kleiner Sack von der Grösse einer Kirsche, der eine dunkle Darmschlinge enthielt. Der Bruch war ein congenitaler, der Bruchsackhals bewirkte die Einklemmung, und an diesem bemerkte man einige Spuren von Adhärenzen, die durch die Taxis getrennt worden waren. —

Dieulafoy *(l. c.)* Ein kräftiger Mann hatte einen nicht grossen, erst seit fünf Stunden eingeklemmten Leistenbruch, welchen D. sofort reponirte. Am folgenden Tage hatten sich die Einklemmungserscheinungen gesteigert. Bei der Untersuchung durch den Leistencanal fühlte die Fingerspitze nach oben eine pralle Geschwulst, die von aussen her nicht gefühlt werden konnte und der man mit Manipulationen nicht beizukommen vermochte. D. schritt 36 Stunden nach Beginn der Einklemmung zur Operation. Nach Bloslegung des äusseren Leistenrings wurde erkannt, dass die Einklemmung über dem inneren Leistenringe sass, dieser wurde incidirt, dann der Bruchsack herabgezogen und gespalten. Die Darmschlinge sah braunroth, war glänzend und wurde nach Spaltung des Bruchsackhalses reponirt. Die Taxis hatte den Bruchsack halb verschoben, die Einklemmungsstelle war nicht überwunden, aber höher verlegt worden; es folgte Genesung.

B. B. Cooper *(Birkett: Med. chir. Transact. XLII. p. 148)* Im Jahre 1854 kam ein Mann mit eingeklemmtem Leistenbruche in das Guy's Hospital. In einem warmen Bade wurde die Taxis versucht, und es gelang in demselben die Bruchcontenta aus dem Hodensacke wegzudrängen. Leider liessen die Symptome nicht nach, der Zustand verschlechterte sich und Patient starb. — Die Section, von Birkett ausgeführt, zeigte verbreitete Peritonitis; eine 2″ lange Darmschlinge lag eingeklemmt in einem Sacke zwischen der *Linea ileopectinäa* rechterseits und der Urinblase. Der Bruchsack im Leistencanale und Hodensacke war leer, der Bruchsackhals hatte sich am inneren Leistenringe gelöst und dicht unter demselben war der Bruchsack zwischen *Fascia transversalis* und Bauchfell zu einer Tasche ausgestülpt worden, welche die durch den Bruchsackhals eingeklemmte Darmpartie enthielt. —

F. Ulrich *(Oestreich. Zeitschr. für practische Heilkunde. V. 34. 35. 1859).* Ein 23jähriger Mann, der schon seit einigen Jahren an zeitweiliger Anschwellung der rechten Leistengegend gelitten hatte, wurde nach einer heftigen Körperanstrengung von den Symptomen der Einklemmung befallen. Verfasser fand eine längliche, pralle Geschwulst in der rechten Leistengegend, über welcher die Haut geröthet war. Taxisversuche schlugen fehl. Bei der Herniotomie wurde zuerst der Bruchsack mit Durchtrennung des grössten Theils der vorderen Wand des Leistencanals blosgelegt. Nach Spaltung des Bruchsacks fand sich eine ziemlich lange Darmschlinge vor. Man konnte mit den Fingern bis in die Bauchhöhle dringen, ohne auf ein Hinderniss zu stossen, zog man indessen den Bruchsack an, so fühlte man hinter und über dem inneren Leistenringe eine Abschnürung. Durch starkes Anziehen des Bruchsacks wurde die Stelle der Strictur abwärts in das Bereich des Messers gebracht und eingeschnitten, worauf die Darmschlinge reponirt werden konnte. Die Einklemmung befand sich also am Bruchsackhalse, und dieser war jedenfalls durch gewaltsame Repositionsversuche in die Bauchhöhle gedrängt worden. Der Fall verlief günstig. —

Curling und Hutchinson *(Lancet II. 10. March 9. 1861).* Ein 32jähriger Arbeiter, der nie an einer Hernie gelitten haben wollte, spürte beim Herausspringen aus einem Karren, dass sich etwas in seiner linken Leistengegend vorgedrängt habe, er empfand auch sofort Schmerz und Uebelkeiten und konnte die Nacht nicht schlafen. Am folgenden Morgen entdeckte er in der Leistengegend eine eigrosse, harte und gespannte Geschwulst; er schickte nach einem Chirurgen, und diesem gelang es, die Geschwulst zu reponiren. Besserung folgte nicht, sondern vielmehr Verschlechterung, und der Kranke kam 44 Stunden nach Beginn der Einklemmung in das London-Hospital. Bei der Untersuchung fand man den Hodensack wenig entwickelt, beide Hoden hatten sich nicht genügend in das Scrotum gesenkt, sie waren klein, weich und lagen dicht vor dem äusseren Leistenringe. Der linke Leistencanal zeigte Auftriebenheit und Völle, über dem Leistencanale liess sich eine Geschwulst nicht wahrnehmen. Der Unterleib war wenig geschwollen, man konnte überall einen starken Druck anbringen, ohne dass Patient über Schmerz geklagt hätte. Die Gesichtszüge drückten Angst aus, der Puls war klein und fadenförmig. Man beschloss zu warten und es wurden einstweilen Cataplasmen auf den Unterleib angeordnet. Nach mehreren Stunden besuchte Hutchinson den Patienten nochmals; ein copiöses Erbrechen hatte stattgefunden, der linke Leistencanal erschien fast noch mehr aufgetrieben, auch fühlte man jetzt beim Husten, dass über demselben eine Geschwulst sich vordrängte. H. entschloss sich sofort zu einer exploratorischen Operation. Die Haut über dem Leistencanale wurde eingeschnitten, der Leistencanal selbst $1^1/_2''$ weit gespalten, es kam ein Bruchsack zum Vorschein, der vor und über dem Hoden lag. In dem Bruchsacke befand sich eine dunkel gefärbte, und congestiv geschwollene Darmschlinge. Die Einklemmungsstelle lag weit über dem inneren Leistenringe und konnte nur mit Mühe so weit herabgezogen werden, um erweiternde Incision zu gestatten. Die Strictur war sehr eng; nach Einschneidung derselben liess sich die Darmschlinge reponiren. Die Hernie war eine angeborene, der Bruchsack umfasste den Hoden mit. Der Verlauf der Operation war günstig. —

Prof. C. Francke, zu Leipzig, theilte mir *mündlich* folgenden, im Jahre 1849 beobachteten Fall mit. Ein 24jähriger Zimmergeselle, der seit seiner Kindheit einen rechtseitigen Leistenbruch hatte, der nur zuweilen vortrat und leicht reponirt wurde, merkte eines Tages beim Stuhlpressen, dass sein Bruch stärker als gewöhnlich vortrat, auch waren seine Versuche, ihn zurückzubringen, vergeblich. Sechs Stunden später begab er sich zu F. Der Bruch war eigross, füllte die rechte Hälfte des Hodensacks aus, war gespannt, nicht schmerzhaft. Nach ziemlich energisch angewendeter Taxis wich der Bruch endlich zurück, und nun fühlte man den Hoden dicht unterhalb des vorderen Leistenrings. Am folgenden Tage wurde F. zum Kranken entboten, derselbe hatte eine schlechte Nacht gehabt, er klagte über heftige Schmerzen und erbrach fortwährend. Der Puls war beschleunigt, die Haut feucht. Der Finger konnte neben dem Hoden in den sehr erweiterten Leistenring geführt werden und fühlte hier eine pralle Geschwulst. Der Bruch erschien über der Leistenfalte aufgetrieben, schmerzhaft beim Druck. Klystire, kalte Fomente, erwiesen sich wirkungslos. Opium beruhigte einigermaassen die Leibschmerzen und das Erbrechen. Am dritten Tage erneuerte sich das Erbrechen, der Puls wurde fadenförmig. F. entschloss sich zur Operation. Nach Bloslegung des vorderen Leistenrings zeigte sich eine sackartige Membran dicht über dem Hoden, die sich als Bruchsack erwies und eingeschnitten wurde. Der eingeführte Finger drang durch den erweiterten, verkürzten Leistencanal innerhalb des Sacks und fühlte hinter demselben prallen Darm, eine Strictur war nicht zu fühlen. F. schnitt den Leistenring nach oben ein und zog hierauf den Bruchsack an, welcher endlich nachgab und weiter abwärts trat. Der Bruchsack wurde weiter gespalten, eine 4'' lange dunkelblaurothe Darmschlinge hervorgezogen, und nun fühlte man über dem Leistencanale mit der Fingerspitze die enge Strictur, die mit dem Knopfmesser eingeschnitten wurde. Der Darm wurde reponirt. Nach der Operation war der Hode 1'' tiefer herabgesunken. Es folgte Genesung. —

Luke *(Lond. med. Gaz. 1850. p. 458).* Eine Frau von 50 Jahren, welche wegen eines eingeklemmten Leistenbruchs von Headington operirt worden war, starb. Die Section zeigte einen leeren Bruchsack im Leistencanale, der mit einem Bruchsacke, der nach der *Spina ilei* lief, in der Bauchgegend zusammenhing; der letztere enthielt eingeklemmten Darm. —

Gosselin *(Gaz. des Hôp. 16. 1863).* Ein kräftiger, robuster Mann, der seit vielen Jahren eine rechtseitige Leistenhernie hatte und ein Bruchband trug, merkte am 18. Januar 1863, als er sein Bruchband anlegen wollte, dass er den Bruch erst reponiren musste, was er auch that. Den Tag über fühlte Patient keine Beschwerden, aber gegen Abend traten Schmerzen unter der Pelote auf, er nahm sein Bruchband ab, in der Meinung, der Bruch sei wieder vorgetreten, allein alle Geschwulst war verschwunden, obgleich der Bruch, wenn er vortrat, gewöhnlich den Umfang einer Faust hatte. Die Schmerzen nahmen zu, verbreiteten sich über den Leib, Erbrechen stellte sich ein, der Patient liess sich in das Hospital schaffen. G. fand bei der Untersuchung am andern Morgen keine Spur von Hernie, weder im Scrotum noch im Leistencanale, der Leib war aufgetrieben und empfindlich. Eisumschläge auf den Leib und Purgirmittel halfen nicht, es kam zu Kothbrechen, und G. entschloss sich, den folgenden Tag die Einklemmung durch Operation aufzusuchen. Nachdem der Leistencanal blosgelegt und eingeschnitten worden war, zeigte sich ein Bruchsack, der viel Wasser enthielt und in welchem eine lange Darmschlinge lag. Der Bruchsack wurde etwas vorgezogen, er erstreckte sich aber weit nach hinten, wo man endlich mit der Fingerspitze den Bruchsackhals fühlte. Um zu den Bruchsackhals zu gelangen, musste man die Operationswunde erst erweitern. Der Darm war gesund und wurde reponirt. Der Patient starb. Es wurde verbreitete Peritonitis gefunden, der Bruchsackhals lag weit nach hinten, war indurirt, aber nicht besonders dick. —

Auch die unvollständigen Massenreductionen bei äusseren Leistenbrüchen ereignen sich, wie die vorstehende Liste zeigt, am häufigsten in dem Alter zwischen 30 und 50 Jahren und kommen häufiger rechterseits, als linkerseits vor. Unter den referirten Fällen bezieht sich nur ein einziger auf ein weibliches Individuum.

Von den erzählten Fällen sind 4 als angeborene Leistenbrüche bezeichnet worden. Die Hernien hatten fast insgesammt vor der Reduction ein ziemliches Volumen, in 10 Fällen reichten sie weit in das Scrotum hinab. Wo die Grösse und der Umfang der Hernie nicht näher angegeben ist, da können wir aus der übrigen Beschreibung abnehmen, dass der Umfang derselben ziemlich beträchtlich gewesen sei. Nur in 1 Falle war die Hernie klein. In Bezug auf den Inhalt stellten die Hernien in 17 Fällen Darmbrüche, in 1 Falle Netzbruch dar.

Die Hernien hatten vor der unvollständigen Massenreduction seit Jahren und selbst seit vielen Jahren bestanden, nur in 1 Falle wollte der Patient vor der Einklemmung der Hernie eine Geschwulst nicht wahrgenommen haben.

Der die unvollständige Massenreduction veranlassende Druck war 12 mal von dem Chirurgen, 3 mal von dem Patienten angebracht worden; in 2 Fällen fehlen die Angaben und in 1 Falle ist ausdrücklich bemerkt, dass gar kein Druck in Anwendung gekommen sei. In 3 Fällen ist hervorgehoben, dass bei der Taxis Gewalt verwendet wurde. In einigen Fällen liess sich der Bruch ganz leicht zurückbringen, in 2 Fällen fiel er nach der Reduction wieder vor.

Die örtlichen Symptome, welche nach der Reduction das Vorhandensein der Bruchgeschwulst noch beurkundeten, fehlten fast in keinem Falle und waren deutlicher und schärfer ausgeprägt, als bei den vollständigen Massenreductionen. Vor dem Leistencanale, oder in demselben, wurde fast stets eine Geschwulst gefühlt, die sich nach der Bauchhöhle hinzog. Auch über der Leistenfalte erhoben sich in mehreren Fällen ziemlich begrenzte Anschwellungen.

Die Einklemmung hatte meist 2—4 Tage gedauert, die Reduction hatte seit 12—36 Stunden stattgehabt, ehe chirurgische Hilfe in Anwendung kam.

In 2 Fällen war nicht operirt worden, die stattgehabte Massenreduction wurde erst durch die Section erwiesen. In 16 Fällen wurde operirt, in 11 Fällen folgte Genesung, in 4 Fällen Tod. —

Wir haben nur 18 Fälle von unvollständigen Massenreductionen bei äusseren Leistenbrüchen auffinden können, während wir 42 Fälle von vollständigen Massenreductionen zusammengetragen haben. Wir glauben aber deswegen nicht zur Annahme berechtigt zu sein, dass die vollständigen Massenreductionen sich häufiger ereigneten, als die unvollständigen, wir sind vielmehr der Ansicht, dass die unvollständigen Massenreductionen öfter vorkommen mögen, als die vollständigen, und dass viele Fälle zu denselben gehören, die von den Chirurgen als unvollständige, theilweise Repositionen bei eingeklemmten Leistenbrüchen beschrieben worden sind.

Die unvollständigen Massenreductionen kommen in verschiedenen Graden vor, je nachdem ein geringerer oder grösserer Theil der Bruchgeschwulst bei der falschen Reduction verdrängt worden ist. Bei dem niedrigsten Grade der Verdrängung ist der die Einklemmung bewirkende

Bruchsackhals nur etwas hinter oder über den inneren Leistenring getreten, die Bruchgeschwulst ist aus ihrem Bette nur etwas nach aufwärts gerückt. In solchen Fällen kann bei voluminöser Bruchgeschwulst von Scheinreduction eigentlich nicht die Rede sein, da der grösste Theil der Bruchgeschwulst noch deutlich vorliegt. Bei einem höheren Grade der Verdrängung weicht die Hälfte der Bruchgeschwulst hinter die Bruchpforte, während die andere Hälfte im Leistencanale liegen bleibt. Im höchsten Grade bleibt nur ein sehr kleiner Theil der Bruchgeschwulst im Leistencanale zurück und der grösste wird hinter die Bruchpforte dislocirt. Je weniger von der Bruchgeschwulst in dem Bruchbette verbleibt, um so mehr ähnelt die unvollständige Massenreduction der vollständigen und kann sogar unmerklich in letztere übergehen.

Das Bauchfell wird bei der unvollständigen Massenreduction eben so wie bei der vollständigen in der Gegend des hintern Leistenrings erhoben, und entweder in der Richtung nach der unteren Wand, oder in der Richtung nach der vorderen Wand des Bauchfellsacks abgelöst, um dem dislocirten Theile der Hernie eine Lagerstätte zu gewähren. Die Erhebung und Ablösung des Bauchfells nach der einen oder anderen Richtung hängt, wie schon oben erwähnt, einestheils ab von der Richtung des Drucks, in welcher die Bruchgeschwulst verdrängt wird, anderntheils von der leichteren oder schwereren Abtrennbarkeit des Bauchfells nach der einen oder anderen Seite hin. Die Bruchgeschwulst wurde nach hinten in der *Fossa iliaca* gelagert gefunden von Bell, Luke, Paget, Ward, sie lag nach der Blase zu in einem Falle von Dupuytren, sie hatte sich in der vordern Bauchwand nach der *Spina ilei ant. sup.* hingedrängt in den Fällen von Arnaud, Dieulafoy, Curling und Hutchinson. Der Bruchsackhals nimmt in der Mehrzahl der Fälle die höchste Stelle der verdrängten Bruchgeschwulst ein, nur in einigen Fällen hat man ihn an der inneren Seite der Geschwulst gefunden. Die Lagerung des Bruchsackgrundes ist verschieden, er rückt bald mehr, bald weniger aufwärts, oder bleibt selbst liegen; in allen Fällen wird er ausserhalb des inneren Leistenrings liegend gefunden. Dadurch, dass ein Theil des Bruchsacks vor der Bruchpforte liegen bleibt, während der andere hinter den Bruchcanal gerückt ist, erleidet die runde oder ovale Gestalt des Bruchsacks eine Veränderung, sie wird entweder umgestaltet in die Sanduhrform, wobei bald der grössere, bald der kleinere Abschnitt des Sacks vor der Bruchpforte sich befindet, oder es bildet sich ein Zwerchsack *(bisac)*, dessen Oeffnung über dem inneren Leistenringe liegt und der Mitte des ganzen Sacks entspricht, indem die eine Hälfte in dem Leistencanale herabläuft, während die andere Hälfte nach der Bauchwand sich hinzieht. Der Bruchinhalt wird gewöhnlich so vertheilt, dass eine Darmpartie dem verschobenen Bruchsacktheile folgt, eine andere im Bruchsackgrunde liegen bleibt. Es kommen aber auch Fälle vor, in welchen der Bruchinhalt dem geräumigen Bruchsacke nicht entspricht, in welchen der Bruchsackgrund bei der Reduction zurückgehalten wird, während der obere Theil des Bruchsacks mit dem Inhalte hinter die Bruchpforte weicht. In solchen Fällen liegen die leeren Wandungen des Bruchsackgrundes übereinander und lassen sich zuweilen durch die Bedeckungen fühlen; manchmal werden auch die leeren Wandungen des Bruchsackgrunds angespannt, und dann lassen sie sich erst nach Spaltung der Bedeckungen erkennen (Luke, Ward). Der leere Theil des Bruchsacks kann sich auch wohl mit seröser Flüssigkeit füllen (Dupuytren).

Was die Symptome betrifft, so gilt fast alles oben bei den Symptomen der vollständigen Massenreduction Angeführte, nur findet man hier die Bruchpforte, den Bruchcanal wohl kaum je so frei, sondern man entdeckt hier immer einen Theil der Bruchgeschwulst oder den leeren Bruchsacktheil.

Die Diagnose ist bei den unvollständigen Massenreductionen leichter als bei den vollständigen und um so leichter, je deutlicher und abgegrenzter der vor der Bruchpforte und im Leistencanale liegen gebliebene Theil der Bruchgeschwulst sich darstellt, je deutlicher man auch den in die Bauchwand gedrängten Theil der Bruchgeschwulst zu verfolgen vermag. Wenn, wie in dem Falle von Arnaud, eine voluminöse Scrotalhernie durch die Taxis bis auf eine kleine Geschwulst reducirt wird, während in dem Grade als die Bruchgeschwulst nach unten sich verkleinert, eine immer grösser werdende gespannte Geschwulst nach der *Spina s. ant. oss. ilei* in der Bruchwand sich erhebt, so kann über die unvollständige Massenreduction kein Zweifel sein. Ist die Geschwulst nach der *Fossa iliaca* oder nach der Blase zu verdrängt worden, so lässt sie sich schwer und nur bei ziemlichem Volumen durch die Bauchwandungen durchfühlen. So lange noch ein Theil der Bruchgeschwulst mit Darminhalt vor der Bruchpforte, in dem Leistencanale zurückgeblieben ist, wird man immer noch die unvollständige Massenreduction mit ziemlicher Sicherheit diagnosticiren können. Ist blos ein leerer Bruchsacktheil vor der Bruchpforte zurückgeblieben, so wird man diesen, wofern die Wandungen schlaff oder mit Wasser gefüllt sind, auch noch fühlen. Sind aber die leeren Bruchsackwandungen vor der Bruchpforte fest aneinander gedrückt, so lassen sie sich nicht oft durch Gefühl erkennen und die unvollständige Massenreduction wird erst bei der Operation erkannt. Die Diagnose wird erleichtert, wenn man den Patienten bei Beginn der Einklemmung zu Gesicht bekommt, wenn man bei der Taxis fühlt, wie die Bruchgeschwulst ohne Kollern theilweise zurück weicht; sie ist schwerer, wenn die Bruchgeschwulst bereits reducirt worden ist, die Einklemmung schon lange besteht, und ist fast unmöglich, wenn ein doppelseitiger Bruch vorhanden war und der Patient beide Brüche selbst reponirt hat, wenn beide Brüche trotz Husten, Pressen etc. nicht mehr vorfallen und man aus den allgemeinen Erscheinungen nur die Existenz einer Brucheinklemmung folgern kann, ohne Haltepunkte zu besitzen, auf welcher Seite man sie zu suchen habe. (Dupuytren).

Die differentielle Diagnose der unvollständigen Massenreduction ist ziemlich gesichert, sobald ein deutlich fühlbarer Theil der Bruchgeschwulst vor dem Bruchcanale oder in demselben liegen geblieben ist und die Einklemmungserscheinungen fortbestehen und sich steigern.

Massenreductionen bei Schenkelhernien.

Der erste Fall von Massenreduction, der überhaupt beobachtet worden ist, bezieht sich auf eine Schenkelhernie und stammt von Arnaud und Ledran.

Arnaud *(l. c. p. 29. Obs. IV).* Ein Mann mit gänseeigrosser Schenkelhernie wurde von Einklemmungszufällen heimgesucht. A. machte die Taxis 10—12 Stunden nachdem der Patient die ersten Schmerzen verspürt hatte. Die Geschwulst liess sich reponiren, trat aber wieder vor, wenn Patient hustete, ging auch einigemal von selbst zurück. Nach zwei Tagen trat sie nicht mehr vor und blieb zurück bis zum Tode, der nach neun Tagen erfolgte. Bei der Section wurde der Bruchsack, der die Därme umgab und einschnürte, gegenüber dem Cruralbogen gelagert gefunden, der Bruch war voluminöser als bei Lebzeiten; Verklebung des Bruchsacks mit dem Bauchfelle hinderte den Rücktritt des Bruchs.

Ledran *(Observations de chirurgie Tom. II. p 11. Observ. LVIII)* beschreibt denselben Fall ausführlicher. Am 5. März 1826 wurde ich zu einem Kutscher gerufen, der seit acht Tagen an heftigen Leibschmerzen litt, die von einem vorgetretenen, gewöhnlich durch ein Bruchband zurückgehaltenen alten Schenkelbruch ausgegangen waren; man hatte die Hernie 24 Sunden nach dem Austritte reponirt, zwei Aderlässe gemacht, allein die excessiven Schmerzen und das Erbrechen hatten fortgedauert. Arnaud, welcher den Bruch zurückgebracht hatte, verordnete bei dem Fortbestande der Einklemmungserscheinungen *Mercurius vivus* und Patient hatte 15—16 Unzen davon genommen. Ein später applicirtes Tabaksklystir blieb ebenfalls ohne Erfolg. Ich fand den Kranken pulslos, sterbend; statt der Bruchgeschwulst fühlte man eine Leere, und das Fallop'sche Band hatte sich so erweitert, dass man mit vier Fingern unter demselben eindringen konnte. Ich erinnerte mich sofort eines beobachteten Falls, in welchem der Hals des Bruchsacks die Einklemmung bewirkt hatte, und vermuthete, dass auch hier die Hernie mit dem Bruchsacke, in welchem sie eingesperrt war, zurückgebracht worden sei. Bei dem herabgekommenen Zustande des Patienten war eine Operation nicht mehr angezeigt, es erfolgte auch der Tod nach einigen Stunden. Nur mit Mühe erlangte ich die Section, auf welche ich bestand, theils um die Richtigkeit meiner Diagnose zu ersehen, theils um meinen Collegen Arnaud zu rechtfertigen, dessen Verordnung von flüssigem Quecksilber alle Schuld beigemessen wurde. Noch vor der Autopsie hatte Arnaud bemerkt, dass er bei der Reposition das gewöhnliche kollernde Geräusch nicht wahrgenommen habe, und dass die ganze Geschwulst unter dem Fallop'schen Bande auf einmal *en bloc*, wie wenn man eine Kugel in den

Leib gedrängt hätte, hinweggeschlüpft sei. Die Section bestätigte die Annahme; es wurde im Leibe ein Bruchsack von 3″ Länge und 8″ Umfang gefunden, in welchem eine halbe Elle Jejunum eingeschlossen war; der enge Bruchsackhals umschnürte den Darm so stark, dass erst nach Einschneidung des ersteren die Herausziehung des letzteren gelang. Das Jejunum über der Einklemmungsstelle war ausgedehnt, geröthet, mit Flüssigkeit und Quecksilber erfüllt und in seinen Wandungen sehr verdickt. —

Callisen *(Acta societ. med. Havniensis. Tom II. p. 321. Herniarum variarum biga; casus II)*. Eine 40jährige Frau, Mutter von acht Kindern, wurde sechs Wochen nach der letzten Niederkunft von Einklemmungserscheinungen befallen. Sie hatte eine Bruchgeschwulst bei sich wahrgenommen. Linkerseits wurde eine Cruralhernie unter den fettreichen, dicken Tegmenten gefunden, die sehr klein war. Die Taxis wurde in allen Lagen gemacht, auch Blutentziehungen wurden angewendet, dessenungeachtet steigerten sich die Erscheinungen, so dass 48 Stunden nach Beginn der Einklemmung zur Operation geschritten werden musste. Nach Hautspaltung und Lösung unterhalb des *Lig. Fallopii* erschien nichts, was einer Hernie ähnlich sah, die *Vasa cruralia* lagen entblösst da, die Arterie pulsirte sichtlich. Ueber dem Fallop'schen Bande war die Aponeurose zur Grösse eines Eitumors ausgedehnt. C. schnitt hier vorsichtig ein, eröffnete das Bauchfell, fühlte Darm im Cavum und eine Apertur desselben, die er einschnitt und dann den Darm reponirte. Einige Stunden lang nach der Operation fühlte sich die Patientin erleichtert, dann aber kehrten die Einklemmungserscheinungen zurück, der Puls wurde fadenförmig, es traten Delirien ein und die Patientin starb 20 Stunden nach der Operation. *Section.* Die Därme waren ausgedehnt, die Muskelaponeurose über dem Fallop'schen Bande zugleich mit dem Bauchfelle sackförmig erweitert, der Darm, der in dieser Cavität gelegen hatte, markirte sich durch eine Einklemmungsrinne. Die Ursache des Todes konnte weder in der Entzündung des Darms, noch der des Bauchfells gefunden werden. Endlich fand C. eine Ileumschlinge von ziemlicher Grösse in einem Peritonäalsacke über dem Psoas unter dem breiten Mutterbande. Der Darm am Eintritt in den Sack bildete einen spitzen Winkel der Reflexion und war brandig. —

Dupuytren *(Leç. orales, übersetzt von Fliess. Bd. 3. p. 471)* fand als Chef der anatomischen Arbeiten der Facultät nachstehende Massenreduction an der Leiche einer alten Frau. Nach Eröffnung des Unterleibs lag in der Darmbeingrube über dem Cruralbogen eine Geschwulst von dem Volumen einer Faust, die das Bauchfell aufhob, und in welche der Darm durch eine Oeffnung trat, die sich auf ihrer Spitze gebildet hatte. Diese Geschwulst war doppelt vom Bauchfelle bedeckt, durch das aufgehobene Bauchfell der Darmbeingegend und durch den Bruchsack als Bauchfellverlängerung. Der Bruchsack enthielt eine brandige, durch den Bruchsackhals eingeklemmte Darmschlinge. Nach den eingezogenen Nachrichten hatte die Frau seit vielen Jahren einen Schenkelbruch gehabt, ohne ihn zu unterstützen; der Bruch hatte sich nach einer Anstrengung eingeklemmt; der Arzt, der 3—4 Tage vor dem Tode gerufen worden war, hatte versucht, den Bruch zurückzubringen, und es war ihm gelungen, gleichwohl hatten die Zufälle fortgedauert, zugenommen und die Kranke war gestorben. —

Dupuytren *(l. c. p. 478. Observ. I)*. Paul Michel, 55 Jahre alt, Deckenmacher, kam den 5. December 1818 in das Hôtel-Dieu, um sich an einem Schenkelbruche der linken Seite behandeln zu lassen, der seit drei Tagen eingeklemmt war. Patient hatte vor 28 Jahren seinen Bruch nach einer Anstrengung bemerkt, er hatte nie eine Bandage gebraucht, der Bruch war selten vorgefallen, stets leicht zurückgebracht worden Vor drei Tagen war der Bruch, ohne vorausgegangene Anstrengung, plötzlich vorgetreten, schmerzhaft geworden und hatte allen Repositionsversuchen des Patienten Widerstand entgegengesetzt. Uebelkeiten, Schluchzen, Leibschmerzen und Erbrechen waren hinzugetreten. Die Geschwulst war rund, höckrig, hart, gespannt, die Haut über derselben unverändert, die Betastung der Geschwulst fiel sehr schmerzhaft. Der Unterleib war aufgetrieben, ebenfalls empfindlich, der Puls klein und frequent. Patient wurde in ein Bad gebracht, blieb fast eine Stunde darin, die Bruchgeschwulst trat von selbst plötzlich zurück. Die Symptome der Einklemmung dauerten fort, steigerten sich in den folgenden Tagen, die Bruchgeschwulst konnte nicht wieder zum Vorschein gebracht werden, Patient verweigerte fort und fort die Operation bis zum 12. Tage, wo er endlich einwilligte. Ein Längenschnitt wurde in die Haut vor dem Cruralbogen gemacht, das Zellgewebe und aponeurotische Blatt durchschnitten, der Finger drang nun unter den Cruralbogen und fühlte im Grunde über und hinter demselben einen elastischen Körper, von welchem der Kranke versicherte, dass es sein Bruch wäre. Der Cruralbogen wurde schief nach oben eingeschnitten, es zeigten sich Pakete von Zellgewebe, welche als dem Sacke anhängend gefasst und angezogen wurden, während Gehilfen die Wunde auseinander hielten. Beim Husten des Kranken erschien jetzt eine höckrige Geschwulst. Die Spitze eines Bistouri's wurde vorsichtig in dieselbe eingestochen, sogleich sprang eine durchsichtige Flüssigkeit in einem Bogen hervor. Der Sack wurde kreuzweise mittels einer stumpfen Scheere eingeschnitten und man sah jetzt, dass er eine rothe Darmschlinge umschloss. Der Sack wurde weiter vorgezogen, so dass die Einklemmungsstelle vortrat und diese nun mit dem Knopfmesser eingeschnitten werden konnte. Der Darm hing leicht verklebt am Bruchsacke, er war nicht gangränös und wurde leicht reducirt. Eine Viertelstunde nach der Operation erfolgte Darmentleerung. Patient genas, wurde am 44. Tage nach der Operation entlassen. —

Dupuytren *(l. c. p. 481 Obs. II).* Maria Magdalena Guerdon, 59 Jahre. Wäscherin, wurde den 20. Januar 1832 in das Hôtel-Dieu aufgenommen. Die ziemlich robuste Frau hatte mehrere Kinder geboren. Vor 12 Jahren hatte sie in der rechten Weiche eine runde, leicht zurückdrückbare Geschwulst wahrgenommen, die sie nicht belästigte, so dass sie auch kein Bruchband in Anwendung brachte. Vor 14 Tagen war der Bruch plötzlich härter und gespannter geworden, es hatten sich Einklemmungserscheinungen eingestellt. Man gebrauchte Antiphlogistica, Klysmata, drängte endlich den Bruch zurück und legte ein Bruchband auf. Die Symptome steigerten sich, es kam zum Kothbrechen, es bildete sich ein Abscess in der Weiche, brach auf und entleerte fäcal riechende Materie. Die Zufälle hörten jetzt auf, Patientin wurde in das Spital gebracht. Gase und flüssiger Koth traten in kleinen Mengen aus der Wunde, es hatten der Versicherung nach einige Stühle durch den After stattgefunden. Der Bruch war weich, schmerzlos; die Haut um die Fistelöffnung war abgelöst. Unter Reinlichkeit und Pflege erfolgte allmälig Heilung. —

Hartmann *(Hannov. Annalen. Bd. II. Heft 4).* Ein 36jähriger, kräftiger Arbeitsmann hatte seit mehreren Jahren einen linkseitigen Schenkelbruch, der durch ein Bruchband gut zurückgehalten wurde. Den 16. August 1836 nach dem Genusse von etwas saurem Biere wird er in der Nacht plötzlich durch Leibschmerzen geweckt und bemerkt, dass sein Bruch um die Hälfte grösser als gewöhnlich vorgetreten ist, spannt und schmerzt. Mit viel Mühe bringt er den Bruch zurück, allein dessenungeachtet verschlimmert sich der Zustand Verfasser, am Morgen des 18. August gerufen, fand den Leib etwas gespannt, das Gesicht etwas geröthet, den Puls weich und voll. Der Schenkelring war wie ein Dreigroschenstück gross, so dass der Zeigefinger recht gut eingeführt werden konnte; die Spitze stiess dabei in der Bauchhöhle auf einen gleich zurückweichenden härtlichen Körper, den der Kranke der Empfindung nach für den Bruch erkannte. Bei stärkerem Drucke auf die Bauchdecken empfand Patient keinen Schmerz; er konnte stehen; beim Husten trat der Bruch nicht vor. Der grösste Schmerz wurde in der Nabelgegend empfunden; das periodisch auftretende Erbrechen war wässrig, die Zunge sah schmutzig belegt, der Durst war gross, der Urin sparsam. Es wurde eine Emulsion von Ricinusöl mit Calomel, ein Tabaksklystir und Cataplasmen verordnet. Am folgenden Tage hatte sich der Zustand verschlimmert, Patient sah verfallen, Kothbrechen war mehrmals erfolgt, der Leib hatte sich mehr aufgetrieben, die Leibschmerzen hatten sich vermehrt. Nachdem noch ein verstärktes Tabaksklystir gegeben, ein Aderlass gemacht worden war und die bedenklichen Zustände dennoch fortdauerten, schritt Verfasser zur Operation. Nachdem der Schenkelring freigelegt war, bemerkte man deutlich hinter demselben die pralle, bewegliche Geschwulst, sie wurde mit der Pincette gefasst und sprang, einem leichten Zuge folgend, rasch aus dem Ringe hervor. Der herausbeförderte Bruch hatte die Grösse eines Hühnereies. Der Bruchsack wurde geöffnet; Bruchsackwasser war fast gar nicht vorhanden; die etwa 2'' lange Darmschlinge war ganz dunkelroth, durch harten Koth stark ausgedehnt, die Häute übrigens noch sehr fest. Es ergab sich, dass der sehr verdickte, knorpelartige Bruchsackhals eine Strictur bildete. Nach Spaltung der Strictur liess sich der Darm leicht reponiren. Nach der Operation folgte bald Stuhlgang. Die Genesung trat rasch ein.

A. Bérard hat Demeaux *(l. c.)* folgenden Fall mitgetheilt. Ein Geistlicher hatte seit mehreren Jahren eine rechtseitige Schenkelhernie, die er nach Belieben vortreten lassen und leicht zurückbringen konnte; er hatte nie ein Bruchband getragen und unterzog sich nicht selten ziemlich anstrengenden Gartenarbeiten. Eines Tages trat die Hernie beim Kirchendienst hervor, der Patient drückte sie gewaltsam zurück, empfand sofort heftige Schmerzen, zu welchen sich auch bald Uebelkeiten, Erbrechen, kurz die Symptome der Einklemmung gesellten. Die Zufälle dauerten fort, obgleich die Hernie nach einigen Stunden wieder vorgefallen war. Nach 36 Stunden brachte B. die Geschwulst abermals durch die Taxis leicht zurück, die Zufälle steigerten sich, die Geschwulst konnte nicht mehr zum Wiedervortreten gebracht werden, es wurde am dritten Tage nach Beginn der Einklemmung operirt. Der blosgelegte Schenkelring wurde erweitert und frei gefunden, der eingeführte Finger fühlte hinter der Bauchöffnung des Schenkelcanals eine ziemliche Geschwulst, welche mit einer Pincette gefasst, aber nur zum Theil nach aussen vorgezogen werden konnte. Der Sack dieser Geschwulst, der sehr dick war, wurde eingeschnitten, worauf einige serös-sanguinolente Flüssigkeit abfloss, der eingeführte Zeigefinger stiess auf Darm, und sogleich floss ein starker Strom Kothflüssigkeit ab. Der Operirte starb nach 36 Stunden. Die Section zeigte Peritonitis, der Bruchsack lag noch zum grössten Theile hinter der Bauchöffnung des Schenkelcanals und enthielt eine durch den Bruchsackhals abgeschnürte Darmpartie, walche nach dem Sacke zu perforirt war. —

Eigene Beobachtung. — Im Jahre 1861 wurde ich zu einer Schuhmachersfrau von 50 Jahren geholt, die seit fünf Tagen an Einklemmungserscheinungen litt; der behandelnde Arzt setzte eine innere Einklemmung voraus. Die Kranke hatte entstellte Gesichtszüge, einen kleinen kaum fühlbaren Puls, kalte Extremitäten. Der Leib war trommelartig aufgetrieben, die Schmerzen wurden vorzüglich in der Nabelgegend empfunden, die Patientin hatte fortwährendes Aufstossen mit zeitweisem Erbrechen fäcal riechender Flüssigkeit. In der rechten Schenkelgegend wurde eine kleine harte, hasselnussgrosse Geschwulst gefühlt, welche beim starken Druck nicht schmerzte. Patientin gab an, sie habe früher einen Schenkelbruch gehabt, derselbe habe sie aber seit mehreren Jahren gar nicht belästigt, sei nicht mehr vorgefallen;

ihren jetzigen Zustand leitete die Patientin von einer Verkühlung her. Eine proponirte Operation in der Schenkelgegend verweigerte die Patientin als unnütz, weil ihr jetziges Leiden mit dem früher dagewesenen Zuständen in gar keinem Zusammenhange stehe. Die Kranke starb am siebenten Tage nach Beginn der Einklemmung. Die Section durfte sich nur auf den unteren Theil des Bauchs erstrecken. Ich fand in der Schenkelgegend eine hasselnussgrosse, geschwollene, ziemlich harte Lymphdrüse mit einem fibrösen Ueberzuge versehen, der nach unten in eine Membran auslief. Nach Wegnahme der Drüse wurde ein Bruchsack sichtbar, der etwas blutig-wässrige Flüssigkeit enthielt. Nach Eröffnung des Sacks wurde der Finger eingeführt und fühlte eine kleine Cavität mit Darm hinter der Bauchöffnung der Bruchpforte. Nach Eröffnung der Bauchhöhle und Hervorziehung der Därme erkannte ich eine mehr als wallnussgrosse Geschwulst mit der Mündung nach hinten gerichtet, durch welche eine Dünndarmschlinge eintrat. Das Bauchfell war in die Höhe gehoben worden, die Bruchgeschwulst fühlte sich prall an. Durch Zug von aussen am Bruchsacke konnte die Geschwulst herabgezogen werden, sie enthielt $2^{1}/_{2}$" Ileum, welches durch den harten, fast klappenartigen Bruchsackhals abgeschnürt wurde. Der Darm sah missfarbig, beim Hervorziehen floss dünner Koth aus einer erbsengrossen Perforation im Niveau der Strangulationsrinne ab. —

Die Massenreduction bei Schenkelhernien kommt nur selten vor, und ich habe von derselben nur acht Beispiele auffinden können. Der Umstand, dass bei Schenkelhernien der Sitz der Einklemmung gewöhnlich ausserhalb des Bruchsackhalses, im Zellgewebe des Canals sich befindet, oder wenn sie im Bruchsackhalse sitzt, dieser fest mit der Bruchpforte verwachsen zu sein pflegt, beschränkt das Auftreten der Massenreduction, welches sonst in der geringen Höhe der vorderen Wand des Schenkelcanals und in der Geräumigkeit, oder wenigstens Ausdehnbarkeit der Bruchpforte begünstigende Momente findet.

Die obigen Fälle beziehen sich auf Individuen, die schon das 40. oder 50. Lebensjahr überschritten hatten, nur in 1 Falle war der Patient erst 36 Jahre alt. In 4 Fällen waren die Individuen männlichen, in 4 Fällen weiblichen Geschlechts, was merkwürdig genug ist, wenn man das seltene Vorkommen von Schenkelbrüchen bei Männern und das häufige bei Frauen in Betracht zieht. Die Hernien hatten insgesammt ein ziemliches Volumen, waren eigross und grösser, hatten schon seit einer Reihe von Jahren bestanden.

Der von Dupuytren referirte Fall ist nicht ganz über allen Zweifel erhaben; nach der Reposition hatten die Einklemmungserscheinungen fortgedauert, es hatte sich über dem Poupart'schen Bande ein Kothabscess gebildet, nach dessen Aufbruch eine Fistel zurückblieb, die unter Reinlichkeit und Pflege allmälig heilte. Wenn in diesem Falle wirklich Massenreduction stattgefunden hatte, so ist der Fall der einzige, in welchem Heilung ohne Kunsthülfe folgte, es bleibt noch ausserdem bemerkenswerth, dass es in diesem Falle nur zur Darmperforation und Fistelbildung gekommen war, dass sich nicht die ganze eingeklemmte

Darmschlinge abgestossen hatte und ein *Anus praeternaturalis* entstanden war. Der Fall von Callisen stellt unzweifelhaft eine Massenreduction dar, er gehört aber auch in das Capitel von der Scheinreduction bei doppelten Bruchsäcken und wird weiter unten nochmals Erwähnung finden.

Die Taxis war in 5 Fällen von Sachverständigen ausgeführt worden, in 2 Fällen unter diesen war die voluminöse Hernie mehrmals wieder vorgefallen, ehe sie zurückblieb. In 1 Falle hatte die Patientin auf ihre Hernie gar keine Rücksicht genommen, stellte alle Reductionsversuche in Abrede; in 1 Falle war die Massenreduction bei Lebzeiten nicht vermuthet worden. Der eine Fall von Dupuytren zeichnet sich dadurch aus, dass die Massenreduction spontan zu Stande gekommen sein soll; nachdem vergeblich Taxisversuche gemacht worden waren, wurde der Patient in ein Bad gebracht, in welchem nach einer Stunde der Bruch von selbst *en masse* zurücktrat. Ich muss offen gestehen, dass ich mir eine derartige spontane Massenreduction nicht wohl denken kann; wenn ich auch zugeben will, dass das Bad Darmcontractionen erregt hat, welche durch Fortpflanzung bis zur Einklemmungsstelle am Bruchsackhalse einen rückwärts gehenden Zug an der Bruchgeschwulst ausübten, so lässt sich doch eine solche Stärke der Darmcontractionen nicht begreifen, welche die Bruchgeschwulst, die mehrfachen Taxisversuchen Widerstand geleistet hatte, *en masse* zurückzog. Wahrscheinlich wurden in diesem Falle auch in dem Bade noch Taxisversuche gemacht, und das Zurücktreten der Bruchgeschwulst bei einem derartigen Versuche war der Beobachtung entgangen, was um so leichter geschehen kann, wenn man durch langen fortgesetzten Druck mit den Fingerspitzen das Gefühl in diesen zeitweilig abgestumpft hat.

Die Lagerungsstätte der *en masse* reponirten Bruchgeschwulst ist nicht in allen Fällen angegeben; in dem Falle Callisen's war die vordere Wand des Bauchfellsacks abgelöst worden, in dem Falle Bérard's, in einem Falle Dupuytren's und in dem von mir beobachteten Falle, war die untere Wand des Bauchfellsacks erhoben worden, der Bruch lag in der *Fossa iliaca* oder wenigstens in der Richtung derselben. Wenn nun auch Dislocationen nach der Blase, nach dem Nabel zu nicht beobachtet worden sind, so haben wir doch keinen Grund, die Möglichkeit solcher Dislocationen bei *en masse* reducirten Schenkelbrüchen zu bezweifeln. Die Stelle, wo der Bruchsackhals sich befand, war verschieden, er lag einmal näher an der Bruchpforte als der Bruchsackgrund, bildete in den meisten Fällen die entfernteste Stelle der dislocirten Bruchgeschwulst, hatte sich in einem Falle nach hinten und unten gewendet.

In 4 Fällen wurde operirt, 2 Operirte genasen, 2 starben; in dem einen Falle wurde, nachdem der gewöhnliche Bruchschnitt gemacht worden war, diesem die Laparotomie über dem Poupart'schen Bande beigefügt, um der Bruchgeschwulst besser beizukommen. Von den 4 Fällen, in welchen nicht operirt worden war, endete einer durch Kothfistelbildung mit Genesung.

Dass bei Schenkelhernien sich auch incomplete Massenreductionen ereignen können, geht aus dem von mir beobachteten Falle hervor, wo ein Theil des Bruchsacks, verwachsen mit einer hypertrophischen Lymphdrüse, auserhalb der Bruchpforte bei der Section gefunden wurde.

Was die Symptome betrifft, so führt schon Arnaud in seinem Falle an, dass bei dem Zurückweichen der Bruchgeschwulst ohne Kollern ein Gefühl wahrgenommen werde, als schlüpfe eine Kugel in den Leib. Da der Schenkelcanal mehr einem aponeurotischen Ringe gleicht, so wird, wenn die Bruchgeschwulst bei der Reduction mit dem grössten Querdurchmesser den Canal passirt hat, allerdings ein derartiges, kugelartiges Zurückschlüpfen wohl eintreten können; überhaupt wird die Massenreduction nach kürzerem oder längerem Drucke rasch und auf einmal zu Stande kommen. In Bérard's Falle und in einem Falle Dupuytren's ist das rasche Zurücktreten bei der Taxis besonders erwähnt worden. Nach der *Réduction en masse* finden wir unter dem Poupart'schen Bande an der Oeffnung des Schenkelcanals eine Leere und das Poupart'sche Band ausgedehnt, so dass man mit dem Finger darunter gelangen kann; Ledran konnte mit 4 Fingern unter das Poupart'sche Band dringen. Diese Symptome treten um so deutlicher hervor, je grösser die *en masse* reponirte Bruchgeschwulst und je magerer der Patient war; bei kleinen Hernien und fettleibigen Personen werden sie nur undeutlich oder gar nicht wahrgenommen, dasselbe geschieht auch, wenn geschwollene Lymphdrüsen in der vorderen Oeffnung des Schenkelcanals liegen. Die *en masse* reponirte Schenkelhernie wird nur, wenn sie nach der vorderen Bauchwand hin verschoben worden ist, unter den Bedeckungen deutlich gefühlt werden können; ist sie nach der *Fossa iliaca* zu dislocirt worden, wird sie nur bei beträchtlichem Volumen durch das Gefühl ermittelt werden können. Ist das Poupart'sche Band ausgedehnt worden, so wird man mit dem Finger die Haut unter demselben einzustülpen und vorwärts zu schieben versuchen, man wird zusehen, ob man von hier aus eine Geschwulst fühlen kann, die beim Husten des Patienten an den vorgeschobenen Finger anschlägt. Auf dieses letztere Erkennungszeichen, welches ziemlich geboten erscheint, hat man bisher noch keine Rücksicht genommen.

Die Diagnose liegt nur bei kleinen *en masse* reponirten Schenkelhernien, wo der Patient selbst die Reposition gemacht, hat ausser dem Bereiche der Möglichkeit.

Von *Massenreduction innerer Leistenbrüche* habe ich nur 2 Beispiele auffinden können.

Regnoli zu Pisa *(Annali univ. di Medicina, Agosto, Settembre 1832 — Gazette méd. de Paris. Tom III. No. 115. 1832).* Den 26. Mai 1831 kam ein Landmann mit Einklemmungserscheinungen in die Klinik; er referirte, dass er vor 7 Jahren durch eine Anstrengung eine kleine Hernie in der rechten Leistengegend sich zugezogen habe, die stets durch ein Bruchband zurückgehalten worden sei; vor einigen Tagen war der Bruch vorgetreten, irreducibel und schmerzhaft geworden; ein hinzugerufener Chirurg hatte die Geschwulst reponirt, sie war ohne Gurren in die Bauchhöhle getreten, die Schmerzen nach der Reposition hatten nicht aufgehört, waren stärker geworden, es sei zum Würgen und häufigen Erbrechen gekommen. Der Patient sah sehr angegriffen, der Puls war beschleunigt, klein. Bei der Untersuchung fand man im Hodensacke keine Spur einer Geschwulst, der Samenstrang schien rechterseits etwas geschwollen, die Fingerspitze konnte durch Einstülpen der Scrotalhaut in den vorderen erweiterten Leistenring gebracht werden. Nach oben in der Gegend des inneren Leistenrings wurde von aussen her eine kleine ovale, beim Druck schmerzhafte Geschwulst gefühlt. R. versuchte Abführmittel, örtliche Antiphlogose, da sich aber der Zustand nicht besserte, entschloss er sich zur Operation. Nachdem ein Schnitt dem Verlaufe des Samenstrangs nach gemacht und der Samenstrang am Leistenringe blosgelegt worden war, zeigte sich der Leistenring zwar etwas erweitert, der Canal war aber eng, wurde vom Samenstrang vollständig erfüllt, liess die Fingereinführung nicht zu und hatte sicherlich keiner Geschwulst zum Durchgang gedient. Der Samenstrang war varicös und geschwollen, die Geschwulst nach oben vom Leistencanale, welche vorher gefühlt worden war, war verschwunden. Man hätte blos vorhandene schmerzhafte Varicosität diagnosticiren können, wenn nicht die ausgesprochenen Zeichen der Brucheinklemmung da gewesen wären. Da der Leistencanal durch den Samenstrang ausgefüllt wurde, so zweifelte R. an dem Vorhandengewesensein einer äusseren Leistenhernie, dachte aber an die Existenz eines inneren Leistenbruchs. Er löste den Samenstrang vorsichtig, öffnete sich den Weg nach der *Fossa inguinalis int.* und gelangte auch zu einer Oeffnung, in welche er mit der Fingerspitze eindringen konnte. Nach vielen Versuchen weiter vorwärts zu dringen fühlte er endlich in der Tiefe eine harte Geschwulst, welche mit der Pincette gefasst und nach aussen gezogen wurde. Die Geschwulst war von einem dicken Sacke bekleidet, welcher gespalten wurde und gegen 6'' zusammengesunkenen, dunkelblauschwarz gefärbten, glanzlosen Dünndarm enthielt. Die Stelle der Einklemmung bildete der Bruchsackhals, der nur schwer mit der Fingerspitze nach hinten und innen erreicht und incidirt werden konnte. Nach Einschneidung der Strictur liess sich der Darm vorziehen, man erkannte deutlich, dass der eingeklemmt gewesene Darm brandig sei. R. spaltete den Darm, der verdickt, verengt und erweicht war, und befestigte ihn mit einer Mesenterialschlinge an der Wunde. Es folgte reichlicher Kotherguss; heftige Erscheinungen traten auf und machten Blutentziehungen nothwendig, endlich beruhigten sich die Erscheinungen, die brandigen Darmpartien stiessen sich los und es entwickelte sich ein *Anus praeternaturalis*, mit welchem der Patient nach zwei Monaten das Hospital verliess. —

Zeis *(Abhandlungen aus dem Gebiete der Chirurgie. Leipzig 1845, p. 41).* Ein 75jähriger Mann hatte seit 13 Jahren einen Bruch auf der rechten Seite, der bisweilen die Grösse eines Hühnereies erreichte, wenn er reponirt war, ohne Bruchband zurück blieb. Nachdem der Bruch den 17. October 1843 vorgetreten und vom Patienten reponirt worden war, traten alle Erscheinungen der Incarceration ein. Der herbeigerufene Arzt fand die Bruchgegend frei, dagegen eine faustgrosse Geschwulst im Unterleibe unmittelbar oberhalb der Stelle, wo die *Hernia inguinalis int.* heraustritt, also unter dem *M. rectus*, wo er sich am *Os pubis* inserirt. Am 5. Tage der Einklemmung, nachdem verschiedene Mittel vergeblich in Anwendung gebracht worden waren, wurde Verfasser mit zu Rathe gezogen. Man fühlte bei der Magerkeit des Patienten deutlich die Bruchpforte der *Hernia ing. int.* und über derselben die unverschiebbare Geschwulst; in den Inguinalcanal vermochte der Finger nicht einzudringen. Die Diagnose der Massenreduction wurde nur dadurch einigermaassen unsicher gemacht, dass man bei der Verfolgung des Samenstrangs in der Gegend des inneren Leistenrings eine kleine Geschwulst fühlte, die indessen der Zeichen eines eingeklemmten Bruchs entbehrte. Der Zustand des Patienten war noch leidlich, allein er verschlechterte sich sehr in den folgenden Tagen, und da das hohe Alter des Patienten eine Contraindication gegen jeden operativen Eingriff abgab, wurde nicht operirt, und Patient starb am elften Tage nach Beginn der Einklemmung. *Section.* Am obern Eingang des Beckens, theils hinter dem *M. rectus abdominis*, theils hinter dem *Os pubis* lag eine gänseeigrosse Geschwulst, an deren höchster Stelle die Därme eintraten. Die Bruchpforte des inneren Leistenrings war offen, der Finger stiess von hier aus auf die Geschwulst. Der Samenstrang war am inneren Leistenringe geschwollen, von einer haselnussgrossen, drüsigen Geschwulst bedeckt. Die Bruchgeschwulst im Unterleibe enthielt fast eine Elle Dünndarm vom Ileum dicht über dem Coecum und blutiges Serum. Der Darm war noch nicht brandig. Der verdickte Bruchsackhals war so eng, dass nur der kleine Finger mit einiger Gewalt eingebracht werden konnte. Man fühlte die innere Fläche des Sacks an allen Stellen glatt, geschlossen und nur an der der Bruchpforte entsprechenden Stelle, wo überdies der Sack nur einfach war, grössere Nachgiebigkeit. Nach Spaltung des Sacks von der Oeffnung aus erkannte man deutlich, dass er aus zwei Platten des Bauchfells, die nicht mit einander zusammenhingen, gebildet war; die innere Platte war der Bruchsack, die äussere das Bauchfell, welches sich nach oben von der hinteren Wand der Bauchdecken, nach unten vom *Os pubis* gelöst hatte. —

Die Seltenheit dieser Massenreductionen findet ihre Erklärung einestheils in der Seltenheit der inneren Leistenbrüche überhaupt, anderntheils und hauptsächlich darin, dass die inneren Leistenbrüche ihrer halbkugligen Form halber wenig zur Einklemmung geneigt sind und dass, wenn Einklemmung auftritt, diese ebenso oft ausserhalb des Bruchsackhalses, als in demselben gefunden wird.

Die beiden vorliegenden Fälle waren den Berichterstattern erst zu Gesicht gekommen, nachdem durch Druck die Massenreduction bereits ausgeführt worden war. Der eine Fall betraf einen Mann in den mittleren Jahren, der andere einen Greis von 75 Jahren. Die Hernien hatten seit 7 und 13 Jahren bestanden, in dem einen Falle hatte die Hernie nur eine mässige Grösse erlangt, im anderen Falle war sie bis zur Grösse eines Gänseeies gewachsen; in beiden Fällen waren die Hernien rechtseitige. In dem einen Falle wurde operirt und der Kranke genas, in dem andern Falle unterblieb die Operation und der Kranke starb am 11. Tage nach Beginn der Einklemmung.

In dem Falle von Zeis waren die Symptome der Massenreduction ziemlich scharf ausgeprägt, man fühlte deutlich die Bruchpforte der *Hernia inguinalis interna*, konnte mit dem Finger in dieselbe eindringen, während der Finger im Leistenkanale nicht vorwärts geschoben werden konnte; über der Bruchpforte, hinter dem *M. rectus abdominis* und dem Schambeine fühlte man von aussen her eine unverschiebbare Geschwulst. In dem Falle von Regnoli war die Diagnose vor der Operation nicht möglich, die Bruchpforte der inneren Leistenhernie liess sich nicht fühlen, der vordere Leistenring war erweitert, der Finger konnte aber nicht weit in den Canal eindringen; eine Geschwulst über dem vorderen Leistenringe wurde nicht gefühlt, dagegen war in der Gegend des inneren Leistenrings eine kleine beim Drucke schmerzhafte Geschwulst wahrnehmbar und der ganze Samenstrang schien geschwollen. Regnoli glaubte an Brucheinklemmung am inneren Leistenringe.

Bei weiter Bruchpforte und Magerkeit des Patienten wird man wohl die Scrotalhaut in die Bruchpforte einstülpen, dieselbe mit der Fingerspitze umgehen und die dicht über ihr liegende *en bloc* reducirte Hernie fühlen können; bei grosser Bruchgeschwulst wird man von aussen her die dislocirte Geschwulst hinter dem Schambeine und dem *M. rectus abdominis* zu erkennen im Stande sein. Wenn aber wie im Falle von Regnoli der geschwollene Samenstrang die Bruchpforte verdeckt und eine Venenanschwellung am inneren Leistenringe eine Bruchgeschwulst vortäuscht, so ist kaum die Vermuthung der stattgehabten Massenreduction möglich. Dass man die Scrotalhaut mit dem Finger nicht in den Leistencanal stülpen kann, ist ein Zeichen von nicht sehr grossem Werthe, denn diese Einstülpung gelingt häufig nicht bei kleinen interstitiellen Hernien oder selbst bei langhalsigen Scrotalbrüchen, wenn anders der Leistencanal ziemlich eng geblieben ist; kommt nun noch eine varicöse schmerzhafte Anschwellung in der Gegend des inneren Leistenrings hinzu, so muss man fast nothwendig verleitet werden, eine äussere, eingeklemmte Leistenhernie anzunehmen. Ganz ausserhalb der Diagnose würde auch der Fall sein, wenn gleichzeitig auf derselben Seite eine äussere Scrotalhernie und unter derselben eine kleine innere Leistenhernie beständen, sich einklemmten und durch den Druck der Taxis der äussere Leistenbruch wirklich reponirt, der innere Leistenbruch *en masse* reducirt würde. Hier würde selbst bei der Operation durch den über die Bruchpforte der inneren Leistenhernie liegenden leeren Bruchsack der äusseren Leistenhernie die Auffindung der Massenreduction gehindert.

Wir kommen nun zur *Behandlung* der Massenreductionen, ehe wir diese aber eingehender besprechen, ist es wohl passend, über die Verhütung derselben einige Worte vorauszuschicken.

Betrachten wir die Massenreductionen in Bezug auf die sie hervorrufende Gelegenheitsursache, so müssen wir zugeben, dass sie insgesammt durch Druck, und zwar durch unzweckmässig angebrachten Druck von Seiten des Arztes oder des Patienten zu Stande gebracht werden. Die Handgriffe und Manipulationen der Taxis, welche bei vorhandner Brucheinklemmung den Zweck haben, die vorgefallenen und eingeklemmten Därme ohne Bloslegung und Eröffnung des Bruchsacks aus ihrer abnormen Lage zu befreien und in die Bauchhöhle zurückzuschieben, haben bei der Massenreduction ihren Zweck nicht nur nicht erreicht, sondern sie haben durch die Dislocation der ganzen Bruchgeschwulst ohne Lösung der Einklemmung, die Einklemmungsverhältnisse wesentlich verschlechtert. Unbestreitbar müssen wir bei der *Réduction en masse* Demjenigen, der die ganze Bruchgeschwulst zurückdrückte eine Verschuldung beimessen, die, wenn sie dem Patienten zufällt, wenig getadelt werden kann, da diesem eine Einsicht in die Bruch- und Einklemmungsverhältnisse, wenn er nicht Chirurg ist, nicht zuzumuthen ist, die aber, wenn sie den Chirurgen trifft, mehr ins Gewicht fällt, zumal da wir den Satz erweisen zu können glauben, dass die Massenreduction bei vorsichtigen Taxisversuchen fast unter allen Umständen zu vermeiden ist. Ohne ausführlich die Taxis besprechen zu wollen, kann ich nicht umhin auf meine Abhandlung über die Taxis bei Brucheinklemmungen (Prager Vierteljahrschr. 1861. Bd. I.) zu verweisen, in welcher ich versucht habe der Taxis eine wissenschaftliche Basis zu verleihen, in welcher ich gezeigt habe, dass je besser und genauer wir in frischen Fällen von Brucheinklemmung den Sitz und die Beschaffenheit der Einklemmung zu ermitteln vermögen, je zugängiger die Einklemmungsstelle unsern Fingern ist, um so sicherer wir im Stande sein werden, die mechanische Hilfe des Drucks an der passenden Stelle und in der entsprechenden Weise anzubringen. Der Taxis bei eingeklemmten Brüchen ist allemal eine genaue Untersuchung der Bruchgeschwulst namentlich in Bezug auf den Sitz der Einklemmung vorauszuschicken. Gestattet die Lage der eingeklemmten Hernie die manuelle Untersuchung bis zur Einklemmungsstelle, so fühlen wir bei Darmbrüchen, wie die elastische Spannung der Bruchgeschwulst an der Stelle der Einklemmung sich abgrenzt und in einen festen, harten, nicht elastischen, kürzeren oder längeren Stiel übergeht. Die Taxis wird bei einigermaassen fester Einklemmung nur dann zum Ziele führen, wenn sie dicht unterhalb der Einklemmungsstelle angebracht wird, wenn man durch sie einen stetigen, möglichst circulären Druck ausübt, der die eingeklemmten, angeschwollenen Darmtheile dicht unter der Einklemmungsstelle zur Abschwellung bringt, so dass man nun durch eine vorwärtsschiebende, rückende Bewegung in die Einklemmungsstelle selbst eindringen und dadurch die eingeklemmte Darmpartie etwas zurückdrängen kann. Gelingt es auf diese Weise den Darm an der Einklemmungsstelle nur 1—2 Linien weit zurückzuschieben, so ist das Hauptsächlichste vollbracht und das weitere Zurückbringen des nun nicht mehr festgeklemmten Bruchs gelingt bald. Können wir den Druck der Taxis nicht dicht unter der Einklemmungsstelle anbringen, weil diese so tief eingebettet liegt, dass wir mit unseren Fingerspitzen bis zu derselben vorzudringen nicht vermögen, so wird der Druck und das Vorwärtsschieben wenig nützen, indem der Darm vor der Einklemmungsstelle aufgeschwollen bleibt, sich durch Druck von unten seitlich ausbreitet, ohne auf die eingeklemmte Darmpartie eine vorwärtstreibende Bewegung auszuüben. Die Druckformen wie Welgern, Kneten, Zusammenpressen, Drehen etc. sind unzweckmässig und können nur, wenn sie dicht unterhalb der Einklemmungsstelle angebracht werden, wohl einmal, aber dann nur unter unnöthiger Quetschung des Darms, zum Ziele führen. Werden aber diese Druckformen weiter unterhalb der Einklemmungsstelle anhaltend angewendet, so können sie die nachtheiligsten Folgen durch Bruchsackzerreissungen, Darmzerreissungen hervorbringen. Ist bei Einklemmung durch den Bruchsackhals die Bruchpforte, der Bruchcanal geräumig, liegt der Bruchsackhals nur locker befestigt, oder selbst pendelnd in der Bruchpforte und adhärirt der ganze Bruchsack nur locker an seiner Umgebung, so wird bei nicht umfänglicher gespannter Bruchgeschwulst ein auf den Bruchsackgrund angebrachter Druck von unten nach oben, selbst wenn er nicht sehr stark war, schon im Stande sein eine Massenreduction zu bewirken. Ist die Bruchgeschwulst umfänglicher, grösser, so würde ein stärkeres, anhaltenderes Pressen von den Seiten und von unten her nöthig sein, um die Massenreduction zu erzeugen. Wir werden die Erzeugung einer Massenreduction sicher vermeiden, wenn wir bei der Taxis nur einen stetigen, circulären Druck dicht unterhalb der Einklemmungsstelle anbringen, wenn wir alles Kneten, Pressen, und namentlich den Druck vom Bruchsackgrunde aus, unterlassen und wenn wir in jenen Fällen, wo wir die Einklemmungsstelle mit den Fingern nicht zu erreichen im Stande sind, alles stärkere Drücken bei der Taxis unterlassen. Der Chirurg ist noch mehr zu tadeln, wenn er bei der unzweckmässigen Taxis auf die Zeichen der beginnenden Massenreduction, die sich einstellen, gar keine Rücksicht nimmt, wenn er z. B. bei einer umfänglichen eingeklemmten Bruchgeschwulst erkennt, wie die Geschwulst unter dem Einflusse des Drucks ohne an Spannung zu verlieren und ohne jenes characteristische Gurren wahrnehmen zu lassen, um ein Dritttheil oder die Hälfte ihres Umfangs sich verkleinert, abnimmt, und er dennoch fortfährt, die Geschwulst weiter vorwärts zu pressen und zu schieben, bis die Massenreduction vollendet ist. Die grössten Vorwürfe verdient aber der Chirurg dann, wenn er, sobald die von ihm *en masse* reducirte Bruchgeschwulst wieder vorfällt, dennoch ohne aus den ungewöhnlichen Umständen bei der Reduction eine Lehre zu entnehmen, abermals zur unzweckmässigen die Massenreduction aufs Neue bewirkenden Taxis schreitet und sich nicht eher zufrieden giebt, als bis die Geschwulst nicht mehr vorfällt. —

Ist eine Massenreduction nicht lange erst erzeugt worden und hat man sich durch die oben angegebenen Symptome, sowie durch die Fortdauer der Einklemmungserscheinungen von der Existenz derselben überzeugt, so kann man vor Allem versuchen, den Bruch wieder zum Vorfallen zu bringen, indem man den Patienten auf die Füsse treten, pressen, husten, sich stark schneuzen lässt. Schon Ledran und Arnaud haben dieses Verfahren empfohlen und in den Fällen von Sabatier, Bérard, B. Schmidt, Gruber und Verfasser gelang es auch.

Haben Husten- und Pressbewegungen den *en masse* reponirten Bruch wieder in sein altes Bruchbett zurückgebracht, so entscheidet über das weitere Verfahren die Beschaffenheit der Bruchgeschwulst, der Grad der Einklemmung und der allgemeine Zustand des Patienten. Können wir den die Einklemmung bedingenden Bruchsackhals mit den Fingern leicht erreichen, ist die Einklemmung keine besonders feste und acute, ist die Bruchgeschwulst nicht besonders empfindlich und schmerzhaft, sind die allgemeinen Symptome nicht beunruhigend, ist der Puls noch wenig beschleunigt, voll, der Leib nicht aufgetrieben, hat noch kein Kothbrechen stattgefunden, so ist es gerathen, die Taxis nochmals, aber auf rationelle Weise zu versuchen, d. h. einen stetigen comprimirenden Druck dicht unter der Einklemmungsstelle anzubringen, der die Lösung der Einklemmung wohl bewirken kann und die Massenreduction sicher vermeidet. Die zwei oben referirten Beispiele von B. Schmidt und mir geben den Beleg, dass eine zweckmässige und überlegte Taxis noch zum Ziele führen könne, nachdem durch eine unzweckmässige Taxis der Bruch eine glücklicherweise nicht bleibende Massenreduction erlitten hatte. Können wir dagegen dem Bruchsackhalse der wieder vorgetretenen Bruchgeschwulst nicht wohl beikommen, ist die letztere sehr empfindlich, der Leib aufgetrieben, erbricht der Patient bereits Koth, hat er einen fadenförmigen, schnellen Puls, so muss sofort zur Herniotomie geschritten werden.

Lässt der *en masse* reponirte Bruch sich nicht wieder zum Vortreten bringen, so kann nur mit dem Messer Hilfe geschafft werden, nur mittels des Messers kann man zur Bruchgeschwulst und Einklemmungsstelle gelangen und die Hebung der Einklemmung bewirken. Die Herniotomie bei Massenreductionen ist weit schwieriger und complicirter als die gewöhnliche Herniotomie bei Leisten- und Schenkelbrüchen. Man hat häufig nach dem Hautschnitte die Bruchgeschwulst erst zu suchen, oder den Weg zu ihr sich zu bahnen, es kostet oft grosse Mühe die Bruchgeschwulst nach aussen zu bringen, sie herabzuziehen, es hält nicht selten schwer zu dem einklemmenden Bruchsackhals zu gelangen, ihn zu incidiren und endlich die Bruchcontenta zu reponiren. Wie die oben angeführten Fälle darthun, hat man bei den Massenreductionen auf verschiedene Weise operirt, ist aber dabei nicht immer zweckmässig verfahren und hat sich namentlich zu unnöthig verwundenden und eingreifenden Operationen verleiten lassen. Das vorhandene Material ist hinreichend, um das chirurgische Verfahren in gewisse Regeln zu bringen; auf Schnelligkeit bei der Operation hat man Verzicht zu leisten und sich lieber der grössten Vorsicht zu befleissigen.

Act 1. Hautschnitt. — Man durchschneidet in einer Falte die Haut dicht an der Bruchpforte. Bei Leistenbrüchen fällt der Schnitt etwas schief und mit der Mitte auf den vordern Leistenring, bei Schenkelbrüchen kann in querer Richtung oder auch vertical an der äusseren Oeffnung des Schenkelcanals eingeschnitten werden. Die Ausdehnung des Hautschnitts richtet sich nach folgenden Umständen. Hat man vor der Massenreduction den Bruch als einen voluminösen erkannt, oder fühlt man nach derselben den Bruch als eine ziemliche Geschwulst in der vorderen Bauchwand, oder in der *Fossa iliaca*, so wird man dem Hautschnitt eine Länge von 3—4 Zoll geben; man wird bei completen Massenreductionen äusserer Leistenbrüche den Schnitt zur Hälfte und darüber über die vordere Wand des Leistencanals führen, bei Massenreductionen von Schenkelbrüchen führt man den Schnitt am besten parallel mit dem Poupart'schen Bande; weiss man über die Grösse der *en masse* reponirten Bruchgeschwulst Nichts, oder handelt es sich um incomplete Massenreductionen äusserer Leistenbrüche, so macht man einen kleineren Schnitt, der, wenn er sich später als nicht ausreichend herausstellen sollte, immerhin noch erweitert werden kann.

Act 2. Bloslegung der Bruchpforte. — Nach dem Hautschnitte ist die äussere Oeffnung der Bruchpforte bloszulegen, w s gewöhnlich bei vollständigen Massenreductionen von Scrotalbrüchen und grösseren Schenkelbrüchen leicht geschieht, da die Bruchpforte erweitert ist, das subcutane Zellgewebe nur locker haftet, ja eine gewisse Leere vor der Bruchpforte besteht, über welcher manchmal das subcutane Zellgewebe membranartig ausgedehnt liegt. Bei Leistenbrüchen richtet man die Aufmerksamkeit auf den äusseren Leistenring und Samenstrang, ob man hier vielleicht einen Bruchsack entdeckt, der, wenn er Serum enthält, leichter kenntlich ist, als wenn er zusammengesunken ist.

Act 3. Aufsuchung und Herabziehung der Bruchgeschwulst. — Die Aufsuchung der Bruchgeschwulst ist fast nur bei completen Massenreductionen nöthig, da nur selten incomplete Massenreductionen vorkommen, bei welchen nur ein sehr kleiner Theil der Bruchgeschwulst oder nur der untere leere Theil des Bruchsacks im Leistencanale geblieben ist.

Man führt bei Leistenbrüchen den Finger in den Leistencanal, überzeugt sich vorerst von dessen Länge und Weite und dringt bis zum inneren Leistenringe vor; selbst bei langem Leistencanale wird die Fingerspitze in den inneren Leistenring eingebracht werden können. Gewöhnlich wird die Fingerspitze in dem inneren Leistenring einen Theil der gespannten Bruchgeschwulst fühlen, ja bei kurzem Leistencanale wird das letzte Fingerglied einen ziemlichen Theil der Bruchgeschwulst umgehen können. Sollte man dem inneren Leistenring mit der Fingerspitze wegen Länge und Enge des Canals nicht erreichen können, so muss man den äusseren Leistenring erst 1″ weit einschneiden und nochmals exploriren. Hat die Untersuchung die Existenz der *en masse* hinter die Bruchpforte reponirten Bruchgeschwulst bewiesen, so gilt es nun dieselbe hervorzuziehen. Bei kurzem und weitem Leistencanale kann man zuweilen die Bruchgeschwulst mit Haken, Pincette oder Kornzange erreichen, fassen und herabziehen, bei längerem Leistencanale muss man erst die vordere Wand des Leistencanals bis in die Nähe des inneren Leistenrings spalten, ehe sich die Geschwulst fassen und vorziehen lässt. Die Spaltung der vorderen Wand des Leistencanals bewerkstelligt man auf der Hohlsonde, oder besser auf dem als Sonde eingeführten Finger. Es ist nach Spaltung der vorderen Wand des Leistencanals stets zweckmässig, den Finger abermals einzubringen, um zu ermitteln wie die Bruchgeschwulst gelagert ist, wo der Hals und der Grund des Bruchsacks sich befindet, um die Geschwulst, wenn sie in der neuen Lage fest liegt, zu lockern. Manchmal lässt sich bei grösseren Brüchen nur ein Theil des Bruchs vorziehen, während der grössere Theil zurückbleibt; in solchen Fällen eröffnet man vorsichtig den Bruchsack an der vorgezogenen Stelle, bringt den Finger ein, sucht nach dem einklemmenden Bruchsackhalse, der, wenn man ihn erreicht hat, die Richtung des Zugs bestimmt; liegt er nach aussen, so wird man an den Rändern des eröffneten Bruchsacks einen Zug nach innen, liegt er nach hinten, einen Zug nach vorn u. s. f. anbringen. Lässt sich der Bruchsackhals nicht erreichen, will der Bruch sich nicht weiter vorwärts ziehen lassen, so kann mit dem Knopfmesser der Schnitt an der vordern Wand des Leistencanals $^1/_2$ oder 1 Zoll weit nach oben erweitert und dann abermals ein Zug an dem Bruchsacke angebracht werden. Man kann auch den vorliegenden Theil des Bruchsacks weiter eröffnen, den Bruchinhalt vorziehen und dann den Bruchsack abwärts ziehen.

Bei incompleten Massenreductionen von Leistenbrüchen hat man, wenn ein ziemlicher Theil des Bruchs in dem Leistencanale liegt, vorerst nur den vorderen Leistenring einzuschneiden, um zum Bruchsackgrunde zu gelangen, lässt dieser sich nicht vorziehen, so muss weiter gespalten werden; geht auch jetzt das Vorziehen nicht, so eröffnet man den Bruchsack, sucht die Einklemmungsstelle, zieht an den Rändern des Bruchsackschnitts, oder man spaltet den Bruchsack weiter, zieht den Bruchinhalt vor, um dadurch auch den Sack vorziehbar zu machen. In jenen Fällen von incompleter Massenreduction, wo nur zusammengesunkener, leerer Bruchsack vor dem Leistencanale und in demselben liegt, eröffnet man sofort den Bruchsack und führt den Finger ein, um zu erfahren, wie weit die Strecke ist, ehe man auf Darm stösst, sodann erweitert man durch Einschneiden des vorderen Leistenrings die äussere Bruchpforte, sucht den Sack herabzuziehen, oder den Darm vorzuziehen, kurz man verfährt, wie oben geschildert.

Bei Massenreductionen von Schenkelbrüchen ist das Aufsuchen der Bruchgeschwulst der Kürze des Canals halber leichter, sie lässt sich auch gewöhnlich leichter herausbefördern. Scheint der Raum zu enge zu sein, so schneidet man behufs der Erweiterung das Poupart'sche Band ein.

Act 4. Aufsuchung des einklemmenden Bruchsackhalses und Lösung der Einklemmung. — Ist die Bruchgeschwulst herabgebracht worden, so wird der Bruchsack eröffnet oder weiter eröffnet, der Finger zur Einklemmungsstelle gebracht. Die Einschneidung des einklemmenden Bruchsackhalses geschieht mit dem geknöpften Messer an einer oder wenn die Strictur dick und eng ist an mehreren Stellen; als Leitungsinstrument dient die Fingerspitze; man wirkt mit dem Knopfmesser nach Vidals Vorschrift drückend und nicht ziehend. Ist die Strictur gelöst, so ist es gerathen, den Darm vorzuziehen, ehe man reponirt, um sich von der gesunden Beschaffenheit desselben auch an der Stricturstelle zu überzeugen. Sollte es, was kaum zu erwarten steht, unmöglich gewesen sein die Bruchgeschwulst herabzuziehen, so wird durch das Vorziehen der Därme nach eröffnetem Bruchsack die Einklemmungsstelle wenigstens so nahe gebracht, dass sie die Fingerspitze erreichen und das Knopfmesser auf derselben eingeführt werden kann. Die Reposition des Darms geschieht in bekannter Weise.

Ueber die Schliessung der Wunde, den Verband und die Nachbehandlung brauchen wir nichts weiter zu erwähnen, hier gelten die bekannten Regeln und Vorschriften.

Dieses Schema des Bruchschnitts bei Massenreductionen, welcher wohl noch bei besonderen Umständen abgeändert werden kann, giebt wenigstens im allgemeinen das passende Verfahren an. Wir haben aber noch nicht von der Laparotomie gesprochen, die von Arnaud, Dieffenbach, Textor jun., Ulrich in Coblenz, Larquet, Bach und Adelmann bei Massenreductionen von Leistenbrüchen, von Callisen bei einem Schenkelbruche in Anwendung gebracht worden ist, und die nur in den Fällen von Arnaud, Larquet und Bach einen günstigen Erfolg gehabt hat, es erscheint nöthig eine Kritik dieser Operationsweise beizufügen.

Man hat um der *en masse* reducirten Bruchgeschwulst besser beizukommen, wenn sie in der vorderen Bauchwand nach der *Spina iliaca* oder nach dem Nabel zu eine Geschwulst bildete, oder in der *Fossa iliaca* gefühlt wurde, gleich den Bauch direct, also über dem Poupart'schen Bande oder in der Mittellinie, eröffnet, die Geschwulst in der Bauchwunde freigelegt, vorgezogen, den Bruchsack gespalten, die Einklemmungsstelle am Bruchsackhalse incidirt, oder man hat die Laparotomie gemacht, nachdem man den Bruchschnitt an der Bruchpforte vorausgeschickt und hierbei erkannt hatte, dass die Bruchgeschwulst sich weit nach der Bauchwand hinziehe und sich nicht gleich wollte herausbefördern lassen. Wenn wir die anatomisch-pathologischen Vorgänge bei den frischen Massenreductionen gehörig ins Auge fassen, so müssen wir die Laparotomie als eine unnöthige, zu eingreifende und gefährliche Operation verwerfen. Bei allen vollständigen Massenreductionen ist erwiesen, dass der Bruchsack mit einem Theile, gewöhnlich mit dem Bruchsackgrunde, dicht hinter der Bauchöffnung der Bruchpforte liegt; bei incompleten Massenreductionen befindet sich ein mehr oder weniger grosser Theil des Bruchsacks noch vor der Bauchöffnung der Bruchpforte. Es ist ferner ersichtlich, dass die Bauchöffnung der Bruchpforte, selbst wenn der Bruch mit Gewalt durch sie hindurchgedrückt wurde, doch weit genug sein musste um den Bruch durchzulassen. Wenn nun auch der *en masse* reponirte Bruch hinter der Bruchpforte wohl noch sich ausdehnen, gespannter werden und sich so lagern kann, dass sein Umfang im queren Durchmesser etwas grösser ist, als der Umfang der Bruchpforte, so ist doch gewiss, dass wir einmal zum Bruche gelangen, wenn wir die Bruchpforte freilegen, und dass wir denselben durch die Bruchpforte auch wieder herausbefördern können, sobald wir die letztere im Nothfalle zu erweitern uns entschliessen. Es liesse sich entgegnen, der *en masse* durch Abhebung des Bauchfells reponirte Bruch könne in dem abgerissenen subperitonäalen Zellgewebe eine Entzündung mit plastischem Ergusse erregen, welche Verklebung der Bruchgeschwulst mit dem abgelösten Peritonäum und Unbeweglichkeit zur Folge hätte, allein, wenn wir auch den Vorgang des plastischen Ergusses und der Verklebung als wohl möglich zugeben wollen, so müssen wir doch entschieden verneinen, dass diese Verklebung innerhalb einiger Tage so fest werden könne, um das Vorziehen des Bruchs aus der erweiterten Bruchpforte zu hindern. In den oben gedachten Fällen von Laparotomie ist in keinem Falle bemerkt worden, dass der Bruchsack der dislocirten Bruchgeschwulst, mit dem Bauchfelle fest verklebt gewesen sei, und der Fall Larquet's gehört nicht zu den frischen Massenreductionen. In jenen Fällen, wo der *en masse* reponirte Bruch als umfängliche Geschwulst nach der *Spina iliaca* oder nach dem Nabel zu gefühlt wird, hat es allerdings den Anschein, als würde die Operation wesentlich dadurch erleichtert, dass man mittelst der Laparotomie direct auf die Bruchgeschwulst dringt, man erspart dann allerdings das oft beschwerliche Vorziehen der Bruchgeschwulst. Bei näherer Betrachtung fällt dieser Vortheil der besseren Zugängigkeit jedoch nicht selten weg, oder er wird durch mit der Laparotomie verknüpfte Nachtheile weit überwogen. Wenn wir auch bei Lagerung der Bruchgeschwulst in der vorderen Bauchwand durch den Bruchschnitt nach Spaltung der Haut, Muskeln und *Fascia transversa* auf den Bruchsack kommen, nach dessen Spaltung die Einklemmungsstelle meist leicht finden, incidiren und die Därme reponiren können, so gelingt das doch nur, wenn wir einen ziemlich grossen Schnitt machen. Was soll aber, fragen wir, mit dem leeren Bruchsacke geschehen? Der Bruchsack liegt wie ein fremder Körper im subperitonäalen Zellgewebe, er ist gespalten, und es wird dieser Spaltung Entzündung mit Eiterung nachfolgen, wobei wir die Weiterverbreitung der Entzündung und den Uebelstand nicht verhindern können, dass der Eiter durch den Bruchsackhals in die Bauchhöhle gelangt. Läuft dennoch die Operation glücklich ab, so kann es sich noch späterhin ereignen, dass durch den Bruchsackhals wieder Darmpartien eintreten, hier directe Einklemmung oder durch Verwachsung Beengung erleiden. Befindet sich aber die Bruchgeschwulst in der *Fossa iliaca*, so ist es schon sehr schwierig mittelst der Laparotomie zur Geschwulst zu gelangen. Nachdem der Schnitt durch die Haut über dem Poupart'schen Bande gemacht, die Muskeln getrennt, die *Fascia transversa* auf der Hohlsonde gespalten worden ist, stösst man auf das Bauchfell und dieses liegt auf dem durch die Geschwulst abgehobenen Bauchfelle der *Fossa iliaca.* Will man nun vermeiden das Bauchfell doppelt einzuschneiden und die Peritonäalhöhle zu eröffnen, so muss man wie bei der Unterbindung der *Art. iliaca communis* das Bauchfell von der Bauchwand abtrennen und bis zur *Fossa iliaca* hin abpräpariren, eine Operation, bei welcher wir, um sie ohne Verletzung des Bauchfells zu vollbringen, die Bauchwunde bis auf 6—7 Zoll Länge erweitern müssen, und bei welcher wir eine Verletzung und Zerreissung des subperitonäalen Zellgewebes in weiter Ausdehnung nicht umgehen können. Sind wir zum Bruchsack gelangt, haben wir ihn eröffnet, so werden wir oft nur schwer zur Einklemmungsstelle gelangen, werden nach Einkerbung derselben Mühe haben die Därme zu reponiren. Ist endlich Alles vollbracht, so haben wir noch die angegebenen übeln Folgen durch den zurückbleibenden, gespaltenen Bruchsack zu erwarten. Um den zurückbleibenden Bruchsack unschädlich zu machen, hat Dieffenbach denselben nach der Bruchpforte hingedrängt, was aber nur unvollkommen gelang, und was in den meisten Fällen misslingen wird, wenn man nicht auch noch von unten her durch Bloslegung der Bruchpforte, wie bei der gewöhnlichen Herniotomie, dieses Manöver erleichtert.

In den Fällen von Textor jun. und Ulrich gelangte man trotz der Laparotomie nur schwer zum Bruchsackhalse, Textor musste den Bauchschnitt bis auf 6 Zoll Länge ausdehnen. In dem Falle von Bach wurde eine fast verticale 5 Zoll lange Incision neben der *Linea alba* gemacht, der Bruchsack war nur ganz leicht verklebt, der Bruchsackhals der nach oben lag, hinlänglich geräumig, um die Därme reponiren zu können (also blos entzündliche Einklemmung). Dieffenbach machte die Laparotomie erst zwei Tage nach der Herniotomie, durch welche er die Ueberzeugung gewonnen, dass Massenreduction stattgefunden habe. Arnaud liess sich durch die Grösse der Geschwulst in der vorderen Bauchwand zur Laparotomie bestimmen; es handelte sich um eine incomplete Massenreduction bei einem sehr umfänglichen Bruch mit sanduhrförmigem Bruchsacke, der untere Bruchsackhals, der secundäre Einklemmung bewirkt hatte, lag etwas über dem äusseren Leistenringe, der obere Bruchsackhals neben der *Spina iliaca*. In dem Falle von Adelmann wurde die Laparotomie wegen eines kleinen *en masse* reducirten Leistenbruchs neben der *Linea alba* gemacht und das Bauchfell eröffnet, man fand die kleine Geschwulst dicht hinter dem inneren Leistenringe. Callisen machte die Laparotomie bei einer *en masse* reponirten Schenkelhernie. In allen diesen Fällen hatte man entweder sofort die Laparotomie verrichtet, oder diese erst nach der Herniotomie ausgeführt, die Herabziehung der Bruchgeschwulst durch die Bruchpforte war also gar nicht versucht worden, man war gleich von dem Satze ausgegangen, dieselbe werde nicht gelingen, während wir die Ueberzeugung hegen, dass in allen diesen Fällen die Herabziehung der Bruchgeschwulst durch die Bruchpforte recht wohl hätte zu Stande gebracht werden können. Eine Ausnahme bildet der Fall von Larquet; hier handelte es sich aber nicht um eine frische Massenreduction, sondern hier war jedenfalls vor Monaten der vorgefallene, aber nicht eingeklemmte Bruch zurückgedrängt worden, und erst später traten entweder Darmschlingen in den zurückgedrängten Bruchsack, der sich entleert hatte, oder die Därme, die ohne Einklemmung im Bruchsacke gelegen, klemmten sich ein, in diesem Falle war der Bruchsack allerdings verwachsen und hätte aus der Bruchpforte bei der Herniotomie nicht herausbefördert werden können. Wenn wir zur Massenreduction jene von uns getrennten Dislocationen mitrechnen, die wir weiter unten besprechen werden, wo die Bruchcontenta in festgewachsene, alte Ausstülpungen des Bruchsacks über der Bruchpforte, in präformirte Taschen gedrängte Einklemmung erleiden, oder wenn wir die Massenreductionen mit den intermusculären Hernien verwechseln, so würde in der That die Laparotomie bei der Massenreduction ihre Indication finden, so aber müssen wir dieselbe als unnöthig und nachtheilig verwerfen.

Die Art der Operation ist also gewissermaassen vorgeschrieben, wenn wir bestimmt wissen, oder mit grosser Wahrscheinlichkeit vermuthen können, dass wir eine Massenreduction vor uns haben. Wie soll man aber in jenen Fällen verfahren, wo keine objectiven Zeichen der stattgehabten Massenreduction vorliegen, wo auch die Anamnese fehlt, wir nur erfahren, dass ein Bruch vorhanden war, der leicht zurückgebracht wurde, oder wo zwei Brüche, die vorgefallen waren, reponirt worden sind, und wo wir aus den Symptomen weiter nichts abnehmen können, als dass die Darmfortleitung an einer Stelle ziemlich schnell unterbrochen worden sein möge, dass eine Darmeinklemmung bestehen müsse. In solchen Fällen entschliesst man sich in der Privatpraxis nur schwer zu einem operativen Eingriffe, weil man einmal ein Hinderniss aufzusuchen hat, von dem man nicht weiss, ob man es findet, anderntheils weil man auf ein unvorhergesehenes und nicht zu überwindendes Hinderniss stossen kann. Dennoch ist auch in solchen Fällen dem operativen Eingreifen mit Umsicht und Vorsicht nur das Wort zu reden, und es würde gewiss vielen Patienten das Leben erhalten worden sein, wenn die Chirurgen zu explorativen Operationen sich entschlossen hätten. Einige Anhaltepunkte für die explorative Operation existiren immerhin. Hatte der Patient bei Beginn der Einklemmungserscheinungen einen vorgefallenen Bruch, den er reponirte, oder traten die Einklemmungserscheinungen erst nach der Reposition des vorgefallenen Bruchs auf, so sind wir bei der Steigerung der Symptome berechtigt, an der Stelle, wo der Bruch sich befand, einzuschneiden und von hier aus zu suchen, ob wir das mechanische Hinderniss der Unterbrechung der Darmfortleitung finden. Nach Bloslegung der Bruchpforte untersucht man sorgfältig, ob man einen Bruchsack entdeckt. Regnoli bemerkte neben dem Samenstrange am vorderen Leistenringe eine Oeffnung, in welche er den Finger einbringen und die *en masse* reponirte innere Leistenhernie fühlen konnte. Ist ein Bruchsack vorhanden, so öffnet man ihn, führt den Finger ein, um zu sehen, ob man in die Bauchhöhle gelangt, ob hier die Fingerspitze eine gespannte resistente Darmpartie fühlt, die dann vorgezogen werden muss, ob man einen Netzstrang entdeckt. Existirt kein Bruchsack, so explorirt man mit dem Finger den Bruchcanal, dringt bis hinter die Bruchpforte, ob hier eine Geschwulst zu fühlen sei. Hätte Partridge in dem oben angeführten Falle bei der exploratorischen Operation den Finger durch den Leistencanal hindurchgeführt, so würde er die taubeneigrosse *en masse* reponirte Bruchgeschwulst hinter dem inneren Leistenringe gefühlt und die Operation nicht aufgegeben haben. Findet der Operateur hinter der Bruchpforte eine Geschwulst, so sucht er sie vorzuziehen, oder er öffnet sich, wenn dies nicht geht, den Zugang zu derselben etc. Wird keine Geschwulst gefühlt, stösst der Finger auf eine Darmschlinge, so zieht man diese vor, um sich von ihrer Beschaffenheit zu überzeugen. Sehr bemerkenswerth in dieser Beziehung ist der Fall von

Dupuytren wo rechterseits und linkerseits ein Leistenbruch vorgefallen war, die beide bei Beginn der Einklemmung leicht zurückgebracht worden waren. Dupuytren operirte zuerst auf der rechten Seite, wo er einen leeren Bruchsack fand und mit dem eingebrachten Finger mit Exsudat bedeckte, aber nicht eingeklemmte Darmschlingen in der Bauchhöhle fühlte; er operirte nun auf der linken Seite, stiess im Leistencanale auf einen Bruchsack, der eröffnet blutiges Serum ablaufen liess, woraus er mit Recht schloss, dass er auf eine Einklemmung stossen würde, die er auch in dem Bruchsackhalse eine Strecke über dem inneren Leistenringe fand.

Massenreduction bei der Herniotomie.

Während bei Massenreductionen durch die Taxis immerhin eine gewisse anatomische Prädisposition vorausgesetzt werden muss, welche die Zurückdrängung der ganzen Bruchgeschwulst gestattet, braucht eine solche bei jenen Massenreductionen, die bei der Herniotomie sich ereignen, nicht zu existiren; Bruchsackhals und Bruchsack können fest an ihrer Umgebung adhäriren. Während die Massenreduction durch die Taxis durch einen von Seiten des Patienten oder des Chirurgen unzweckmässig angebrachten Druck hervorgerufen wird, welcher statt die Bruchcontenta in die Bauchhöhle zurückzuschieben, die ganze Bruchgeschwulst mehr oder weniger vollständig hinter die Bruchpforte drängt, wird die Massenreduction bei der Herniotomie nur durch den Chirurgen bewirkt, und der die Bruchgeschwulst *en masse* reponirende Druck ist um so unzweckmässiger und fehlerhafter, als er eben entweder aus mangelhafter Untersuchung und Beurtheilung der durch das Messer blosgelegten Bruchgeschwulst, oder aus irrthümlicher Ansicht über die bequemste Weise der Hebung der Einklemmung im speciellen Falle hervorgeht.

Die Massenreductionen bei Herniotomien kommen als Operationsfehler bei eingeklemmten Hernien vor, die den Taxisversuchen widerstanden haben und eigentlich zu Massenreductionen durch Taxis nicht prädisponirt sind.

Worin bestehen nun die Operationsfehler? Einmal darin, dass der Chirurg, nachdem er die Bruchgeschwulst blosgelegt, die Bruchsackschichten getrennt hat, meint, er habe den eingeklemmten Darm vor sich, während dieser noch von der letzten Bruchsackschicht umhüllt ist, und dass er demzufolge durch Incisionen mit dem Knopfmesser die Bruchpforte erweitert, die Bruchgeschwulst von ihrer Umgebung lostrennt und sie dann durch Druck *en masse* reponirt. Anderntheils ist dadurch ein Operationsfehler begangen worden, dass der Chirurg nach Bloslegung der Bruchgeschwulst den Bruchsack mit Absicht gar nicht incidirt, sondern nur abgelöst, frei gemacht hat, um ihn nach Erweiterung der Bruchpforte sammt seinem Inhalte hinter die Bruchpforte zu drängen, in dem Glauben, dass auf diese Weise die Einklemmung beseitigt werden würde.

Wir lassen einige Beispiele folgen, in welchen der noch mit der innersten Bruchsackschicht überkleidete Darm für den entblösten Darm gehalten und demzufolge die Massenreduction verrichtet wurde.

Das erste Beispiel aus dem Anfange des vorigen Jahrhunderts wird von Saviard berichtet. *(Recueil d'observations chirurgicales, commentées par Le Rouge. Paris 1784. Obs. 19. p. 90).* Derselbe fand bei der Operation eines eingeklemmten Schenkelbruchs bei einer Frau unter den Bedeckungen Fettanhäufung, welche dem Netze glich und welche mit einem abgerundeten, platten, häutigen und elastischen Körper zusammenhing, der wie eine vorliegende Darmpartie aussah. S. liess sich nicht täuschen, sondern öffnete den Bruchsack, schnitt den einklemmenden Hals ein und reponirte den Darm. S. referirt, dass er gesehen habe, wie ein namhafter Chirurg in einem ähnlichen Falle die vorliegende Membran für den Darm gehalten, sie frei gemacht und reponirt habe. Der Patient war nach vier Stunden gestorben und die Section zeigte, dass der Bruchsack sammt dem Darme reponirt worden war und dass der verengerte Bruchsackhals den Darm einklemmte. —

Arnaud *(l. c. Observ. X. p. 64)* wurde im Jahre 1730 nach Rouen berufen, um dort eine *Herniotomia inguinalis* auszuführen. Nachdem er dies unter dem Beistande des dortigen Chirurgen de Manteville gethan hatte, zog ihn letzterer wegen einer vor 36 Stunden an einer Frau vollzogenen *Herniotomia cruralis* zu Rathe, wo nach der Operation die heftigen Einklemmungssymptome sich in keiner Weise vermindert hatten. A., nachdem er die Operirte gesehen, führte seinen Finger in die Operationswunde, fühlte über der Bruchpforte den ausgedehnten, gespannten Darm und höher oben eine Einklemmungsstelle. A. suchte den Darm und Bruchsack nach aussen zu ziehen, da dies aber nicht ging, führte er auf der Fingerspitze ein geknöpftes Bistouri ein und spaltete die Strictur. Der Darm liess sich nun reponiren, eine Stunde später trat Stuhl ein; die Kranke genas. —

Klein zu Stuttgart *(J. W. F. Kaiser; de graviorib. quibusdam erroribus, qui in herniotomia ex praeternaturali sacci herniosi habitu saepius occurrunt. Dissertatio. Tubingae 1798).* Eine Frau, die seit 6 Jahren einen Schenkelbruch hatte, der sich nicht reponiren liess, wurde von Einklemmungserscheinungen befallen. K., erst am siebenten Tage geholt, fand die Erscheinungen so drängend, das er bei Kerzenlichte sofort zur Operation schritt. Nach Hauteinschneidung, Abpräparirung des Fett- und Zellgewebes erschien ein gerötheter Bruchsack. Die Röthung wurde den einfachen vorausgegangenen Taxisversuchen zugeschrieben. Der Bruchsack wurde vorsichtig in einer Falte erhoben, eingeschnitten und auf der Hohlsonde gespalten, er hatte sehr dicke Wandungen, allein es floss merkwürdigerweise kein Serum aus. Im Innern des Sacks lag eine dunkelblaurothe Geschwulst, welche ganz das Aussehen eines abgeschnürten Darmstücks hatte, mit den benachbarten Theilen zeigte die Geschwulst vielfache Adhäsionen, die sich leicht lösen liessen. Der eingeführte Finger fühlte unter dem Poupart'schen Bande den harten Hals der Geschwulst, die sich wegen festerer Verwachsung mit dem Finger nicht abtrennen liess. Verfasser schnitt das Poupart'sche Band ein und punctirte der Sicherheit der Diagnose wegen die vorgelagerte Partie, es stürzte eine Flüssigkeit hervor, die nach Koth roch. Da die Adhäsionen zu stark waren, liess Verfasser den Darm liegen, hoffend, es werde sich ein *Anus artif.* bilden. Verfasser, nachdem er sich fortbegeben, fing an zu zweifeln, ob die punctirte Vorlagerung Darm gewesen sei, er kehrte nach einer Stunde zurück, öffnete den Verband, schnitt die für Darm gehaltene Vorlagerung ein und gelangte nun erst zu einer brandigen, mit dem Bruchsackhalse verschmolzenen Darmschlinge, die durch eine grosse Oeffnung nach unten perforirt war. Es floss jetzt reichlich Koth ab, die Patientin fühlte sich erleichtert. Es bildete sich ein *Anus praeternaturalis*. Nach 14 Tagen starb die Patientin. —

A. Cooper *(l. c. p. 137)* giebt die Abbildung eines Präparats aus seiner Sammlung und erläutert dasselbe durch nachstehende Krankheitsgeschichte:

A. B. hatte einen Cruralbruch in der rechten Seite, welcher sich eines Morgens einklemmte. Am vierten Tage wurde die Operation verrichtet. Es wurde auf der Fascienbedeckung des Bruchsacks eingeschnitten, diese mit den Fingern von den umgebenden Theilen gelöst und nun ein Einschnitt in dieselbe gemacht. Der Operateur nahm an, er habe auf diese Weise den Bruchsack geöffnet und den Darm blosgelegt. Der Cruralbogen wurde nun zunächst eingeschnitten und der Darm mit grosser Schwierigkeit in die Unterleibshöhle zurückgedrängt. Es folgte der Operation keine Erleichterung, kein Stuhlgang, die Symptome steigerten sich mit Intermissionen und die Patientin starb am vierten Tage nach der Operation. — Section. Bei der Durchschneidung der Hautbedeckungen in der Leiste fand sich, dass der Bruchsack mit dem Inhalt zurückgebracht worden war. Der Bruchsack war 2″ weit an den *M. iliacus int.* hinaufgeschoben worden, er enthielt ein missfarbiges, durch den Bruchsackhals eingeschnürtes Darmstück. —

W. Lawrence *(von den Brüchen, übersetzt von G. v. d. Busch. Bremen 1818. p. 513)* erzählt von einem Chirurgen, dass er bei der Operation eines eingeklemmten Schenkelbruchs, nachdem die erste und oberste Bekleidung durchschnitten worden war, den Bruchsack mit der *Fascia propria* ungeöffnet in die Bauchhöhle zurückgebracht habe. Da ein grosser Schnitt nöthig war, um für diesen Zweck die nöthige Erweiterung zu erlangen, so wurden die umliegenden Theile in einem solchen Zustande gelassen, dass sie mit dem Bruchsackhalse noch ferner die Einklemmung bewirkten und den Tod des Kranken herbeiführen mussten. —

† S. Cooper *(bei Lawrence citirt)* sah die Operation eines eingeklemmten Schenkelbruchs bei einem Manne unglücklich ablaufen. Als bei der Section die Bauchhöhle geöffnet wurde, erschien das Bauchfell am Schenkelbogen durch eine ansehnliche Geschwulst ausgedehnt, die zwischen ihm und den Bauchmuskeln lag. Das Netz lief in eine runde Oeffnung, deren Seiten platt waren, im Mittelpunkte der Geschwulst. Letztere bestand aus einem grossen Theile des Netzes, welches sich besonders an dem Bruchsacke angesetzt hatte und zwischen dem Bauchfelle und den Bauchmuskeln lag. Die Verbindungen durch Zellgewebe zwischen diesen waren zerstört worden, so dass diese Membran ziemlich weit von ihnen getrennt werden konnte. Der Bruchsack war geöffnet worden, der Bruchsackhals aber uneröffnet geblieben und dieser bildete die runde Oeffnung im Mittelpunkte der gedachten Geschwulst. Wenn man die starke Einklemmung bei Schenkelbrüchen erwägt, so ist es zu verwundern, wie eine solche Masse von Theilen zurückgebracht werden konnte; die Untersuchung zeigte übrigens noch, dass der Schenkelbogen völlig vom Schambeine losgetrennt worden war.

Velpeau *(Gaz. des Hôp. 9 Mars 1842)* operirte einen eingeklemmten Schenkelbruch; nachdem der Sack gespalten worden war, wurde die vorliegende Darmschlinge isolirt und zurückgebracht. Der Operirte starb nicht lange nach der Operation. Bei der Section fand man den Bruch in der *Fossa iliaca* zwischen dem Bauchfell und der *Fascia iliaca*, der Bruchsack umgab fest eine kleine Darmschlinge, die durch den Bruchsackhals abgeschnürt wurde. —

Denonvilliers zu St. Antoine *(Demeaux. Annales de chirurgie. Tom V. p. 373)* verrichtete die *Herniotomia cruralis;* er legte eine Geschwulst blos, welche er für den Darm selbst hielt; nach völliger Isolirung derselben, nach Einschneidung des vermeintlichen Bruchsackhalses, gelang die Reposition der Geschwulst ohne alle Schwierigkeit. Obgleich dem Operateur alsbald einige Zweifel über die wirkliche Eröffnung des Bruchsacks aufstiegen, wurde doch sofort zum Verband geschritten; als jedoch die Erscheinungen der Einklemmung fortbestanden, ging Denonvilliers in die Wunde ein und suchte den mit dem Darm reponirten Bruchsack zu fassen und vorzuziehen, was auch glücklich gelang. Der Bruchsack wurde nunmehr geöffnet und die Einschnürung am Bruchsackhalse zwei Tage nach der ersten Operation gehoben. Genesung. —

Fournier *(ibidem. 374).* Eine 61jährige Frau mit linkseitigem Schenkelbruche, der seit Jahren bestand und nie hatte ganz zurückgebracht werden können, wurde den 15. März 1828 in das Hôtel-Dieu gebracht. nachdem sie am Abend des 13. März von Einklemmungserscheinungen befallen worden war. Bei der Taxis wird ein Gurren wahrgenommen, welches Hebung der Einklemmung andeutet. Die Zufälle dauern fort, die Patientin verlangt Operation. Nachdem durch einen Hautschnitt der Bruch blosgelegt ist, glaubt F. blos einen Netzbruch vor sich zu haben. Durch Débridement wird das Netz gelöst und zurückgebracht, hierbei erkennt F., dass eine Umstülpung stattfindet, er kann mit dem Finger nachgehen und geräth in einen Sack. Die Patientin stirbt. Die Section zeigt den wie einen Handschuhfinger umgestülpten Bruchsack, der sich wieder nach aussen stülpen lässt. Netz hatte gar nicht im Bruchsackhalse gelegen, wohl aber eine Dünndarmwand, welche abgeschnürt, brandig, an der tiefen Einklemmungsrinne perforirt gefunden wurde. —

J. H. James *(On the operations for strangulated hernia. London 1859. p. 65).* Ein 18jähriges Frauenzimmer mit eingeklemmter Schenkelhernie, die klein und gespannt war, wurde nach viertägiger Dauer der Einklemmung wegen der Dringlichkeit der Zufälle am Abend operirt. Es wurde beabsichtigt, die Operation mit Bruchsackeröffnung zu machen. Die *Fascia propria* wurde gespalten und unter derselben noch eine dünne Schicht, es zeigte sich hierauf eine Geschwulst, die dem blosgelegten Darme glich und die sich, nachdem der Schenkelring eingeschnitten worden, ohne Mühe reponiren liess. Der Operation folgte keine Erleichterung, Patientin starb am folgenden Tage. Die Section zeigte, dass der dünne Bruchsack uneröffnet und noch mittels seines Halses den Darm einschnürend in die Bauchhöhle zurückgebracht worden war. Der Bruchsack glich allerdings durch Röthung und Glätte dem Darme, er enthielt keine Flüssigkeit. Die kleine Darmschlinge in demselben war brandig. —

Die gedachten Beispiele, deren Anzahl durch weitere Nachforschungen sich jedenfalls noch vermehren lässt, wurden insgesammt bei Schenkelbrüchen kleinen und mässigen Umfangs beobachtet. Die Anomalie des mehrschichtigen Bruchsacks, die vorzugsweise bei alten, nicht grossen Schenkelbrüchen vorkommt, scheint Anlass zu dieser Massenreduction namentlich dann zu geben, wenn die innerste Bruchsackschicht dunkelroth, blauroth gefärbt erscheint und sich nicht in einer Falte aufheben lässt, wenn zwischen der verletzten und innersten Bruchsackschicht seröse, dem Bruchsackwasser ähnliche Flüssigkeit sich angesammelt hat.

Pitha *(Beiträge zur Therapie eingeklemmter Hernien. Prag. Vierteljahrschr. 1846. Bd. 2. p. 180)* hat mit Recht die Frage: „woran erkennt man bei der Herniotomie den Darm?" eine Lebensfrage genannt, weil Verkennung einmal dazu führen kann, den Darm statt des Bruchsacks zu eröffnen, anderntheils den Bruchsack nicht zu eröffnen und den Bruch im eingeklemmten Zustande zu reponiren. Pitha hat ausführlich und erschöpfend alle jene Zeichen vorgeführt, welche den vorliegenden Darm characterisiren und anzeigen, dass die vorliegende entblöste Bruchgeschwulst der Darm noch nicht sei, und wir verweisen auf diese treffliche Auseinandersetzung. Wir werden in allen Fällen die Massenreduction bei der Herniotomie vermeiden, wenn wir nach der Bruchsackeröffnung im Falle des Zweifels genau nach der Einklemmungsstelle suchen und den Darm vorzuziehen und zu untersuchen nicht verabsäumen. Ist die vorliegende Geschwulst wirklich Darm, so werden wir mit dem Finger bis zu der deutlich markirten Einklemmungsstelle vordringen und die Fingerspitze oder eine Sonde zwischen den Stiel der Vorlagerung und der Einklemmungsstelle einbringen können, wir werden nach Einkerbung der Einklemmungsstelle den Darm weiter vorzuziehen im Stande sein. Lässt sich die Einklemmungsstelle nicht deutlich fühlen, vermögen wir mit der Sonde nicht in die Bauchhöhle einzudringen, so ist auch der Bruchsack noch nicht eröffnet und die Vorlagerung lässt sich nicht vorziehen. Wir werden demnach im letzteren Falle vorsichtig mit der Fingerspitze und mit dem Knopfmesser erweiternd nach der Bruchpforte und Einklemmungsstelle vorwärts dringen, bis wir zu einem sicheren Anhalt gelangen. Manchmal gelingt es nach diesen Erweiterungen, die letzte Bruchgeschwulst, die sich vorher mit den Fingernägeln oder der Pincette in einer Falte nicht erheben liess, nun als solche zu erheben und den Bruchsack zu öffnen, oder wir gewinnen die Ueberzeugung des nicht-geöffneten Bruchsacks dadurch, dass wir den von der fibrösen Bruchpforte getrennten einklemmenden Bruchsackhals deutlich fühlen. Es ist uns auch erlaubt, behufs der weiteren Exploration auf die vorliegende Geschwulst zu drücken, allein der Druck darf nicht nach hinten, nach der Bruchpforte zu, gerichtet sein, er darf blos in einem circulären oder seitlichen Drucke bestehen, der möglichst hoch oben am Stiele der Geschwulst angebracht wird. Hier kann es sich zutragen, dass die Taxis gelingt, der Darm unter Gurren zurückweicht und die leere letzte Bruchsackschicht zurückbleibt. Liegt der Bruchsack ganz eng am Darm, oder ist er gar fest mit demselben verwachsen, so kann der Zweifel manchmal nicht anders, als durch vorsichtige Präparation bis zur Einklemmungsstelle hin gelöst werden, welcher wir uns dann auch trotz ihrer Mühsamkeit zu unterziehen haben. Sobald wir nicht unvorsichtig eilen, die Herniotomie zu vollenden, sobald wir genau untersuchend und prüfend vorwärts schreiten, so kann eine *Réposition en masse* bei der Herniotomie nicht vorkommen.

Ja selbst wenn wir uns zu unzweckmässigem Handeln bei der Herniotomie hätten verleiten lassen, wenn wir einen anhaltenden starken Druck von vorn nach hinten auf die für den bloсliegenden Darm gehaltene Geschwulst angebracht hätten, und es wäre uns endlich gelungen, die Geschwulst zurückzudrängen, so würden wir schon aus dem Umstande, dass die Geschwulst nur allmälig und ohne gurrendes Geräusch zurückgewichen ist, abnehmen können, dass wir eine wirkliche Reposition nicht bewirkt haben. Wir würden den begangenen Fehler dadurch zu verbessern vermögen, dass wir sofort die verdrängte Bruchgeschwulst wieder vorziehen und durch wirkliche Eröffnung des Bruchsacks, Einschneidung des Bruchsackhalses die Einklemmung beseitigen. Arnaud und Denonvilliers kamen auf diese Weise der übersehenen Einklemmung bei; auch Klein schritt nachträglich zur Einschneidung der verkannten letzten Bruchsackschicht, die er vorher punctirt hatte, wobei wegen Brand des eingeklemmten Darms fäcal riechende Flüssigkeit abgeflossen war, die noch mehr zu dem Irrthum, als sei die vorliegende Geschwulst der entblöste Darm, verleitet hatte. In dem Falle von S. Cooper war der Bruchsack wirklich, wenn auch nicht vollständig, eröffnet worden, da man aber die Einklemmungsstelle am Bruchsackhalse nicht erweitert, sondern einen gewaltsamen Druck angebracht hatte, war der mit dem Netze und Bruchsacke verwachsene Darm *en masse* reponirt worden; der bei dem Drucke mit zurückweichende Bruchsack hätte nächst dem mangelnden Geräusch auf die stattgehabte Massenreduction aufmerksam machen sollen. In dem Falle von James hatte sich die Bruchgeschwulst nach Einschneidung des Schenkelrings ziemlich leicht zurückdrängen lassen, jedenfalls war aber ein unpassender Druck angebracht worden und der Fall zeigt um so mehr, wie sehr man sich zu hüten habe, statt eines circulären Drucks einen vorwärts schiebenden Druck auszuüben. Der Fall von Fournier ist einigermaassen zweifelhaft, weil es scheint, als sei bei der Taxis die eingeklemmte Darmwand reponirt worden, da aber bei der Herniotomie der Bruchsack unversehens umgestülpt worden war, so kann auch erst bei dieser Umstülpung die Darmwand zurückgedrängt worden sein und erst später vom Bruchsacke sich abgetrennt haben. —

Was nun den anderen eine Massenreduction bewirkenden Operationsfehler betrifft, wo der Chirurg nach Bloslegung der Bruchgeschwulst den Bruchsack mit Absicht nicht incidirt, sondern nur ablöst, freimacht, um ihn nach Erweiterung der Bruchpforte sammt seinem Inhalte hinter die Bruchpforte zu drängen, so führen wir folgende drei Beispiele an, von welchen sich zwei auf Leistenbrüche, eines auf einen Schenkelbruch beziehen.

Le Cat zu Rouen (*Philosophical Transactions. Vol. XLVII. p. 324*) theilt in einem Briefe an Dr. Mortimer, April 1750, diesem mehrere interessante Fälle von Hernien mit, von welchen der sub III. beschriebene hierher gehört.

Ein 65jähriger Kutscher hatte seit längerer Zeit einen Leistenbruch, den L. im Jahre 1748 bei auftretender Einklemmung reponirt hatte, worauf von dem Pat. ein Bruchband getragen worden war. Im Februar 1750 trat abermals eine Einklemmung auf, welche der Taxis und deren Unterstützungsmitteln Widerstand leistete, so dass nach zwei Tagen gegen Abend zur Operation geschritten wurde. Nachdem L. den Bruchsack blosgelegt hatte, welcher einiges Wasser enthielt, erstaunte er, einen zweiten Sack in demselben zu finden, der schon geröthet war. Durch Druck entleerte L. zum Theil den Inhalt des Sacks nach der Bauchhöhle und sah nun, wie dieser nach oben mit dem ersten Bruchsacke, sowie mit dem Samenstrange und Testikel zusammenhing, er präparirte demnach den Sack vom Samenstrange ab und drängte ihn in die Bauchhöhle. Der Patient starb nach einigen Tagen. Als Sectionsbefund theilt L. nur mit, dass der reponirte Bruchsack ein wahrer, ziemlich dicker gewesen sei, über den Inhalt des Bruchsacks erfahren wir nichts.

Flossmann *(Weitenweber's Beitr. zur Med. u. Chir. 1841 December)* beschreibt unter dem Titel „eingeklemmter Leisten-Schenkelbruch" folgenden Fall:

Eine 62jährige Frau hatte sich vor neun Jahren während der Geburtsarbeit in der rechten Schenkelbeuge etwas zerplatzt, worauf hier eine hühnereigrosse Geschwulst entstand, die man als Bruch erkannte, aber nicht durch ein Bruchband zurückhielt. Dieser Bruch klemmte sich ein und es musste, nachdem vergeblich alle Repositionsversuche gemacht worden waren, zur Operation geschritten werden. Nach dem Hautschnitte zeigte sich der Bruchsack mit den benachbarten Theilen und besonders am horizontalen Schambeinaste mittels Zellgewebes ziemlich fest verwachsen. Nach der Trennung dieser Verwachsungen wurde das nicht sehr gespannte Leistenband mit dem Knopfbistouri auf dem Zeigefinger einige Linien tief nach innen und aufwärts eingeschnitten und dann der ungeöffnete Bruchsack sammt seinem Inhalte reponirt. Dessenungeachtet dauerten die Symptome der Incarceration fort und die Patientin starb. — Section. Die Baucheingeweide waren durch ein sehr weiches, schleimiges und gelbliches Exsudat verklebt. Die Schleimhaut des Magens sah braunroth, war etwas aufgelockert und mit einzelnen schwärzlichen Flecken besät; einige kleine Geschwüre lagen an der vordern Wand und kleinen Curvatur des Magens. Der obere Theil des Dünndarms war bedeutend ausgedehnt, der untere Theil desselben stark zusammengezogen. Der seröse Ueberzug des ganzen Dünndarms erschien fein geröthet. Am unteren Theile des Dünndarms war ein etwa 3" langes Stück mit einer bedeutenden Partie des grossen Netzes, ersteres von letzterem eingehüllt, durch den inneren Leistenring in den Inguinalcanal vorgefallen, hatte den inneren und unten umgerollten Theil des unteren Randes des *Lig. Poupart.* durchbrochen und erschien am obersten inneren Theile des Schenkels unter der Haut. Diese Hernie war am Halse des Bruchsacks durch den etwas verdickten inneren Leistenring stark eingeklemmt, die vorgefallene Darmschlinge zeigte sich stellenweise brandig. Der nicht gespaltene Bruchsack war sammt dem Inhalt durch den Schenkelring in die Bauchhöhle reponirt worden und lag theils im Schenkelcanale, theils im vorderen Seitentheile der Beckenhöhle, ganz ausserhalb des Bauchfellsacks, welcher von den Schambeinen abgetrennt, jedoch übrigens unversehrt war, dicht neben der rechten Seite der Harnblase und bildete mit dem abgelösten Bauchfelle eine apfelgrosse, rundliche Geschwulst. —

Froriep *(Chirurgische Kupfertafeln. Heft 73. Tafel CCCLXX)* bildet nachstehenden Fall ab und erläutert ihn ausführlich, der im April 1837 in der Charité bei Dieffenbach zur Operation kam. Eine 65jährige, abgemagerte, schwächliche Frau wurde von Einklemmungserscheinungen befallen, obgleich sie nie einen Bruch bemerkt hatte; der hinzugerufene Arzt erkannte einen Bruch, den er vergeblich zu reponiren suchte, die Patientin wurde zehn Tage lang mit Cataplasmen, Abführmitteln etc. behandelt. Als die Patientin am 12. Tage der Einklemmung Abends in die Charité gebracht wurde, war der Leib sehr aufgetrieben, schmerzhaft, der Puls fadenförmig, schnell; der rechterseits bestehende Cruralbruch hatte Eigrösse, war gespannt. Ein Taxisversuch im Bade blieb erfolglos. Es wurde um neun Uhr operirt. Nach Haut- und Zellhautschnitt gelangte man zu dem knotig sich anfühlenden Bruchsacke, dessen äussere Lamelle sich nicht öffnen liess. Nach Einkerbungen in das Poupart'sche und Gimbernat'sche Band konnte man den Finger an der Oberfläche des Bruchs einführen, es strömte blutiger Eiter und chocoladenfarbige Flüssigkeit, die undeutlich fäcal roch, in grosser Masse hervor. Der tiefer eingebrachte Finger fühlte zellgewebige Abscesswände. Nachdem das *Lig. Gimbernati* noch tiefer eingeschnitten worden, liess sich der Bruch zurückdrängen, und nun strömte wieder Flüssigkeit ab. Die Patientin klagte über heftige Schmerzen, collabirte und starb 12 Stunden nach der Operation. — Section. In der Bauchhöhle wurde kein jauchiger Erguss gefunden; zwischen Bauchfell und Bauchmuskeln bestand eine Höhle, die bis zum Nabel reichte, fetzige Wandungen zeigte und mit einer chocoladenfarbenen, nach Koth riechenden Flüssigkeit zum Theil gefüllt war. In der Abscesshöhle hing an der Peritonäalwandung derselben die Bruchgeschwulst; sie war von einer 3—4''' dicken Schicht des Fettgewebes der *Fascia propria* bedeckt. Der Bruchsack war verdickt und mit dem Darme innig verwachsen; er enthielt eine Darmwand, $^1/_4$ des Darmlumens war noch frei, die Darmwand war mit dem Bruchsackhalse und darüber mit dem Peritonäum fest verwachsen, an letzterem befand sich eine kleine Oeffnung, die auch durch den Darm ging und aus welcher Kothflüssigkeit drang.

In diesem Falle war jedenfalls der Einklemmung Verwachsung vorausgegangen. Die Einklemmung hatte Perforation an der Stelle der grössten Beengung bewirkt, die Verwachsung hatte den Erguss in die Bauchhöhle gehindert und die Infiltration und Abscessbildung im subperitonäalen Zellgewebe hervorgerufen. —

Wir hegen die Ueberzeugung, dass solche Missgriffe wie im Falle von Le Cat und Flossmann jetzt nicht mehr sich ereignen werden. Niemand wird einen blosgelegten Bruchsack sammt seinem Inhalte bei der Herniotomie in der Voraussetzung zurückdrängen, er könne dadurch die Einklemmung, die im Bruchsackhalse gesucht werden muss, beseitigen. Der Fall von Le Cat ist zwar etwas unklar und wir erfahren gar nichts über den Sitz der Einklemmung, können aber denselben wohl in dem Bruchsackhalse suchen. Flossmann scheint von dem Satze ausgegangen zu sein, als befinde sich bei Schenkelbrüchen der Sitz der Einklemmung nur ausserhalb des Bruchsackhalses, wenn man demnach bei eingeklemmten Schenkelbrüchen nach Erweiterung der Bruchpforte die Bruchgeschwulst zurückbringen könne, so müsse dadurch die Einklemmung gehoben werden. Leider war diese Voraussetzung und die Diagnose über die vorhandene Art der Bruchgeschwulst falsch. Die Hernie war keine Schenkelhernie, sondern eine Leistenhernie, ein interstitieller Leistenbruch nach Goyrand, ein Bruch des Fallop'schen Bandes, der sich aus dem Schenkelcanale Bahn gebrochen und in der Schenkelbruchgegend zum Vorschein gekommen war. Hätte Verfasser den Bruchsack gespalten, den Finger eingeführt, so würde er deutlich diese Art des Bruchs erkannt haben; hätte er blos die Zusammendrückung vor der äusseren Bruchpforte versucht, so würde er aus der Erfolglosigkeit des Druckes erkannt haben, dass die Einklemmung noch nicht gehoben sei, und weiter nach derselben geforscht haben. Der von Froriep beschriebene Fall Dieffenbach's war zwar seiner ungewöhnlichen Complication halber sehr schwer zu diagnosticiren, doch lag die Diagnose nicht ganz ausser dem Bereiche der Möglichkeit, und wenn Dieffenbach den Bruch weiter bloslegt, den fest mit dem Darme verwachsenen Bruchsack abpräparirt hätte (eine allerdings sehr mühsame Operation), so würde er zur Verwachsungs- und Perforationsstelle des Darms am einklemmenden Bruchsackhalse gelangt sein.

Zweite Art der Scheinreduction:

Der Bruchinhalt wird vollständig oder theilweise in eine Ausstülpung des Bruchsacks vor dem Bauchfelle, die als präformirte Tasche besteht, verdrängt, oder der Bruchinhalt der präformirten Tasche bleibt bei der Reduction zurück.

Diese Art der Scheinreduction, die bisher nur mit Ausnahme eines Falls bei äusseren Leistenbrüchen beobachtet worden ist, schliesst sich den Massenreductionen an und gleicht namentlich gewissen unvollständigen Massenreductionen. Der Unterschied besteht darin, dass die Ausstülpung, Erweiterung des Bruchsacks hinter dem Bruchcanale und vor dem Bauchfelle, in welche die Bruchcontenta bei der Reduction geschoben werden, oder in welcher die Bruchcontenta liegen bleiben, während der übrige Theil des Bruchinhalts wirklich in die Bauchhöhle zurückgebracht worden ist, eine mit ihrer Umgebung verwachsene grössere oder kleinere Tasche bildet, dass daher diese Bruchsackausstülpung schon längere Zeit bestanden hat, die bei der inclompeten Massenreduction erst durch den reponirenden Druck bewirkt wird.

Ehe ich zur Erörterung des etwas complicirten Mechanismus dieser Art der Scheinreductionen übergehe, ehe ich die Schwierigkeit der Diagnose und insbesondere der Operation näher in Betracht ziehe, schicke ich als Unterlage 14 Beobachtungen voraus.

Arnaud *(l. c. Obs. VI. p. 48).* Im Februar 1725 operirte Verfasser mit Ricot in Denis einen 68jährigen Mann mit eingeklemmtem Leistenbruche. Ricot setzte Arnaud brieflich in Kenntniss, dass der Operirte nach der Operation keine Erleichterung gehabt habe und am folgenden Tage gestorben sei. Die Section zeigte eine Ausstülpung des Bruchsacks vor dem Bauchfelle über dem Schambeine, in welcher die dunkelschwarzen, dem Brande nahen Därme lagen, welche verklebt waren. Die Ausstülpung war fest verwachsen, unbeweglich; der Bruchsackhals über dem inneren Leistenringe war verdickt, verengt, hart und musste eingeschnitten werden, ehe die Reduction gelang. —

Pelletan *(Clinique chirurgicale Paris 1810 Tom. III. p. 359. Observ. VIII).* Ein 40jähriger Mann hatte seit längerer Zeit eine linkseitige Leistenhernie, die schon ein ziemliches Volumen besass, ehe Patient sich gemüssigt fand ein Bruchband zu tragen. Patient musste sich oft lange anstrengen, um seinen Bruch so weit zurückzubringen, dass er das Bruchband anlegen konnte. Eines Tages fiel bei einem starken Marsche der Bruch vor und liess sich nicht reduciren. Als Patient nach fünf Tagen in das Hôtel-Dieu kam, waren die Einklemmungserscheinungen so drängend, dass sofort operirt wurde. Der dickwandige Bruchsack enthielt eine grosse, geröthete, mässig pralle Darmschlinge. Nach Erweiterung der Bruchpforte wurde der Darm reponirt, was nur langsam gelang; der Finger fühlte die in die Bauchhöhle zurückgebrachte Darmpartie. Nach der Operation folgte kein Stuhl, sondern heftiges Schluchzen. Am dritten Tage Leibauftreibung, Kothbrechen, Collapsus und Tod. Die Section zeigte verbreitete Peritonitis; die Därme waren nicht in die Bauchhöhle, sondern in eine Tasche hinter dem Schambeine reponirt worden, welche mit dem Bruchsacke zusammenhing; die Tasche war nicht so gross wie der Bruchsack, sie bildete mit dem letzteren einen Zwerchsack *(une besace)* mit einem Bruchsackhalse, der gerade auf dem Schambeinaste lag. Pelletan glaubt, es hätte ein solches Verhältniss nicht gefunden, noch geahnt werden können. —

A. Cooper *(On hernia; nach der zweiten Edition von Key übersetzt von A. R. Weimar 1833, p. 119)* theilt nachstehenden Fall von Morgan mit: Thom. Harting, 58 Jahre, wurde den 26. Juni 1825 in das Guy's Hospital aufgenommen. Er hatte einen rechtseitigen Scrotalbruch und litt an allen Zeichen der Einklemmung. Seit mehreren Jahren war der Bruch häufiger vorgetreten, hatte einigemale durch ärztliche Hilfe müssen zurückgebracht werden. Der Bruch war Tags vorher ausgetreten, ein Wundarzt hatte Ader gelassen und vergeblich die Taxis versucht. M. brachte den Bruch mit Leichtigkeit zurück. Am folgenden Tage zeigte sich, dass keine Verminderung der Symptome eingetreten sei, es liess sich im Verlaufe des Leistencanals eine kleine Anschwellung bemerken. Klystire, Ricinusöl etc. halfen nichts. Am dritten Tage operirte M. Nachdem die Haut, *Fasc. superf.* u. der *Cremaster* auf gewöhnliche Weise durchschnitten worden waren, kam der Theil zum Vorschein, welcher der Bruchsack zu sein schien, er wurde geöffnet, der Finger liess sich leicht in den Leistencanal führen, entdeckte hier eine abnorme Vortreibung, fand jedoch keinen Darm, konnte nicht in die Unterleibshöhle dringen. Nun wurde der Inguinalcanal aufgeschlitzt und der erwähnte Bruchsack in grösserer Ausdehnung geöffnet, aber auch jetzt war kein Darm zu finden und eben so wenig schien eine Verbindung zwischen dem Bruchsacke und der Unterleibshöhle zu bestehen. In dem Inguinalcanale fühlte man einen Körper, welcher einer Verdickung des Samenstrangs ähnlich war. Weitere Untersuchung schien Morgan zu gewagt, die Wunde wurde demnach geschlossen. Der Zustand verschlimmerte sich, Patient starb zwei Tage nach der Operation. — Section. Der Theil unter dem Cremaster, den man für einen Bruchsack gehalten hatte, war ein zurückgestülpter Theil der Scheidenhaut, in dessen Höhle der Finger zwar eingeführt wurde, aber nicht bis in die Unterleibshöhle vorgeschoben werden konnte. Die Geschwulst, welche im Leistencanale gefühlt worden war, ergab sich jetzt als ein Bruchsack, welcher unter dem inneren Bauchringe lag und ein eingeklemmtes Darmstück von sehr dunkler Farbe mit brandigen Flecken enthielt. Die Einschnürung dieses Bruchs lag an der Einmündung seines Sacks unter dem inneren Bauchringe, dem unteren Theile seines Randes gegenüber. Die Verbindung zwischen der Scheidenhaut und der Unterleibshöhle war nicht durch Verwachsung aufgehoben, sondern der Druck, welcher durch den Bruch ausgeübt wurde, verhinderte blos, dass der Finger eindringen konnte. Unmittelbar unterhalb der Oeffnung der Scheidenhaut in die

Unterleibshöhle, lag die Mündung eines widernatürlichen Sacks, welcher sich nach unten und innen hinter der *Fascia transv.*, in der Richtung des Cruralrings, ausdehnte. Höchst wahrscheinlich war nun zu der Zeit als der Mann in das Hospital aufgenommen wurde ein grosses Darmstück in die Höhle der Scheidenhaut, welche ganz das Ansehen eines alten Bruchsacks hatte, herabgestiegen. Dieses war nun leicht zurückgebracht worden, während das Darmstück in dem anderen Sacke nicht zurückgebracht wurde, eingeklemmt blieb und die Symptome veranlasste, welche mit dem Tode des Patienten endigten. —

† Parise *(Mém. de la société de chir. de Paris. Tom. II. p. 399).* Ein 34jähriger Mann hatte seit seiner Kindheit einen Leistenbruch, der Hode war im Leistencanale zurückgeblieben. Im Jahre 1839 fiel der Bruch eines Tags stärker vor, klemmte sich ein, wurde reponirt, zeigte aber Neigung zum Wiedervorfallen, musste daher nochmals reponirt werden. Nach achttägiger Einklemmung wurde operirt. Man fand im Canale und Scrotum einen leeren Sack, der nur Flüssigkeit enthielt. Der Kranke starb. Es zeigte sich eine Tasche in der *Fossa iliaca interna* zwischen Bauchfell und *Fascia iliaca*, in welcher erweichte Därme lagen, die durch den Bruchsackhals über und hinter dem inneren Leistenringe abgeschnürt wurden. —

Tessier *(Auszug aus den Protocollen der Sitzungen der anatomischen Gesellschaft zu Paris, Mai 1834. Schmidt's Jahrbücher Bd. VII. p. 246)* zeigte der anatomischen Gesellschaft einen Fall von eingeklemmtem Schenkelbruche bei einer Frau, die von Sanson im Hôtel-Dieu operirt worden war. Die 30jährige Frau hatte seit mehreren Jahren einen Schenkelbruch, der mehrmals hatte reponirt werden müssen. Zu der Zeit, wo die Operation verrichtet wurde, hatte die Einklemmung 36 Stunden bestanden und es hatte die Geschwulst folgendes Ansehen: unter dem *Lig. Fallopii* waren zwei Lappen vorhanden, der eine nach innen, gegen die grosse Schamlefze hin, der andere an der vorderen Partie des Oberschenkels. Vor der Einklemmung bildete die äussere Hülle der Geschwulst eine schlaffe Tasche, in welche die Därme leicht zurückkehrten, wenn sie reponirt worden waren. Nach der Operation, bei welcher ein Einschnitt in das Gimbernat'sche Band gemacht worden war, dauerten die Einklemmungszufälle fort, obgleich reichliche Stuhlentleerungen stattgefunden hatten, weshalb Sanson, da er eine innere Einklemmung vermuthete, sich vornahm, die vordere Wand an der Stelle einzuschneiden, wo die Reposition gemacht war, allein die Kranke starb. Ein sehr merkwürdiger Umstand bei dieser Operation war der Eintritt eines neuen serösen Ausflusses nach Beseitigung der Einklemmung. — Bei der Section fand man im Inneren des Bauchs zwischen dem Bauchfelle und den Bauchwänden in dem Zellgewebe des Beckens und auf der seitlichen Partie der Blase eine bedeutende seröse Höhle, die einerseits mit dem Bauchfelle durch eine runde Oeffnung von fast 1'' Durchmesser communicirte, durch welche Darmschlingen treten konnten, die in dem innerhalb des Bruchs befindlichen Sacke lagen. Dieser letztere communicirte andererseits nach vorn und unter dem Fallop'schen Bande mit dem Sacke, welcher die Schenkelpartie des Bruchs enthielt. Man hat in dieser Höhle keine ganz deutlichen Kennzeichen der serösen Haut erkannt. Es fand also ein doppelter Bruch statt, wovon der eine, innerhalb des Bauchs gelegene, mit dem Bauchfelle durch eine enge Mündung, der andere ausserhalb des Bauchs gelegene und aus zwei Säcken bestehende mit dem ersten durch einen Hals, dessen Einklemmung gehoben worden war, communicirte. —

Hernu *(Observ. d'un étranglement intérieur; Journ. de Sédillot. Tom. XI. pag. 291).* Ein 40jähriger Mann, der seit seiner Jugend eine rechtseitige Leistenhernie hatte, gegen welche er erst seit einigen Jahren ein Bruchband anwendete, bemerkte bei einer Anstrengung Vortreten der Hernie und nun blieb diese sieben Tage liegen. Die Hernie erstreckte sich bis zum Grunde des Hodensacks, war weich und liess sich zum grossen Theile reponiren, nur ein kleines Stück blieb hartnäckig vorliegen. Der Kranke bekam Aufstossen, Erbrechen, kleinen Puls, der Unterleib trieb sich auf, wurde schmerzhaft. Der Chirurg bemerkt den Zwiespalt zwischen der Reducibilität des Bruchs und den Einklemmungserscheinungen und entschliesst sich zur Operation. Nach Eröffnung des Bruchsacks erscheint gesundes Netz, von welchen $^3/_4$ resecirt, der Rest reponirt wird; kaum ist indessen das Netz zurückgedrückt, so fällt es wieder vor, so dass es mit einer Pelote zurückgehalten werden muss. Der Kranke fühlte sich erleichtert, hat eine reichliche Stuhlentleerung. Am folgenden Tage beginnt wieder das Aufstossen und Erbrechen. Beim Wegnehmen des Druckapparates findet man wieder vorgedrängtes und geschwollenes Netz. Der Leistenring wird jetzt eingeschnitten, das Netz reponirt und der Finger in die Bauchhöhle gebracht, nach allen Seiten hin dirigirt, ohne dass man einen Grund der Einklemmungserscheinungen auffinden kann. Der Kranke stirbt den vierten Tag nach der Operation, den elften nach Beginn der Zufälle. Autopsie. Peritonites mit Erguss und Absatz plastischer Lymphe; hinter dem Leistenringe auf der Seite der Netzhernie entdeckt man zwischen dem Schambeine und der Blase einen anderen Sack durch eine Bauchfellausstülpung, welche eine gangränöse Darmschlinge enthält. Beide Säcke zusammen gleichen einem Quersacke, der mit der Mitte auf dem horizontalen Aste des Schambeins gelagert ist und auf der einen Seite durch den Leistencanal bis in das Scrotum hinabsteigt, auf der andern zwischen Schambein und Blase sich drängt. Der freie Rand des inneren Sacks befand sich fast im Niveau des hinteren Leistenrings, war hart, abgerundet, ligamentös, und die Darmschlinge musste, um in den Sack zu gelangen, sich fast spitzwinklig zurückbeugen. —

Edw. Cock *(Guy's Hospital Reports V. p. 52 u. f. 1847)*. Ein 35jähriger Mann litt an einem angeborenen linkseitigen Leistenbruche, der sich stets ohne Schwierigkeit zurückbringen liess. Vor zwei Jahren waren plötzlich eine Menge Därme mehr vorgefallen, die sich nicht reponiren lassen wollten, Zufälle der Einklemmung hervorriefen, indessen endlich durch Anwendung von Kraft zurückgebracht wurden. Es ergab sich, dass mit dem Darm auch der Hode in den Unterleib gedrängt worden war, er liess sich nicht mehr fühlen, erschien auch nicht wieder. Der Bruchsack blieb unverändert im Scrotum. Von Zeit zu Zeit erschien der Bruch wieder, liess sich aber von nun an schwerer reduciren, und bisweilen zeigten sich dabei leichte Symptome von Einklemmung. Nach der letzten Reduction der Hernie blieben die Symptome der Einklemmung und nahmen bald einen heftigeren Character an. Die äussere Untersuchung liess nur einen leeren Sack entdecken. Es wurde operirt, man schnitt den Leistencanal bis zum inneren Leistenringe auf, der Canal war länger als gewöhnlich, der innere Ring erweitert, der Bruchsack zeigte sich leer, der in die Bauchhöhle gebrachte Finger fühlte die Därme und keine Geschwulst. Die Operation wurde geschlossen. Die Symptome der Einklemmung steigerten sich, der Kranke starb. Die Section zeigte eine Tasche zwischen *Fascia iliaca* und Bauchfell, in welcher Därme lagen, die Einklemmung hatte in der Oeffnung der Tasche nach der Bauchhöhle stattgefunden. Mit dem durch den inneren Leistenring eingebrachten Finger, war man nicht, wie man angenommen hatte, in der Bauchhöhle gewesen, sondern nur in der Tasche. Cock giebt eine Abbildung, das Präparat befindet sich in dem Museum des Collegiums. —

Ein zweiter, dem vorstehenden sehr ähnlicher Fall, kam Cock selbst zur Beobachtung und Behandlung.

Ein 64jähriger kräftiger, fettleibiger Schuhmacher, litt schon seit 34 Jahren an einem theilweis reponibeln linkseitigen Scrotalbruche. In früheren Jahren hatte er zuweilen ein Bruchband getragen, später überliess er den Bruch sich selbst, welcher von Zeit zu Zeit vorfiel und mehr oder weniger leicht zurückgebracht wurde. In der letzten Zeit hatte er öfters an Schmerzen in der linken Leistenbuge gelitten. Am 10. Januar 1847 hatte sich plötzlich viel Darm in das Scrotum herabgedrängt und liess sich nicht zurückbringen; gleichzeitig begannen die Symptome der Einklemmung. Verfasser sah zuerst den Kranken 48 Stunden nach Beginn der Einklemmung, nachdem Patient schon ein warmes Bad, eine volle Dosis Calomel mit Opium und Eisumschläge auf die Bruchgeschwulst erhalten hatte. Bei den nun unternommenen Taxisversuchen gingen die Därme langsam, aber deutlich in den Unterleib zurück und es blieb nur eine beträchtliche Menge Netz in dem Bruchsacke zurück. Der Kranke war zufrieden, dass sein Bruch bis auf die gewöhnliche Grösse zurückgebracht worden sei, er fühlte sich erleichtert, nach einem Klystir folgte einiger Stuhl, die Einklemmungserscheinungen schwiegen. Aber schon in der Nacht kehrten Erbrechen und Schmerzen zurück und am folgenden Morgen waren alle Zufälle der Einklemmung wieder da. Da das Erbrechen bald kothig wurde, unternahm Verfasser die Operation Im Bruchsacke fand sich nur altes mit dem Bruchsacke verwachsenes, indurirtes Netz, dieses wurde von seinen Adhäsionen getrennt und der Leistencanal eröffnet, welcher ungemein lang erschien. Der innere Leistenring war weit und offen, der Finger glitt leicht hindurch und wie es schien in die Bauchhöhle, Verfasser fühlte Därme und auch Netz, welches in der Nachbarschaft des inneren Leistenrings Adhäsionen zu bilden schien. Die Untersuchung wurde durch die tiefe Lage der Theile und durch das dicke Fettpolster erschwert. Da Verfasser die Einklemmung von einer Verschlingung oder von einem Drucke einer Darmschlinge durch einen Bandstreifen des verwachsenen Netzes herleitete, so trennte er soweit es sich thun liess alle Verwachsungen des Netzes mit dem Rande des inneren Leistenrings und schloss dann die Wunde. Die Symptome der Einklemmung liessen nicht nach, es kam Peritonitis hinzu und der Kranke starb acht Tage nach dem Auftreten der Einklemmung. Vor der Section führte Verfasser nochmals den Finger in die Wunde, konnte indessen nicht mehr als früher erkennen. Zwischen *Fascia iliaca* und Bauchfell lag ein Sack der mit dem Bruchsacke im Scrotum und Leistencanale zusammenhing, der grösste Durchmesser des Sacks verlief in der Richtung des Leistencanals, deswegen hatte der Finger die Sackwandungen nicht fühlen können. Netz war an dem Sacke angewachsen und eine Darmschlinge zeigte auch Impression durch einen Netzstrang. Die Oeffnung des Sacks nach der Bauchhöhle lag nach hinten, war ziemlich weit, so dass der Darm nicht besonders strangulirt worden war; der Darm sah missfarbig, war mit Exsudat bedeckt. —

Textor sen. *(Verhandlungen der physik. medic. Gesellschaft zu Würzburg VII. p. 35)* beschreibt unter dem Titel „innere Brucheinklemmung" nachstehenden, hierher gehörigen Fall. Ein 25jähriger kräftiger Tagelöhner wurde den 3. December 1846 wegen eines eingeklemmten Bruchs in das Iuliushospital gebracht. Der Kranke behauptete, er habe als 5jähriger Knabe von einem Spielgenossen einen Fusstritt gegen die Schamgegend erhalten, in Folge dessen der rechte Hode sich in den Unterleib zurückgezogen habe; auch war rechterseits statt des Hoden nur eine weiche, häutige Masse zu fühlen. Seit dieser Zeit soll in der rechten Leistengegend eine Geschwulst zurückgeblieben sein, die vor mehreren Jahren einmal grösser und schmerzhafter wurde, wo sie im Juliushospitale reponirt und ein Bruchband angelegt wurde, welches Patient nach einem halben Jahre, da ihm der Bruch keine Beschwerden mehr verursachte, weggelegt hatte; nur zuweilen nach Anstrengungen und Diätfehlern sollen kolikartige Schmerzen im Bruche aufgetreten sein. Den Tag vor der Aufnahme hatte Patient nach dem Genusse von Salat heftige Leibschmerzen mit Uebelkeit und

Erbrechen bekommen, der Bruch war vorgetreten und hatte sich nicht reponiren lassen. Ein zu Hilfe gerufener Arzt fand eine pralle, gespannte, gänseeigrosse Geschwulst, die sich durch Taxis zum Theil zurückbringen liess. Der Arzt glaubte, die Taxis sei gelungen, da der Patient keine Schmerzen mehr fühlte und behauptete, der Bruch sei schon seit längerer Zeit nicht mehr ganz zurückgegangen, er verordnete warme Umschläge und rieth dem Patienten, der aller nöthigen Pflege entbehrte, sich in das Juliushospital bringen zu lassen. Die Zufälle der Einklemmung kehrten bald wieder und Patient wurde 30 Stunden später in das Spital gebracht. Die Untersuchung zeigte eine umfängliche Geschwulst in der Leistengegend, über welcher die Haut geröthet, die Oberhaut blasig erhaben war. Der längste Durchmesser der Geschwulst verlief nach der Richtung des Leistencanals, die Geschwulst war mässig schmerzhaft, prall und schien Darm und Netz zu enthalten. Das Fieber war mässig, der Bruch unschmerzhaft, seit zwei Tagen hatte keine Mastdarmentleerung statt gehabt. Der Assistent versuchte die Taxis im Bade, welche scheinbar oder vielleicht auch theilweise gelang, die Schmerzen hörten jedoch nicht ganz auf. Patient erhielt erweichende Umschläge und ein Klystir mit Ricinusöl, welches zwei starke, kothige und sehr erleichternde Entleerungen bewirkte. Die Bruchgeschwulst hatte indessen fast wieder die frühere Grösse erlangt. Die Nacht und der folgende Tag verliefen ziemlich gut, allein gegen Abend traten wieder Einklemmungssymptome auf; Klystire waren fruchtlos, die Bruchgeschwulst spannte sich sehr. Am Morgen des 5. December wurde nochmals Taxis im Bade versucht, die Geschwulst verkleinerte sich anscheinend, allein sowie der Druck nachliess, kam sie wieder in der alten Grösse zum Vorschein. Es wurde nun zur Herniotomie geschritten. Der Hautschnitt wurde nach der Länge der Geschwulst in der Richtung des Leistencanals aus freier Hand gemacht; die Zellgewebsschichten wurden mit vorsichtigen Zügen getrennt, sie zeigten wässrige Infiltration; aus dem geöffneten Bruchsacke floss helles gelbbräunlich gefärbtes Bruchwasser ab. Nachdem der Bruchsack auf dem Zeigefinger der Länge nach gespalten worden, kam eine vorgelagerte grosse braunrothe Dünndarmschlinge zum Vorschein, welche vollkommen frei im Bruchsacke lag; ausserdem enthielt der Bruchsack weder Netz, noch den Hoden. Die Bruchpforte zeigte keine Einklemmung, sondern stand so weit offen, dass man bequem mit zwei Fingern eindringen konnte, und doch gelang es nicht die vorliegende Darmschlinge zu reponiren. Auch nachdem man mit dem Pott'schen Messer erst nach aufwärts und dann nach verschiedenen Richtungen hin erweitert hatte, wollte die Reposition nicht gelingen, und es fiel immer wieder eine andere Schlinge vor, wenn die eine reponirt worden war. Endlich gelang es, den vorgefallenen Darm nach innen und abwärts zu drängen, wobei man ihn jedoch durch die Bruchpforte noch sehen und fühlen konnte, was sonst nach gelungener Reposition nicht der Fall zu sein pflegt. Nach dem Einschnitte nach einwärts hatte sich eine grosse Menge Blut aus der Wunde ergossen, so dass man an eine Arteriendurchschneidung glauben musste, doch stand die Blutung nach Compression mit dem Finger und Aufsaugen des Blutes durch Schwamm. Die Wunde wurde mit Knopfnähten vereinigt und darüber ein einfacher Deckverband gelegt. Der Kranke hatte die langwierige Operation standhaft ausgehalten, nach derselben verspürte er aber keine Erleichterung, der Leib blieb aufgetrieben, schmerzhaft und bald stellte sich wieder Erbrechen ein. Blutegel, Klystire, Calomel halfen nichts, die Erscheinungen der Bauchfelldarmentzündung steigerten sich immer mehr, der Puls wurde klein und schnell, die Gesichtszüge entstellten sich, 30 Stunden nach der Operation erfolgte der Tod. — Section. Das die Bauchwand und die Gedärme überziehende Bauchfell war von hellroth injicirten Gefässen durchzogen; die Röthung war nicht gleichmässig, sondern stärker und schwächer, an manchen Stellen förmlich fleckig. In den tiefer gelegenen Theilen der Bauchhöhle fand sich eine reichliche Menge trübes, dünnes, mit schmutzig gelben Flocken gemischtes Exsudat vor. Plastisches Exsudat war nur an jenen Theilen des Darmrohrs zu bemerken, welche der Einklemmungsstelle zunächst lagen und es verklebte die Theile nur leicht. Die Dünndarmwandungen waren durch Gas und gelbbraune dünnflüssige Fäces bis zu 2—3" im Durchmesser ausgedehnt. Am rechten inneren Leistenringe fand sich der in Folge von Bildungshemmung im Bauche zurückgebliebene Hode, der wie eine derbe Klappe über der Mündung des Leistencanals lag. Die Scheidenhaut des verkümmerten Hoden bildete eine kleine dicke Kappe, welche durch eine ungewöhnliche Oeffnung eine Dünndarmschlinge hatte eintreten lassen, die sehr entzündet und mit plastischem Exsudate verklebt war. Als man von der Operationsstelle mit dem Finger in den Leistencanal ging und die in gedachter Klappe eingeklemmte Schlinge löste, ergab sich, dass noch einige Dünndarmschlingen durch den inneren Leistenring nach aussen vorgefallen und bei der Operation nicht in die Bauchhöhle zurück, sondern in einen künstlich geschaffenen Raum zwischen Bauchfell, Harnblase und Bauchmuskeln gewaltsam hineingedrängt worden waren. Das Bauchfell hatte sich von der hinteren Fläche der Bauchmuskeln abgetrennt, umschloss die Dünndarmschlinge und enthielt noch ausserdem etwa 2 Unzen schwarzrothes Blutgerinnsel. Die Präparation erwies, dass die *Art. epigastrica* 2" von ihrem Ursprunge durchschnitten worden und die Quelle der Blutung und des Blutergusses abgegeben hatte. Der Ring an der vom Hoden gebildeten Klappe, welcher gleichsam zu einem inneren Bruchsacke führte, hatte an seinem freien Rande ein gefranztes Aussehen von dem abgesetzten faserstoffigen Exsudate. – In dem erzählten Falle hätte man nach Verfasser nur etwa durch den Bauchschnitt helfen können. —

Joseph Janzer *(Aerztliche Mittheilungen aus Baden XIII. 15. 1859).* Ein kräftiger 21jähriger mit einem angeborenen rechtseitigen Leistenbruche behafteter Mann wurde in der Nacht durch Kolikschmerzen mit Brechneigung aus dem Schlafe erweckt und da er derartige Zufälle schon oft erlebt und durch Reposition seines Bruchs beseitigt hatte, so machte er auch jetzt Taxisversuche, die nach langer schmerzhafter Anstrengung endlich gelangen. Die Einklemmungserscheinungen liessen aber dieses Mal nicht nach. Nach 12 Stunden fand Verfasser den Unterleib etwas aufgetrieben und namentlich in der Coecalgegend beim Druck empfindlich. Die Haut der rechten Leistengegend war vom Drucke der Taxis und den angewendeten Breiumschlägen geröthet und bei Berührung schmerzhaft. Der Bruchsack schien leer und der Leistencanal so wegsam, dass man mit der Fingerspitze die Haut des aufgehobenen Hodensacks vor sich hertreibend, leicht hinter die innere Oeffnung desselben gelangen konnte. Der Patient erhielt Opium und in der Coecalgegend wurden Blutegel applicirt. Am folgenden Tage ging es etwas besser, das Erbrechen hatte aufgehört, Patient einige Stunden Schlaf gehabt. Den dritten Tag stellte sich wieder grosse Unruhe und heftiger Leibschmerz ein; der Unterleib war sehr aufgetrieben, der Percussionston rechterseits vom Poupart'schen Bande bis zum Nabel völlig leer. Die Empfindlichkeit des Unterleibs war jetzt auf der linken Seite grösser, als auf der rechten. In der Nacht des vierten Tags stellte sich ein fester Stuhlgang ein, dem mehrere Ruhrstühle mit Flatus folgten. Den fünften Tag wurde der Puls klein, der Athem schnell, es kam zu häufigem Erbrechen einer kothigen Flüssigkeit, der Patient collabirte. Den sechsten Tag trat Schüttelfrost auf und der Kranke starb bei vollem Bewusstsein. Die Erscheinungen, welche am Patienten beobachtet worden waren, konnten sowohl als Zeichen fortdauernder Abschnürung, als auch als Zeichen einer Peritonitis angesehen werden. Die Section ergab Folgendes: Der Bruchsack enthielt den unteren Theil des Netzes, welches in Längenfalten gelegt bis zum Grunde des Bruchsacks, der über dem

Hoden geschlossen war, herabreichte. Das Netz war gesund, liess sich leicht ausbreiten und zu einem Beutel aufblasen; nach oben war das Netz an der Stelle des Bruchsackhalses, die dem äusseren Schenkel des inneren Leistenrings entsprach, mit seinem Rande 1'' weit so fest angewachsen, dass man die Uebergangsstelle in das Bauchfell nicht wahrnehmen konnte, von da zog sich das Netz zum inneren Rande der Bruchpforte und war von hier an bis zur Symphyse mittelst frischen Exsudats an das Bauchfell geklebt. Weiter nach oben war das Netz von sehr ausgedehnten, gerötheten, glanzlosen, nicht mit einander verklebten Schlingen des Dünndarms, die sich von rechts nach links über dasselbe herüberschlugen, vollkommen bedeckt. Am rechten Rande des Netzes und zum Theil von diesem bedeckt lag das sehr ausgedehnte Coecum, welches fast bis an die Bruchpforte herabreichte. Nachdem die verdickte, geröthete und verklebte Stelle des Netzes vom inneren Schenkel des Leistenrings zur Symphyse durchgeschnitten und zurückgeschlagen worden war, zeigte sich, dass eine kleine Ileumschlinge sich in eine Tasche des Bauchfells gesenkt hatte. Die Schlinge sah dunkel, war am Halse eingeschnürt und mit dem Netze verklebt. Die Tasche war dadurch gebildet, dass das Bauchfell, bevor es als Bruchsack in die innere Oeffnung des Leistencanals trat, sich ausstülpte. Die äussere Fläche der Tasche war mit der Beckenfascie innig verwachsen. Die Entstehung dieser Tasche ist nach Verfasser vielleicht so zu erklären, dass das mit dem Bruchsacke verwachsene Netz das Bauchfell zu einer Falte auszog.

Eigne Beobachtung. Im September des Jahres 1861 wurde ich zu einem 73jährigen Manne zur Consultation geholt, der schon sieben Tage an Leibschmerzen und Erbrechen litt und bei welchem der behandelnde Arzt eine innere Darmeinklemmung voraussetzte. Der Patient befand sich bereits in collabirtem Zustande, die Gesichtszüge waren entstellt, der Puls klein, schnell, kaum fühlbar, der Athem kurz. Der Patient hatte eine trockne, reibeisenartige, rissige Zunge, fortwährendes Aufstossen und Erbrechen fäcal riechender Flüssigkeit. Der Unterleib war enorm trommelartig aufgetrieben, beim Druck nicht schmerzhaft. Patient gab an, dass er zwei Leistenbrüche habe, von welchen er nur den rechten, der schon seit Jahren bestand, bei Tage durch ein Bruchband zurückzuhalten pflegte. Der rechte Bruch war, wenn er vorgefallen war, stets, wenn auch einigemal mit Mühe, von dem Patienten zurückgebracht worden. Bei der Untersuchung der Bruchgegend fand ich linkerseits einen kleinen Leistenbruch, der sich leicht reponiren liess; rechterseits war nicht die Spur eines Bruchs zu entdecken, der Hodensack liess sich in den Leistencanal stülpen und die Fingerspitze drang durch diesen durch ohne ein Hinderniss zu fühlen. Im Hodensacke erkannte man deutlich einen leeren Bruchsack. Die Betastung der Leistengegend fiel nicht schmerzhaft, Patient hatte auch im rechten Bruch keine Schmerzen empfunden. Nach einem Diätfehler waren Kolikschmerzen und Erbrechen aufgetreten, der rechte Bruch, der dabei vorgefallen war, wurde vom Patienten sofort reponirt und blieb auch zurück. Trotz vielfacher Mittel war die Constipation hartnäckig. Obgleich ich vermuthete, dass in diesem Falle die Einklemmungserscheinungen mit dem Bruche rechterseits zusammenhängen möchten, so konnte doch von einer exploratorischen Operation bei dem Zustande des Patienten, dessen Auflösung bald zu erwarten stand, nicht die Rede sein. Patient erhielt starke Gaben Opium; er starb 36 Stunden später, am neunten Tage nach dem Beginn der Zufälle. Section. Bei Eröffnung des Hodensacks zeigte sich linkerseits ein Bruchsack, der eine Darmschlinge enthielt, die sich leicht zurückbringen liess; rechterseits war der Bruchsack grösser, aber leer, und nach Spaltung desselben konnte der Zeigefinger durch den Leistencanal geführt werden, der etwas erweitert war, und stiess nach hinten mit der Spitze auf eine Darmschlinge. Nach Eröffnung der Bauchhöhle drängten sich die rosig aussehenden, enorm von Gas ausgedehnten Dünndärme hervor. Der Dickdarm war zusammengezogen und zurückgedrängt. Bei Entwicklung des Dünndarms zeigte es sich, dass nach unten in der Gegend neben dem Psoas der Darm durch eine Oeffnung trat und hier festgehalten wurde. Jetzt wurde der rechte Leistencanal gespalten, der Bruchsack weiter eröffnet und verfolgt. Es zeigte sich, dass der Bruchsack über dem inneren Leistenringe sich zu einem geräumigen Beutel ausdehnte, der auf dem Schambeine lag und sich bis zur Blase hin erstreckte, mit deren oberer und vorderer Wand er innig verwachsen war. Diese Bauchfellausstülpung maass im queren Durchmesser 3″, im Durchmesser von vorn nach hinten 2″. Das Bauchfell war nach vorn abgehoben, der Beutel lag zwischen Bauchfell und *Fascia transversa*. Die Oeffnung dieser Ausstülpung befand sich nach hinten und oben etwa 1″ über dem inneren Leistenring am inneren Rande des Psoas. Diese Oeffnung wurde vom Bruchsackhalse gebildet, der ziemlich verdickt, 2″ breit war und den Umfang eines Fünfgroschenstücks haben mochte. Die ringförmige Oeffnung verursachte keine bedeutende Einschnürung, man konnte die Fingerspitze neben dem Darme einbringen. Innerhalb der Ausstülpung lag eine 4″ lange Dünndarmschlinge vom Ileum, etwa 12″ über der Einmündung in das Coecum. Die Darmschlinge sah fast schwarz, war glanzlos, zeigte aber noch ziemliche Resistenz. Eine Einklemmungsrinne war nur an der dem inneren Rande des Bruchsackhalses entsprechenden Stelle der Darmschlinge zu bemerken. In der Ausstülpung befand sich trübes, flockiges Serum; die innere Fläche des ausgestülpten Sacks war mit Exsudat bedeckt. —

Hilton (*Thomas Bryant, Guy's Hosp. Rep. 3. Ser. VII. 1861*) operirte einen 24jährigen Mann nach siebentägiger Einklemmung, bei welchem Taxis den angeborenen, linkseitigen Leistenbruch zum Verschwinden gebracht hatte, ohne dass die Einklemmungserscheinungen dadurch zum Nachlassen gebracht worden waren. Es wurde bei der Operation im Scrotum und Leistencanale ein Bruchsack gefunden, der nur eine kleine Partie etwas entzündetes Netz enthielt; nach oben gelangte der Finger in eine Höhle, die eingeschnitten wurde und aus welcher incarcerirt gewesener Darm hervorgezogen und dann reponirt wurde. Der Kranke starb. Die Section zeigte einen Bruchsack, der auf dem Iliacus fest lag und mit dem Bruchsacke im Scrotum zusammenhing; der Hode lag an der hinteren Wand des Leistencanals.

John Birkett (*Intraparietalhernien, Guy's Hosp. Rep. 3 Ser. VII. 1861 p. 270*). Ein 36jähriger muskelkräftiger Mann wurde im Februar 1861 im Zustande des Collapsus in das Guy's Hospital gebracht und starb nach 18 Stunden. Der Patient hatte angegeben, dass er vor 15 Jahren nach einer heftigen Körperanstrengung auf der rechten Seite einen Bruch von der Grösse einer Faust bekommen habe, der bis in den Hodensack sich erstreckt hätte; der Hode im rechten Scrotum habe stets gefehlt. Der Bruch sei reponirt und stets im Bruchband getragen worden. Der Patient hatte schon seit langer Zeit eine Anschwellung in der Bauchwand über der Leistengegend wahrgenommen. Drei Tage vor der Aufnahme hatte Patient Uebelkeiten bekommen, er hatte Abführmittel genommen, allein sein Zustand war schlechter geworden, auch war der Bruch wieder in das Scrotum getreten. Ein Arzt hatte den Bruch zurückgebracht, allein die Einklemmungserscheinungen hatten sich dessenungeachtet gesteigert, der Bruch war auch wieder vorgefallen. Bei der Untersuchung fand man einen faustgrossen Scrotalbruch mit schmalem, schief laufendem Halse; über dem Poupart'schen Bande zog sich nach der *Crista ilei* eine zwei Fäuste grosse Geschwulst, die mit dem Bruchsackhalse des Scrotalbruchs zusammenhing. Nach zwei Stunden lang applicirten Eisumschlägen wich die Scrotalgeschwulst von selbst zurück. der Patient starb aber bald nachher. — Autopsie. Peritonitis. Der Bruchsack im Scrotum war leer; der Hode lag an der hinteren Seite des Leistencanals dicht über dem vorderen Leistenringe; der Bruchsack wurde von der offen gebliebenen Scheidenhaut gebildet. In der Bauchwand nach der *Crista ilei* hin lag ein Bruchsack, welcher mehrere Darmschlingen enthielt; die Schlingen liessen sich leicht in den Scrotalbruchsack bringen, der eine Verlängerung des intraparietalen Bruchsacks bildete; die gemeinschaftliche Oeffnung beider Bruchsäcke am hinteren Leistenringe war sehr geräumig; eine Einklemmung schien nicht stattgefunden zu haben, wohl aber war ein Theil des Dünndarms contrahirt und der ganze Dünndarm im Bruchsacke schien eine Drehung erlitten zu haben. —

Den merkwürdigsten Fall dieser Art hat G. Lehmann (*Varges' Zeitschr. N. F. I. 1. p. 12. 1862*) ausführlich beschrieben.

Ein 45jähriger Arbeiter in einem Kohlenwerke hatte schon in der Jugend eine rechtseitige Leistengeschwulst bemerkt, die bald grösser, bald kleiner wurde und in der Nacht verschwand. Die Geschwulst vergrösserte sich nach und nach, senkte sich zuweilen in den Hodensack. Der Patient trug ein Bruchband, allein nur bei der Arbeit. Die häufig vorfallende Geschwulst liess sich bald leichter, bald schwerer zurückbringen. Bemerkenswerth war es, dass selbst nach leichter Reposition der Patient immer eine unangenehme Spannung über der rechten Leistengegend verspürte, dass er durchaus keine blähenden Speisen essen durfte, wenn er nicht Schmerzen ebendaselbst sich zuziehen wollte. Dabei litt Patient theils an Verstopfung, theils an Diarrhöe. Den 3. October 1861 wurde Patient von heftigen Leibschmerzen mit Erbrechen befallen. Der hinzugerufene Arzt fand den Leib mässig tympanitisch aufgetrieben, gespannt und schmerzhaft. Der Bruch war nicht vorgetreten, der Leistencanal frei, so dass die Fingerspitze bis zum hinteren Leistenringe gebracht werden konnte. Am folgenden Tage fand der Arzt den Bruch vorliegend, derselbe liess sich leicht reponiren, allein die Einklemmungserscheinungen dauerten fort. Verfasser 54 Stunden nach Beginn der Zufälle zur Consultation gerufen, fand den Patienten mit verfallenen Gesichtszügen, kleinem fadenförmigen Pulse u. s. w. Der Unterleib war rechts über der Leistengegend gespannt und sehr empfindlich, doch liess sich keine Geschwulst fühlen; beim Husten trat ein hühnereigrosser Bruch aus dem Leistencanale, der sich jedoch leicht zurückbringen liess. Verfasser schwankte mit der Diagnose, ob eine innere Einklemmung, ein *Volvulus* vorliege, oder ob eine Massenreduction stattgefunden habe, in jedem Falle stimmte er für die Operation. Dieselbe wurde auch sofort unternommen, nachdem man den Patienten den Bruch hatte vorpressen lassen. Nach Bloslegung des Bruchsacks und Einschneidung desselben sprang ein Strahl trüber, seröser und geruchloser Flüssigkeit vor und der Bruchsack collabirte. Nach völliger Eröffnung des Bruchsacks zeigte sich derselbe leer; der Bruchcanal war so weit, dass man bequem mit dem Finger eingehen konnte, gross war demnach das Erstaunen, dass die Spitze des eingeführten Fingers nirgende auf ein Hinderniss stiess; wie tief und nach welcher Gegend hin man mit dem Finger vordrang, überall fühlte man die Glätte der Bauchhaut, überall bewegte sich der Finger zwischen beweglichen und verschiebbaren Darmschlingen herum. Der Versuch, den Bruchsack weiter vorzuziehen, misslang, da stürzte bei nochmaliger Untersuchung nach dem Herausziehen des Fingers eine stinkende trübe Flüssigkeit hervor, so dass Perforation einer inneren Einklemmung angenommen werden musste. Die Operation wurde geschlossen, der Bruchcanal für den Abfluss der Brandjauche und des Kothes offen gehalten. Der Tod durch verbreitete Bauchfellentzündung musste bald erwartet werden, allein es dauerte noch $4\frac{1}{2}$ Tag, ehe derselbe eintrat. — Die Section zeigte keine Peritonitis; hinter der Inguinalgegend wölbte sich ein grosser, halbkugliger Sack blasenförmig in die Bauchhöhle, der sich prall anfühlte, sich $2\frac{1}{2}''$ über dem Poupart'schen Bande vom Blasenscheitel bis zum Coecum und tief in die Bauchhöhle erstreckte und nach allen Richtungen hin durchschnittlich 6" im Durchmesser hatte. Der Sack besass nach oben und hinten ein rundes, $^1/_2$" im Durchmesser haltendes Loch mit scharfer, ringförmiger, fibröser Kante. Durch das Loch war $^3/_4$ Elle Ileum mit dem Wurmfortsatze durchgetreten und füllte den Sack aus. Die Einklemmung war fest, der Darm sah sehr dunkel aus, die Serosa war hier und da abgelöst, so dass die Muscularis bloslag; zur Perforation war es nirgends gekommen. Der Sack lief nach unten in den Bruchsack aus, die Oeffnung im Sacke lag so hoch, dass sie eben so wenig wie die Seitenwände vom Leistencanale aus mit dem Finger erreicht werden konnte; nur nach dem Herausziehen der Därme collabirte der Sack und die Oeffnung rückte nach unten. Der Sack innerhalb der Bauchhöhle hatte das Peritonäum zurückgedrängt, abgehoben und bildete eine sehr geräumige Tasche vor dem zurückgedrängten Bauchfelle; die Oeffnung der Tasche nach oben und hinten zeigte Bauchfellduplicatur, — einen zum fibrösen Ringe gestalteten Bruchsackhals. Der Leistenbruch war mit seinem Inhalte continuirlich zurückgedrängt worden und hatte auf diese Weise allmälig die umfängliche Tasche gebildet. Die seit Jahren eingeleitete Einklemmung war durch Eintreten von etwas mehr Darm in den Sack endlich verwirklicht worden. —

Die vorstehenden 14 Fälle beziehen sich auf 12 Scrotalhernien und 2 Schenkelhernien. Die betreffenden Individuen hatten nur in 3 Fällen ein Alter von 24 und 25 Jahren, in den anderen Fällen waren sie dem vierzigsten Jahre nahe, oder hatten dasselbe überschritten, 1 Individuum hatte bereits das 73. Jahr zurückgelegt. In 8 Fällen waren die Brüche erworben, in 6 Fällen angeboren. In 11 Fällen enthielten die Brüche blos Darm, in 3 Fellen Netz und Darm. Die Brüche hatten meist ein ziemliches Volumen, waren oft vorgefallen, hatten sich auch in einigen Fällen mehrmals eingeklemmt. In mehreren Fällen fanden wir notirt, dass die Brüche, die früher beim Vorfallen sich hatten leicht reponiren lassen, in den letzteren Jahren nur mit Mühe zurückgebracht worden waren. In 3 Fällen war die Einklemmung subacut, in den anderen Fällen chronisch. In 6 Fällen war der vorgefallene und eingeklemmte Bruch anscheinend vollständig durch die Taxis zurückgebracht worden, in 3 Fällen nur unvollständig; in 4 Fällen hatten die Patienten selbst die Taxis erreicht und in 2 Fällen waren sie dabei gewaltsam verfahren. In 3 Fällen hatten die Hernien allen Taxisversuchen wiederstanden, in 3 Fällen hatte gar keine Taxis stattgefunden. In 11 Fällen war operirt worden, und da man dem Sitze der Einklemmung in allen diesen Fällen nicht beigekommen war, verliefen sie tödlich und das Einklemmungsverhältniss wurde erst durch die Section klar. In 3 Fällen, wo nicht operirt worden war, hatte einmal der Mangel alles diagnostischen Anhalts und der dem Tode nahe Zustand des Patienten, einmal die entzündliche Beschaffenheit des Bruchsacks und einmal der der Bauchfellentzündung, die nicht vom Bruche abhängig schien, ähnelnde Zustand des Patienten von der Operation abgehalten.

Diese Art der Scheinreduction muss um so mehr unsere Aufmerksamkeit auf sich ziehen, weil nicht nur alle Fälle, die von derselben bekannt geworden, tödtlich abgelaufen sind, sondern auch weil in den Fällen, wo operativ eingegriffen worden war, Täuschungen über den Sitz der Einklemmung fortbestanden, so dass die Lösung der Einklemmung verabsäumt und der Operationszweck gar nicht erreicht wurde. Aus den in allen 14 Fällen gemachten Sectionen, die meist ziemlich genau sind, ersehen wir die existirenden pathologisch-anatomischen Verhältnisse und begreifen, wie diese selbst bei der Operation Irrthum veranlassen konnten; wir erhalten dadurch Aufschlüsse über den Mechanismus der Bildung und Einklemmung bei diesen bemerkenswerthen Bruchformen und gewinnen auch einige Haltepunkte bezüglich der operativen Behandlung, die uns künftighin in analogen Fällen vor Täuschungen zu wahren wohl im Stande sind.

In allen Fällen wurde ein geräumiger Bruchsack mit 2 Abtheilungen gefunden, der mit der einen Abtheilung im Leistencanale und Scrotum, mit der anderen Abtheilung hinter dem inneren Leistenringe lag; bald war die Bruchsackabtheilung im Leistencanale und Scrotum grösser, als die hinter dem inneren Leistenringe, bald waren die Abtheilungen gleich gross, oder die Abtheilung hinter dem inneren Leistenringe war voluminöser. Die hinter dem inneren Leistenringe befindliche Bruchsackabtheilung war stets, sie mochte klein oder gross sein, mit dem Bauchfelle, unter oder vor welchem sie lag, fest verwachsen, während die Bruchsackabtheilung im Leistencanale und Scrotum bald lockerere, bald festere Adhärenzen mit der Umgebung zeigte. Die festverwachsene Bruchsackabtheilung hinter dem inneren Leistenringe lag in der Mehrzahl der Fälle nach der Harnblase hin gerichtet, oder sie lag in der *Fossa iliaca,* oder sie zog sich an der vorderen Bauchwand nach der *Spina iliaca anterior* hin. Der Bruchsackhals, der zu beiden Bruchsackabtheilungen führte, befand sich constant über dem inneren Leistenringe. In einigen Fällen bildete er den höchsten Punkt der Bruchgeschwulst, lag ziemlich weit entfernt vom inneren Leistenringe, und dann hatte der Bruchsack Stundenglasform; in anderen lag der Bruchsackhals nur etwas über oder hinter dem inneren Leistenringe, führte aufwärts zu der inneren, abwärts zu der unteren Bruchsackabtheilung und der Bruchsack glich dann einem Quer- oder Zwerchsacke. Auch in den 2 Fällen von Schenkelhernien war Zwerchsackform des Bruchsacks vorhanden, der kleine Theil des Bruchsacks lag unter dem Bruchsackhalse. In noch anderen Fällen endlich befand sich der Bruchsackhals ganz nahe am inneren Leistenringe und die nur kleine innere Abtheilung des Bruchsacks ging dicht unter dem Bruchsackhalse, zwischen diesem und dem inneren Leistenringe ab, so dass sie einem kleinen, an einem grossen anhängenden Beutel glich. Der Bruchsackhals war meist ziemlich weit, bildete einigemal einen scharfen Rand, gewöhnlich aber einen wulstigen, narbigen Ring. In

2 Fällen, wo die innere Bruchsackabtheilung klein war und dicht hinter dem Leistenringe und vor dem Bruchsackhalse abging, hatte sich an der Oeffnung der beutelförmigen Ausstülpung eine halsartige Narbencontraction gebildet. In der Mehrzahl der Fälle füllten die Bruchcontenta die Bruchsackabtheilungen nicht aus, dieselben konnten mehr Contenta beherbergen, als in ihnen gefunden wurden. Bei angeborenen Brüchen bildete die offengebliebene Scheidenhaut die Bruchsackabtheilungen, der Hode lag dabei verkümmert im Leistencanale oder hinter demselben. Der Leistencanal zeigte sich gewöhnlich erweitert, selten verkürzt, einigemal verlängert.

Fragen wir nun nach der Bildung der Bruchsackabtheilungen hinter dem inneren Leistenringe und der Schenkelgefässscheide, so kommen diese auf folgende Weisen zu Stande. Nachdem sich der Bruchsackhals in der Gegend des inneren Leistenrings organisirt, d. h. narbig contrahirt hat, wird derselbe beim Vorfallen der Därme durch unzweckmässigen Druck des Patienten auf die ganze Bruchgeschwulst zurückgedrängt, erhebt das Bauchfell, löst es ab, und wenn der Druck fortgesetzt oder oft wiederholt wird, stülpt er endlich nach der Richtung des Drucks einen Theil des Bruchsacks unterhalb des Bruchsackhalses vor oder unter dem Bauchfelle aus. Im Anfange mag diese Bauchfellausstülpung nicht bleibend sein, später aber, wenn sie oft bewirkt worden ist, wird sie beständig, verbleibt mit dem Bauchfelle in Berührung und verwächst mit demselben. Löst sich beim Zurückdrängen des Bruchsackhalses das Bauchfell in weiter Umgebung vom inneren Leistenringe los, so rückt der Bruchsackhals nach hinten und etwas nach auswärts, die Bruchsackausstülpung breitet sich pilzartig aus, und fortgesetzter Druck, unterstützt durch ein schlechtes Bruchband kann die Ausstülpung allmälig so ausdehnen, dass sie wie im Falle Lehmann's eine geräumige, $^3/_4$ Elle Darm fassende Tasche bildet, deren hintere mit dem zurückgedrängten Bauchfell verwachsene Wand diaphragmaähnlich den hypogastrischen Abschnitt des Bauchs in der Bauchhöhle trennt. Wird der Bruchsackhals durch Adhärenzen, die sich nur bis zu einem gewissen Grade dehnen lassen, in der Nähe des inneren Leistenrings gehalten, wirkt der fortgesetzte Druck nur auf die Contenta nach einer Seite hin, so bleibt der Bruchsackhals in der Nähe des inneren Leistenrings, aber die eine Bruchsackwand wird dicht unterhalb des Halses nach aussen, nach hinten oder nach innen ausgestülpt, so dass dann jene oben gedachte Zwerchsackform herauskommt. In einzelnen Fällen, wo der Bruchsackhals ziemlich fest dem inneren Leistenringe anhängt, ereignet es sich zuweilen, dass nur eine kleine Bruchsackausstülpung, und zwar wohl meist nach innen, nach der Harnblase zu, durch wiederholten Druck erzeugt wird. Begünstigend auf die Ausbildung der Bruchsackausstülpung kann auch das Tragen eines schlechten Bruchbandes einwirken. Die Bruchsackausstülpung wird aber auch ohne Druck von aussen, durch Bildungshemmung beim *Descensus testiculi* sich zu bilden im Stande sein. Wenn der Hode am inneren Leistenringe oder im Leistencanale liegen bleibt, so werden in die offengebliebene Scheidenhaut eindringende Därme diese seitlich über dem inneren Leistenringe und auch nach abwärts ausdehnen können. Den Bruchsackhals stellt in solchen Fällen der Theil der Scheidenhaut dar, der über dem Hoden sich etwas zu contrahiren begonnen hat. Manchmal wird der Bruchsack hinter dem inneren Leistenringe zuerst ausgestülpt und der Bruchsack im Leistencanale erst später gebildet; oder der Bruchsack im Leistencanale entsteht zuerst, da aber der Hode im Canale ein weiteres Vordrängen der Därme nicht gestattet, stülpt sich nun die Scheidenhaut hinter dem inneren Leistenringe seitlich nach der einen oder andern Richtung hin aus, bis endlich bei verkümmertem Hoden auch der Bruchsack im Leistencanale weiter vorwärts getrieben wird.

Tessier macht in der Beschreibung des Sanson'schen Falles noch auf eine Entstehungsweise aufmerksam, deren Möglichkeit allerdings nicht wohl bezweifelt werden kann; nach ihm stellt der unter dem Bauchfelle liegende Beutel mit brandigem Darm einen alten Bruchsack dar, der früher im Schenkelcanale lag und zurückgedrängt worden war; durch späteren Andrang der Baucheingeweide wurde dann das Bauchfell an der Oeffnung des Bruchsacks aufs neue zum Bruchsack ausgestülpt, und so erhielt der Bruch ebenfalls die Zwerchsackform. Durch Cloquet's Experimente ist genügend dargethan, dass ein Bruchsack bei lockerem Anheften durch den Bruchcanal zurückgeschoben werden kann, dennoch wird dieser Mechanismus gewiss seltner in Betracht kommen.

Betrachten wir das Ereigniss der Scheinreduction bei diesen Hernien, so wird diese vorerst oft dadurch bewirkt, dass der Patient oder Arzt den Inhalt der in dem Leistencanale und Hodensacke befindlichen Bruchsackabtheilung statt in die Bauchhöhle in die hinter dem inneren Leistenringe liegende Bruchsackabtheilung zurückbringt. Wenn die Därme vorfallen, so fallen sie bei Zwerchsackform des Bruchsacks meist in die untere Bruchsackabtheilung; hat der Bruchsack Stundenglasform und ist er leer, so liegt der Bruchsackhals dem inneren Leistenringe so nahe, dass ebenfalls beim Vorfallen der Därme diese in die untere Bruchsackabtheilung dringen und beim Zurückdrücken wie bei der Zwerchsackform, sobald die Därme im Bruchsackhalse nur einigermaassen Bewegung erleiden, in die obere Bruchsackabtheilung dislocirt werden. Da der Bruchsackhals ziemlich geräumig zu sein pflegt, so ereignet sich selten eine wirkliche Festklemmung an demselben, der Inhalt der unteren Bruchsackabtheilung wird vielemal in die obere Bruchsackabtheilung reponirt, ohne dass Einklemmungssymptome auftreten. Wenn aber einmal mehr Därme vorgefallen sind, sich aufgebläht haben und mit Gewalt in die obere Bruchsackabtheilung gedrängt worden sind, oder bei der Zurückdrängung eine stärkere Knickung erfahren haben, so entwickeln sich dann nach der Zurückdrängung die Symptome der Einklemmung. Wird nun in solchen Fällen operirt, der Bruchsack im Hodensacke eröffnet und der Finger eingeführt, so fühlt die Spitze des Fingers die in der oberen Bruchsackabtheilung liegenden Därme, ohne an die Bruchsackwandungen zu gelangen, ohne den Bruchsackhals zu erreichen, oder die Fingerspitze gleitet neben dem Bruchsackhalse in die obere Ausstülpung, in beiden Fällen wird der Operateur verleitet, anzunehmen, er sei mit dem Finger in der Bauchhöhle gewesen, er habe hier alles in Ordnung gefunden und die Symptome der Brucheinklemmung seien auf eine innere Einklemmung, die nicht zu erreichen, vielleicht auch nicht zu beseitigen, oder auf vorhandene Bauchfellentzündung zu beziehen; die Operation wird geschlossen. In anderen Fällen, und namentlich wenn die obere Bruchsackabtheilung klein ist, kann es sich auch zutragen, dass eine kleine Darmschlinge zuerst in die obere Tasche geräth und erst später mehr Darm vorfällt und in die untere Bruchsackabtheilung gelangt. Wird hier die Taxis vorgenommen, so werden dadurch die Contenta der unteren Bruchsackabtheilung in die Bauchhöhle reponirt, während die kleine Darmschlinge in der oberen Tasche zurückbleibt. Bei der Operation dringt der Finger durch den geräumigen Bruchsackhals in die Bauchhöhle, ohne die Seitentasche und die in sie eintretende Darmschlinge zu fühlen, und das Uebersehen ist noch um so leichter, wenn am Bruchsacke angewachsenes Netz, oder der hinten im Canale oder hinter dem inneren Leistenringe liegende Hode den Eingang zur oberen Tasche verdeckt und maskirt. Stammte die Dünndarmpartie, die später in den unteren Sack fiel, von höher über der *Valvula Bauhini* gelegenem Dünndarm ab, als die vorher in die obere kleine Tasche eingetretene Dünndarmschlinge, und bildete die Mündung der oberen Tasche unter dem Bruchsackhalse eine narbige, bruchsackhalsartige Contraction, so kann eine doppelte Einklemmung auftreten. Die primäre Einklemmung sitzt dann in der Mündung der oberen Tasche unter dem Bruchsackhalse, die secundäre Einklemmung im Bruchsackhalse. Greift der Chirurg nach dem Messer, so wird er nach Eröffnung des Bruchsacks mit dem Finger zum Bruchsackhals dringen, hier die Einklemmung fühlen, den Bruchsackhals einkerben, die Därme reponiren, ohne die Stelle der primären Einklemmung zu entdecken. Dieses letztere Verhältniss scheint in dem einen eine Schenkelhernie betreffenden Falle vorhanden gewesen zu sein.

Die *Symptome* dieser Brüche bieten bei auftretender Einklemmung nichts Characteristisches. Der Chirurg hat selten Gelegenheit, den vorliegenden Bruch zu reponiren, da die Reposition gewöhnlich schon von dem Patienten verrichtet ist, oder es gelingt ihm leicht, den Bruch zurückzubringen, oder der Bruch widersteht den Taxisversuchen. Ist der Bruch zurückgedrängt worden, so wird die untere Bruchsackabtheilung im Hodensacke als ein leerer oder mit Serum erfüllter Sack gefühlt, allein die obere Bruchsackabtheilung mit den dislocirten Contentis lässt sich nur selten in der vorderen Bauchwand (Birkett) und in der *Fossa iliaca* als Geschwulst nachweisen. Wenn der Leistencanal meist erweitert ist, so dass man die Scrotalhaut mit dem Finger einstülpen kann, so fühlt man doch keine elastische und beim Husten des Patienten sich vordrängende Geschwulst. Bei angeborenen Brüchen dieser Art wird der Hode im Scrotum vermisst, zuweilen im Leistencanale gefühlt. Der örtliche Schmerz in der Unterbauchgegend ist nicht immer vorhanden oder so scharf ausgeprägt, dass er ein Symptom von Belang abgeben könnte.

Die *Diagnose* ist vor der Operation selten möglich, bei der Operation meist noch schwer genug. Die langsam und allmälig sich steigernden Symptome der Einklemmung nach Reposition und Taxis lassen es oftmals in Zweifel, ob diese Symptome mit dem vorhandenen Bruche in Zusammenhang stehen. Von Wichtigkeit ist zuweilen die Anamnese; wenn wir erfahren, dass der Patient seit langer Zeit einen Bruch hat, der beim Vorfallen früher leicht, später aber schwerer zurückgebracht werden konnte, nach dessen Zurückbringung der Patient oft noch stundenlang, ja selbst tagelang Schmerzen und Druckbeschwerden empfand, so ist es uns erlaubt an eine geräumige Ausstülpung des Bruchsacks hinter dem inneren Leistenringe zu denken. Ebenso können wir, wenn wir den Hoden im Hodensacke vermissen, gleichfalls unter jenen Ursachen, welche die Einklemmungssymptome veranlassen, das Bestehen einer Ausstülpung der Scheidenhaut hinter dem inneren Leistenringe vermuthen. Fühlen wir eine umschriebene Geschwulst in der vorderen Bauchwand, in der *Fossa iliaca*, so können wir ebenso incomplete Massenreduction wie Bruchsackausstülpung vor uns haben, und nur der Nachweis der mit dem Bauchfell verwachsenen Bruchsackausstülpung würde die Diagnose feststellen. Bemerken wir bei der Reposition und Taxis der fraglichen Brüche, dass der Darminhalt derselben leichter oder schwerer, aber ohne gurrendes Geräusch zurückweicht, so können wir folgern, dass wir die Därme ohne Hebung der Einklemmung zurückgebracht haben und den Sitz der Einklemmung an verschiedenen Orten suchen.

Behandlung. — Sind die Bruchcontenta schon vom Patienten reponirt worden und fühlen wir blos den leeren Bruchsack im Hodensacke, so können wir vorerst versuchen, ob der Bruch beim Pressen, Schneuzen oder Husten des Patienten wieder vorfällt. Wird der Bruch wieder vorgetrieben, so werden wir ihn abermals, aber jetzt durch einen rationellen, möglichst hoch oben angebrachten Druck zurückzubringen suchen. Es kann sich wohl ereignen, dass mit dem Wiedervorfallen der Contenta der Patient Erleichterung fühlt und dass bei einer vorsichtig ausgeführten Taxis ein Zurücktritt der Därme in die Bauchhöhle stattfindet. Treten die Bruchcontenta bei Husten- und Pressbewegungen nicht wieder vor, oder weichen die vorliegenden Darmcontenta ohne gurrendes Geräusch zurück, dauern die Einklemmungssymptome fort oder steigern sich, so wird zur Herniotomie geschritten. Wenn Pelletan seine oben referirte Beobachtung damit geschlossen hat, dass er sagt: es hätte ein derartiges Verhältniss (Bruchsackausstülpung mit Darm über dem Schambeine) bei der Operation weder gefunden noch geahnt werden können, so hat er insofern Recht, als eben nur das einzige und überdies noch sehr kurz beschriebene Beispiel Arnaud's bis dahin bekannt geworden war. Da aber zur Zeit eine Reihe von Beispielen vorliegt und in dieser Reihe, die gewiss weit grösser geworden wäre, wenn wir alle hierher gehörigen Fälle aufgefunden hätten, durch Sectionen die Täuschungen die bei der Operation stattgefunden haben, enthüllt worden sind, so hegen wir die Ansicht, dass wir künftighin unter Umständen an jene Bruchsackausstülpungen denken und Maassregeln ergreifen müssen, um sie unseren Fingern zugängig zu machen. Wenn nach der Reposition vorgefallener, oder nach der Taxis eingeklemmter Brüche Einklemmungserscheinungen auftreten und sich steigern, so sind wir berechtigt, diese Erscheinungen mit den vorhandenen Hernien in Beziehung zu bringen und die Einklemmungsverhältnisse aufzusuchen. Lässt die Untersuchung nur einen leeren Bruchsack, einen erweiterten Bruchcanal erkennen, so müssen wir die Einklemmung höher oben voraussetzen, müssen mit dem Messer uns den Weg bahnen, eine explorative Herniotomie unternehmen und sorgsam fortschreitend und die oben erwähnten Einklemmungsverhältnisse vor Augen habend, nach dem Sitze der Einklemmung suchen. Stossen wir nach Bloslegung des vorderen Leistenrings auf einen leeren Bruchsack und fliesst nach Eröffnung desselben blutiges Serum aus, so werden wir uns nach Dupuytren noch mehr überzeugt halten, dass eine Darmeinklemmung bestehe. In den eröffneten Bruchsack wird der Finger eingebracht und durch den Leistencanal geführt. Hat die Fingerspitze den inneren Leistenring passirt, so wird dieselbe in der Umgegend des Rings herumgeführt, ob sie hier eine Sackwandung oder eine fibröse Oeffnung findet. Ist der Leistencanal zu lang, um die Durchführung des Fingers zu gestatten, so wird die vordere Wand desselben eingeschnitten, der Bruchsack weiter gespalten. Die Fingerspitze wird namentlich auch nach innen und nach hinten gerichtet. Entdeckt die Fingerspitze keine fibröse Oeffnung oder Sackwandung, fühlt sie nur bewegliche Darmschlingen, so wird nun der Darm vorgezogen, der durch congestive Schwellung und Röthung zur weiteren Exploration auffordert. Hat man den Darm, so weit er sich ohne Gewalt vorziehen lässt, nach aussen gebracht, so führt man an demselben den Finger wieder ein, so weit man kann, erweitert nöthigenfalls die Operationswunde, um gehörig eindringen zu können. Lag der Bruchsackhals weit nach aussen oder nach hinten, so wird derselbe jetzt mit der Fingerspitze erreicht werden, lag er dicht hinter und über dem Leistenringe, so dass die Fingerspitze an ihm vorbeiglitt, so wird er jetzt, eben so wie die Wandung der oberen Bruchsackabtheilung, gefühlt werden. Finden wir nun einen engen Bruchsackhals, so erweitern wir ihn, ist er weit genug, so schreiten wir sofort zur Reposition der Därme. Das Vorziehen der Därme ist auch dadurch noch von Nutzen, dass in dem Falle einer Verdrehung der Därme in der oberen Bruchsackausstülpung, wie im Falle von Birkett, diese dadurch gelöst werden kann. Fehlt der Hode im Hodensacke, so müssen wir uns zu diesem im Leistencanale oder hinter dem inneren Leistenringe den Weg bahnen, weil wir eben aus mehreren der oben referirten Beispiele wissen, dass die Scheidenhaut desselben zu kleineren oder grösseren Bruchsackausstülpungen hinter dem inneren Leistenringe ausgedehnt werden kann, und wir müssen namentlich nach hinten und innen sorgfältig nach derartigen Ausstülpungen suchen. Im Falle von Textor sen. war die Bruchpforte weit, und dennoch liess sich der Darm nicht reponiren, weil neben dem verkümmerten Hoden hinter dem inneren Leistenringe eine mit dem Bruchsacke zusammenhängende kleine Tasche bestand, in welcher eine Darmschlinge eingeklemmt lag; wenn hier bei der Herniotomie der Hode aufgesucht worden wäre, so hätte man neben demselben die Oeffnung zur seitlichen Tasche aufgefunden. Allerdings muss man unter solchen Umständen oft spaltend und trennend vorwärts gehen und eine in Laparotomie übergehende Herniotomie verrichten, und dieses, nächst der Furcht, die Einklemmungsstelle doch nicht zu finden, mag die Chirurgen mehrmals bewogen haben, die Herniotomie unvollendet zu beschliessen. Ist der Bruchinhalt der unteren Bruchsackabtheilung erst bei der Herniotomie in die obere Bruchsackabtheilung gebracht worden, wie in Arnaud's und Pelletan's Falle, so wird man schon dadurch aufmerksam gemacht, dass nicht Alles in Ordnung sei, dass der vorliegende Darm trotz der weiten Bruchpforte sich nur schwer oder wenigstens ohne Kollern zurückbringen lässt, dass er auch wohl theilweise wieder vorfällt. Man wird bei Fortdauer und Steigerung der Einklemmungserscheinungen den Darm wieder aus der Operationswunde vorziehen und in der oben angegebenen Weise weiter nachforschen. Liegt verwachsenes Netz im Bruchsacke wie in den Fällen von Cock und Janzer, so wird dadurch die Exploration noch erschwert, weil bekanntermaassen auch Netzstränge hinter dem Bruchsackhalse durch Verwachsung, brückenartige Ausspannung etc. Einklemmung des Darms bedingen können. —

Wir erlauben uns noch einige Worte über diese Hernien hinzuzufügen, von welchen Duchaussoy (*Mémoire sur les relations des hernies avec les étranglements internes. Archiv. génér. de méd. 1860. Févr. et Mars*) einige Beispiele fälschlicherweise den inneren Hernien beigezählt hat. Parise glaubte nach den von Hernu und von ihm beobachteten Beispielen zwei neue Arten von Hernien gefunden zu haben, die er zu den Leistenhernien rechnet und sie als *Hernia inguinalis et intrailiaca* bezeichnet, wenn die obere Bruchsackausstülpung in der *Fossa iliaca* liegt, und sie *Hernia inguinalis media antivesicalis* nennt, wenn die obere Bruchsackausstülpung nach der Harnblase sich hinzieht. Parise erblickte in diesen Hernien eine primitive Anomalie in der Bildung des Bruchsacks, und er hat insofern Recht, als bei gehindertem *Descensus testiculi* die gedachten Bruchausstülpungen namentlich sich bilden können, er irrt aber insofern, als er auf eine gesuchte und mehr als unwahrscheinliche Weise die Bildung dieser Bruchsäcke, die wir oben ausführlich erörtert haben, zu erklären sucht. Gosselin in einem Berichte fügt Beispiele hinzu, von welchen nur das Beispiel von Pelletan hierher gehört. Birkett (*l. c.*) schlägt für diese Hernien den Namen *Hernia inguinalis intraparietalis* vor und theilt dieselben in 2 Classen, je nachdem die obere Bruchsackabtheilung in der vorderen oder unteren Bauchwand liegt. Aus dem einen Falle, welchen er selbst beobachtet hat, glaubt er schliessen zu müssen, dass der Intraparietalsack stets durch seine Oeffnung mit dem inneren Leistenringe in Verbindung stehe, dass der Intraparietalsack gelegentlich sich weiter nach aussen hin ausdehne, durch den Leistencanal bis in das Scrotum laufe und Zwerchsackform annehme; bei der Erläuterung seines Falles geräth er aber in Widerspruch mit seiner Behauptung. Birkett bemerkt richtig, dass die Intraparietalsäcke stets zwischen Bauchfell und *Fascia transversa* liegen, die Verwachsung derselben mit dem Bauchfelle hebt er aber nicht hervor. Die analogen Fälle von Poland, Luke und Curling, die er citirt, so wie die Fälle von Wernher, Pitha und Textor jun., die er auch hierher rechnet, gehören gar nicht zu dieser Kategorie, sondern stellen vollständige oder unvollständige Massenreduction und Verdrängung der Hernien an Ort und Stelle dar. Den Namen Intraparietalhernien können wir deswegen nicht gut heissen, weil derselbe schon von Malgaigne den interstitiellen Hernien gegeben worden ist, weil derselbe zu wenig bezeichnend ist und auch anderen Hernien, nämlich den intermuscularen beigelegt werden kann. Von den inguino-interstitiellen Brüchen Goyrand's (*Mémoires de l'Acad. de méd. Tom V. Paris 1836*), die derselbe so ausführlich beschrieben hat, unterscheiden sich die fraglichen Hernien dadurch, dass die Bruchsackausstülpung stets über dem inneren Leistenringe, nie unter demselben stattfindet, dass der Bruchsackhals, wenn er auch zuweilen nahe am inneren Leistenringe sich befindet, doch stets über oder hinter demselben gelegen ist, und dass die Bruchsackausstülpung stets zwischen Bauchfell und *Fascia transversa*, und zwar mit ersterem verwachsen, liegt, während die Ausstülpungen bei den inguino-interstitiellen Hernien nicht mit dem Bauchfelle zusammenhängen und durch Sprengung des Leistencanals an einer oder anderen Stelle unter die *Fascia transversa* und zwischen die Muskeln gelangt sind. Ja, man kann bei den interstitiellen Hernien sogar selten von einer Bruchsackausstülpung reden, indem meist die zweikammerige Form des Sacks fehlt, und man findet nur einen Bruchsack, der den Leistencanal bei seiner Vergrösserung nicht nach der gewöhnlichen Weise durchlaufen, sondern innerhalb des Canals sich nach verschiedenen Richtungen hin Bahn gebrochen hat.

Dritte Art der Scheinreduction:

Zerreissung des Bruchsacks dicht unterhalb des etwas zurückgedrängten Bruchsackhalses; Verschiebung des Bruchinhalts durch den Riss in das subperitonäale Zellgewebe.

Auf diese Art der Scheinreduction hat zuerst Birkett in einer ausausführlichen Abhandlung *(Med.-Chir. Transactions XLII. p. 147 u. f.)* die Aufmerksamkeit gelenkt und 3 Beispiele derselben, in welchen er Gelegenheit hatte, den Vorgang durch die Section zu ermitteln, berichtet.

1. Im November 1854 wurde Birkett zu einem 13jährigen Knaben gerufen, der nach einer Körperanstrengung von den Symptomen der Brucheinklemmung befallen worden war. Es wurde eine congenitale Leistenhernie gefunden und es gelang durch die Taxis, die Vorlagerung, die bis in den Hodensack reichte, zu reponiren. Da die Symptome der Strangulation fortdauerten, musste zum Messer gegriffen werden. Der Bruchsack im Scrotum enthielt noch ein festgewachsenes Stück Netz, im Leistencanale lag eine congestiv geschwollene Darmschlinge, welche sich reponiren liess, sie glitt aber hierbei nicht nach oben, sondern nach hinten, und Verfasser überzeugte sich, dass der einschnürende Bruchsackhals höher lag, dass aber unter demselben nach hinten sich ein Riss befinde, durch welchen die reponirten Darmpartien sich durchgedrängt hatten. Die Darmschlingen wurden vorgezogen und nach Erweiterung des Bruchsackhalses in die Bauchhöhle zurückgebracht. Der Knabe starb nach 3 Tagen. Die Section ergab verbreitete Peritonitis. Die hintere Wand des Bruchsacks zeigte 1" unter dem Bruchsackhalse einen Riss, und der Finger drang durch diese Oeffnung auf die *Fascia iliaca*. Hier bestand eine Cavität, welche zum Theil vom Bauchfelle bedeckt war und welche die scheinbar reponirten Darmschlingen enthalten hatte. Der Bruchsackhals war fest und in ihm hatte ohne Zweifel die Einklemmung stattgefunden. —

2. Ein Mann mit Leistenhodenbruch hatte sich seinen vorgefallenen Bruch reponirt, da aber trotz der Reposition Uebelkeiten und Erbrechen verbunden mit heftigen Leibschmerzen auftraten, begab er sich in das Hospital. Cock operirte; er fand den Bruchsack nach unten leer, nach oben eine Schlinge enthaltend, die vom Bruchsack-

halse umschnürt wurde. Der Patient starb an acuter Peritonitis. Birkett fand bei der Section eine Dünndarmschlinge, welche auf der rechten *Fossa iliaca* lag und unterhalb des Bauchfells sich befand, und die durch einen Riss unterhalb des Bruchsackhalses ausgetreten war. Cock hatte den Bruchsackhals erweitert und eine Darmschlinge zurückgebracht, aber die zweite beschriebene Darmschlinge in der *Fossa iliaca* nicht reponirt. Der Bruchsack im Hodensack war unverletzt. —

3. Ein 49jähriger Mann mit eingeklemmter Scrotalhernie kam in die Abtheilung des Dr. Hilton, nachdem ein Chirurg die Hernie anscheinend reponirt hatte. Hilton schritt zur Operation. Nach Eröffnung des Bruchsacks und des Leistencanals erschien eine in dem sehr engen inneren Leistenringe eingeklemmte Darmschlinge. Nach Einschneidung des Bruchsackhalses liess sich die eingeklemmte Darmpartie reponiren. Der Operirte starb an acuter Peritonitis. — Birkett fand bei der Section einen Riss unterhalb des Bruchsackhalses, durch welchen die Hernie bei der Taxis aus dem Scrotum durch den Leistencanal und nach hinten gedrängt worden war. Der Bruchsackhals war etwas zurückgedrängt worden. Der Bruchsack im Hodensacke und im Leistencanale war in seinen normalen Verbindungen geblieben. —

Hierher gehört auch noch ein Fall von Reid † *(Prov. med. and Surg. Journal 1849)*. Bei einem 75jährigen Manne, der seit 35 Jahren an einem Leistenhodensackbruche litt, war Einklemmung aufgetreten; der Bruch wurde durch die Taxis zurückgebracht. Die Zufälle verschlimmerten sich nach der Reposition, der Patient starb. Die Section zeigte Laceration des Bruchsacks unterhalb des Halses, die Bruchcontenta waren durch den Riss ausgetreten, hatten sich zwischen Bauchfell und *Fascia transversa* gelagert. Die Einklemmung im Bruchsackhalse bestand fort.

Dieffenbach *(Operative Chirurgie Bd. II. p. 546)* erzählt zwei Fälle, in welchen Schlag auf die Pelote des Bruchbands heftige Erscheinungen hervorgerufen hatte und wo die vorgenommene Operation Riss des Bruchsacks unterhalb des Bruchsackhalses und Austritt einer Darmschlinge in das subperitonäale Zellgewebe fand. In beiden Fällen wurde die Darmschlinge durch den Riss eingeklemmt und es hielt schwer sie vorzuziehen.

Diese Art der Scheinreduction, die nur bei Leistenbrüchen beobachtet worden ist, die aber auch bei Schenkelhernien sich ereignen kann, setzt als anatomische Prädisposition einen Bruchsack voraus, der unterhalb des Halses dünn ist und mit dem Grunde seiner Umgebung fest adhärirt, während der Bruchsackhals locker im inneren Leistenringe liegt. Findet nun Einklemmung durch den Bruchsackhals statt und wird durch die Taxis ein Druck angebracht, der vom Bruchsackgrunde aus schief nach oben wirkt, so werden dadurch die Bruchcontenta in den Bruchsacktheil, der im Leistencanale liegt, gedrängt, die Bruchcontenta treiben den Bruchsackhals rückwärts, entfernen ihn von dem inneren Leistenringe. Der dicht unter dem Bruchsackhalse liegende dünne Theil des Bruchsacks würde nun bei fortgesetztem Drucke, wenn der Bruchsackgrund nicht fest adhärirte, wie bei den incompleten Massenreductionen zu einer Tasche ausgestülpt werden, so aber wird er blos gespannt, aufs Aeusserste gespannt, reisst endlich quer ein und lässt die Contenta durch den Riss treten. Da der Bruchsack unterhalb des Halses gewöhnlich nach hinten zu am dünnsten zu sein pflegt, so wird auch, wie die obigen Fälle bestätigen, der Riss gewöhnlich nach hinten zu statt haben und die Contenta werden nach der *Fossa iliaca* hin austreten, nach dieser Richtung zu das Bauchfell erheben und sich unter demselben lagern. Die Taxis, welche den Einriss unterhalb des Bruchsackhalses erzeugt, muss selbst bei dünnem Bruchsacke nicht nur in falscher Weise, sondern auch mit übermässiger Gewalt ausgeübt worden sein.

Dass ein Riss unterhalb des zurückgedrängten Bruchsackhalses erzeugt und der Darminhalt durch den Riss unter das Bauchfell geschoben worden sei, kann der Chirurg, der bei der Taxis Gewalt anwendete, wohl vermuthen, wenn er beim gewaltsamen Vorwärtsschieben des Bruchs ein krachendes Geräusch, wie wenn ein Zellgewebsstrang reisst, wahrnimmt und gleich darauf fühlt, wie der Bruch kleiner wird, zusammensinkt und sich allmälig zurückdrücken lässt, ohne dass dabei ein gurrendes Geräusch gefühlt oder gehört wird. Hat der Patient selbst durch Taxis den Riss und die Dislocation bewirkt, so giebt es keine Symptome, welche das stattgehabte Ereigniss andeuten; man findet nur einen leeren Bruchsack im Hodensacke und fühlt einen erweiterten Leistencanal. Nur wenn der Bruch voluminös war und mehrere Darmschlingen unter das Bauchfell geschoben worden sind, könnte man vielleicht eine Geschwulst in der *Fossa iliaca* fühlen. Manchmal wird man auch im Leistencanale eine Darmschlinge fühlen können, die entweder nicht mit zurückgewichen oder wieder vorgetreten ist.

Bei der Herniotomie wird man nach Eröffnung des Bruchsacks und Einschneidung der vorderen Wand des Leistencanals, den Bruchsackhals zu suchen haben, der nicht weit vom inneren Leistenringe entfernt liegt. Man wird deutlich die Oeffnung des Bruchsackhalses und den eingeklemmten Darm in demselben erkennen. Wenn man mit der Fingerspitze statt in den Bruchsackhals in den Riss unterhalb desselben gerathen sollte, so fühlt man eben so wohl den hier liegenden Darm, als das erhabene über dem Darme liegende, ausgespannte Peritonäum. Man wird den Darm vorziehen und durch denselben zum Bruchsackhalse geleitet werden. Die Zurückziehung der durch den Riss ausgetretenen Darmpartien kann mit Mühe verknüpft sein, ja der Riss kann so eng sein, dass er zu einer zweiten Einklemmung Veranlassung zu geben wohl im Stande ist. In dem Falle von Cock hatte eine Darmschlinge im Leistencanale gelegen und war nach Einkerbung des Bruchsackhalses reponirt worden, man hatte aber den Riss unterhalb des Bruchsackhalses nicht gefunden und die durch denselben getretene Darmschlinge stecken lassen. Man wird ein derartiges Uebersehen vermeiden, wenn man in allen Fällen von Herniotomie, wo man den Bruchsackhals über und hinter dem inneren Leistenringe findet, sorgsam die Umgebung des Bruchsackhalses untersucht, auch nach der Reposition der Därme nochmals die Bruchsackgegend mit der Fingerspitze umgeht.

Birkett glaubt, dass eine theilweise Verschiebung des Bruchsacks, eine Ausstülpung des Bruchsacks mit Verwachsung und Einreissung des Bruchsacks unterhalb des etwas zurückgedrängten Halses bei schiefen Leistenbrüchen häufiger vorkommen müsste, als die complete Massenreduction. Es soll nach Birkett bei schiefen Leistenbrüchen deswegen eine vollständige Massenreduction kaum sich ereignen können, weil der Bruchsack ziemlich feste zellgewebige Verwachsungen mit seiner Umgebung besitzt, so dass er ohne Zerreissung derselben gar nicht reponirt werden kann; in Folge der Zerreissung der zellgewebigen Verbindungen muss es aber nothwendig zu Bluterguss in dem Leistencanale und Hodensacke kommen. Da nun die Berichterstatter von vollständigen Massenreductionen bei Leistenbrüchen des nothwendigen Blutergusses in den Leistencanal und Hodensack nirgends Erwähnung gethan haben, so zieht Birkett aus diesem Grunde die Richtigkeit der referirten Beobachtungen in Zweifel. Birkett hat Unrecht, wenn er bei Zerreissung des den Bruchsack mit der Umgebung verbindenden Zellgewebes Bluterguss als nothwendig voraussetzt, denn jeder Chirurg wird bei der Ausführung des Bruchschnitts sich zu überzeugen Gelegenheit gehabt haben, dass man nach dem Hautschnitte bei der Freilegung des Bruchsacks das Zellgewebe mit dem Finger häufig in ziemlicher Ausdehnung abtrennen kann, ohne dass ein Tropfen Bluts sich ergiesst. Die zellgewebigen Verbindungen sind auch oft so locker und dehnbar, dass sie bei der Verschiebung des Bruchsacks nachgeben. Wir verweisen auf Cloquet's schon oben erwähnte Experimente und Erläuterungen.

Die Scheinreduction durch Verschiebung des eingeklemmten Darms in das subperitonäale Zellgewebe kann überdies auch bei der Herniotomie sich ereignen, zumal wenn der einklemmende Bruchsackhals etwas über dem inneren Leistenringe steht. Statt des Risses unterhalb des Bruchsackhalses ist der Bruchsack gespalten, die Spaltung erstreckt sich aber nur bis in die Nähe des Bruchsackhalses. Der Chirurg incidirt den inneren Leistenring, den er als den Sitz der Einklemmung annimmt, und bei dieser Incision, die den die wirkliche Einklemmung veranlassenden, höher stehenden Bruchsackhals nicht trifft, wird der Bruchsack unterhalb des Halses eingeschnitten, so dass eine Spalte entsteht, welche in das subperitonäale Zellgewebe führt. Drängt nun der Chirurg die vorliegenden Därme zurück, so treten sie durch den Spalt unterhalb des Bruchsackhalses, heben das Bauchfell ab und lagern sich unter dasselbe. Folgende Beispiele mögen zum Belege dienen.

Pelletan *(l. c. Tom. III. p. 327).* P. P., 28 Jahr alt, besass seit seinem achten Jahre eine rechtseitige Leistenhernie, gegen welche nie ein Bruchband in Anwendung gekommen war. Die Hernie fiel eines Tags vor und erreichte Eigrösse, ging aber bei Nacht von selbst zurück, am folgenden Tage fiel die Hernie abermals vor, trat indessen ebenfalls in der Nacht wieder zurück. Als nach zwei Tagen die Hernie zum drittenmal vorfiel, traten sofort Uebelkeiten und Erbrechen auf und die Geschwulst wurde schmerzhaft. Zwei Tage später kam der Patient in das Hôtel Dieu. Die Geschwulst war faustgross, birnenförmig gespannt, bei der Berührung nicht schmerzhaft und hatte einen Stiel von $1^1/_2$'' Länge. Nachdem Taxisversuche und Bad sich nutzlos erwiesen hatten, wurde operirt. Der Bruchsack enthielt Dünndarm, der innere Leistenring wurde eingeschnitten, der Darm hinter der Bruchpforte reponirt. Es folgte der Operation kein Stuhl, der Leib begann sich aufzutreiben, Kothbrechen stellte sich ein, der Tod folgte nach zwei Tagen. Die Section zeigte Peritonitis mit Adhärenzen; die reponirten Därme lagen nicht in der Bauchhöhle, sondern über dem inneren Leistenringe zwischen Bauchfell und Muskeln. Pelletan glaubte, er sei bei der Erweiterung der Bruchpforte mit dem Messer zwischen Bauchfell und Muskeln gerathen und habe dadurch eine Höhlung geschaffen. —

Jedenfalls gab der etwas hinter und über dem Leistenring liegende Bruchsackhals die Stelle der Einklemmung ab.

Hierher gehört auch der schon oben bei den Bruchsackausstülpungen ausführlich referirte Fall von Textor sen.; die Därme waren bei fortbestehender Einklemmung durch den Bruchsackhals nach Erweiterung der Bruchpforte mit dem Messer in einen Raum zwischen Bauchfell, Blase und Bauchmuskeln hineingedrängt worden.

Ouvrard *(Méditations sur la chirurgie pratique).* Ein Mann mit eingeklemmter Leistenhernie wurde operirt; die Bruchsackverengerung am äusseren Leistenringe wurde weit eingeschnitten und dann drängte man mit einiger Gewalt die Därme zurück. Die Section zeigte Einklemmung durch den Bruchsackhals am inneren Leistenringe; der Darm war zwischen Peritonäum und Bauchmuskeln gedrängt worden, das erstere war 2'' weit abgelöst worden und bildete einen Sack, in welchem der Darm lag und durch Exsudat verklebt war. Der Einschnitt im Bruchsacke beim Débridement gab die Stelle ab, durch welche der eingeklemmte Darm unter das Bauchfell gedrängt worden war. —

Der Operateur wird bei der Herniotomie die Verdrängung des Darms in das subperitonäale Zellgewebe leicht vermeiden, wenn er folgende Punkte nicht aus den Augen lässt. Findet er nach Spaltung des Bruchsacks durch Einführung des Fingers, dass der innere Leistenring eng erscheint, so erinnere er sich, dass derselbe nur selten die Stelle der Einklemmung abzugeben pflegt, und forsche weiter nach; er dringe mit der Fingerspitze vor, erweitere, wenn es nöthig, den inneren Leistenring, um vorwärts zu kommen und er wird dann den höher gelegenen, die Einklemmung veranlassenden Bruchsackhals erreichen und erkennen. Wenn der Chirurg ferner an der Operationsregel festhält, nach Einschneidung der Stricturstelle den Darm vorzuziehen, um sich von dessen Beschaffenheit an der Einklemmungsstelle zu überzeugen, so wird er nach Einschneidung des inneren Leistenrings vom Bruchsacke aus, wenn er den Darm anzieht, bemerken, dass dieser noch festgehalten wird und auch nach einer abermaligen Erweiterung der Bruchpforte sich nicht vorziehen lässt, und wird zu dem Schlusse kommen, dass die Einklemmung höher als in dem genügend erweiterten Leistenringe ihren Sitz haben müsse. Aber selbst wenn der Chirurg die Vorsicht ausser Acht liesse und nach Einschneidung des inneren Leistenrings sich sofort an die Reposition der vorliegenden Darmpartie machte, würde er durch den nicht unbeträchtlichen Widerstand, der nur durch starken Druck überwunden werden kann, durch das endliche Zurückweichen der Därme ohne Gurren und durch den Umstand, dass der zurückgedrängte Darm im Grunde der Wunde sichtbar bleibt, was gewöhnlich nicht geschieht, belehrt werden, dass eine wirkliche Reposition des aus der Einklemmung befreiten Darms nicht stattgefunden haben könne; er wird sofort den Darm wieder vorziehen und die Operation nicht eher beschliessen, als bis er den Sitz der Einklemmung ermittelt, die Einklemmung selbst gehoben hat.

Ich führe noch einen sehr genau geschilderten, hierher gehörigen Fall vor, den Professor Zeis in Dresden neuerdings beobachtet und zur Benutzung mir gütigst überlassen hat. Seine briefliche Mittheilung lautet folgendermaassen.

Am 8. Februar 1864 fand ich den 25 Jahr alten Müllergesellen Schröder auf der chirurgischen Abtheilung des Stadtkrankenhauses an einem eingeklemmten Bruche leidend. Nach seiner Angabe sollte derselbe erst als er 17 Jahr alt gewesen war entstanden, aber jederzeit durch ein Bruchband zurückgehalten worden sein. Dabei habe er sich stets wohlbefunden, und niemals Verdauungstörungen erlitten.

Der Bruch war ein Scrotalbruch linkerseits, hatte einen deutlichen Hals, und stieg tief in das Scrotum herab, wo es unmöglich war den Hoden deutlich durchzufühlen, was mich auf die Vermuthung brachte, dass, obwohl der Bruch erst später entstanden war, die Verhältnisse wie bei der *Hernia congenita* bestehen müssten. Ueberdies besass die längliche Geschwulst in der Mitte eine geringe Einschnürung, wodurch ich andererseits veranlasst wurde, auch daran zu denken, ob nicht blos die obere Hälfte Bruch sei, die untere dagegen durch eine Hydrocele acquisita gebildet würde. Allein die Abtrennung war hierfür nicht beträchtlich genug, und ausserdem kommt es ja nicht ganz selten vor, dass Bruchsäcke, oder bei Hydrocelen die Scheidenhaut der Hoden, bei der angebornen Hernie die gemeinschaftliche Scheidenhaut, an verschiedenen Stellen eine verschiedene Dicke besitzen, so dass die erwähnte Erscheinung die Folge davon sein kann.

Da bereits ein Bad ohne Erfolg angewendet worden war und die Repositionsversuche, selbst unter der Chloroformnarcose, nicht zum Ziele führten, so schritt ich bei der Dringlichkeit der Incarcerationserscheinungen sofort zur Operation.

Nach der Durchschneidung des Bruchsacks, oder vielmehr der *Tunica vaginalis communis funiculi spermatici*, denn die Diagnose *Hernia congenita* erwies sich nachträglich als die richtige, kam ich, ohne dass ein Tropfen Bruchwasser ausgeflossen wäre, auf Netz, welches allerwärts angewachsen war, sich aber an den meisten Stellen mit Hilfe des Fingers leicht lostrennen liess und übrigens ganz gut aussah. Während ich noch mit dieser Lösung des Netzes beschäftigt war, kam eine hinter ihm gelegene, wohl 10—12'' lange, stark ausgedehnte Dünndarmschlinge zum Vorschein, welche lebhaft geröthet war, und deren Oberfläche sehr reichlich Blut aus den Capillargefässen austreten liess, und zwar in solcher Menge, dass die Quantität Blut, welche der Kranke während der ziemlich lange dauernden Operation verlor, keine unbeträchtliche war.

Als ich hierauf den Finger nach der Tiefe des Scrotum hin einführte, stürzte eine beträchtliche Menge gelbes Serum hervor, welches man ebensowohl für Bruchwasser, als für das Wasser des *Hydrocele congenita* halten konnte.

Da der äussere Pfeiler des Bauchringes sehr stark gespannt war, schnitt ich ihn ein. Bei der ferneren Untersuchung der Bruchpforte fand ich, dass sie keineswegs sehr eng war. Noch mehr überraschte es mich aber, dass ich meinen Finger nicht sowohl in der Richtung des Inguinalcanals, nach aussen und oben, sondern geradewegs von vorn nach hinten und innen einführen konnte, so dass die Spitze desselben nach kurzem Wege unter den Bauchbedeckungen zu fühlen war. Hierdurch wurde ich kurze Zeit lang in die Meinung versetzt, dass ich es doch wohl mit einer *Hernia inguinalis interna* zu thun habe, und führte daher noch einige leichte Schnitte zur Erweiterung der Bruchpforte in der Richtung nach innen, einen auch gerade nach oben. Gegen den Schluss der Operation bewies aber das Vorfallen des Hodens, dass er mit dem Bruche in der nämlichen Höhle gelegen hatte, und somit, dass dieser eine *Hernia congenita* war.

Das oben angedeutete Verhältniss erklärt sich sehr einfach, wenn man bedenkt, dass, wenn der äussere Leistenbruch lange besteht, die Richtung des Inguinalcanals sich sehr gewöhnlich in dieser Weise verändert, so dass die Eingeweide ziemlich gerade aus der Unterleibshöhle hervortreten. Dies geschieht bekanntlich dadurch, dass die hintere den Inguinalcanal bildende Wand sammt der *Arteria epigastrica* nach innen verdrängt wird. Indem ich Schnitte nach innen hin führte hätte ich sie also verletzen können, was aber nicht geschah, weil sie nicht tief eindrangen. Nach alledem bleibt nur noch die Frage zu beantworten übrig, wie der Bruch bei diesem Verhalten des Inguinalcanals doch noch einen Bruchhals wie andere Male beim äusseren Leistenbruche zeigen konnte. Ich kann hierauf nur damit antworten, dass, wenn die Richtung des Inguinalcanals auch eine geradere geworden ist, das ursprüngliche Verhältniss doch nirgends ganz verschwindet.

Indem ich in der Beschreibung des ferneren Verlaufes der Operation fortfahre, muss ich zunächst bemerken, dass die Reposition der Darmschlinge, selbst nachdem ich mehrere ziemlich feste Adhäsionen des Netzes im Bruchcanale gelöst hatte, immer nicht gelingen wollte, wodurch ich mich veranlasst sah, noch etwas mehr Darm hervorzuziehen, um das Darmgas in der eingeklemmten Darmschlinge dahin zu vertheilen und sie selbst zu erschlaffen. Ausserdem legte ich in den Bruchsack oder vielmehr in die *Tunica vaginalis communis* zwei Fäden ein, welche ich anziehen liess, um etwaige Falten dieser Membran, welche bei der Reposition hinderlich sein können, auszugleichen. Endlich setzte ich auch noch die Arnaud'schen Haken ein.

Die Beschaffenheit der vorgefallenen Darmschlinge liess mich sehr fürchten, dass sie bersten möchte, umsomehr als sich bereits an verschiedenen Stellen kleine Blutergüsse unter die seröse Haut der Darmschlinge zu bilden anfingen. Endlich gelang es, einen Theil der Darmschlinge nach dem andern zurückzubringen, aber im Verhältniss, wie dies geschah, traten auf der andern Seite, nämlich an der innern, immer wieder neue Darmportionen hervor, so dass die Summe des Vorgefallenen sich gleich blieb. Dabei hatte ich jedoch den Vortheil, auf diese Darmpartien, da sie gesund waren, mit grösserer Kraft, und ohne ihre Berstung fürchten zu müssen, einwirken zu können. Endlich war das schwere Werk vollbracht. Aller Darm und auch das Netz waren zurückgeführt. Jetzt erst ereignete sich der schon oben erwähnte Vorfall des Hodens.

Obwohl die Operation zur Zufriedenheit gelungen zu sein schien, und ich beim Einführen des Fingers in die Wunde nichts Abnormes wahrzunehmen vermocht hatte, so erfolgte doch keine Veränderung in dem Befinden des Kranken, und er starb am Abend des folgenden Tages.

Section am 10. Februar. Nach Eröffnung der Bauchhöhle fand sich, dass eine von Netz umgebene Darmschlinge an der inneren Bruchpforte fest adhärirte. Nach der Durchschneidung des Netzes wurde dies noch deutlicher, zugleich fiel es aber auf, dass man nicht sofort, wie anderemal bei der Section nach der Bruchoperation Gestorbener, die vorgefallen gewesene Darmschlinge an ihrer dunkleren Färbung erkannte. Woher dies rührte wurde sofort klar, als die Därme aus der linken Weichengegend etwas nach der Mitte herumgewälzt wurden, denn nunmehr erkannte man eine grosse, auf der innern Fläche des linken Darmbeines sowie dem *Musculus iliacus internus* liegende, von Peritonäum überkleidete Geschwulst, über deren Bedeutung man, da die Därme durchschimmerten, keinen Augenblick im Zweifel sein konnte. Nach der Einschneidung des Bauchfelles fanden wir sofort die gesammte Darm- und Netzmasse, welche bei der Operation vor unseren Augen gelegen hatte.

Durch die Einführung eines Fingers von der Bauchhöhle aus, durch den Inguinalcanal und die Wunde nach aussen, und eines zweiten von dieser aus nach der abnormen Höhle hin, ergab sich sofort, dass die vorgefallen gewesenen Eingeweide nicht auf demselben Wege, auf welchem sie ausgetreten waren, zurückwichen, sondern auf einen falschen Weg gerathen waren. Ich erinnere hier daran, dass der erste Schnitt zur Erweiterung der zu engen Bruchpforte nach aussen hin, zur Einknickung des spannenden äusseren Pfeilers des Bauchringes geführt worden war. Es ist nun aber selbstverständlich, das man, wenn man vorher den Bruchsack eröffnet hat, und den Bruchschnitt von dessen Höhle aus macht, zuerst die seröse Haut, sei es der Bruchsack, oder wie hier die Scheidenhaut des Samenstranges, verletzen muss. Die Einsetzung der Arnaud'schen Haken, sowie das Anspannen der serösen Haut mittelst eingezogener Fäden, was seinen grossen Nutzen hat, kann in diesem Falle wohl bewirkt haben, dass die Wunde des Bruchsacks erweitert, dass eine Tasche und endlich ein falscher Weg gebildet worden ist. War mit der Loslösung der serösen Haut erst einmal ein Anfang gemacht, so ist es leicht verständlich, wie, nachdem die erste Darmschlinge auf den falschen Weg gerathen war, alles Uebrige, der vordrängenden Gewalt weichend, jener folgen musste. So wurden Darm und Netz zwischen das Peritonäum und die hintere Fläche des *Musculus transversus abdominis* gedrängt, welche sich beide von einander lösten. Wenn auch ursprünglich bei den Repositionsversuchen die Anwachsung des Netzes in der Gegend der inneren Bruchpforte dazu beigetragen haben mochte, das Gelingen jener zu erschweren, so erwies sich doch jetzt, dass der Bruchsackhals keineswegs durch zu grosse Engheit die Einschnürung der Därme unterhalten hatte. In anderen bekannt gewordenen ähnlichen Fällen hatte sich dies ebenso verhalten, jedenfalls hatte nur die plötzliche Umknickung der Eingeweide in einem spitzen Winkel das Hinderniss der Wegsamkeit des Darmes gebildet.

Dass überdies verschiedene Entzündungsproducte angetroffen wurden, ist nicht auffällig.

In diesem Falle von Zeis hatte der Leistencanal eine ziemliche Kürze und die behufs der Erweiterung der Bruchpforte am äusseren Leistenringe gemachten Einkerbungen hatten jedenfalls dicht unter der Mündung des Bruchsackhalses in die Bauchhöhle eine Incision geschaffen, welche durch das Anziehen des Bruchsacks und durch den Druck bei der

Reposition erweitert wurde und nun zu der falschen Reduction in das subperitonäale Zellgewebe Anlass gab. Auch dem Netze muss in diesem Falle ein Einfluss auf das Zustandekommen der Scheinreduction eingeräumt werden.

Vierte Art der Scheinreduction:
Bruchsack- und Bruchsackhalsabreissungen mit Reduction in die Bauchhöhle.

Wenn schon eine vorwärtsdrängende Gewalt dazu gehört, um den Bruchsack unterhalb des Halses zum Einreissen zu bringen, so wird eine noch ungleich grössere, ja enorme Gewalt erfordert, um den Bruchsack ganz abzureissen oder den Bruchsackhals abzusprengen. Es scheint kaum möglich, dass ein durch den Bruchsackhals eingeklemmter Bruch an der Stelle, wo das Bauchfell sich zum Bruchsack ausstülpt, abgerissen und in die Bauchhöhle gebracht werden könne, und noch weniger möglich erscheint die Absprengung des einklemmenden Bruchsackhalses und Reduction, und dennoch existiren 3 Beispiele, von welchen allerdings zwei nur kurz beschrieben sind und gerechten Zweifel aufkommen lassen, das dritte Beispiel aber so genau und ausführlich geschildert ist, dass wir die Möglichkeit des Vorkommens fernerhin nicht mehr in Abrede zu stellen vermögen.

† Bourgerie *(VII. 32, von Wernher und Scriba citirt)* gedenkt eines Falles, in welchem durch gewaltsame Taxis der Bruch an seinem Halse vom Bauchfelle abgerissen und durch die Oeffnung in die Bauchhöhle reponirt worden war. —

Obré *(Path. soc. Tom VII. p. 198).* Ein 55jähriger Geisteskranker stirbt nach 5tägiger Krankheit unter den Erscheinungen einer inneren Darmeinklemmung. Die Autopsie zeigt Peritonitis und es wird eine sehr dunkele, abgeschnürte Dünndarmschlinge in der *Fossa inguinalis dextra*, nahe am inneren Leistenringe, gefunden. Die Ileumschlinge war durch einen fibrösen Ring abgeschnürt, der sich vom hinteren Leistenringe abgelöst hatte. Der Darm war lange vor dem Tode vorgefallen, hatte bei der Zurückbringung einige Intercolumnarfasern mitgenommen. —

Laugier *(Duchaussoy: Archiv. génér. 1860 Févr. Cl. VII. Art. 7).* Ein 23jähriger Mann mit Leistenhernien auf beiden Seiten wird von Einklemmung der rechten Leistenhernie heimgesucht. Die Bruchgeschwulst ist faustgross, nimmt den Hodensack ein und läuft nach dem Leistencanale hin in einen daumbreiten Stiel aus. Die etwas ovale Bruchgeschwulst ist sehr hart und empfindlich. Der Leib ist in der *Regio umbilicalis* und *hypogastrica* sehr aufgetrieben und schmerzhaft. Die Hernie ist eine congenitale, der Bruchsack wird von der Scheidenhaut gebildet. Der Kranke klagt über heftige Leibschmerzen, erbricht gallige Massen. Laugier macht ohne Erfolg einige Taxisversuche. Nachmittags gelingt dem Assistenten die Taxis nach halbstündlichem Bemühen. Die Hernie ist nicht *en masse* zurückgegangen, sie ist allmälig unter den Fingern weggeschlüpft. Gleich nach der Reduction hatte der Kranke heftiges Aufstossen und erbrach sich einmal. Einige Stunden lang fühlte sich Patient erleichtert, allein es stellte sich kein Stuhlgang ein, das Aufstossen begann von Neuem und in der Nacht erfolgte mehrmals Erbrechen. Locale Blutentziehungen und *Emollientia* nützten nichts, die Leibschmerzen steigerten sich, der Meteorismus in der Nabelgegend nahm zu, die Gesichtszüge verfielen. Laugier diagnosticirte eine innere Einklemmung. Er schloss die *Réduction en bloc* aus, weil von der congenitalen Hernie der Bruchsack deutlich gefühlt wurde, auch der Hode im untersten Theile des Sacks lag. Ein zweiter Bruchsack konnte nicht in der Vaginalhaut gelegen haben und mit den Därmen zurückgedrängt worden sein, weil man sonst die Geschwulst neben dem inneren Leistenringe hätte fühlen müssen. Der Kranke starb am folgenden Tage. Die Autopsie enthüllte eine noch unbekannte Ursache der Einklemmung, welche die Folge der Taxis war. Ein ringförmiger $1\frac{1}{2}$–2″ langer Streifen, der an keiner Stelle mit dem Darme verwachsen war, umschnürte die reponirte Darmpartie. Ueber dem einklemmenden Ringe war der Darm ausgedehnt; die eingeklemmte Darmschlinge gehörte dem unteren Theile des Ileum an. Es war Peritonitis mit plastischem Exsudate vorhanden. Der fibröse Ring stammte vom Bruchsackhalse; hier wurde der nach oben handschuhfingerähnliche Bruchsack der Vaginalhaut ausgefranst gefunden. Der Ringstreifen selbst hatte zwei Blätter, nach oben war er glatt, abgerundet, nach unten ausgefranst. Die Taxis hatte also die Bruchöffnung der Vaginalhaut abgedrängt, abgerissen. Auch linkerseits war die Hernie eine congenitale und auch hier bildete die Vaginalhaut am inneren Leistenringe einen faltenförmigen Vorsprung. —

Die von Bourgerie angegebene Abreissung des Bruchsacks vom Bauchfelle kann unserer Ansicht nach nur dann zu Stande kommen, wenn der Bruchsack nur locker mit seiner Umgebung verbunden ist, dagegen das Bauchfell rings um die Mündung des Bruchsackhalses in die Bauchhöhle fest an die Bauchwand angewachsen ist, so dass beim gewaltsamen Vorwärtsdrängen des Bruchs, der Bruchsackhals das festgewachsene Peritonäum nicht durch Erhebung abzulösen vermag, sondern den Widerstand desselben nur durch Abreissen überwinden kann.

Der Vorgang der Absprengung des Bruchsackhalses in den Fällen von Obré und Laugier, wo also der Bruchsackhals auf doppelte Weise vom Peritonäum an der Bauchöffnung des Bruchsacks und vom Bruchsackkörper abgerissen und mit dem Bruchinhalte, den der abgesprengte Bruchsackhals zu stranguliren fortfuhr, in die Bauchhöhle reponirt worden war, ist noch schwerer zu begreifen und zu erklären. Die ringförmige Absprengung des Bruchsackhalses durch die vorwärtstreibende Gewalt lässt sich nur unter folgenden Bedingungen als möglich denken: das Bauchfell muss um die Bauchöffnung des Bruchs fest gewachsen sein, ebenso muss der Bruchsackkörper durch ziemlich feste zellgewebige Adhärenzen in Lage erhalten werden, während der Bruchsackhals einestheils nur schmal sein darf, anderntheils an der Einklemmungsstelle einen klappigen, circulären Vorsprung vor der Bruchöffnung darstellen muss. Unter diesen Bedingungen, denen wir noch als begünstigendes Moment circuläre Verwachsung des Darms mit dem Bruchsackhalse beifügen, obgleich in den erzählten zwei Fällen eine solche nicht bestand, scheint die ringförmige Absprengung des Bruchsackhalses im Bereiche der Möglichkeit zu liegen. In dem Falle von Laugier, in welchem die Hernie eine congenitale war, zeigte der Bruchsack, und insbesondere der Bruchsackhals, jene Beschaffenheit, die wir für die ringförmige Absprengung des Bruchsackhalses als nothwendig vorausgesetzt haben.

Da in diesen Fällen die Bruchcontenta ohne Lösung der Einklemmung durch den Bruchsackhals in die Bauchhöhle zurückgebracht worden, so wird dadurch die Einklemmung, die äussere Brüche betraf, in eine innere Einklemmung verwandelt. Wenn man diese Fälle den Massenreductionen beizählen wollte, so würde dies in Bezug auf die Bruchsackhalsabsprengung, wo der Bruchsack zurückbleibt, ganz unpassend sein, aber auch in dem Falle von Bourgerie, wo der Bruchsack sammt den Contentis reponirt wurde, besteht ein Unterschied, der denselben von den Massenreductionen trennt, der Bruch war in die Peritonäalhöhle gedrängt worden und nicht, wie bei der *Réduction en bloc,* ausserhalb des Bauchfellsacks liegen geblieben.

Classe II.

Die Scheinreductionen durch Verdrängung der Bruchgeschwulst oder des Bruchinhalts in und neben dem Bruchbette. Die Einklemmung hat ihren Sitz im Bruchsackhalse oder ausserhalb desselben, in der Bruchpforte, zuweilen innerhalb des Bruchsacks.

Erste Art der Scheinreduction:

Einzwängung der Bruchgeschwulst in den Bruchcanal oder Verdrängung derselben zwischen die unterliegenden Muskeln.

Diese Art der Scheinreduction ist bisher nur bei schiefen, langhalsigen, bis in den Hodensack reichenden Brüchen und bei Schenkelbrüchen beobachtet worden und stets hat sie eine übermässige, anhaltende Gewalt bei den Taxisversuchen hervorgerufen. Den Mechanismus dieser Art der Scheinreduction, von welcher nur wenige Beispiele sich auffinden lassen, hat uns Pitha *(Prag. Viertelj. 1846. Heft I. p. 104 u. f.)* zuerst näher beschrieben und durch Beobachtungen erläutert.

Die Verschiebung einer Bruchgeschwulst innerhalb ihres Bruchbetts ist beschränkt und man kann kaum begreifen, wie ei- und faustgrosse Geschwülste dermaassen an Ort und Stelle verdrängt werden können, dass sie vollständig verschwunden zu sein scheinen. Je nachdem die Verdrängung bei schiefen Leistenbrüchen oder bei Schenkelbrüchen stattgefunden hat, wird eine verschiedene Lagerung der verdrängten Geschwulst gefunden.

Wenn an einem bis in das Scrotum reichenden, schiefen, äusseren Leistenbruch Einklemmung durch den mit dem inneren Leistenringe fest verwachsenen Bruchsackhals (oder durch den inneren Leistenring) auftritt und es wird vom Grunde des Bruchsacks aus nach der Richtung des Leistencanals hin ein starker Druck angebracht, so bildet sich durch die Vorwärtsdrängung des Bruchs an der Bauchwand im Niveau des Bruchsackhalses eine Einsenkung, eine faltige Vertiefung; der einen Kegel darstellende Bruch wird mit seiner Spitze gewissermaassen in den Bauch gedrückt. Der Druck erhebt den Bruchsackhals und den mit ihm verbundenen oder verwachsenen aponeurotischen Ring. Ist der Leistencanal eng, mit straffen Wandungen versehen, so kann selbst ein anhaltender starker Druck nur wenig vom Bruchinhalte in den Leistencanal treiben, ist dagegen der Canal weiter und ausdehnbarer, so wird allmälig der Bruchinhalt in den Leistencanal gepresst. Die starke, vordere Wand des Leistencanals giebt nur in geringer Weise nach, die schwächere hintere Wand aber, die fast lediglich aus der *Fascia transversa* gebildet wird, und an dem Peritonäum anliegt, weicht und lässt sich nach der Beckenhöhle zu ausweiten, so dass sie eine nach hinten vorspringende Geschwulst darstellt. Ist der Grund des Bruchsacks nur locker an seiner Umgebung befestigt, so wird er gleichfalls mit in den Leistencanal geschoben, hat er straffere Adhärenzen, so bleibt er seines Inhalts entleert, zusammengesunken vor dem äusseren Leistenringe liegen. Ist der vordere Leistenring sehr weit, so sinkt die vorwärtsgedrängte Bruchgeschwulst bei nachlassendem Drucke wieder abwärts, ist er eben nur so weit, um die Geschwulst bei anhaltendem, gewaltsamen Drucke durchzulassen, so wird die Verdrängung bleibend, der Bruch sinkt bei nachlassendem Drucke nicht wieder zurück, die Scheinreduction ist beendet. Der Bruchsack muss bei dieser Art der Scheinreduction eine ziemliche Dicke und Festigkeit besitzen, sonst wird er durch die Gewalt des Drucks gesprengt.

Bei Schenkelbrüchen gestaltet sich die Verdrängung anders. Die Kürze und meist auch die Enge des Schenkelcanals gestattet nicht eine Beherbergung der Bruchgeschwulst; der gewaltsame Druck, der den Bruch nicht durch den Schenkelcanal treiben kann, drückt ihn auf die tiefer liegenden Muskeln und schon diese gewaltsame Niederdrückung bis zu den Muskeln kann bei kleinen Brüchen fettleibiger Personen ein anscheinendes Verschwinden des Bruchs zu Stande bringen. Wenn aber der Druck so stark ist, dass das tiefe Blatt der *Fascia lata*, welches den *M. adductor longus* und *pectinäus* überzieht, gesprengt wird, und die Geschwulst in den Zwischenraum dieser Muskeln tritt, so kann ein vollständiges Verschwinden derselben nach Pitha erfolgen. Anfänglich wird mit dem nachlassenden Drucke die Geschwulst immer wieder emporsteigen, allein bei fortgesetzter Gewalt, wird sie endlich sich eine Höhlung bilden, die selbst eine hühnereigrosse Geschwulst zu beherbergen vermag.

Wir lassen die vier höchst interessanten von Pitha beobachteten und behandelten Fälle folgen, von welchen drei auf Leistenbrüche sich beziehen, der vierte Fall einen Schenkelbruch betrifft.

Fall 1. — Ein 48jähriger sonst robuster Israëlit hatte seit 27 Jahren einen rechtseitigen Leistenbruch, der durch ein Bruchband zurückgehalten wurde. Im Januar 1844 fiel der Bruch bei einem längeren Marsche unter dem Bruchbande vor und klemmte sich ein. Ein Wundarzt fand eine faustgrosse, aus zwei Abtheilungen bestehende Geschwulst, der vordere runde Theil wurde leicht reponirt, die hintere Portion blieb unbeweglich, doch gab auch sie endlich dem fortgesetzten Händedrucke des Patienten nach. Als der Kranke nach zwei Tagen Abends in das Hospital gebracht wurde, erbrach er sich fortwährend, man fühlte keinen Bruch mehr, wohl aber in der Gegend des inneren Leistenrings etwas empfindliche Härte. Meteorismus. Der Patient verweigerte die Operation, das Erbrechen hörte 12 Stunden auf, trat wieder auf und pausirte bis zum sechsten Tage der Einklemmung, wo heftiges Kothbrechen mit Veränderung der Gesichtszüge sich einstellte. Da sich Bäder, Klystire und innere Mittel nutzlos gezeigt hatten, willigte endlich der Kranke in die Operation. Die Gegend des Leistencanals war durchaus geschwollen, man konnte in demselben weder eine Härte, noch eine empfindliche Stelle finden, der vordere Leistenring nicht erweitert, von dem etwas dicken Samenstrange fast ganz ausgefüllt, so dass man kaum den Zeigefinger einbringen konnte; das Poupart'sche Band straff gespannt, der Hodensack und rechte Hode normal, der linke Hode fehlte. Nach einem 2" langen Hautschnitte über dem vorderen Leistenringe präsentirte sich der Samenstrang, dessen Gefässe verdickt und ausgebreitet den Bruchsack umgaben. Nach vorsichtiger Eröffnung dieses anscheinend leeren Bruchsacks drängte sich schnell eine Portion Netz vor, die nach Erweiterung der Bruchsacköffnung sich bis in den Hals der letzteren als eine sehr beträchtliche Masse erstreckte, so dass man ihre frühere Unmerkbarkeit innerhalb des Leistencanals kaum begreifen konnte. Dieser Netzklumpen war mit der hinteren Wand des Bruchsacks untrennbar verwachsen; gegen die Seitenwände desselben waren überdies mehrere brückenartige, feste Pseudomembranen ausgespannt, wodurch der Bruchsack ein fächeriges Aussehen bekam. In einem dieser Fächer fand sich eine kleine, dunkelbraune, jedoch noch feste und derbe Darmschlinge, die theils durch die besagte Scheidewand im Halse des Bruchsacks, theils, und zwar vorzüglich, durch zwei ähnliche zellige Filamente nahe am inneren Leistenringe eingeschnürt und festgehalten war. Der innere Leistenring war nicht sehr verengt, man konnte neben der Darmschlinge mit der Fingerspitze in die Bauchhöhle eindringen. Die Reposition der Darmschlinge gelang erst nach Trennung der besagten Fäden mit dem Knopfmesser. Es folgte Genesung. —

Fall 2. — Ein 20jähriger scrophulöser Zimmermaler kam mit einem hühnereigrossen Leistenbruche am vierten Tage der Einklemmung in das Hospital. Die Bruchgeschwulst war sehr gespannt, aber wenig empfindlich, lief durch den Leistencanal mit einem langen Halse und reichte etwa 2" weit in das Scrotum. Unterhalb dieser Geschwulst, durch eine schmale Kreisfurche von ihr getrennt, befand sich eine Hydrocele. Es waren bereits vielfache Repositionsversuche gemacht worden. Der Kranke lehnte hartnäckig die Operation ab, und da die Einklemmungserscheinungen nicht sehr dringend schienen, so wurden noch den ganzen Tag über Taxisversuche gemacht, unter welchen die Geschwulst allmälig sich verkleinerte und endlich in der Art verschwand, dass man sie mit dem Tast- und Gesichtssinn nicht mehr wahrnehmen konnte. Der operationsscheue Kranke bestätigte die Vermuthung der gelungenen Reposition, allein die nun sich steigernden Symptome der Einklemmung belehrten über die stattgehabte Täuschung und machten nun auch den Kranken zur operativen Hilfsleistung willig. Die Gegend des Leistencanals wurde blosgelegt und dessen vordere Wand, die Aponeurose des *M. obliquus ext.* getrennt. Sogleich wölbte sich die Bruchgeschwulst hervor und nach vorsichtiger Eröffnung des Bruchsacks drang eine 3″ lange, dunkel chocoladenbraun gefärbte Darmschlinge hervor und bildete nun, in der Wunde sich entfaltend, eine so bedeutende Geschwulst, dass man über ihr früheres totales Verschwinden nur erstaunen konnte. Die Einklemmung sass im inneren Leistenringe, der so weit zurückgedrängt war, dass man ihn kaum mit der Spitze des Zeigefingers erreichen konnte und zur Einkerbung sich eines langen Knopfmessers bedienen musste. Die Hydrocele war von der Hernie abgeschlossen, den Bruchsack der letzteren bildete die offengebliebene Scheidenhaut. Die Operation hatte den besten Erfolg, die Einklemmungszufälle verschwanden sogleich, nur zog sich die Heilung der Wunde wegen der scrophulösen Diathese des Patienten sehr in die Länge.

Fall 3. — Dieser war dem vorigen ganz ähnlich und unterschied sich nur durch den sehr erschwerenden Umstand, dass hier zu einem alten unbeweglichen Netzbruche eine Darmschlinge hinzutrat und eingeklemmt wurde. Auch hier presste man bei den Versuchen der Taxis die Darmschlinge so weit zurück, dass man zuletzt über deren Vorlagerung und Einklemmung zweifelhaft wurde und das angewachsene, bis zum Hoden herabsteigende Netzstück die Diagnose erschwerte. Erst das Bistouri vermochte Aufschluss zu geben. Nach Eröffnung des Leistencanals und Bruchsacks gelangte man zur Ansicht einer sehr hyperämischen, tief nach der Bauchhöhle hingedrängten Darmschlinge. Sie wurde nach Durchschneidung eines dieselbe nahe am inneren Leistenringe umschliessenden, pseudomembranösen Fadens leicht reponirt. Das ringsum angewachsene Netz war keiner Reposition fähig und musste der brandigen Abstossung überlassen werden, die binnen drei Wochen glücklich zu Stande kam.

Fall 4. — Eine Frau, mit einem in der Stadt angeblich reponirten rechtseitigen Schenkelbruche wurde in die Klinik gebracht. Die Geschwulst war hier nach der Taxis so vollkommen verschwunden, dass Pitha, ohne die Kranke vorher selbst gesehen zu haben, kaum zur Operation sich hatte entschliessen können. Der Bruchschnitt förderte die Bruchgeschwulst zu Tage, deren Volumen von der Grösse eines Hühnereies alle Anwesenden überraschte.

Ich habe im Jahre 1851 bei einem schiefen Leistenbruche die Scheinreduction in den Leistencanal beobachtet.

Ein Sträfling im Georgenhause, 48 Jahre alt, mit einem ziemlich voluminösen rechtseitigen Leistenbruche behaftet, der durch ein Bruchband nicht genügend zurückgehalten wurde, merkte eines Tages bei der Arbeit an der Raspelmaschine, dass sein Bruch unter dem Bruchbande vorgefallen sei; er machte Versuche, denselben zurückzubringen, und da dies nicht gelang, so wendete er sich an den Hausarzt, der ebenfalls vergeblich einige Taxisversuche machte. Der Patient wurde in das Bett gebracht und es wurden Umschläge mit Bleiwasser verordnet. Obgleich der Hausarzt dem Patienten Ruhe empfohlen und weitere Repositionsversuche zu machen verboten hatte, so hörte derselbe doch nicht auf, fort und fort an seinem Bruche gewaltsam herumzudrücken, ja er machte nur einzelne Pausen, wenn er von der Anstrengung sich erschöpft fühlte. Als der Hausarzt den Patienten nach vier Stunden wieder besuchte, verkündete ihm dieser mit Freude, es sei ihm so eben doch noch gelungen, seinen

Bruch zurückzubringen, er habe auch sofort sein Bruchband wieder angelegt, und wolle nun ausruhen, weil er sich sehr angegriffen und matt fühle. Die gewünschte Ruhe blieb aus, es stellten sich heftige Schmerzen im Unterleibe ein, die vorher dagewesene Uebelkeit steigerte sich zum Würgen und Erbrechen, der Patient verbrachte eine schlaflose Nacht. Als ich 24 Stunden nach Beginn der Einklemmung zum Patienten gerufen wurde, fand ich denselben mit ängstlichen Gesichtszügen daliegend. Der Bruch war verschwunden, im Hodensacke fühlte man den Samenstrang und Hoden rechterseits so deutlich wie linkerseits. Die Gegend des Leistencanals zeigte sich rechterseits gespannter und war dieselbe namentlich nach oben und aussen zu beim Drucke sehr empfindlich. Die Fingerspitze konnte in den äusseren, ziemlich erweiterten Leistenring eingebracht werden, sie fühlte dessen Ränder, aber gleich am Eingange wurde sie durch eine pralle, sich vorwölbende Geschwulst aufgehalten. Als die Untersuchung so weit gediehen war, wurde der Patient von heftigen Leibschmerzen ergriffen, er krümmte sich zusammen, stöhnte und ächzte, und dann folgte unter Würgen, wobei das Gesicht des Patienten förmlich anschwoll, ein gallig-schleimiges Erbrechen. Als nach 10 Minuten etwa das Erbrechen aufgehört hatte, bemerkte Patient, es müsse ihm etwas im Leibe gerissen sein, er habe ein Krachen wahrgenommen. Als ich jetzt nochmals die Bruchgegend untersuchte, fand ich zu meinem Erstaunen, dass der fast faustgrosse Bruch wieder vorgetreten war; ich konnte mit dem Finger neben dem Bruchsacke weit in den Leistencanal dringen und fühlte deutlich den langen Bruchsackhals als harten Stiel, der sich bis zur Gegend des inneren Leistenrings verfolgen liess. Da die Betastung dem erschöpften Kranken jetzt wenig schmerzlich fiel, hob ich mit den Fingerspitzen beider Hände den stielartigen Bruchsackhals im Leistencanale gewissermaassen in die Höhe und brachte einen möglichst stetigen, circulären Druck an. Als ich nach einigen Minuten mit den Fingern eine ruckende Bewegung machte, fühlte ich ein leises Gurren, und es gelang nun bei fortgesetztem Drucke den Bruch unter deutlichem Geräusche zurückzubringen. Nach der Reposition fühlte ich jetzt deutlich den im Hodensacke zurückgebliebenen leeren Bruchsack. Patient erholte sich bald.

Was die Verdrängung der Schenkelhernie zwischen die Muskeln betrifft, so haben wir zu dem von Pitha kurz referirten Beispiele ein zweiteites bei Callisen gefunden *(Acta societatis med. Havniensis 1777, volum. II. p. 321; herniarum rariarum biga; casus 1).*

Eine 40jährige Frau, die schon seit Jahren einen Schenkelbruch hatte, nur unregelmassig ein Bruchband trug, vor einigen Jahren einmal eine Einklemmung erlitten hatte, die glücklich durch Taxis beseitigt worden war, wurde abermals von Einklemmung befallen und brachte nach vieler Mühe ihren Bruch zurück. Die Einklemmungserscheinungen nahmen zu, C., am dritten Tage gerufen, konnte keinen Bruch finden, er entdeckte nur eine kleine karte, bewegliche und unempfindliche Geschwulst. C. entschloss sich zur Operation, er fand nach Spaltung der Haut eine ovale, von Zellgewebe umgebene Drüse, aber keinen Bruch, er forschte weiter nach und fand endlich zwischen dem *M. pectinaeus* und der Sehne des *Psoas* einen Bruchsack, den er vorzog, eröffnete und in demselben eine ziemlich grosse, dunkelblaurothe Darmschlinge gelagert erblickte. Ein Einschnitt nach oben in das *Lig. Fallopii* genügte, um die Einklemmung zu heben. Die Herstellung folgte ziemlich schnell.

Der vorstehende Fall Callisen's bildet die erste Beobachtung jener seltenen Schenkelhernienform, die als *Hernia cruralis pectinaea* bekannt ist. J. Cloquet veröffentlichte 50 Jahre später *(Thèse de concours 1831*

Patholog chirurg. p. 88) einen zweiten Fall, welchem dann die Fälle von Vidal de Cassis, Richet und Le Gendre nachfolgten. Nur in dem Falle Callisen's enthielt die Hernie Darm, in den übrigen vier Fällen war ihr Inhalt Netz. Cloquet, Vidal de Cassis und Richet fanden die *Hernia pectinaea* zufällig bei der Section, Le Gendre untersuchte dieselbe an der Leiche einer 60jährigen Frau, die Manec einige Jahre vorher wegen Netzeinklemmung einer *Hernia cruralis* mit Erfolg operirt hatte. Le Gendre *(Mémoire sur quelques variétés rares de la hernie crurale. Paris 1858. J. B. Ballière — Gaz. méd. de Paris 1859. 9 u. f.)*, welcher die fünf gedachten Fälle der *Hernia cruralis pectinaea* zusammengestellt und ausführlich besprochen hat, will derselben den Namen der *Hernie de Cloquet* beigelegt wissen, weil Cloquet zuerst die anatomischen Verhältnisse dieser Hernie genauer beschrieben hat, allein da Callisen seinen Fall schon hinlänglich genau beobachtet und geschildert hat, so liegt kein Grund vor, demselben das Verdienst der Entdeckung entziehen zu wollen. Callisen's Fall zeichnet sich aber auch noch dadurch aus, dass in ihm einzig die Entstehungsweise durch gewaltsamen Druck angegeben ist; durch Druck war die eingeklemmte Schenkelhernie zum Verschwinden gebracht und unter den *M. pectinaeus* getrieben worden. Pitha erläuterte in seinem Falle die Art und Weise wie die Schenkelhernie unter die Muskeln verdrückt werden kann. Callisen bemerkt endlich noch, dass derartige Hernien durch unzweckmässigen Druck eines schlechten Bruchbands erzeugt werden könnten und in den erwähnten vier anderen Fällen, in welchen über die Entstehungsweise der Hernien nichts angeführt ist, bleibt uns nur übrig zur Erklärung anzunehmen, unzweckmässiger fortgesetzter Druck habe die Schenkelhernien allmälig nach innen und hinten getrieben.

Kommen wir nun auf die Zeichen dieser Art der Scheinreduction. Es ist ein schiefer ziemlich umfänglicher Leistenbruch, oder ein gewöhnlicher Schenkelbruch vorhanden, der nur nach und nach, nach lange fortgesetztem gewaltsamen Drucke auf die Bruchgeschwulst zurückgeht, ohne dass ein gurrendes Geräusch dabei wahrgenommen wird. Bei der Untersuchung findet man die Gegend des Leistencanals gespannt, empfindlich; der Finger fühlt den vorderen Leistenring, kann aber nicht in denselben eindringen, sondern stösst gleich hinter der Oeffnung auf eine pralle oder, wenn Netz vorliegt, auf eine teigig-feste Geschwulst. Ist der Bruchsack vor dem äusseren Leistenringe zurückgeblieben, so wird man ihn fühlen können. Die durch Ausweitung der hinteren Wand des Leistencanals nach der Beckenhöhle vorgedrängte Geschwulst wird man bei mageren Subjecten und nicht gespannter Bauchwand über dem Schambeine durchfühlen können, bei fetteren Subjecten und Auftreibung des Unterbauchs wird man aber dieselbe kaum in der Chloroformnarkose zu ermitteln im

Stande sein. Bei Schenkelbrüchen wird vielleicht der Schenkel nach innen, nach dem *Foramen ovale* zu unter der Haut Spannung und Empfindlichkeit wahrnehmen lassen, immer wird man unter dem Poupart'schen Bande den stielartigen Bruchsackhals des eingeklemmten Bruchs durch das Gefühl erkennen.

Die Diagnose ist bei Leistenbrüchen, wenn nicht durch Complication mit Hydrocele oder durch mit dem Bruchsacke verwachsene Netzstränge, wie in Pitha's Fällen, die Untersuchung behindert ist, nicht besonders schwierig. Eine Unterscheidung von incompleter Massenreduction ist nicht immer möglich, was auch gleichgiltig erscheint, denn die Ueberzeugung, dass der Bruch nicht wirklich reponirt sei, gewinnt man bald. Die Diagnose bei Schenkelbrüchen ist ungleich schwieriger, Callisen würde vielleicht nicht operirt haben, wenn er nicht eine geschwollene Lymphdrüse im vorderen Schenkelringe fühlte, und Pitha bekennt, er würde, wenn er nicht den Umfang der Hernie vor der anscheinenden Reduction gekannt hätte, die Operation nicht gewagt haben.

Bei der Behandlung werden die Versuche, den Bruch durch Husten- und Pressbewegungen von Seiten des Patienten wieder zum Vorschein zu bringen, wohl gemacht werden können, sie werden indessen gewöhnlich misslingen, da der Bruch eben nur allmälig, nach lang fortgesetztem Drucke und nach vielfachem Wiederzurückfallen endlich zurückgewichen ist, und es stellt in dieser Beziehung der von mir referirte Fall eine Ausnahme dar. Bei heftigen Symptomen der Brucheinklemmung wird man ungesäumt zur Operation schreiten. Man wird bei derselben den vorderen Leistenring bloslegen und einschneiden, den Bruchsack, wenn er vorliegt, vorziehen und ihn eröffnen. Die Auflösung der Einklemmungsstelle in dem oft hochliegenden, mit dem inneren Leistenringe zurückgedrängten Bruchsackhalse verursacht zuweilen Schwierigkeit und macht die weitere Spaltung der vorderen Wand des Leistencanals nöthig, eben so erschweren Netzstränge, Pseudoligamente die Operation. Bei Schenkelbrüchen muss man behutsam den äusseren Schenkelring bloslegen, um zu dem Bruchsackhalse neben dem *Lig. Gimbernati* zu gelangen, von wo man aus dann den Bruch nach innen weiter verfolgen und bloslegen kann.

Wenn wir nur wenige Beispiele dieser Art der Scheinreduction haben vorführen können, so glauben wir schon aus dem Umstande, dass ein Chirurg dieselbe vier Mal beobachtet hat, den Schluss ziehen zu dürfen, dass dieselbe gar nicht selten vorkommen möge, auch hat sie Birkett neuerdings erwähnt, ohne indessen Beispiele von derselben zu geben. —

Zweite Art der Scheinreduction:

Mehr oder weniger vollständige Verdrängung zwischen Fascia transversa und Musculus transversus.

Erst in neuster Zeit sind einige Beispiele veröffentlicht worden, aus welchen hervorgeht, dass durch gewaltsame Taxis die *Fascia transversa* am inneren Leistenringe abgetrennt und dadurch ein Zwischenraum gebildet werden könne, in welchen sich die Hernie vollständig oder zum grössten Theil lagert.

Hartung *(Deutsche Klinik 43, 1856)* beschreibt unter dem Titel „Taschenbildung bei eingeklemmten Leistenbrüchen" folgende 2 Beispiele, die er zu beobachten Gelegenheit hatte.

1. Im Februar 1844 wurde Verfasser zu einem jungen kräftigen Mann gerufen, der seit längerer Zeit wegen Leistenbrüchen ein doppeltes Bruchband getragen hatte. Der linke Bruch war zurückgetreten, der rechte bildete eine kleine Geschwulst, die sich leicht zurückbringen liess, aber immer wieder von Neuem vorfiel. Patient referirte, dass er schon öfters diesen Bruch mit ziemlicher Gewalt habe zurückschieben müssen, und dass er auch diesesmal schon mehrfache Repositionsversuche gemacht habe. Da die Zeichen der Einklemmung stark ausgeprägt waren, schritt Verfasser zur Operation. Nach Eröffnung des Bruchsacks liess sich die vorliegende Darmschlinge ohne Schwierigkeit zurückbringen. Der eingeführte Zeigefinger fand den Leistencanal weit, kurz und ziemlich gerade von vorn nach hinten gerichtet, er war frei und hinter ihm lagen Darmschlingen. Am folgenden Morgen hatten sich die Zufälle der Einklemmung gesteigert und in der Tiefe der rechten Leistengegend war die Empfindlichkeit beim Druck gross. Nach abgenommenem Verbande drang der Zeigefinger leicht durch den freien Leistencanal und das Nagelglied desselben konnte vor und zwischen den Darmschlingen hinter jenem nach allen Richtungen hin frei bewegt werden. Nach längerem Untersuchen stiess endlich die Fingerspitze nach hinten auf eine pralle häutige Wand und erreichte in der Richtung nach dem Nabel zu eine rundliche Oeffnung, welche ein Darmstück ziemlich eng umschloss. Verfasser führte jetzt auf dem linken Zeigefinger ein geknöpftes Bruchmesser ein, brachte den Knopf desselben hinter den obern Rand der gedachten Oeffnung und schnitt diesen an zwei Stellen ein. Nach Ausziehung des Messers erfasste Verfasser mit dem hakenförmig gekrümmten Finger den äusseren Rand der eingekerbten Oeffnung und zog sie abwärts; ein lautes Gurren machte sich bemerklich, der Darm glitt durch die erweiterte Oeffnung zurück, und es zeigte sich nun, dass die Darmschlingen ausserhalb der Bauchhöhle gelegen hatten, erst jetzt in die Bauchhöhle zurückgebracht worden waren, und dass die Oeffnung der Membran nun an der hinteren Fläche der Bauchwand lag und kein freier Raum zwischen der Bauchwand und dieser Membran mehr bestehen konnte. Die Heilung erfolgte langsam, aber vollständig. —

2. Ein 70jähriger ziemlich kräftiger Fabrikarbeiter wurde den 4. Februar 1856 mit Durchfall und Erbrechen in das Maria-Hilf-Hospital gebracht. Ruhe, Wärme und die gewöhnlichen Mittel brachten bald die gewünschte Wirkung hervor, und der Patient schien den 16. Februar hergestellt, als in der Nacht wiederum Erbrechen eintrat; auch diesesmal wurde das Erbrechen gestillt, allein es kehrte am 19. Februar

wieder und wurde in der Nacht kothig. Jetzt erst gestand Patient, dass er seit 20 Jahren einen linkseitigen Leistenbruch besitze und ein Bruchband getragen habe. Bei der Untersuchung zeigte sich der linke Leistencanal frei, liess den Finger bequem eindringen; der mässig aufgetriebene Unterleib schmerzte beim Druck namentlich in der unteren Hälfte. Die Harnblase war sehr ausgedehnt, angefüllt und der Patient liess starken Priapismus wahrnehmen. Ueber dem queren Aste des linken Schambeins wurde in der Tiefe eine wenig schmerzhafte Geschwulst gefühlt, die mit der Spitze des in den Leistencanal gebrachten Fingers etwas deutlicher erkannt werden konnte. Verfasser nahm eine Einklemmung durch den inneren Leistenring an und schritt sofort zur Herniotomie. Nachdem eine Hautfalte über dem vorderen Leistenringe durchschnitten worden war, konnte man mit dem Finger in den Leistencanal eingehen und am hinteren Ende desselben eine pralle, convexe, aber nicht zu umschreibende Geschwulst fühlen. Es wurde nun der obere Schenkel des *Obliqu. ext.* nach oben durchgeschnitten, worauf die Geschwulst sofort hervortrat. Nach Trennung einiger dünnen Schichten Bindegewebe wurde der Bruchsack gespalten, der Finger konnte jetzt tiefer eindringen, mehrere Darmwindungen nach allen Richtungen hin umschreiben, die in der freien Bauchhöhle zu liegen schienen. Endlich stiess der Finger nach hinten auf eine quergespannte Membran, die das weitere Vordringen aufhielt, und bei genauerer Untersuchung wurde in derselben eine ringförmige Oeffnung ermittelt, welche den Darm so fest umschloss, dass die Fingerspitze nicht eindringen konnte. Um die Gewissheit zu erlangen, dass die hintere Oeffnung der Bauchring sei, brachte Verfasser eine Knopfsonde ein, die auch leicht durchdrang und sich frei in die Tiefe führen liess. Jetzt ging Verfasser nochmals mit dem beölten Zeigefinger ein, schützte durch diesen den Darm und brachte auf ihm ein geknöpftes gerades Bruchmesser ein, mit welchem er den Ring nach oben an zwei Stellen kerbte. Nach Zurückziehung des Messers gelang es leicht, die Darmwindungen durch den erweiterten Bauchring in die Unterleibshöhle zu reponiren. Es trat sogleich die *Fascia transversa* an die hintere Fläche der Bauchwand d. h. an den *Musc. transv.*, und man konnte nun den von ihr gebildeten Bauchring leicht erreichen und mit dem Finger in die Bauchhöhle dringen. Nach der Operation wurde ein leichter Compressivverband angelegt. Das Erbrechen hörte auf, allein die normale Wärme wollte sich nicht wieder einstellen. Am folgenden Morgen war der Durst gross, der Leib sehr schmerzhaft. Blutegel und Breiumschläge besserten den Zustand nicht, die Kräfte sanken und der Kranke starb am dritten Tage nach der Operation. Der Priapismus hatte fortbestanden und war selbst noch an der Leiche bemerkbar. — Die Section ergab Folgendes. Die Harnblase war sehr ausgedehnt und voll von Urin; die Därme lagen frei in der Bauchhöhle; ein 1' langes Stück Dünndarm in der Nähe des linken Bauchrings war stark geröthet, dabei aber fest und durchaus nicht brandig. In der Bauchhöhle wurde kein Extravasat gefunden. Nach Spaltung des linken Leistencanals zeigte sich zwischen *M. transvers.* und *Fascia transv.* eine Höhle, die etwa 2'' im längsten Durchmesser hatte, quer hinter der Spalte der Fasern des *M. obliqu. int.* und *transv.* lag und von vorn nach hinten ohne Zerrung sich $1^1/_2$'' weit ausdehnen liess, so dass sie bequem ein Hühnerei fassen konnte. Die Höhle war mit Bauchfell ausgekleidet, welches durch die äussere Grube der *Fasc. transv.* nach vorn gedrungen war und durch die Umbiegung den sonst dünnen Rand der ringförmigen Oeffnung der *Fascia transversa*, besonders an der *Plica epigastrica* derb und fest gemacht hatte. Der Leistencanal führte also nicht direct in die Bauchhöhle, sondern erst in eine durch Ablösung der *Fasc. transv.* entstandene Tasche. Die vordere Wand dieser Tasche bestand aus Bauchfell und Theilen des *M. obliqu. ext.*, *intern.* und *transversus* mit dem offenen Leistencanale, die hintere Wand wurde durch Bauchfell und *Fascia transv.* mit dem offenen Bauchringe gebildet. Nach innen erstreckte sich die Tasche bis nahe an die *Chorda umbilicalis*, nach aussen bis jenseits des äusseren Randes des Bauchrings, nach oben und unten etwas über und unter den Rand des Bauchrings. —

Derselbe *(Deutsche Klinik 20. 1858)* referirt einen ähnlichen Fall bei einer Frau. Eine 72jährige Frau hatte seit 5 Jahren einen rechtseitigen Leistenbruch, der durch ein Bruchband zurückgehalten wurde. Beim Heben eines Kindes trat der Bruch trotz dem Bande vor, die Frau liess aber das Band liegen. Weil Schmerz und Erbrechen sich einstellte wurde nach zwei Tagen ein Arzt geholt. Dieser fand, dass die Bruchgeschwulst durch eine quere Einschnürung in eine obere und untere getheilt sei, von welchen die letztere sich etwas zurückschieben liess, während die erstere allen Repositionsversuchen widerstand. Am folgenden Tage wurde die Kr. in das Hospital gebracht und Nachmittags daselbst operirt. Zwei Geschwülste waren nicht vorhanden. Nach Eröffnung des Bruchsacks zeigte sich vor dem vorderen Leistenringe eine braunrothe Darmschlinge, die nach gemachtem Einschnitte durch den Leistencanal zurückgeschoben wurde, auffallenderweise aber bei jeder Bewegung der Patientin wieder vorfiel. Das Erbrechen liess nicht nach, der Puls sank und die Patientin starb einige Tage nach der Operation. Die Section, welcher Verfasser beiwohnte, ergab Folgendes. Die Eingeweide in der *Regio hypogastr. dext.* erschienen etwas geröthet, sonst normal, durch den rechten hinteren Leistenring trat eine Dünndarmschlinge nach vorn. Der durch den Leistenring eingeführte Finger gelangte in eine Höhle hinter dem Leistencanale, deren Inhalt Darm war und in welcher die Fingerspitze frei sich herumbewegen liess. Als nun von dem hinteren Leistenringe aus ein Schnitt durch das Bauchfell und die *Fasc. transversa* nach oben und innen geführt wurde, ergab sich, dass die *Fascia transversa* von der hinteren Fläche des *Musc. transv.* getrennt und durch die Trennung zwischen beiden eine Höhlung oder Tasche gebildet worden war, worin eine Darmschlinge steckte. Die Darmschlinge war leicht verklebt, zusammengefallen, dunkelroth und hatte verdickte Wände, während der Darm hinter dem hinteren Leistenringe ausgedehnt und etwas geröthet war. Die Darmschlinge in der Tasche war 4" lang und wurde von dem hinteren Leistenringe ziemlich festgehalten. Die Breite der Tasche betrug $1\frac{1}{2}$", die Höhe 2", sie erstreckte sich weiter nach innen als nach aussen und ging an der rechten Seite des geraden Bauchmuskels in die Höhe. An der vorderen Wand der Tasche befand sich der offne Leistencanal, an der hinteren Wand der offene hintere Leistenring, dessen unterer Rand auffallend hart und dick war.

Schon früher hat ein jedenfalls hierher gehöriges Beispiel Veiel in Cannstatt *(Würtemb. med. Correspondenzbl. 1834, p. 39)* beschrieben, obgleich der Sectionsbefund nicht ganz klar erscheint.

Ein 58jähriger Mann zog sich in Folge einer Erkältung eine entzündliche Einklemmung eines rechtseitigen Leistenbruchs von der Grösse einer Wallnuss zu. Die Taxis gelang nach 10 Stunden im Bade. Es folgte Erleichterung, Schlaf, aber kein Stuhl. Nach 6 Stunden trat abermals Erbrechen ein und der Leib fing an, sich aufzutreiben. 16 Stunden nach der Taxis starb der Patient. — Section. Der grösste Theil der Därme war mit einem käsigen Exsudate bedeckt; im inneren Leistenringe war eine Ileumschlinge so fest eingeklemmt, dass es einige Mühe kostete, sie vorzuziehen Bei der genauen Untersuchung war keineswegs der Bruchsackhals der einschnürende Theil, sondern die *Fascia transversalis* an der Stelle, wo sie sich mit dem Rande des geraden Muskels verbindet, und zwar in der Art, dass sich die Darmschlinge nach innen unter die *Fascia transv.* geschoben und diese in die Höhe gedrückt hatte. Die

Einklemmung entstand dadurch, dass der Saum der zurückgedrängten Fascie die Darmschlinge gewissermaassen niederdrückte. —

Ganz neuerdings finden wir ein Beispiel von Richet.

Richet *(Gaz. des Hôp. 2, 1863).* Ein 47jähriger Mann mit einer seit 24 Jahren bestehenden Leistenhernie, die stets von einem stark drückenden Bruchbande zurückgehalten wurde und seit langer Zeit nicht vorgefallen war, merkte eines Morgens, nachdem er geniest hatte, dass sein Bruch unter dem Bruchbande wie ein Ei vorgetreten sei, auch vermochte er trotz aller Mühe denselben nicht zurückzubringen. Ein hierzu gerufener Arzt versuchte ebenfalls vergeblich die Taxis. Richet, zu Hilfe gerufen, chloroformirte den Patienten und brachte endlich nach 3/4 Stunde unausgesetzten Drucks den Bruch plötzlich zurück. Der Patient hatte eine Stuhlentleerung, aber die Schmerzen im Leibe nahmen zu, und als R. am folgenden Tage den Patienten sah, hatte er Erbrechen und einen kleinen schnellen Pulsschlag. Der Leistencanal war frei, man konnte 2 Cmtr. weit eindringen, ohne eine Vorlagerung zu fühlen. Es wurde ein Bad, Cataplasmen, Quecksilbersalbe mit Belladonnaextrakt und ein Abführmittel verordnet. Den folgenden Tag liess sich Patient in das Hôpital St. Louis schaffen. Die Gesichtszüge waren entstellt, der Leib aufgetrieben, man fühlte im Leistencanale eine Darmschlinge. R. schritt zur Operation. Nachdem der Bruchsack blosgelegt und aufgeschnitten war, zeigte sich eine gangränöse Darmschlinge, der Finger fühlte nach dem inneren Leistenringe zu eine Einschnürung im Bruchsackhalse, die kaum den Fingernagel einliess. Nach dem Débridement wurde die Darmschlinge etwas vorgezogen, und da R. die Ueberzeugung gewann, dass sie vollständig brandig sei, trug er sie ab und legte einen künstlichen After an. Der Patient starb einige Stunden nach der Operation. Die Section zeigte, dass die *Fascia transversalis* um den inneren Leistenring herum, sammt dem letzteren zurückgedrängt war; eine brandige Darmschlinge stack im inneren Leistenringe. zog man am Mesenterium der Darmschlinge, so löste sich die *Fascia transversalis* und wölbte sich nach hinten, zog man am Bruchsacke und Darmreste, so wurde nicht nur die *Fascia transversa* herabgezogen, sondern der abgetrennte innere Leistenring stieg sogar in den Leistencanal herab. — In diesem Falle hatte gewaltsamer Druck den inneren Leistenring abgedrängt und die Bruchgeschwulst unter die losgelöste *Fascia transversa* verschoben, deswegen schien die Taxis gelungen.

In diesen 5 Fällen, von welchen vier bei Mannspersonen, einer bei einem Frauenzimmer vorkamen, sass die Einklemmung am inneren Leistenringe, und der Leistenring war mit der *Fascia transversa* zurückgedrängt worden, wölbte sich nach der Bauchhöhle hin vor, erhob das Peritonäum und bildete mit der Fascie die hintere Wand einer Cavität, in welcher entweder der ganze Bruchsack mit seinem Inhalte (Veiel, Hartung) oder der obere ausgestülpte Theil des Bruchsacks mit dem grössten Theile des Inhalts lag. Das Zustandekommen der Ab- und Zurückdrängung der *Fascia transversa* mit dem inneren Leistenringe und die Zwischenlagerung des Bruchsacks wird folgendermaassen erklärt. Durch gewaltsame Repositionsversuche wird der durch den inneren Leistenring eingeklemmte Bruch gegen die hintere Wand des Leistencanals angedrängt, welche endlich von der Bauchwand sich loslöst und eine Spalte, einen Zwischenraum lässt, in welchen sich der verschobene Bruch lagert. Eine solche Abtrennung der *Fascia transversalis* durch die gegen den inneren Leistenring gepresste Bruchgeschwulst kann nur unter Abreissung und Zerreissung zu Stande kommen. Wenn wir bedenken, dass die *Fascia transversa* durch Ausstülpung den inneren Leistenring bildet und dann als *Tunica vaginalis communis* den Samenstrang umhüllt, so kann der Bruchsack mit seinem Inhalte nur durch einen Riss der *Tunica vaginalis communis* in den erwähnten Fällen durchgetreten sein und in dem Falle von Richet ist auch die Abreissung des inneren Leistenrings besonders hervorgehoben. Die Abtrennung der *Fascia transversa,* die meist nach innen und oben stattfindet, setzt eine nicht zu feste Verbindung mit den musculösen und aponeurotischen Gebilden voraus; ist die *Fascia transversa* fest und innig mit dem Muskel verschmolzen, so findet eine Ablösung nicht statt, doch kann der innere Leistenring, wie Pitha's oben referirte Fälle zeigen, nach aussen zurückgedrückt, die hintere Wand des Leistencanals so ausgedehnt werden, dass der Canal eine faustgrosse Hernie aufzunehmen vermag.

Hat Scheinreduction nach Abtrennung der *Fascia transversa* stattgefunden, so sind häufig gar keine Zeichen vorhanden, welche nur irgend welchen Aufschluss gäben. Der Leistencanal wird erweitert gefunden, man kann mit dem Finger die Scrotalhaut einstülpen, ohne auf eine Spur der Vorlagerung zu stossen. Da die verdrängte Bruchgeschwulst die *Fascia transversa* nach der Bauchhöhle zu vorwölbt, so fühlt man von aussen her in der Gegend des inneren Leistenrings keine Geschwulst, sobald der Umfang der theilweise oder ganz verdrangten Hernie nicht bedeutend ist; war dagegen die verdrängte Partie umfänglich, so wird man zum mindesten eine Auftreibung oder Spannung wahrnehmen. War die ganze Bruchgeschwulst verdrängt worden, so wird man die Theile, in welche der Bruchsack eingebettet war, schlaff und eingesunken fühlen. War nur der Bruchinhalt mit dem oberen seitlichen Theile des Bruchsacks verschoben worden, so wird man wohl den leeren Bruchsack fühlen können. Ist eine Darmschlinge in dem Bruchsacke zurückgeblieben, so wird es leicht gelingen, dieselbe zurückzudrücken, sie wird aber ohne gurrendes Geräusch zurückweichen und bald wieder vorfallen. Wenn es sich nun auch aus den angegebenen Zeichen auf eine Ablösung der *Fascia transversa* und Zurückdrängung der Bruchgeschwulst nicht schliessen lässt, so werden wir doch aus denselben die Ueberzeugung gewinnen können, dass die Einklemmung nicht gehoben ist, dass eine Verdrängung der Bruchgeschwulst stattgefunden habe und der Sitz der Einklemmung höher oben gesucht werden müsse.

Aber auch bei der Herniotomie kann Täuschung vorfallen, wie der dritte Fall Hartung's und der Fall Richet's zeigt. Nachdem der vordere Leistenring blosgelegt, der Bruchsack eröffnet ist, und die Spitze des eingebrachten Fingers hinter dem Leistencanale Darmschlinge fühlt so kann dies zu der Annahme verleiten, als lägen diese Darmschlingen in der Bauchhöhle. Lässt man sich aber nicht abhalten, sorgfältig nach der Einklemmungsstelle zu suchen, erweitert man demzufolge die Operationswunde und führt die Fingerspitze hinter dem Leistencanale herum, so wird man nach innen und oben, wie Hartung in seinen zwei ersten Fällen, auf eine quer gespannte Membran mit einer Oeffnung stossen, in welcher man den eingeklemmten Darm fühlt. Man kann jetzt allenfalls die Abtrennung der *Fascia transversa* mit dem inneren Leistenringe vermuthen, man erhält aber die Bestätigung, wenn man den fibrösen Ring einkerbt, die Därme vorzieht und dann reponirt, wonach man fühlt wie der frei gewordene Leistenring mit der *Fascia transversa* der Bauchwand sich wieder angelegt hat. —

Dritte Art der Scheinreduction:

Durch Verdrängung der Bruchcontenta in ein Divertikel des Bruchsacks vor der Fascia transversa oder Liegenbleiben eines Theils des Bruchinhalts in demselben bei der Taxis.

Wenn wir in dem vorhergehenden Abschnitte gezeigt haben, dass bei Einklemmung durch den inneren Leistenring die Gewalt der Taxis die *Fascia transversa* um den inneren Leistenring herum abtrennen und den Bruchsack sammt den Contentis mehr oder weniger vollständig zwischen *Fascia transversa* und *Musc. transversus* dislociren könne, wollen wir jetzt Fälle anführen, welche darthun, dass auch auf allmälige Weise die *Fascia transversa* am inneren Leistenringe abgetrennt und so weit zurückgeschoben werden kann, dass sie eine divertikelartige Ausstülpung des Bruchsacks bedeckt, welche, wenn in dieselbe vorgefallener oder eingeklemmter Darm gedrängt wird, zur Scheinreduction Veranlassung giebt.

Joseph Engel *(Oesterreichische medizinische Wochenschrift 1841, Nr. 94)* beschreibt unter dem Namen *„Herniae tunicae vaginalis communis"* folgende zwei bemerkenswerthe Fälle:

1. Bei einem Manne, der vor einigen Jahren wegen einer im vorderen Leistenringe eingeklemmten Scrotalhernie operirt worden war, und bei welchem die Herniotomie einen so guten Erfolg gehabt hatte, dass seit dieser Zeit keine Vorlagerung mehr eintrat und der Patient völlig geheilt erschien, stellten sich mit den Erscheinungen einer heftigen Peritonitis jene einer inneren Darmincarceration ein. Die Operation wurde verweigert. Bei der Section fand sich die vordere Leistenspalte mit den allgemeinen Decken ziemlich fest verwachsen und dadurch verengert. Der in den Canal der *Tunica vaginalis communis* eingeführte Finger traf im ganzen Leistencanale auf keine vorgelagerte Darmpartie, nur im hinteren Theile, vor dem hinteren Leistenringe, gelangte man in eine faustgrosse, wie ein Beutel nach abwärts hängende Ausbeugung der allgemeinen Scheidenhaut, welche den Bruchsack und mit diesem eine

fast 4" lange Dünndarmschlinge aufgenommen hatte. Letztere war durch die hintere Leistenöffnung ein- und ausgetreten und dort so fest incarcerirt, dass man keine Sonde zwischen Darm und Leistenring einschieben konnte. Der Bruchsack enthielt ausserdem eine Unze eitriges Exsudat. —

Verfasser glaubt in diesem Falle als gewiss annehmen zu können, dass bei der vor einigen Jahren gemachten Herniotomie die Incarceration zwar gehoben worden und die Reposition der Darmschlinge bis nahe zum hinteren Leistenringe gelungen sei, dass aber die Darmpartie, dort liegen bleibend, allmälig sich nach abwärts gesenkt habe.

2. Der Patient kam unter den Erscheinungen einer incarcerirten Hernie in das Hospital. Nach der Richtung des Samenstrangs rechterseits bestand eine elastische, sehr schmerzhafte Geschwulst, die für eine äussere Leistenhernie imponirte. Bei der Operation fand man einen leeren Bruchsack; man glaubte, die Theile bereits reponirt zu haben und schloss die Oeffnung. Die Erscheinungen der Einklemmung währten fort; der Patient starb. Die Section gab ganz ähnliche Resultate, wie die eben angegebenen; auch hier schien die consecutive Lageveränderung auf dieselbe Weise entstanden zu sein. —

Verfasser giebt noch folgende Erläuterungen. Die *Fascia transversa* stülpt sich als *Tunica vaginalis communis* des Samenstrangs aus und die sogenannten äusseren Leistenhernien senken sich in diesem Canale zum Hoden herab; die Stelle, wo die Fascie sich aussstülpt, heisst hinterer Leistenring. Es geschieht nun zuweilen, dass eine Darmschlinge nach dem Durchgange durch diese Oeffnung unmittelbar vor derselben liegen bleibt, sich allgemach an der hinteren Seite der vorderen Bauchwand bis zur hinteren Gegend des *Foramen obturatorium* nach abwärts senkt und dadurch ein Stück der *Tunica vaginalis communis* beutelförmig mit sich zieht. Der herniöse Sack liegt in dieser beutelförmigen Ausstülpung der *Tunica vaginalis communis* zwischen Peritonäum und *Fascia pelvis*, wo diese den *Musc. obturator. int.* überzieht und besitzt zwei Ausgänge nach oben: den hinteren, wo die Darmpartien ein- und austreten — den hinteren Leistenring, dann den vorderen, den fortgesetzten *Canalis tunicae vaginalis c.* Bei diesen Brüchen laufen die Samengefässe an der hinteren, die *Art. epigastrica* an der unteren, dann aber hinteren Seite der Vorlagerung. Die Einschneidung der einklemmenden Leistenöffnung nach auf- und auswärts ist mithin ganz gefahrlos.

Verfasser fügt noch einen dritten ähnlichen Fall hinzu, den Rokitansky an der Leiche gesehen zu haben sich erinnert und der in Bezug auf die Richtung der Divertikelausstülpung und wahrscheinlich auch in Bezug auf die Entstehung etwas abweicht.

Es hatte sich eine Darmschlinge vor dem inneren Leistenringe so nach aufwärts begeben, dass sie zwischen dem *M. transversus* und der *Fascia transversa* der vorderen Bauchwand lagerte und den Anfangstheil der *Tunica vaginalis communis* mit sich gezogen hatte. Auch hier hatte eine Incarceration im inneren Leistenringe stattgefunden, in deren Folge der Tod des Patienten eintrat. — Die Incarceration scheint nach Verfasser um so leichter bei diesen Vorlagerungen sich ereignen zu können, da der Bruchsack unter einem rechten oder spitzen Winkel am hinteren Leistenringe sich knicken muss, um an die bezeichnete Stelle zu gelangen.

Die Entstehung solcher Bruchsackdivertikel bei Leistenhernien hat Engel nur angedeutet, sie scheinen dadurch sich zu bilden, dass in Folge einer entzündlichen Verengerung am vorderen Leistenringe nach der Herniotomie, oder auch in Folge des Drucks eines Bruchbands, welcher den vorderen Leistenring und Canal zudrückt, der vorfallende Darm nur in den inneren Leistenring eintreten, sich aber nicht im Canale abwärts senken kann. Wird nun der vorgedrängte Darmtheil, ohne gerade Einklemmung zu erleiden, behindert zurückzutreten, dehnt er sich aus, so wird er den Bruchsack dicht vor dem inneren Leistenringe ausdehnen und die Ausdehnung wird nach der Richtung hin erfolgen, wo der geringste Widerstand ist. Der allmälige Druck weitet mit dem Bruchsacke natürlich auch die *Tunica vaginalis communis* aus, und so entsteht endlich durch oftmaliges Eintreten des Darms und Verweilen die Divertikelausstülpung des Bruchsacks mit der *Tunica vaginalis communis.* Als nothwendig zur Entstehung muss auch noch ein inniges Zusammenhängen oder Verwachsensein des Bruchsackhalses mit dem inneren Leistenringe vorausgesetzt werden. Ist das Divertikel einmal gebildet und drängt sich eine Darmpartie in dasselbe, so wird es leicht zur Einklemmung kommen, weil der Darm, wie Engel richtig hervorgehoben hat, nur unter winkliger Knickung in das Divertikel eindringen kann. Eine solche nur in das Divertikel eingedrungene und eingeklemmte Darmpartie wird sich schwer durch die Untersuchung nachweisen lassen, und Scheinreduction kann sie nicht veranlassen. Diese letztere wird nur herauskommen, wenn eine Darmpartie beim Vorfallen statt in das Divertikel in den Bruchsack des Leistencanals dringt; tritt nun Einklemmung am inneren Leistenringe auf, so wird die Taxis den Darm im Leistencanale, statt in die Bauchhöhle, in das Divertikel reponiren. Ebenso wird, wenn gleichzeitig Darmpartien in das Divertikel und in den Bruchsack sich gedrängt haben, die Taxis leicht blos die Partie im Leistencanale zurückbringen, während die Partie im Divertikel zurückbleibt. Die Einklemmung befindet sich am inneren Leistenringe, vielleicht auch an der Einmündungsstelle des Divertikels in den Bruchsack.

Da die Fälle Engel's hauptsächlich in pathologisch-anatomischer Beziehung geschildert sind, während wir über die Anamnese, die Krankheitserscheinungen und die Behandlung nur wenig erfahren, so ist es zweifelhaft, ob überhaupt in den gedachten Fällen eine Scheinreduction stattgehabt hat. Ob in dem ersten Falle Darm im Bruchsacke gelegen und in das Divertikel zurückgeschoben worden sei, ist nicht angegeben; im zweiten Falle, wo es zur Operation gekommen war, hatte man durch den leeren Bruchsack im Leistencanale und durch die nach hinten gefühlten Darmpartien sich täuschen lassen und eine Reduction in die Bauchhöhle angenommen. Auch in dem Falle von Rokitansky erfahren wir nicht, ob Scheinreduction stattgefunden habe. Wir haben dessenungeachtet die Divertikelbildung eingehender besprochen, weil dieselbe, wie wir gezeigt zu haben meinen, zu Scheinreduction sehr wohl Anlass geben kann, und weil wir mit Engel der Ansicht sind, dass derartige Divertikel nicht gar zu selten getroffen werden. Ich selbst fand vor sieben Jahren bei der Section einer bejahrten Frau, die am Typhus gestorben war, ein daumgliedgrosses Divertikel, welches dicht vor dem rechten inneren Leistenringe nach dem *Foramen obturator.* sich abwärts senkte; im Leistencanale lag ein cylindrischer Bruchsack, der äussere Leistenring war verschlossen; der innere Leistenring war mit dem Bruchsackhalse so fest verwachsen und geräumig, dass man mit dem Zeigefinger bequem eindringen konnte. Laforgue zu Toulouse *(L'Union 60, 1857)* hat einen Fall beobachtet, in welchem er bei der Operation ein Divertikel mit Darm fand, welches dicht vor dem inneren Leistenringe nach innen abging, der Bruchsack im Leistencanale enthielt Netz, die Einklemmungsstelle befand sich am inneren Leistenringe.

Man wird an eine Divertikelbildung denken können, wenn bei Scrotalbrüchen, die operirt wurden, und dann nicht mehr vortraten, oder bei Brüchen, die mit einem Bruchbande zurückgehalten wurden, Einklemmungserscheinungen auftreten und wir den vorderen Leistenring eng oder verschlossen fühlen, wenn wir nur im Leistencanale eine Vortreibung wahrnehmen, die sich zurückdrücken lässt, oder wenn wir in der Gegend des inneren Leistenrings eine Auftreibung erkennen. Eine Diagnose ist erst möglich nach Spaltung des Bruchsacks im Leistencanale und Einführung des Fingers bis zum inneren Leistenringe. Behalten wir die Divertikelbildung im Gedächtnisse, so werden wir auch bei der Herniotomie in den Fehler nur verfallen, die in dem Divertikel liegenden Darmpartien als in die Bauchhöhle reponirte zu betrachten, wir werden nach dem inneren Leistenringe suchen, der allerdings zurückgedrängt sein kann. Durch Einführung des Fingers, wenn es nöthig sein sollte, Vorziehung des Darms und Einleitung des Fingers neben demselben, werden wir zu den Wandungen des Divertikels und zu dem einklemmenden inneren Leistenringe gelangen. —

Vierte Art der Scheinreduction:
Bei übereinander- und nebeneinander liegenden Bruchsäcken.

Obgleich über- und nebeneinander liegende Bruchsäcke nicht selten vorkommen und eben auch bei Vorhandensein derselben nicht selten Brucheinklemmungen auftreten, so geben sie doch nur äusserst selten zu Scheinreduction Veranlassung. Da die Scheinreductionen sich hier auf verschiedene Weise ereignen, so könnten wir wohl mehrere Arten von Scheinreductionen aufstellen und erörtern, wir ziehen aber der wenigen hierher gehörigen Fälle halber vor, diese verschiedenen Arten in einem Abschnitte zusammenzufassen.

Die übereinander- und nebeneinander liegenden Bruchsäcke, die man fälschlicherweise auch doppelte Bruchsäcke genannt hat, haben das miteinander gemein, dass sie aus einer Bruchpforte heraustreten, stets miteinander communiciren. Schon Arnaud und nach ihm Horn, Sandifort u. A. haben die übereinander liegenden Bruchsäcke beschrieben. Scarpa nennt sie tiefe rinnenförmige, circuläre Einschnürungen des Bruchsackkörpers, Cloquet hat sie mehrmals und Dupuytren sehr häufig beobachtet. Es werden diese Bruchsäcke vorzugsweise bei Leistenbrüchen, bei erworbenen wie angeborenen Leistenbrüchen, gefunden und erst neuereings haben Demeaux, Gosselin und Canton dieselben auch bei Schenkelbrüchen gesehen. Diese übereinander liegenden Bruchsäcke entstehen meist dadurch, dass der Hals eines Bruchsacks, der sich in der Bruchpforte durch narbige Contraction ziemlich verengt hat und locker geworden ist, durch einen plötzlichen Andrang der Därme, welche einen starken Druck auf ihn ausüben, vielleicht auch durch gewaltsames Eindringen in den Bruchsack, wobei ein Zug auf den Bruchsackhals herauskommt, abwärts gedrückt, abwärts gezogen wird und dadurch das Bauchfell über dem tiefer gerückten Bruchsackhalse sich nun zu einem überliegenden Bruchsacke ausstülpt. Wenn der überliegende Bruchsack an der Bruchpforte abermals zum Bruchsackhalse sich contrahirt hat, und es erfolgt wiederum ein heftiger Andrang, so kann derselbe nochmals abwärts gedrückt werden und zu einer dritten überliegenden Bauchfellausstülpung Veranlassung geben. Es liegen also 2 oder 3 Bruchsäcke übereinander, die durch Oeffnungen miteinander communiciren, und der oberste Bruchsack mündet in die Bauchhöhle. Die Bruchsäcke haben, wenn sie angefüllt sind, die Form von einem Stundenglase oder sie gleichen 2 oder 3 aneinander gereihten Billardkugeln. Auf diese Entstehungsweise hat schon Arnaud aufmerksam gemacht und sie gilt für alle erworbenen Brüche, wo diese Bruchsackform wahrgenommen wird. Bei angeborenen Leistenhernien lässt sich die Formation der übereinander liegenden Bruchsäcke, wie Scarpa richtig angegeben hat, auch dadurch erklären, dass der offen gebliebene Scheidenfortsatz in der Gegend des äusseren Leistenrings sich verengt, ohne sich zu schliessen; doch kann auch hier die Verengerung der Scheidenhaut höher oben stattfinden, und die halsförmige Verengerung derselben durch Andrang von oben, wie der Bruchsackhals bei den erworbenen Brüchen, herabgedrückt werden. Bei den übereinanderliegenden Bruchsäcken wird bald der eine, bald der andere Sack geräumiger gefunden; die verengerten Hälse, durch welche die Säcke miteinander communiciren, können einzeln oder insgesammt Einklemmung der eingetretenen Darmpartien bewirken, wenn sie weit genug sind, um Darmpartien auf einmal durchzulassen. Solche doppelte und selbst dreifache Einklemmungen entstehen aber nicht auf einmal, sondern die Einklemmung des Darms erfolgt zuerst an der engsten Bruchsackeinschnürung und dieser primären Einklemmung gesellen sich dann später oder früher secundäre Einklemmungen in den anderen Bruchsackeinschnürungen bei. Ist nur in den obersten Bruchsack Darm eingedrungen und ist derselbe an der Bauchöffnung des Bruchsacks eingeklemmt worden, so wird durch die congestive Anschwellung der eingeklemmten Darmpartie bald reichliches Serum ergossen werden, welches in den unteren Bruchsack dringt und diesen erfüllt; man hat dann eine eingeklemmte Bruchgeschwulst und unter derselben eine der Hydrocele ähnliche Geschwulst vor sich. Dringt hingegen der Darm auch in den unteren Bruchsack und findet die Einklemmung an der Communicationsstelle des unteren Bruchsacks mit dem obern statt, so kann, wenn der obere Bruchsack geräumig ist und eine weite Bauchöffnung hat, während der untere Bruchsack nur klein ist, viel Darm in den oberen Bruchsack sich eindrängen und da der grösste Theil dieses Darminhalts durch Druck und unter Gurren nach der Bauchhöhle hin sich wird zurückdrücken lassen, kann man wohl an eine Reduction mit Beseitigung der Einklemmung trotz der unterliegenden kleinen irreponibeln Geschwulst glauben, zumal wenn diese beim Druck nicht besonders schmerzhaft ist und der Patient angiebt, seine Bruchgeschwulst sei nie vollständig zurückgegangen. Es kann sich aber auch zutragen, dass der in beide Bruchsäcke eingedrungene Darm in beiden Bruchsacköffnungen sich einklemmt, und dass man dadurch, dass man durch Taxis die Bruchcontenta aus dem unteren Bruchsacke in den oberen treibt, während die Einklemmung in der Bauchöffnung noch fortbesteht, die Hernie anscheinend zum Verschwinden bringt.

Obgleich ich nun von den zwei letztgenannten Arten der Scheinreduction bei übereinanderliegenden Bruchsäcken in der Casuistik der eingeklemmten Hernien Beispiele nicht habe auffinden können, so hege ich doch die Ueberzeugung, dass sie schon bereits vorgekommen sind.

Wenn bei übereinander liegenden Bruchsäcken durch fortwährendes

Eindringen nur in den oberen Bruchsack dieser constant ausgedehnt wird, so kann er bei seinem Wachsthum mit seinem Grunde über den kleinen unteren Bruchsack hinwegtreten und diesen vollständig verhüllen. Die Bruchsäcke liegen dann nicht mehr übereinander, sondern der untere Bruchsack liegt hinter dem oberen und die Communicationsöffnung beider Bruchsäcke befindet sich in der Mitte der hinteren Wand des oberen Bruchsacks. Dringt nun einmal zu einem solchen Falle eine kleine Darmpartie in den unteren, hinteren Bruchsack und klemmt sich ein, so wird ein grosser Theil des Darminhalts des vorderen Bruchsacks durch Druck sich reponiren lassen.

Demeaux *(l. c. p. 57)* führt einen von Bérard 1832 zu St. Antoine beobachteten Fall an, wo sich der sehr voluminöse, seit langer Zeit bestehende Leistenbruch nach aufgetretenen Einklemmungserscheinungen zum grossen Theil reponiren liess, bald aber wieder das alte Volumen erreichte. Der Hode konnte nicht gefühlt werden, der Leistencanal war sehr weit. Bei der später vorgenommenen Herniotomie fand man in dem geöffneten Bruchsacke nur leicht geröthete Darmschlingen, nach oben fühlte der Finger keine Incarcerationsstelle und doch liessen sich die Därme nicht ordentlich zurückbringen. Endlich entdeckte Bérard, dass der Darm an der hinteren Wand des Bruchsacks festhing und fand hier eine kleine ringförmige Oeffnung, welche ein Stück Darm abschnürte. Nach vorsichtiger Einsehneidung dieses fibrösen Rings, würde eine kleine mit Brandflecken bedeckte Darmschlinge vorgezogen. Bérard incidirte die Schlinge und befestigte sie an der Wundöffnung, es bildete sich ein *Anus artificialis.* Der Patient starb vier Wochen später an Bronchitis. Die Section zeigte, dass der hintere kleine Bruchsack nicht, wie man vermuthet hatte, von der Scheidenhaut gebildet wurde, sondern dicht unter demselben der Hode in seiner natürlichen Umhüllung lag.

Da in solchen Fällen die reponirten Därme bald wieder vorfallen, da immer noch eine ziemliche Bruchgeschwulst, die der Taxis nicht weicht, zurückbleibt, so kann, selbst wenn Patient versichert, sein Bruch sei nie ganz zurückgegangen, der durch die theilweise Reduction veranlasste Irrthum einer beseitigten Einklemmung, nicht lange obwalten.

Bildet bei übereinander liegenden Bruchsäcken die offen gebliebene Scheidenhaut den unteren Bruchsack, der mit dem Hoden herabgedrückt wurde, und entsteht darüber ein Bruchsack, so kann, wenn einmal im unteren, kleinen Bruchsacke eine Darmpartie sich einklemmt, dadurch, dass der grösste Theil des Inhalts des oberen Bruchsacks sich reponiren lässt und der untere Bruchsack für den geschwollenen Hoden angesehen wird, eine Täuschung bedingt werden, die zum Unglücke des Patienten zu lange obwaltet. Der nachstehende Fall von Collis *(Dublin Journ. XXXII. (64) p. 287)* giebt dazu den Beleg.

Ein ziemlich bejahrter Mann wurde im August 1861 in das Meath-Hospital gebracht; er hatte einen umfänglichen rechtseitigen Scrotalbruch, der sich seit 24 Stunden eingeklemmt hatte. Die Haut über der Bruchgeschwulst war geröthet, der Bruch sehr gespannt und empfindlich beim Druck. Die Percussion gab mit Ausnahme einer kleinen Stelle in der Mitte der Geschwulst einen dumpfen, leeren Ton der vordere

Leistenring war geräumig. Patient erzählte, er habe den Bruch erst vor 10 Monaten wahrgenommen und derselbe sei trotz dem sofortigen Anlegen eines Bruchbandes rasch gewachsen. Durch eine mässige Taxis wurde die Bruchgeschwulst unter deutlichem Gurren reponirt, es blieb im Scrotum eine harte, abgerundete Geschwulst zurück, der Samenstrang fühlte sich dicker an. Da Collis glaubte, er habe es mit einer Hodengeschwulst zu thun, so verordnete er Breiumschläge, gab innerlich Colomel mit Opium und liess mehrere Klystire appliciren, welche auch eine ziemlich copiöse Fäcalentleerung bewirkten. Patient fühlte sich erleichtert, das Erbrechen liess nach, das Aufstossen wurde seltener. Am folgenden Tage stellten sich plötzlich die heftigsten Schmerzen im Leibe ein, der Puls wurde fadenförmig, Collapsus trat auf und der Kranke starb. — Bei der Section zeigte sich, dass die für den angeschwollenen Hoden gehaltene Geschwulst aus einem Bruchsacke bestand, der mit dem Hoden eine brandige Darmschlinge enthielt, die Stelle der Einklemmung befand sich unterhalb des vorderen Leistenrings und stellte einen festen fibrösen Ring dar. Von dem Ringe aus kam man in den eben so grossen oberen Bruchsack, in welchem die Schenkel der eingeklemmten Darmschlinge neben einander lagen. Der innere Leistenring und Bruchsackhals waren weit. —

In diesem Falle war also eine angeborene Leistenhernie vorhanden gewesen, es hatte jedenfalls der Hode mit dem Bruchsacke in dem Leistencanale gelegen, war herabgedrückt worden und es hatte sich ein oberer Bruchsack gebildet. Die Section ist insofern etwas ungenau, als die Beschaffenheit des Hoden und Samenstrangs nicht bemerkt ist. Wäre Patient über die näheren Umstände eingehender befragt worden, hätte man wohl erfahren, dass der Hode nie im Hodensack früherhin gelegen habe, man würde die immerhin ansehnliche Geschwulst nicht für den geschwollenen Hoden angesehen haben, man würde durch das Messer sich Aufklärung verschafft haben. —

Was die nebeneinander liegendenden Bruchsäcke betrifft, bei welchen zwei erworbene Bruchsäcke, oder ein angeborener und ein erworbener Bruchsack neben einander liegen, so hat Demeaux den Mechanismus der Bildung derselben zuerst richtig angegeben. Die übereinander liegenden Bruchsäcke bilden sich, wie schon erwähnt, durch die Herabdrückung des ersten Bruchsacks in seiner Totalität, es wird vorausgesetzt, dass der Bruchsackhals des ersten Bruchsacks locker in der Bruchpforte liegt, oder nur leicht adhärirt. Hängt nun aber ein Bruchsack in seinem Halse mit der Bruchpforte nur an einer Stelle fest und innig zusammen, während $^3/_4$ seiner Circumferenz der Bruchpforte nicht adhärirt, so wird beim starken Andrang der Intestina von oben der Bruchsackhals nur an der Befestigungsstelle haften bleiben, der übrige Theil des Bruchsackhalses wird herabgedrückt werden und das Bauchfell wird zu einem zweiten Bruchsacke ausgestülpt werden, der nicht höher zu liegen kommt, sondern neben dem ersten sich herabsenkt. Dadurch, dass der an einer Stelle seiner Circumferenz haften bleibende Bruchsackhals des ersten Bruchsacks nur wenig herabgedrückt wird, geschieht es, dass nach der Ausstülpung des zweiten Bruchsacks ein trichterförmiger Hals sich bildet, der beiden Bruchsäcken zusammen angehört, so dass erst unterhalb dieser trichterförmigen Ausmündungsstelle in die Bauchhöhle jeder Bruchsack einen eigenen Eingang zeigt. Der zweite Bruchsack kann sich vor dem ersten, hinter demselben, oder auf der einen oder andern Seite ausstülpen. Der Bildungsmechanismus ist derselbe, mag nun neben einem erworbenen oder neben einem angeborenen Bruche ein zweiter Bruchsack sich vordrängen. Da die Bildung eines zweiten nebenliegenden Bruchsacks gewöhnlich erst dann zu Stande kommt, wenn der erste Bruchsack an seinem Halse ziemlich sich contrahirt und verengt hat, so bleibt beim Vordrängen der Därme der erste Bruchsack meist leer und die Därme dringen nur in den zweiten Bruchsack mit weiterer Mündung ein. Kommt es nun zur Einklemmung der vorgefallenen Darmpartie in der Mündung des zweiten Bauchsacks, so kann durch die Taxis eine Scheinreduction nicht wohl bewirkt werden. Ereignet es sich indessen einmal, dass bei dem Vorfallen der Därme in den zweiten Bruchsack, doch auch eine kleine Darmpartie, selbst blos eine Darmwand in die enge Oeffnung des ersten Bruchsacks eindringt und hier eine Einklemmung erleidet, so wird allerdings die Gelegenheit zur Scheinreduction vorhanden sein. Die in den zweiten Sack vorgedrängten Därme lassen sich mit gurrendem Geräusche reponiren, während die kleine Darmpartie im Eingange des ersten Bruchsacks eingeklemmt bleibt.

Einen solchen Fall hat Demeaux (*l. c. p. 47*) unter Velpeau beobachtet und berichtet ihn ausführlich.

Ein 42jähriger Kohlenträger kam im Mai 1842 in die Charité; der Angabe nach hatte er in seinem 21. Jahre eine Bruchgeschwulst in der rechten Leiste bekommen. die in Jahresfrist bis zur Grösse eines Eies gewachsen, häufig vorgefallen war, aber stets mit Leichtigkeit sich hatte zurückbringen lassen. Auf ärztliches Anrathen hatte Patient ein Bruchband sich zugelegt, welches den Bruch gut zurückhielt. Nach 3 Jahren legte er das Bruchband ab, der Bruch drängte sich jetzt wieder manchmal vor, allein er war weit kleiner wie früher. Der Patient trug von nun an nur abwechselnd einmal ein Bruchband. Niemals hatte der Bruch ernste Zufälle veranlasst. Den 7. Mai 1842 bemerkte Patient nach einer Anstrengung, dass der Bruch vorgetreten sei und heftige Schmerzen verursachte, es trat Erbrechen ein, der Patient begab sich in die Charité. Demeaux fand eine eigrosse Scrotalhernie, die sich leicht und unter gurrendem Geräusche reponiren liess; nach der Reduction wurde der Leistencanal untersucht und man fühlte eine kleine haselnussgrosse Geschwulst in demselben. die beim leisen Drucke in die Bauchhöhle verschwand; beim Husten trat die Bruchgeschwulst wieder in das Scrotum, liess aber wiederum sich leicht reponiren. Am folgenden Tage erbrach der Kranke mehrmals gallige Massen, der Bruch war wieder vorgefallen, nach seiner Reduction fühlte man noch eine Anschwellung im Scrotum; es waren einige Stühle erfolgt. Am dritten Tage trieb sich der Leib auf, es stellte sich Kothbrechen ein, nach der Reduction der Hernie zeigte sich eine grössere und schmerzhafte Anschwellung im Scrotum. Velpeau glaubte einen Netzstrang zu fühlen und vermuthete Abschnürung einer kleinen Darmpartie durch denselben. Es wurde zur Herniotomie geschritten. Nach Trennung der Hautschichten stiess Velpeau auf einen Bruchsack, aus welchem nach Eröffnung viel röthliches Wasser ausfloss; ein Netzstrang reichte bis zum Grunde des Bruchsacks, wo er adhärirte; der eingeführte Finger fühlte nach oben eine kleine elastische Geschwulst; die Incision des Bruchsacks wurde verlängert, man erkannte jetzt deutlich eine abgeschnürte Darmpartie, welche gesund aussah und nach dem Débridement zurückgebracht wurde. Nach der Operation hörte das Erbrechen auf, allein am folgenden Tage stellte sich acute Peritonitis ein, welcher der Operirte nach 36 Stunden erlag. — Bei der Section fand man das ganze Bauchfell entzündet und mit Exsudat bedeckt, keine Spur von Fäcalerguss; ein Netzstrang trat am inneren Leistenringe in einen Bruchsackhals, die Oeffnung war geräumig, der Finger konnte von hier aus bis in das Scrotum eingeführt werden; es befremdete, dass der Finger an der Operationswunde keinen Ausgang fand. Die genaue Untersuchung der Bruchgegend zeigte nach oben einen trichterförmigen Bruchsackhals, der in die Bauchhöhle mündete und nach unten zu in zwei Bruchsäcke auslief, von welchen der eine eine enge, eingeschnittene, der andere eine weite, unverletzte Oeffnung hatte; der Bruchsack mit enger Oeffnung lag nach innen und reichte etwas weiter im Scrotum herab, der Bruchsack mit der weiten Oeffnung lag nach aussen und zum Theil über dem vorgedachten. Der in seiner Scheidenhaut eingeschlossene Hode war gesund. Bei der Untersuchung der Dünndärme fand man eine dem Ileum angehörige dunkelgeröthete, runde Partie mit Einklemmungrinne, so dass es klar wurde, dass nur eine Darmwand abgeschnürt worden sei. —

In diesem Falle war also von der engen Oeffnung des ersten Bruchsacks eine Darmwand eingeklemmt worden, in den zweiten Bruchsack mit weiter Oeffnung war Darm getreten, der sich leicht hatte reponiren lassen; die Einklemmung hatte Ansammlung von blutigem Serum im ersten Bruchsacke veranlasst.

Dasselbe Verhältniss kann auch auftreten, wenn ein angeborener und erworbener Bruchsack neben einander liegen. Der Umstand, dass in dem Bruchsacke mit enger Oeffnung, wenn eine kleine Darmpartie sich in derselben eingeklemmt hat, allemal eine Ansammlung von Serum erfolgt; kann insofern zur Diagnose beitragen, als man eine Geschwulst fühlt, die immer mehr an Volumen zunimmt; ist aber der Hode nicht zu fühlen, so kann man die Geschwulst auch für eine Hydrocele nehmen.

Bei der Herniotomie ist man gleichfalls der Täuschung ausgesetzt; liegen z. B. Därme in dem Bruchsacke mit weiter Oeffnung und eröffnet man bei der Operation diesen Bruchsack, so wird man in demselben geröthete Därme finden, die sich zurückbringen lassen, und man wird eine weite Bruchpforte fühlen; hat nun in dem Bruchsacke mit enger Oeffnung noch wenig Serum sich ergossen, so kann man glauben, die vorhandenen Einklemmungssymptome ständen mit der Hernie in keinem Zusammenhange, und die Operation schliessen.

Wilmer *(Boyer's Handbuch der Chirurgie v. Textor übers. Bd. 8. p. 218)* sah einen eingeklemmten Leistenbruch operiren, der durch keine Mittel hatte zurückgebracht werden können. Die Geschwulst füllte den ganzen Hodensack aus und verbarg den Hoden. Bei der Eröffnung des Sacks trat eine grosse Menge Wasser aus und man fand eine beträchtliche dunkele Darmschlinge in Berührung mit dem Hoden; der Bruchring wurde erweitert und der Darm in den Bauch zurückgebracht. Die Zufälle der Einklemmung dauerten fort, der Kranke starb 38 Stunden nach der Operation. Bei der Leichenöffnung schien der Theil des Grimmdarms, welcher zurückgebracht worden war, im guten Zustande zu sein, indem man ihn aber entwickelte war man nicht wenig erstaunt einen anderen Theil des nämlichen Darms in einem anderen Bruchsacke durch den Ring desselben eingeklemmt und vollständig brandig zu finden. Mit einem Worte, es waren an diesem Subjecte zwei verschiedene Brüche vorhanden, welche durch denselben Leistenring heraustraten; der eine war in einem durch das Bauchfell gebildeten besonderen Sacke enthalten und der andere kam vom Herabsteigen der Eingeweide in die Scheidenhaut der Hoden her. —

Die offen gebliebene Scheidenhaut bildete hier den geräumigen Bruchsack, das Bauchfell den kleinen. Die Einklemmung war wahrscheinlich durch den Bruchsackhals und nicht durch den inneren Leistenring bewirkt worden. —

Endlich kann dadurch auch noch bei der Operation Irrthum erwachsen, dass der zweite Bruchsack den eingeklemmten Darm enthält und in den ersten mit Wasser gefüllten Bruchsack hineinragt; wird der Bruchsack mit Serum geöffnet, so hat es den Anschein, als wenn nun entblöster Darm vorläge, zumal wenn der dünne Bruchsack den Darm eng umschliesst, und der Irrthum wird um so leichter, wenn der Darm bereits brandig geworden, der Bruchsack durchbrochen worden und das Serum eine trübe fäcaloide Beschaffenheit angenommen hatte. Ein solches Beispiel hat Mery *(Mémoires de l'Academie des sciences 1701. p. 375)* berichtet.

Derselbe stiess bei der Herniotomie einer eingeklemmten Scrotalhernie auf einen Bruchsack, aus welchem bei der Eröffnung viel fäcal riechendes Serum ausfloss, im Grunde dieses Bruchsacks lag der Hode, nach hinten befand sich eine zusammengesunkene Darmschlinge, welche wenig entzündet aussah, allein nach oben eine stecknadelgrosse Perforation zeigte. Die Bruchpforte wurde erweitert, die brandige Darmschlinge liess man liegen. Der Operirte starb bald. Die Section erwiess, dass die für eine blosliegende Darmschlinge gehaltene Partie, von einem Bruchsacke, der nach oben perforirt war, umschlossen wurde; der Darm innerhalb dieses dünnen Sacks adhärirte und war brandig.

Dieser Fall, der überdies nicht ganz klar geschildert ist, scheint zu den Fällen von nebeneinander liegenden Bruchsäcken zu gehören.

Die ineinander liegenden Bruchsäcke, die namentlich auch bei Leistenbrüchen vorkommen, und von welchen schon Kayser eine ziemliche Anzahl gesammelt hat, haben wir deswegen nicht weiter erwähnt, weil sie zu Scheinreduction durch die Taxis nicht Veranlassung geben und höchstens bei der Herniotomie durch Verwechslung mit blosliegendem Darme ein falsches Verfahren bedingen können. —

Fünfte Art der Scheinreduction.

Bei doppelten oder mehrfachen Brüchen, durch Uebersehen, nicht Auffinden einer kleinen eingeklemmten Hernie.

Doppelte und mehrfache Hernien kommen gar nicht selten vor; bei Leistenbrüchen sind die doppelseitigen Hernien bekanntermaassen etwas sehr Gewöhnliches und Malgaigne fand unter 319 mit Leistenbrüchen Behafteten 186 an doppelseitigen Leistenhernien Leidende. Die doppelten und mehrfachen Hernien haben deswegen bisher die Aufmerksamkeit weniger auf sich gezogen, weil allerdings nur selten zwei vorhandene Brüche auf einmal sich einklemmen, während doppelte Einklemmung in einem Bruche fast häufiger sich ereignet. Doch sind die doppelten Einklemmungen bei zwei und mehren Brüchen nicht so selten, als Malgaigne meint, und ich habe aus den letzten 30 Jahren 15 Beispiele gesammelt, in welchen zwei eingeklemmte Brüche an einem Individuum auf einmal operirt wurden. Wir finden in den chirurgischen Schriften meist nur kurz erwähnt, dass bei einer Person zwei, drei, vier und selbst fünf Brüche nach einander sich bilden können.

Wenn doppelte und mehrfache Hernien der Person, die sie besitzt, bekannt sind, wenn diese Hernien, sobald sie vortreten; sich deutlich als Geschwülste markiren, so werden wir im Falle der Einklemmung, selbst wenn sie zwei Brüche betreffen sollte, über den Ort der Incarceration im Allgemeinen uns nicht täuschen. Sobald aber von zwei oder mehreren vorgefallenen Brüchen sich einer einklemmt, von dessen Existenz der Kranke keine Ahnung hatte und der so klein ist, dass er nicht deutlich nach aussen vortritt, dass selbst seine Ermittlung durch das Gefühl mit Schwierigkeit verbunden ist, so wird dadurch allerdings Gelegenheit zur Scheinreduction gegeben, die in der Weise zu Stande kommt, dass man den, oder die vorgefallenen Brüche, welche sich deutlich markiren, zuzückbringt und nun sich einbildet, man habe Alles in Ordnung gebracht.

Bei doppelseitigen Leistenhernien, von welchen eine so klein ist, dass ihre Existenz dem Patienten entging, wird im Falle der Einklemmung des kleinen Leistenbruchs, und wenn derselbe nur eben in den inneren Leistenring eingetreten wäre, deswegen durch das Zurückbringen des grösseren Bruchs auf der anderen Seite selten die Meinung der beseitigten Einklemmung erzeugt werden, weil der Schmerz auf der entgegengesetzten Seite schon zur weiteren und näheren Untersuchung daselbst auffordern muss, zumal wenn nach leichter Reposition des vorgefallenen Bruchs unter gurrendem Geräusche und durch Nachfahren mit dem Finger die Ueberzeugung gewonnen ist, dass hier der Grund der Einklemmungserscheinungen nicht gesucht werden könne. Ist der eingeklemmte Leistenbruch wegen seiner Kleinheit und wegen Fettleibigkeit des Patienten vielleicht nicht deutlich als Geschwulst bei der Untersuchung zu erkennen, so fühlt man doch wenigstens eine kleine Vortreibung, eine Spannung und Härte an der Bruchstelle, und die ganze Gegend am inneren Leistenringe ist gewöhnlich beim Drucke schmerzhaft, so dass der geübte Chirurg auf alle diese Erscheinungen Rücksicht nehmend, hier den Grund der Einklemmungserscheinungen zu finden sich überzeugt hält.

Anders ist es, wenn doppelte Brüche sich auf einer Seite befinden, und namentlich, wenn die Bruchpforten dieser Hernien ziemlich nahe bei einander liegen. In solchen Fällen kann ein kleiner eingeklemmter Bruch viel leichter unbemerkt bleiben und durch die Reposition des grösseren Täuschung veranlasst werden. Ein kleiner Schenkelbruch, der unter einem grösseren Leistenbruche sich vordrängt und einklemmt, oder bei Frauen ein kleiner Leistenbruch, der über einem grösseren Schenkelbruche vortritt und sich incarcerirt, wird leicht übersehen werden können, zumal da der Schmerz an der Bruchstelle des eingeklemmten Bruchs mit der Stelle des grösseren Bruchs zusammenfällt. Der Chirurg wird nach Zurückbringung des grösseren Bruchs der Ansicht sein, es würden nun die Einklemmungserscheinungen verschwinden, und wenn dies nicht der Fall ist, immer noch am grösseren Bruche den Grund der Einklemmungserscheinungen suchen oder eine innere Einklemmung voraussetzen.

Ludwig *(Adversaria medico-practica volum. I)* wurde zu einer Frau mit eingeklemmtem Leistenbruche gerufen. Der Bruch war sehr gross, aber nicht besonders gespannt; die Incarcerationssymptome hatten aber eine solche Heftigkeit, dass Ludwig zur Operation schritt. Im Bruchsacke lag über der Darmschlinge indurirtes Netz, nach dessen Abtragung der wenig geröthete Darm zurückgebracht wurde. Nach der Operation folgte eine Erleichterung, die Operirte starb nach 3 Tagen. — Bei der Section wurde unter der Leistenhernie eine kleine Schenkelhernie gefunden, welche brandigen Darm enthielt. Der sehr geringe Umfang der Schenkelhernie hatte bei der umfänglichen Leistenhernie ein Uebersehen der ersteren herbeigeführt.

Eigne Beobachtung. — Bei einer durch mehrfache Hirnapoplexien blödsinnigen und gelähmten Frau, welche einen rechtseitigen ziemlich grossen Schenkelbruch hatte, stellten sich Uebelkeiten, Aufstossen, Erbrechen und Leibschmerzen ein. Ich wurde nach etwa 20 Stunden zu Rathe gezogen; der eigrosse, pralle Schenkelbruch war bei der Berührung nicht schmerzhaft, der Unterleib mässig aufgetrieben; durch die Taxis liess sich der Bruch nach 5 Minuten zurückbringen. Nach 8 Stunden erfolgte der Tod unter der Erscheinung von Lungenlähmung, die Kranke hatte nach der Taxis noch einige Male Erbrechen gehabt. Mit Mühe erhielt ich die Erlaubniss, den Unterleib zu öffnen. Derselbe enthielt etwas aufgeblähte sonst gesund aussehende Dünndärme, der Dickdarm erschien eingesunken. Bei der Entwicklung der Dünndärme zeigte sich, dass etwa 15" über der *Valvula ileo-coecalis* eine kleine Ileumschlinge in dem rechten Leistencanale stack; dieselbe liess sich ohne grossen Zug aus dem Leistencanale herausziehen, war dunkelblauroth gefärbt, die Schenkel derselben waren mit einander durch plastische Lymphe verklebt, es liess sich an denselben eine zwar flache, aber deutliche Einklemmungsrinne erkennen. Der kleine Bruchsack war cylindrisch gestaltet, höchstens $1^1/_2$'' lang und am Halse etwas contrahirt. Der geräumige Schenkelbruchsack war leer. Da keine entzündlich geschwollene Darmpartie ausser der eingeklemmten Darmschlinge gefunden werden konnte, so war zu präsumiren, dass die aus dem Schenkelbruche reponirten Därme sich nicht in dem Zustande der Einklemmung befunden hatten. —

Ist der grössere Bruch unbeweglich, so wird der Chirurg leicht zu einer unnützen Operation verleitet.

Münchmeyer in Lüneburg *(Danzel, herniologische Studien 2. Aufl. 1863. p. 98).* Eine 62jährige gichtische und leukophegmatische Frau hatte ein Jahr vorher an einer linkseitigen, incarcerirten Leistenhernie, welche durch Taxis beseitigt worden war, gelitten, Jetzt hatte sich auf der rechten Seite eine *Hernia cruralis* eingeklemmt, welche bis dahin reponibel gewesen sein sollte. Da die Taxisversuche fehlschlugen, die Hernie sehr empfindlich war, alle Symptome der Einklemmung hervortraten, wurde zur Operation geschritten. Man fand einen Netzbruch, der durch alte Verwachsungen und noch ältere Adhärenzen in der Bruchpforte den Beweis lieferte, dass die Hernie schon lange nicht mehr reponibel gewesen sei. Das Aussehen des Netzes zeigte, dass von demselben die Einklemmungserscheinungen nicht herrühren konnten, es wurde daher nach einer kleinen Darmschlinge unter und neben dem Netze gesucht, allein eine solche nicht gefunden. Die Verwachsung mit dem Bruchsacke wurde getrennt und dann die Anheftung im Canale vorsichtig gelöst, ferner der Bruch nach Einschneidung des Lig. Gimbernati, welches einige Behinderung verursachte, in die Bauchhöhle zurückgebracht. Der eingeführte Zeigefinger fand oberhalb des Poupart'schen Bandes eine Widerstand leistende Darmpartie, deren Bedeutung dem Operateur nicht erklärlich war. Nach der Operation steigerten sich die Zufälle, und die Kranke starb nach 24 Stunden. Bei der Section wurden die Gedärme stark mit Luft erfüllt, aber nur mässig injicirt gefunden. In der rechten Inguinalgegend war eine Partie des Dünndarms stärker injicirt, stellenweise dunkel gefärbt und lieferte den Wegweiser zum eigentlichen Krankheitssitze. Hier fand sich eine Schlinge des Dünndarms dermaassen eingeklemmt, dass nur eine Wand desselben im mässigen Umfange in der *Apertura interna canalis inguinalis* abgeschnürt war. Durch Anziehen des Darms liess sich die Einklemmung mit sehr geringer Gewalt lösen; die abgeschnürte Partie hatte den Umfang einer grossen Erbse. Es war demnach eine Brucheinklemmung vorhanden, wie sie nach ihrem ersten Beobachter als Littre'scher Bruch bezeichnet wird. —

Hätte der Verfasser bei der Herniotomie die Widerstand leistende Darmpartie, die er über dem Poupart'schen Bande fühlte, angezogen, nach aussen zu ziehen versucht, so wäre die nicht feste Einklemmung jedenfalls gelöst worden. —

Findet in einem solchen Falle eine doppelte Einklemmung statt, so wird das Uebersehen der kleinen Hernie um so leichter sein, wenn die Taxis an der grösseren misslingt, ja selbst die am grösseren Bruche sodann ausgeführte Herniotomie wird, wofern der kleine Bruch unberücksichtigt bleibt, als eine Scheinreduction dastehen.

A. Peplowski *(Oestr. Ztsch. für pract. Heilkunde V. 49. 1859)* beschreibt folgenden Fall.

Eine 30jährige Frau, Mutter eines 3jährigen Knaben, war bis zu ihrer Entbindung stets gesund gewesen, nach derselben fühlte sie jedoch beim Heben schwerer

Gegenstände einen dumpfen Schmerz in der rechten Leistengegend, ohne an dieser Stelle eine äusserlich sichtbare Veränderung wahrzunehmen. Am 13. November 1855 verspürte die Frau beim Heben eines schweren Korbes einen heftigen Schmerz in der rechten Leistengegend, bekam bald darauf heftigen Frost und verbrachte die Nacht schlaflos. Am folgenden Morgen stellte sich Erbrechen ein, welches sich aller drei Stunden wiederholte, erst wässrig war und dann übelriechend, kothartig wurde. Nach vier Tagen wurde erst ärztliche Hilfe begehrt. Dicht unter dem Poupart'schen Bande lag an der inneren Seite der Schenkelgefässe eine birnenförmige pralle und schmerzhafte Geschwulst, die sich als eingeklemmte innere Schenkelhernie darstellte. Mehrfache Taxisversuche waren vergeblich, die Patientin wurde in das Spital geschafft, wo Dr. Rosenmann zur Herniotomie schritt. Nach Spaltung des Bruchsacks fand man ein 2" langes Krummdarmstück vorgelagert, welches dunkelbraunroth sah, mit Gas und Koth gefüllt war und an der Bruchpforte nur schwer das Einführen einer feinen Silbersonde gestattete. Nach dem Débridement wurde der Darm vorgezogen, und da er nur congestiv geschwollen, aber nicht gangränös erschien, reponirt und die Wunde verbunden. Die Patientin fühlte sich erleichtert, es gingen einige Winde ab, allein nach vier Stunden erneuerte sich das Kothbrechen und wiederholte sich fort und fort. Die Operationswunde wurde auf's Neue untersucht und normal befunden; die Kräfte sanken, der Tod erfolgte zwei Tage nach der Operation. — Die Section gab Aufschluss. Das Bauchfell war geröthet, mit einer klebrigen albuminösen Exsudatschicht überzogen, die Därme waren von Gas aufgetrieben. In der Gegend der Schambeinverbindung lag die unverletzte, durch die Operation befreite Darmschlinge obenauf. Verfolgte man das obere Stück des Darms weiter nach rechts, so fand man 2" von der eingeklemmt gewesenen Stelle nach der *Spina ilei* hin eine fest an der Bauchwand adhärirende Stelle, die der Gegend des inneren Leistenrings entsprach. Von dem adhärirenden Darme bemerkte man das Gekröse und bei dem Zuge an demselben sah man die Darmhäute aus einer bohnengrossen Oeffnung der Bauchwand unter der Form eines verschrumpften, brandigen, etwa 1" langen Pfropfes herauskommen. Der Eingang in den Leistencanal erschien geröthet, mit Exsudat bedeckt, in den Canal konnte nur mühsam der kleine Finger eindringen und die Wände des Canals zeigten sich ebenfalls gangränescirt, ohne dass die brandige Zerstörung von aussen wahrgenommen werden konnte. —

In diesem bemerkenswerthen Falle, in welchem die im inneren Leistenringe eingeklemmte Darmwand, die von aussen nicht gefühlt werden konnte, unerkannt blieb, hätte vielleicht dadurch, dass man, sowie nach der Herniotomie das Kothbrechen sich erneuerte, den Darm wieder vorzog und nach oben zu weiter entwickelte, die Einklemmung im inneren Leistenringe gehoben werden können.

Am leichtesten werden Scheinreductionen bei kleinen eingeklemmten Brüchen des eirunden Lochs und bei epigastrischen Brüchen durch Reposition der sie maskirenden Schenkel-, Leisten- oder Nabelbrüche bewirkt werden, und es ist ein Glück, dass diese Brüche überhaupt nicht häufig sind, noch seltener sich einklemmen und mit anderen Brüchen zusammen vorkommen, sonst müssten mehr Beispiele von Scheinreductionen vorliegen.

Bei kleinen eingeklemmten Brüchen des *eirunden Lochs* wird aber nicht allein dadurch Täuschung veranlasst, dass man den überliegenden und vorliegenden grössern Schenkel- oder Leistenbruch zurückbringt, sondern auch dadurch, dass man an dem überliegenden unbeweglichen oder wirklich eingeklemmten Bruche die Herniotomie verrichtet, welche in dem einen Falle keine Einklemmung, in dem anderen Falle eine solche findet und löst, ohne dass die Einklemmung der kleinen Hernie im eirunden Loch gehoben wird. Folgende zwei kurz geschilderte Beispiele geben den Beleg:

Chassaignac *(Gazette des Hôp. 84. 1851)* fand bei einer an Einklemmungserscheinungen leidenden Frau zwei unbewegliche Schenkelbrüche. Am folgenden Tage wurde sie von der Cholera ergriffen und dahingerafft. Bei der Section fand man, dass auch noch eine kleine *Hernia obturatoria dextra* bestand, in welcher eine nur mässig fest eingeklemmte Darmschlinge sass. Ausserdem bestand auch noch eine innere Einklemmung der Darmschlinge im linken Schenkelbruche durch das straff gespannte Mesenterium. Der Tod der Kranken hielt in diesem Falle den Chirurgen von einer Operation zurück, die nichts würde genützt haben.

Thilenius s. *(Nassauische med. Jahrb. 1861. Hft 17 und 18. p. 513).* Bei einer Frau von 57 Jahren, welche an reponibler *Hernia inguinalis dextra* und eingeklemmter *Hernia cruralis sinistra* litt, musste zur Herniotomie geschritten werden. Die Operation wurde ohne besondere Störung ausgeführt; die Reposition des vorgefallenen Darmstücks, keine vollständige Darmschlinge, gelang vollständig und die Bruchpforte war frei, jedoch blieb der Verdacht der Adhäsion nach innen. Die Zufälle der Einklemmung verschwanden nicht, und am sechsten Tage nach der Operation erfolgte der Tod. Die Section zeigte keine ausgedehnte Entzündung. Die im Schenkelringe incarcerirt gewesene Darmwand war durch dunkelblaue Färbung deutlich zu erkennen, aber unversehrt. Bei dem Abziehen des Darms löste sich die vermeintliche Adhäsion und eine im *Canalis obturatorius* eingeklemmte, brandig gewordene und perforirte Darmpartie wurde sichtbar. Der Ausschnitt des *For. obtur.* war sehr weit. — Obgleich in diesem Falle der Sectionsbericht nicht ausführlich angegeben ist, so ist doch der Fall selbst hinlänglich ersichtlich und man begreift, wie unter solchen Umständen ein Irrthum schwer vermieden werden kann. —

Wie leicht aber bei kleinen eingeklemmten Hernien des eirunden Lochs Täuschung vorkommt, dies sehen wir aus dem berühmt gewordenen Fall von B. Cooper *(Med. Times and Gaz. 1853. Jan.)*, in welchem eine 49jährige Frau mit den Erscheinungen der Brucheinklemmung in das Guy's Hospital gebracht wurde und wo man, weil man eine eingeklemmte Schenkelhernie vermuthete, zur Operation schritt, den Schenkelcanal leer fand, durch eine Erhebung des theilweise blossgelegten *M. pectinaeus* aber zu dem kleinen Bruchsacke der *Hernia foraminis ovalis* geführt wurde. Hier enthüllte ein glücklicher Zufall die wahre Sachlage. In einem anderen Falle von Rotteck dagegen *(Archiv f. phys. Heilkunde X. 1851. 1)*, wo auch die Erscheinungen auf eine Schenkelhernie bezogen wurden und demzufolge die Herniotomie gemacht wurde, fand man keine Hernie, und erst die Section zeigte, dass eine kleine eingeklemmte *Hernia foraminis ovalis* existire. — Wenn in diesen beiden Fällen auch gar keine doppelten Hernien bestanden, so haben wir sie doch deswegen in Erwähnung gebracht, weil, wenn in demselben wirklich Schenkelhernien bestanden hätten, im ersten Falle die *Hernia foraminis ovalis* gewiss bei der Operation unbemerkt geblieben wäre, im anderen Falle ebenfalls die eingeklemmte Hernie nicht zur Evidenz gebracht worden wäre. —

In Betreff der von Leveillé *epigastrische* Brüche genannten Hernien, die Sömmering als *Herniae lineae albae in vicinia umbilici* vorführt, so ist schon durch Beispiele von Günz *(De herniis libellus p. 72)* und Wrisberg *(Rudolphi, dissert. de peritonaei diverticulis iisque inprimis, quae per umbilicum et lineam albam contingunt)* bekannt, dass sie bei kleinen Kindern in Verbindung mit Nabelbrüchen vorkommen. Sind solche epigastrische Brüche, die mit Nabelbrüchen zugleich bestehen, klein, während die Nabelbrüche umfänglich sind, so wird im Falle der Einklemmung des epigastrischen Bruchs der Nabelbruch für den Sitz der Einklemmung genommen werden können. Betrifft der Fall Erwachsene mit grossen nur theilweise reponiblen Nabelbrüchen, so wird ebenfalls leicht eine unnütze Operation gemacht werden können. Ist endlich der Nabelbruch mit dem epigastrischen Bruche zugleich eingeklemmt, so wird durch die Reposition des Nabelbruchs mit oder ohne Hülfe des Messers erst recht das Uebersehen der epigastrischen Hernie begünstigt.

Chassaignac *(Archives génér. Mai 1855)*, der den kleinen epigastrischen Hernien noch den Beinamen der latenten Hernien gegeben und sie ausführlich besprochen hat, erzählt folgenden interessanten Fall.

Ein 51jähriger Arbeiter hatte seit 20 Jahren eine wallnussgrosse bewegliche Hernie genau an der Nabelnarbe, welche durch ein Bruchband zurückgehalten wurde. Im Februar 1853 schwoll die Nabelhernie nach heftigen Hustenerschütterungen an und klemmte sich ein. Ein hinzugerufener Arzt reponirte die Hernie, die Einklemmungserscheinungen verringerten sich, allein über dem Nabel erhob sich allmälig eine Anschwellung, die bei der Berührung heftig schmerzte, die sich entzündete und die erst mit localen Blutentziehungen, dann mit Kataplasmen behandelt wurde; später kamen, weil Constipation eintrat, Abführmittel in Anwendung. Als Verfasser nach etwa 4 Wochen zu Rathe gezogen wurde, fand er über dem Nabel eine fluctuirende sehr schmerzhafte, bei der Percussion hell tönende Geschwulst. Da sich die Geschwulst in einigen Tagen weiter ausdehnte, zweifelte Verfasser nicht mehr an der Perforation des *Colon transversum* und entschloss sich zur Erleichterung des Patienten, den stercoralen Abscess mit einem Bogenschnitte, dessen Convexität nach unten gerichtet war, zu eröffnen. Darmgas, Eiter und Fäcalmasse drang aus der Incision. Nach einigen Tagen hatte sich die Fistel entwickelt, die Eiter und Fäcalmasse abfliessen liess. Abführmittel und Klystire mussten fortwährend gebraucht werden, sobald der Kranke verstopft war, ging der gesammte Koth nur durch die Fistel ab, während bei Stuhlgang nur ein Theil der Fäces mit schaumigem Schleime, Eiter und Serum abfloss. Da in den Fäces nie die unveränderten Nahrungsmittel entdeckt wurden, so musste schon aus diesem Grunde die Darmperforation im Dickdarme bestehen. Die Nabelhernie trat unter der Fistel häufig vor, ging aber von selbst, oder nach leichtem Drucke zurück. — In diesem Falle hatte also über dem Nabelbruche noch ein latenter, kleiner, bloss ein Stück der vorderen Darmwand enthaltender Bruch bestanden; die Einklemmung des Nabelbruchs war beseitigt worden, die Einklemmung des verborgenen Bruchs hatte zu Perforation, Stercoralabscess und Fistel geführt. Der Umstand, dass nicht selten alle Fäcalmasse aus der widernatürlichen Oeffnung abfloss, stellte den Fall als einen solchen dar, der eben so gut *Anus praeternaturalis* wie *Fistula stercoralis* genannt werden konnte. Der Fall ist noch ausserdem dadurch bemerkenswerth, dass Chassaignac die endliche Heilung der Fistel durch Ausschneiden des Fistelcanals und directe Sutur zu Wege brachte. —

Zuletzt erinnere ich daran, dass Cloquet u. A., und in der letzten Zeit J. Engel *(Wien. med. Wochenschrift XI. 40. 1861)* das Vorkommen eines inneren und äusseren Leistenbruchs auf ein und derselben Seite nachgewiesen haben. Wenn in solchen Fällen der äussere Leistenbruch ein interstitieller ist, und der innere Leistenbruch ein grösseres Volumen hat, so kann im Falle der Einklemmung des äusseren Leistenbruchs durch die Zurückbringung des inneren Leistenbruchs gelungene Reduction vorgetäuscht werden und die Täuschung wird, wenn auch die innere Leistenhernie sich eingeklemmt hatte und durch die Taxis zurückgebracht wurde, um so länger bestehen können. Sind auch zur Zeit noch keine derartigen Beispiele bekannt geworden, so haben wir sie doch zu erwärten, und es erscheint nicht überflüssig auf ein mögliches Auftreten derselben hinzuweisen.

Das Uebersehen einer kleinen, eingeklemmten, bis dahin unbemerkt gebliebenen oder überhaupt noch nicht zum Vortreten gekommenen Hernie bei doppelten und mehrfachen Brüchen wird in vielen Fällen kaum sich vermeiden lassen, und es wird die Zurückbringung der vorliegenden grösseren Hernien immerhin eine Zeit lang die Meinung der gelungenen Reduction unterhalten. Befleissigen wir uns aber bei unseren Untersuchungen der grössten Genauigkeit und Umsicht, nehmen wir auf alle Umstände Rücksicht, so wird es uns doch zuweilen gelingen, kleine unbemerkt gebliebene Hernien neben grösseren zu entdecken, oder wir werden wenigstens nach mehrfachen Untersuchungen und Erwägungen der Wahrheit näher geführt werden. Hören nach der Zurückbringung einer grösseren Hernie die Einklemmungserscheinungen nicht auf, so liegt es uns zuerst ob, die Bruchstelle nochmals zu untersuchen, und haben wir an dieser Alles in Ordnung gefunden, so werden wir uns nicht wie früherhin damit begnügen, eine innere Einklemmung anzunehmen, sondern wir werden auf alle jene Gegenden in der Nähe der reponirten Hernie, in welchen überhaupt Hernien vorkommen können, Rücksicht nehmen und diese, auch wenn sie schon vorher untersucht worden waren, sorgsam exploriren. Erst nachdem wir nach mehrfachen Untersuchungen hier nichts gefunden haben, werden wir uns zuletzt zur Annahme einer inneren Einklemmung entschliessen. Beim Drucke schmerzhafte, begrenzte Stellen, kleine Hervortreibungen oder Härten, die wir in der Schenkelgegend, Leistengegend finden, geben uns, wenn wir durch dieselben auch zu keiner präcisen Diagnose gelangen, wenigstens einen Anhalt, um unser Verfahren zu regeln, um eine exploratorische Operation zu unternehmen.

Die kleinen eingeklemmten Hernien des eirunden Lochs, die Vinson in seiner These von 1844 für nicht diagnosticirbar hält, sind seit dieser

Zeit durch Fischer, Lorinser, Paul, Röser u. A. so studirt worden, dass man, wenn man vom Beginn der Einklemmung die betreffenden Individuen zu untersuchen bekommt, wohl eine Diagnose stellen kann. Das Alter der Patienten, das Geschlecht, der Schmerz im Bereiche des *Nerv. obturatorius*, die Untersuchung *per anum* und insbesondere *per vaginam,* geben Haltepunkte, um die Existenz einer von aussen nicht fühlbaren *Hernia obturatoria* zu begründen. Bei den kleinen epigastrischen Hernien leiten uns die der Einklemmung vorausgegangenen Symptome und die Resultate der Untersuchung bei vorgeneigtem Körper etc.

Was die grösseren, solche kleine eingeklemmte Hernien maskirenden Brüche betrifft, so werden wir, wenn wir diese leicht und mit gurrendem Geräusche zurückbringen, wenn diese Hernien beim Husten oder von selbst wieder vortreten und sich eben so leicht wieder reponiren lassen, wenn sonst an der Bruchstelle nichts Auffallendes entdeckt werden kann, bald die Ueberzeugung gewinnen, dass hier der Grund der Einklemmung nicht zu suchen sei. Anders ist es, wenn derartige grössere Hernien unbeweglich sind, hier wird man leicht versucht, die Einklemmungsursache im unbeweglichen Bruche zu suchen, es wird aber gerathen sein, eine Untersuchung mit dem Messer nicht eher zu unternehmen, als bis man sich hinlänglich überzeugt hat, dass anderwärts ein Grund der bestehenden Einklemmungserscheinungen nicht zu finden sei. Am schlimmsten ist es, wenn auch der grössere Bruch eingeklemmt war, nicht wich und erst durch die Herniotomie zurückgebracht werden musste. Hier wird man bei der Fortdauer der Einklemmungserscheinungen oft gar nicht an eine zweite übersehene Hernie denken, und die Symptome auf andere Umstände beziehen. Behalten wir die Möglichkeit einer zweiten versteckten Hernie im Gedächtnisse, so werden wir durch weitere Untersuchungen der Umgegend, Eingehen mit dem Finger in die Bauchhöhle selbst nach der Operation noch dazu gelangen können, das Vorhandensein einer zweiten eingeklemmten Hernie zu ermitteln.

Wenn auch zugegeben werden muss, dass selbst der geübteste Chirurg, zumal bei Fettleibigkeit der Patienten in solchen Fällen sich leicht irren kann, dass er, wenn die Einklemmung schon lange gedauert hat, der Leib aufgetrieben ist etc. eine Wahrscheinlichkeitsdiagnose zu machen kaum noch im Stande ist, so erscheint es immerhin zweckmässig, alle jene Möglichkeiten durchzugehen, welche die Diagnose und Behandlung fördern können. --

Sechste Art der Scheinreduction:

Durch unvollkommene Taxis.

Bei eingeklemmten äusseren und namentlich ziemlich voluminösen Leistenbrüchen kann es vorkommen, dass die von dem Kranken oder von dem Arzte ausgeführte Taxis die Einklemmung in der Gegend des inneren Leistenrings zwar hebt und den grössten Theil der Bruchcontenta in die Bauchhöhle reponirt, dass aber dabei eine Darmschlinge im Leistencanale liegen bleibt, die sich nicht zurückzieht, sondern durch weitere Anschwellung und Ausdehnung nach kürzerer oder längerer Frist auf's Neue in Einklemmung versetzt wird. Bei der Taxis von grösseren Enterocelen ist es allerdings gewöhnlich der Fall, dass, nachdem man den grössten Theil des Bruchinhalts zurückgebracht hat, der letzte Theil von selbst und ohne Druck zurückschlüpft, wie man deutlich mit den Fingerspitzen fühlen kann. Haben aber die Därme längere Zeit vorgelegen, befinden sie sich in Folge der Einklemmung oder durch Entzündung in einem lähmungsartigen Zustande, so zieht sich der letzte Theil derselben bei der Taxis nicht von selbst zurück, man muss denselben ebenfalls durch die Bauchöffnung zurückdrücken, und nun geschieht es bei den in einem Canale verlaufenden äusseren Leistenbrüchen, zumal wenn dieser lang und nach oben zu etwas eng ist, sehr leicht, dass eben das letzte Stück des Darminhalts im Leistencanale zurückgelassen wird.

Schon die älteren Wundärzte wie Vogel u. A. empfahlen bei der Reposition und Taxis von Darmbrüchen, durch Untersuchung der Bauchöffnung sich zu überzeugen, dass die Därme vollständig zurückgebracht wären, weil, wenn ein Theil derselben in der Bauchöffnung liegen geblieben wäre, Einklemmung oder abermals Einklemmung auftreten könnte; allein diese Chirurgen führen keine weiteren Belege für die aufgestellte Regel an.

Chelius *(Handbuch der Chirurgie. Bd. I. Paragr. 1333)* sagt:

Man untersuche immer (nach der Taxis) die Bauchöffnung mit dem Finger, um sich zu überzeugen, dass nicht ein Theil des Bruchs in demselben zurückgeblieben ist, wie dies besonders bei dem äusseren Leistenbruche der Fall sein kann, wo ich mehrmals, nachdem der ziemlich voluminöse und in einem Falle selbst sehr grosse Bruch zurückgebracht und der äussere Leistenring frei war, die Einklemmung einer ganz kleinen Partie des Darms in dem inneren Leistenringe beobachtete, welche die Operation nothwendig machte.

Es ist merkwürdig, dass diese unvollkommene Reduction von den meisten Chirurgen gar nicht erwähnt, von einigen derselben nur beiläufig gedacht wird; wir haben uns vergeblich in der Casuistik der Hernien nach hierher gehörigen Beispielen umgesehen, und doch kann diese Reduction mit ihren Folgen gar nicht so selten sein, da sie Chelius mehrmals gesehen hat.

Ich selbst habe im Jahre 1855 folgenden Fall zu beobachten Gelegenheit gehabt:

Ein 42jähriger Schuhmacher, seit einer Reihe von Jahren mit einem rechtseitigen Leistenbruche behaftet, der oft vorgefallen war, sich aber immer hatte leicht zurückbringen und durch ein Bruchband zurückhalten lassen, merkte eines Tags beim Stuhlpressen, dass sein Bruch sich unter einem schmerzhaften Gefühle vorgedrängt habe; er machte einige Versuche ihn zurückzubringen, welche indessen misslangen. Darauf legte er sich in das Bett, trank heissen Thee und schwitzte, allein der Bruch wollte nicht weichen, vielmehr stellten sich nach 12 Stunden Uebelkeiten und Erbrechen ein. Er schickte nach einem Wundarzte und diesem gelang es nach einer halben Stunde, den Bruch zurückzubringen. Der Patient fühlte sich sehr erleichtert, das Erbrechen hörte auf, er schlief die ganze Nacht und stand am Morgen auf, um an seine Arbeit zu gehen. Beim Anlegen seines Bruchbands empfand er in der Leistengegend stechenden Schmerz, er legte daher dasselbe bei Seite. Gegen Abend bekam er wieder Aufstossen und Erbrechen, und hatte eine üble Nacht. Der abermals gerufene Wundarzt fand die äussere Gegend des Leistencanals beim Drucke schmerzhaft und verordnete ruhige Lage und lauwarme Bleiwasserfomente. Da der Zustand des Patienten sich verschlimmerte, wurde ich am Nachmittag zu Rathe gezogen. Ich fand den Patienten mit Angst ausdrückenden Gesichtszügen daliegend, der Puls war klein und schnell, von der Bruchgeschwulst, die der Angabe nach zum mindesten die Grösse eines Eies gehabt haben sollte, war im Hodensacke nichts mehr zu fühlen; man erkannte deutlich den leeren Bruchsack im Hodensacke und im Grunde desselben schien sich einige Flüssigkeit angesammelt zu haben. Der Leistencanal war bei der Betastung namentlich in der Gegend des inneren Leistenrings schmerzhaft, auch erschien er etwas voller, der Unterleib über demselben etwas gespannt. Nach Einstülpung der Scrotalhaut in den ziemlich geräumigen Leistencanal fühlte ich deutlich eine kuglige, pralle Vorlagerung, die beim Husten an die Fingerspitze anschlug und sich nicht zurückdrängen liess. Ich schlug die Herniotomie vor, in welche der Patient einwilligte und welche ich unter dem Beistande des Wundarztes sofort verrichtete. Nach einem etwas schrägen Hautschnitte am äusseren Leistenringe gelangte ich zu dem Bruchsacke, welcher ziemlich dickwandig war und nach der Eröffnung wohl zwei Esslöffel trübes Serum abfliessen liess. Der eingeführte Finger stiess im Leistencanale auf eine pralle Darmschlinge und in der Gegend des inneren Leistenrings auf eine mässig feste Strictur im Bruchsackhalse. Da der Leistencanal keine abnorme Länge hatte und geräumig war, so konnte ich ohne Einschneidung der vorderen Wand des Leistencanals auf der Fingerspitze die Stricturstelle mit dem geknöpften Messer bequem incidiren. Nach dem Débridement drückte ich mit dem Finger die eingeklemmte Darmschlinge abwärts und zog sie aus der Wunde. Sie hatte eine dunkelblaurothe Färbung, war mit Exsudatflocken bedeckt, hatte eine Länge von 1½" und zeigte eine flache Einklemmungsrinne. Der Darm über der eingeklemmten Stelle war leicht geröthet. Nachdem ich mich von der sonst gesunden Beschaffenheit des Darms überzeugt hatte, brachte ich denselben in die Bauchhöhle zurück, schloss die Wunde mit einigen Nähten und legte nasse Compressen auf. Der Erfolg der Operation war ein günstiger, die Einklemmungserscheinungen hörten später auf, nach 16 Stunden folgte reichlicher Stuhl, die Operationswunde heilte in 14 Tagen.

Ein sehr bemerkenswerther und noch in anderer Beziehung interessanter Fall, der erst bei der Section Aufklärung fand, ist von Perrin *(L'Union medicale, 33. 1858)* mitgetheilt worden.

Ein 65jähriger Mann hatte seit vielen Jahren eine linkseitige Scrotalhernie von mässiger Grösse, die durch ein Bruchband zurückgehalten wurde. Zuweilen ereignete es sich, dass, wenn Patient am Morgen sein Bruchband anlegen wollte, der vorgefallene Bruch sich nicht reponiren liess, dann aber bei ruhiger Lage in 12 bis 24 Stunden von selbst zurücktrat. Endlich liess sich einmal der Bruch, der beim Stuhlpressen hervorgetreten war, nicht zurückbringen, der Patient hatte am folgenden Tage eine starke Ausleerung, dessenungeachtet blieb der Bruch irreponibel, ja er wurde empfindlich und der Leib begann sich aufzutreiben. Bei der Untersuchung, 48 Stunden nach dem Hervortreten der Geschwulst, fand Perrin eine cylindrische, 5 Centim. lange, pralle Geschwulst im Scrotum, die nach oben in einen festen Hals auslief. Man konnte den Finger in den Leistencanal bringen und mit der Spitze den Bruchsackhals umgehen. Der Puls war langsam, Aufstossen und Erbrechen fehlte. Eine verlängerte, aber schonende Taxis war fruchtlos. Den dritten Tag war die Bruchgeschwulst empfindlicher, der Leistencanal erschien geschwollen, der Puls war etwas schneller, es hatte sich Aufstossen eingestellt. Nach Application von Blutegeln und kalten Umschlägen misslang die Taxis abermals. Nachdem am vierten Tage örtliche Blutentziehungen, kalte Fomente und Klystire in Anwendung gebracht worden waren und die Taxis wieder fehlgeschlagen war, wurde Patient in ein warmes Bad gebracht, und nachdem er eine Stunde in demselben verweilt hatte, schien die Bruchgeschwulst an Spannung verloren zu haben, ja es gelang jetzt in wenigen Minuten, die Geschwulst zu reponiren. Bei nochmaliger Untersuchung des Leistencanals nach der Reposition konnte der Finger keine Geschwulst fühlen, wohl aber bemerkte man ein membranöses Blatt im Canale, welches sich hin- und herschieben liess. Nach der Reposition empfand Patient nicht jenes Wohlbehagen, welches der gelungenen Taxis nachzufolgen pflegt, im Gegentheile, es stellte sich Erbrechen ein, der Puls wurde fadenförmig und die Kräfte begannen zu sinken. Am folgenden Tage kamen Delirien hinzu und der Patient starb am dritten Tage nach der anscheinend gelungenen Taxis. — Bei der Section wurde ein Bruchsack von 7 Centim. Länge gefunden, der nach unten zu mit den umliegenden Theilen verwachsen war; nach Eröffnung des Bruchsacks floss einiges Serum aus. Der Bruchsackhals im vorderen Leistenringe war nicht verwachsen, aber sehr verdickt und verengt, so dass nur ein Gänsekiel durchzudringen vermochte. Ueber diesem Bruchsackhalse und im Verlaufe des ganzen Leistencanals befand sich ein zweiter, schmaler Bruchsack, mit dünnen Wandungen, in welchem eine schlaffe, braunrothe, mit dem Bruchsacke durch frische Adhäsionen verklebte Darmschlinge lag, die nirgends erweicht oder geschwürig war, aber am inneren Leistenringe abgeschnürt wurde. —

Es könnte fraglich sein, ob dieser Fall nicht zu den übereinanderliegenden Bruchsäcken gerechnet werden müsste; allein da durch die Taxis jedenfalls ein grosser Theil des Bruchinhalts in die Bauchhöhle gebracht worden und nur die durch die Entzündung alterirte kleine Darmschlinge in dem schmalen Bruchsacke des Leistencanals liegen geblieben war und die Einklemmungserscheinungen unterhalten, auch am inneren Leistenringe abermalige Abschnürung erlitten hatte, ist der Fall den unvollkommenen Reductionen anzureihen. Die Fettleibigkeit des Patienten hatte die Untersuchung nach der Taxis erschwert, die Schlaffheit der zurückgebliebenen Darmschlinge die Erkennung derselben verhindert. Der üble Ausgang in diesem Falle rührte überdies unzweifelhaft von der über die Grenzen verlängerten Taxis her und die Herniotomie, am dritten Tage verrichtet, würde den besten Erfolg gehabt haben. —

Man wird die unvollkommene Zurückbringung vermeiden, wenn man nach der Taxis mit dem Finger nachfährt, um sich zu überzeugen, dass Alles reponirt sei. Nur in dem Falle, dass man zu Ende der Taxis fühlt, wie die letzten Darmcontenta von selbst mit einem Rucke zurückweichen, kann man sich überzeugt halten, dass sie vollständig zurückgetreten sind. Hat die unvollkommene Reduction stattgefunden, hat man die gedachte Vorsichtsmaassregel unterlassen, so wird man bei Fortdauer oder Wiederkehr der Einklemmungserscheinungen, ohne Darmentzündung in der Bauchhöhle oder überhaupt innere Einklemmungsverhältnisse zu präsumiren, sofort durch sorgfältige Untersuchung sich Aufklärung zu verschaffen suchen. Man wird gewöhnlich mit dem in den Leistencanal eingebrachten Finger die vorliegende eingeklemmte Darmschlinge fühlen, oder Auftreibung und Schmerzhaftigkeit in der Gegend des inneren Leistenrings macht uns wenigstens aufmerksam, dass hier der Sitz und Grund der Einklemmungserscheinungen zu finden sei. Als ein Zeichen von Werth, welches auf Einklemmung höher oben deutet, ist die Serumansammlung im Grunde des zum grössten Theile entleerten Bruchsacks zu betrachten, man fühlt nach einigem Bestehen der Einklemmung, dass mehr oder weniger viel Serum im Grunde des Bruchsacks schwappt. Leider wird zuweilen diese Serumansammlung so langsam vor sich gehen, dass man nicht auf sie warten darf, um das Messer zu ergreifen. —

Bei der unvollkommenen Reduction müssen wir auch noch der Fälle gedenken, die bei Leisten-, Schenkel- und Nabelhernien zuweilen vorkommen, in welchen ein unbeweglicher oder nur zur Hälfte, zum Theil reponirbarer Bruch (meist Netzdarmbruch) sich plötzlich vergrössert und einklemmt. In solchen Fällen gelingt es manchmal durch die Taxis den Bruch zu verkleinern, auf das alte Volumen zurückzubringen, wonach die Einklemmungserscheinungen aufhören; es kann sich aber auch zutragen, dass trotz der Verkleinerung des Bruchs durch die Taxis die Einklemmungszufälle fortdauern, sich steigern und dadurch der Beweis gegeben ist, dass die Einklemmung noch nicht gehoben sei. Man kann in den letzt gedachten Fällen die Verkleinerung des Bruchs nicht als Scheinreduction deswegen betrachten, weil der Chirurg sehr wohl weiss, dass die Verkleinerung der Bruchgeschwulst durch die Taxis, und selbst wenn sie unter gurrendem Geräusche erfolgte, nicht nothwendig mit Hebung der Einklemmung verbunden zu sein braucht, es ist bekannt, dass die Einklemmungsursache in der nicht weiter reponirbaren Bruchgeschwulst noch fortbestehen kann oder anderweite Einklemmungsverhältnisse in derselben sich geltend machen können. Immerhin wird der Chirurg darauf merken müssen, welchen Erfolg die Verkleinerung der Bruchgeschwulst hat, um danach sein weiteres Verfahren zu richten.

Classe III.

Scheinreductionen durch Zurückbringung des Bruchinhalts in die Bauchhöhle, während die Einklemmung in den reponirten Theilen fortbesteht, oder erst später in denselben sich geltend macht.

Die Scheinreductionen dieser Classe sind seltener bei der Taxis, häufiger bei der Herniotomie vorgekommen. Es ist bekannt, dass die Bruchcontenta schon durch öfteres Verweilen, durch längeres Liegen im Bruchsacke pathologische Veränderungen erleiden können, diese aber werden um so auffallender sein und um so grössere Bedeutung gewinnen, wenn die vorliegenden Bruchtheile von entzündlichen Vorgängen heimgesucht worden sind, wenn sie dem Einklemmungsdrucke lange Zeit ausgesetzt waren. Diese pathologischen Veränderungen nun, die sich bald langsam, bald schneller entwickeln, erlangen zuweilen eine solche Beschaffenheit, dass sie selbstständig Darmeinklemmungen im Bruche veranlassen, oder dass sie nach Beseitigung der Strictur durch die fibröse Bruchpforte durch den Bruchsackhals die Einklemmung fortunterhalten oder später zu Darmverschluss führen. Wenn nun auch die pathologischen Veränderungen, welche die Bruchcontenta innerhalb des Bruchsacks erfahren können, von namhaften Forschern studirt und gewürdigt worden sind, wenn in Abhandlungen und Handbüchern dieselben bei der Besprechung der unbeweglichen und verwachsenen Brüche, bei der Betrachtung der seltener vorkommenden Einklemmungsursachen, bei dem Capitel über die Entzündung des Bruchs und endlich bei der Lehre über die Folgen der Brucheinklemmung vielfache Erläuterung und Beachtung gefunden haben, so ist doch der Umstand, dass diese pathologischen Veränderungen des Bruchinhalts auch zu Scheinreductionen Veranlassung gegeben haben, dass sie die Quelle einer Menge von Täuschungen gewesen sind, die nach sonst geschickt ausgeführten Operationen erst durch die Section zu Tage kamen, nirgends genugsam hervorgehoben worden. Bei allen dieser Classe angehörigen Fällen können wir sagen, durch die

Reduction ist die Einklemmung einer äusseren Hernie in eine innere Einklemmung verwandelt worden.

Die Veranlassungen, die pathologischen Zustände, welche nach der Reduction die innere Einklemmung bedingen, liessen sich wohl in zwei Abtheilungen bringen, je nachdem sie von dem Darme selbst oder von den benachbarten Theilen, vom Netze oder Bruchsacke ihren Ausgang genommen haben. Da sich aber der Ursprung dieser Veranlassung nicht immer nachweisen lässt, erscheint es zweckmässiger, sie in nachstehender Folge vorzuführen.

Darmverengerung, Obliteration, Knickung, Adhaesion.

Wenn eine Darmschlinge in der Bruchpforte oder in dem Bruchsackhalse eine Einklemmung erleidet, so bildet sich an der Stricturstelle, selbst wenn die Abschnürung nicht besonders stark war, nach kurzer Zeit eine Einklemmungsrinne. Diese Rinne hat meist eine circuläre Form und umzieht die Schenkel der abgeschnürten Darmschlinge in der Weise, dass sie auf dem oberen wie auf dem unteren Schenkel eine halbkreisförmige Rinne formt. Nur bei Darmwandbrüchen finden wir eine Kreisrinne auf einer einzigen Darmwand ausgeprägt. Je schiefer, vorspringender und ringförmiger die Bruchpforte, je fester und stärker die Zusammenpressung der eingeklemmten Darmschlinge, um so tiefer, ausgeprägter und gleichmässiger wird die Einklemmungsrinne bemerkbar sein. An dem oberen Schenkel der eingeklemmten Darmschlinge pflegt die Einklemmungsrinne nicht selten stärker zu sein, als an dem unteren Schenkel, weil dicht über der Abschnürungsstelle des Darms die Fäcalstoffe sich sammeln, den Darm ausdehnen und dadurch der Festklemmung noch ein lastender Druck von oben beigefügt wird.

Die Entstehung der Einklemmungsrinne ist hinlänglich bekannt; wir wissen seit Camper, dass die fibrösen Bruchpforten, der narbige Bruchsackhals eine passive Rolle bei der Einklemmung spielen, dass die Darmschlinge durch ihr Vorfallen, Eindrängen und Einzwängen in die unnachgiebigen fibrösen Oeffnungen sich selbst jener mehr oder weniger gleichmässigen Constriction aussetzt, welche durch Behinderung oder Hemmung des Rückflusses des venösen Blutes bei fortdauernder arterieller Blutzuströmung, Ueberfüllung der Venen mit congestiver Gefässanschwellung hervorruft. Dieselbe Constriction aber, welche den Rückfluss des Venenbluts in der Darmschlinge hintertreibt und die congestive Anschwellung zu Wege bringt, hindert auch die Ausdehnung der Stelle der Darmschlinge, welche in der unnachgiebigen fibrösen Oeffnung liegt:

diese Stelle bleibt zusammengedrückt, zusammengepresst, und je mehr der Darm unterhalb derselben anschwillt, um so mehr muss diese Zusammenpressung als Rinne sich gestalten. Die in der Bruchpforte, im Bruchsackhalse festgeklemmte Darmschlinge drückt sich bei ihrer Anschwellung gegen diese ringförmigen, resistenten Gebilde und so erzeugt sich die Einklemmungsrinne, die, je tiefer sie sich furcht, um so mehr die Einklemmung befestigt und den Darm in Gefahr bringt.

Die pathologisch-anatomischen Veränderungen, welche eine eingeklemmte Darmschlinge vom Beginn der Einklemmung bis zur brandigen Erweichung durchläuft, waren schon den älteren Chirurgen bekannt, und sind im Allgemeinen ziemlich genau studirt worden, die Folgen aber nach der Zurückbringung einer eingeklemmten, noch nicht brandig erweichten Darmschlinge, und vor Allem die Veränderungen, welche der Darm an der Einklemmungsstelle erleidet, nebst den Folgen, welche hieraus erwachsen können, haben erst in neuerer Zeit die Aufmerksamkeit auf sich gezogen.

Es ist bekannt, dass nach der gelungenen Taxis der Patient gewöhnlich augenblicklich sich erleichtert fühlt, dass die Angst und Beklemmung schwindet, das Schluchzen und Erbrechen aufhört, nach einiger Zeit Stuhlentleerung und bald die Genesung erfolgt. Doch sichert die gelungene Taxis leider nicht immer die Herstellung des Patienten, und es kommen genug Fälle vor, wo nach derselben die Darmfunction sich nicht wieder findet, die Einklemmungssymptome fortdauern, der Darmverschluss fortbesteht oder Collapsus auftritt. Thomas Bryant *(Guy's Hospital Rep. 3 Ser. VII. 1861)* zieht aus seinen statistischen Zusammenstellungen von 300 Fällen von Brucheinklemmung den Schluss, dass von 100 durch die Taxis zurückgebrachten eingeklemmten Leistenbrüchen 4, von 100 Schenkelbrüchen 5 Fälle tödlich ablaufen, und nach Frickhöffer's statistischem Berichte aus dem Herzogthum Nassau ist das procentige Todesverhältniss nach der Taxis sogar noch bedeutender. Wenn nun auch das von Bryant, Frickhöffer u. A. zusammengestellte Material zu gering ist, um den angegebenen Zahlenverhältnissen eine allgemeine Gültigkeit zu verleihen, so scheint doch bezüglich der Taxis das Zahlenverhältniss der Wahrheit ziemlich nahe zu kommen, wenn wir erfahren, dass alle beschäftigten Chirurgen Todesfälle nach der gelungenen Taxis beobachtet zu haben, angeben.

Fragen wir nach den Gründen des unglücklichen Ausgangs, so haben die Sectionen gelehrt, dass der reponirte, in seinen Häuten geschwollene Darm auch nach Beseitigung der Einklemmungsursache in der Bauchhöhle noch sich erweichen und absterben könne, und dies wird um so eher geschehen, wenn die Taxisversuche zu lange fortgesetzt worden, wenn sie mit übermässiger Gewalt in Anwendung gebracht worden waren, ja wir besitzen leider Beispiele genug, in welchen die eingeklemmte Darmschlinge der übermässigen und rohen Taxisgewalt unter Ruptur gewichen ist. In anderen Fällen ist es verbreitete Peritonitis, welche den Tod bewirkte und welche nach der Taxis sich erst entwickelte, oder bei der Taxis bereits schon in ziemlicher Ausdehnung vorhanden war; die Section zeigt die bekannten Befunde der Bauchfellentzündung, die eingeklemmt gewesene Darmschlinge unterscheidet sich durch dunklere Röthung, durch die Einklemmungsrinne, durch die Anschwellung und Verdickung ihrer Häute von den benachbarten Darmschlingen. Wir haben aber auch Beispiele, wo sich gar keine genügende Todesursache nachweisen lässt, wo die zurückgebrachte Darmschlinge sich nur durch etwas dunklere Färbung und Anschwellung abzeichnet, sonst die normale Beschaffenheit hat, wo keine Spur von Bauchfellentzündung gefunden wird und die sämmtlichen Organe der Unterleibshöhle sich als gesund darstellen. Zur Erklärung solcher Fälle haben Pitha, Wernher, Tessier u. A. Nervenüberreizung, Nervenlähmung angenommen, und diese Annahme findet darin eine Bestätigung, dass diese Fälle namentlich bei schwächlichen und alten Subjecten, bei Lungen- und Herzkranken, sowie nach acuten Einklemmungen kleiner Darmpartien, namentlich bei Littre'schen Brüchen beobachtet worden sind.

Nach der Herniotomie folgt der Tod wie bekannt viel häufiger. Ziehen wir die Fälle gar nicht in Betracht, wo die Operation zu lange verschoben wurde, wo derselben gewaltsame, fortgesetzte Taxisversuche und unnütz quälende Behandlung mit Abführmitteln aller Art vorausgeschickt wurden, wo complicirte Bruch- und Einklemmungsverhältnisse bestanden, so wissen wir, dass selbst bei frühzeitigen, geschickt ausgeführten Herniotomien, bei welchen der Darm in einem ganz befriedigenden Zustande gefunden wird, dennoch der Tod oft genug folgt, dass namentlich nach den Herniotomien voluminöser Brüche bei älteren Leuten, nach den Herniotomien kleiner heftig eingeklemmter Enterocelen selbst bei jugendlichen, sonst kräftigen Subjecten lethaler Ausgang stattfindet. Die Todesursachen sind verschieden, und es würde zu weit führen, dieselben, die hinlänglich bekannt und von neuen Schriftstellern wie Gay, Hancock, Schuh, Moraweck, Broca u. A. erörtert worden sind, nochmals auseinanderzusetzen. Verbreitete Entero-peritonitis, septische Bauchfellentzündung, Pyämie, krankhafte Zustände anderer Organe sind hier von wesentlichem Einflusse. Kann sich die durch die Taxis oder Herniotomie in die Bauchhöhle zurückgebrachte Darmschlinge nicht wieder erholen, weil die Folgen der Einklemmung, nervöse Ueberreizung und Entzündung des Darms, zu beträchtlich waren um zu verschwinden, so dauern entweder die Symptome der Einklemmung fort und steigern sich, oder es tritt bald Collapsus auf, oder die Symptome lassen nach, ohne ganz zu verschwinden, um nach Tagen oder Wochen wieder aufzutreten, ja es kann sogar vorkommen, dass die Einklemmungssymptome ganz verschwinden, der Patient völlig genesen erscheint, aber der Insult, den die Darmschlinge bei der Einklemmung erfuhr, zieht dennoch Folgen nach sich, die ganz allmälig die Function der betreffenden Darmpartie beschränken und endlich aufheben.

Wenn wir nun auch in allen jenen Fällen, in welchen nach der Taxis oder Herniotomie die reponirte Darmschlinge trotz der Befreiung aus der Einklemmung nicht wieder zum Normalzustande zurückkehrt, eine stattgehabte Scheinreduction anzunehmen keineswegs berechtigt sind, so können wir doch diejenigen Fälle als Scheinreductionen bezeichnen, in welchen die Taxis mit roher, unvernünftiger und unheilbare Verletzungen des Darms erzeugender Gewalt erzielt wurde, und namentlich gehören auch hierher gewisse Fälle von Herniotomie, in welchen der Chirurg von der Beschaffenheit des Darms an der Stricturstelle vor der Reposition und von der Durchgängigkeit der Darmschlinge sich zu unterrichten unterlassen, oder trotz dem Befund die Darmschlinge zurückgebracht hatte. Wir unterlassen es, Fälle vorzuführen und zu analysiren, in welchen nach der mit roher Gewalt erzielten Taxis der Tod folgte, und erwähnen nur beiläufig, dass wir, ohne viel Suchen, gegen 40 Fälle gesammelt haben, in welchen die Taxis unter Darmruptur zu Stande gekommen war.

Wir wenden uns zur Betrachtung derjenigen Veränderungen, welche der Darm durch die Einklemmung an der Stricturstelle erleidet, und die manchmal so auffällig sind, dass der Operateur, nachdem er Einsicht von ihnen genommen hat, begreifen muss, dass sie, trotz der Hebung der Einklemmung durch die Strictur, ein fernerweites Hinderniss der Fortleitung der Faeces abgeben können oder selbst müssen.

Hat sich eine Darmschlinge in einer Bruchpforte, einem Bruchsackhalse eingeklemmt und hat sich die Einklemmungsrinne durch congestive Anschwellung und Andrücken, Anpressen der Darmschlinge gegen die ringförmige, fibröse Spalte gebildet, so werden an dieser Stelle, ausser den mechanischen Veränderungen, auch pathologische Veränderungen hervortreten. Velpeau bezeichnet in seiner Operationslehre die Einklemmungsrinne als nichts Bleibendes und Organisches; man kann sie nach ihm, wenn sonst noch die Darmschlinge gesund ist, durch Streichen mit den Fingern in wenig Augenblicken zum Verschwinden bringen, und wenn sie auch nach der Reposition noch besteht, so soll ein nach der Operation gereichtes Abführmittel sie verschwinden machen. Jedenfalls will Velpeau durch diesen Ausspruch nur sagen, dass in den meisten Fällen die Einklemmungsrinne leicht zum Verstreichen gebracht werden kann, auch wohl von selbst nach der Reposition verschwindet, und dies steht allerdings nicht zu bezweifeln, aber eben so zweifellos ist es, dass die Einklemmungsrinne unter Umständen permanent bleiben und Darmstenose, ja selbst Obliteration unterhalten und erzeugen kann. Diese Umstände werden aber hauptsächlich durch die Acuität und Festigkeit der Einklemmung, durch die Form der Einklemmungsstelle und durch die Dauer der Einklemmung hervorgerufen.

Sobald die eingeklemmte Darmschlinge anschwillt und sich gegen den fibrösen Spalt presst, trifft der pressende und die Einklemmungsrinne erzeugende Druck zuerst die seröse, peritonäale Darmhaut. War nun die Darmschlinge als sie sich festklemmte leer und contrahirt, hatte sie sich mit einiger Gewalt eingedrängt, so folgt eine rasche congestive Anschwellung der Darmschlinge, eine rasche seröse Infiltration zwischen die Darmhäute und die peritonäale äussere Darmhaut, welche unterhalb der Einklemmungsstelle ausgedehnt wird, während sie an der Einklemmungsstelle sich nicht ausdehnen kann, legt sich an dieser in Falten und drückt sich rinnenartig ein. Stellte die Einklemmungsstelle noch ausserdem einen vorspringenden Ring dar, so kann bei fester Einklemmung eine Druckwirkung herauskommen, die, wie Roux richtig bemerkt hat, mit der Wirkung der Ligatur bei Arterienunterbindung viel Aehnliches hat. Der rasch anschwellende Darm presst sich dermaassen gegen den scharfen Einklemmungsring, dass dieser gleich einer Arterienligatur die Peritonäalhaut zusammen schnürt, die Muskel- und Schleimhaut durchschneidet. Bleibt unter solchen Umständen die Einklemmung einige Zeit noch ungelöst, so zieht sich die durchschnittene Schleim- und Muskelhaut zurück und verwandelt sich in ein Geschwür, geht in brandige Verschwärung über. War die Einklemmung weniger fest, die congestive Anschwellung und seröse Infiltration der Darmhäute nur allmälig zu Stande gekommen, so bildet sich die Einklemmungsrinne langsamer aus, mit dieser langsameren Ausbildung zeigt sich aber auch ein anderes Verhalten des Darms an der Einklemmungsstelle. Die Darmserosa ist injicirt und geschwollen, ehe sie sich an den fibrösen Ring anpresst, sie drückt sich auch nur langsam verstärkt gegen denselben, so dass dieser auf eine entzündlich erweichte und geschwollene Serosa wirkt und sie dadurch zur Trennung und Verschwärung bringt. Dabei kann die Muskel- und Schleimhaut unverletzt bleiben, oder erst später sich betheiligen. Da die sehr acuten und festen Einklemmungen im Ganzen seltner vorkommen, so wird man auch öfter die Geschwürbildung, Erweichung und Trennung der Serosa, an der Einklemmungsstelle, als die Unverletztheit derselben bei Trennung der Muskel- und Schleimhaut wahrnehmen können. War der fibröse Ring an einer Stelle besonders vorspringend, so findet man dieser Stelle entsprechend an der Darmserosa ein kleines, streifiges Geschwür, einen kleinen, missfarbigen, brandigen Flecken. Die lockere

Schleimhaut des Darms kann schon unter dem Einflusse eines nicht bedeutenden circulären Drucks, wie Borggreve und Roser gezeigt haben, sich in Falten legen und dadurch einen klappenartigen Verschluss an der Einklemmungsstelle erzeugen. Die blutreiche Schleimhaut schwillt stark, löst sich von der Muskelhaut und es wird, wenn die Schleimhautfalten, die Schleimhautflächen aneinander gedrückt werden, leicht Wundwerden, Eiterung, Verschwärung und Nekrosirung an der Einklemmungsstelle bei einiger Dauer der selbst weniger heftigen Einklemmung auftreten können.

Geschwüre, missfarbige Streifen und brandige Flecken an der Einklemmungsrinne sind von Roux, Jaeger, Blasius, Dieffenbach, Velpeau und vielen Anderen beobachtet worden. Die Trennung der Schleimhaut, welche in einigen weiter unten zu berichtenden Fällen vorlag, bin ich selbst so glücklich gewesen, einmal bei der Section zu finden.

Ein 70jähriger Mann mit interstitieller, taubeneigrosser, heftig eingeklemmter Leistenhernie, starb 7 Stunden nach der ohne grosse Druckkraft bewirkten Taxis. Bei der Section wurde nur eine geringe Aufblähung der Därme gefunden, von Bauchfellentzündung war keine Spur vorhanden. Die eingeklemmt gewesene Darmschlinge war weder verklebt, noch mit Exsudat bedeckt, sie betraf ein Stück Ileum von $2^1/_2$" Länge, zeigte sich dunkelblauroth gefärbt und war mit halbkreisförmigen Einklemmungsrinnen am oberen und unteren Ende versehen. Das Lumen des Darms war an den Halbrinnen nur wenig verengt, die Darmhäute waren geschwollen und mit trübem Serum infiltrirt. Die Darmschleimhaut erschien dunkelgeröthet, sammtartig, an der Stelle der oberen Einklemmungsrinne bemerkte man eine Vertiefung in der Schleimhaut, dieselbe war getrennt, die Wundräder waren geschwollen, klafften in der Mitte der Trennung wohl 2''' weit, und zwischen ihnen erhob sich leistenartig vorspringend die Darmserosa; die Muskelhaut schien auch an dieser Stelle getrennt worden zu sein. An den unteren Darmenden war die Rinne weniger tief, die Schleimhaut war unverletzt geblieben und wulstete sich nur stark vor. Der Hals des leeren Bruchsacks war ziemlich vorspringend, namentlich nach aussen. Die Lungen waren an den Rändern emphysematös; die Aortenklappen des Herzens zeigten Verknöcherungen. —

Schleimhautgeschwüre von Halbringform haben South, Sanson u. A. durch Sectionen constatirt. Nekrosirung der Schleimhaut hat schon Arnaud beobachtet und Günsburg hat neuerdings einen eclatanten Fall beschrieben.

Wenden wir uns nun zu den Verengerungen und Verschliessungen des Darms an der Einklemmungsstelle. Diese bestehen entweder zur Zeit, wo die Taxis oder Herniotomie ausgeführt wurde, bereits, oder sie entwickeln sich erst später. Die getrennte oder ihres Epithels beraubte Schleimhautstelle kann bei acuten Einklemmungen, wie einigemal beobachtet worden ist, zu plastischen, die Darmwände verklebenden Exsudaten Gelegenheit geben, so dass nun ein von der Einklemmung unabhängiger Verschluss des Darms fortbesteht. Bei chronischen oder subacuten Einklemmungen, welche eine Zeit lang gedauert haben, kann die eingeklemmte Darmschlinge mit plastischem Exsudate bedeckt sein, welches die Falten der Serosa an der Einklemmungsstelle verklebt hat, welches sich zwischen die Darmhäute infiltrirt hat und dadurch Abschnürung an der Einklemmungsstelle, ziemliche Verengerung am übrigen Darmstück bedingt. Ja bei Darmschlingen, welche lange vorgelegen, sich ohne Einklemmung entzündet haben, kann aus der weiteren Organisation des plastischen Exsudats mit Retraction eine ziemliche Stenosirung des Darms erwachsen, die dann schon existirt, wenn Einklemmung hinzukommt.

Dass nach der Zurückbringung eingeklemmter Darmschlingen erst Verengerungen sich ausbilden können, muss schon *a priori* angenommen werden. Geschwüre und Verschwärungen an der Serosa des Darms können durch Granulationen mit nachfolgender Narbencontraction heilen und dadurch klappige, mehr oder weniger nach dem Darmlumen zu vorragende Vorsprünge erzeugen. Geschwüre der Schleimhaut, Nekrosirungen derselben werden ebenfalls, wenn sie heilen, verengernde narbige Verziehungen und Brücken bilden. Mit plastischem Exsudate bedeckte und infiltrirte Darmschlingen werden nach Zurückbringung in die Bauchhöhle durch weitere Organisation und Retraction des Exsudats Verengerungen, Verwachsungen, Verschliessungen hervorbringen können, und bereits durch früher abgelaufene Entzündungen verengerte Darmschlingen werden durch eine in Folge der Einklemmung hinzugetretene Entzündung nach der Reposition leicht einem fortschreitenden Verengerungsprocesse unterworfen werden.

Die tiefe Einklemmungsrinne aber, auf die wir nochmals zu reden kommen, ist keineswegs ein so ohne Weiteres nach der Lösung der Strictur verschwindendes Druckproduct, wie Velpeau gemeint hat. Wenn eine weniger tiefe Einklemmungsrinne fast sofort nach Lösung der Strictur sich ausgleicht, so findet dies bei tieferen Rinnen nicht statt; hier bemerkt man, dass erst nach längerem Streichen und sanftem Drücken die Verflachung der Rinne eintritt, ja dass selbst trotz den Manipulationen die tief eingedrückte Serosa sich nicht erheben will, und dass dem Darm aus dieser tiefen Einkerbung eine Verengerung seines Lumens erwachsen muss. Wenn nun diese Verengerung auch noch in der Bauchhöhle durch die sich durchdrängenden Faeces allmälig ausgeweitet werden kann, so zeigen doch Sectionen, dass dies nicht immer der Fall ist, und dass namentlich, wenn die Propulsivkraft des Darms über der Einklemmungsstelle durch grosse Ausdehnung oder Entzündung gelähmt ist, die Verengerung fortbesteht, nicht ausgeglichen wird, ja sich weiter entwickelt und der Fortleitung der Faeces ein Hinderniss entgegenstellt.

Die Verschliessung des Darmlumens, die Absperrung, welche bei jeder Einklemmung einer Darmschlinge besteht, wird also dadurch, dass die Darmschlinge aus der Klemme befreit wurde, erfahrungsgemäss nicht immer gehoben, weil der vorliegende Darm bereits obliterirt ist, oder nur unvollständig gehoben, weil er bereits verengert ist, oder der Verschluss wird nur zeitweilig völlig gehoben, indem der Darm nachträglich Veränderungen eingeht, die sein Lumen verengern und endlich die Fortleitung unterbrechen.

Was zuerst die Fälle von vollständiger, während der Einklemmung zu Stande kommender Darmobliteration betrifft, so erzählt schon Monro *(On the Pathology of human gullet etc.)* kurz einen Fall, in welchem er den Canal eines eingeschnittenen Darms so vollständig von einem Gerinnsel von Faserstoff verklebt und ausgefüllt fand, dass keine Sonde durchgeführt werden konnte.

Hunter *(On the Blood, Inflammation and Gunshot Wounds. 4. édition. p. 242)* sagt bezüglich der Schleimhaut der Nase, der Luftwege, der Därme: „Sobald die Entzündung in diesen Aussonderungsflächen heftig wird, oder einen rothlaufartigen Charakter annimmt, habe ich gesehen, dass sie, statt Eiterung zu veranlassen, gerinnbare Lymphe absondert. Diese Erscheinung habe ich oft an der inneren Seite solcher Darmtheile gesehen, welche bei einem Bruche eingeklemmt waren.“ Es ist schade, dass Hunter die einzelnen Beobachtungen über Darmobliteration nicht näher angegeben hat.

Der erste ausführlich beschriebene Fall von vollständiger Obliteration stammt von Ritsch.

Ritsch *(Mémoire sur un effet peu connu de l'étranglement dans la hernie intestinale. Mémoires de l'Academie royale de chirurgie. Tom. IV. p. 113.)*

Ein Mann von 45 Jahren hatte seit Jahren einen Inguinalbruch auf der rechten Seite, der von einem Bruchbande zurückgehalten wurde. Zuweilen verspürte er Colikschmerzen und war öfters verstopft. Eines Tages trat der Bruch beim Heben einer Last hervor und sofort stellten sich die Erscheinungen der Darmeinklemmung ein. Ein Arzt und ein Wundarzt wurden zu Hilfe gerufen, allein weder wiederholte Blutentziehungen, Umschläge, Halbbäder, noch Klystire von Tabaksrauch vermochten die Symptome zu mildern. Am dritten Tage wurde Ritsch consultirt. Er schlug die Herniotomie vor, in welche der Patient einwilligte. Nachdem R. die Ligamente durchschnitten und den Bruchsack eröffnet hatte, fand er den Darm entzündet, allein die Entzündung schien nicht so beträchtlich zu sein, um die Reposition des Darms zu verbieten. Kaum war diese vollbracht, als die Zufälle beruhigt zu sein schienen, es wurden einige Klystire applicirt, um die dicken Därme zu entleeren, allein es folgte trotzdem erst 6 Stunden nach der Operation eine Stuhlentleerung. Bald darauf erneuerten sich die Zufälle, Tabaksklystire halfen eben so wenig wie vor der Operation, und Patient starb nach 12 Stunden. — Bei der Leicheneröffnung fand man das Ileum gerade an den Stellen, an welchen es im Leistenringe eingeklemmt gewesen war, so beträchtlich verengert, als wenn es mit einem Bindfaden zusammengeschnürt worden wäre. Die inneren Wandungen des Darmcanals adhärirten gegenseitig, so dass die Communication mit dem Darmcanale vollständig unterbrochen war. —

Verfasser hat diesem Falle, den er für einzig hält, noch zweckmässige Vorschläge angeknüpft, wie man vermeiden könne, eine derartige Verwachsung zu übersehen und wie man durch Abtragung der Darmpartie und Darmnaht den tödlichen Ausgang aufzuhalten versuchen könnte.

Bei der Vorlesung dieser Abhandlung erinnerten sich mehrere Academiker, namentlich Mertrud und Coutavoz, dass sie Operationsfälle beobachtet hätten, wo nach der gehörigen Zurückbringung der eingeklemmten Darmpartie die Zufälle der Einklemmung fortgedauert und der Tod gefolgt wäre, und wo bei der Section Darmverengerung an der Stelle, an welcher der Darm die Einklemmung erlitten, gefunden worden wäre.

Eine noch bedeutendere und ausgedehntere Obliteration des Canals einer eingeklemmten Darmportion durch Adhäsiventzündung der Schleimhaut des Darms erzählt Bishopp zu Thornby (*Froriep's Notizen. Nr. 3 des XIII. Bandes. Januar 1826.*)

Ein Müller zu Leicester, 20 Jahre alt, sonst stets gesund, wurde am 27. März 1817, nachdem er einen Sack voll Getreide getragen hatte, von Schmerzen in den Därmen mit Ekel und Erbrechen ergriffen. Verfasser fand vier Stunden nach Beginn des Anfalls einen Leistenbruch von mässiger Grösse, der blos Darm enthielt und eben erst entstanden war. Es wurde nach einem starken Aderlasse die Taxis versucht, die fehlschlug; dann wurden Oel- und Tabaksklystire applicirt und halte Wasserumschläge gemacht. Am anderen Morgen wurde nochmals bis zur Ohnmacht zur Ader gelassen und die Reposition versucht, die anfänglich zu gelingen schien, allein doch nicht glückte. Die nun vorgeschlagene Herniotomie wurde verworfen. Der Zustand des Patienten in den folgenden drei Tagen war abwechselnd, endlich wurde er so schlecht, dass Patient selbst die Nothwendigkeit einer Operation einsah und einwilligte. Der Bruchsack enthielt etwa 3 Unzen einer serösen Flüssigkeit; der Darm sah etwas missfarben aus, sein Gewebe war nicht bemerklich entartet, aber von der Sackmündung sehr fest eingeklemmt und wurde schleunig reponirt. Die schlimmen Zufälle blieben nun einige Stunden aus, kehrten aber mit vermehrter Heftigkeit zurück und der Tod erfolgte 20 Stunden nach der Operation. — Bei der Section zeigte sich, dass der Darm vollständig reponirt worden war; Spuren beträchtlicher Entzündung waren zwar im ganzen Umfange der Abdominalhöhle zu bemerken, jedoch nicht die geringste Annäherung zur Gangrän. Am heftigsten war die Entzündung in dem Theile des Ileum, welcher eingeklemmt gewesen war. Nach der Herausschneidung dieses Theiles zeigte sich, dass der Darm $1\frac{1}{2}''$ völlig obliterirt war, so dass in Folge dieser sehr festen Adhäsion der Zottenhaut, welche offenbar durch die Adhäsiventzündung bewirkt worden, nicht die feinste Sonde oder der geringste Tropfen Wasser durchdringen konnte. Die ganze obliterirte Darmportion hatte einen merkwürdigen Grad von Festigkeit und Verdickung, so dass nicht die geringste Beweglichkeit zwischen den Häuten zu bemerken war, wenn man die Darmflächen zwischen den Fingern an einander rieb.

Fälle von ziemlich beträchtlichen Verengerungen sind unter anderen notirt worden von Tessier, Chapel, Heyfelder.

Tessier *(Archives génér. 1838. T. I. p. 302. 3. Série)* fand bei einer Person, die einige Tage nach der Zurückbringung einer eingeklemmten Hernie gestorben war, zwei Verengerungen an der Basis der Schlinge, die eingeklemmt gewesen war. Die Schleimhaut war an den verengten Stellen des Darms verdrängt und erhoben durch einen strangartigen, klappenförmigen, circulären Vorsprung, welcher fast vollständig das Darmlumen verschloss. Obgleich Tessier eine solche Disposition für wichtig in Bezug auf die Fortleitung der Faeces hält, so räth er doch, die Verengerungen des Darms an der Einklemmungsstelle nicht zu hoch anzuschlagen, und hält die der Entzündung nachfolgende Lähmung im Darme dicht oberhalb der Einklemmung für das hauptsächlichste Hinderniss der Fortleitung der Faeces nach der Reposition. —

Louis Chapel *(Du rétrécissement de l'intestin dans les hernies avec une observation. Revue medico-chirurg. 1847. Juin. p. 343).*

Eine 74 jährige, altersschwache und gebrechliche Frau, die sich seit 3 Jahren im Hôtel-Dieu von Saint-Malo befand, wurde im August 1846 von Leibschmerzen und Erbrechen befallen. Bei der Untersuchung wurde in der rechten Schenkelgegend eine längliche Bruchgeschwulst von der Grösse einer grossen Kastanie gefunden, welche elastisch war, beim Drucke wenig schmerzte, sich aber nicht zurückbringen liess. Da Abführmittel, Belladonnasalbe, Klystire, wiederholte Taxisversuche, selbst im prolongirten Bade, nichts halfen, das Erbrechen häufiger wurde, der Leib sich anfing aufzutreiben, machte Verfasser die Herniotomie. Aus dem eröffneten Bruchsacke floss etwas röthliches Serum; zwischen dem Bruchsacke und dem vorliegenden Darme befanden sich einige leichte Adhärenzen, die sich mit dem Finger trennen liessen, der Finger konnte nicht bis zur Einklemmungsstelle gebracht werden, es wurde daher eine gerinnte Sonde eingeführt und auf dieser ein mehrfaches Débridement mit einem Messer vorgenommen. Da sich nun der Finger in die Bauchhöhle bringen liess, wurde der vorliegende stark injicirte Darm reponirt. Nach der Operation floss viel Wasser ab. Die Kranke starb am folgenden Tage. Bei der Section fand man einige geröthete Darmschlingen dicht über dem Fallop'schen Bande mit der Bauchwand frisch verklebt und unter diesen eine dunkel gefärbte Schlinge, die an einer Stelle beträchtlich verengt war, so dass es aussah, als hätte hier eine Ligatur gelegen. Der Darm hatte an dieser Stelle einen Umfang von 27—28 Millimeter, während er oberhalb derselben 96, unterhalb derselben 70 Millimeter im Umfange mass. Die Schleimhaut an und im Bereiche der Strictur war entzündet, gewulstet, aber nicht ulcerirt, ebensowenig die Serosa. Der Bruchsackhals war verdickt und ziemlich eng. —

Heyfelder *(Beiträge zur Herniotomie. Heidelb. med. Annal. II. 3.).* Bei einem 60 jährigen Manne, der seit 30 Jahren einen Scrotalbruch hatte, trat in Folge eines heftigen Hustenanfalls Einklemmung auf, welche die Herniotomie nothwendig machte. Nach Eröffnung des Bruchsacks zeigte sich zunächst ein gegen den Bauchring hin gestieltes, nach unten zu birnenförmiges, knorpelhartes Stück Netz, hinter welchem eine sehr grosse, aber heftig entzündete, braunschwarz aussehende Darmschlinge lag. Nirgends fand Verwachsung statt. Eine Stunde nach der Operation stellten sich wieder Schmerzen ein, die sich rapid steigerten, nach vier Stunden erfolgte der Tod. — Bei der Section fand man die Darmschlinge, die im Bruchcanale gelegen, ein Stück des Ileum, von den Stellen, wo die Einklemmung stattgefunden, fest zusammengeschnürt und ihr Volumen so verengt, dass der Darminhalt aus der oberen Partie in die untere nicht gelangen konnte. Ueber der oberen Einschnürung war der Darm stark ausgedehnt, schwarzbraun. —

Dieses Beispiel hat noch dadurch Interesse, dass die Darmverengerung, trotzdem, dass gleichzeitig Netz vorlag, welches gewöhnlich die Einwirkung der Strictur beträchtlich zu schwächen pflegt, dennoch nach dem Débridement verblieben war, und es scheint fast, als sei schon vor der Einklemmung die Stenose vorhanden gewesen.

Am häufigsten entwickeln sich Darmstenosen erst nach der Reposition. Die Taxis ist gelungen oder bei der Herniotomie ist der Darm genau untersucht und in einem ganz befriedigenden Zustande gefunden und reponirt worden, der Patient fühlt sich erleichtert, es stellt sich Stuhlgang ein, die Symptome der Einklemmung verschwinden völlig und dennoch ist der Patient nicht als ausser aller Gefahr zu betrachten. Die befreite und wieder durchgängig gewordene Darmschlinge trägt den Keim zu consecutiven *(tardiven)* Alterationen, die sich langsam entwickeln und endlich Darmverschluss innerhalb der Bauchhöhle bewirken können. Nachdem Patient völlig hergestellt erscheint, beginnen Verstopfungen mit Colikschmerzen, die anfänglich inneren Mitteln und Klystiren weichen, um nach und nach immer hartnäckiger zu werden. Ein solcher Zustand kann sich Monate, ja selbst Jahre hinziehen, bis endlich ein Diätfehler eine Erkältung die ausgeprägten Symptome des Ileus hervorruft. Die consecutiven Alterationen, welche hierbei der Darm erleidet, sind das Resultat einer mehr oder weniger chronischen Entzündung, und diese beschränkt sich häufig nicht allein auf die eingeklemmt gewesene Darmschlinge, sondern zieht auch die in der Bauchhöhle daneben gelegenen Theile mit in ihr Bereich. Wenn plastisches Exsudat sich zwischen die Darmhäute infiltrirt, so wird schon dadurch, wie bereits erwähnt, Verdickung und Lumensverminderung des Darms gegeben, sobald aber dieses Exsudat sich organisirt, sich zu Zellgewebe umbildet, so erfolgt eine Verschmelzung der Darmhäute mit Narbencontraction, welche eine beträchtliche Stenose herbeiführen kann. Selten ist es aber, dass nur das infiltrirte und organisirte Exsudat Stenosirung erzeugt, gewöhnlich und vorzugsweise lagert sich das Exsudat auf die Serosa, verklebt, verlöthet die Schenkel der Darmschlinge, verschmilzt sie mit den benachbarten Darmschlingen, mit dem Netze und Bauchfelle, und fügt nun bei der Retraction des Exsudats der manchmal nur unbedeutenden Verengerung, Verziehung, Knickung bei, welche erst beträchtliche Stenose hervorruft.

Pelletan *(l. c. Tom III. p. 443. Observ. XII).* Ein 24jähriges Frauenzimmer mit Schenkelhernie, die kein Bruchband getragen hatte, kam nach 8tägiger Einklemmung in das Hôtel-Dieu. Es wurde sofort zur Operation geschritten. Nach Einschneidung des Bruchsacks zeigte sich ecchymosirtes Netz und eine dunkelgeröthete Darmschlinge, die sich nach Einschneidung der Bruchpforte leicht reponiren liess. Die Einklemmungserscheinungen dauerten fort; Tod nach 3 Tagen. — Section. Die herniöse Darmschlinge lag dicht hinter der Bruchpforte, war verdickt und ihre Schenkel fest verwachsen. Das Lumen war verengt, über der Verengerung war der Darm erweitert und von flüssigen Stoffen erfüllt.

Olof Acrel *(Chirurg. Krankengeschichten aus dem Schwedischen übersetzt. Leipzig 1772. Cap. Brüche p. 106)* operirte einen sehr alten eingeklemmten Leistenbruch. Er erweiterte den Bauchring ehe der Bruchsack geöffnet war, und kaum war dies geschehen, als der Bruch in den Unterleib zurücktrat. Acrel eröffnete den Bruchsack nachträglich. Der Kranke genas bald. Neun Wochen später, während welcher Zeit der Operirte sehr ordentlich gelebt hatte, bekam derselbe plötzlich heftige Colik, Erbrechen und starb. — Man fand den Theil des Netzes und der Därme, der im Bruchsacke gelegen hatte, in einen Klumpen zusammengewachsen, das Netz widernatürlich hart, die Darmhäute ausserordentlich dick und die Därme so verengt, dass man kaum einen Gänsekiel in dieselben stecken konnte. —

Godin *(Bulletins de la Societ. anatom. 1836. p. 301).* Eine 70jährige Frau war wegen eingeklemmter rechtseitiger Schenkelhernie von Bérard operirt worden und wurde am 50. Tage nach der Operation mit einem passenden Bruchbande entlassen. Noch am Abende dieses Tages kehrte die Operirte in das Spital zurück, sie hatte Erbrechen mit Leibauftreibung und heftigen Schmerzen und starb nach drei Tagen. — Section. Peritonitis mit Faecalerguss; an der rechten Schenkelöffnung lagen zwei unter sich, mit der Bauchwand und Harnblase unentfaltbar und unzerreissbar verwickelte Darmschlingen. Adhärenzen hatten die Abschnürung bewirkt; oben war die Verengerung am stärksten, 3''' Durchmesser, unten liess sich die Spitze des Fingers einbringen. Einen Zoll über der oberen Verengerung bestand eine Darmperforation. —

Guignard *(Mémoire sur le rétrécissement et oblitération de l'intestin dans les hernies. Thèse 1846. p. 28).* Eine 47jährige Frau mit linkseitiger Leistenhernie hat vor Jahresfrist acht Tage lang Einklemmungserscheinungen gehabt. Im Januar 1842 stellt sich eine heftige Brucheinklemmung ein; nach zwei Tagen wird operirt, die vorliegende Darmschlinge nach Incision der Strictur zurückgebracht. Der Stuhl kommt erst drei Tage nach der Operation nach Verabreichung von Bitterwasser zu Stande. Den vierten Tag erfolgt galliges Erbrechen, der Leib ist aufgetrieben und schmerzhaft. In den folgenden Tagen und Wochen wechselt natürlicher Stuhl mit Constipation und Erbrechen ab; nach vier Wochen tritt Kothbrechen mit fadenförmigem Pulse auf; dann nach einigen Stuhlentleerungen wird das Befinden leidlich. Nach vier Monaten treten die Erscheinungen wieder heftig auf und steigern sich in fünf Tagen bis zum Tode. — Section. Peritonitis mit Erguss und Adhärenzen. Neben dem linken Fallop'schen Bande liegt eine Dünndarmschlinge von 6—7 Centim. Länge, welche an jedem Ende eine tiefe circuläre Rinne zeigt, um welche herum falsche Membranen sich befinden. Die Verengerung misst an der oberen Stelle 12, an der unteren 10 Millim. im Durchmesser. Oberhalb der Verengerung ist der Darm ausgeweitet, unterhalb derselben zusammengezogen; nach unten (?) eine kleine Perforation. An der Stelle der Rinnen sind die Darmhäute mehr weniger verändert; an einer Stelle ist nur noch der seröse Darmüberzug vorhanden, an anderen Punkten bemerkt man beginnende Vernarbung. —

Bezieht sich die Organisation des plastischen Exsudats blos auf die reponirte Darmschlinge, ohne die benachbarten Organe zu betheiligen, so kann es, wenngleich selten, vorkommen, dass die verwachsene Darmschlinge wieder in den Bruchsack tritt, hier abermals eine Einklemmung erleidet, die nun eine in ihren Wänden starre und geknickte Darmpartie betrifft, und welche die Verengerung des Lumens so steigert, dass der Darmverschluss nach der Taxis fortbestehen muss. Ja blose Entzündung der wieder vorgetretenen Darmschlinge kann schon diesen Ausgang nehmen.

J. Gruber *(Spitalzeitung 4. 1860)*. Ein 48jähriger Mann, der seit geraumer Zeit einen ziemlich umfänglichen, rechtseitigen Leistenhodenbruch hatte, der schon zu wiederholten Malen sich eingeklemmt hatte, immer aber durch die Taxis zurückgebracht worden war, fühlte 43 Stunden vor der Aufnahme in das Hospital, wie sich unter der Pelote seines Bruchbands Därme vordrängten und in den Hodensack drängten. Sogleich stellten sich Leibschmerzen, Uebelkeiten und Erbrechen ein. Lagerung, mehrfache Taxisversuche und Umschläge nützten nichts. Bei der Aufnahme wurde eine faustgrosse Geschwulst, die sich als ein härtlicher Strang in die Bauchhöhle zog, wahrgenommen. Die Geschwulst war ziemlich uneben, an verschiedenen Stellen verschieden resistent und gab einen dumpfen Percussionston. Der Unterleib war sehr aufgetrieben. G. entleerte die Harnblase mit dem Catheter und schritt dann zur Taxis, die auch ohne grosse Mühe gelang; es wurde alles Vorgefallene reponirt, der Leistencanal durch Einstülpung einer Scrotalhautfalte untersucht und als leer befunden. Bald nach der Taxis erfolgten Stuhlentleerungen, auch gingen Blähungen ab, nichtsdestoweniger blieb der Unterleib aufgetrieben und das Brechen hielt an. Die Symptome der inneren Darmeinklemmung steigerten sich allmälig und der Patient starb vier Tage nach der gelungenen Taxis. — Die Section zeigte in der Bauchhöhle $^1/_2$ Pfund eitrigen Exsudats; die Gedärme waren durch Exsudat mit einander verklebt. Am unteren Theile des Leerdarms war ein etwa 8″ langes Darmstück knäulförmig, unlösbar verschlungen und durch altes, kurzfasriges Gewebe verwachsen. Das Lumen des Darms war an diesem Theile ganz aufgehoben; über dieser Stelle war der Darm von Gasen stark ausgedehnt, blass. —

Nach Verfasser haben in diesem Falle Producte früherer Darmentzündungen, hervorgerufen durch mehrfache vorausgegangene Einklemmungen, den Darm dergestalt umgebildet und verengt, dass die letzte Einklemmung, obgleich sie gehoben wurde, eine völlige Darmobliteration zu Wege brachte.

Günther in Köln *(Graefe und Walther Journal der Chirurgie. Bd. IV. Heft 2. p. 280)*. Ein Tagelöhner im mittleren Alter litt seit Jahren an einem rechtseitigen Leistenbruche, ohne ein Bruchband zu tragen. Eines Tags klemmte sich der Bruch ein, wurde durch die Taxis zurückgebracht, allein Erbrechen und Leibesverstopfung dauerten fort. Indessen verminderten sich diese Beschwerden nach und nach insofern, als das Erbrechen seltner wurde und ein geringer, mehr trockner als flüssiger Stuhl alle 8—10 Tage erfolgte, wobei das Allgemeinbefinden erträglich war, so dass Patient einigermaassen seinen Beschäftigungen nachkommen konnte, auch der Appetit nicht fehlte. In diesem Zustande hatte der Kranke zwei Jahre gelebt, als der Bruch abermals vortrat und sich einklemmte. Auch jetzt wurde der Bruch von dem Wundarzte, der den Kranken mehrmals behandelt hatte, zurückgebracht, allein die Zufälle dauerten mit Heftigkeit fort und Verfasser wurde zu Rathe gezogen. Er fand den Bauchring frei, den Leib gespannt, aber ohne Schmerzen. Nach Abführmitteln und Klystiren erfolgte nach zwei Tagen einige Stuhlentleerung, sonst blieb der Zustand derselbe. Durch Pressen, Husten und verschiedene Bewegungen gelang es nicht, den Bruch wieder zum Vortreten zu bringen. Eine vorgeschlagene Operation verweigerte der Kranke. Am siebenten Tage nach dem Beginnen der heftigeren Einklemmungserscheinungen trat der Tod ein. — Bei der Leichenöffnung fand sich keine weitere Einklemmung, die Eingeweide hatten eine sonst gesunde Beschaffenheit, aber im Ileum fand sich in einer Strecke von wenigstens $1^1/_2$" eine beinahe totale Verengerung des Darms mit allen Zeichen des eingetretenen Brandes. —

Haben die Darmschlingen durch Adhäsiventzündung sich klumpig zusammengeballt, knäulförmig verschlungen, sind sie in diesem Zustande mehrfach vorgetreten, aber reponirt worden, so werden, wenn sie beim Vortreten sich einmal einklemmen und nicht mehr zurückbringen lassen, bei der Operation die grössten Schwierigkeiten erwachsen, so dass es kaum möglich wird, die bestehende Darmverengerung, Knickung und Verschlingung zu ermitteln, wie z. B. nachstehender Fall zeigt.

J. Ulrich (*Wiener Wochenblatt 13. 1855).* Eine 64jährige, gut genährte Frau, die schon seit vielen Jahren an einer Schenkelhernie litt, die leicht vorgefallen, aber stets eben so leicht zurückgebracht worden war, bemerkte am Tage vor ihrer Aufnahme, dass der Bruch mehr als gewöhnlich sich vorgedrängt habe. Die von Pat. unternommenen Repositionsversuche waren fruchtlos gewesen, es hatte sich bald Unwohlsein, Aufstossen und Erbrechen eingestellt. Der Assistenzarzt fand eine mehr als faustgrosse Schenkelhernie und drängte von derselben so viel zurück, dass die Geschwulst auf die Grösse eines Gänseeies reducirt wurde. Die irreponible Hernie liess sich hin- und herschieben, war elastisch, wenig empfindlich und gab einen kaum wahrnehmbaren tympanitischen Percussionsschall. Da in den nächsten 12 Stunden Kothbrechen mit Entstellung der Gesichtszüge hinzukam, wurde zur Herniotomie geschritten. Der Hautschnitt entsprach dem längsten Durchmesser der Geschwulst und lief parallel dem Poupart'schen Bande. Der Bruchsack war dünnwandig und bei seiner Eröffnung floss 1 Unze Serum ab. In der Höhle des Bruchsacks lag ein eigrosses Gebilde, welches allenthalben gleichmässig und ohne Furchenbildung von einer röthlich injicirten, glatten, serösen Haut überzogen war, sich elastisch anfühlte, nur bei stärkerem Drucke schmerzte und nach oben in zwei kürzere Darmstücke auslief. Das Gebilde hatte auf den ersten Anblick das Aussehen eines entarteten Eierstocks, allein die Darmstücke liessen sich herabziehen, und nun erschien das Ganze wie ein mit Bauchfell überzogenes Neugebilde, welches auf dem Darme aufsass; es hatte das Aussehen, als gingen die Darmstücke über dem Gebilde in einander über. Der eingesenkte Explorativtrokar gab keine Aufklärung über die Natur des Gebildes, denn es ging weder Luft noch Flüssigkeit durch die Canüle ab, und nur durch starken Druck liessen sich einige Tropfen zähen Schleims auspressen. An ein Auslösen des Gebildes war nicht zu denken, da dasselbe nirgends eine Begrenzung durchfühlen liess. Man beschränkte sich auf die Reposition, die nur mühsam nach ansehnlicher Erweiteruug der Bruchpforte gelang. Die Einklemmungserscheinungen dauerten fort, der Unterleib trieb sich sehr auf, wurde äusserst empfindlich, die Gesichtszüge verfielen immer mehr und der Tod trat am dritten Tage nach der Operation ein. —

Section. Die Bruchpforte war bereits durch Exsudat geschlossen, der Dünndarm durch Gas mässig ausgedehnt, sämmtliche Gedärme waren durch ein zähes, gelbliches, frisches Exsudat unter sich und mit der Bauchwand verklebt. Die Bauchhöhle enthielt kein Serum. Das reponirte Gebilde lag verklebt im tiefsten Theile der rechten Beckenhälfte; sein Volumen hatte etwas zugenommen, seine Oberfläche erschien nicht mehr glatt, sondern matt und rauh. Das Wesen des Gebildes wurde erst klar, als man es von dem geöffneten benachbarten Darme aus mit der Schere und dem Finger verfolgte, und es zeigte sich als ein aus zwei Windungen einer Ileumschlinge bestehendes Conglutinat, welches durch altes, gefässreiches, festes, derzeit aber serös infiltrirtes Bindegewebe so innig zusammengehalten war, dass es ein sphärisches, ungefurchtes Ganze bildete. Das Lumen der verlötheten Schlingen verlief im Zickzack und war an der spitzwinkligen Knickungsstelle zwischen beiden Schlingen so eng, dass es kaum die Spitze des kleinen Fingers eindringen liess. Der Inhalt war eine geringe Menge Schleim; die Schleimhaut erschien gewulstet, das die Windungen verbindende Zellgewebe serös infiltrirt, so dass die Darmwandungen mit Einschluss des Bindegewebes an einigen Stellen fingerdick waren. Oberhalb des Conglutinats enthielt der Darm Gas und dünne Fäcalstoffe, unterhalb desselben war er fast leer. Die Punktionsstelle des Trokar war nicht mehr zu finden. Dicht unter dem Conglutinat hatte eine ähnliche Darmverbildung bereits begonnen. —

Zuletzt ist noch der unbeweglichen Brüche zu gedenken, bei welchen so häufig, und namentlich bei den voluminösern derselben, ausgebreitete Verwachsungen der Därme unter sich, so wie mit dem Bruchsacke bestehen, wo die Entzündung, welche die Verwachsung erzeugte, auch Verengerungen und Knickungen bedingte. Stellen sich durch Vordrängen einer neuen Darmpartie oder durch abermalige Entzündung der vorliegenden Theile Einklemmungserscheinungen ein, welche durch eine theilweise Taxis oder antiphlogistische Behandlung nicht gehoben werden, sondern durch ihre Steigerung endlich zur Operation nöthigen, so zeigen sich nicht selten fast unüberwindliche Schwierigkeiten bei der Operation, zumal wenn die Därme flächenhaft und kaum unterscheidbar mit ihren Wandungen aneinander gelöthet, fast untrennbar mit dem Bruchsacke verwachsen sind. Die Lösung der Verwachsungen, wenn sie überhaupt möglich ist, wird kaum genügen, um die Durchgängigkeit des mehrfach verengten Darms wieder herzustellen. Wir erinnern unter einer Reihe von hierher gehörigen Fällen an einen.

Reuter *(Nassauer Jahrb. XVI. und XVII. p. 491).* Ein 56 jähriger Mann litt seit 20 Jahren an einem Leistenbruche, ohne je ein Bruchband getragen zu haben; der Bruch trat öfters vor, wurde aber stets zurückgebracht, es bestand indessen eine Verwachsung der Gedärme und des Bruchsacks, und die Hernie schien nie ganz zurückgegangen zu sein. Im December 1858 klemmte sich der Bruch ein, die angewendeten Mittel fruchteten nichts und es wurde zur Operation geschritten. Die Operation war schwierig und mühsam, denn es musste ein verwirrter Knäul fester Verwachsungen gelöst werden. Die Därme waren mit dem Bruchsacke nicht stellenweise und filamentös, sondern so verwachsen, dass sie eine eigene Membran bildeten. Die Darmschlingen waren wieder unter sich verlöthet und die Verwachsung zog sich durch den Leistencanal. Die Operation dauerte über eine Stunde und die Därme wurden in einem befriedigenden Zustande in die Bauchhöhle zurückgebracht. Nach der Operation und während der Nacht erfolgte keine Oeffnung; am folgenden Tage war der Leib sehr aufgetrieben, der Patient delirirte. Nachdem durch Klystire und Calomel einige dünne, breiige Stühle erzielt worden waren, trat eine kurze scheinbare Besserung auf, bald aber begannen die Kräfte zu sinken und der Patient starb am fünften Tage nach der Operation. — Die Section erwies, warum der operative Eingriff ohne Erfolg geblieben war, die Stellen der Gedärme waren da, wo sie in den Bruchsack einmündeten, einige Zoll weit vollständig stenosirt, so dass nur ein dicker Federkiel eingebracht werden konnte. Die Stenose hatte sich schon längst durch chronische Entzündung entwickelt und endlich zum Darmverschluss geführt. Beschwerden beim Stuhlgang hatte der Patient seit Jahren gehabt. —

Wenden wir uns zur Betrachtung der Verfahrungsweisen, die uns zu Gebote stehen, um Scheinreduction bei Verengerungen und Obliterationen des eingeklemmten Darms durch Taxis oder Herniotomie zu vermeiden, oder nach stattgehabter Scheinreduction möglichst helfend einzuschreiten.

Wir brauchen auf die Nothwendigkeit einer schonenden und rationellen Taxis nicht nochmals näher einzugehen, da ihr Nutzen hier klar zu Tage liegt, da wir wissen, dass das Gegentheil, ausser anderen schädlichen Folgen Verwachsungen und Verengerungen nach der Reposition hervorrufen kann. Ist durch die schonende Taxis eine obliterirte oder sehr verengte Darmschlinge zurückgebracht worden, so werden wir dadurch, dass das Zurückbringen ruckend und ohne Gurren erfolgte, aufmerksam gemacht, dass keine richtige Reposition stattgefunden haben möchte; fühlen wir den leeren Bruchsack, erscheint der Bruchcanal, die Bruchpforte frei, so wissen wird, dass wir es mit einer Massenreduction zu thun haben; erkennen wir eine elastische Geschwulst hinter der Bruchpforte (durch Betastung oder Hauteinstülpung), so haben wir ein objectives Zeichen für stattgehabte falsche Reduction, welche durch die Fortdauer der Einklemmungserscheinungen fast ausser Zweifel gestellt wird. Erfahren wir nun noch durch den Patienten, dass er mehrmals Brucheinklemmungen gehabt hat, dass er seit geraumer Zeit an Stuhlverstopfungen mit Colikschmerzen gelitten, die nur durch Abführmittel und Klystire zeitweilig beseitigt wurden, so ist es erlaubt, an eine Verengerung, Verwachsung mit Verengerung des reponirten Bruchs zu denken. In solchen Fällen werden wir vorerst zusehen, ob Pressbewegungen von Seiten des Patienten im Stande sind, den Bruchinhalt wieder vorzutreiben, um dann zu operiren, oder wenn der Bruchinhalt nicht wieder vortritt, werden wir berechtigt sein, die Bruchpforte mit dem Messer bloszulegen und von hier aus in die Bauchhöhle zu dringen, um den betreffenden Darmtheil vorzuholen, zu untersuchen und dem Befunde gemäss zu behandeln.

Die Ausführung der Herniotomie erfordert besondere Maassregeln. Da jene zuweilen vorkommenden Darmobliterationen und Verengerungen wie gezeigt, an der Einklemmungsstelle des Darms besonders existiren und wahrnehmbar sind, da sie vorzugsweise bei acuten, oder lange andauernden Einklemmungen, bei Einklemmungen mit vorwaltender Entzündung vorkommen, so ergeben sich als Regeln für die Herniotomie, einmal in den gedachten Einklemmungsfällen von dem sonst unter Umständen so zweckmässigen Bruchschnitt ohne Eröffnung des Bruchsacks abzusehen, und anderntheils nach der Bruchsackeröffnung und dem Débridement den Darm hinsichtlich seiner Beschaffenheit, namentlich an der Einklemmungsstelle, und seiner Durchgängigkeit der sorgfältigsten Prüfung zu unterwerfen. Zu dem Ende ist es unerlässlich, den Darm vorzuziehen, um ihn in das Sehfeld zu bringen. Versäumt der Operateur die genaue Untersuchung der Darmschlinge an der Stricturstelle, vernachlässigt er die Prüfung der Durchgängigkeit desselben, begnügt er sich blos mit dem Ansehen der vorliegenden Darmpartie, so macht er sich durch das Zurückbringen im Falle von Obliteration oder Stenose der Scheinreduction schuldig. Man könnte zwar einwenden, die Obliteration und enge, nicht erweiterungsfähige Stenose an der Einklemmungsstelle kämen so selten vor, dass man dieser Ausnahmen halber die Bruchoperation weder zu compliciren noch zu verlängern brauche, allein abgesehen davon, dass der Chirurg auch auf seltne Ereignisse Rücksicht zu nehmen hat, sind tiefe Einklemmungsrinnen, welche nach Hebung der Strictur das Darmlumen noch sehr beschränken und der Erweiterung bedürfen, gar nicht selten, anderntheils können aber auch, wie schon erläutert, Geschwüre, Brandflecke, Trennungen an der Einklemmungsstelle vorkommen, welche nur nach Vorziehen des Darms ersichtlich werden und deren Existenz und Beschaffenheit die Art des weiteren Verfahrens der weiteren Behandlung bestimmt. Die Herniotomie wird aber durch dieses Vorziehen des Darms nicht in dem Grade complicirt und verlängert, als sie an Sicherheit gewinnt, auch ist der Bruchschnitt überhaupt eine Operation, bei welcher schnelle Ausführung und Eleganz kaum in Betracht kommt, sondern die grösste Behutsamkeit und Berücksichtigung aller möglichen Umstände obenan steht.

Wie ist aber die Prüfung und das weitere Verfahren einzurichten? Erblicken wir, nachdem wir die Darmschlinge etwas vorgezogen haben, eine tiefe Einklemmungsrinne, durch welche der Darm zusammengepresst bleibt, so dass es noch immer das Aussehen hat, als läge hier eine Ligatur, so müssen wir durch sanftes Streichen von oben her, durch gelinden Druck und unterhalb der Rinne, die letztere zu verflachen und soweit auszuweiten suchen, dass der Darm an und unterhalb der Einklemmungsrinne dasselbe Volum zeigt, wie über derselben. Gelingt es nicht, durch Streichen und Drücken den zusammengepressten Darm auszuweiten, die Einklemmungsrinne zu heben, so dass der Darminhalt von oben her leicht eintritt und sich weiter drücken lässt, so muss kräftiger dilatirend und in einer Weise verfahren werden, wie es neuerdings Palasciano vorgeschlagen und gethan hat.

Palasciano *(Amtlicher Bericht über die 33. Versammlung der Naturforscher und Aerzte zu Bonn 1857. Bonn 1859. p. 269)* erklärt mit Recht die Darmverengerung durch Brucheinklemmung für weit häufiger, als die Chirurgen meinen, und findet den Beweis darin, dass er in sieben Monaten vier Darmverengerungen bei Brucheinklemmungen zu Gesicht bekam. Drei Fälle bezogen sich auf eingeklemmte Schenkelbrüche, ein Fall auf einen eingeklemmten Leistenbruch.

Der erste Fall betraf eine 60jährige Frau mit rechtseitiger Schenkelhernie, die seit zwei Jahren nicht genügend zurückgehalten wurde. Nach 36stündiger Einklemmung wurde operirt. Die eingeklemmte Ileumschlinge war an der Einklemmungsstelle auf den vierten Theil ihres normalen Calibers zusammengedrückt, sie sah sonst befriedigend. Verfasser brachte nach dem Débridement die Schlinge einfach zurück. Die Section zeigte, dass die Darmcontenta die Stenose des Darms nicht passirt waren und dass über derselben eine Perforation sich gebildet hatte.

Palasciano ist der Ansicht, dass man eine bei der Herniotomie vorgefundene Darmverengerung sich nicht selbst überlassen dürfe, dass man den Darm erweitern müsse, ehe man ihn reponirt und schlägt zu diesem Zwecke eine Dilatation *per invaginationem* vor, die er für zweckentsprechend und gefahrlos hält. Die Darmschlinge wird vorgezogen und der oberhalb der verengten Stelle befindliche Darm wird mit der Fingerspitze der einen Hand in die verengerte Stelle gebracht, während man mit den Fingern der andern Hand diese Invagination durch Schieben, wie beim Handschuhanziehen, unterstützt.

Verfasser führt kurz zwei Fälle von eingeklemmten Schenkelbrüchen bei einer 66jährigen und 55jährigen Frau und einen Fall von eingeklemmtem Leistenbruch bei einem 30jährigen Manne an, wo an der Einklemmungsstelle der Darm bis auf den dritten und vierten Theil seines Calibers zusammengedrückt war, wo die Dilatation durch Invagination sich leicht bewirken liess und in allen drei Fällen nach der Operation bald Stuhl folgte und die Genesung rasch eintrat.

Um die Dilatation *per invaginationem* auszuführen, muss der Darm allerdings einige Zoll weit vorgezogen werden; wenn aber der Darm durch bloses Streichen und Drücken sich nicht genügend erweitern lässt, ist diese Dilatationsweise empfehlenswerth und ihre Application verursacht keine Mühe, erreicht den Zweck sicher. Diese Methode ist aber nicht blos bei den mechanischen Verengerungen zu empfehlen, sondern auch bei den organischen, entzündlichen Verengerungen, wo sie einestheils ein Hilfsmittel abgiebt, um mit der Fingerspitze den Grad der Verengerung zu bemessen, anderntheils bei nicht zu fester und narbiger Stenose jedenfalls eine entsprechende Erweiterung zu erzielen im Stande sein wird.

Wenn man gegen die drei Fälle Palasciano's, in welchen erweitert wurde, einwenden wollte, dass diese auch ohne Erweiterung glücklich abgelaufen sein würden, so steht diesem Einwurf ausser anderen Fällen schon der eine Fall Palasciano's entgegen, wo der Darm ohne Dilatation zurückgebracht wurde und bei der Section der Darm so beträchtlich verengt, wie bei der Operation sich zeigte.

Wenn Tessier die Verengerung des Darms an der Einklemmungsstelle nicht zu hoch anzuschlagen räth und anführt, dass nicht die Verengerung, sondern die Lähmung des über der Verengerung befindlichen Darms durch Entzündung gewöhnlich daran schuld sei, dass nach der

Reposition die Fortleitung der Faeces unterbrochen bleibe, so hat er nur theilweise recht. Die Erweiterung, Schwächung der Propulsivkraft und Lähmung des Darms ist unzweifelhaft Folge der Einklemmung, wenn aber dieser Zustand des Darms über der Einklemmungsstelle noch beseitigt, die Darmfunction noch hergestellt werden kann, so ist dies nur dadurch möglich, dass wir durch genügende Erweiterung des Darms, an der verengten Stelle dem geschwächten Darmtheile sein Geschäft der Forttreibung des Darminhalts erleichtern. Kann der Darm über der verengten Stelle trotz der Erweiterung der letztern sich nicht wieder erholen, so hat dann der Chirurg wenigstens die Beruhigung, das Seinige gethan zu haben.

Besteht an der Einklemmungsstelle eine starke organische Verengerung, so erkennen wir dies daran, dass bei der Dilatation *per invaginationem* die Fingerspitze aufgehalten wird, nicht eindringen kann, wir ersehen auch aus dem zusammengezogenen Zustande der Darmschlinge, dass die Stenose sich weiterhin ersteckt. Bei der Obliteration finden wir, dass weder von oben her Darminhalt eingedrückt, noch aus der eingeklemmt gewesenen Darmschlinge nach oben ausgedrückt werden kann. Schlagen die Manipulationen behufs der Erweiterung der Stenose fehl, ist diese zu eng, rigid und erstreckt sich zu weit hin, so bleibt behufs der Lebensrettung nichts übrig, als einen künstlichen After über der Strictur anzulegen, oder wenn es der nicht oder wenig entzündete Zustand des Darms über und unter der Stenose erlaubt, Abtragung der betreffenden Darmparthie und Darmnaht. Bei Verschluss durch Verklebung, Obliteration blos an der Stricturstelle würde man immerhin noch die Sprengung und Erweiterung durch die Invaginationsmethode versuchen können; würde sie fehlschlagen, so müsste man, wie bei der weiter gehenden Obliteration, ebenfalls zur Anlegung eines künstlichen Afters oder zur Abtragung mit Darmnaht schreiten.

Finden wir nach Vorziehen der Darmschlinge an der Einklemmungsstelle einen kleinen Riss, eine Ulceration, so werden wir uns durch die Manipulationen um die Einklemmungsrinne zum Verstreichen zu bringen überzeugen, dass der Riss, die Ulceration, nur die Darmserosa betrifft, und wir werden dann keinen Anstand nehmen, die Darmschlinge zu reponiren. Erscheint ein kleiner, verdächtig aussehender Fleck oder Streifen, und ergeben die Manipulationen, dass noch keine Perforation besteht, so werden wir nach gehöriger Erweiterung der Bruchpforte die Darmschlinge vorsichtig in der Weise zu reponiren haben, dass die verdächtige Stelle dicht auf oder an die Bruchpforte zu liegen kommt, damit im Falle der späteren Perforation die Fäcalmaterie freien Abfluss nach aussen habe. Existirt bereits eine kleine Perforation, so kann man ebenso verfahren, nur dass man durch die eingezogene Schlinge die perforirte Stelle an der

Bruchpforte befestigt. Ohne weiter in Erörterungen einzugehen, verweisen wir in Bezug auf die bei Brand des Darms in Betracht kommenden Fragen auf die Handbücher und Operationslehren.

Die grössten Schwierigkeiten verursachen aber Brüche mit ausgebreiteten festen Adhärenzen, wenn sie durch Einklemmung zur Operation führen. Hier wird die Verengerung des Darms oftmals durch Knickung und Verschlingung bedingt oder verstärkt. Die Einklemmungsursache liegt nicht immer im Bruchsackhalse, in der Bruchpforte, sondern im Bruchinhalte selbst, oder es ist doppelte Einklemmung vorhanden. Bei ausgebreiteten Verwachsungen der Därme mit dem Bruchsacke hält es schon schwer, den Bruchsack zu eröffnen. Ist dies geschehen und liegen nicht blos verklebte, sondern mit einander fest verschmolzene Därme vor, so scheitern die Trennungsversuche mit den Fingern behufs der Untersuchung, der Ermittlung der Einklemmungsstelle stellen sich Hindernisse entgegen. Wir haben vorerst die Bruchpforte, den Bruchsackhals in Bezug auf die Einklemmung zu untersuchen und die hier gefundene Strictur zu lösen und zu erweitern. Ist der Darm mit dem Bruchsackhalse verwachsen, so muss im Falle der Einklemmung durch den Bruchsackhals die Verwachsung gelöst werden, was bei ausgebreiteter Verwachsung, namentlich bei Leistenbrüchen, vorausgeschickte Spaltungen nöthig macht und nicht selten so mühsam ist, dass man nur nach langer Präparation und manchmal nur nach Ausschneidung eines Theils des Bruchsackhalses nach A. Cooper die Trennung zu Stande bringt. Ist die Einklemmung gelöst, oder besteht keine solche an der Bruchpforte, so haben wir die vorliegenden unter sich adhärenten Därme selbst zu prüfen, deren einzelne Windungen sich oft nicht mehr unterscheiden lassen, die sich als ein Klumpen, ein verwickelter Knäul darstellen. Gelingt es hier nicht, diese gespannten Darmpartien durch Druck zu entleeren, zum Zusammensinken zu bringen, so müssen wir die Einklemmung innerhalb dieser Theile voraussetzen und sie mit dem Messer zu Tage fördern. Wenn Pott *(Sämmtliche chirurg. Werke. Berlin 1787. Bd. I. S. 309)* die Verwachsungen der Därme mit dem Bruchsacke stets lösbar gefunden haben will, so stehen dieser Angabe Beispiele von A. Cooper u. A. entgegen. Die ausgebreiteten und flächenhaften Adhärenzen der Därme unter sich sind aber zweifelsohne nicht immer trennbar. Es erheben sich hier Streitfragen über die vorzunehmende Trennung, über die Zurückbringung, welche wohl kaum je eine definitive Entscheidung erfahren werden, wenn wir bedenken, dass einmal bei knäulförmiger Verschmelzung mehrerer Darmschlingen schon die Durchgängigkeit durch Druck sich gar nicht ermitteln lässt, dass allerdings die Trennung mit dem Messer das einzige Mittel abgiebt, um diesen Punkt aufzuklären, um Stenosen und Knickungen zu beseitigen, dass aber dieses Mittel manchmal selbst bei der grössten Geschicklichkeit nur unter Darmverwundungen, mehrfachen Verletzungen in Anwendung gebracht werden kann, oder auch die angefangene Präparation völlig scheitert. Da ich selbst bezüglich der Einklemmung adhärenter, unbeweglicher Hernien keine grosse Erfahrung habe und auch die Beobachtungen anderer Schriftsteller ein zu sparsames Material für kritische Beurtheilung abgeben, so unterlasse ich es, auf die sich hier erhebenden Fragen näher einzugehen, und verweise nur noch auf das, was Seiler, A. Cooper, Malgaigne, Stephens und Jacobson hierüber geschrieben haben.

Darmkreuzung.

Wir reihen den Adhärenzen die Drehung einer eingeklemmten Darmschlinge oder vielmehr Halbdrehung um die Axe des Mesenterium an. Schon Pigräus hat angenommen, dass eine Darmschlinge beim Vorfallen und innerhalb des Bruchsacks eine Drehung erleiden und dadurch Absperrung bewirken könne, allein er hat keine Belege beigebracht. Scarpa *(Trad. p. Cayol. Paris 1811. p. 81 und 126)* hat diese Drehung oder Kreuzung der Schenkel einer Darmschlinge bei vielen Brüchen, welche er an Leichen untersuchte, gesehen, nie aber hatten diese Drehungen zu Einklemmungserscheinungen Anlass gegeben. Nach Broca *(Opus cit. p. 185)* findet die Kreuzung gewöhnlich über der Bruchpforte statt. Man kann durch Experimente an Leichen sich überzeugen, dass durch die halbe Drehung einer Darmschlinge um ihr Mesenterium keine Behinderung in der Fortleitung der Faeces entstehen kann, auch sieht man, wie nach Wassereingiessen oder Lufteinblasen von oben her, die Drehung sich sofort wieder zurückdreht. Anders ist es aber, wenn durch einen vorausgegangenen entzündlichen Process die Schenkel der Darmschlinge in der Kreuzung durch Adhärenzen befestigt sind; hier kann die Adhärenz, wenn sie mit Retraction des organisirten Gewebes verbunden war, Verengerung und Absperrung erzeugen. Es kann auch wohl sich ereignen, dass der Verklebung der Schenkel einer Darmschlinge die Drehung derselben erst nachfolgt.

Maunoury *(Thèse inaug. 1819. p. 30)* fand bei der Section einer Frau, die bald nach der Herniotomie einer eingeklemmten Cruralhernie gestorben war, dass die Schenkel der eingeklemmt gewesenen Darmschlinge durch kurze fibröse Streifen in der Kreuzung erhalten wurden, und dass dadurch das Lumen des Darms sehr beengt wurde.

Linhart *(Ueber die Schenkelhernie. Erlangen 1852. p. 53)* bemerkte bei einer *Herniotomia cruralis* ausser einer sehr starken Incarceration, dass die Darmschlinge an der einklemmenden Stelle durch eine leichte Exsudation angewachsen war, was er erst nach der Lösung der Einklemmung finden konnte; die Adhäsion liess sich leicht mit den Fingern trennen. Ausserdem war die Darmschlinge unter der Incarceration um die Axe gedreht, was erst gesehen werden konnte, nachdem dieselbe etwas vorgezogen war.

Die Reposition gekreuzt verwachsener Darmschlingen wird durch das Vorziehen des Darms nach dem Débridement vermieden.

Fibröse Stränge.

Die fibrösen, pseudomembranösen Stränge, die sogenannten Lymphstränge sind ebenfalls das Resultat der Organisation plastischer Exsudationen nach Entzündung des Bruchsacks und der Bruchcontenta. Die Entzündung und Exsudation, die zu ihrer Bildung Veranlassung giebt, mag gewöhnlich beschränkt sein. Die Stränge bilden sich durch Zug allmälig, an verschiedenen Stellen, und können bekanntermaassen auf mehrfache Weise Einklemmung bedingen.

Pirrie *(Cases of strangulated hernia in wich the stricture was occasioned by a band of lymph effused from the serous coat of the intestine surrounding and constricting it as by a ligature. Monthly Journ. of med. sc. 1848. p. 770)* hat neuerdings in einem Aufsatze auf jene pseudomembranösen Stränge aufmerksam gemacht, welche sich nur auf der Stelle des in einem Bruche vorliegenden Darms bilden, welche dem Bruchsackhalse entspricht. Die schmalen, quer liegenden und die Schenkel der Darmschlinge fast oder völlig umkreisenden Lymphstreifen können bei ihrer Retraction durch circuläre Constriction Einklemmung veranlassen. Pirrie hat eine Anzahl von Beispielen referirt, und wir müssen auf diese fibrösen, schmalen und circulären Stränge um so mehr Rücksicht nehmen, weil sie zur Scheinreduction durch Taxis und Herniotomie Gelegenheit geben.

1. Eine Frau wird von den ausgeprägten Symptomen der Brucheinklemmung befallen, und doch kann die Untersuchung nirgends eine vorhandene Hernie entdecken. Die Kranke stirbt. Bei der Autopsie ist kaum das Poupart'sche Bund von vorn nach hinten durchschnitten, als der Inhalt einer kleinen Cruralhernie in den Unterleib zurückschlüpft. Die Hernie war nussgross; am Halse der kleinen Darmschlinge, die vorgelegen hatte, wurde ein schmales Lymphband wahrgenommen, welches die Einschnürung verursachte. Hätte man den Bruch bei Lebzeiten entdeckt und operirt, so würde man den Darm wahrscheinlich zurückgeschoben haben, ohne das constringirende Band zu lösen.

2. Eine 60jährige Frau mit eingeklemmtem Nabelbruch, der den Taxisversuchen widersteht, wird operirt. Sowie der freie Rand des Nabelrings eingeschnitten ist, tritt die Hernie schnell zurück. Die Symptome der Einklemmung dauern fort, der Tod erfolgt nach 10 Tagen. Man findet bei der Section eine aus Därmen bestehende Geschwulst von der Grösse einer kleinen Orange hinter dem Nabel, die an ihrem Halse durch einen festen Lymphstrang circulär zusammengeschnürt wird.

3. Eine Frau, die seit längerer Zeit Spannung in der linken Leistengegend bemerkt hatte, bekam Erbrechen und fühlte bei demselben, wie sich in der Leistengegend etwas zurückzog; zwar hörte die Spannung auf, allein die Einklemmungserscheinungen hielten an und führten zum Tode. Die Section zeigte eine kleine Darmschlinge hinter der Gefässscheide linkerseits, die von einem schmalen Lymphbande fest abgeschnürt wurde. Im linken Schenkelcanale lag ein kleiner Bruchsack.

4. Bei der Operation eines eingeklemmten Schenkelbruchs bei einer ältlichen Frau war Pirrie nach Spaltung des Bruchsacks erstaunt, dass er die Fingerspitze zwischen den vorliegenden Darm und Bruchsackhals einführen konnte, ohne eine Einklemmung zu fühlen. Nach Einschneidung des *Ligament. Poupartii* lies sich die Darmschlinge durch Druck nicht zurückbringen. Es wurde daher die Darmschlinge vorgezogen, und nun zeigte sich am Halse derselben ein Lymphband, welches den Darm circulär abschnürte, und welches mehrfach ein- und durchschnitten werden musste, bis der Darm an dieser Stelle sich erweitern und reponiren liess. Es folgte rasche Heilung. —

Hierher gehört noch ferner ein Fall von Wakley *(The Lancet. 24 March 1849)*. Eine Schenkelhernie wurde von W. nach 20stündiger Einklemmung ohne Eröffnung des Bruchsacks rasch reponirt. Der Operation folgte keine Erleichterung, sondern Steigerung der Symptome, so dass W. nach zwei Tagen sich entschloss, den Bruchsack noch zu öffnen. Es floss blutiges Serum aus, der eingeführte Finger fühlte den Bauchring und dessen Umgebung frei. Der Tod folgte zwei Tage später. Bei der Section fand man eine kleine zusammengeballte, dunkel gefärbte und in ihren Wandungen verdickte Darmschlinge, welche mit einzelnen Flocken bedeckt war und zwei tiefe Einklemmungen zeigte, von welchen die obere vollständigen Darmverschluss bewirkt hatte. Auf der äusseren Seite des Darms, entsprechend der Einklemmungsrinne, lag fest gewordene Lymphe, welche die Darmschlinge in der zusammengeschnürten Weise befestigte, und welche nur schwer sich entfernen liess.

Zuletzt müssen wir noch eines sehr interessanten Falls von Whittle *(London med. Gazette. 1851. p. 229)* gedenken.

W. operirte ein 5wöchentliches Kind mit eingeklemmtem Leistenbruche. Die *Tunica vaginalis* wurde blosgelegt und die Einklemmung durch Einschneiden des Leistenrings ohne Eröffnung des Bruchsacks gehoben. Mit Leichtigkeit gelang die Reposition. Das Erbrechen hörte zwar einige Zeit lang auf, aber es erfolgte kein Stuhlgang, auch trat nach mehreren Stunden abermals Erbrechen auf, und das Knäblein starb 24 Stunden nach der Operation. Als Todesursache ergab die Section Einschnürung der frei in der Bauchhöhle liegenden Darmschlinge durch frische Exsudatstränge. —

Bezüglich des Zustandekommens solcher circulärer Stränge ist es wahrscheinlich, dass der Druck der Bruchpforte oder des Bruchsackhalses auf die vorgefallene Darmschlinge, ohne Einklemmung zu bewirken, doch einen Reiz verursacht, der begrenzte Entzündung mit Exsudation auf der Darmserosa hervorruft. Die Einklemmung stellt sich erst ein, wenn die Exsudation sich organisirt hat und sich zu retrahiren beginnt.

Finden wir bei der Herniotomie nach Eröffnung des Bruchsacks, dass der Finger zwischen Darm und Bruchsackhals eingebracht werden kann, ohne eine Constriction zu bemerken, dass aber die Fingerspitze in dieser Gegend an der vorliegenden Darmschlinge eine stielartige, feste Beschaffenheit fühlt, so können wir eine Einklemmung am Darme selbst an dieser Stelle voraussetzen und werden beim Vorziehen und Untersuchen der Darmschlinge unsere Voraussetzung bestätigt finden.

Ist der Bruchsackhals in solchen Fällen im Vergleich zu der vorliegenden Darmschlinge geräumig, so kann durch eine mässige Taxis die Darmschlinge bei fortbestehender Einklemmung durch die circulären Lymphstränge zurückgebracht werden, ja die Darmschlinge kann sich, wie im dritten Falle Pirrie's von selbst zurückziehen. Ein aufmerksamer Chirurg wird aus dem Umstande, dass die Reposition ohne Gurren erfolgte, mit Besorguiss den weiteren Verlauf verfolgen, und wenn die Symptome der Einklemmung nicht nachlassen, zum Messer greifen, den Bruchsack öffnen und die eingeklemmte Darmschlinge wieder herauszubefördern suchen. Dasselbe muss geschehen, wenn, wie in Wakley's Falle, nach der Herniotomie ohne Bruchsackeröffnung die Symptome sich steigern. Wakley handelte nur insofern weniger zweckmässig, als er sich begnügte, den Bruchsack zu öffnen und die Bauchöffnung mit dem Finger zu untersuchen, wäre er weiter gegangen und hätte die dicht hinter der Bauchöffnung liegende Darmschlinge nach aussen gebracht, so würde er die Einklemmungsursache gefunden haben und sie auch haben beseitigen können.

Gehen pseudomembranöse Stränge von dem Bruchsacke aus und spannen sich zwischen den Wandungen desselben aus, so können unter oder über sie wegschlüpfende Darmschlingen Einklemmung erfahren. Sobald derartige quer oder schief laufende Stränge unterhalb des Bruchsackhalses, im Bruchsackkörper sich befinden, so kann ein Uebersehen derselben bei der Operation nicht wohl stattfinden, selbst wenn mehrere solche Stränge zu gleicher Zeit vorhanden sind. So fand, um eines besonders merkwürdigen Beispiels zu gedenken, Gaulmin de Latronçai *(Journal de Vandermonde. t. XXXV. p. 84, 1774)* bei der Bruchoperation den Darm durch fünf in Zwischenräumen übereinander liegende Stränge eingeschnürt, die alle getrennt werden mussten, ehe die Reposition gelang. Ist jedoch der pseudomembranöse Strang hoch oben am Bruchsackhalse ausgespannt, so kann derselbe bei der Operation leicht ungelöst gelassen und eine scheinbare Reposition durch Umschlagen, auf sich Zurückschlagen, des Darms hervorgebracht werden; es kann auch sich zutragen, dass der pseudomembranöse Strang nur an einer Stelle des Bruchsackhalses haftet und von hier aus die vorliegende Darmschlinge spiralförmig umzieht.

A. Cooper *(anatomische Beschreib. der Unterleibsbrüche, nach der 2. Ausgabe von Aston Key übersetzt. Weimar 1833. p. 61)* erzählt nachstehenden Fall, in welchem er die Section zu machen Gelegenheit hatte:

Ein Mann mit eingeklemmtem Leistenbruche wurde in das Spital gebracht. Der Operateur öffnete den Sack, und da er einige Verdickungen am äusseren Bauchringe fand, schnitt er diesen eine Strecke weit ein, konnte aber doch den Bruch nicht zurückbringen; hierauf schnitt er die Ränder des *M. obliquus int.* und *transversus* ein, fand es aber noch immer schwer, zu reponiren, endlich brachte er mit Mühe den Darm zurück. Am folgenden Tage war der Darm wieder vorgetreten und lag in der Wunde, da er sehr dunkel gefärbt war, so hielt der Arzt es für besser, denselben absterben zu lassen. Bei dieser Behandlung ging der Mann bald zu Grunde. Cooper fand bei der Section, dass der Darm von einem häutigen Bande eingeschnürt wurde, welches von der Seite des Sackes kam und sich rund um den Darm wand. Dem Operateur war das Band entgangen, da es durch den ausgedehnten Darm, der sich darüber hinschlug, bedeckt wurde. —

A. Cooper *(l. c. p. 65)*. Den 26. Februar 1799 wurde eine Person in das St. Thomas-Spital wegen eines eingeklemmten Inguinalbruchs aufgenommen. Alle Reductionsversuche waren vergebens, es wurde daher einen Tag nach der Aufnahme die Operation verrichtet. Das Netz war sehr verdickt, weswegen ein bedeutendes Stück desselben weggenommen wurde. Der Darm war wegen einer Verwachsung mit dem Bruchsackhalse schwer zurückzubringen, was indessen endlich scheinbar gelang. Am 27. Februar wurden zwei Stuhlentleerungen durch Klystire bewirkt. Aber von da bis zum 9. März, an welchem Tage der Kranke starb, erfolgte keine Oeffnung mehr. Bei der Untersuchung des Leichnams fand sich der Krummdarm, welcher eingeklemmt gewesen war, in dem Bruchsackhalse und innerhalb desselben auf sich zurückgeschlagen. Der Theil des Darms oberhalb dieser Stelle war entzündet und sehr ausgedehnt, und der Leerdarm war in einem Zustande von brandigem Absterben. Der Dickdarm fand sich leer und sehr zusammengezogen. —

Bei immer vorliegenden Hernien können mehrfache pseudomembranöse Stränge so über den Darm weg verlaufen, dass sie erst bei der Reduction in Wirkung treten und Darmverengerung und Abschnürung bedingen.

Edwards *(Hancock p. 42)* fand bei einer 76jährigen Dame, welche fortwährend erbrach, eine alte Nabelhernie, welche sich leicht zurückbringen liess, und eine eingeklemmte Schenkelhernie, welche operirt wurde. Dessenungeachtet liessen die Erscheinungen nicht nach und die Operirte starb 18 Stunden nach der Operation. Die Section zeigte die eingeklemmt gewesene Dünndarmschlinge völlig befreit, unverletzt und nur etwas höher geröthet. Am Nabel fand man, dass das quere Colon, welches vorgelegen hatte, hinter dem Nabelringe in der Weise zusammengeschnürt war, dass vom Bruchsackhalse Stränge über den Darm liefen, sich kreuzten und durch ihre Spannung eine Verengerung des Darms bis auf den dritten Theil seines normalen Umfangs bewirkten.

Ein Beispiel, wo nach der Hebung der Einklemmung durch Herniotomie zwei fibröse Stränge die völlige Reduction verhinderten und neue Einklemmung bedingten, erzählt Bütter *(Preussische medic. Vereins-Zeitung. 1855. Nr. 4)*.

Bei einem Soldaten wurde eine eingeklemmte rechtseitige Leistenhernie operirt. Nach Eröffnung des Bruchsacks und blutiger Erweiterung des inneren Leistenrings, wo die Einklemmung bestand, schlüpfte der Darm nicht mit gewöhnlicher Leichtigkeit nach angebrachtem Drucke zurück, und bei der Untersuchung mit dem Finger zeigte sich eine strangartige Adhärenz, welche das völlige Zurücktreten hinderte, ihrer tiefen Lage halber aber nicht getrennt werden konnte. Am dritten Tage nach der Operation starb der Patient. Die Section zeigte unten und rechts Peritonitis mit faserstoffigem Beleg des Visceral- und Parietalblattes; die dicht am inneren Leistenringe liegende Dünndarmschlinge war durch frisches, leicht lösliches Exsudat verklebt und wurde durch zwei fast sehnenartige Stränge, welche im Leistencanale beginnend sich an dem reponirten Darmtheile $1-1\frac{1}{2}$" von einander entfernt inserirten, festgehalten und eingeschnürt.

In diesem letzteren Falle hätte der Darm wieder vorgezogen werden müssen, selbst wenn dazu auch die Spaltung der vorderen Wand des Leistencanals nöthig gewesen wäre.

Ein sehr interessantes Beispiel von pseudoplastischen Strängen, welche das Mesenterium einer vorgefallenen Darmschlinge an den Bruchsack hefteten, ist von Louis beobachtet, und von Goursaud *(Causes de l'étranglement dans les hernies. Mémoires de l'Académie roy. de chir. tome XI. p. 432)* mitgetheilt worden.

Ein alter Invalid mit einer voluminösen Scrotalhernie, welche fortwährend vorlag und nur durch ein Suspensorium unterstützt wurde, bekam Schmerzen in der Hernie mit Aufstossen und Erbrechen. Louis liess den Patienten in eine sehr abhängige Lage, mit tief liegendem Kopfe und hoch liegendem Steisse, bringen und machte Taxisversuche, durch welche es nicht allein gelang, den Bruch zu verkleinern, sondern auch die Bruchcontenta allmälig ohne grosse Druckkraft zurückzubringen. Nach der Reposition nahmen indessen die Einklemmungserscheinungen an Intensität zu; Louis leitete die Erscheinungen von dem ungewohnten Drucke her, welchen die zurückgebrachten Bruchcontenta in der Bauchhöhle ausübten, und suchte durch Bewegungen, welche er den Patienten vornehmen liess, den Bruch wieder zum Vortreten zu bringen, was auch nach einiger Zeit gelang und wonach die Symptome der Incarceration sich milderten und aufhörten. Der Patient starb nach drei oder vier Jahren. Die Section der Bruchgeschwulst zeigte, dass von dem Mesenterium des im Bruchsacke befindlichen Dünndarms membranöse Stränge und Fortsätze ausgingen, welche zum Bruchsacke liefen und dort fest gewachsen waren. Wenn man den Dünndarm zurückbrachte, so sah man, dass die gedachten Stränge sich anspannten und den Darm abschnürten. —

Netz.

Vor Allem ist es aber das Netz, welches auf die verschiedenste Weise innerhalb des Bruchsacks Darmeinklemmung veranlasst und dabei zuweilen Einklemmungsverhältnisse bedingt, welche einestheils, wenn auch sehr selten, Scheinreduction durch Taxis, anderntheils Scheinreduction bei der Herniotomie hervorrufen. Gehen wir der Reihe nach jene Verhältnisse durch, welche den Grund zu Täuschungen abgegeben haben.

Netzumhüllung, Verdeckung. — Das Netz umgiebt zuweilen eine kleine Darmschlinge in der Weise, dass die letztere verborgen bleibt; ist nun das Netz dabei noch entartet, mit dem Bruchsacke verwachsen, so erfordert im Falle der Einklemmung die Aufsuchung der Darmpartie so viel Mühe, so weit gehende Spaltungen und Trennungen, dass der Chirurg die Operation zu beendigen unterlässt, oder er glaubt, die Erscheinungen nur auf das Netz beziehen zu müssen, und begnügt sich mit der Abtragung desselben.

Ein sonst geschickter Chirurg operirte im Jahre 1845 eine Leistenhernie bei einem ältlichen Manne, die schon seit vielen Jahren bestanden hatte, nicht reponirbar war und ausser zeitweiligen ziehenden Schmerzen nie Zufälle bedingt hatte. Die Hernie, welche die Grösse eines Eies hatte, sich höckrig und fest anfühlte, wahrscheinlich nur aus Netz bestand, war eines Tags beim Stuhlpressen schmerzhaft geworden, und es hatten nun sich in bekannter Reihefolge Symptome entwickelt, welche eine vorhandene Darmeinklemmung beurkundeten. Nach Spaltung des Bruchsacks erschien ein grosser, fettig entarteter Netzklumpen, der an mehreren Stellen des Bruchsacks fest adhärirte und der nach oben zu tief geröthet war. Am vordern Leistenringe war das Netz stielförmig, und war hier so fest mit dem Bruchsacke verwachsen, dass die Fingerspitze nicht eindringen konnte; das Netz schien sich als ein dicker und fester Strang durch den ganzen Leistencanal zu ziehen. Der Operateur resecirte das Netz vor dem äusseren Leistenringe, ging aber mit der Operation nicht weiter vor, weil er eine innere unlösbare Einklemmung voraussetzte. Der Kranke starb nach zwei Tagen. Bei der Section, bei welcher ich, wie bei der Operation, zugegen war, stellte sich heraus, dass unter dem stielartigen, den Leistencanal ausfüllenden, harten Netze, welches nur nach vorn mit dem Bruchsacke verwachsen war, in der Gegend des inneren Leistenrings eine kleine Darmschlinge lag, welche platt gedrückt war, eine Perforation zeigte und durch den Bruchsackhals und das Netz eingeklemmt wurde. —

Obgleich ich keine anderen Beispiele der Art habe auffinden können, halte ich mich doch überzeugt, dass sie öfter vorgekommen sein mögen, aber verschwiegen worden sind. Sobald die Beschaffenheit der Erscheinungen die Ueberzeugung einer Darmeinklemmung giebt, muss der Chirurg, wenn er das Messer ergriffen hat, diese aufsuchen und darf sich durch Netzverwachsungen, welche schwierig zu trennen sind, weitere Spaltungen nothwendig machen, nicht zurückhalten lassen. Füllt das Netz den Leistencanal aus, so muss dieser freigelegt werden, sobald der Verdacht, es könne hier unter dem Netze ein Stück Darm eingeklemmt sein, vorliegt.

Netzsäcke. — Auf die Netzumhüllungen, welche sackähnlich eine Darmschlinge einschliessen, hat schon Ledran *(Observations de chirurgie obs. 57. tome II. p 6. Paris 1731)* bei Gelegenheit einer Bruchoperation aufmerksam gemacht. Richter spricht von wirklichen Netzsäcken und Lawrence, Hey u. A. führen Beispiele an, aus welchen es indessen nicht ganz ersichtlich wird, ob das Netz den Darm blos sackähnlich umhüllte oder wirklich einen gleichmässigen, allseitig geschlossenen Sack bildete. Prescott Hewett *(Medico-chirurg. Transactions, second ser. vol IX.; Malgaigne: Journ. de chirurgie 1846. p. 207)* hat das Verdienst, einestheils das nicht seltene Vorkommen der vollständigen Netzsäcke dargethan zu haben, sie wurden nämlich bei 34 Herniotomien im Hospitale

St.-Georg zu London 4 mal gefunden, anderntheils die dreifache Entstehungsweise derselben klar auseinander gesetzt zu haben, und drittens den Beweis, dass diese Netzsäcke unabhängig von der Bruchpforte und dem Bruchsackhalse Einklemmung der eingeschlossenen Darmschlinge veranlassen können, geliefert zu haben. Bewirkt aber der verdichtete Hals eines Netzsacks Einklemmung der eingeschlossenen Darmschlinge, und der Netzsack ist mit dem Bruchsacke nicht verwachsen, der Bruch nicht voluminös, der Bruchsackhals und die Bruchpforte sind geräumig, so ist es wohl möglich, dass der Bruch durch die Taxis bei fortbestehender Einklemmung zurückgebracht werden kann; lässt sich der Bruch wegen Adhärenzen nicht zurückbringen wird operirt, so hat sich der Operateur zu hüten, den gelösten Netzsack sammt dem Darme zu reponiren. Von dieser letzteren Art der Scheinreduction haben wir ein kurz geschildertes Beispiel bei Thomas Bryant *(Guy's Hosp. Rep. 3 Ser. vol. II)* gefunden.

Ein sehr hochbejahrter Mann mit ziemlich voluminösem Nabelbruche wurde am vierten Tage der Einklemmung operirt. Es wurde kein Darm gefunden, das Netz nach Erweiterung der Bruchpforte zurückgebracht. Nach drei Tagen folgte der Tod. Die Section zeigte inmitten des zurückgebrachten Netzes einen Sack, welcher eine kleine Darmschlinge enthielt, welche eine aschgraue Einklemmungsrinne wahrnehmen liess. —

Netzstränge und Verwachsungen. — Das Netz bildet in der Weise wie die pseudomembranösen Stränge quer gespannte oder spiralförmig sich um den vorliegenden Darm windende, oder schlingenförmige Stränge, welche die Einklemmungsursache abgeben und Irrthum veranlassen.

Wir erinnern zuerst an jenes bekannte, noch ausserdem durch die vielen Bruchsackschichten berühmt gewordene Beispiel von Callison *(Acta societat. med. Havniensis. vol. I. p. 164).*

Eine alte Frau, die seit 24 Jahren ohne Beschwerde einen Schenkelbruch von der Grösse einer welschen Nuss besass, nie ein Bruchband gebraucht, auch ihren Bruch nie zurückzubringen versucht hatte, bemerkte zwei Tage nach einer sehr reichlichen Mahlzeit, dass ihr Bruch mehr vorgetreten sei, die Grösse eines Hühnereies bekommen habe; auch stellten sich nun Einklemmungserscheinungen ein. Aderlass, Taxis, Abführmittel und Tabaksklystire erwiesen sich fruchtlos. Es wurde operirt. Der Bruchsack, mit Fett bewachsen, war so verdickt, dass 12—16 Schichten gespalten werden mussten, ehe man auf den Bruchinhalt kam. Es zeigte sich Netz, welches mit dem Grunde des Bruchsacks verschmolzen war und einen dicken Strang bildete, der sich nach oben theilte und zwischen seinen Schenkeln eine Darmschlinge einklemmte. Verfasser trennte das Netz unten vom Bruchsacke und schnitt den einen Schenkel der Spalte für den Darm durch, worauf nach Erweiterung der Bruchpforte die allmälige Reposition gelang. Die Einklemmungserscheinungen schwiegen nach der Operation eine Weile, dann traten sie verstärkt wieder auf. Verfasser führte den Finger durch die Operationswunde in die Bauchhöhle, konnte aber nichts Distinktes fühlen. Die Operirte starb nach 40 Stunden. Bei der Section wurde ein Netzstrang gefunden, der über dem *Lig. Fallopii* sich spaltete, um ein Darmstück durchzulassen. Das Darmstück war brandig und wurde von der Netzspalte, obgleich ein Schenkel derselben durchschnitten worden war, noch eingeklemmt. Hätte Verfasser, wie er sagt, die Netzspalte auch nach oben incidirt, so würde der Darm befreit worden sein. —

Collison *(Hancock p. 27)* fand bei einem eingeklemmten Schenkelbruch ein ähnliches Verhalten des Netzes, letzteres theilte sich in zwei Portionen, um eine Darmschlinge durchzulassen, unter und hinter welcher die Netzportionen sich zu einem fibrösen Strange vereinigten. Der harte Netzstrang musste abgetragen werden, ehe die Darmschlinge frei wurde.

Renoult *(Journal général de médecine. tome XVII. p. 21).* Ein 23jähriger Cavallerieofficier, mit einer linken Leistenhernie, wird von seinem Pferde in einen Graben geworfen; das Bruchband bricht und die Hernie tritt stark vor und verursacht die heftigsten Schmerzen. Der Patient versucht zu reponiren und kommt damit ebensowenig zum Ziele, als die zu Hilfe gerufenen Chirurgen. 16 Stunden nach dem Unfall ist der Zustand des Patienten so, dass R. zur Operation schreitet. Er findet Darm allein, schneidet den Ring ein und zieht dann den Darm, der wenig gespannt ist, weiter vor. Auf einmal zieht sich der Darm von selbst und ohne Druck zurück. Nach 12 Stunden Tod. Ein Netzstrang umgiebt ringförmig, wie die Section zeigt, die Darmschlinge und schnürt sie ab. —

† Vidal *(Gazette med. de Paris. 1835. p. 58)* beobachtete einen eingeklemmten Bruch, der sich reponiren liess, wieder vorfiel, abermals zurückgebracht wurde und wieder vortrat, wobei die Einklemmungserscheinungen fortdauerten. Die Operation zeigte einen Netzstrang, der am Bruchsacke angewachsen war und dann den Darm umschlang und einklemmte.

South gedenkt eines Präparates im St.-Thomas-Hospitale *(S. Chelius. Bd. II)*, wo bei einem Schenkelbruche nach Spaltung der Strictur ausserhalb des Bruchsacks das auf der Darmschlinge liegende Netzstück sammt dem Darme reponirt worden war und wo bei der Section sich herausstellte, dass das harte Netzstück mit der Darmschlinge verwachsen war und diese auf dem Beckenrande festdrückte und festklemmte. —

Aus diesem letzten Beispiele geht hervor, dass bei Enteroepiplocelen die Herniotomie ohne Eröffnung des Bruchsacks bedenklich ist, dass man ferner bei der Operation stets den Darm zuerst zurückzubringen habe, dass, wenn derselbe wegen Verwachsung mit dem Netze ohne letzteres nicht zurückgebracht werden könne, eine Trennung vorzunehmen sei, dass wenn man ohne Trennung Netz mit Darm reponirt habe, bei Fortdauer der Erscheinungen die zurückgebrachte Partie wieder vorgezogen und frei gemacht werden müsse. —

Darmanhänge.

Zum Schlusse gedenken wir noch der Darmanhänge und Divertikel (Wurmfortsatz, Ileumdivertikel), welche zuweilen mit Darmschlingen verwachsen, letztere umschlingend, in Leistenbrüchen und Schenkelbrüchen liegen und hier ganz die Bedeutung eines Stranges annehmen, welcher entweder unabhängig von der Bruchpforte und dem Bruchsackhalse die vorliegende Darmschlinge abschnürt, oder erst nach der Zurückbringung durch Entzündung mit Exsudation und Organisation des Exsudats Einklemmung veranlasst, nachdem die Einklemmung an der gewöhnlichen Stelle gehoben worden ist. Wenn schon Meckel in seiner pathologischen Anatomie die bis dahin beobachteten Beispiele von Divertikelbrüchen zusammengestellt hat, wenn Haase in seiner Dissertation *de herniis a diverticulis (Lipsiae 1792)* mehrere Fälle anführt, so sind diese Fälle in Bezug auf Scheinreduction nicht näher betrachtet. Erst Cazin *(Étude anatomique et pathologique sur les diverticules de l'intestin. Paris 1862)* hat die gesammelten und selbst beobachteten Fälle genauer analysirt, und wir finden im 3. Capitel in der 10. und 14. Beobachtung Beispiele, wo durch die Taxis Brüche zurückgebracht wurden, bei welchen durch Verwachsung und Umschlingung eines Divertikels die Einklemmung fortbestand und zum Tode führte, in Beobachtung 12 und 13 war in dem einen Falle die Operation zu spät, in dem anderen Falle unvollkommen ohne Lösung des Divertikels ausgeführt worden. Ohne weiter die gedachten Beobachtungen zu referiren, verweisen wir auf Cazin und glauben auch, dass wir nicht nöthig haben, die Regeln, welche sich aus derartigen Fällen ergeben und die wir schon in dem Vorstehenden aufgestellt haben, nochmals zu wiederholen.

Classe IV.

Scheinreductionen durch Zurückbringung vorgefallener oder eingeklemmter Hernien bei Sitz der Einklemmung im Inneren der Bauchhöhle

Wir werden hier auf das grosse und weite Feld der inneren Darmeinklemmungen geführt, welches wir natürlicherweise nur so weit berühren, als es zur Lehre von den Scheinreductionen in Beziehung steht.

Die inneren Darmeinklemmungen pflegen in der bei weitem grösseren Anzahl der Fälle allein aufzutreten, doch ist es zuweilen beobachtet worden, dass sie mit Hernien vergesellschaftet vorkommen. Duchaussoy *(l. c.)* hat unter 640 zusammengetragenen Fällen von innerer Darmeinklemmung 37 Fälle hervorgehoben und besonders erläutert, in welchen neben der inneren Darmeinklemmung Hernien bestanden. Nach dieser Angabe dürfte also in 17 Fällen von innerer Darmeinklemmung einmal Coincidenz derselben mit Hernie vorkommen. Wir können indessen dieses angegebene Verhältniss deswegen nicht für giltig erachten, weil Duchaussoy den mit Brüchen vorkommenden inneren Darmeinklemmungen auch die Massenreductionen und jene Fälle von Scheinreductionen angereiht hat, die wir in der dritten Classe besprochen haben. Es werden demnach die inneren Darmeinklemmungen mit Hernien zusammen seltner auftreten, als Duchaussoy angegeben hat.

Die Hernien, die mit inneren Darmeinklemmungen vergesellschaftet beobachtet worden sind, waren von verschiedener Grösse, von verschiedenem Alter, stellten sich zumeist als Leisten- und Schenkelbrüche, selten als Nabelbrüche dar, enthielten Darm, oder Netz und Darm, einigemal Netz allein, und zeigten sich bald beweglich, bald unbeweglich oder eingeklemmt.

Die inneren Darmeinklemmungen, die neben und mit den Hernien bestanden, waren bedingt durch Kothanhäufungen, fremde Körper, durch Darmstricturen, oder es waren Darmknickungen, Darmverziehungen, Verwachsungen, Achsendrehungen, Verschlingungen der Därme vorhanden, oder die Einklemmung wurde durch Stränge, Brücken, namentlich durch Netzstränge oder Lymphstränge, oder durch Spalten, Löcher im Netze oder Gekröse, oder endlich durch den Druck ausgedehnter Därme, hypertrophischer Organe auf unterliegende Darmpartien bewirkt.

Es ist bemerkenswerth, dass jene Art der inneren Darmeinklemmung, bei welcher die Därme ineinander geschoben sind, welche unter dem Namen *Intussusceptio,* oder besser *Invaginatio,* bekannt ist, und welche nach Duchaussoy so häufig auftritt, dass sie reichlich den dritten Theil aller vorkommenden inneren Darmeinklemmungen ausmacht, noch niemals mit einer Hernie zugleich beobachtet worden ist; eben so habe ich kein Beispiel auffinden können, in welchem eine wahre innere Hernie in dem Sinne von Treitz und W. Gruber, mit einer äusseren Hernie bestanden hätte. Wenn man nun auch an eine absolute Ausschliessung der Hernien bei Invagination und inneren Hernien nicht glauben will, so muss doch jedenfalls das nur ausnahmsweise Vorkommen zugegeben werden, und es dürfte der Mühe werth sein, nach den Gründen zu forschen, welche bei Bruchkranken das Auftreten der Invagination oder der Bildung einer inneren Hernie hindern, oder bei den letzgedachten Affectionen die Entstehung einer äusseren Hernie nicht zu Stande kommen lassen.

Was nun das Verhältniss der Hernien zu den inneren Darmeinklemmungen betrifft, so stehen gewöhnlich die ersteren zu den letzteren in gewisser Beziehung, und die Beziehung ist zuweilen eine so innige, dass die Hernie mit der inneren Darmeinklemmung gewissermaassen verschmilzt, Eins bildet. Nur selten findet sich gar kein Zusammenhang zwischen Hernie und innerer Darmeinklemmung vor. In vielen Fällen sind die vorliegenden Hernien eingeklemmt, wir haben demnach eine doppelte, eine äussere und eine innere Einklemmung vor uns, von welchen die eine die primäre, die andere die consecutive Einklemmung bildet, und wobei es sich eben so oft ereignet, dass die Hernie erst später und unter dem Einflusse der inneren Einklemmung sich incarcerirt, als dass die innere Darmeinklemmung der zuerst eingeklemmten äusseren Hernie nachfolgt.

Die Scheinreductionen, welche sich bei mit inneren Darmeinklemmungen bestehenden Hernien zutragen können, sind leichter oder schwerer zu bewirken, werden durch Reposition, Taxis und namentlich durch Herniotomie hervorgerufen, und wenn man auch in manchen Fällen von Scheinreduction kaum reden darf, weil die zurückgebrachte Hernie höchstens eine momentane Täuschung veranlasst, so existiren doch leider ziemlich viel Fälle, in welchen der Irrthum nach der Zurückbringung der Hernie fortdauerte, ja bis zum Tode bestand, und wo die Section erst nachwies, welcher Natur das ungelöst gebliebene Hinderniss war. Wenn man entgegnen sollte, dass viele der dieser Classe von Scheinreductionen beigezählten und weiter unten referirten Fälle, eigentlich als solche deswegen nicht gelten könnten, weil ein in die Bauchhöhle reponirter, vorgefallener oder eingeklemmter Bruch, vorausgesetzt, dass in dem Bruchinhalte der Sitz der Einklemmung nicht war, doch jedenfalls an den Ort, wo er hin gehört, zurückgebracht worden sei, wenn auch höher oder tiefer unter der reponirten und respective befreiten Darmpartie eine innere Darmeinklemmung sich befinden sollte, so erinnern wir, dass wir den Begriff der Scheinreduction erweitert und überhaupt auf alle Fälle ausgedehnt haben, bei welchen die Zurückbringung des Bruchs glauben macht, es sei Alles in Ordnung gebracht, der Grund der vorhandenen Erscheinungen beseitigt worden. Wie also bei doppelter Brucheinklemmung, bei Einklemmung von zwei Brüchen etc. die Hebung einer Einklemmung, die Zurückbringung eines Bruchs nur zum Theil die zur Herstellung nothwendige Bedingung der Darmbefreiung erfüllt, und doch den Anschein einer gelungenen Beseitigung des Hindernisses in der Fortleitung des Darminhalts, also Scheinreduction erzeugen kann, so wird auch bei Hernien, die mit innerer Darmeinklemmung bestehen, die Bruchreposition Vortäuschung des Gelungenseins, was eben die Scheinreduction characterisirt, veranlassen können.

Ohne noch Vorbemerkungen, die zu weit führen würden, vorauszuschicken, führe ich jetzt das gesammelte Material vor, welches ich nach den Arten der inneren Darmeinklemmungen, die mit Hernien auftraten und zu Scheinreductionen der letzteren Veranlassung gaben, geordnet und mit Betrachtungen über Diagnose und Behandlung versehen habe. —

Verstopfungen des Darmrohrs durch Koth und durch fremde Körper.

Die Verstopfungen des Darmrohrs durch Koth mit nachfolgenden Einklemmungserscheinungen sind ziemlich oft beobachtet worden. Der Darminhalt kann sich zwar an allen Stellen des Darmcanals anhäufen, allein vorzugsweise geben das *Coecum* und das *S. romanum* die Orte der oft enormen Ansammlung mit Ausdehnung ab. Ist unter solchen Verhältnissen eine Hernie vorhanden, welche sonst selten vortritt, sich gewöhnlich leicht reponiren lässt, so wird der Darm oberhalb der Staunungsstelle des Kothes sich leicht in den Bruchsack drängen, wird sich mit Faeces füllen, dadurch aufschwellen, wird irreponibel werden, und selbst consecutiv eine Einklemmung erleiden können. Verabsäumt in solchen Fällen der Chirurg die genaue Untersuchung des Unterleibs, übersieht er die existirenden Kothanhäufungen und richtet seine Aufmerksamkeit nur auf die Hernie und deren Zurückbringung, so sind die Bedingungen zur Scheinreduction gegeben.

Der verstorbene Professor Carus, welcher von Leipzig nach Dorpat ging, verrichtete im Jahre 1844 eine Bruchoperation, bei welcher ich als Assistent fungirte. Der Fall betraf eine ältere Frau, welche seit Jahren an Verdauungsbeschwerden und trägem Stuhl gelitten hatte und einen rechtseitigen Schenkelbruch besass, der durch kein Bruchband zurückgehalten wurde, öfters vorfiel, stundenlang vorlag und dann von selbst, oder nach angebrachtem Drucke, zurückging. Nach einem Diätfehler hatte Patientin Schmerzen im Leibe bekommen, und der Bruch war vorgefallen; nach heissem Getränk und warmen Umschlägen auf den Leib hatten sich die Schmerzen gemildert, der Bruch war zurückgetreten und nur ein häufiges Aufstossen war zurückgeblieben. Nach zwei Tagen erneuerten sich die Schmerzen, der Bruch kam wieder zum Vorschein, trieb sich auf, zu dem Aufstossen gesellten sich Uebelkeiten, die Patientin war seit vier Tagen verstopft und suchte nun um ärztliche Hilfe nach. Carus fand den sonst hühnereigrossen Schenkelbruch prall und gespannt, aber beim Drucke schmerzlos; der Unterleib war rechts über dem Leistenbande halbkugelförmig vorgewölbt, der Bruch liess sich nicht reponiren. Die Symptome verchlechterten sich, die Kranke bekam schleimig-galliges Erbrechen, der Leib wurde empfindlich, und da der Bruch allen Taxisversuchen widerstand, so schritt Carus am siebenten Tage seit dem Beginne der Erscheinungen zur Herniotomie. Nach Spaltung der Haut, Bloslegung und Eröffnung des Bruchsacks floss einiges Serum ab; es zeigte sich angefüllter, leicht rosig gerötheter Darm; der Bruchsackhals wurde mit dem Knopfmesser nach innen erweitert, obgleich Carus bemerkte, dass er eine festere Einschnürung nicht fühlen könne. Da die Reposition des vorliegenden Darms durch Druck nach einigen Minuten nicht gelingen wollte, so zog Carus den Darm ein Stück weiter vor, wonach es auffiel, dass keine Einklemmungsrinne sich kenntlich machte und die leichte Röthung der Darmoberfläche auch nach oben hin sich weiter erstreckte. Die Reposition des Darms ging etwas langsam von statten; nach derselben ging Carus mit dem Zeigefinger in die Bauchhöhle, um sich von der richtigen Lage der reponirten Darmpartie zu überzeugen; er fühlte über der Bruchpforte eine grosse, abgerundete und gespannte Geschwulst, welche an die Fingerspitze schlug, sobald man auf die Vorwölbung des Bauchs rechterseits über dem Leistenbande drückte. Carus gestattete mir, die Geschwulst über der Bruchpforte mit der Fingerspitze zu exploriren; er diagnosticirte eine klumpige Verwachsung der Därme, einen *Volvulus*, dessen Lösung er für unausführbar hielt; die gemachte Herniotomie erklärte er für unnütz und setzte voraus, dass der Ausgang in diesem Falle ein lethaler sein würde. Um das Letzte noch zu versuchen, verordnete Carus mehrere Gaben Calomel und reizende Klystire, mit deren Application ich beauftragt wurde. Die ersten Klystire gingen bald wieder ab und brachten nur einige kleine Kothbröckel nach aussen; bei dem Abgange des vierten Klystirs wurden einige Blähungen bemerkt; die Patientin erbrach indessen noch mehrmals und klagte sehr über Schmerzen. Nach dem sechsten Klystire, welches über eine Stunde bei der Kranken blieb, wurden ausser Blähungen mehr Kothbröckel entleert. Carus ordnete jetzt Klystire von kaltem Wasser an, und nach dem zweiten trat eine reichliche, dünne und sehr übelriechende Stuhlentleerung auf, welcher in den nächsten acht Stunden noch drei äusserst copiöse Entleerungen folgten. Jetzt hörten Uebelkeiten, Erbrechen und Leibschmerzen auf, die Kranke fühlte sich erleichtert, schlief sieben Stunden, und als am folgenden Tage der Leib untersucht wurde, war die Auftreibung und Vorwölbung desselben rechterseits über dem Leistenbande complet verschwunden. Die Operationswunde heilte in 14 Tagen. Carus glaubte, der *Volvulus* habe sich in diesem Falle unter der Wirkung des Calomel und der Klystire wider Erwarten gelöst, und ich selbst habe an dieser staunenswerthen Lösung festgehalten, bis ich mir bessere Kenntnisse über die inneren Darmeinklemmungen verschafft hatte. Es ist wohl keinem Zweifel unterworfen, dass in dem gedachten Falle die Erscheinungen von einer Kothstauung im Blinddarme ihren Ausgang genommen hatten. —

R. H. Townsend *(American Journ. of med. Science und Revue médico-chirurgicale 1850, Tome VII. p. 362)* wurde im December 1848 spät Abends zu einem robusten Herrn eines eingeklemmten Bruchs halber gerufen. Der Bruch hatte die Grösse einer Citrone, war in Folge vieler Taxisversuche von Seiten des Patienten sehr empfindlich. Verfasser machte einen reichlichen Aderlass, liess den Patienten in ein Bad bringen und reponirte in diesem den Bruch in einer Minute. Trotz eines angelegten Bruchbandes fiel der Bruch nach einigen Stunden abermals vor und wurde wieder zurückgebracht. Der Patient hatte fortwährendes Aufstossen und erbrach schleimig-gallige Massen; der Leib begann sich aufzutreiben; der Zustand wurde immer schlechter, Calomel, Crotonöl, reizende Klystire halfen nichts, die Medicamente wurden sofort weggebrochen, die Klystire gingen sogleich unverändert ab. In diesem traurigen Zustande entschloss sich Verfasser am vierten Tage zu einem letzten Mittel, er injicirte ein Quart Eiswasser in den Mastdarm, lagerte den Patienten so, dass die Füsse hoch, der Kopf niedrig zu liegen kamen, und knetete den Unterleib tüchtig, wobei die Spannung desselben sich etwas verlor. Kurz nachdem Patient in das Bett gebracht worden war, ging das Eiswasser mit Blähungen ab, das Erbrechen hörte auf, es folgte ein Stuhlgang bröcklicher Massen, und bald stellten sich noch mehrere enorme flüssige und ausserordentlich übelriechende Entleerungen ein. Der Kranke erholte sich allmälig und genas. Verfasser nimmt an, dass in diesem Falle mit der Brucheinklemmung gleichzeitig eine Verstopfung vorhanden gewesen sei. —

Wie wichtig in solchen Fällen die genaue Untersuchung sei, um sich nicht zu einer unzeitigen Operation verleiten zu lassen, ersehen wir aus einem kurz geschilderten Beispiele Nelaton's *(Élémens de pathologie chirurgicale. Tome IV. p. 188. 1857)*. Ein junges Mädchen, welches seit dem achten Jahre eine kleine Schenkelhernie hatte, die durch kein Bruchband gesichert wurde, kam mit Leibschmerzen, Erbrechen und hartnäckiger Leibesverstopfung in die Klinik; der Angabe nach hatten sich schon einigemal derartige Zufälle eingestellt, waren aber stets unter Ruhe nach einigen Tagen verschwunden. Man fand den Schenkelbruch hart, gespannt, und energische Taxisversuche hatten keinen Erfolg. Nélaton untersuchte die Patientin am folgenden Tage, überzeugte sich von der Irreponibilität des Bruchs, constatirte aber zugleich Ansammlung harter Faecalmassen im Verlaufe des Dickdarms bis zum *S. romanum*; er hielt den Bruch nicht für eingeklemmt, sondern nur für vollgepfropft; die Erscheinungen leitete er von der Festklemmung der Kothmassen im Verlaufe des Dickdarms her. Nélaton gab Abführmittel und liess zahlreiche Klystire appliciren, durch welche nach zwei Tagen die vollständige Entleerung der angesammelten Kothmassen mit Zurücktreten der Hernie erzielt wurde. — Es würde wünschenswerth gewesen sein, wenn dieser Fall, der sich schon dadurch auszeichnet, dass eine Schenkelhernie bei einem achtjährigen Mädchen aufgetreten war, genauer und ausführlicher beschrieben worden wäre.

Nélaton *(ibidem)* gedenkt noch kurz eines Falles von Velpeau, in welchem eine Frau mit Nabelbruch von Erscheinungen befallen wurde, die man auf den mehr vorgetretenen, gespannten und bei der Berührung schmerzhaften Nabelbruch beziehen konnte, wo aber die Untersuchung nachwies, dass im Coecum enorme Faecalansammlung statt gehabt hatte.

Im allgemeinen ist es nicht schwer, Coprostasen zu diagnosticiren und zu ermitteln, dass eine vorgetretene, unbeweglich gewordene, ja selbst eingeklemmt scheinende Hernie von der Kothstauung abhängig sei. Ehe die Verstopfungen des Darmrohrs durch Koth Einklemmungserscheinungen hervorrufen, dauert es ziemlich lange, und gehen Stuhlbeschwerden und hartnäckige Obstructionen geraume Zeit voraus. Die Kothauftreibung markirt sich im Coecum als kuglige, abgerundete Vortreibung, im Dickdarm als harte, höckrige, rosenkranzförmig angereihte Geschwülste. Hat die Kothgeschwulst ihren Sitz im *S. Romanum,* so fühlt man die *Regio iliaca sinistra* aufgetrieben, das *S. R.* füllt zuweilen die ganze *Fossa iliaca* aus, Flüssigkeit in den Mastdarm lässt sich nur wenig injiciren, fliesst sofort wieder ab. Auch dicht über dem After in der unteren Mastdarmpartie kommen zuweilen Coprostasen vor, welche faust- ja selbst kindskopfgrosse Geschwülste bilden *(Lewi Heidelberg. medic. Annal. Bd. 4. Heft 4. Theile und Aberle, Oestreich. Zeitschr. für prakt. Heilkunde. III. 40. 52. 1857 u. A.),* eine thonartige Härte erlangen und zuletzt völlige Verstopfung veranlassen. Die Hernien treten gewöhnlich erst vor, nachdem die Kothanhäufung schon mehrere Tage bestanden hat; treiben sie sich auf, werden sie gespannt, irreponibel, so sind sie doch meist schmerzlos, und nur später kann die vorgelagerte Darmpartie sich entzünden und dadurch entzündliche Einklemmung bedingen.

In dem Falle von Carus war die Kothanhäufung im Coecum nicht erkannt worden und die später bei der Operation gefühlte Senkung und Anfüllung des Coecum als *Volvulus* diagnosticirt worden, unter welcher Bezeichnung man vor zwanzig Jahren Darmverwachsungen, Darmverschlingungen und Darmverdrehungen innerhalb der Bauchhöhle zusammenfasste. Die Klystire, und namentlich die Klystire mit Eiswasser, bewirkten durch angeregte, energische Darmcontractionen den Durchbruch der angestauten Faecalmasse.

In dem Falle von Townsend ist es zweifelhaft, ob Kothanhäufung der Bruchvortretung und Einklemmung vorausging, obgleich Verfasser von einer inneren Verstopfung spricht; es lässt sich denken, dass einestheils durch die Einklemmung des Bruchs, hauptsächlich aber durch die gewaltsame Taxis, die betreffenden Darmschlingen in einen lähmungsartigen Zustand versetzt worden waren, in welchem sie zur Fortleitung der Faeces nicht mehr mitwirkten, bis sie endlich durch starke Reizmittel wieder zu Bewegungen angetrieben worden waren.

Ist die Kothanhäufung erkannt worden, so wird die Behandlung im Allgemeinen in Abführmitteln, insbesondere aber in Klystiren, bestehen. Auf den vorgetretenen, irreponibeln Bruch braucht man keine weitere Aufmerksamkeit zu richten, da dieser, nachdem die Kothmassen zur Entleerung gebracht worden sind, von selbst zurücktritt und verschwindet.

Weit gefährlicher und dabei auch schwerer zu beurtheilen als die Kothanhäufungen im Dickdarme, sind die Auftreibungen und Ausweitungen des Dickdarms mit Verlust der Contractilität.

Ein interessantes, hierher gehöriges Beispiel hat J. Roux *(Gaz. des Hôpit. 32. 1859)* beobachtet und veröffentlicht.

Ein 49jähriger Kaufmann von kräftiger Constitution, der nie an Darmkrankheiten gelitten hatte, wurde im Juni 1857 von einer hartnäckigen Verstopfung befallen, die nur mit Klystiren behandelt wurde, welche indessen nur unvollkommene Entleerungen zu Wege brachten. Nach 14 Tagen trat allgemeines Unwohlsein hinzu, Patient bekam heftige Kolikschmerzen, der Stuhlgang hörte ganz auf, Fieber war nicht vorhanden. Jetzt wurden ausser Cataplasmen und Klystiren auch innere Abführmittel verabreicht, sie hatten indessen keinen Erfolg, der Unterleib trieb sich auf, es stellten sich Uebelkeiten, Aufstossen und Erbrechen ein, der Puls wurde fieberhaft. Am vierten Tage dieses Zustandes wurde Verfasser zur Consultation gezogen. Durch das jetzt häufige Erbrechen wurde eine schleimig-grünliche, fad, aber nicht stercoral riechende Flüssigkeit entleert. Patient hatte äusserst heftige, in kurzen Intervallen auftretende Leibschmerzen. Der Unterleib war in der Coecalgegend, so wie im Verlaufe des *Colon adscendens* und *transversum* meteoristisch aufgetrieben, und der Druck in diesen Gegenden verursachte grossen Schmerz. Rechterseits bestand eine ziemlich voluminöse, Darmschlingen enthaltende Leistenhernie, die sich leicht reponiren liess, aber bald nach der Reposition wieder vorfiel. Die hartnäckige Verstopfung und das anhaltende Erbrechen zeigten den Verschluss des Darmrohrs an. Die Stelle des Verschlusses schien sich am linken Winkel des *Colon transversum* zu befinden, denn hier hörte die sichtbare Auftreibung des Dickdarms, die vom Coecum begann, auf. Eine dicke Sonde konnte im Mastdarme hoch hinaufgeschoben werden. Verfasser diagnosticirte Verlust der Contractilität des Dickdarms, verordnete Belladonnaeinreibungen, Cataplasmen und reizende Klystire. Der Zustand verschlimmerte sich, die Klystire waren erfolglos, die Gegend des Coecum trieb sich mehr auf, das Erbrechen dauerte fort, der Puls wurde klein. Verfasser liess die Injectionen jetzt mittels einer tief in den Mastdarm eingebrachten Röhre appliciren, wodurch eine Anzahl Kothbröckel zu Tage gefördert, allein eine grössere Faecalentleerung nicht erzielt wurde. Verfasser schlug die Enterotomie über der rechten Leistenfalte nach Nélaton vor, allein der Patient willigte nicht ein, und der Tod erfolgte in der Nacht des achten Tags. Section. Das Netz war fleckig geröthet, das Bauchfell an einigen Stellen injicirt, ohne Exsudation. Das *Coecum, Colon adscendens* und *transversum* bis zum linken Winkel des letzteren zeigten sich enorm ausgedehnt. Bei der Eröffnung des Dickdarms floss eine grosse Menge flüssiger, sehr übel riechender Faecalmasse ab; ein fremder Körper wurde nicht gefunden. Die Schleimhaut des Coecum und Dickdarms war verdickt, erweicht, hatte eine bräunliche Färbung. Die Ileocoecalklappe war normal. Nirgends wurde eine Entartung des Darms gefunden. Die Dünndärme waren leer und nur stellenweise von Gas aufgetrieben; eben so war das *S. Romanum* und der Mastdarm leer. Das Einzige, was bemerkt werden konnte, war ein sehr kurzes *Mesocolon* am linken Winkel des *Colon transversum*, so dass hier der Winkel sehr eingezogen war und dadurch eine Art Verengerung des Darmlumens bedingt wurde, die indessen die Stuhlentleerungen aufzuhalten nicht vermocht hatte. Der Leistenbruch enthielt mehrere Dünndarmschlingen von gesunder Färbung, die sich leicht zurückschieben liessen.

In diesem Falle musste bald die Ueberzeugung gewonnen werden, dass die voluminöse, aber leicht reponirbare Hernie zu den vorhandenen Erscheinungen in gar keiner Beziehung stehe. Durch Lähmung des Dickdarms war die Fortleitung der Faeces unterbrochen und aufgehoben worden, es hatte sich diese Lähmung nach einer vorausgegangenen hartnäckigen Verstopfung ziemlich rasch entwickelt.

Bei Verstopfungen durch hinabgeschluckte Kerne, Schalen, Spalzen etc. ist gewöhnlich die *Valvula coli*, seltner das *Colon adscendens* der Ort, wo diese Körper sich festsetzen, und man kann sie nicht selten an den genannten Stellen durch die Bauchdecken durchfühlen, bei Ansammlung von Kirschkernen und Pflaumenkernen erzeugt der Druck sogar ein eignes Reibungsgeräusch. Sind Hernien vorhanden, so werden auch in diese Kerne, Schalen etc. eindringen können, und wir werden dieselben nicht selten durch das Gefühl zu ermitteln im Stande sein. Bei unbeweglichen Brüchen ist es einige mal vorgekommen, dass die Feststauung der Kerne in dem Bruche den Anfang genommen hat. Sehr voluminöse fremde Körper (Knochenstücke, Holzstücke) können höher oben im Dünndarme sich festklemmen und dem tastenden Finger fühlbar werden. Spitze und kantige Körper, die sich unter Verletzung des Darms, unter Einbohrung festklemmen, erregen nicht langsam wie die anderen fremden Körper, sondern rasch heftige Leibschmerzen, Würgen, Erbrechen etc. Ohne die fremden Körper, die sich im Darmcanale festsetzen und festklemmen können, ausführlicher abhandeln zu wollen, führe ich zwei Beispiele vor, in welchen einmal ein Darmstein, das andere mal zusammengeballte Spulwürmer die fremden Körper abgaben, welche den Darmverschluss bildeten, und mit Brucheinklemmung zugleich auftraten.

Petri (*Wiener allgem. medic. Zeitung. 8. 1859*). Eine 40jährige Tagelöhnerin, bei welcher ein eingeklemmter Bruch reponirt worden war, wurde, da sie noch immer leidend war, drei Wochen nach Beginn ihres Leidens in die chirurgische Abtheilung des Gratzer Hospitals aufgenommen. Dicht unter dem Poupart'schen Bande rechterseits lag eine nussgrosse, ovale, nicht gespannte, deutlich fluctuirende Geschwulst, die bei der Percussion einen leeren Ton gab, deren Hals sich nach der Bauchhöhle zu verfolgen liess und deren Betastung der Patientin keine Schmerzen verursachte. Die Geschwulst konnte durch Druck nicht verkleinert werden. Der Bauch war meteoristisch aufgetrieben und bei der Berührung sehr schmerzhaft. Der Percussionsschall war, die Hypochondrien und das Hypogastrium ausgenommen, überall tympanitisch. Die Patientin litt an fortwährendem Schluchzen, Vomituritionen, Stuhlverstopfung; sie hatte heftiges Fieber, kühle Extremitäten, trockne Haut und einen sehr leidenden Gesichtsausdruck. Die Diagnose wurde auf Peritonitis gestellt, die Bruchgeschwulst, welcher alle Kennzeichen der Incarceration abgingen, konnte mit der Bauchfellentzündung in ursächlichen Zusammenhang nicht gebracht werden. Trotz örtlichen Blutentziehungen und Calomel verschlimmerte sich der Zustand; es kam Erbrechen grünlich-schleimiger Massen, der Meteorismus nahm zu. Zwar stellten sich am dritten Tage einige dünnflüssige Stühle ein, allein die Extremitäten wurden kalt, cyanotisch, die Respiration aussetzend und die Patientin starb noch an diesem Tage. — Section. In beiden Lungen Hyperämie mit Oedem. Bei der Eröffnung der Bauchhöhle entleerte sich viel flüssiges, trübes und eitriges Exsudat. Das Parietalblatt des Bauchfells war an vielen Stellen mit verschieden grossen gelblichen, weichen und abziehbaren Faserstofflamellen bedeckt; ähnliches Exsudat befand sich am Peritonäalüberzuge der Leber und Gedärme, namentlich am Dünndarme, wo zugleich starke Gefässinjection und vielfache Verklebungen sich vorfanden. Eine Dünndarmschlinge, 1' vom Coecum, zeigte sich dunkelroth gefärbt, an beiden Enden dieser 16 Centimeter langen Ileumschlinge war der Entzündungsprocess scharf durch eine Demarationslinie begrenzt, wie man sie bei Darmincarcerationen findet. Ausser der Röthung und Schwellung war in der Darmschlinge die Schleimhaut hyperämisch, das submucöse Bindegewebe ödematös; an den Demarcatiosstellen war der Darm, der blos einigen Schleim enthielt, stenosirt. Am Coecalende der Schlinge mangelte die Schleimhaut, und der Peritonäalüberzug war mit einem dünnen Narbengewebe bedeckt. Die Ränder des Substanzverlustes der Schleimhaut waren schon überhäutet, doch fand man im Narbengewebe eine linsengrosse Perforation vor, die überhäutete Ränder hatte und mit Faserstoffcoagulum bedeckt war. An eben dieser Stelle war in der Höhle des Darms ein harter, scheibenförmiger, poröser, leicht zerbrechlicher, gelblich gefärbter Körper, welcher einen Durchmesser von 2 Centimeter hatte, so gelagert, dass er mit seinem kreisförmigen Rande die Mucosa des Darms in der ganzen Peripherie berührte, und dadurch das Darmlumen verschloss. Der Körper enthielt hauptsächlich Kalkphosphate, kohlensauren Kalk, Chloride und wenig organische Substanz. Das sehr blutreiche, grosse Netz setzte sich in Form eines Stranges fort, welcher die aufgeblähten Darmschlingen comprimirte, mit ihnen verklebt war, nach der Mittellinie hinlief und sich in zwei Schenkel spaltete, welche symmetrisch am Seitenrande des *Fundus uteri* verwachsen waren. Bei der Eröffnung der Geschwulst in der Cruralgegend fand man einen dicken Bruchsack, der an der inneren Seite der Schenkelgefässe unter dem Leistenbande vortrat; der Bruchsack enthielt gelbliches, aber klares Exsudat, etwa $1/2$ Unze; am Halse des Bruchsacks bemerkte man mehrere Exsudatfäden; nach der Bauchhöhle zu war derselbe durch Faserstoffexsudat völlig geschlossen.

Eigene Beobachtung. Gegen Ostern des Jahres 1854 wurde ich von einem Landchirurgen zu einer Bruchoperation aufgefordert. Die betreffende Frau, 45 Jahre alt, hatte seit zehn Jahren einen rechtseitigen Leistenbruch, der durch kein Bruchband gesichert wurde, nur selten einmal vorfiel und dann leicht zurückgebracht werden konnte. Die Frau war in dem letzten Jahre fortwährend unwohl gewesen und hatte namentlich viel an Leibschmerzen mit habituellem Erbrechen zu leiden gehabt. Vor fünf Tagen war die Patientin plötzlich von den fürchterlichsten Leibschmerzen, die anfallweise auftraten, befallen worden, sie hatte dabei unter Aufstossen und Würgen gallig-schleimige Massen erbrochen, denen zwei Spulwürmer beigemischt waren. Den zweiten Tag trat bei einem heftigen Brechanfall der Patientin der rechte Leistenbruch vor und konnte trotz vielfach angestellter Taxisversuche nicht zurückgebracht werden. Der Zustand verschlechterte sich, der Stuhl blieb hartnäckig verstopft, und so wurde ich denn am sechsten Tage der Krankheit und am dritten Tage der Brucheinklemmung zu Rathe gezogen. Die Hernie hatte die Grösse eines Hühnereies, war sehr gespannt und lief nach oben und aussen in einen harten Stiel aus. Der Leib unterhalb des Nabels rechterseits war ziemlich aufgetrieben, gespannt und gegen Druck höchst empfindlich. Die Gesichtszüge sahen verfallen, der Puls war schnell und fadenförmig. Ich schritt sofort zur Operation. Nach Eröffnung des Bruchsacks floss einiges blutiges Serum ab, der Darm sah dunkelblauroth, aber glänzte. Der eingeführte Finger fühlte eine ziemlich feste Einklemmung hoch oben im Bruchsackhalse. Nachdem die Strictur mit dem Knopfmesser eingeschnitten worden war, liess sich der vorliegende Darm unter Gurren reponiren, und ich fühlte dabei im Grunde der Darmschlinge einen strangförmigen Körper, den ich für einen Spulwurm hielt. Nach der Operation fühlte die Patientin keine Erleichterung, nach einigen Stunden begann aufs neue heftiges Erbrechen, die Kräfte sanken rasch, nach 40 Stunden erfolgte der Tod. Bei der Section wurde der Bauch enorm ausgedehnt gefunden, nach Eröffnung der Bauchwand strömte viel übelriechendes Gas aus, es zeigte sich verbreitete Peritonitis mit schmierigem Beleg, die Unterleibshöhle liess eine grosse Menge dünner, flockiger und fäcal riechender Flüssigkeit abfliessen. Der Dickdarm war leer und zusammengesunken, die Dünndärme waren enorm von Gas und Flüssigkeit ausgedehnt, das Coecum hatte sich etwas gesenkt, war stark aufgetrieben und hatte eine dunkle, gesättigte, matte Farbe. Schon beim Drücken von aussen nahm man wahr, dass ein grosser, klumpiger Körper im Coecum läge, und nachdem das Coecum eröffnet war, zeigte sich ein Ballen vielfach untereinander verschlungener Spulwürmer von der Grösse einer Billardkugel, der auf der Ileocoecalklappe lag und sie absperrte. Die Schleimhaut im Coecum sah missfarbig, der Dünndarm zwei Zoll über der *Valvula* zeigte nach hinten eine erbsengrosse Perforation. Die eingeklemmt gewesenen Darmschlingen des Leistenbruchs lagen dicht hinter der Bauchöffnung der Bruchpforte und markirten sich noch durch dunkle Röthung und beträchtliche Einklemmungsrinne. Im Tractus des Dünndarms und im Magen wurden noch einige 20 Spulwürmer gefunden.

In dem Falle von Petri lag die Diagnose des Darmsteins, der sich festgeklemmt, und die darüber liegende Darmschlinge zur Senkung, Einkerbung in den Bruchsack und Einklemmung gebracht hatte, ausser dem Bereiche der Möglichkeit; es konnte auch von einem chirurgischen Eingreifen nicht die Rede sein, da eben nur die Zeichen einer heftigen *Entero-peritonitis* vorhanden waren.

In dem von mir beobachteten Falle kann mit Grund der Vorwurf erhoben werden, dass ich auf die Anamnese zu wenig Rücksicht genommen habe. Die Patientin war schon geraume Zeit krank gewesen, der Bruchvortretung und Einklemmung waren zwei Tage die heftigsten

Leibschmerzen mit Erbrechen vorausgegangen, so dass es klar war, dass in diesem Falle nächst der Brucheinklemmung noch ein anderes Darmleiden bestehen müsse; das Erbrechen von Spulwürmern deutete aber darauf hin, worin man den Grund der vorhandenen Darmreizung zu suchen habe. Hätte ich nach Zurückbringung der eingeklemmten Darmpartie in diesem Falle den Finger in die Bauchhöhle eingebracht, so hätte ich das Coecum fühlen und auch den in demselben liegenden Klumpen wahrnehmen müssen. Die Anlegung eines künstlichen Afters im Coecum würde Rettung zu schaffen im Stande gewesen sein. —

Verengerung des Darmlumens durch Stricturen.

Die Darmstricturen haben am häufigsten ihren Sitz im Mastdarme und Dickdarme, seltner in den dünnen Därmen. Den Stricturen gehen Bauchfellentzündungen, Entzündungsprocesse mit Verschwärung, dysenterische, hämorrhoidale, folliculäre Verschwärungen voraus, deren Heilung unter Vernarbung mit Verengerung des Darmlumens erfolgt, oder es entwickeln sich Stricturen durch pseudoplastische Ablagerungen, krebsige Infiltrationen und Entartungen. Wenn Einklemmungsercheinungen auftreten, so entwickeln sie sich nur sehr langsam, nachdem allmälig die Stuhlentleerungen immer mühsamer und beschwerlicher geworden sind. Die weitere und hypertrophische Darmpartie über der Verengerung, die vermehrte Anstrengungen machen muss, um den Darminhalt durch die verengerte Stelle durchzutreiben, erlahmt endlich, und dann beginnen die Einklemmungserscheinungen. Ist ein Bruch vorhanden, in welchen Dünndärme eintreten, die über der Stricturstelle sich befinden, so kann der Bruch anschwellen, unbeweglich werden, ja sich selbst einklemmen, ein unbeweglicher Bruch kann sich vergrössern, schmerzhaft werden.

Shaw *(Transact of patholog. Soc. of London. Tom III. p. 357).* Einem 75jährigen Manne, mit einer alten rechtseitigen Leistenhernie, war der Bruch zwölf Tage vor seinem Eintritte in das Hospital unter dem Bruchbande vorgetreten und hatte sich nicht reduciren lassen. Es folgten Leibschmerzen, Uebelkeiten und Erbrechen. Die Hernie war hart, schmerzhaft, eben so die rechte *Regio iliaca;* der Puls war fadenförmig, die Zunge braun belegt, reibeisenförmig. Alle Taxisversuche scheiterten. Die Kelotomie wurde verrichtet; man fand indurirtes, zusammengeschrumpftes Netz im Bruchsacke, aber keine Darmschlinge. Der Bruchsackhals wurde gespalten, das Netz resecirt. Während der Operation erfolgte eine kleine Darmentleerung *per anum.* Vier Tage nach der Operation starb der Kranke. Bei der Section wurde Netzentzündung, Darmentzündung und eine Verengerung am Anfangsstücke des Colonbogens gefunden. Die verengerte Partie war mit der Niere fest verlöthet. Ueber der Verengerungsstelle waren die Därme sehr ausgedehnt und erfüllt. Es handelte sich in diesem Falle jedenfalls um eine krebsige Strictur. —

Deroubaix *(Annales de médecine belge. Avril 1835).* Ein 45jähriger Tagelöhner von athletischer Constitution litt seit fünfundzwanzig Jahren an einem rechtseitigen Leistenbruche, welcher durch Heben einer Last entstanden sein sollte, der indessen, sobald er vortrat, immer leicht zurückgebracht werden konnte. Als Patient, mehrere Tage verstopft, eines Morgens durch gewaltsames Stuhlpressen Oeffnung erzwingen wollte, verspürte er heftige Schmerzen im Unterleibe, denen sich bald Angst zugesellte; mehrere Stunden später trat galliges Erbrechen ein. Bei der Untersuchung zeigte sich ein weder gespannter noch schmerzhafter Leistenbruch, welcher sich teigig anfühlte, sich aber nicht ganz reponiren liess, weil er mit dem Bauchringe verwachsen war. Bei der Sondirung des Mastdarms entdeckte man ein Hinderniss in der Gegend des Promontorium. Es bildete sich eine so heftige *Enteritis* aus, dass der Kranke nach vier Tagen starb. Die Section zeigte verbreitete Bauchfellentzündung, die sehr aufgetriebenen Därme waren unter sich und mit der Bauchwand durch Exsudat verklebt. Ein Theil des Dickdarms war von Luft so aufgetrieben, dass er die ganze Nabel- und Unterbauchgegend ausfüllte. Der Bruch enthielt Netz, welches mit den Wandungen des Leistencanals innige Verwachsungen eingegangen war. Der Magen war leer, seine Häute verdickt; das Duodenum mit Galle erfüllt, die dünnen Därme nach links gedrängt. Der bis zum Umfange einer Faust ausgedehnte Dickdarm zeigte sich mit röthlichen, halbflüssigen, kothigen Massen erfüllt. Am untern Ende des *S. Romanum* fand sich eine Verengerung, die nur der Zeigefingerspitze den Durchgang gestattete, der Darm drehte sich an dieser Stelle von oben nach unten und von links nach rechts, und dann von unten nach oben und links und vor dem vorhergehenden Darmstück vorbei. Dieser Darmtheil, aufs Aeusserste entartet, nahm die vordere Bauchwand ein und zeigte an der Stelle seines Uebergangs in den Mastdarm eine zweite Verengerung.

Sani *(Gazette de Paris 1839).* Eine 30jährige Frau hatte vor drei Jahren Bauchfellentzündung von ziemlicher Heftigkeit gehabt, nach welcher Colikschmerzen und habituelle Verstopfung zurückgeblieben waren. Die Frau wurde schwanger und im dritten Monate der Schwangerschaft traten nach lange Zeit vorausgegangenen heftigen Schmerzen und Stuhlbeschwerden auf einmal die Symptome der inneren Darmeinklemmung hervor. Der Leib war in der Gegend der *Fossa iliaca dextra* sehr aufgetrieben und ausserordentlich schmerzhaft. Dicht über dem Nabel befand sich eine nussgrosse, harte, unbewegliche, aber beim Druck nicht schmerzende Geschwulst. Man dachte an einen eingeklemmten Nabelbruch und operirte, es wurde ein kleiner, leicht verwachsener Netzbruch gefunden. Am sechsten Tage erfolgte Fehlgeburt und kurz nach derselben starb die Kranke. Bei der Section wurde das rechte Colon mit dem rechten Ovarium fest verwachsen gefunden; am *Colon transversum* hatte sich durch narbige Exsudatverschrumpfung eine so beträchtliche Strictur gebildet, dass man kaum einen Federkiel durch dieselbe bringen konnte. Ueber der Strictur war eine Stelle der Darmwand brandig und perforirt. —

Cock *(Guy's Hospital Reports. Vol. V)* operirte einen 60jährigen Herrn mit einer mässig grossen Schenkelhernie, die sich seit drei Tagen eingeklemmt hatte; der Unterleib war aufgetrieben und bereits Bauchfellentzündung vorhanden. C. öffnete den Bruchsack nicht, spaltete die Strictur ausserhalb des Bruchsackhalses und brachte den Bruchinhalt zurück. Obgleich der Operirte einige Erleichterung nach der Operation fühlte, so kehrte doch der frühere Zustand bald wieder, die Kräfte sanken und der Tod erfolgte achtundvierzig Stunden nach der Operation. Die Section ergab verbreitete Peritonitis mit reichlichem plastischen Ergusse. Die Dünndarmpartie, welche in dem Bruchsack gelegen hatte, markirte sich zwar noch durch dunklere Röthung, allein sie hatte sich zum Theil wieder erholt und der Darminhalt von oben her war in sie eingedrungen und hatte sie ausgedehnt. Einige Zoll tiefer wurde aber ein beträchtliches Hinderniss in der Fortleitung der Fäces gefunden. Ein Netzstrang lief über eine Darmschlinge hinweg, war mit ihr verwachsen; der Strang lag dicht hinter der Bauchöffnung des Schenkelcanals. Die Verwachsung des Netzstrangs mit dem Darme war alt, der Darm war allmälig durch die Contraction des Netzstrangs so verengt worden, dass eine Strictur bestand, die kaum die Spitze des kleinen Fingers eindringen liess.

Die Diagnose der Darmverengerungen ist im allgemeinen nicht so schwer, wenn wir namentlich Gelegenheit gehabt haben, die anamnestischen Momente gehörig zu verfolgen. Entzündungen, Verschwärungen gehen voraus, die Strictur bildet sich langsam unter wachsenden Stuhlbeschwerden, die Defäcationen werden immer mühsamer und beschwerlicher. Sitzt die Strictur im unteren Theile des Mastdarms, so kann sie mit der Fingerspitze gefühlt werden, sitzt sie hoch oben im Mastdarme, so kann sie durch Sonden, Bougies ermittelt werden, noch höher oben werden wir durch das sofortige Zurückfliessen von Injectionen auf eine vorhandene Strictur aufmerksam gemacht. Krebsige Stricturen im Dickdarme lassen sich nicht selten als Härten, feste Geschwülste durch die Bauchwandungen durchfühlen, sie verrathen ihre Natur auch noch durch ein eigenthümliches cachectisches Aussehen des Patienten. Treten bis dahin bewegliche Brüche vor und werden unbeweglich, so wird man, wenn man die Existenz der Strictur ermittelt hat, die Beziehung der Hernie zur inneren Einklemmung wohl begreifen, das abhängige und untergeordnete Verhältniss des Bruchs richtig beurtheilen. Ebenso wird man sich auch nicht durch eine unter dem Einflusse der Darmstrictur schmerzhaft gewordene unbewegliche Hernie täuschen lassen. Sobald aber die vorhandene Darmverengerung nicht erkannt worden ist, so geben die vorhandenen Hernien zu mancherlei Täuschungen Anlass, man kann sich einbilden den Bruch durch Taxis aus der Klemme befreit zu haben, kann sich bei unbeweglichen, aber nicht eingeklemmten Hernien zu unnützen Operationen verleiten lassen, ja in dem Falle, wo wirklich Brucheinklemmung vorhanden ist, die sich nicht anders als durch den Bruchschnitt heben lässt, wird man nach der Operation immer noch im Irrthume verharren, indem man meint, die entsprechende Hilfe in Anwendung gebracht zu haben, während man nur einen Theil des vorhandenen Leidens beseitigt hat.

In den erzählten Beispielen hatten verschiedene Irrthümer stattgefunden, die Diagnose der Darmverengerung war nur in dem einen Falle gemacht worden, in den übrigen Fällen hatte man die Symptome auf die vorhandenen Brüche bezogen. Hätte Shaw die Anamnese festgestellt, hätte er den Mastdarm durch Sonde und Injectionen untersucht, so würde er die Existenz einer Darmstrictur zum mindesten als äusserst wahrscheinlich haben finden müssen, und er würde dann die Operation der gar nicht eingeklemmten oder entzündeten alten Netzhernie gewiss unterlassen haben. Deroubaix hatte sich zwar zu keinem operativen Einschreiten verleiten lassen, er hatte auch bei der Sondirung des Mastdarms ein Hinderniss gefunden, dessenungeachtet beging er den Fehler, dem Netzbruche, der sich nicht völlig wollte reponiren lassen, bis zum Tode des Patienten die grösste Bedeutung beizumessen. Den grössten Irrthum liess sich jedenfalls Sani zu schulden kommen; die Anamnese war bekannt, die Patientin litt seit der überstandenen Bauchfellentzündung an habitueller Verstopfung, die Strictur im *Colon transversum* war so hochgradig, dass sie auch durch die Bauchdecken hätte durchgefühlt werden müssen, dessenungeachtet richtete Sani seine Aufmerksamkeit auf einen kleinen, unbeweglichen und indolenten Netzbruch über dem Nabel, der in keinem Zusammenhange mit der inneren Einklemmung stand, und operirte ihn unnützerweise. In dem Falle von Cock war es wohl zu entschuldigen, dass die Darmstrictur, die im Dünndarme sich befand, nicht erkannt worden war, die Zeichen der Brucheinklemmung traten hier so vor, dass die Darmverengerung, die vielleicht auch erst durch die Brucheinklemmung zur endlichen Perfection kam, in den Hintergrund zurücktrat.

Die Behandlung der Darmstricturen betreffend, so sind bisher nur diejenigen fibrösen Mastdarmstricturen vollständig geheilt worden, die den Erweiterungsinstrumenten der Chirurgen zugängig waren. Haben Stricturen im Mastdarme oder Dickdarme die Erscheinungen der inneren Darmeinklemmung hervorgerufen, so ist vorerst zu versuchen, ob es noch gelingt, dem über der Stricturstelle angesammelten gasförmigen und fäcalen Darminhalt Abfluss zu verschaffen, was nicht durch Abführmittel, wohl aber durch Injectionen und Massirungen des Leibes bewirkt werden kann. Sitzt die Strictur hoch oben im Mastdarme und gelingt es, eine elastische offene Röhre in und durch die Strictur zu bringen, so wird gewöhnlich der angesammelten Masse Abfluss verschafft, Injectionen durch die Röhre bewegen den erlahmten Darm zu Contractionen. Sitzen die Stricturen im *S. Romanum* oder im Dickdarme, so ist der Erfolg der Injectionen weit unsicherer, doch ist auch hier die Injection mittels Röhreneinführung zu versuchen, weil dadurch manchmal doch einige Flüssigkeit durch die Strictur gebracht wird, oder wenigstens der Darm dicht unterhalb der Strictur stark gereizt wird. Gelingt es, den Durchbruch der Ansammlung über der Strictur zu erzielen, so lassen die Erscheinungen nach und wir sehen, wie vorgetretene und unbeweglich gewordene, oder unbewegliche und schmerzhaft gewordene Hernien verschwinden, zurücktreten oder aufhören schmerzhaft zu sein. Kann keine entsprechende Darmentleerung bewirkt werden, steigern sich die Symptome, so bleibt nur ein Mittel der Lebensrettung, die Anlegung eines künstlichen Afters.

Befindet sich die Strictur im Verlaufe des Dickdarms oder im Mastdarm, so wird die Colotomie gemacht; bei Sitz der Verengerung im Rectum ist die *Flexura iliaca* oder das *Colon descendens* zu eröffnen, bei Verengerung im queren Colon ist das *Colon adscendens* zur Oeffnung zu benutzen. Statt der Littre'schen Colotomie über der linken Leiste wird neuerdings die in mehrfacher Beziehung vortheilhaftere Eröffnung des Colon in der Lendengegend nach Callisen und Amussat geübt. Befindet sich die Darmverengerung im Coecum oder im Dünndarme, so ist die Anlegung des künstlichen Afters nach Nélaton vorzunehmen. Sind die Stricturen krebsiger Natur, so wird die Anlegung eines künstlichen Afters nur vorübergehend Hilfe schaffen, den tödlichen Ausgang nur wenige Tage oder Wochen verzögern können. Namentlich englische Chirurgen haben bei Krebsstricturen im Rectum die Colotomie gemacht, und ich erinnere an einen interessanten Fall von Baker *(Medico-chirurg. Transactions. Tom XXXV. p. 227)*, der namentlich deswegen Erwähnung verdient, weil Hernien gleichzeitig vorhanden waren.

Eine 62jährige Frau erlitt den 15. August 1849 einen heftigen Anfall von Schmerz in der Nabelgegend und im Hypogastrium, verbunden mit Erbrechen, Constipation und Leibauftreibung. Den 1. October kommt ein zweiter Anfall, der Unterleib ist namentlich in der *Fossa iliaca sinistra* sehr gespannt; man glaubt an die Einklemmung einer vorliegenden und gespannten Hernie, allein es gelingt, ohne grosse Mühe die Hernie zurückzubringen. Den 11. October stellt sich ein abermaliger Anfall ein, dieses mal tritt auf der entgegengesetzten Seite eine Hernie hervor, wird reponirt und ein doppeltes Bruchband angelegt. Den 9. November treten die Symptome der Darmeinklemmung mit den heftigsten Schmerzen im Kreuze und im Rectum auf. B. untersucht jetzt endlich den Mastdarm und findet eine harte Geschwulst von einem engen Canale durchbohrt. Die Versuche der Dilatationen und Injectionen führen nicht zum Ziele, der Darmverschluss wird complet. B. eröffnet das Colon in der linken Lumbalgegend, legt einen künstlichen After an, die Faeces werden entleert, die Einklemmungserscheinungen hören auf. Nach 17 Tagen stirbt die Operirte. —

Axendrehungen der Därme, Zusammeudrückungen derselben, Knickungen und Verwachsungen.

Was zuerst die Axendrehungen der Därme betrifft, so geschieht diese, wie Rokitansky gelehrt hat, in dreifacher Weise: ein Darmstück dreht sich um seine Längenaxe, was aus anatomischen Gründen fast nur am *Colon asdcendens* und *Colon transversum* vorkommen kann, oder das Gekröse bildet die Axe der Drehung, um welche der Darm herumgewunden wird, oder eine Darmportion stellt (wohl meist durch Verwachsung) die Axe dar, um welche sich eine andere grössere Darmportion mit ihrem Gekröse so herumschlägt, dass die Axe comprimirt wird.

Diese Unterarten der Axendrehungen combiniren sich auch wohl mit einander, sind nicht selten mit Verwachsungen verbunden. Ein langes, schlaffes Gekrös, Schlaffheit des Unterbauchs, vorausgegangene Anwachsung eines Darms an die Bauchwand geben Prädisposition zur Entstehung. Die Axendrehungen ereignen sich mit Ausnahme derer, denen Darmverwachsungen vorausgegangen sind, nur im höheren Alter, sie treten nie plötzlich auf, sondern entwickeln sich stets nur allmälig, und Koth- und Gasanhäufungen in den Därmen scheinen die Drehungen endlich zu verwirklichen. Es können bewegliche, unbewegliche und eingeklemmte Brüche mit den Axendrehungen vorkommen und Scheinreductionen, sowie unnütze oder ungenügende Operationen durch dieselben veranlasst werden.

Rokitansky *(Oestr. medic. Jahrbücher. Bd. X. St. 4, II. Fall 1).* Ein 54jähriger Tagelöhner mit einem voluminösen linkseitigen Leistenbruche starb unter den Erscheinungen einer bedeutenden *Enteritis*, welche durch Incarceration einer Darmvorlagerung entstanden war. Man fand das Bauchfell dunkel geröthet, die Gedärme unter sich mit der vordern Bauchwand und dem Netze durch schmutzig-bräunliche Lymphe verklebt. Sämmtliche Eingeweide des Epigastrium, vornehmlich die Leber, waren hinauf- und zurückgedrängt; der ganze Dünndarm mit Ausnahme einzelner Stellen so ausgedehnt, dass sein Durchmesser das Vierfache betrug, ebenso das *Coecum* und *Colon adscendens*. Die Membranen dieser Darmtheile sahen dunkelblau, braunroth suffundirt, geschwollen, waren mürbe und umschlossen graugelbliche, flüssige Fäces. In dem grossen Bruchsacke lag eine ein und einen halben Schuh lange Darmschlinge aus der Mitte des Ileum, leicht eingeklemmt und weniger ausgedehnt als der Darm in der Bauchhöhle, aber dunkler gefärbt und in den Häuten mehr geschwollen. Von hier bis zur Grimmdarmklappe war das Ileum nur noch drei Schuh lang und durch Zerrung des Dünndarmgekröses in grosse Windungen gefaltet. Das *Coecum* und *Colon adscendens* ragte, mit Luft und dünnem Kothe gefüllt, über alle Baucheingeweide hervor und war etwas nach einwärts und um seine Axe gedreht; die Drehung war so beträchtlich, dass die rechte Flexur sich nach einwärts hinüberwarf und mit dem *Colon transversum* fast parallel lag oder mit ihm einen fast ganz spitzen Winkel bildete, der den Darminhalt nicht weiter passiren liess. Auf diese Weise wurde zugleich durch eine Duplicatur des *Mesocolon adcendens* und durch ein Stück der unteren Platte des *Mesocolon transversum* eine straffe Tasche gebildet, in welche eine etwa fünf Zoll lange Dünndarmschlinge hineingezogen und eingeklemmt war, indem von oben und innen der eingeklemmte Darm auf ihr lastete und von unten der Rand jener Duplicatur sich straff anschloss. Dadurch entstand zugleich eine Zerrung des Gekröses, deren oben gedacht wurde. Diese Darmschlinge war, wie die im Bruchsacke, weniger ausgedehnt, aber dunkler gefärbt. Das *Colon transversum* zeigte sich da, wo die Flexur sich von ihm abbog, sammt dem *Colon descendens* blass und verengert.

Derselbe *(Ibidem II. Fall 2).* Eine blödsinnige und bucklige Frauensperson von 71 Jahren, welche seit zwanzig Jahren eine kleine Schenkelhernie hatte und nach kleinen Diätfehlern Colik und Neigung zum Erbrechen bekam, zog sich durch einen gleichen Fehler heftige Leibschmerzen, besonders in der Nabelgegend, und Erbrechen zu, welches sich wiederholte und endlich in Kothbrechen überging. Patientin starb am zehnten Tage der Krankheit, nachdem der Bruch reponirt worden war. Ausser anderen Abnormitäten fand man in dem sehr aufgetriebenen und gespannten Unterleibe die dünnen Därme von Luft und gelber, stinkender Flüssigkeit grösstentheils über drei Zoll im Durchmesser ausgedehnt, ihre Häute beträchtlich aufgelockert, nach aussen streifig geröthet und mit Lymphe dünn überzogen. Der ganze Tract der dünnen Därme war blass, sehr zusammengezogen und enthielt graulichen Schleim. Das Gekröse des Krummdarms war sehr lang, faltete sich, rollte sich von unten herauf zusammen und bildete dadurch eine $4\frac{1}{2}''$ lange und $1\frac{1}{2}''$ dicke spindelförmige Axe, um welche der Dünndarm aufgedreht war. Das Jejunum nämlich stieg vom Ende des Duodenum an nach der rechten Darmbeingegend herab und schlang sich nun vor den Lendenwirbeln um die gedachte Gekrösaxe, welche mittels des an ihr befestigten und nach der linken Bauchseite hingedrängten Ileum die unter ihr, wie unter einer Brücke, durchtretende Partie zusammendrückte. Von hier aus machte das Jejunum noch zwei Windungen um genannte Axe, das Ileum aber sofort drei Windungen um dieselbe herab und trat, meist von den darüber liegenden Windungen des Jejunum bedeckt, in der rechten Darmbeingegend von der Gekrösaxe ab und pflanzte sich in das *Coecum* ein. Dieses letzte Stück des Ileum war am stärksten und bis zur Dicke eines Fingers zusammengeschnürt, grünlich, missfarbig, mürbe, ja zerreiblich und an einer Stelle brandig durchlöchert. Weiter hinauf war ein fünf Zoll langes Stück des Ileum schwarzblau, blutig infarcirt, seine Membranen waren zwei Linien dick und brüchig. Der Wurmfortsatz war an seinem freien Ende zu einer von gallertartigem Schleime strotzenden, glatthäutig ausgekleideten, haselnussgrossen Blase erweitert.

Derselbe *(Ibid. II. 5)*. Eine 48jährige Wittwe mit einem Leistenbruche, den sie schon vor mehreren Jahren durch Heben einer Last sich zugezogen hatte, wurde von heftigen Schmerzen in dem Bruche plötzlich befallen und starb unter den Erscheinungen der Incarceration. In der Bauchhöhle waren etwa zwei Pfund schmutziggrauer, mit Koth untermischter jauchiger Flüssigkeit verbreitet. Der Magen, der Leerdarm und grösste Theil des Ileum waren von Luft und dünner Fäcalmaterie ausgedehnt, ihre Häute angeschwollen und hin und wieder geröthet. Von dem Krummdarme war eine Windung am Eingange eines durch den rechten Leistencanal hervorgetretenen, $1''$ weiten und $2\frac{1}{2}''$ tiefen Bruchsacks angewachsen und bildete mit ihrem Gekröse einen von unten nach aufwärts gelagerten Balken, unter welchem das nächste Darmstück von etwa drei Fuss Länge, von innen nach aussen durchgezogen und von hier nach oben und innen und zugleich gegen den Beckeneingang hin um ihn umgeschlungen war. So wurde das an jenem Gekrösbalken auf- und absteigende Darmrohr zusammengeschnürt, war dunkel geröthet, mit gelber Lymphe dick überzogen und hatte ein brandiges Loch von der Grösse einer Erbse. —

Laugier *(Bulletin chirurgical. Tom. I. p. 237)* operirte eine 49jährige Frau mit einem seit sechs Tagen eingeklemmten Schenkelbruche im Hospitale Beaujon. Der Bruch war mässig gross, die Haut über demselben dunkel geröthet, die Einklemmung war acut aufgetreten, ärztliche Hülfe aber erst zuletzt nachgesucht worden. Nachdem die Haut gespalten worden war, floss eine ziemliche Menge flockigen Eiters ab. Der Bruchsack enthielt stark fäcaloid riechende Flüssigkeit, die vorliegende Darmschlinge war glanzlos, erweicht, offenbar brandig. L. fixirte den Darm und schnitt ihn nach oben ein; da kein Fäcalerguss erfolgte, so wurde eine elastische Röhre eingeleitet und laues Wasser injicirt; es stellte sich ein ziemlicher Erguss ein, täglich musste indessen dieses Manöver wiederholt werden, da keine freiwillige Entleerung zu Stande kam. Peritonitis trat auf und tödtete die Patientin am achten Tage nach der Operation. Die Section zeigte, dass die beiden Enden der vorliegenden Darmschlinge in der Gegend der Bauchöffnung der Bruchpforte fest mit der Bauchwand verwachsen waren. Eine Dünndarmschlinge über der herniösen rollte sich über der Verwachsung um den Darm herum und es kam dadurch Compression und Knickung heraus. —

Beispiele von Axendrehungen des Darms um die Längenaxe, wie sie an den Flexuren des Dickdarms und insbesondere an der *Flexura sigmoidea* sich ereignen, bei welchen gleichzeitig Hernien bestanden, habe ich nicht auffinden können.

Die Diagnose der Axendrehungen des Dünndarms wird wohl kaum je mit einiger Wahrscheinlichkeit gestellt werden können, da alle Haltepunkte mangeln, die Auftreibung des Darms über der Drehungsstelle selten deutlich gefühlt wird, so dass demnach nur vorgerücktes Alter und vorausgegangene Darmbeschwerden zu einer Vermuthung Anlass geben. Besser kann die Diagnose bei Axendrehung des Dickdarms begründet werden, hier ist die Ansammlung der Darmcontenta über der Drehungsstelle deutlich zu fühlen, und befindet sich die Drehung in der *Flexura sigm.*, so tragen auch Sondirungen und Injectionen zur Erkenntniss bei.

Die oben referirten Fälle bedürfen einer weiteren Besprechung nicht. Ein entsprechendes Verfahren einzuschlagen ist schwer. Um die ausgebildete Verdrehung der Därme zurückzuführen, um sie zu lösen und zurecht zu bringen, giebt es nur ein Mittel, das Messer; der Leib wird eröffnet und die Drehungsstelle aufgesucht und gelöst. Rokitansky selbst befürwortet das operative Eingreifen. Leider stösst die Operation auf grosse und selbst unüberwindliche Schwierigkeiten, und selbst wenn sie gelingt, wird sie doch kaum den lethalen Ausgang verhindern. Liegt die Drehungsstelle tief, so wird man aus dem geöffneten Leibe viel Därme herausziehen müssen, ehe man an dieselbe gelangt, sind die Därme an der Drehungsstelle verwachsen, so wird die Lösung oft kaum ausführbar sein; adhärirt der Darm an der Bauchwand, so wird man die Drehungsstelle gar nicht nach aussen befördern können, man wird vielleicht durch die eingeführten Finger die Adhäsionsstelle fühlen, die Abtrennung derselben aber und Aufhebung der Drehung dürfte sich kaum durchführen lassen. Wenn man den Ausgangspunkt der vorhandenen Erscheinungen in dem vorliegenden voluminösen Bruche vermuthet und demzufolge operirt, so wird man sich überzeugen, dass eigentlich gar keine Einklemmung im Bruche bestehe, man wird aber dann wohl kaum es wagen, der Herniotomie nun noch die Laparatomie folgen zu lassen. Was uns aber immer abhalten wird, den Bauchschnitt zu machen, ist der Umstand, dass die Axendrehungen meist im höheren Alter vorkommen, und wir demnach eine so eingreifende Operation im höheren Alter unternehmen, dass wir auf einen günstigen Ausgang derselben schon im Voraus verzichten müssen. Bei Axendrehungen im Dickdarme kann die Anlegung eines künstlichen Afters in Anwendung kommen.

Zusammendrückung einer Darmpartie mit Verschluss dadurch, dass dieselbe unter ein hypertrophisches Organ wie die Leber, Milz, der Uterus, der Eierstock gerathen ist, kommt ausserordentlich selten vor, eben so selten ereignet es sich, dass eine Dünndarmpartie durch Auftreibung auf eine andere darunter liegende Dünndarmpartie einen einklemmenden Druck ausübt, oder dass eine sich auftreibende Dünndarmpartie sich über den Dickdarm schlägt und durch Druck das Lumen desselben vernichtet. Dass die Zusammendrückung einer Darmpartie durch Darm auch mit Hernien vorkommen und Irrthum veranlassen könne, zeigt ein Beispiel Rokitansky's.

Rokitansky (*Oestreich. medic. Jahrbücher. Bd. X. St. 4. I. Fall 4*). Ein 87jähriger Bäckergeselle, die Beschwerden eines alten und sehr voluminösen Leistenbruchs tragend, starb unter den Symptomen einer durch Darmeinklemmung verursachten *Enteritis*. An dem magern, aber musculösen Leichname trat der Unterleib hoch und gespannt hervor; aus der rechten Inguinalgegend senkte sich eine länglichrunde, elastische Grschwulst, grösser als ein Kindskopf, in das Scrotum hinab. Der Raum der Unterleibshöhle war von den stark ausgedehnten Gedärmen fast ganz ausgefüllt, zumal in der rechten Seite, wo der Dünndarm an das Zwerchfell drängte und die Leber nach links und oberwärts, den Magen aber aufwärts und zugleich zusammendrückte. Gedachte Därme waren grösstentheils blauroth gefleckt, beträchtlich ausgedehnt, ihre seröse Fläche stellenweise mit Lymphe dünn überzogen und ihre Häute waren dünn und aufgelockert. Das *Coecum* und *Colon adscendens* war, bei gleicher Beschaffenheit der Häute, so von Luft und dünnen Faeces aufgetrieben, dass ihr Durchmesser 4'' betrug. Der untere Theil des Ileum füllte den durch den Leistencanal herabgetretenen kindskopfgrossen Brucksack aus. Der ganze übrige Dünndarm war mit einem ungewöhnlich langen Gekröse über die rechte Flexur des Colon in das rechte Hypochondrium hinaufgeschlagen, verdrängte daselbst Leber und Magen und drückte mit einer Last von vier bis fünf Pfund seines Inhalts dermaassen auf die rechte Flexur des Colon, dass man auch nicht einmal Luft durch dieselbe treiben konnte. Das *Colon transversum* und *descendens* waren blass und verengt. —

Wie die Auftreibung einer Darmpartie, die durch Druck endlich das Lumen einer unterliegenden Darmportion an einer oder mehreren Stellen vernichtet, allmälig sich entwickelt und ausbildet, hat Rokitansky ausführlich erörtert.

Von einer Diagnose kann wohl in einem solchen Falle nicht die Rede sein, und ist ein Bruch vorhanden, der ziemlich gross und unbeweglich ist, wird man *Enteritis* der Bruchcontenta oder die sogenannte flatulente oder kothige Einklemmung anzunehmen genöthigt sein. Nur die Auftreibung des Leibes an der Stelle, wo die aufgetriebene Darmpartie sich befindet, wird Zweifel erwecken, ob die vorhandenen Erscheinungen auf den Bruch bezogen werden können.

Bezüglich der Behandlung ist es denkbar, dass tüchtige Massirung des Leibes, wobei die lastende Darmpartie aus ihrer Lage gedrängt wird, wohl Hilfe schaffen kann. —

Darmknickungen geben nicht sehr häufig den Grund zum Darmverschluss. Wir können reine Darmknickungen und Darmknickungen durch Adhaesion unterscheiden. Die ersteren sind seltner, sie kommen dadurch zu Stande, dass eine Darmschlinge sich umbiegt, umgebogen wird, oder sich durch Anfüllung senkt und dadurch Knickung erleidet. Die Knickungen durch Verwachsung sind häufiger, die Schenkel einer Darmschlinge verwachsen miteinander, und dadurch kommt eine Knickung an der Basis der Darmschlinge heraus, oder das freie Ende einer Darmschlinge verwächst mit der Bauchwand, mit dem Netze, und dadurch wird eine Zerrung mit Knickung hervorgerufen. Viele Knickungen des Darms mit Verwachsung sind, wie schon oben erwähnt worden ist, nach der Reposition entzündeter Hernien beobachtet worden. Zu den Knickungen mit Adhaesion gesellen sich auch durch Verschrumpfung des Exsudats wirkliche Stricturen, ebenso kommen auch Kothansammlungen und Knickungen vor. Die Bauchfellentzüng, welche den Adhaesionen vorausgeht, ist oft eine so begrenzte, dass sie übersehen wird. Mit Darmknickungen, welche die Symptome der inneren Darmeinklemmung hervorrufen, können Hernien vergesellschaftet vorkommen, und die Hernien werden entweder in gar keiner Beziehung zur Darmknickung stehen, oder sie werden in einem abhängigen Verhältnisse sich befinden, indem der Darm über der Knickungsstelle in den Bruchsack tritt, hier sich auftreibt, irreponibel wird und selbst sich einklemmt. Wir haben zwar keine Beispiele der Art aufzufinden vermocht, dass sie indessen schon vorgekommen sind und vorkommen werden, darüber hegen wir keinen Zweifel. Folgende wenige Beispiele, welche wir aufgefunden haben, sind in vielfacher Beziehung interessant. Zuerst gedenken wir eines Falls von Richet *(L'Union médicale 22. 1860)*, der eine reine Knickung des *Colon adscendens* darstellt und der sich dadurch auszeichnet, dass die Knickung erst der Taxis eines eingeklemmten Coecalbruchs nachfolgte.

Ein 60 jähriger Mann, der seit 20 Jahren mit einer rechtseitigen, den Canal etwas überschreitenden Leistenhernie behaftet war, die durch ein Bruchband zurückgehalten wurde, zerbrach sein Bruchband und vernachlässigte es, dasselbe sofort zu ersetzen. Der Bruch trat vor, blieb liegen und nach einigen Tagen traten Schmerzen im Leibe und in der Hernie auf. Der Patient versuchte den vorgetretenen und gespannten Bruch zurückzubringen, allein es ging nicht; es wurde nach zwei Tagen ein Arzt herbeigerufen, dem es endlich unter Anwendung starker Gewalt gelang, den Bruch zu reponiren. Der Patient fühlte sich nach der Reposition des Bruchs keineswegs erleichtert, vielmehr steigerten sich die Einklemmungssymptome und er liess sich am siebenten Tage der Einklemmung in das Hospital Saint-Louis schaffen. Die Zeichen der Einklemmung waren deutlich ausgesprochen, der Kranke erbrach eine gallige, kothig riechende Flüssigkeit; der Leib war sehr, namentlich in der Mitte, aufgetrieben, über dem Leistencanale schien sich eine Anschwellung zu befinden. Richet glaubte, es bestehe die Einklemmung noch in der reponirten Darmschlinge, und da eine eingeklemmte Darmschlinge, wenn sie zurückgebracht wird, gewöhnlich dicht hinter der

Bruchpforte liegen bleibt, so beschloss er, den Leistencanal zu spalten, die Verlängerung des Bauchfells zu eröffnen und die Darmschlinge mit der Einklemmung zu suchen; sollte die Einklemmung nicht gefunden werden, so wollte er eine Darmschlinge, welche durch ihre Vollfüllung zeigte, dass sie über dem Hindernisse der Fortleitung sich befinde, zur Anlegung eines künstlichen Afters benutzen. Als der Leistencanal gespalten, der Bruchsack bis zur Bauchöffnung aufgeschnitten war, trat eine Dünndarmschlinge zurück, die nicht eingeklemmt gewesen, denn als sie vorgezogen worden, zeigte sie nur geringe Anfüllung, aber einige Röthung. Der eingeführte Finger, der rings um die Bauchöffnung herumgeführt wurde, fand nirgends eine Adhaerenz oder eine Anschwellung. Richet zog nun der Reihe nach mehrere Darmschlingen aus der Wunde hervor, sie waren alle geröthet, aber ziemlich schlaff und hatten keineswegs die Beschaffenheit, um sie zur Anlegung eines künstlichen Afters zu benutzen. R. schloss die Operation, er versuchte noch Eiswasserklystire und gab Sedlitzer Wasser mit Eis esslöffelweise. Das Erbrechen hörte auf, aber die Constipation blieb, es trat Collapsus ein und der Patient starb 48 Stunden nach der Operation. Die Autopsie zeigte einen mässigen Grad von Peritonitis ohne Erguss; die Dünndärme nahmen ihren gewöhlichen Platz ein, bei der Entfaltung derselben rechterseits war das Coecum nicht zu finden, dasselbe wurde enorm ausgedehnt im linken Hypochondrium entdeckt, wo es unter und hinter dem *Colon transversum* lag, das *Colon ascendens* war an seinem Platze geblieben, nur an seiner Anfangsstelle war dasselbe durch die Dislocation des Coecum spitzwinklig geknickt, und die Knickung bewirkte Darmverschluss. Das Coecum enthielt eine grosse Menge flüssiger Faecalstoffe, es sah dunkelroth, seine Wandungen waren verdickt, an einigen Stellen desselben bemerkte man deutlich eine Einklemmungsrinne, und hier waren an mehreren Orten die Häute so verdünnt, dass man Durchbruch erwarten musste. Die Knickung des Darms war einfach, man konnte ohne Mühe das Coecum zurückbringen und in den Bruchsack ziehen.

Die enorme Erfüllung des Coecum erklärt es, dass die Darmschlingen bei der Operation nicht gefüllt gefunden wurden. R. sucht nicht allein in der Knickung den Grund des Darmverschlusses und der Fortdauer der Symptome, sondern er misst auch der Entzündung des Coecum einen Antheil bei. Darüber, dass die Knickung das Product der gewaltsamen Taxis gewesen ist, hegt R. keinen Zweifel. —

W. Ulmer *(Med. Correspondenzblatt des Würtemb. ärztl. Vereins. Bd. XXX. No. 33 u. 34. 1860).* Eine 34jährige hochschwangere Frau von kräftiger Constistitution, welche schon mehrere Kinder geboren hatte, bekam eines Tages nach zwei ergiebigen Stuhlentleerungen heftigen Leibschmerz mit Erbrechen. Die Untersuchung am folgenden Tage ergab Vermehrung des Schmerzes beim tiefen Druck unterhalb des Nabels nach links, die Bauchdecken waren nicht ungewöhnlich ausgedehnt, der Uterus hatte sich nach rechts geneigt. In der linken Leistengegend, hart unter dem Poupart'schen Bande, befand sich eine hühnereigrosse, harte und schmerzhafte Geschwulst, die für eine incarcerirte Schenkelhernie erklärt werden musste, obgleich die Patientin versicherte, niemals einen Bruch an sich bemerkt zu haben. Mehrfache Taxisversuche blieben erfolglos selbst nach örtlicher und allgemeiner Blutentziehung, sowie nach einem prolongirten Bade. Am dritten Tage wurden zwei Aerzte zu Rathe gezogen, man versuchte abermals die Taxis vergeblich, es wurden sodann einige Stunden lang Eisumschläge applicirt, worauf der eine Consultationsarzt nochmals die Taxis, und diesesmal mit Erfolg; wenn auch unter grossen Schmerzen, in Anwendung brachte. Die Bruchcontenta gingen nicht unter Kollern, sondern mit einem mehr quatschenden Geräusche zurück. Die Patientin verspürte keine Erleichterung und behauptete, es sei keine Veränderung in ihrem Leibe eingetreten, der Bruch trat auch alsbald wieder vor, liess sich aber jetzt leicht zurückdrücken. Nach einer sehr übeln Nacht verlangte die Patientin selbst die Operation, auf welche sie noch Hoffnung setzte und in welche die Aerzte nicht ohne Bedenken einwilligten. Die Herniotomie wurde dreimal vierundzwanzig Stunden seit Beginn der Einklemmungssymptome gemacht. Nach Eröffnung des Bruchsacks flossen einige Löffol einer dunkelbraunen, mit Blutpunkten tingirten, verdächtigen, aber noch nicht nach Koth riechenden Flüssigkeit ab. Es zeigte sich jetzt eine grosse, nur unten mit der Bruchpforte verwachsene, schmutzig weiss aussehende, mit bläulichen Streifen durchzogene, mit Faeces gefüllte, dickwandige Darmschlinge, welche ohne Einschneidung der Bruchpforte leicht zurückgebracht und auf die linke Seite des schwangern Uterus geschoben werden konnte. Mit dem Finger konnte man 3—4" hoch am Uterus hinaufgehen und fühlte mit der Fingerspitze, dass der Darm mit dem Uterus verwachsen sei; die Art der Anheftung und Lagerung des Darmes liess sich nicht bestimmen. Mehrere Stunden nach der Operation trat wieder heftiges Aufstossen und Erbrechen ein, der Puls wurde fadenförmig, die Patientin schien dem Tode nahe. Am vierten Tage wollte man noch die Verkleinerung des Uterus durch künstliche Einleitung der Geburt versuchen, die Kranke aber erklärte, dass sie Aufschub verlange, indem sie eine eigenthümliche, auf Stuhlgang deutende Bewegung im Leibe wahrnehme. Es wurden Klystire mit langem Rohre verabreicht, Abführmittel innerlich gegeben, und endlich, am Morgen des fünften Tages, stellte sich unter Poltern eine dünne, mit harten Kothbröckeln vermischte Oeffnung ein, welcher unter Nachlass des Aufstossens und Erbrechens noch mehrere copiöse Entleerungen folgten. Gegen Abend war der Verband an der Operationswunde nass und am sechsten Tage erschien er völlig weggeschwemmt von fäcaloider Flüssigkeit. Am siebenten Tage traten Wehen auf, die sich verstärkten, der Kindskopf rückte in das kleine Becken, und es wurde mit der Zange ein etwas kleines, schwaches, aber lebendes Kind zu Tage gefördert. Weder bei, noch nach der Geburt war ein Tropfen Fruchtwasser zu bemerken, es hatte sich auch keine Blase gestellt. Nach der Geburt gingen Faeces durch den After und durch die Wunde ab, der Zustand besserte sich, die Wunde verkleinerte sich. Am zehnten Tage nach der Operation stand aus der Wundöffnung eine gefranste, 1" lange Haut hervor, die man für einen durch brandige Zerstörung abgelösten Darm halten musste; neben diesem vorragenden Darmstück floss fortwährend Koth ab. Nach mehreren Tagen blieb dieses Darmstück beim Waschen mit einem Schwamme an letzterem hängen und es folgte diesem leichten Zuge ein 7" langes, bis auf die dicke des kleinen Fingers contrahirtes Darmstück, welches an seinem anderen Ende ebenfalls gefranst war, in der Mitte aber sein normales Lumen beibehalten hatte. Die Operationswunde heilte nun nach kurzer Zeit, allein der Abgang der Faeces aus dem After war erschwert und musste mit Laxantien täglich unterstützt werden, bis endlich nach zwei Monaten völlige Genesung eintrat. — Nach dem Verfasser ist die Verwachsung des Darms mit dem Uterus wahrscheinlich am Anfange der Schwangerschaft zu Stande gekommen und jedenfalls folgte ihr die Verwachsung an der Bruchpforte bald nach; die Schenkel der Darmschlinge, die neben- oder übereinander gelegen haben mögen, kamen durch den Zug des wachsenden Uterus in immer nähere Berührung, wurden gedrückt und es entwickelte sich ein Entzündungs- und Verschwärungsprocess, der mit brandiger Abstossung der Darmschlinge endete und wobei es interessant sein würde zu wissen, wie die Natur die Communication eingeleitet und zu Stande gebracht habe. —

John Fife in einem Briefe an Hancock *(l. c. p. 47)* referirt einen höchst merkwürdigen Fall, den er im Jahre 1831 zu beobachten und zu operiren Gelegenheit hatte. Eine arme Wittwe litt seit drei Tagen an einer eingeklemmten Schenkelhernie, welche die Herniotomie nothwendig machte. Die Bruchsacköffnung, Spaltung der Strictur und Zurückbringung der Darmschlinge war in wenig Minuten vollendet, als aber der Finger eingebracht wurde, um zu sehen, ob die reponirte Darmschlinge frei in der Bauchhöhle läge, zeigte sich, dass dieselbe nach unten und hinten fest an die *Vagina vasorum* gelöthet war und hier jedenfalls noch eine Constriction erlitt. Vergeblich suchte F. mit dem Fingernagel den Darm zu lösen, endlich nahm er ein Knopfmesser und trennte damit vorsichtig den Darm ab, so dass er frei wurde. In dem Momente der völligen Lostrennung stürzte ein arterieller Blutstrom hervor, und es war kein Zweifel, dass die *Iliaca ext.* verletzt worden sei. F. drückte mit der Spitze des linken Zeigefingers auf die Arterie, während er mit dem Bistouri in der rechten Hand die Wunde erweiterte; dann führte er eine gekrümmte Sonde unter die Arterie und zog eine Ligatur nach, mit welcher er die Arterie unterband. Die durch die Unterbindung unterbrochene Blutcirculation in der Extremität stellte sich allmälig wieder her; die Ligatur fiel nach zwanzig Tagen. Die Operirte genas vollständig. —

Der Fall von Richet zeigt auf's Neue die Unzweckmässigkeit einer gewaltsamen Taxis, wäre in diesem Falle zeitig operirt worden, so würde man jedenfalls Hilfe geschafft haben. In dem Falle von Ulmer konnte man nach der Bruchoperation, nachdem man eine verwachsene Darmschlinge hoch oben am Uterus und der Fingerspitze kaum erreichbar gefühlt hatte, dieser Verwachsung nicht beikommen, zumal da der Darm bereits brandig war. In dem Falle von Fife bildete der Bruch und die Verwachsung des Darms mit der Gefässscheide Eins. Ob in diesem Falle die Verwachsung der Darmschlinge mit der Gefässscheide Verziehung und Knickung bedingte, war übrigens zweifelhaft, bei der Schwierigkeit und Gefährlichkeit der Operation hätte man die Loslösung wohl aufschieben und zusehen können, ob die Einklemmungssymptome aufhören würden; wäre dies nicht der Fall gewesen, so hätte man weiter spalten müssen, um das Operationsfeld in den Augen zu haben. Die Verletzung der *Art. cruralis* ist so bedeutend, dass sie nur selten einen günstigen Ausgang haben wird.

Die Diagnose der Knickungen ist kaum mit einiger Wahrscheinlichkeit zu stellen. Sind Bauchfellentzündungen vorausgegangen und haben Stuhlbeschwerden hinterlassen, so kann man an eine Knickung mit Adhaesion denken, allein es wird eben so gut und selbst häufiger eine Strictur vorhanden sein, die Anhäufungsstelle über der Knickung ist, wenn sie sich auch deutlich fühlen lässt, eben so beschaffen wie über einer Strictur. Dasselbe gilt von den Stricturen und Knickungen mit Verwachsung, die sich nach der Taxis entzündeter Hernien bilden. Immerhin haben wir Grund, bei gleichzeitig vorhandener Hernie den Ausgangspunkt der Erscheinungen im Darm innerhalb der Peritonäalcavität zu suchen, wenn die Hernie später vortrat, nachdem die Erscheinungen schon eine geraume

Zeit begonnen hatten, wenn der Bruch leicht beweglich ist. Fehlt allerdings über die Hernie alle Anamnese, so kann ein unbeweglich gewordener, congestiv eingeklemmter Bruch Irrthum hervorrufen.

Die Behandlung hat die Knickung zu lösen, oder wo dies nicht geht, wenigstens den Weg der Faeces frei zu machen. Die reinen Knickungen lassen sich, wie man am Leichnam gesehen hat, leicht wieder zurückbringen, es ist demnach rationell gehandelt, wenn wir tüchtige Massirungen des Leibes behufs der Reposition in Zeiten vornehmen. Diese Massirungen werden selbst bei Knickungen mit Adhaesion frühzeitig angestellt Nutzen schaffen können, zumal da namentlich bei diesen der Verschluss an der Knickungsstelle anfänglich nicht vollständig ist, sondern sich erst allmälig completirt. Sind die Mittel, die man in Anwendung gebracht hat, um den Darmverschluss zu heben, ohne Erfolg gebraucht worden und steigern sich die Symptome, so bleibt nur der operative Eingriff übrig, der auch als Radicalmittel seine Schwierigkeiten hat. Bei der Laparotomie behufs der Aufsuchung der Knickungsstelle, wird man eine begrenzte Auftreibung des Leibes im hypogastrischen Abschnitte, die über der Knickung präsumtiv liegt, zum Einschnitte wählen. Haben wir den Bauchschnitt an einer beliebigen Stelle angelegt, weil wir keine besondere Auftreibung entdecken, so müssen wir nach demselben die Knickungsstelle erst suchen durch Herausziehen von Därmen aus der Wunde, was bei tiefer Lage der Knickung schwer und nachtheilig werden kann. Haben wir die Knickung gefunden und ist dieselbe mit Adhaesion verbunden, so kann die letztere so ausgebreitet und so innig sein, dass eine Lösung derselben sich nicht herausbringen lässt. Die Laparotomie mit Anlegung eines künstlichen Afters nach Nélaton scheint für alle zweifelhaften Fälle ein zweckmässiges Verfahren, man hält sich hier nicht lange mit Suchen auf, sondern ergreift zur Befestigung und Eröffnung eine Schlinge, die durch ihre Anfüllung und Prallheit den Beleg giebt, dass sie über dem Hinderniss sich befinde. Jener Uebelstand, der in Richet's Falle sich ereignet hatte, dass die Schlingen über der Knickungsstelle sich ziemlich wenig gefüllt hatten und man daher Bedenken tragen musste, sie zur Afteranlegung zu verwenden, wird wohl nur am Coecum und bei enormer Ausdehnung desselben sich herausstellen können. Ist bereits die Herniotomie gemacht worden, so kann man die Operationswunde etwas erweitern und zur Afteranlegung nach Nélaton benutzen. —

Netzstränge, Lymphstränge, Verwachsungen und Umschlingungen von Fortsätzen, Löcher und Spalten im Netze und Gekröse.

Von den gedachten inneren Darmeinklemmungen sind es die beiden ersten vorgenannten, welche am häufigsten mit Hernien vergesellschaftet, den letzteren entweder vorausgehend, oder auch wohl nachfolgend, beobachtet worden sind, auch haben sie am häufigsten zu Scheinreductionen, die gar manchmal erst bei der Section erkannt wurden, Anlass gegeben. Diese Arten der inneren Einklemmung treten in der Mehrzahl der Fälle bei erwachsenen, aber mehr jugendlichen Subjecten auf. Die Stränge selbst, die Festwachsungen derselben, welche Brücken und Schlingen bilden, setzen zu ihrer Formation eine adhäsive Bauchfellentzündung voraus. Die Löcher und Spalten im Netze oder Gekröse sind wohl meist angeborene Abnormitäten oder Entwicklungsanomalien. Drängen sich nach einer Gelegenheitsursache Darmpartien im leeren Zustande mit einiger Gewalt unter die Stränge, Membranen, in die Spalten und Löcher, so dass sie diese sofort anspannen und ausfüllen, und sind die Stränge, Spalten, Ringe fest, fibrös und unnachgiebig, so entwickelt sich die Einklemmung schnell, die Symptome treten plötzlich auf, steigern sich rasch und geben das Bild der acuten Einklemmung. Erfährt die Darmschlinge unter dem Strange, im Spalte oder Ringe nur an einer Stelle einen comprimirenden Druck, so ist das Hinderniss anfänglich unbedeutend und wird nur allmälig durch Anschwellung der Darmschlinge beträchtlicher und führt zur Festklemmung. Die Symptome entwickeln sich langsam, wie bei chronischer Einklemmung.

Das Verhältniss der Hernien zu diesen inneren Einklemmungen variirt sehr. Zuweilen dringen die von einem Ringe, einem Strange umgebenen Darmpartien in den Bruchsack und klemmen sich ein; zuweilen ist der Ring, der Strang mit der inneren Bruchpforte festgewachsen, und dann bildet die Hernie mit der inneren Einklemmung Eins; in anderen Fällen dringt der über der eingeklemmten Darmpartie befindliche Darm in den Bruchsack, füllt sich an, wird unbeweglich, oder erleidet eine consecutive Einklemmung. Nicht selten endlich geht die Brucheinklemmung der inneren Darmeinklemmung voraus; ein Bruch fällt vor, klemmt sich ein, und wenn nun der Darm über der Einklemmung sich aufbläht, so tritt erst jetzt der Netzstrang oder Lymphstrang in Wirksamkeit, und giebt ein Hinderniss der Fortleitung innerhalb der Bauchhöhle ab, welches fortbesteht, wenn auch die Einklemmung der Hernie gehoben worden ist. Endlich kann es sich zutragen, dass der eingeklemmte Bruch durch die Handgriffe der Taxis zwar aus der Klemme befreit, aber im Inneren der

Bauchhöhle unter einen Strang gebracht wird, der auf's Neue Einklemmung hervorruft.

Die Anheftungen des Netzes finden sich meist an der unteren Gegend der vorderen Bauchwand, dem Poupart'schen Bande entsprechend, so dass das Netz, an mehreren Stellen angewachsen, einem entfalteten Fächer gleicht, oder nur an einer Stelle hinter den Bruchpforten strangartig angeheftet ist. Nicht immer ist aber der freie Rand des Netzes verwachsen, sondern die Verwachsung hat der Art stattgefunden, dass das Netz, nachdem es eine Darmschlinge in einen Bruchsack begleitet hat, höher oben Verwachsung zeigt, oder es bestehen zwei Netzstränge, von welchen einer eine Darmschlinge in einen Bruchsack begleitet, der andere innerhalb der Bauchhöhle angeheftet ist. Wenn nun auch solche Verwachsungen, solche angeheftete Stränge zeitlebens, ohne Nachtheile zu erzeugen, bestehen können, so ereignet es sich doch bei heftiger Aufblähung der Därme nach Diätfehlern und Erkältungen, dass die Zerrung des Netzes und der Druck desselben auf die unterliegenden Därme bedeutender wird und sich bis zur Einklemmung steigert. Ein vortretender und sich einklemmender Bruch vermehrt die Erscheinungen, vollendet die innere Einklemmung dadurch, dass durch ihn Enteritis veranlasst wird. Nach der Operation des eingeklemmten Bruchs mildern sich zuweilen für einige Stunden die Erscheinungen, es stellt sich wohl selbst Stuhl ein, dann aber beginnen die Symptome mit erneuter Heftigkeit und führen zum Tode.

Schuh *(Oestreich. medic. Jahrbücher. 1844. Februar)* referirt in einem vortrefflichen Aufsatze „über Spannung des Netzes als Ursache innerer Einklemmung und der nach der Reposition oder Operation eingeklemmter Hernien neuerdings eintretenden Incarcerationserscheinungen" nachstehende fünf interessante Fälle:

1. Ein 41jähriger Tagelöhner hatte seit seinem vierzehnten Jahre einen rechtseitigen, leicht reponibeln äussern Leistenbruch, der plötzlich schmerzhaft wurde, nicht mehr zurückging und nach zwei Tagen die Operation nöthig machte. Man fand im Bruchsacke, der kein Serum enthielt, zunächst Netz, welches den Darm bedeckte. Nach der Trennung des Netzes mit dem Messer floss kein Tropfen Blut, die 1" lange Darmschlinge war wenig gequetscht. Nachdem der sehr enge und kurze Leistencanal erweitert worden war, gelang unter Austritt von Luft die Reposition der Darmschlinge sehr schnell und es konnte auch das Netz vollständig zurückgebracht werden. Es zeigte sich nun eine feste, unschmerzhafte Verwachsung des Netzes am Eingange der Bruchpforte. Die Wunde wurde durch die Knopfnaht vereinigt. Der Patient befand sich bis zum nächsten Morgen ganz wohl, wo sich einigemal Schluchzen einstellte, aus der Wunde sickerte blutiges Serum; es wurden zwei Nähte entfernt und Blutegel angesetzt, Am nächsten Morgen wurde eine Schale wässrig-galliger Flüssigkeit erbrochen, die Haut war wärmer, der Puls beschleunigt und schwach, der Durst stark, der Bauch etwas mehr aufgetrieben und nach unten zu empfindlich, die Gesichtszüge waren wie bei einem Cholerakranken. Am Abend kam wieder Erbrechen, die Haut war kalt, der Puls sehr klein. In der Nacht wurde Patient sehr unruhig, erbrach sich einigemal und starb gegen Morgen. *Leichenbefund.* Das vom Magen ausgehende und an der bezeichneten Stelle durch eine alte Verwachsung fest-

gehaltene Netz war fächerförmig und straff über die von Luft ausgedehnten Därme gespannt. Die obere Hälfte desselben war normal und nicht entzündet. Nach Durchschneidung des Netzes in der Mitte fand man eine ziemliche Strecke von der Ileocöcalklappe an nach aufwärts die Därme entzündet, serös infiltrirt und verdickt. —

2. Eine Tagelöhnerin von 37 Jahren mit einem linken Leistenbruche hatte sich durch schwere Arbeit Vortreten und Einklemmung des Bruches zugezogen, die nach sieben Tagen die Operation sofort nothwendig machte. Im Bruchsacke befand sich keine Flüssigkeit, das vorliegende Netz war dunkel gefärbt, wenig warm und theilweise mit dem Bruchsacke verwachsen. Erst nach Hebung der heftigen Einklemmung entdeckte man in der Tiefe eine Darmwand, die durch Abschnürung blau gefärbt war und reponirt wurde; das Netz musste unterbunden und abgeschnitten werden. Die fast in Agone befindliche Patientin erhielt Valeriana und Campher und hatte sich am folgenden Morgen hübsch erholt, allein Abends stellte sich stärkeres Fieber ein, der Bauch wurde empfindlich, trieb sich auf. Am nächsten Morgen Erbrechen von flüssiger, gelblich-weisser, übelriechender Flüssigkeit, der Puls häufig und schwach, die Temperatur vermindert, Angstgefühl, geringe Empfindlichkeit des Bauches, am Abend Tod. — In der Leiche fand man die Därme stark ausgedehnt, entzündet. Der eingeklemmt gewesene Darmtheil, kenntlich durch seine dunkle Farbe, lag am Beckeneingange, an der dem Bruche entgegengesetzten Seite, und war von der oberen Partie der ausgedehnten dünnen Därme bedeckt und gedrückt. Dieser Druck wurde durch das grosse Netz, welches, zu einem Dreieck gespannt, über die Därme lief und sich in der Gegend des linken Leistencanals in zwei Schenkel spaltete, bedeutend vermehrt. Der eine Schenkel war vorgelagert gewesen und abgeschnitten, der andere etwas über der Bruchpforte am Bauchfelle fest angewachsen. Die Abschneidung eines Netzschenkels und Zurückbringung des Darms hatte Druck und Zerrung sehr vermindert, zumal da der vorgelagerte Darm, wie seine weite Entfernung nach der Reposition zeigte, sehr gespannt sein musste. Dennoch war die Spannung des Netzes nicht ganz aufgehoben und die noch bestehende war hinreichend, um eine schon vorhandene Entzündung zu steigern und die peristaltischen Bewegungen wiederum zu beeinträchtigen. —

3. Eine 40jährige Frau bekam nach einem Diätfehler Kolik, Verstopfung und Erbrechen; eine kleine Geschwulst in der linken Leiste hatte man reponirt. Als Verfasser die Patientin nach sechs Tagen sah, fand er ausser den angegebenen Zeichen Empfindlichkeit des Bauches und fühlte einen leeren Bruchsack in der linken Leiste. Ein Bad, Breiumschläge und Oelmixtur bewirkten eine vorübergehende Besserung, dann traten die Symptome in verstärktem Grade auf und es erfolgte der Tod am neunten Tage der Krankheit. Die *Section* zeigte das Bauchfell an der vorderen Wand und an den dünnen Därmen in Form von breiten Streifen bräunlich-roth injicirt. Der Dünndarm war mit Ausnahme seines untersten Theils durch Luft und gelbliche, schaumige Flüssigkeit ausgedehnt. Das Ende des Dünndarms wurde durch einen über dasselbe laufenden Netzstrang zusammengedrückt und war blass und und leer. Das Netz war in einen klumpigen, zum Theil blutig infiltrirten, mit mehreren sehnigen Verdichtungen versehenen Strang verwandelt, der das *Colon transversum* in der Nabelgegend in einem spitzen Winkel herabzog, unter den ausgedehnten Dünndarmwindungen über die Lendenwirbelsäule und das Endstück des Ileum abwärts verlief, letzteres zusammendrückte und sich an die zweite Krümmung des *S. Romanum* anheftete. Der sämmtliche Dickdarm war blass, mässig mit Luft versehen, an der inneren Wand mit etwas thonähnlicher, gelblich-grauer Fäcalmasse beschlagen. —

4. Eine 65jährige Frau, mit einer alten, rechtseitigen, hühnereigrossen Schenkelhernie behaftet, die bei der Rückenlage sich bedeutend verkleinerte, merkte eines Tages beim Husten, wie die Geschwulst sich faustgross vordrängte und nicht mehr theilweise zurückwich. Es entwickelten sich die Symptome der Einklemmung und steigerten sich in der Weise, dass Verfasser nach sechs Tagen, als er die Patientin zum erstenmal sah, sogleich zur Operation schritt. Er fand eine dunkelbraune, gequetschte Darmschlinge, nebst einer stark geschwollenen, klumpigen Netzpartie, welche sich nach gelungener Reposition der Därme des Umfangs halber nicht zurückbringen liess und daher unterbunden und abgeschnitten werden musste. Die Patientin starb. Das grosse Netz wurde in Form eines Fächers über die Gedärme nach rechts hin gespannt und in der Gegend des Poupart'schen Bandes, der Operationswunde entsprechend, sehr fest verwachsen gefunden. In der rechten Lendengegend, zwischen und auf den daselbst befindlichen Darmwindungen, lag ein zum Theil von Netz bedecktes, zwei Pfund betragendes gelbes Exsudat. Die nicht vom Netz bedeckten, mehr linkseitigen Darmpartien drängten sich mehr vor. Die Därme waren von dünnen, bräunlichen Fäcalstoffen und Luft ausgedehnt. Eine 1 Fuss lange und 1 Fuss von der Coecalklappe entfernte Dünndarmschlinge war in den Häuten verdickt, bläulich gefärbt und mit einem grauen, faserstoffigen Exsudate bekleidet. —

5. Ein Bäckergeselle von 30 Jahren war unter heftigen Erscheinungen innerer Einklemmung rasch gestorben. Die Section zeigte verbreitete frische Peritonitis mit Bildung eiterähnlicher Lymphe. Im Eingange des linken Leistencanals lag eine kleine Schlinge des Dünndarms in einem kleinen Bruchsacke und war zellig verwachsen. Die Schlinge trug keine Zeichen einer jüngst erlittenen Incarceration. Das ein- und austretende Darmstück, welches die Schlinge bildete, lief noch eine Strecke weit in der Bauchhöhle mit parallel gelagerten Schenkeln, weil das Netz mit dem austretenden Stücke sehr nahe dem Bruchsackhalse fest verwachsen war, straff gespannt erschien und das Darmrohr heftig zerrte. Zwischen der Anheftungsstelle des Netzes am Darme und dem Bruchsackeingange sah man eine durch Brand bewirkte linsengrosse Darmdurchlöcherung. —

Aehnliche hierher gehörige Fälle sind die folgenden.

Kniesling *(Frickhöffer, nassauische Jahrb. 1863. p. 193).* Ein kräftiger junger Mann strengte sich beim Aufziehen einer schweren Last sehr an und zog sich dadurch das Vortreten eines Leistenbruchs zu, der auch sofort sich einklemmte. Die Taxis, durch Antiphlogose und die sonst üblichen Mittel unterstützt, schlug fehl. Etwa 18 Stunden nach Beginn der Einklemmung schritt Verfasser zur Herniotomie. Das vorliegende Dünndarmstück zeigte sich stark entzündet, es wurde ohne Hinderniss zurückgebracht. Die Operation hatte leider keinen Erfolg, trotz der durchgreifendsten Antiphlogose entwickelte sich die bereits vorhandene *Enteritis* immer mehr und der Operirte erlag derselben am vierten Tage. Auffallende Symptome waren: beständige Cardialgie, Gefühl von Zerren am Magen, Würgen und Erbrechen, aber kein Kothbrechen. Die Section ergab Verwachsung des *Omentum majus* mit dem hinteren Leistenringe und Incarceration des Darms durch das Netz an einer von aussen nicht erreichbaren Stelle. —

T. H. Barker *(Brit. med. Journ. Jan. 8. 1859. Fall 2).* Ein junger Mann mit einem ziemlich frischen, kleinen, rechtseitigen Leistenbruche wurde von Einklemmungserscheinungen befallen. Da die Taxis nichts fruchtete und die Einklemmungssymptome sich steigerten, wurde am folgenden Tage operirt. Aus dem geöffneten Bruchsacke floss viel trübe, flockige Flüssigkeit. Der Bruchsack enthielt keinen Darm, sondern nur einen Netzstrang, welcher durch den Leistencanal lief und bis in das Scrotum sich erstreckte. Das strangförmige Netzstück war von Gefässen durchzogen, roth, von einzelnen, flockigen Exsudationen bedeckt, liess sich bewegen und leicht reponiren. Der Finger fühlte nach der Reposition den ganzen Leistencanal frei. Nach der Operation dauerten die Einklemmungserscheinungen fort, es stellte sich Collapsus ein und der Kranke starb nach 24 Stunden. Bei Eröffnung der Bauchhöhle floss trübes Serum ab, die gespannten Gedärme wurden durch eine tiefe Furche in zwei Abtheilungen geschieden, im Grunde der Furche lag ein Netzstrang. Dieser dünne, gewundene Strang lief über den cardialen Theil des Magens, über das *Colon transversum* schief nach der Leistengegend, wo er über dem rechten inneren Leistenringe mit dem Bauchfelle fest verwachsen war; das freie Ende des Netzstrangs, welches im Bruchsacke gelegen hatte, lag reponirt über dem inneren Leistenringe. Die Gedärme nach rechts vom Netzstrange erschienen geröthet, waren aufgetrieben und mit Flüssigkeit erfüllt; die nach links liegenden Därme waren blass und leer. —

Huthsteiner *(Frickhöffer, nassauische Jahrb. 1863. p. 189).* Ein junger Mensch, der angeblich seit seiner Kindheit einen rechtseitigen Leistenbruch hatte, bekam, nachdem er nach einer reichlichen Mahlzeit und Ablegung des gewohnten Bruchbandes sich gebadet und dann den Magen mit Kirschen sich überladen hatte, im Sommer 1829 Zufälle, wie sie die Brucheinklemmung zu erzeugen pflegt. Der hinzurufene Arzt liess zur Ader, verordnete Abführmittel und legte eine elastische Bandage auf die Bruchstelle. Da der gedachte Arzt einige Tage verreisen musste, übertrug er den Kranken einem jüngeren Collegen, welcher aus der achttägigen Verstopfung mit heftigen Kolikschmerzen, mit dem Würgen, Schluchzen, Erbrechen fäcaloider Materie und dergleichen die Grösse der Gefahr erkannte und den Verfasser zur Consultation aufforderte. Dieser traf den Kranken unter Kothbrechen, kalten Schweissen und häufigen Ohnmachten dem Tode nahe. Der Kranke verlangte dringend die Operation, von welcher man sich zur Zeit keinen günstigen Erfolg mehr versprechen konnte. Doch eingedenk des Ausspruchs: *melius est remedium anceps, quam nullum*, wurde die Herniotomie vorgenommen. Man fand den Bruchsack sehr dick und ein Stück verhärtetes Netz in demselben. Man konnte mit dem Finger ohne weiteres Hinderniss hoch in den Leistencanal eingehen. Dieser Befund konnte unmöglich die Ursache der vorhandenen Zufälle sein, und weiter hinauf auf's Ungewisse zu schneiden, war bedenklich. Der Kranke starb am andern Tage, und die angestellte Section klärte die Sache auf. Man fand eine Darmschlinge von einer Partie Netz hinter dem innern Leistenringe fest eingeklemmt. Netz und Gedärme waren brandig. —

Hierher gehört auch noch ein Fall von Verneuil *(Bulletin de Thérap. LX. Mai 1861)*, der im Jahre 1856 beobachtet wurde.

Ein grosser, starker, 25jähriger Mann hatte einen linkseitigen, voluminösen Leistenbruch, der nicht vollständig durch ein Bruchband zurückgehalten wurde. Die Einklemmungserscheinungen entwickelten sich sehr langsam, der vorgelagerte Bruch wurde schmerzhaft, es trat Fieber auf mit Aufstossen und Erbrechen, allein alle diese Erscheinungen zeigten keine besondere Heftigkeit. V. diagnosticirte *Peritonitis herniosa* und suchte durch locale Blutentziehungen, Klystire, Bäder, Cataplasmen und durch von Zeit zu Zeit angebrachte Taxis zum Ziele zu kommen. Die Hernie hatte eine Länge von 15 Centim. und eine Breite von 8 Centim., man fühlte Netz neben dem Darme. Da die Einklemmungssymptome sich allmälig steigerten und Kotherbrechen eintrat, so entschloss sich V. zur Operation fünf Tage nach Beginn der Einklemmung. Der geräumige Bruchsack, aus welchem nach der Incision röthliches Serum abfloss, enthielt lebhaft entzündete Därme und war selbst entzündet; das klumpige Netz, welches nach oben in einem Strange auslief, war mit dem Bruchsacke innig verwachsen. Da der Darm sich nicht reponiren liess, so wurde nach dem Hindernisse gesucht und dasselbe über dem inneren Leistenringe, in dem emporgestiegenen Bruchsackhalse gefunden. V. erweiterte den nicht besonders stark eingeklemmten Bruchsackhals mit der Fingerspitze und reponirte dann den Darm. Vom Netze wurde ein apfelgrosses Stück resecirt, das im Bruchsackhalse liegende und verwachsene Netzstück aber unberührt gelassen. Nach der Operation hörte zwar das Erbrechen auf, allein das Aufstossen hielt an, es stellte sich kein Stuhl ein, Patient fing an zu deliriren und starb 30 Stunden nach der Operation. — Die Section enthüllte die nähere Einklemmungsursache. Das Netz lief als ein dicker Strang und sich allmälig verjüngend von der grossen Curvatur des Magens abwärts bis in den Bruchsackhals, wo es verwachsen war. Durch diesen Netzstrang wurden die Därme der Bauchhöhle in zwei ungleiche Hälften getheilt und comprimirt; nach links befand sich die kleinere Hälfte mit dem dritten Theile des Dünndarms; die eingeklemmt gewesene Darmschlinge, kenntlich an ihrer lividen Färbung, lag hoch oben an der linken Curvatur des Dickdarms. Keine Peritonitis. —

Dass ein Netzstrang in der Weise hinter der Bruchpforte angewachsen sein kann, dass er erst nach der Reposition einer eingeklemmten Hernie dadurch, dass der Darm über den Strang umgeschlagen wird, auf's Neue Einklemmung veranlasst, davon hat einen höchst instructiven Fall de la Peyronie *(Mémoires de l'academie roy. de chirurgie. Tom I. partie III. p. 327)* beschrieben und abgebildet.

Ein 35jähriger Postillon, der seit 10 Jahren einen linkseitigen Leistenhodenbruch hatte, ohne sich jemals eines Bruchbandes bedient zu haben, wurde eines Tages nach einer Körperanstrengung von einer Brucheinklemmung heimgesucht. Der hinzugerufene Chirurg, der den Bruch nicht zu reponiren vermochte, verordnete entsprechende Mittel, welche auch bald Erschlaffung bewirkten und nunmehr die Reduction der Hernie gestatteten. Nach der Reduction fühlte sich der Kranke nicht erleichtert, es folgte kein Stuhl, vielmehr trieb sich der Leib auf, es trat Würgen und Kothbrechen auf und der Puls wurde fadenförmig. De la Peyronie, zu Hilfe gerufen, fand den Patienten im Zustande des Collapsus. Der Leistencanal war frei, man konnte die Scrotalhaut in denselben einstülpen und überzeugte sich, dass der Bruch vollständig zurückgebracht worden sei. Da der Kranke dem Tode nahe war, so hielt P. eine Operation für überflüssig, sonst würde er den leeren Bruchsack eröffnet und den Darm weggezogen haben, um nach einer Einklemmungsstelle zu suchen. Der Kranke starb im Verlaufe des Tages. Die Section zeigte, dass im Bruchsacke eine Netzpartie und unter derselben eine Ileumschlinge gelegen hatte; das Netz bildete einen Strang, der an der hinteren Fläche des innern Leistenrings angewachsen war. Bei der Reduction waren das Netz und die Ileumschlinge über den Strang umgeschlagen worden und wurden nun von diesem eingeklemmt. Wäre bei der Reduction der Bruchinhalt mehr nach rechts hingedrängt worden, so wäre er unter dem Strange weggegangen und es hätte keine Einklemmung statthaben können. In diesem Falle war also die Einklemmung in der Bruchpforte bereits gehoben, aber durch die Reduction wurde eine zweite Einklemmung erzeugt. —

Beispiele von Netzringen, welche Darmpartien, die sich in einen Bruchsack gesenkt hatten, über der Bruchpforte einklemmten, erzählen Dupuytren und Monro.

Dupuytren *(Klin. Vortr. Deutsch von Flies. Bd. III. p. 572).* Ein Mann kam mit den Symptomen einer inneren Einklemmung in Behandlung. Der Kranke trug einen Leistenbruch, der beweglich war und zurückgebracht werden konnte. Der Sitz der Einklemmung war oberhalb des Bruchs und an der inneren Seite. D. operirte, die Einklemmungsstelle wurde gefunden und mittels eines langen geknöpften Messers die ringförmige Spalte eingeschnitten, der Darm befreit. Obgleich nach der Operation grosse Erleichterung gefühlt wurde, so steigerte sich doch bald die Bauchfellentzündung, die schon vorhanden war, und tödtete den Kranken durch Intensität und Verbreitung. Die Einklemmung war, wie die Section zeigte, durch einen Ring des Netzes, der mit der Bauchwand verwachsen war und durch welchen sich eine Darmschlinge durchgedrängt hatte, erzeugt worden. Ein bemerkenswerther Umstand war, dass der durch das Netz gebildete Zirkel, der mit dem Bauchfell verwachsen war und nach unten und rechts von der weissen Linie lag, von dem übrigen Netze sich ganz losgetrennt hatte und einen Ring bildete, welcher die Nahrung und das Leben durch einen blossen Stiel erhielt, mittels dessen er an dem Bauchfelle anhing.—

Monro der ältere *(The morbid anatomy of human etc. 1811)* fand bei der Operation in einem rechtseitigen, congenitalen Leistenbruche voluminöses Netz, welches dem Samenstrange und dem Bruchsacke fest anhing. Da das Netz nicht zurückgebracht werden konnte, nachdem der Darm reponirt worden war, wurde es resecirt. Der Kranke starb. Man fand die eingeklemmte Schlinge zusammengezogen und verdickt, das Netz war über der Abdominalöffnung der Bruchpforte mit dem Bauchfelle verwachsen und ein Ausläufer, *appendix*, des Netzes umschnürte ringförmig einige Darmschlingen. —

Pseudoplastische Stränge, Lymphstränge, können eben so wie das Netz Brücken, Schlingen und Ringe bilden, welche in gleicher Weise Einklemmungen veranlassen. Beispiele solcher mit eingeklemmten Hernien vorkommender Lymphstränge berichten folgende Verfasser.

A. Cooper *(Uebersetzung der 2. Ausgabe von A. Key; p. 211)* hat ein Präparat von innerer Darmeinklemmung durch ein häutiges Band abgebildet, welches aus der Leiche eines Patienten des Dr. Weston entnommen wurde. Der Fall war folgender: Ein 85jähriger Mann wurde am 13. Februar 1805 von Schmerzen in den Gedärmen befallen, woran er schon oft gelitten hatte, obgleich es ihm diesesmal vorkam, als sei es anders als bei den früheren Anfällen. Dr. Weston sah den Kranken 2 Tage nach Beginn der Schmerzen, der Leib war empfindlich, es war häufiges Erbrechen vorhanden, in der rechten Leiste lag ein ziemlich grosser Bruch, welcher indessen ohne grosse Mühe zurückgebracht wurde. Abführende Arzneien und Klystire waren ohne Erfolg, der Tod erfolgte wenige Stunden nach der Reposition des Bruches. Bei der Section stellte sich heraus, dass der Darminhalt des Bruches zwar in die Bauchhöhle zurückgebracht worden war, dass aber ein häutiges Band, welches am Bruchsackhalse festgewachsen war, wie eine 8 zwei Darmschlingen umfasste, und namentlich die eine Darmschlinge beträchtlich an ihrer Basis abschnürte. —

Hancock *(l. c. p. 34)*. Im Jahre 1841 kam ein Mann mit einer eingeklemmten, ziemlich voluminösen Leistenhernie in das *Charing-cross Hospital*. Die Hernie liess sich ohne grosse Mühe durch die Taxis zurückbringen, allein die Einklemmungserscheinungen dauerten fort und es kam verbreitete Peritonitis hinzu, welche den Patienten tödtete. Die Section zeigte, dass der Inhalt des Bruches in die Bauchhöhle zurückgebracht worden war, allein es wurde ein pseudomembranöser Strang gefunden, welcher, am innern Leistenringe festgewachsen, über die Darmschlingen, die im Bruchsacke gelegen hatten, verlief, mit ihnen zusammenhing und eine Constriction ausübte, die ungefähr 18 Zoll Dünndarm abschnürte. —

Solly *(Medico-chirurg. transactions Tom. XXXIII. p. 297).* Ein 21jähriger Mensch mit einer Leistenhernie wird von Einklemmung befallen; man versucht vergeblich, die Hernie zurückzubringen, letztere wird sehr schmerzhaft und verträgt kaum die Berührung. Die Hernie ist plötzlich, nach vorausgegangener Constipation, beim Stuhlgange eingetreten und hat sich eingeklemmt. Es wird operirt, die vorliegende congestiv geröthete Darmschlinge wird nach Erweiterung der Bruchpforte reponirt. Der Patient giebt an, dass die zurückgebrachte Darmschlinge im Leibe aufgehalten werde. 32 Stunden nach der Operation folgt der Tod. Die Leistenwege werden bei der Section frei gefunden, es zeigt sich aber ein $1^1/_2$ Fuss langes Stück Dünndarm von einem $1^1/_2''$ langen, alten, festen Strange abgeschnürt, der vom Coecum anfangend, zum Bauchfell läuft, wo dieses den *M. iliacus internus* überzieht. —

Cruveilhier *(Dupuytren, klinische Vorträge. Deutsch von Flies. Bd. III. p. 444)* referirt ausführlich nachstehenden Fall aus Dupuytren's Klinik. Ein kräftiger, 55jähriger Tagelöhner hatte seit acht Jahren einen linkseitigen Leistenbruch, den er nicht regelmässig unterstützte; der Bruch, einmal zurückgebracht, fiel fünf bis sechs Monate lang nicht vor, selbst wenn der Patient ohne alle Bandage sich den anstrengendsten Beschäftigungen unterzog. Den 7. Februar 1813 hob der Patient eine 60 Pfund schwere Last, der Bruch trat vor, war aber nicht, wie gewöhnlich, weich und schmerzlos, sondern hart und schmerzhaft, von Schlucksen, Spannung und Schmerz des Unterleibs begleitet. In der Nacht und am folgenden Tage steigerten sich die Symptome. Ein 28 Stunden nach Beginn der Einklemmung gerufener Wundarzt machte eine halbe Stunde lang energische Reductionsversuche, welche auch endlich Erfolg hatten. Gleichwohl dauerten die Symptome der Einklemmung fort und der Kranke wurde fünf Tage nach dem Auftreten der Incarceration, drei Tage nach der Reposition in das Hôtel-Dieu gebracht. In der Weiche war keine Spur von Geschwulst zu fühlen, der Ring war erweitert, leer, hinter ihm fühlte man eine runde Geschwulst; der kugelförmig aufgetriebene, sehr gespannte Unterleib schmerzte bei der Betastung. Der Puls war ziemlich normal, das Aussehen noch gut. Der Patient erhielt ein Bad, dann wurde ein Aderlass gemacht und eine Abkochung von Rhabarberwurzel gereicht. Den sechsten Tag verschlimmerten sich die Symptome, der Kranke bekam mehrmals Erbrechen, die Extremitäten wurden kühl. Den siebenten Tag wurde abermals zur Ader gelassen, der Kranke erhielt ein zweites Bad, man liess ihn Anstrengungen machen, um den Bruch wieder zum Vortreten zu bringen, aber vergeblich. Am achten Tage gelang es dem Kranken, durch Pressen eine kleine Geschwulst in der Weiche zum Vortreten zu bringen, die indessen nicht gespannt war. Drittes Bad, dritter Aderlass. Am neunten Tage zeigte sich die Geschwulst in der Weiche mehr gespannt, und jetzt erst entschloss sich Dupuytren zur Operation. Unter der Haut bot sich ein dicker Sack, der von Gefässen durchzogen war, dar, unter diesem lag der wahre, dünne Bruchsack, nach dessen Einschneidung zwei Löffel voll blutiger, seröser Flüssigkeit ausflossen. Der Darm im Bruchsacke sah hochroth und weit weniger alterirt, als man vermuthet hatte. Der Ring war nicht die Ursache der Einklemmung, man erweiterte nichtsdestoweniger reichlich, um leichter diese Ursache zu entdecken. Der Finger, längs dem Darme hingeleitet, fühlte etwa 2'' nach hinten und innen vom Ringe ein einklemmendes Band. Da die tiefe Lage dieses Bandes die Einführung eines schneidenden Intrumentes bedenklich machte, so hakte D. den Nagel der Fingerspitze ein, zerrte es abwärts und erzielte durch diesen Handgriff die Zerreissung des Bandes. Jetzt konnte man die Natur des Bandes erkennen, es stellte sich als eine fibröse, weissliche, gleichsam fransenartige Membran dar, die nach aussen drei kleine seröse Cysten darbot. Der vorgetretene, freigewordene Darm liess sich mit Leichtigkeit reponiren. Obgleich bald nach der Operation mässige Entleerungen zur Erleichterung des Patienten folgten, so verschlechterte sich doch der Zustand wieder, der Leib trieb sich ungeheuer auf, der Puls sank und der Operirte starb zwei Tage nach der Operation. *Section.* Verbreitete Peritonitis. Ein $1^1/_2$" langes Dünndarmstück sah schwarzroth und ward durch zwei zirkelförmige Verengerungen abgegrenzt. Man suchte nach dem Bande und sah, dass eine Täuschung stattgefunden habe und dass ein Ring neuer Bildung vorhanden gewesen war. Der Ring lag hinter dem Leistencanale und verband sich mit dem hintern Rande des Bruchsackhalses und dem Bauchfelle, er wurde durch zwei Falten gebildet, von welchen die eine sich nach der hinteren Blasenwand hinzog und beträchtlicher war als die andere nach aussen laufende. Indem beide Bänder sich aufwärts wendeten, wurden sie breiter, das äussere bot einen fransenartigen Anhang, an welchem sich die drei kleinen, oben erwähnten Cysten befanden und wo die Zerreissung stattgefunden hatte. —

Hancock (*l. c. p. 84*) wurde im September 1847 von Dr. Houlton zu einem Herrn gerufen, der seit drei Tagen an Einklemmung einer rechtseitigen und congenitalen Leistenhernie litt. Die Bruchgeschwulst hatte die Grösse einer kleinen Orange, war sehr gespannt, bei der Berührung äusserst schmerzhaft, der Unterleib war tympanitisch; der Patient klagte über eine grosse Spannung und Gefühl von Last innerhalb der Bauchhöhle; der Puls war klein, schnell, aussetzend. Es wurde sofort zur Operation geschritten; nach Eröffnung des Bruchsacks erschienen die Därme stark entzündet; in der Gegend des äussern Leistenringes bestand eine ziemlich starke Einschnürung, nach deren Durchschneidung eine zweite höhere oben am Bruchsackhalse gefunden wurde. Nachdem auch die letztere eingeschnitten worden war, liess sich der Finger in die Bauchhöhle führen und es schien weiter kein Hinderniss vorhanden zu sein, Indessen bei der Zurückbringung der vorliegenden Därme stellte sich heraus, dass diese zwar ziemlich vollständig sich zurückdrängen liessen, dass sie aber gleich wieder vorfielen, dass auch der Inhalt der Darmpartie nicht ausgedrückt werden konnte; der Patient selbst klagte noch über grosse Pein und versicherte, dass in seinem Leibe eine Einschnürung bestehen müsse. H. brachte nochmals den Finger in die Bauchhöhle, konnte aber nichts entdecken; er zog hierauf die Därme nach unten, lies sie angezogen halten und leitete an denselben den Finger ein, wobei er endlich hinter und über dem innern Leistenringe mit der Fingerspitze fühlte, dass der Darm von einem circulären Strange umschnürt werde; dieser Strang war nirgends mit der Bauchwand verwachsen, sondern umgab nur hoch oben den Darm. Mit Mühe gelang es, ein geknöpftes Bistouri bis unter diesen pseudomembranösen Strang zu bringen und denselben zu durchschneiden. Nach der Durchschneidung drängte sich etwas mehr Darm vor und nun liess sich derselbe unter gurgelndem Geräusche zurückbringen, blieb reponirt, auch versicherte der Patient, er fühle sich erleichtert. Nach der Operation hob sich der Puls, blieb beschleunigt, die Bauchfellentzündung machte örtliche Blutentleerungen nöthig, der Stuhl erfolgte erst nach drei Tagen unter Beihilfe von Calomel, dann begann die Operationswunde zu granuliren und die Heilung und Genesung rückte ungestört vorwärts. —

Auch in einem Beispiele von Borelli (*Gazette méd. de Paris. 1855*), in welchem die Gastrotomie mit Erfolg ausgeführt wurde, scheint ein fibröser, pseudoplastischer Ring die innere Einschnürung bewirkt zu haben.

Ein 40jähriger Mann hatte seit seiner Kindheit eine linkseitige Leistenhernie; er wurde eines Tags von heftigen Leibschmerzen befallen, wie diese beim Vortreten der Hernie mehrmals vorgekommen waren, die vorgetretene Hernie ging auch bald zurück; der Zustand verschlechterte sich indessen, der Leib trieb sich auf, es trat Erbrechen ein. Aderlass, Abführmittel halfen nichts. Nach fünf Tagen erschien der Unterleib meteoristisch mit hüglichen Vortreibungen; die Leistengegend linkerseits war frei, man konnte mit dem Finger leicht in den Leistencanal dringen; die Leistengegend war ganz schmerzlos. B. macht die Gastrotomie, er führt einen Querschnitt über die *Regio iliaca sinistra*, öffnet das Bauchfell, die Dünndärme, die entgegentreten, werden entwirrt, er führt die Hand ein und findet in der Gegend des Nabels einen harten, resistenten Ring, der den Dünndarm umschnürt, und durchschneidet denselben mit dem Pott'schen Messer, befreit den Darm. Die Erscheinungen hören nach der Operation auf, es erfolgt Genesung. —

Von *Appendices* wie der Wurmfortsatz oder angeborene Divertikel, welche durch Verwachsung und Verschlingung zuweilen innere Einklemmung veranlassen, habe ich kein Beispiel von gleichzeitigem Vorkommen mit einer Hernie auffinden können, obgleich derartige Fälle gewiss schon dagewesen sein mögen. Dasselbe gilt von den inneren Einklemmungen durch Löcher im Netze oder Gekröse.

Behufs der Diagnose der Netz- und Lymphstränge giebt die Untersuchung des Unterleibs zuweilen einigen Aufschluss, man kann bei dünnen Bauchwandungen manchmal eine Geschwulst fühlen und sie wohl auch bis zum abschnürenden Strange verfolgen, die untere Hälfte des Unterleibs, und namentlich die rechte, ist diejenige, wo die Einklemmungen durch Stränge am häufigsten gefunden werden. Ist das Netz in der Weise fächerförmig entfaltet und angewachsen, wie es Schuh beschrieben hat, so ist der Unterleib ungleich aufgetrieben, man kann die Netzstränge von dem Leistenbande an durch die Bauchdecken fühlen, und nach oben zu mehr oder weniger weit verfolgen. Die Zerrungen des Magens, welche gespannte Netzstränge bedingen, rufen ganz eigne Erscheinungen hervor. Ist die innerhalb der Bauchhöhle abgeschnürte Darmpartie klein, so lässt sie sich nicht als Geschwulst durch Palpation erkennen, immerhin geben aber dumpfer Percussionston an einer bestimmten Stelle, Schmerz bei der Berührung derselben, Gefühl von Spannung daselbst einigen Anhalt. Sind Hernien vorhanden, so wird durch die Zurückbringung derselben eine Täuschung nicht lange bestehen können, wenn die Symptome der inneren Einklemmung der Vorlagerung und Einklemmung der Hernie vorausgingen. Bildet die Hernie mit der inneren Einklemmung Eins, so wird die Reposition der Hernie ohne charakteristisches Gurren erfolgen, und nach der Reposition wird man zuweilen die zurückgebrachten Partien als Geschwulst über der Bruchpforte fühlen. Folgt die innere Einklemmung erst der Brucheinklemmung nach, so ist Irrthum oft kaum zu vermeiden, und nur etwa fühlbare Stränge im Leibe leiten auf den Grund der Fortdauer der Erscheinungen.

Behandlung. Ist ein vorgelagerter oder eingeklemmter Bruch zurückgebracht worden, so werden wir bei fortbestehenden Einklemmungssymptomen, bei fühlbarer Geschwulst und Spannung über dem Poupart-schen Bande nicht zögern, mit dem Messer die Bruchpforte bloszulegen, um die eingeklemmte Darmpartie vorzuziehen und die Einklemmung zu lösen. Bei der Herniotomie eines Netzdarmbruchs gilt überhaupt die Regel, nach dem Débridement und der Zurückbringung des Darms mit dem Finger in die Bauchhöhle zu gehen, um zu sehen, ob das Netz höher oben angewachsen ist und als Strang über Darmpartien läuft, damit diese Einklemmungsverhältnisse nicht übersehen werden. Hat man diese Vorsicht bei der Operation verabsäumt, so wird man bei fortdauernden Erscheinungen noch nachträglich eine solche Untersuchung vorzunehmen haben. Die gefundenen Netzstränge, Umschlingungen und Spalten sind zu trennen. Findet man fächerförmig ausgespannte Netzstränge der Art, wie sie Schuh beschrieben hat, so wird man sie ebenfalls abzutrennen haben, was allerdings nicht selten mit Schwierigkeit verknüpft sein kann. Ringförmige, pseudoplastische Stränge, welche man mit dem Finger kaum erreichen kann, bringt man dadurch manchmal näher und macht sie erreichbar, dass man den Darm stark vorzieht und neben diesem den Finger einführt. Sind die Bruchpforten frei, ist die Geschwulst, Spannung über denselben, so kann man die Laparotomie an der Stelle der Auftreibung oder Anschwellung vornehmen. Die Anlegung eines künstlichen Afters nach Nélaton wird man ausführen, wenn man die Stelle der Einklemmung nach der Laparotomie nicht findet oder das Aufsuchen überhaupt für misslich hält.

Bei dem Schlusse der vorstehenden Abhandlung fühle ich wohl, dass dieselbe trotz der aufgewendeten Arbeit und Mühe an vielen Orten unvollständig und skizzenhaft geblieben sei, namentlich gilt das von den in der letzten Classe besprochenen Scheinreductionen. Ich bin aber trotzdem der festen Ueberzeugung, dass meine Arbeit in praktischer Beziehung nicht ohne Nutzen sein werde, und hoffe, dass die Mangelhaftigkeit derselben durch weitere Bearbeitung und im Verlaufe der Jahre Verbesserung und Vervollständigung finden werde. —

LEIPZIG,
DRUCK VON GIESECKE & DEVRIENT.

DIE

FETTMETAMORPHOSE

DES

HERZFLEISCHES

IN BEZIEHUNG

ZU DEREN URSÄCHLICHEN KRANKHEITEN

VON

DR. E. WAGNER
PROFESSOR DER MEDICIN IN LEIPZIG

INHALTS-VERZEICHNISS.

Die Fettentartung des Herzfleisches kommt so häufig und unter so verschiedenen Umständen vor, dass das geringe Interesse, welches die Mehrzahl der Praktiker an dieser Affection nimmt, auffallend ist. Die Ursache hiervon liegt wohl vorzugsweise darin, dass die Verfettung des Herzens keine Symptome gibt, welche gleich der Pericarditis, der acuten und chronischen Endocarditis nebst deren Folgen für die Percussion und Auscultation zugänglich wären; ferner aber darin, dass diese Verfettung nur selten als primäre und einzige Krankheit vorkommt, dass sie vielmehr fast immer Affectionen secundär ist, welche an und für sich schon die ganze Aufmerksamkeit des Arztes beanspruchen.

Die meisten englischen Pathologen haben für die Herzverfettung ein auffallend grösseres Interesse. Die Mehrzahl der deutschen und französischen Kliniker führen entweder nur die Beobachtungen der betreffenden englischen Autoren an; oder sie glauben, dass die Wichtigkeit der Fettkrankheit des Herzens zu hoch angeschlagen wird (z. B. Duchek); oder sie meinen, dass die Krankheit z. B. gleich der Gicht in England häufiger vorkomme als bei uns.

Die Wahrheit des ersten Satzes lehrt ein Blick auf die unten angeführte Literatur des Fettherzens. Den dritten Satz hoffe ich durch die folgende Arbeit zu widerlegen. Die Duchek'sche Ansicht hörte ich wiederholt auch von Aerzten aussprechen, wesshalb ich näher darauf einzugehen für nothwendig halte.

Dass die Fettmetamorphose in ihren höheren Graden die Function der betreffenden Gebilde vermindert oder ganz aufhebt, ist so allgemein angenommen, dass dieser Satz wenigstens für die willkürlichen quergestreiften Muskeln keines besonderen Beweises bedarf. Zahlreiche gewöhnliche Muskellähmungen, die Zustände bei der progressiven Muskelatrophie, die meisten chronischen schweren Gelenk- und Knochenleiden mit jahrelanger Unthätigkeit des betreffenden Gliedes liefern hiervon überzeugende Beispiele. Gleichzeitig lehren diese Fälle, dass ein fast ganz fettig entarteter Muskel unter gesteigertem Nerveneinfluss, wie durch den Willen, noch verhältnissmässig ausgiebigere Bewegungen ausführen kann, als nach der diagnosticirten Atrophie und nach dem spätern anatomischen

Befund wahrscheinlich erschien. Die nicht oder schwach verfetteten Fasern sind also jedenfalls im Stande, unter besondern Verhältnissen und auf kürzere Zeit die Thätigkeit der verfetteten bis zu einem gewissen Grade zu ersetzen. Bei der progressiven Muskelatrophie, vielleicht auch bei andern Muskellähmungen, übernehmen ausserdem, wie bekannt, ganz andere Muskeln die Function der untergegangenen, was beim Herzen selbstverständlich nicht möglich ist.

In allen übrigen Beziehungen aber gleichen sich gewiss die Verhältnisse am Herzen und die an den willkürlichen quergestreiften Muskeln. Selbst da, wo das Herz bei der Section ganz und gar fettig entartet erscheint, findet man bei genauerer Untersuchung noch eine grössere oder kleinere Anzahl nicht oder wenig verfetteter Muskelfasern. Letztere waren noch im Stande, die Arbeit des ganzen Herzmuskels eine Zeit lang und mehr oder weniger vollständig zu übernehmen, so lange nicht besondere Ereignisse, z. B. eine schwerere fieberhafte Krankheit, starke körperliche Anstrengungen, Gemüthsbewegungen, hinzutretende Herz- oder Lungenkrankheiten dies vereitelten.

Die allgemeinen Symptome und Folgen der Herzverfettung gleichen denen einer gewöhnlichen Dilatation des Herzens, wie nach den bekannten Klappenfehlern, und bestehen in einer Verminderung seiner Arbeitsgrösse. Es entsteht geringere Erfüllung der Arterien mit Blut, dagegen stärkere Erfüllung der Venen und der Capillaren. Diese beiden Zustände combiniren sich jedenfalls so vielfach, dass man bei einzelnen Organen, besonders z. B. beim Gehirn, nicht im Stande sein wird zu beurtheilen, ob die betreffenden Symptome mehr dem verminderten Blutgehalt der arteriellen oder mehr dem vermehrten Blutgehalt der venösen Gefässe ihre Entstehung verdanken.

Die speciellen Symptome der Herzverfettung, wie sie von Ormerod, Quain, Stokes und den meisten deutschen Pathologen angegeben werden, sind verschieden, je nachdem die Verfettung ein normales oder dilatirtes und hypertrophisches Herz befällt, je nachdem sie sich über einen oder über beide Ventrikel erstreckt. Gewöhnlich hat man auf diese Puncte keine Rücksicht genommen und eine Anzahl von Symptomen aufgeführt, welche dem Fettherzen im Allgemeinen angehören.

Diese Symptome im Speciellen sind:

1. *Erscheinungen von Seiten des Herzens:* Schwäche des Stosses der Herzspitze; bisweilen über das ganze Herz ausgebreitete schwache Pulsation; mehr oder weniger deutlich nachweisbare Dilatation des Herzens; Schwäche der Herztöne oder der Herzgeräusche; bisweilen systolisches Geräusch, besonders an der Mitralis. Bisweilen häufiges Herzklopfen; bisweilen dumpfer Schmerz in der Präcordialgegend.

2. *Die Erscheinungen von den Arterien* sind meist nicht characteristisch: der Puls ist bald anhaltend verlangsamt, bisweilen bis auf 40 und 30 Schläge; bald ist er anhaltend mässig beschleunigt; bisweilen ist er immer sehr schwach, oder unrhythmisch, oder aussetzend.

3. *Die Erscheinungen von den Venen* treten an den peripherischen Theilen selten oder nie so stark hervor, dass sie zur Diagnose benutzt werden könnten; wo ersteres der Fall war, lagen stets auch andere, venöse Hyperämie bedingende Störungen vor.

4. *Die Erscheinungen von Seiten der Respirationsorgane*, welche wahrscheinlich nur der Verfettung des rechten Ventrikels ihre Entstehung verdanken, sind unter Umständen, besonders beim Fehlen anderer Lungenkrankheiten, sehr characteristisch. Man sah häufig Kurzathmigkeit, besonders nach irgend stärkeren körperlichen Anstrengungen; nächtliche Anfälle von Orthopnöe; den Symptomencomplex der Angina pectoris. Stokes beschreibt noch eine eigenthümliche Art von Kurzathmigkeit.

5. *Die Erscheinungen von Seiten des Gehirns*, wahrscheinlich vorzugsweise durch Gehirnanämie bedingt, sind unter Umständen ebenso characteristisch: vorzugsweise sind dies die öfter wiederkehrenden Anfälle von Ohnmacht, die Anfälle sog. Pseudoapoplexie ohne folgende Lähmungen; die häufigen Anfälle von Schwindel; Müdigkeit nach leichten Anstrengungen; Schläfrigkeit oder Schlafsucht.

6. *Die allgemeinen Ernährungsstörungen* sind: Blässe oder schwachgelbliche oder graubräunliche Färbung der Haut; Schlaffheit derselben und des häufig fettreichen Unterhautbindegewebs; bisweilen Oedeme.

Alle diese Symptome aber sind nur dann für das Fettherz characteristisch, wenn andersartige Affectionen, in deren Folge sie gleichfalls eintreten, mehr oder weniger bestimmt ausgeschlossen werden können. Dass dies nicht immer möglich und dass überhaupt die Diagnose des Fettherzens nicht selten sehr schwer oder gar nicht zu machen ist, weiss jeder erfahrene Arzt. Insbesondere scheinen alle jene Symptome auch vielfachen älteren myocarditischen Schwielen zuzukommen, wie u. A. auch der folgende Fall beweist.

Der $54^1/_2$jährige Kranke, ein wohlhabender, mässig fetter, ziemlich viel Wein trinkender Mann, der seit seiner Jugend nie bettlägrig war, litt seit 1839 an Anfällen von Asthma, gegen welche häufig Aderlässe angewandt wurden. Die Anfälle kehrten später häufiger, vorzugsweise nach kleinen Excessen im Trinken wieder. Seit Mitte November 1861 konnte der Kranke das Zimmer nicht mehr verlassen. Er litt seitdem an fast vollkommener Schlaflosigkeit, an Kurzathmigkeit bei fast jeder Bewegung der Beine, wie der Arme; er ass nicht oder wenig, weil bald danach die Brustsymptome sich steigerten. — Am 7. December, wo ich den Kranken zuerst sah, bot er folgenden Status: Körper mässig genährt; Farbe normal, nicht cyanotisch. Herzdämpfung etwas ausgebreitet; Herzstoss in zwei Zwischenrippenräumen, sehr schwach; keine Geräusche am Herzen, aber die Töne klanglos; Puls sehr klein, regelmässig, ca. 100.

Lungen normal. Mässiges Oedem der Unterextremitäten, ohne Albuminurie. — In dieser Weise setzte sich der Zustand unter abwechselnden geringen Besserungen und Verschlimmerungen fort, bis der Kranke am 31. Januar vom Stuhl herabstürzte und nach wenigen Athemzügen starb.

Section am 1. Februar 1862. Körper klein, schwach genährt. Haut graugelblich, mit mässig reichlichen dunkeln Todtenflecken. Starke Starre. An der untern Hälfte beider Unterextremitäten mässiges Oedem. — Schädel- und Halsorgane nicht untersucht. — Mässiges Oedem beider Lungen. Mässige chronische Bronchitis. In jeder Pleurahöhle ca. 1½ Pfd. klare Flüssigkeit mit geringer Compression der Unterlappen.

Herzbeutel c. 2 ℥ klare Flüssigkeit enthaltend. Visceralblatt überall schwach, an einzelnen Stellen stärker verdickt. Herz, besonders im Breitendurchmesser, über die Hälfte grösser, von fast rundlicher Gestalt, sehr schlaff, mit mässig reichlichen frischen Gerinnseln. Linker Ventrikel über doppelt weiter, von rundlicher Gestalt, in der obern Hälfte normal dick, in der untern fast um die Hälfte dünner. Das Endocardium überall schwach, an einzelnen Stellen stark verdickt, in der untern Hälfte stellenweise pigmentirt. Die Papillarmuskeln sämmtlich in dünne, graugelbliche, rundliche oder platte, sehnige Massen verwandelt. Ebenso verhalten sich, mit sehr wenigen Ausnahmen, alle Trabeculae carneae. Ausserdem enthält das Herzfleisch, besonders in der hintern Wand des linken Ventrikels noch sehr zahlreiche, 1—6 □''' grosse, runde oder strahlige, sehnige Massen; der übrige Theil desselben ist blasser, etwas weicher, nicht fettig entartet. Die Sehnenfäden der Mitralis sind normal. Das Klappensegel enthält einzelne verdickte Stellen. Die Aortenklappen sind überall schwach, stellenweise stärker verdickt, aber sufficient. Der linke Vorhof, sowie die rechten Herzhöhlen normal weit, auch sonst normal.

Die Literatur des Fettherzens gibt zu dem im Obigen Ausgesprochnen nähere Belege.

Lancisi (de motu cordis. 1728. pag 55), sowie

Morgagni (de sed. et caussis morborum. Epist. XXVII. Obs. 2.) kannten zuerst die Fettentartung des Herzfleisches, während die Hypertrophie des subpericardialen Fettgewebes schon viel früher, von Hippocrates und Celsus, gesehen wurde.

Duncan. Edinb. med. and surg. journ. 1816.

Cheyne (Dubl. hosp. rep. 1818. II, pag. 217) gibt schon einzelne characteristische Symptome des Fettherzens.

Laennec (De l'auscultat. méd. 1819. II. Uebers. von Meissner. 1832. II, pag. 439) trennt zuerst die Fetthypertrophie von der Fettdegeneration des Herzens scharf, kennt aber die klinischen Zeichen beider Krankheiten nicht, obgleich die von ihm geschilderten Symptome der Herzerweichung (pag. 416) vielfach denen des Fettherzens gleichen.

Adams (Dubl. hosp. rep. 1827. IV) bereicherte die Symptomatologie des Fettherzens.

Townsend. Dubl. journ. 1832. I, pag. 165.

Smith (Ibid. 1838. IX, pag. 411) fand freies Fett im Blute.

Elliotson. Lect. on med. 1839. p. 36.

Rokitansky (Oester. Jahrbb. 1840. XXIV. — Handb. d. path. Anat. III, pag. 462. — Lehrb. II, pag. 282) machte in Deutschland zuerst auf die Wichtigkeit der Fetthypertrophie und der Fettentartung des Herzens aufmerksam.

Hasse. Anat. Beschr. der Krankh. der Circulations- u. Respirationsorgane. 1841. pag. 213.

Williams (the pathol. and diagn. of the dis. of the chest. 1840. pag. 279) fand Fettentartung des Herzfleisches bei Pericarditis und Endocarditis.

Peacock. Monthly journ. 1844.

Stokes. Dubl. journ. 1846. I. pag. 491.

Paget (Med. gaz. 1847. II. — Lect. on surg. path. I, pag. 123) gibt eine gute pathologisch-anatomische und histologische Darstellung des Fettherzens, und hält dasselbe für die Ursache mancher plötzlicher Todesfälle, besonders nach Operationen.

Bellingham. Dubl. med. press. 1849. XXI.

Ormerod. Med. gaz. 1849. II. In Schmidt's Jahrbb. LXV, pag. 182.

Ormerod's Abhandlung ist ätiologisch, pathologisch-anatomisch und klinisch werthvoll. Sie enthält 25 theils eigne, theils fremde (Paget und Kirkes) Beobachtungen von Fettmetamorphose des Herzfleisches. 18 Kranke waren männlichen, 7 weiblichen Geschlechtes. Das Alter variirte von 8—64 Jahren. 9 Kranke waren voll oder fett, 6 mager, 2 blass; von 9 nichts bemerkt. 10 Kranke führten ein unmässiges Leben. — Neben der Herzverfettung fand sich Trunksucht (11 mal) und Delirium tremens, Paraplegie, Hydrops, Hydrothorax, Bronchitis, Emphysem (7 mal), Marasmus, Epistaxis (3 mal), Hämorrhagie von Placenta praevia, acute und chronische Phthisis (4 mal), Klappenkrankheiten, Krebs des Pericardium, Nierenkrankheiten, Pneumonie, Apoplexie und Typhus. — Die gewöhnliche Klage der Kranken war Erschöpfung, in 4 Fällen von Hämorrhagien, in 3 Fällen von Lungentuberculose, in 10 Fällen von Anasarca mit oder ohne nachweisbare Ursache. — In 6 Fällen sehr schneller Tod und zwar in 5 fast augenblicklich, aber ohne Ruptur des Herzens. — Unter 23 Fällen, wo der Sitz der Fettentartung genau aufgezeichnet wurde, waren 11 mal beide Ventrikel, 7 mal der rechte allein, 5 mal der linke allein entartet. Nie waren die Wände der Herzohren entartet. Interessant ist auch das gleichzeitige häufige Vorkommen von granulirter Niere und Fettentartung des rechten Herzens (5 Fälle).

Kennedy. Ibid. 1849. XXII. — Edinb. med. journ. Juli 1859. — Arch. gén. Mai 1860.

Quain. Med. chir. transact. XXXIII, pag. 121. 1850. — On fatty diseases of the heart. 1851 — Royal med.-chir. soc. In Schmidt's Jahrbb. LXVIII, pag. 49.

Quain's Abhandlung ist nächst der Ormerod's das Werthvollste, was wir über Fettherz besitzen. Er beschreibt die beiden Arten des Fettherzens, welche er als fatty growth und fatty degeneration unterscheidet. — Ferner bereichert er die Aetiologie beider Arten des Fettherzens. Die Fettentartung des Herzens ist bald abhängig von allgemeinen oder constitutionellen Ursachen (unter 25 Fällen 3 von Hämorrhagie, 3 von Phthisis, je 1 von Delirium tremens und Krebs, 2 von Fieber), bald von örtlichen Ernährungsstörungen (unter 33 Fällen 13 mal Verknöcherung oder Verstopfung der Coronararterien des Herzens, — Entzündung des Herzfleisches, des Endocardium und Pericardium). — Darauf erörtert er die Folgen des Fettherzens für die Functionen des Herzens (Coma, Syncope, Dyspnöe, Schmerz, Angina pectoris u. s. w.) In 15 Fällen fand sich: 5 mal Schwindel und Coma, 8 mal Ohnmacht, 9 mal Kurzathmigkeit. 14 mal trat plötzlicher Tod ein und zwar 10 mal durch Ohnmacht oder dergl., 1 mal durch Coma und 3 mal durch Herzzerreissung. Unter 68 Fällen waren 39 mit Hypertrophie der Ventrikel verbunden und endeten 25 mit Ruptur, 54 mit plötzlichem Tode. — Zuletzt gibt er einen Abriss der Diagnose und Therapie des Fettherzens. — Im Anhang theilt Q. 83 Fälle mit: 1) 33 Fälle von Fettentartung des Herzens, theils eigne, theils von Peacock, Williams, Meade, Crisp, Key und Woollaston, Cadge, Latham, Stallard, Savage, Sankey, Corfe, Jenner, Beck, Waters, Parkes, Avery, Fletcher, West, Lankester und Young; — 2) 35 Fälle von Fetthypertrophie und wahrscheinlicher Fettentartung des Herzens; — 3) 15 Fälle von Fetthypertrophie des Herzens. — Der Tod trat ein bei 14 Kranken in dem Alter von 50—60, bei 18 in dem von 60—70, bei 14 in dem von 70—80 Jahren.

Canton (Lancet. Mai 1850. — Med. tim. and gaz. Jan. 1852) macht auf das gleichzeitige Vorkommen der Fettentartung des Herzens und der Hornhaut (des sog. Arcus senilis) aufmerksam.

Begbie. Monthly journ. März 1851. In Schmidts Jahrbb. LXXIII, pag. 176.

Richardson. Dubl. quart. journ. Nov. 1852. — Med. tim. and gaz. Jun. 1852.

Barlow. On fatty degeneration. 1853.

Cohn (Günsburg's Ztschr. f. klin. Med. 1854. V, pag. 461): klinisch wichtig.

Aran. Révue med.-chir. de Paris. Aug. 1855.

Gordon. Dubl. hosp. gaz. Mai 1855.

Dowell. Ibid.

Windscheid. De cordis adip. degen. Greifsw. Dissert. 1855.

Stokes (Die Krkh. des Herz. u. d. Aorta. Uebers. v. Lindwurm. 1855. pag. 249) vorzugsweise wichtig durch die Symptomatologie.

Die Diagnose dreht sich um drei Puncte: 1) das Vorhandensein physikalischer Zeichen und allgemeiner Symptome von verminderter Energie des Herzens; — 2) das Auftreten gewisser, besonders vom Gehirn ausgehender Symptome, welche entweder auf Anämie im arteriellen, oder auf Congestion im venösen System des Gehirnkreislaufes schliessen lassen; — 3) Respirationssymptome, welche von geschwächter Kraft des rechten Ventrikels zu kommen scheinen. Stokes gibt ferner eine genaue Analyse der einzelnen, von ihm und von andern Engländern, besonders Cheyne, Adams, Ormerod und Quain zuerst gefundenen Symptome, welche mehr oder weniger von den deutschen und französichen Pathologen recapitulirt werden, und zahlreiche eigne und fremde Krankengeschichten.

Buhl (Ztschr. f. rat. Med. 1856. VIII, pag. 1) beschreibt das Fettherz bei sog. Atheromatose (Marasmus senilis), — und (Klinik der Geburtsk. 1861, pag. 296) die acute Fettmetamorphose des Herzfleisches bei der sogenannten acuten Fettdegeneration der Neugebornen.

Weber (Virch.'s Arch. 1857. XII, pag. 326) sowie

Böttcher (Ibid. pag. 392) geben Beiträge zur chemischen Kenntniss des Fettherzens.

Weber verglich zwei fettig entartete Herzen mit zwei normalen und fand, dass erstere nicht mehr durch Aether ausziehbare Substanz enthielten (2, 2 und 2, 7%) als letztere (3, 2 und 3, 6%). Er vermuthet desshalb, dass die sog. fettige Entartung des Herzens möglicherweise nicht mit einer fettigen Entartung der Muskelfaser und auch nicht mit einer vermehrten Fettablagerung verbunden sei, sondern dass sie nur einen bestimmten Grad der rückgängigen Metamorphose darstelle, in welchem das einmal vorhandene, aber durch die innige Verbindung mit den übrigen Bestandtheilen der Muskelfaser unsichtbare Fett, nach Aufhebung dieser innigen Verbindung frei und dadurch sichtbar geworden sei.

Böttcher widerlegt Weber's Behauptung, dass Muskeln in der Fettmetamorphose durchweg weniger mit Aether extrahirbare Substanz besässen als normale, stellt aber auch fest, dass das Gegentheil ebenso wenig volle Gültigkeit habe. Er fand im nicht fettig entarteten Herzen 8,9—12,9, im fettig entarteten 10, 0 bis 16,7% Fett. Er weist vielmehr nach, dass der Fettgehalt der Musculatur vom Ernährungszustande des Gesammtorganismus abhängig sei, und entscheidet sich für eine durch den Process der Fettmetamorphose selbst bedingte Steigerung des Fettgehaltes der Musculatur, welche ihrerseits auf einen Zerfall stickstoffhaltiger Substanz zu beziehen ist.

Valentiner (Arch. f. wissensch. Heilk. 1860. V, pag. 63) widerlegt gleichfalls

Weber's Beobachtung und stimmt im Wesentlichen Böttcher bei. Er fand in in dem körnig, aber nicht deutlich fettig entarteten Fleisch des linken Ventrikels von 7 Potatoren 2, 38 — 2, 98% Fett, in 4 Herzen von Nichttrinkern 1, 85 — 2, 35%. Gleich Weber und Böttcher fand V., dass der microscopische Befund in Betreff des Fettgehalts der Musculatur keineswegs mit dem chemischen übereinstimmt.

Virchow (dessen Arch. 1858. XIII, pag. 266) beschreibt die acute Fettmetamorphose des Herzfleisches, besonders der äussern Schichten, bei Pericarditis.

Plazer (Spit.-Zeit. 1860. No. 21) beschreibt zwei Fälle von puerperaler Metrorrhagie, welche lange nach Sistirung der Blutung unter Dyspnöe und fortdauernder Anämie durch allgemeine Fettmetamorphose des Herzens tödtlich endigten.

E. Wagner (Arch. d. Heilk. 1863. pag. 359) beschrieb die acute Fettmetamorphose des Herzfleisches bei acuter Phosphorvergiftung.

Helbert (Tüngel. Klin. Mittheil. 1863. pag. 126) fand dasselbe.

Harley und **Embling** (Lancet. 1863. No. 22): 28jähriges, stattliches und blühend aussehendes Weib mit hysterieähnlichen Beschwerden, grosser Nervosität und Anfällen von Athemnoth und grosser Muskelschwäche. Plötzlicher Tod. — Die Section, allerdings erst drei Tage nach dem Tode vorgenommen, ergab Hypertrophie und Fettmetamorphose des Herzens.

Vergleiche ausserdem die Schriften über:

pathologische Anatomie von Andral, Heschl und Förster;

Herzkrankheiten von Hope, Bouillaud, Elliotson, Gendrin, Bellingham, Bamberger und Friedreich;

specielle Pathologie von Walshe, Grisolle, Wunderlich, Lebert, Niemeyer und Duchek;

Greisenkrankheiten von Geist und Durand-Fardel.

Die vorliegende Arbeit hat zum Zweck, die Häufigkeit und Wichtigkeit der Fettentartung des Herzfleisches im Allgemeinen und die Verhältnisse im Speciellen darzuthun, unter welchen sie vorkommt. Zu diesem Zweck wurden 2000 eigne Sectionsbefunde benutzt. Letztere machen allerdings nicht in gleicher Weise Anspruch auf Werth, da das erste Viertel dieser Sectionen mit zum Theil unzureichenden Kenntnissen gemacht und allen einschlägigen Verhältnissen nicht immer die gebührende Aufmerksamkeit geschenkt wurde. Aber in der einen Beziehung sind sie vertrauenswerth, dass nämlich sämmtliche mitgetheilte Fälle wirklich fettig entartete Herzen betrafen, da jedes Mal auch die microscopische Controle vorgenommen wurde. Ich hebe diess besonders hervor, da ein anämisches und schlaffes Herz in jeder andern Beziehung einem allgemein und diffus fettig entarteten ähnlich sein kann. Dass in einer wenn auch kleinen Anzahl von Fällen die Fettentartung des Herzens von mir übersehen ist, ist wahrscheinlich.

Pathologisch-anatomisch hat meine Arbeit geringeren Werth, da ich eben in erster Linie die Aetiologie, in zweiter die Folgen des Fettherzens im Auge hatte, und da die microscopische Untersuchung meist nur in so weit vorgenommen wurde, um die mit blossem Auge gestellte Diagnose sicher zu machen. Ich habe in den Sectionsberichten stets zwischen gleichförmiger und punctirter Fettmetamorphose unterschieden und bin dabei der gewöhnlichen Annahme der pathologischen Anatomen gefolgt. In einigen Fällen, wo die Fettmetamorphose andere Formen hatte, insbesondere die grösserer, scharf umschriebener oder diffuser gelber Flecke, ist dies besonders angegeben worden. In den meisten Fällen habe ich auch bemerkt, ob die Fettmetamorphose das Herzfleisch in seiner ganzen Dicke, oder nur oder vorzugsweise die innern oder äussern Schichten desselben betraf. Ich habe ferner gewöhnlich zwischen geringer, mittlerer und starker (oder hochgradiger) Fettmetamorphose unterschieden. Unter letzterer verstehe ich eine Verfettung fast aller Muskelfasern; unter mittlerer eine Verfettung von ungefähr der Hälfte der Muskelfasern; als gering oder schwach bezeichnete ich die Fettmetamorphose dann, wenn ungefähr ein Viertel der Muskelfasern die Entartung zeigte. Fälle, wo einzelne Muskelfasern fettig entartet sind, habe ich nicht mit aufgenommen, da dieselben zu häufig vorkommen und klinisch wohl noch nicht verwerthbar sind.

Die in Folge von frischer Myocarditis vorkommende Fettmetamorphose ist in diese Arbeit nicht mit aufgenommen worden, da dieselbe Folge einer gewöhnlichen Entzündung ist. Ausgebreitete Trübungen der Muskelfasern durch Eiweissmolecüle habe ich selbstverständlich gleichfalls nicht hier eingerechnet. Die Hypertrophie des subpericardialen Fettgewebes (*fatty growth* der Engländer) habe ich streng von der Fettmetamorphose (*fatty degeneration*) geschieden und erstere nur dann hier mit aufgenommen, wenn letztere gleichzeitig vorhanden war. Die Fettgewebsneubildung unter dem Endocardium habe ich ganz ausser Acht gelassen.

Manche andere Verhältnisse, welche gleichfalls von Interesse für die Fettentartung des Herzens sind, auf welche ich aber erst später aufmerksam wurde, habe ich nur in einzelnen Fällen beachtet. So z. B. das Verhalten der willkürlichen quergestreiften Muskeln in Fällen, wo das Fettherz Folge einer Intoxication oder Cachexie war. Denn dass das Herzfleisch nicht selten zugleich mit andern quergestreiften Muskelfasern erkrankt, zeigen die Fälle von acuter Phosphorvergiftung und einzelne von spontaner acuter Leberatrophie. Dass diese Muskeln aber auch mehr oder weniger allgemein eher als das Herz fettig entarten können, beweisen insbesondere die progressive Muskelatrophie, manche Spinalparalysen, zum Theil auch der Abdominaltyphus, in mancher Beziehung auch die Trichinenkrankheit.

Wenn sich das Fettherz bei Säufern fand, habe ich dies immer angegeben, soweit ich es in Erfahrung bringen konnte, was natürlich nicht immer der Fall war. Ich fand bei Säufern allerdings nicht selten Fettherz, aber, sowie auch die Fettleber, bei Weitem nicht so constant, als gewöhnlich angegeben wird. Vielmehr waren in derartigen Fällen meist noch andere Ursachen des Fettherzens aufzufinden.

Dass sich im hohen Alter häufig Fettherz findet, beweisen auch meine Fälle. Aber nur sehr selten fand sich das hohe Alter als alleinige Ursache, beinahe immer kamen gleichzeitig andere nähere oder entferntere ätiologische Momente vor.

Nach der chronischen Entzündung und Verknöcherung der Kranzarterien (Quain, Bizot u. A.) habe ich nicht immer gesucht. Dass dieselbe chronisches Fettherz machen kann, gebe ich zu; dass dieselbe aber nicht allen chronischen Fällen zu Grunde liegt, geht aus einer ganzen Reihe von Fällen hervor, wo ich dieselben ganz normal fand. Ebensowenig fand ich Friedreich's Angabe (l. c. pag. 303) bestätigt, dass dem Fettherzen häufig Verengerungen oder Knickungen der Kranzarterien in Folge von Verdickung oder schwieliger Verwachsung der beiden Blätter des Pericardiums zu Grunde liegen.

Eine Frage ist am Leichentisch vorzugsweise schwer oder gar nicht zu beantworten: die über das Alter der Fettmetamorphose. Wie unten ersichtlich ist, kamen mir Fälle vor, nach denen es wahrscheinlich ist, dass die Fettmetamorphose des Herzens in geringerem Grade schon binnen einigen Stunden, im höchsten Grade binnen einem oder wenigen Tagen eintreten kann: ersteres sah ich bei Verbrennungen, letzteres bei Phosphorintoxication, vielleicht auch bei Pericarditis. In allen diesen Fällen war die Fettmetamorphose diffus. In einigen Fällen, wo während des Lebens längere Zeit hindurch entsprechende Symptome vorhanden waren, fand sich bei der Section fleckige Fettmetamorphose des Herzfleisches. Es ist demnach wahrscheinlich, dass die diffuse Metamorphose meist ein acuter, die punctirte oder netzförmige meist ein chronischer Process ist.

Eine allgemeine Darstellung der Folgen des Fettherzens gebe ich nicht; letztere sind bei den einzelnen ursächlichen Momenten berücksichtigt. Mehrere der gewöhnlich angegebenen Folgen kamen nie zu meiner Beobachtung: so die Ruptur, welche ich nur bei Myocarditis sah, sowie das partielle Herzaneurysma. Ebenso wenig sah ich Heschl's weissliche Schwielen, noch Skrzeczka's (Virch.'s Arch. XI, pag. 181) cavernöse Entartung im fettig entarteten Herzen.

Die Klappenfehler des Herzens und die Fettmetamorphose desselben.

Von ganz besonderer und leicht ersichtlicher, auch von einem Theil der Kliniker vollständig anerkannter Wichtigkeit ist die Fettmetamorphose des Herzfleisches bei denjenigen Störungen desselben, welche schlechthin Herzfehler heissen und welche meist in einem anatomischen Moment ihren Grund haben, selten oder nie blos functioneller Natur sind, — bei den sogenannten Insufficienzen der Klappen und bei den Stenosen der Ostien.

Ein kleiner Theil jener sog. Klappenfehler verdankt der Fettmetamorphose des Herzfleisches, vorzugsweise der Papillarmuskeln seine Entstehung allein oder doch vorzugsweise. Die Entstehung von Insufficienz der Mitralis und Tricuspidalis durch diesen Process ist schon länger bekannt. Auch ich habe einige Fälle, welche nur oder vorzugsweise von dieser Entartung der Papillarmuskeln herrührten, beobachtet. In zwei andern Fällen war das ganze Herzfleisch, stärker in den innern Schichten fettig entartet: dieselben betrafen Individuen mit bedeutender Kyphose oder Scoliose. Ein Theil jener von Andern beobachteten Fälle, wo im Leben zweifellose Zeichen von Insufficienz der Mitralis oder der Tricuspidalis bestanden, während die Section den Klappenapparat normal oder doch so wenig verändert erwies, dass die Geräusche während des Lebens, die im Leben und in der Leiche beobachteten secundären Störungen nicht sicher darauf zurückgeführt werden konnten, hatte vielleicht gleichfalls in Fettmetamorphose der Papillarmuskeln seinen Grund; denn eine gleichmässige Fettentartung derselben ist nur von geübteren Augen zu erkennen. Endlich rühren vielleicht auch manche sogenannte relative Insufficienzen der Atrioventricularklappen nur von der Fettmetamorphose des Herzfleisches her.

Bristowe (Aus Brit. Rev. XXVIII, pag. 215 in Schm.'s Jb. 113, pag. 173) beschreibt fünf Fälle von Insufficienz der Mitralklappe bei normaler Beschaffenheit der Klappe selbst, mit Dilatation und Hypertrophie der betreffenden Höhlen und den consecutiven Veränderungen in Lungen, Leber und Nieren. Er nimmt ein Missverhältniss zwischen der Grösse der Ventrikelhöhlen einerseits und der Länge der Sehnenfäden und Papillarmuskeln andererseit als Ursache an.

Dowell (Dubl. quart. journ. XIV, XVI und XVIII) und Gairdner (Edinb. med. journ. Juli 1856) sahen ähnliche Fälle. — Vielleicht bestand in allen diesen Beobachtungen Fettentartung des Herzfleisches oder nur der Papillarmuskeln.

In der grösseren Mehrzahl der Fälle aber bedingt nicht die Fettmetamorphose den Herzfehler, sondern sie tritt erst ein, nachdem die verschiedenen Abtheilungen des Herzens dilatirt und hypertrophisch geworden sind, nachdem die secundären Veränderungen der andern Organe sich entwickelt haben. Die Fettmetamorphose wird in derartigen Fällen im Allgemeinen dadurch von Wichtigkeit, dass durch dieselbe die Wirkung der Hypertrophie, die Ueberwindung des betreffenden Hindernisses verloren geht, und dass die Folgen der reinen Dilatation der Herzhöhlen und die der Parese oder Paralyse des Herzfleisches eintreten, sowie dadurch, dass die schon früher vorhandene Dilatation durch die Fettmetamorphose des Herzfleisches vermehrt wird.

Unter 2000 Sectionen, welche ganz überwiegend Erwachsene, sehr wenige Kinder betreffen, fand ich 75 Klappenfehler. Darunter sind 47 ohne (oder mit sehr geringer Fettmetarmophose), 28 mit Fettmetamorphose mässigen oder höheren Grades.

Bei der Heraushebung der Sectionsfälle von Klappenfehlern bin ich so verfahren, dass ich nie die Veränderungen an den Klappen allein für massgebend ansah, sondern entweder die klinische Beobachtung, wenn mir dieselbe vertrauenswürdig schien, mit zur Beurtheilung herzuzog, oder, wo diese überhaupt nicht oder nicht von Sachkundigen stattgefunden hatte, die consecutiven Veränderungen an den Herzhöhlen, die der Lungen u. s. w. als Criterium benutzte. Ich habe demnach eher zu wenig Klappenfehler aufgezählt, indem namentlich die Fälle von frischerer oder doch nicht zu alter Endocarditis wegfallen, bei denen sich die secundären Veränderungen der Dilatation und Hypertrophie der entsprechenden Herzhälfte noch gar nicht oder nicht deutlich entwickelt hatten, — sowie die Fälle von chronischer Endocarditis, welche sich meist neben gleichzeitiger Endarteriitis bei alten Leuten entwickelt, und bei denen entweder keine secundäre Dilatation und Hypertrophie eintrat, oder bei denen bisweilen während des Lebens und von Sachkundigen nicht einmal ein deutliches Geräusch gefunden wurde.

Die verschiedenen pathologisch-anatomischen Arten der Insufficienz und Stenose, die Ursachen derselben (Rheumatismus mit acuter Endocarditis, chronische Endarteriitis mit chronischer Endocarditis) habe ich ausser Berücksichtigung gelassen, da die schliessliche Wirkung, die Insufficienz oder Stenose, wesentlich dieselbe ist. Ebenso habe ich die Ursachen der Fettmetamorphose des Herzfleisches mit Stillschweigen übergangen: bald fand ich überhaupt keine, bald chronische Entzündung der Coronararterien, bald Stauungen der Coronarvenen.

Bevor ich die Fälle von Fettmetamorphose des Herzfleisches bei Klappenfehlern aufzähle, theile ich die Klappenfehler ohne Fettmetamorphose tabellarisch mit, da ich diese weiter unten vielfach zur Vergleichung benutzen werde.

I. 34j. W. 16. Febr. 1857. Insuff. der Mitr. u. d. Aortenkl. Herz länger u. breiter.	Oedem d. unt. Extrem. Beiderseitiges hämorrh. Pleuraexs. Hämorrh. Infarcte von Lungen u. Milz. Vergrösserung u. Induration von Leber u. Nieren.
II. 60j. W. 27. Mai 1857. Insuff. der Mitr. u. d. Tricuspid. Herz stark verbreitert. Aeltere eitrige Myocarditis im l. Ventr.	Allgem. Oedem u. Hydrops. Chron. Bronchitis, Bronchiectasieen u. Bronchialobliterationen mit pigmentindurirter Umgebung. Part. Fettmetamorphose in Leber u. Nieren. Etc.
III. 16j. M. 28. Juni 1857. Insuff. der Mitr. u. d. Aortenkl. Herz länger u. breiter. Adhäsive Pericarditis.	Aelt. Infarcte von Milz u. Nieren. Embolie der l. Art. crur.: beginnende Gangrän des Fusses.
IV. 49j. M. 22. Sept. 1857. Insuff. u. Stenose am l. Ost. ven. Herz breiter.	Oedem d. unt. Extrem. Links. älteres Pleuraexsudat. Seröse Cyste im Gehirn. Consecut. Veränderungen von Leber, Milz und Nieren. Chronischer Magen- und Darmcatarrh. Hämorrhagische Pachymeningitis.
V. 40j. W. 1. Octbr. 1857. Insuff. der Mitr. Herz breiter u. länger.	Pigmentinduration der r. Lungenspitze. Starker subacuter Milztumor. Leberinduration.
VI. 20j. M. 4. Oct. 1857. Insuff. der Aortenklappen. L. Ventr. erweitert u. mässig hypertrophisch. Aelt. Myocard. im l. Ventr.	Allgem. Oedem u. Hydrops. Catarrh. Condensat. beid. Lungen. Acut. Milztumor. Vergrösserung der Nieren. Frisches oberflächl. Magengeschwür.
VII. 42j. M. 13. Nov. 1857. Insuff. d. Mitr. Atheromat. Process d. Arterien.	(Starb an Delirium tremens.) Gehirnödem. Lungenemphysem. Pneumonie. Chronische Bronchitis und Bronchiectasieen. Chron. Milztumor.
VIII. 54j. M. 16. Decbr. 1857. Insuff. d. Aortenkl. Starke chron. Arteriitis. Sehr bedeutende Dilatat. und Hypertr. d. l. Ventr.	Allgem. Wassersucht. Consecutive Veränderungen von Leber, Milz u. Nieren. Chronische Pachymeningitis (Nagel im Schädeldach).
IX. 76j. M. 3. Jan. 1858. Insufficienz und Stenose des Ost. aort. Starke chron. Arteriitis. Hypertr. des l. Ventrikels.	Chron. Bronchitis. Chronische, z. Theil granulirte Nephritis. Eitrige Peritonitis durch eitrige Entzündung des Sackes einer rechts. innern Leistenhernie.
X. 19j. W. 18. Jan. 1858. Insuff. und Stenose am l. Ost. ven. Herz breiter.	Pigmentinduration u. catarrh. Condensat. d. Lungen. Ac. Milztumor. Schwangerschaft im 6./7. Monat.
XI. 16j. M. 31. Jan. 1858. Ins. (d. Mitr. u.) d. Aortenkl. Hypertr. bes. d. l. V. Alte Pericard. Frische Endocard. d. Mitr.	Catarrhalische Condensation der Lungen. Plötzlicher Tod nach reichlicher Mahlzeit.
XII. 56j. W. 17. April 1858. Insuff. d. Mitr. Herz breiter.	Allg. Wassersucht. Frische Pneumonie des l. unt. Lappens; lobuläre Pneum. der übrigen Lappen. Intens. Bronchitis. Consecut. Veränder. v. Leber, Milz, Nieren.

XIII. 32j. M. 4. Juni 1858. Insuff. der Mitr. Herz stark erweitert. Intensive faserstoff. Pericarditis.	Allg. Wassersucht. Axendrehung des S. romanum mit localer frischer Peritonitis.
XIV. 53j. M. 24. Juni 1858. Insuff. u. Stenose am l. Ost. ven. Herz breiter. Thrombose im l. Herzohr. Adhäsive Pericarditis.	Geringe Wassersucht. Lungenemphysem. Consecut. Veränd. von Leber, Milz u. Nieren. Aelteres Magengeschwür.
XV. 64j. M. 14. Juli 1858. Insuff. d. Aortenkl. Mässige Hypertr. des l. Ventr.	Grosse Struma. Lungenemphysem. Eitrig-jauchige Periproctitis und Entzündung des subcutanen Bindegewebes der Beckengegend.
XVI. 66j. M. 10. Sept. 1858. Insuff. d. Mitr. Herz stark verbreitert.	Lungenemphysem. Grosse frische Gehirnhämorrhagie in den Wandungen des r. Gehirnventrikels mit Perforation desselben.
XVII. 62j. W. 29. Sept. 1858. Insuff. d. Mitr. u. d. Aortenkl. Hypertr. des Herzens, bes. des l. Ventr. Adhäs. Pericard. Alte Myocard. Frische Endocarditis.	Intensive chron. Bronch. Pneumonie des l. Unterlappens. Chron. Nephritis.
XVIII. 28j. W. 18. Oct. 1858. Insuff. d. Aortenkl. u. Erweiterung der aufsteigenden Aorta. Hypert. d. l. Ventr.	Allg. Wassersucht. Acute Elephantiasis der Oberschenkelhaut.
XIX. 29j. W. 4. Dec. 1858. Insuff. u. Stenose am l. Ost. ven. Herz breiter.	Mässige allg. Wassersucht; in der Bauchhöhle c. 20 Pfd. Serum. Verdickung des ganzen Peritonäum. Hämorrhag. Infarcte der Lungen. Induration der Leber.
XX. 26j. M. 4. März 1859. Insuff. u. Stenose am l. Ost. ven.; Insuff. d. Aortenkl. Herz breiter u. bes. länger. Aelt. eitr. Pericard. Alte Myocard.	Allgem. Wassersucht; starker Ascites. Speckmilz, Speck und Fettentartung der Nieren.
XXI. 58j. M. 4. Mai 1859. Insuff. der Mitr. Herz breiter, etwas länger.	Beiders. Hydrothorax. In der l. Pleurahöhle Miliartuberculose und frischer Fibrinniederschlag. Starker Ascites. Induration u. Verkleinerung von Leber und Nieren.
XXII. 60j. W. 6. Mai 1859. Insuff. d. Mitr.; Atherom d. Aorta. Herz allseitig grösser.	Lungenemphysem. Chronische Bronchitis. Pleuritis u. Pneumonie des r. Unterlappens. Milztumor.
XXIII. 20j. M. 2. Juni 1859. Insuff. d. Mitr. u. d. Aortenkl. Geringe Erweiterung des Herzens. Aeltere fibrinöse Pericarditis ($3'''$ dicke Schicht).	Allgem. Wassersucht. Mehrere frische und ältere hämorrhagische Lungeninfarcte. Blutig-seröse Infiltr. des r. mittl. u. unt. Lungenlappens. Consecutive Veränderungen in Leber, Milz und Nieren. Hämorrhag. Leberinfarcte.
XXIV. 78j. W. 6. Aug. 1859. Insuff. d. Mitr.; chron. Arteriitis. Hypertr. d. l. Ventr.	Vielfache Altersveränderungen. Hypostatische u. lobuläre Pneumonieen.

XXV. 62j. M. 7. Sept. 1859. Insuff. d. Mitralis u. der Aortenkl. Herz grösser, bes. länger.
Mässige allg. Wassersucht. Starke Pigmentinduration d. obern Lungenlappen. Induration von Leber u. Nieren. (Starker Potator.)

XXVI. 42j. M. 20. Sept. 1859. Insuff. u. Sten. am Ost. aortic. Starke Dilatation u. Hypertr. des l. Ventrikels.
Allg. Wassersucht. Schlaffe Infiltration beider untern Lungenlappen; einzelne Lungeninfarcte. Consecut. Veränd. v. Leber u. Nieren. Zahlreiche kleine Hämorrhagieen.

XXVII. 47j. M. 1. Dec. 1859. Insuff. d. Mitr. Hypertr. u. Dilatat. bes. des r. Herzens. Weit offenes For. ovale.
Allg. Wassersucht. Hämorrhag. Lungeninfarcte. Consecut. Veränderungen von Leber, Milz und Nieren.

XXVIII. 19j. M. 9. Jan. 1860. Insuff. d. Aortenkl. Hypertr. des l. Ventr. Einzelne Schwielen im Fleisch des l. Ventrikels.
(Pat., mehrere Tage etwas unwohl, stürzte plötzlich todt nieder.)

XXIX. 74j. M. 3. Mai 1860. Insuff. d. Mitr. Starke Verbreiterung d. Herzens.
Oedem der untern Extrem., Hydrothorax u. Ascites. Consecut. Veränd. v. Leber, Milz u. Nieren. Frische (6‴ lange, 3‴ hohe, 4‴ dicke) Hämorrhagie des Septum d. Gehirnventrikel.

XXX. 60j. W. 12. Juli 1860. Insuff. d. Mitr. Mässige Verbreiterung des Herzens.
Mässiges Oedem d. untern Extrem. Consecut. Veränd. v. Leber, Milz u. Nieren. Pneumonie des r. mittlern Lungenlappens. Hämorrhagie der Jejunalschleimhaut.

XXXI. 38j. W. 16. Juni 1861. Insuff. u. Sten. am l. Ost. ven. Herzerweiterung.
Allg. Wassersucht. Consecut. Veränd. v. Leber, Milz u. Nieren. Erweichter Infarct der Lunge u. pleuritisches Exsudat. Neubildung von Gehirnsubstanz im 4. Ventrikel.

XXXII. 52j. W. 2. Mai 1862. Insuff. d. Mitr. u. d. Aortenkl. Allg. Herzhypertrophie. Frische Endocarditis der Mitr. u. d. Aortenkl.
Gangrän des Scrotums; eitrige Entzündung des intermusculären Bindegewebes der Umgebung.

XXXIII. 42j. M. 3. Juli 1862. Insuff. der Aortenkl. Hypertrophie des l. Ventrikels.
Tuberculose v. Lungen, Larynx, Darm, Leber. Bindegewebshypertrophie von Leber und Nieren.

XXXIV. 49j. W. 19. Sept. 1862. Insuff. d. Mitr. Starke Herzverbreiterung.
Allg. Wassersucht. Beiderseit. serös-eitr. Pleuritis. Zahlreiche hämorrh. Infarcte beider unteren Lungenlappen.

XXXV. 35j. M. 6. Nov. 1862. Insuff. u. Sten. am l. Ost. ven. Starke Herzverbreiterung.
Allgem. Wassersucht. Consecut. Veränd. v. Leber, Milz u. Nieren.

XXXVI. 51j. M. 14. März 1863. Insuff. d. Mitr. u. der Aortenkl. Chron. Aortitis. Hypertrophie bes. d. l. Ventr.
Links. ält. Pleuraexs. Pneumonie des l. ob. u. d. r. unt. Lungenlappens. Consec. Veränd. v. Leber, Milz u. Nieren.

XXXVII. 64j. W. 31. Mai 1863. Insuff. d. Aortenkl. Hypertr. des l. Ventr.
Pneumonie der ganzen rechten Lunge.

XXXVIII. 80j. W. 7. Oct. 1863. Insuff. d. Aortenkl. Hypertr. des l. Ventr.	Eitrige Meningitis der Convexität u. Basis. Pneumonie des l. unt. Lungenlappens.
XXXIX. 49j. W. 15. Oct. 1863. Insuff. der Mitr. u. Tricusp. Herzverbreiterung.	Oedem der untern Extrem. Consecut. Veränd. von Leber, Milz und Nieren. Rechts. hämorrh. Pleuraexsud.
XL. 40j. M. 25. Oct. 1863. Insuff. u. Sten. am l. Ost. ven. Starke Herzverbreiterung.	Allg. Wassersucht. Emphysem u. zahlreiche hämorrhag. Infarcte der Lungen, sowie der Milz u. Nieren. Consecut. Veränd. von Leber, Milz u. Nieren.
XLI. 25j. M. 11. Dec. 1863. Insuff. d. Aortenkl. u. d. Mitr. Starke Vergrösserung des Herzens, bes. des l. Ventrikels.	Sehr starke catarrhalische Condensation der Lungen.
XLII. 48j. M. 14. Dec. 1863. Insuff. der Aortenkl. und Erweiterung der Aorta. Starke excentr. Hypertrophie des l. Ventrikels.	Pneumonie des grössten Theils des rechten Oberlappens.

XLIII—XLVI. Die Fälle von Tuberculose der Lungen und gleichzeitigem Herzfehler sind hier nicht mit aufgezählt. Ihre specielle Beschreibung folgt unten. Ebenso die eines Falles von Insufficienz der Mitralis und gleichzeitigem Krebs des Uterus (F. XLVII).

In vorstehender Tabelle habe ich theils die secundären Veränderungen des Herzens selbst und der übrigen Organe, soweit dieselben eine stärkere Entwickelung zeigten und Einfluss auf die Lebensfähigkeit des Kranken hatten, oder als todbringendes Moment zu betrachten waren, theils diejenigen Befunde aufgeführt, welche sich zufällig bei Herzkranken fanden und von gleicher Wichtigkeit oder geradezu Todesursache waren.

In obigen 47 Fällen war der Tod 11mal durch Störungen, welche ausser Zusammenhang mit dem Herzfehler standen, bedingt, und zwar 4mal durch Tuberculose der Lungen, je einmal durch Krebs des Uterus u. s. w., durch ein frisches Magengeschwür, durch Pneumonie mit Delirium tremens, durch eitrige Peritonitis, durch eitrige Periproctitis, durch Gangrän des Scrotum, durch eitrige Meningitis.

Von den vier Fällen von Lungentuberculose bei Herzfehlern theile ich hier drei im Detail mit.

Insufficienz der Aortenklappen und Erweiterung der Aorta. Herzhypertrophie. Chronische und acute Tuberculose der Lungen.

55j. Mann, secirt am 26. August 1859.

(Vergl. das Nähere über diesen Fall bei Geissler, Arch. d. Heilk. 1860. I, pag. 93.)

Im Allgemeinen ergab die Section: Körper ohne Oedem. Dolichocephalie durch Synostose der Pfeilnaht. Weiches Sarkom der Dura mater cerebri. Eitrige Entzündung der linken Parotis und rechten Submaxillaris. Narbige Einziehungen der Lungenspitzen: Schwielen, Pigmentindurationen und käsige Heerde im Gewebe daselbst. Mässig zahlreiche frische Miliartuberkel an den meisten Stellen beider Lungen; stellenweise schlaffe Infiltrationen. Chronische Bronchitis. Embolus im rechten untern Lungenlappen. Herz im linken Ventrikel stark dilatirt, mässig hypertrophisch. Rechter Ventrikel und Vorhof mässig erweitert. Mitralklappe schwach, Aortenklappen stark verdickt und verkürzt. Chronische Entzündung und mässige Erweiterung der Aorta bis zum Zwerchfell. Mässiger Milztumor. Leber und Nieren fester.

Tuberculose von Lungen, Larynx, Darm, Mesenterialdrüsen und Leber. Insufficienz der Aortenklappen: Hypertrophie des linken Ventrikels.

42jähriger Mann, secirt am 3. Juli 1862.

Körper gross, stark abgemagert. Haut bleich, mit spärlichen, blassen Todtenflecken. Schwache Starre. Unterhautzellgewebe fettlos. Musculatur spärlich, blass.

Schädeldach und harte Hirnhaut normal. Weiche Hirnhäute an der Convexität schwach, an der Basis, besonders über dem Kleinhirn, stark getrübt. Hirnsubstanz blutarm, mässig ödematös; in der Umgebung der Ventrikel weiss erweicht; die Ventrikel selbst etwas weiter, mit schwach trüber Flüssigkeit erfüllt.

Ueber dem hintern Theile des Stimmbandes der rechten Seite findet sich ein $^1/_2$'' langes und 2''' breites, scharfrandiges Geschwür mit käsigem Grund und eben solchen Rändern. — Schilddrüse normal.

Linke Lunge ausser an der Basis und der unteren Hälfte des unteren Lappens ringsum kurz und fest verwachsen. In der Pleurahöhle ungefähr $^1/_4$ Pfd. graugelbe schwach trübe Flüssigkeit. Der untere Lappen grösstentheils mit einer dünnen gleichmässigen, stellenweise mit einer dicken frischen Fibrinschicht überzogen; eine gleiche an einzelnen Stellen des obern Lappens. Unter dieser, vorzüglich am obern Lappen, sehr zahlreiche, gleichmässig vertheilte, frische Miliartuberkel. Die linke Lunge enthält in der Spitze eine gegen ganseigrosse, in den übrigen Theilen zahlreiche, bisweilen wallnussgrosse, meist glattwandige und mit grüner schleimig eitriger Flüssigkeit erfüllte Höhlen. Das übrige Lungengewebe ist theils von zum Theil erbsengrossen gelben und käsigen, theils von frischen hell- oder graurothen, meist granulirten, feuchten oder trockenen Infiltraten durchsetzt, übrigens vollständig luftleer. Der untere Lappen ist ungefähr zu $^1/_3$ lufthaltig, zu $^2/_3$ von kleinen Höhlen, älteren bis erbsengrossen Tuberkeln und eben solchen Infiltraten, wie der obere Lappen durchsetzt. Intensive chronische Bronchitis mit reichlichem, grünlichen, eitrigen Secrete. Bronchialdrüsen mässig vergrössert, theils schwarz und fest, theils gelb und käsig. — Rechte Lunge allseitig, besonders an der Spitze, kurz und fest verwachsen. Die Lunge am vordern Rand etwas emphysematös. In der Spitze eine ganseigrosse, darunter mehrere kleinere Cavernen. Das übrige Gewebe nur an einzelnen Stellen lufthaltig, an den meisten Stellen schwielig, pigmentirt, und von denselben Infiltraten durchsetzt, wie links. Der mittlere und untere Lappen zum grössten Theil lufthaltig und blutarm, stellenweise blutreich, von mässig reichlichen, theils einzelnen, theils in Gruppen stehenden erbsengrossen Miliartuberkeln durchsetzt. Bronchien und Bronchialdrüsen wie links.

Im Herzbeutel eine geringe Menge klare Flüssigkeit. Visceralblatt überall gleichförmig, stellenweise fleckig stark getrübt, das Herz fast um die Hälfte grösser, besonders länger. Linker Ventrikel fest, rechter schlaff anzufühlen. Linker Ventrikel fast doppelt verdickt; sein Fleisch braunroth, glänzend, Papillarmuskeln gleichfalls verdickt; vorderer Zipfel der Mitralis schwach verdickt. Das *Ostium aorticum* normal weit; die rechte und linke Semilunarklappe der Aorta sind gegen 5''' weit mit einander verwachsen. Am Ende der Verwachsungsstelle findet sich an der Ventrikelfläche der Klappen eine gegen 2 □''' grosse, unregelmässig vertiefte, graue Stelle. Die Pulmonalklappen an den Nodulis stark, übrigens schwach verdickt. Aorteninnenfläche übrigens normal.

Bauchhöhle ohne Flüssigkeit. — Leber in beiden Lappen etwas zungenförmig, übrigens normal gross. Kapsel überall schwach getrübt. Leber auf dem Durchschnitt fester, in den grössern Gefässen blutreich, braunroth gefärbt. Die Acini sehr deutlich, sehr verschieden gross. Das interacinöse Bindegewebe nicht auffallend vermehrt. Spärliche Miliartuberkeln. Galle spärlich, dunkel. — Milz fast um die Hälfte grösser. Kapsel mässig getrübt, das Gewebe braunroth, ziemlich gleichmässig, von normaler Consistenz und normalem Blutgehalt.

Nieren etwas grösser; Kapsel normal; Rinde braunroth, glatt; am obern Ende mehrere durch die ganze Dicke der Rinde bis in die Hälfte der Pyramiden reichende, mit seröser Flüssigkeit gefüllte Cystoide. Die Rinde etwas breiter, grau und roth gestreift, homogen, etwas glänzend. Pyramiden klein, blass.

Magen klein; Schleimhaut vielfach gefaltet, mit zähem Schleim überzogen, an zahlreichen Stellen schwach injicirt. Im Dünndarm gegen zehn, $1/2$ — 2 □'' grosse, frische, und gegen dreimal soviel linsengrosse, gleiche tuberculöse Geschwüre. Im Ileum ein 2'' langes Meckel'sches Divertikel von der Dicke des Dünndarms; von seinem Ende geht ein fast 3'' langer halbliniendicker fester Faden an die vordere Fläche des Mesenteriums ab. — Im Dickdarm einzelne kleine tuberculöse Geschwüre. Einzelne Mesenterialdrüsen stark vergrössert und von zahlreichen käsigen Heerden durchsetzt.

Chronische hochgradige Lungen- und Darmtuberculose. Insufficienz der Aortenklappen; Hypertrophie des linken Ventrikels.

32jähriger Mann, secirt am 22. Dec. 1862.

Körper klein, stark abgemagert. Haut bleich, mit spärlichen blassen Todtenflecken. Starke Starre. Unterhautzellgewebe fettarm; Musculatur spärlich, sehr bleich.

Beide Tonsillen mit zahlreichen Narben und mit einzelnen tiefen, käsige Massen enthaltenden Gruben. Schleimhaut der Ligam. aryepiglott. etwas blauroth, mässig ödematös. An der hinteren Fläche derselben 2 bis linsengrosse, flache, undeutliche tuberculöse Geschwüre. Schleimhaut der Stimmbänder und der Sinus Morgagni gleichfalls mässig ödematös. Die Schleimhaut der unteren Larynxhälfte gleichmässig verdickt und mit einzelnen flachen Exulcerationen. Schilddrüse in beiden Lappen circa doppelt grösser, theils einfach hypertrophisch, theils mit Colloidknoten durchsetzt.

Schädeldach dicker. Dura mater normal. Weiche Hirnhäute der Convexität mässig getrübt. Hirnsubstanz blutarm, etwas weicher; Seitenventrikel gegen doppelt weiter; Septum verdünnt.

Linke Lunge allseitig mässig fest verwachsen, normal gross; der obere Lappen zu circa $3/4$ Theil lufthaltig; das übrige $1/4$ aus unregelmässig gestalteten Heerden einer schwärzlichen schlaffinfiltrirten Substanz mit mässig reichlichen, meist älteren und grösseren Miliartuberkeln bestehend. Aehnliche Heerde in viel geringerer Menge im unteren Lappen. Das übrige Gewebe des Lappens an den meisten Stellen blutreich, an einzelnen, meist scharf umschriebenen, blutarm. In den Bronchien reichliche blutige, zum Theil schleimige Flüssigkeit. Die Schleimhaut gleichmässig geröthet, wenig geschwollen. Bronchialdrüsen wenig vergrössert, schwarz, fest. — Rechte Lunge allseitig kurz, namentlich über dem oberen Lappen sehr fest verwachsen, in dem unteren Lappen etwas kleiner, überall fest anzufühlen und im oberen Lappen mit einer bis 1''' dicken festen Schwarte überzogen. Der obere Lappen besteht zu c. $^1/_3$ aus kleinen bis wallnussgrossen, theils regelmässig runden, theils unregelmässigen Cavernen, die theils mit käsigem Eiter, zum kleinen Theil mit weichen Blutgerinnseln erfüllt sind. Das übrige Gewebe des Lappens ist vollständig luftleer und grösstentheils grau und gelb gefleckt, dabei stellenweise reticulirt, zum kleinen Theil pigmentindurirt und von spärlichen käsigen Infiltraten durchsetzt. Aehnlich verhält sich der mittlere Lappen, in dem ausserdem zahlreiche mit dickem Eiter erfüllte Bronchiectasien liegen. Der untere Lappen ist gleichfalls zum grössten Theil luftleer, gleich dem oberen, aber ohne Cavernen, zum kleineren Theil lufthaltig, sehr blutarm. In den Bronchien starker chronischer Catarrh; Schleimhaut in den grösseren vielfach ulcerirt, alle mit den Cavernen communicirend.

Im Herzbeutel gegen ℥jj klare Flüssigkeit. Visceralblatt, namentlich des linken Ventrikels, mit zahlreichen Sehnenflecken. Herz auffallend conisch, normal breit, über die Hälfte länger. Linker Ventrikel fast doppelt weiter; Fleisch um die Hälfte dicker, blass; Endocardium stellenweise getrübt. Die Sehnen der Mitralklappe normal lang, etwas dicker; die Segel überall schwach, am Rande stärker verdickt. Aortenklappen normal breit, mindestens um die Hälfte kürzer, alle drei am grössten Theile ihres Randes $^1/_2$—1''' dick, nach den Sinus zu umgekrempt, am freien Rande vielfach zackig, nirgends deutlich exulcerirt. Aorta selbst normal weit; Innenfläche stellenweise gelblich gefleckt. Rechtes Herz normal gross, übrigens normal. Linkes Herz blutleer; im rechten sehr spärliches Blut.

Bauchhöhle ohne Flüssigkeit. Leber stark zungenförmig, etwas platter, schlaff. Kapsel gleichmässig schwach getrübt. Gewebe sehr blutarm, weicher, deutlich acinös; die Acini im Centrum blass, an der Peripherie braunroth. Galle spärlich, blass. — Milz um die Hälfte grösser; ihr Gewebe blass-braunroth, sehr blutarm.

An der linken Niere ist die Kapsel normal; Oberfläche mit mässig reichlichen, theils flachen, theils tiefen bis linsengrossen Narben. Die Rinde um die Hälfte breiter, mässig injicirt, fester. Pyramiden blass, mit deutlichem Kalkinfarct. — Rechte Niere ziemlich normal gross, mit denselben Narben. Rinde weniger breit; Pyramiden ebenso.

Im Oesophagus und Magen spärliches Blut. Schleimhaut auf der Faltenhöhe blutig gefärbt; im unteren Dünndarm zahlreiche bis kaffeebohnengrosse tuberculöse Heerde, die stellenweise an der Oberfläche exulcerirt sind.

Neunmal fand sich keine Todesursache. Darunter sind zwei Fälle von plötzlichem Tod, ferner ein Potator und eine Schwangere.

Unter den übrigen 25 Fällen fanden sich folgende, mehr oder weniger unzweifelhaft den Tod bringende Veränderungen:

Affectionen des Herzens, und zwar

frische Endocarditis mit Gangrän des Fusses (F. III);
eitrige Myocarditis (F. II);
frische Pericarditis (F. XIII, XX und XXIII).

Affectionen der Lungen fanden sich 15 mal. Ich habe dieselben stets als abhängig vom Herzfehler betrachtet, insoweit sie in Hyperämie, catarrhalischer Condensation, Hämorrhagie und Entzündung bestanden. Dass manche Fälle von Pneumonie fälschlich hierzu gerechnet sind, mag sein; aber die Häufigkeit terminaler Pneumonien bei Herzkranken ist zu auffallend, als dass man an ein stets zufälliges Nebeneinandervorkommen beider Krankheiten denken könnte. Das gewöhnliche Lungenödem habe ich ausser Berücksichtigung gelassen. Nie sah ich die Bronchitis so stark, dass sie als alleinige Todesursache hätte angesehen werden können.

Die genannten Lungenaffectionen bestanden 4mal in zahlreicheren hämorrhagischen Infarcten (F. XXVII, XXXI, XXXIV und XL), 10mal in Entzündung eines oder mehrerer Lungenlappen (F. XII, XVII, XXII, XXIII, XXIV, XXVI, XXX, XXXVI, XXXVII, XLII). Die catarrhalische Condensation der Lungen fand ich in einer Anzahl von Fällen, besonders alleiniger oder gleichzeitiger Insufficienz der Mitralis, so bedeutend, dass sie zweifellos für das Befinden der Kranken von grösstem Einfluss gewesen war, aber nur in einem Falle (XLI) schien sie die alleinige Todesursache gewesen zu sein.

Pleuritische Exsudate höheren Grades waren 4mal die wahrscheinliche Todesursache (F. I, IV, XXXI und XXXIX.)

Affectionen der Verdauungsorgane kommen bei Herzfehlern bekanntlich sehr häufig vor und bestehen in mechanischer Hyperämie derselben und ihren Folgen (Atrophie der drüsigen Bestandtheile, Hypertrophie des Drüsenbindegewebes, Catarrh der Schleimhäute u. s. w.) Die hier von den Meisten mit aufgezählte Speckentartung von Leber, Milz, Nieren u. s. w. fand ich nur einmal bei einem 26jährigen Mann mit Insufficienz der Mitralis und der Aortenklappen und Stenose des linken venösen Ostium. Trotzdem halte ich die Speckentartung nicht für eine Folge des Herzfehlers, da die etwaige vorausgegangene Eiterung vielleicht bei der Section übersehen wurde. Ebensowenig fand ich bei Herzfehlern die eigentliche Cirrhose der Leber.

So wichtig die genannten Affectionen auch für das Gesammtbefinden des Kranken sind, so haben sie doch selten unmittelbar todbringenden Einfluss. Einmal (F. XIX) fand ich Ascites, welcher die übrigen Erscheinungen des Hydrops weit überwog, mit bedeutender Verdickung des Peritonäum. Einmal waren im Leben schwere Magenblutungen vorhanden, so dass ich ein perforirendes Magengeschwür diagnosticirt hatte, während der bald erfolgende Tod die Magenschleimhaut ganz normal erwies. Mehrmals kamen verschiedene Blutmassen besonders im obern Dünndarm vor, während in keinem Falle bei Lebzeiten blutige Stuhlausleerungen beobachtet waren.

Die Veränderungen der Nieren, so constant sie auch Herzfehler begleiten, konnte ich in keinem Falle als alleinige Todesursache ansehen.

Von Gehirnaffectionen schwerer Art fanden sich zweimal Hämorrhagieen (F. XVI und XXIX).

Vergleichen wir hiermit die 28 Fälle von Fettmetamorphose bei Herzfehlern, so war

19 mal keine weitere todbringende Störung bei der Section nachweisbar,

9 mal fanden sich Störungen, welche von Einfluss für das Aufhören des Lebens sein mussten, und zwar:

4 mal zahlreichere hämorrhagische Infarcte der Lungen,
je 1 mal Pneumonie und pleuritisches Exsudat,
2 mal Gehirnerweichung,
1 mal Magengeschwüre mit arrodirten arteriellen Gefässen.

Was das Vorhandensein wassersüchtiger Erscheinungen bei Herzfehlern mit Fettmetamorphose des Herzfleisches anlangt, so fand sich:

9 mal allgemeine Wassersucht,
10 mal Oedem der untern Extremitäten;
9 mal fehlte die Wassersucht (in einem dieser Fälle war sie vorhanden, aber von Venenthrombose abhängig).

Insufficienz der Aortenklappen.

Bei der Insufficienz der Aortenklappen wird bekanntlich die nachtheilige Wirkung der fast stets hohe Grade erreichenden Dilatation des linken Ventrikels durch dessen Hypertrophie mehr oder weniger ausgeglichen. Erreicht diese Hypertrophie, wie Manche annehmen, einen höheren Grad, als zur Compensirung der Insufficienz nöthig ist, tritt eine abnorm starke Füllung der Gefässe des grossen Kreislaufs ein, dann kann wohl eine geringe oder mässige Fettmetamorphose des Herzfleisches von günstigem Einfluss sein. Unter andern Umständen aber, sowie wenn die Verfettung in dem vorher genannten Falle höhere Grade erreicht, fällt zunächst der vortheilhafte Einfluss der Hypertrophie weg, und weiterhin entstehen die gewöhnlichen Folgen des Fettherzens.

Ich fand die reine Insufficienz der Aortenklappen, ohne oder mit Erweiterung der Aorta, 14 mal. Nur in drei Fällen fand sich ausgebreitete Verfettung des linken Ventrikels: daneben kam keine Störung vor, welche als Todesursache hätte betrachtet werden können; zwei der Kranken waren ohne alles Oedem (F. I u. II).

1. Insufficienz der Aortenklappen: Hypertrophie und Fettmetamorphose des linken Ventrikels.

38jähriges Weib, secirt am 28. Dec. 1856.

Körper nicht ödematös. Geringer Hydrothorax. Mässiges Lungenemphysem. Herz im linken Ventrikel dilatirt und stark hypertrophisch, von zahlreichen fettig entarteten Stellen durchsetzt. Zwei Semilunarklappen der Aorta etwas verdickt; die dritte sehr verkürzt und mit der Aortenwand verwachsen. Starke chronische Entzündung der Aorta und ihrer Aeste. Geringe Vergrösserung von Leber, Milz und Nieren. Chronischer Magencatarrh.

2. Insufficienz der Aortenklappen: Hypertrophie und Fettentartung des linken Ventrikels. Spondylitis.

17jähriger Mensch, secirt am 30. Januar 1858.

(War vor 2 Jahren wegen Spondylitis cervicalis mit dem Glüheisen gebrannt worden. Bald danach Symptome der Herzkrankheit.)

Körper mässig abgemagert. Der Atlas gegen den Epistropheus nicht in gewöhnlicher Weise beweglich, sondern seine rechte Hälfte glitt beim Vorwärtsdrehen etwas über den Gelenkfortsatz nach unten auf den Wirbelkörper, so dass er c. 3''' vor dem Epistropheus vorstand, wobei die Rückenmarkshöhle im Durchmesser von vorn nach hinten fast um die Hälfte verkürzt wurde. Die entsprechenden Gelenktheile stellenweise cariös. Das Rückenmark an jener Stelle platt gedrückt, übrigens macroscopisch und microscopisch normal. — Gehirn und Halsorgane normal. — Hochgradiges Lungenödem. Chronische Bronchitis. — Herz gegen dreimal grösser. Linker Ventrikel hochgradig erweitert; sein Fleisch dick, in den innern Schichten punctirt, übrigens gleichmässig fettig entartet. Mitralklappe in Segel und Sehnenfäden schwach verdickt, nicht verkürzt. Aortenklappen um die Hälfte kürzer, stark verdickt, insufficient. Linker Vorhof mässig weit. Rechter Ventrikel auffallend klein (viele Fasern stark fettig entartet). Rechter Vorhof doppelt weiter. Aorta normal. — Leber um die Hälfte grösser, etwas fester, sehr blutreich. Milz normal gross, fester. — Nieren ebenso. — Acuter Magencatarrh.

3. Insufficienz der Aortenklappen: Hypertrophie und Fettentartung des linken Ventrikels.

44jähriger Mann, secirt am 7. Mai 1863.

Körper überall mässig, an den untern Extremitäten und Genitalien stark ödematös.

Beiderseitiger Hydrothorax, besonders rechts. — Mässiges Lungenemphysem. Chronische Bronchitis. — Herz über doppelt breiter und länger, links stark hypertrophisch: alle Fasern mässig, viele stark fettig entartet. Mitralklappe schwach, Aortenklappen stark verkürzt und verdickt. Starker Ascites. — Consecutive Veränderungen von Leber, Milz und Nieren. Starker chronischer Magencatarrh.

Vergleichen wir damit die elf Fälle von Insufficienz der Aortenklappen ohne Fettmetamorphose des hypertrophischen linken Ventrikels, so erfolgte der Tod:

dreimal durch Tuberculose der Lungen (s. pag. 15 u. folg.);
einmal durch eine Blutung aus einem frischen Magengeschwür (F. VI.);
einmal durch eitrig-jauchige Periproctitis (F. XV);
je einmal durch Entzündung der ganzen rechten Lunge (F. XXXVII) und durch Entzündung des rechten Oberlappens (F. XLII);
einmal durch eitrige Meningitis der Convexität und Basis (XXXVIII).

In drei Fällen endlich war keine letzte Todesursache nachweisbar: in dem einen dieser Fälle stürzte „der vorher Gesunde" plötzlich todt nieder.

Stenose des Aortenostium.

Der Einfluss der Fettmetamorphose des meist stark hypertrophischen, in geringem Grade dilatirten linken Ventrikels bei Stenose des Aortenostium ist leicht ersichtlich. Ich habe nur einen einzigen reinen Fall dieser Art beobachtet, dem ich noch dazu keinen ohne diese Metamorphose entgegensetzen kann.

4. Stenose des Ostium aorticum; Hypertrophie und Fettmetamorphose des linken Ventrikels.

76jähriges Weib, secirt am 26. März 1858. (Dr. Hennig).

Körper mässig abgemagert, an den Unterextremitäten schwach ödematös. — Altersemphysem und starke Pigmentirung beider Lungen. Beiderseitiger Hydrothorax. Chronische Bronchitis. — Herz $1/2$ grösser und länger, im linken Ventrikel doppelt dicker; Fleisch bleich, mürbe, stark fettig entartet. Mitralklappe mässig verdickt. Aortenostium federkieldick durch Verdickung und Verkalkung der Klappen. Mässiges Atherom der Aorta. — Geringer Ascites. Wallnussgrosser Nabelnetzbruch. Altersatrophie von Leber und Milz. In der Gallenblase zwei grosse, aneinander articulirende Gallenfarbstoffconcremente. Granulirte Nierenatrophie.

Insufficienz der Aortenklappen und Stenose des Aortenostium

kam 4 mal vor. Der Einfluss der Fettmetamorphose des Herzfleisches auf diese Klappenfehler ist nach dem Mitgetheilten leicht einzusehen. Nur in einem Falle dieser Klappenstörung betraf die Fettentartung den linken Ventrikel.

5. Insufficienz und Stenose des Aortenostium; Hypertrophie und Fettmetamorphose des linken Ventrikels.

77jähriges Weib, secirt am 23. Mai 1859.

Körper nicht ödematös. Partielle Pachymeningitis. Altersemphysem der Lungen. Chronische Bronchitis. Hypertrophie und Fettmetamorphose des linken Ventrikels. Verdickung der Mitralklappe, Schrumpfung ihrer Papillarmuskeln. Aortenklappen dick verkreidet, starr; das Ostium stark verengt. Rechtes Herz normal. — Leber altersatrophisch, mit zwei cavernös entarteten und einer verkalkten Stelle. Partielle polypöse Entartung der Magenschleimhaut. In den Nieren oberflächliche Narben und Colloidcysten.

In einem andern Falle von gleicher Klappenstörung fand sich das Fleisch des linken Ventrikels normal, das des rechten punctirt fettig entartet, der rechte Vorhof gegen doppelt weiter, der Ventrikel selbst normal weit.

6. Insufficienz und Stenose am Aortenostium. Hypertrophie des linken, Fettmetamorphose des rechten Ventrikels.

42jähriges Weib, secirt am 2. März 1861.

Körper mittelgross. Obere Hälfte mager; untere mässig ödematös. Haut graugelblich, mit reichlichen violetten Todtenflecken. Starke Starre.

Schädeldach dick, compact, an der Pfeilnaht sparsames Osteophyt. Hirnhäute mässig getrübt an der Convexität und an der Basis. Hirnsubstanz mässig bluthaltig, ziemlich fest.

Tonsillen beiderseits etwas grösser, mit zahlreichen Narben. Weicher Gaumen schwach ödematös. — Schleimhaut des Larynx und der Trachea mit reichlichem Schleim belegt, theils ziemlich gleichmässig geröthet, theils mit mässig zahlreichen Apoplexien.

Beide Pleurahöhlen angefüllt mit ungefähr 2 Pfd. gelbröthlicher trüber Flüssigkeit. Lungen in den obern Lappen vielfach verwachsen, in den untern bis zur Hälfte comprimirt. Schnittfläche stark pigmentirt Lungengewebe im obern Lappen mässig lufthaltig, im untern luftleer. Im letztern ausserdem mehrere bis wallnussgrosse, scharfumschriebene Stellen, dunkelroth, glatt, reichliche blutige Flüssigkeit entleerend (hämorrh. Infarcte) Bronchien etwas weiter, sparsame schleimige Flüssigkeit enthaltend. Bronchialdrüsen grösser, schwarz, fester.

Herzbeutel geringe Menge klarer Flüssigkeit enthaltend. Herz 6″ im Längs-, 5″ im Breitedurchmesser. Auf dem Visceralblatt, besonders der Herzbasis, zahlreiche kleine Hämorrhagieen. Linker Ventrikel am obern Theil gegen zolldick, an der Spitze stellenweise nur liniendick; das Fleisch grauroth, stellenweise zunächst dem Endocardium schieferfarben oder blass gefärbt. Die Papillarmuskeln sämmtlich etwas verlängert, schlaff, an den Spitzen sehr platt, fibrös, ziemlich allmählig in die Sehnenfäden übergehend. Sehnenfäden gleichmässig verdickt, etwas kürzer. Klappensegel sehr schwach verdickt, normal lang. Der linke Ventrikel gegen doppelt weiter, mit reichlichem dunklen Blut erfüllt. Linker Vorhof wenig erweitert; mehrere Stellen seiner Innenfläche umschrieben stark verdickt. Rechter Ventrikel normal weit; sein Fleisch normal dick, sehr welk und überall, besonders zunächst dem Endocardium, fein gelb punctirt. Tricuspidalis und Pulmonalklappen normal. Rechter Vorhof gegen doppelt weiter, allmählig in die obere Hohlvene übergehend. Der Vorhof in allen Theilen etwas dünner. Die Aortenklappen fast um die Hälfte kleiner, gleichmässig, besonders an ihren Insertionen stark verdickt und in weiter Ausdehnung mit der Aorta verwachsen. Das Ostium aorticum kaum für die Spitze des kleinen Fingers durchgängig. Aorteninnenfläche theils stark faltig, theils von zahlreichen, unregelmässig untereinander zusammenhängenden, wenig erhabenen, grauen, vielfach gelb punctirten Stellen, stellenweise mit flachen verkalkten Platten versehen. In derselben Weise verhalten sich auch die übrige Aorta, sowie ihre Hauptäste.

Bauchhöhle ungefähr 3 Pfd. klare Flüssigkeit enthaltend. Leber in beiden, besonders im rechten Lappen, stark zungenförmig. Der Querdurchmesser normal gross, der Dickedurchmesser geringer. Auf der convexen Fläche des rechten Lappens die Serosa sehr stark verdickt. Die Leberoberfläche in der hintern Hälfte schwach, in der vordern deutlich granulirt. Das Lebergewebe etwas fester, sehr blutreich. Die Acini nicht deutlich begrenzt, central blass, mit deutlicher Centralvene; peripherisch grau und grauroth.

Galle sparsam, braungelb. — Milz in allen Durchmessern um die Hälfte grösser; ihre Kapsel gleichmässig verdickt. Gewebe braunroth, blutreich, etwas fester.

Linke Niere etwas dicker; ihre Kapsel verdickt, fester ansitzend. Oberfläche fein granulirt und mit zahlreichen flachen Narben versehen. Rinde normal breit, etwas fester. Malpighische Körper stark injicirt. Pyramiden dunkel, mit einzelnen halberbsengrossen Fibroiden. — Rechte Niere liegt an der Innenfläche des stark zungenförmigen rechten Leberlappens circa 2'' von ihrem normalen Standorte entfernt und ist theilweise mit dem Leberlappen verwachsen. Ihr Gewebe ebenso wie das der linken Niere.

Magen etwas grösser, Schleimhaut violett, gleichmässig verdickt, mit Schleim belegt, in der rechten Hälfte stark faltig. Dünndarm in der obern Hälfte theils schleimig eitrige, theils blutige Flüssigkeit enthaltend; Schleimhaut ziemlich gleichmässig blauroth, mässig verdickt. In der untern Hälfte reichliche gallige Flüssigkeit; Schleimhaut ebenso verändert.

Mesenterialdrüsen etwas grösser, fester, einzelne grösstentheils verkalkt. Dickdarmschleimhaut überall mit reichlichem schleimigen Eiter bedeckt, übrigens ebenso verändert wie die Dünndarmschleimhaut.

Uterus fast 4'' lang, entsprechend breit und dick; seine Serosa sowie die der Umgebung gleichmässig verdickt. Muscularis über doppelt dicker als normal; in der Höhle reichliche blutige Flüssigkeit. Appendices normal.

In zwei Fällen gleicher Klappenstörung ohne Fettmetamorphose des Herzfleisches fand sich je einmal als Terminalaffection:

eitrige Peritonitis durch eitrige Entzündung des Sackes einer rechtseitigen innern Leistenhernie (F. IX);

schlaffe Infiltration beider unteren Lungenlappen (F. XXVI).

Insufficienz der Mitralklappe.

Die Insufficienz der Mitralklappe kam 21 mal vor, 12 mal ohne, 9 mal mit Fettmetamorphose des Herzfleisches.

Bei der Insufficienz der Mitralklappe findet sich constant Erweiterung des linken Vorhofs, sowie des rechten Herzens. Dadurch, sowie durch die consecutive Hypertrophie des rechten Ventrikels, werden die nachtheiligen Wirkungen dieses Klappenfehlers, besonders die langsamere Circulation, die schwächere Erfüllung der Arterien und die Ueberfüllung der Venen des grossen Kreislaufs wenigstens theilweise ausgeglichen. Die nachherige Fettmetamorphose des rechten Ventrikels hebt die günstigen Wirkungen der Hypertrophie dieses Ventrikels wieder auf und kann so jedenfalls alleinige Todesursache werden.

Letzteres war der Fall in den folgenden sechs Beobachtungen, vielleicht mit theilweiser Ausnahme der beiden letzten.

7. Insufficienz der Mitralis etc. Fettmetamorphose des Herzens.

(Klinische Diagnose: „reine Insufficienz der Mitralis.")

74jähriges Weib, secirt am 28. März 1861.

Körper gross, kräftig; an der obern Hälfte mässig, an der untern im höchsten Grade ödematös. Haut graugelblich, mit sehr reichlichen violetten Todtenflecken.

Mässige Starre. Unterhautzellgewebe stark ödematös. Musculatur blass, spärlich. — Schädeldach und harte Hirnhaut normal; weiche Hirnhäute mässig getrübt. Hirnsubstanz viel weicher, bluthaltiger. Ventrikel weiter.

Schleimhaut des Larynx und der Trachea stark blauroth, injicirt, geschwollen. Schilddrüse gegen doppelt grösser, theils colloid, theils fibrös entartet.

Linke Lunge im obern Lappen frei, im untern durch sehr stark ödematöse Adhäsionen verwachsen und um die Hälfte kleiner. Lungengewebe im obern Lappen stark ödematös und stark pigmentirt; im untern Lappen ebenso pigmentreich und an den meisten Stellen bis zur Luftleere comprimirt. Bronchien ziemlich stark erweitert; Schleimhaut dunkel geröthet, mässig geschwollen, mit sehr spärlichem Secret. — Rechte Lunge mit Ausnahme des obern Lappens überall ebenso fest verwachsen wie der linke untere Lappen, besonders fest an der Basis. Das Gewebe ebenso pigmentreich und ödematös, wie links; einzelne Stellen, besonders des untern Lappens in hohem Grade comprimirt und blauroth, schlaff infiltrirt. Bronchien, wie links.

Im Herzbeutel ungefähr ℥j schwachtrübe Flüssigkeit und einzelne fibrinös eitrige Flocken. Das Visceralblatt an zahlreichen Stellen sehnig und stellenweise mit reichlichen kleinen Hämorrhagieen besetzt. Herz 6″ breit, 4″ lang. Linker Ventrikel und Vorhof wenig erweitert. Fleisch des linken Ventrikels nicht verdickt, grauroth, weicher. Papillarmuskeln klein, schlaff; Sehnenfäden mässig verkürzt und verdickt; ebenso das Klappensegel, besonders dessen Aortenzipfel. Rechter Ventrikel über doppelt weiter, sehr starr anzufühlen; das Endocardium desselben, sowie der angrenzende Theil der Muskelsubstanz überall, besonders an den Papillarmuskeln und Sehnenfäden fein gelb gefleckt; das Herzfleisch übrigens grauröthlich, deutlich fasrig, kautschukähnlich. Tricuspidalis ebenso wie die Mitralis. Pulmonalklappen normal. Aortenklappen etwas kürzer, zum Theil untereinander verwachsen, in allen Theilen etwas verdickt.

In der Bauchhöhle ungefähr 6 Pfund schwachtrübe gelbröthliche Flüssigkeit. Leber in allen Durchmessern kleiner; Kapsel stark getrübt. Vorderer Rand, besonders des rechten Lappens, in hohem Grade atrophisch. Leber auf dem Durchschnitt blutreich, undeutlich acinös, die Centren der Acini gelblich punctirt und gestreift, mit sichtbarer Centralvene, die Peripherie braunroth: das Aussehen im Ganzen muscatnussfarbig, mit stellenweise vorwiegender rother, stellenweise gelber Färbung. Die Scheiden sämmtlicher Lebergefässe verdickt. Galle reichlich, dunkel, dick. — Milz etwas kleiner; Kapsel gleichmässig stark verdickt; Durchschnitt braunroth, mässig bluthaltig, fest.

Nieren um die Hälfte grösser, Kapsel fester ansitzend, etwas verdickt. An der Oberfläche mehrere bis zweierbsengrosse Colloidcysten. Rinde gegen doppelt dicker, homogen. Die Malpighischen Körperchen deutlich als rothe Puncte sichtbar; das Gewebe etwas fester. Pyramiden etwas dunkler; in einer Pyramide ein halberbsengrosses Fibroid.

Magen gross; auf der Schleimhaut reichlicher Schleim; Schleimhaut dunkel geröthet, mässig verdickt. Auf der Schleimhaut des ganzen Dünndarms sehr reichlicher gelbgrüner Schleim; Schleimhaut dunkel geröthet, ziemlich stark geschwollen. Auf der untern Hälfte der Dickdarmschleimhaut ebensolcher Schleim; übrige Verhältnisse normal.

Uterus normal gross, am innern Muttermund nach vorn geknickt; an der Serosa mehrere kleine Concretionen.

Ovarien atrophisch. Tuben untereinander verwachsen und zum Theil hydropisch.

8. Insufficienz der Mitralis: Erweiterung des rechten Ventrikels. Fettmetamorphose des Herzfleisches.

c. 50jähriger Mann, secirt am 17. März 1857.

Körper mager, in der untern Hälfte stark ödematös. Chronischer Hydrocephalus.

Herz um die Hälfte breiter. Mitral- und Tricuspidalklappe mässig verdickt. Linker Ventrikel sehr eng, rechter stark erweitert; Herzfleisch links normal dick, rechts doppelt dicker, dort gleichmässig stark, hier stellenweise fettig entartet. Chronische Arteriitis. — Mässiges Lungenemphysem; stellenweise netzförmige Pigmentinduration. Intensive chronische Bronchitis.

Leber kleiner, fester. Milz fest. Intensiver chronischer Catarrh des Magens und Jejunums. Nieren grösser, fester, flach granulirt. Kleine Schleimcyste der Blasenschleimhaut. Fibroide der Prostata.

9. Insufficienz der Mitralklappe: Erweiterung des Herzens. Fettmetamorphose besonders des rechten Ventrikels.

c. 74jähriges Weib, secirt am 18. Mai 1863.

Körper gross, stark abgemagert, an den untern Extremitäten stark, an den oberen etwas weniger stark ödematös geschwollen. Haut hellgraugelb, mit ausgebreiteten dunklen Todtenflecken. Unterhautzellgewebe fettarm; Musculatur sehr dürftig und hellgrauroth. Starre gering.

Schädeldach sehr schwer, überall $^1/_2$" dick, an der äussern Fläche des linken Scheitelbeins mit einer linsengrossen, flachen Exostose; an der Innenfläche im Verlauf der Pfeilnaht höckeriges Osteophyt. Dura mater mässig verdickt. Weiche Hirnhäute überall gleichmässig und stark getrübt, dabei im hohen Grade ödematös geschwollen. Gehirnsubstanz mässig bluthaltig, sehr weich, zäh, mit feuchtem Glanz, übrigens ohne gröbere Veränderung. Gehirnarterien hochgradig atheromatös entartet.

Rachen- und Halsorgane: hochgradige diffuse Röthe ihrer Schleimhaut und einige kleine Blutextravasate in derselben.

Linke Lunge seitlich und an der Spitze fest mit der Costalpleura verwachsen. In der Pleurahöhle c. 8 Unzen gelber, klarer Flüssigkeit. Die Spitze des oberen Lappens besteht aus knorpelhartem, pigmentindurirtem Gewebe mit narbigen Einziehungen an der Oberfläche. Das übrige Lungengewebe ist etwas comprimirt, blutarm, lufthaltig, stark pigmentirt und in einzelnen Partien ödematös. Bronchien mit blutigem Schleim überzogen; ihre Schleimhaut fleckig geröthet und etwas geschwollen. Bronchialdrüsen zum Theil mässig vergrössert, härter, schwarz. — Rechte Lunge an der Spitze fest verwachsen. In der Pleurahöhle gegen 1 Pfd. gelber, klarer Flüssigkeit. Die Spitze des oberen Lappens besteht aus pigmentindurirtem Gewebe mit narbigen Einziehungen und mit mehreren bis erbsengrossen Bronchiectasien, welche mit bröcklichen oder dickbreiigen, gelbgrauen Massen erfüllt sind. Das Gewebe des oberen und mittleren Lappens wie links. Der untere Lappen im äussersten Grade comprimirt, vollständig luft- und blutleer, schlaff, von dunkelgraugrüner Farbe. Bronchien und Bronchialdrüsen wie links.

Im Herzbeutel 1 Unze gelber, klarer Flüssigkeit; Visceral- und Parietalblatt des Pericardium gleichmässig stärker geröthet. Das Herz ist circa 5" breit, fast $3^1/_2$" lang. Der linke Ventrikel hat normal dicke Wandungen; sein Fleisch ist ziemlich fest, braunroth, stellenweise punctförmig fettig entartet, seine Höhle mit lockeren Blutgerinnseln ausgestopft; das Endocardium normal. Papillarmuskeln an ihrer Spitze stark fettig entartet; die Sehnenfäden des hintern Mitralklappensegels stark verdickt und nur 2—3''' lang; die des vorderen Segels normal dick und lang; das hintere Klappensegel ist beträchtlich verdickt, aber nicht starr, und auf die Breite von circa 2''' reducirt, während das vordere Klappensegel zwar auch verdickt, aber in seiner Form kaum verändert ist. Das Ostium atrioventriculare des linken Ventrikels nicht verengt. Der rechte Ventrikel ist 3—4mal weiter als im Normalzustand; seine Wand wenig verdickt; sein Fleisch fest, braunroth, in den innern Schichten punctirt fettig entartet, seine Höhle mit lockern Blutgerinnseln erfüllt. Endocardium, Papillarmuskeln und Sehnenfäden normal; Tricuspidalklappe ähnlich wie die Mitralis verdickt, aber von normaler Gestalt. Pulmonal- und Aortenklappen normal. Aorta stark fettig entartet.

In der Bauchhöhle mindestens 12 Pfd. klarer, gelber Flüssigkeit. — Leber normal gross; ihre Serosa auf der Convexität streifig getrübt und verdickt. Lebergewebe auffallend hart, unter dem Messer knirschend, sehr blutreich, das Aussehen der Muscatnussleber darbietend und die Klinge schwach fettig beschlagend. Gallenblase mit einer mittleren Menge dunkelgrüner, eingedickter Galle. — Die Milz normal gross, fester, dunkelgrauroth, ohne auffallende Abnormität.

Nieren etwas kleiner, besonders weniger dick. Kapsel schwer abziehbar und verdickt. Die Nierenoberfläche unter der Kapsel ganz schwach granulirt; das Nierengewebe um Vieles fester, schwerer zu durchschneiden. Die Corticalsubstanz dünner, hellroth, blutarm; Pyramiden blauroth, blutreich.

Magen klein, fast leer; Schleimhaut mit etwas trübem Schleim überzogen, im Allgemeinen bleich, nur an beschränkten Stellen stark geröthet.

Dünndarm mit einer mässigen Menge dünnen gelben Inhalts. Der Dickdarm ist allgemein verdickt; die Schleimhaut geschwollen und gleichmässig und ziemlich stark geröthet.

Dickdarm meteoristisch aufgetrieben, mit festweichen, gelben Kothmassen. Schleimhaut geröthet, kaum geschwollen. Mesenterialdrüsen normal.

Uterus normal gross. Seine Schleimhaut aufgelockert, sehr stark geröthet und blutig unterlaufen. Ovarien in kleine, narbenförmige Massen umgewandelt. Tuben normal.

10. Insufficienz der Mitralis. Dilatation, Hypertrophie und Fettmetamorphose des Herzens.

23jähriger Mann, secirt am 14. August 1863.

Körper nicht ödematös. Emphysem der linken, catarrhalische Condensation beider Lungen. Chronische Bronchitis. Mässige eitrig-fibrinöse Pericarditis. Dilatation und Hypertrophie besonders des rechten Ventrikels durch Insufficienz der Mitralklappe. Punctirte Fettmetamorphose beider Ventrikel. Geringe consecutive Veränderungen in Leber, Milz und Nieren.

11. Insufficienz der Mitralklappe; Fettmetamorphose des Herzfleisches.

53jähriges Weib, secirt am 2. Februar 1857.

Körper mässig icterisch, in der obern Hälfte schwach, in der untern stark ödematös. Rechtseitiges, 3 Pfd. schweres, fibrinös-hämorrhagisches Pleuraexsudat; starke Compression des mittlern und untern Lungenlappens. In der linken Lunge mehrere bis eigrosse frische hämorrhagische Infarcte. Chronische Bronchitis. Zahlreiche Emboli der Aeste der rechten Lungenarterie. Herz doppelt breiter. Mitralklappe mässig, einzelne Sehnenfäden stark verdickt; Papillarmuskeln verkürzt, schwielig. Innere Hälfte des Herzfleisches beider

Ventrikel, sowie die linkseitigen Papillarmuskeln punctirt fettig entartet. Fast vollständige Verschrumpfung einer Aortenklappe. Chronische Endarteriitis. Consecutive Veränderungen von Leber, Milz und Nieren; ältere Milzinfarcte. Chronische Metritis.

12. Insufficienz der Mitralklappe. Dilatation und Hypertrophie des Herzens. Fettmetamorphose des rechten Ventrikels.

71jähriges Weib, secirt am 7. Mai 1862.

Körper mittelgross, in der oberen Hälfte mässig, in der unteren stark ödematös. Haut graugelblich, mit spärlichen violetten Todtenflecken. Geringe Starre. Unterhautzellgewebe fettarm. Musculatur spärlich, blass, weich.

Schädeldach dick und compact. Dura mater überall dicker; weiche Hirnhäute mässig getrübt und stark ödematös. Hirnsubstanz blutarm, mässig ödematös.

Die Schleimhaut des Rachens, Larynx und der Trachea mit glasigem Schleime bedeckt, mässig injicirt. Schilddrüse normal gross, mit zahlreichen Colloidcysten durchsetzt.

Beide Lungen hängen an zahlreichen Stellen mit der Brustwand und dem Zwerchfell zusammen. Die Pseudomembranen sind in hohem Grade ödematös. Beide Lungen sind etwas kleiner. Die linke enthält in der Spitze spärliche Pigmentindurationen, und dazwischen mässig erweiterte Bronchien. Der übrige obere Lappen ist stark pigmentirt und ödematös. Im vorderen Ende dieses Lappens findet sich ein peripherischer, 1½" im Durchmesser haltender, dunkelrother, schlaffer, hämorrhagischer Infarct. Der untere Lappen ist kleiner, ziemlich stark comprimirt, ebenso pigmentirt wie der obere Lappen. — Die Pleura des rechten oberen Lappens ist an zahlreichen Stellen mit sehr kleinen, grauweissen, festen Körnchen besetzt. Der obere Lappen verhält sich wie der linke obere, nur sitzt der Infarct an der äussern Seite des oberen Lappens und ist in seinem Centrum in der Ausdehnung von ½" breiig erweicht. Der mittlere und untere ebenso. Beiderseitige chronische Bronchitis. Bronchialdrüsen schwarz und fest.

Das äussere Blatt des Herzbeutels ist in seiner rechten Hälfte mit denselben feinen Körnchen besetzt, wie die rechte Pleura. Im Herzbeutel eine geringe Menge klarer Flüssigkeit. Das Visceralblatt an zahlreichen Stellen verdickt und über dem rechten Herzen ziemlich regelmässig gelb gefleckt. Das Herz 5" breit, fast ebenso lang, links derber, rechts schlaff. Im linken Herzen finden sich spärliche frische Blutgerinnsel. An der vorderen Wand des Ventrikels findet sich ein 1" von der Spitze beginnendes, nach dem Aortenostium zu laufendes, stellenweise 4‴ dickes, dunkelrothes und graurothes Gerinnsel, das an seinem unteren Ende von einem sehnig entarteten Fleischbalken festgehalten wird. Daneben liegt ein gleich dickes Gerinnsel, durch das ein gleicher Balken mitten hindurch geht. In den Vertiefungen zwischen den Fleischbalken finden sich ähnliche, theils rundliche, theils unregelmässig zackige Gerinnsel. Der linke Ventrikel ist übrigens um die Hälfte grösser, vorzüglich breiter, sein Endocardium überall stark getrübt und verdickt. Die meisten Fleischbalken in dünne, sehnige Stränge verwandelt. Die Papillarmuskeln kürzer, an der Spitze sehnig entartet. Die Sehnenfäden ebenfalls theilweise um die Hälfte kürzer, theils normal dünn, theils wenig verdickt. Der vordere Zipfel des Mitralklappensegels mässig verkürzt, der hintere um die Hälfte kürzer, ersterer mässig, letzterer schwach verdickt. Das Herzfleisch dieses Ventrikels in der oberen Hälfte kaum um die Hälfte dicker, nach unten zu nimmt es allmählig an Dicke ab, so dass es stellenweise nur liniendick ist. An allen Stellen ist es grauröthlich und fester. Der linke Vorhof ist fast doppelt weiter, sein Endocardium ist mässig verdickt. Das rechte Herz ist im Ventrikel und Vorhof ungefähr um die Hälfte weiter. In beiden finden sich spärliche Blutgerinnsel; in den Vertiefungen zwischen den Fleischbalken einzelne globulöse Vegetationen. Das Endocardium nach der Pulmonalarterie zu mässig getrübt, an allen übrigen Stellen mässig verdickt. Das Herzfleisch an den meisten Stellen um die Hälfte dicker und im rechten Ventrikel von zahlreichen gelben Flecken durchsetzt. Die Pulmonalarterie auf der Innenfläche fettig entartet; die Klappen normal. Die Klappen der Aorta gleichmässig schwach verdickt. Die Aorta um die Hälfte weiter, ihre Innenfläche schwach fettig entartet.

In der Bauchhöhle gegen 3 Pfd. klare Flüssigkeit. Die Leber in beiden Lappen stark zungenförmig; in der Mitte des rechten Lappens ein $2^1/_2$" breiter, sehniger Streifen, dem entsprechend die Leber nach oben umgeklappt werden kann. Eine ähnliche Stelle findet sich an der Oberfläche des linken Lappens. An letzteren Stellen ist der Durchmesser stellenweise nur $^1/_2$" dick. An allen übrigen Stellen ist der Durchmesser der Leber um die Hälfte kleiner, die Schnittfläche fester, enthält in den grösseren Gefässen reichliches, flüssiges Blut. Auf dem Durchschnitte sieht man ein unregelmässiges graugelbes Netzwerk, welches sehr feine centrale Puncte und dunkelrothe Inseln enthält. Die Scheide der grösseren Venen ist stark verdickt. Galle spärlich, dünn, dunkelbraun. — Milz 4" lang, entsprechend breit und dick; die Kapsel gleichmässig stark verdickt. Am oberen Theile eine $^1/_4$ □" grosse bis 1‴ tiefe Narbe; dieser entsprechend ist das Gewebe stellenweise in der Dicke von 3‴ graugelb, homogen, brüchig. Das übrige Milzgewebe ist dunkelroth, gleichmässig reich an Stroma. Am hinteren Rande des oberen Theils ein gleicher Infarct.

Magen gross, seine Schleimhaut mit reichlichem zähen Schleim überzogen, in der linken Hälfte dunkel geröthet, in der rechten schieferfarben. Die Schleimhaut des Dünn- und Dickdarms gleichfalls mit zähem Schleim überzogen grob injicirt.

Linke Niere kaum 3" lang, im breiten und dicken Durchmesser noch stärker verkleinert; ihre Kapsel mässig verdickt, sehr fest ansitzend; die Oberfläche enthält mehrere bis 1 □" grosse und 1‴ tiefe Einziehungen. Ausserdem ist die ganze übrige Oberfläche gleichmässig schwach granulirt. Die Rinde ist überall um die Hälfte, an den stark vertieften Stellen noch mehr verdünnt, braunroth, sehr fest. Die Pyramiden verhältnissmässig wenig verkleinert, grauroth, sehr fest, stellenweise mit sehr schwachem Kalkinfarct. — Rechte Niere etwas grösser, als die linke; Kapsel ebenso; auf der Oberfläche flachere Narben als links und dieselben schwachen Granulirungen. Schnittfläche ebenso, wie die der linken Niere. Nierenbecken und Kelche in ihrer Schleimhaut normal, mässig verdickt. Die Schleimhaut der Harnblase dunkel geröthet, stellenweise ecchymosirt.

Uterus in der innern Hälfte seiner Schleimhaut hämorrhagisch infarcirt. Ovarien und Tuben vielfach untereinander verwachsen.

Fettmetamorphose des linken Ventrikels bei Insufficienz der Mitralis kam viermal vor: zweimal ohne wichtige andere Störungen, zweimal mit solchen.

13. Insufficienz der Mitralis; Erweiterung des rechten, Fettmetamorphose des linken Ventrikels. Embolie mit ausgebreiteter Gehirnerweichung; metastatische Heerde in Milz und Nieren. Grosses Uterusfibroid. Thrombose der linkseitigen Venen der untern Körperhälfte; Embolie der Lungenarterie.

(Das 44jährige unverheirathete Weib fiel am 19. April 1859 beim Wasserholen zusammen. Der herbeigeholte Arzt fand eine vollständige linkseitige Hemiplegie. Tod am 1. Mai.)

Section am 2. Mai 1859, 24 h. p. m.

Körper mittelgross, mässig genährt. Unterschenkel und Fuss linkerseits schwach ödematös. In den Hals- und Nackenmuskeln, in den Brustmuskeln, Intercostalmuskeln, in Zwerchfell, Bauchmuskeln, in Psoas und Iliacus, in der Zunge, im Pharynx und in den Kehlkopfmuskeln fanden sich, an ersteren Muskeln zahlreiche, an letzteren sparsame (auf einem Quadratzoll keine, 1 oder 2) Exemplare von verkalkter Trichina spiralis. Andere Muskeln konnten nicht untersucht werden. Musculatur übrigens blass, weicher. Unterhautzellgewebe ziemlich fettreich.

Schädeldach dick, mit der Dura vielfach fest verwachsen. Weiche Hirnhäute mässig bluthaltig. In der rechten Art. fossae Sylvii, von deren Anfang an bis in die Theilungen 2. Ordnung, ein allseitig verstopfendes, grauröthliches, peripherisch glattes, übrigens mürbes, stellenweise dickbreiiges Gerinnsel, an dessen Enden dünne Stränge dunkeln, frisch geronnenen Blutes sich ansetzten. Ein gleiches Gerinnsel von $1^1/_2$''' Länge im Anfang der rechten Art. corporis callosi. Arterieninnenfläche und Wand vollkommen normal. Uebrige Hirnarterien leer, normal. — Die Umgebung des rechten Seitenventrikels, sowie die ganze Marksubstanz der rechten Grosshirnhemisphäre und einzelne kleine Partieen der angrenzenden grauen Substanz waren in verschiedenen Graden weich, stellenweise auseinanderfliessend, die weisse Substanz von weisser, die graue von schmutziggelblicher Farbe, beide durchsetzt von zahlreichen kleinsten, auffallend dunkelrothen Gefässen. Am hintern Theil der rechten Grosshirnhemisphäre lag eine eigrosse, nicht scharf umschriebene Stelle, welche weicher, im höchsten Grade injicirt und ecchymosirt war; in gleicher Weise verhielten sich die darüber liegenden Hirnhäute. — Uebrige Hirnsubstanz blass, zäher, blutarm.

Halsorgane normal. Ebenso die Halsarterien, ausser stellenweiser Fettentartung der Innenhaut.

Pleura normal. Lungen mässig bluthaltig, stark ödematös. Geringe chronische Bronchitis. In den Haupt- und in den mittlern Aesten der Lungenarterie beider Unterlappen zahlreiche total verstopfende, graurothe, mürbe Gerinnsel; Gefässwand normal.

Herzbeutel normal, ausser einer groschengrossen zottigen Bindegewebsmasse an der Vorderfläche des linken Ventrikels. Herz etwas breiter; alle Herzhöhlen etwas weiter, spärliche dunkle frische Gerinnsel enthaltend. Mitralklappe an Sehnenfäden und Segel verkürzt und besonders an letzterem stark verdickt, an der Oberfläche glatt, ohne anhängende Gerinnsel. Aortenklappen in allen Theilen mässig verdickt, an den Rändern linienweit verwachsen. Rechter Ventrikel etwas weiter, sonst normal. Herzfleisch links etwas dicker, blass, mürbe, stark fettig entartet. Papillarmuskeln linkerseits normal gross, ihr Fleisch fleckweise graugelb, undeutlich fasrig, sehr mürbe. Auf der Aorteninnenfläche sparsame fettig entartete Stellen. Uebrige Arterien theils normal, theils gleich beschaffen.

Bauchhöhle normal. Leber etwas grösser, schlaff, blutreicher. Gallenblase bis auf den Fundus verschrumpft, undurchgängig; im letzteren ein kirschengrosser, peripherisch weicher Cholestearinstein. Ductus cysticus und hepaticus schwach erweitert. Milz etwas grösser; in der obern Hälfte nahe beieinander zwei wallnussgrosse, braungelbe, mürbe, scharf umschriebene metastatische Heerde. — Magen und Darm normal, ausser geringer alter Schwellung einzelner Solitärfollikel des Dickdarms. Mesenterialdrüsen normal.

Nieren normal gross. In der rechten an der Spitze zahlreiche erbsengrosse runde, an den übrigen Stellen mehrere über bohnengrosse, scharf umschriebene, gelbe, homogene, mürbe Heerde, welche ganz oder grösstentheils in der Rindensubstanz lagen; nach den Kelchen zu das Gewebe ziemlich gleichmässig stark injicirt, weicher. Malpighische Körper überall, zum Theil auch in den gelben Heerden stark injicirt. Uebrige Nierensubstanz, Kelche etc. normal.

Im kleinen Becken lag überall innig mit dem Uterus zusammenhängend eine kindskopfgrosse runde Geschwulst. Dieselbe sass im obern und rechten Theil des Uterus, in dessen Höhle sie, überall von Schleimhaut und einer dünnen Schicht Muskelsubstanz umgeben, halbkuglig hervorragte. Sie war leicht ausschälbar; ihre Oberfläche unregelmässig uneben durch zahlreiche erbsen- bis fast kirschengrosse Knollen. Durchschnitt an verschiedenen Stellen 3 und 4'' im Durchmesser, bestehend aus zahlreichen erbsen- bis kirschengrossen, runden, länglichen und unregelmässigen, grauröthlichen, ziemlich festen, (aus Bindegewebe und organischen Muskeln bestehenden) Massen, welche durch eine dünne Schicht röthlichen, weichen Gewebes voneinander getrennt waren. Im Uteruscervix ein einfacher, gleichbeschaffener, haselnussgrosser, polypös prominirender Tumor. Mehrere kleinere sassen in der Muskelsubstanz des übrigen Uterus. Ein lang- und schmalgestielter sass an dessen Aussenfläche. — Ovarien gross, schlaff, runzlig. Uebrige Genitalien ohne besondere Abnormität.

Im untersten Theil der Cava inferior lag ein dieselbe halb, in der V. iliaca communis sin., interna und deren Aesten, externa und Anfang der Cruralis (weitere Strecken letzterer durften nicht eröffnet werden) ein das Lumen ganz erfüllendes und etwas erweiterndes Gerinnsel, welches nirgends mit der Wand zusammenhing, peripherisch graugelb und dunkelroth, gerippt, central mürbe, zum Theil breiig weich war. Sein oberes, an frisch geronnenes Blut sich anschliessendes Ende unregelmässig. Gefässinnenfläche und Wand ganz normal.

14. Chronische Endocarditis der Mitralis: Hypertrophie und Fettentartung des linken Herzens.

35jähriges Weib, secirt am 16. April 1862.

(Die für ganz gesund gehaltene Frau starb zu Ende der Schwangerschaft an sehr acutem Lungenödem. Der unmittelbar nach dem Tode gemachte Kaiserschnitt brachte ein todtes Kind zur Welt.)

Körper gross, sehr gut genährt. Haut blass, mit reichlichen blassen Todtenflecken. Mässige Starre. Unterhautzellgewebe fettreich. Musculatur reichlich, blassroth, fest.

Schädeldach dünn, ohne Osteophyt. Dura mater normal; weiche Hirnhäute an der Convexität und an der Basis schwach getrübt. Gehirnsubstanz fest, in der Rindensubstanz mässig, in der Marksubstanz stärker blutreich. Ventrikel normal.

Die Schleimhaut des Larynx und der Trachea ziemlich gleichmässig stark geröthet und geschwollen. Schilddrüse gegen doppelt grösser, blauroth, etwas fester.

In der linken Pleurahöhle gegen 2 Unzen schwachblutige Flüssigkeit. Die Pleura costalis und diaphragmatica normal; die Pleura pulmonalis zeigt mit Ausnahme der Spitze ein unregelmässiges Netzwerk mit $\frac{1}{2}$ — 1''' grossen dunkelrothen Lücken.

Die Stränge des Netzwerkes selbst sind $1/6$—$1/2'''$ breit, theils cylindrisch, theils unregelmässig varikös, bläulich weiss, nicht erhaben. Ueber einzelnen dieser Stränge (erweiterte Lymphgefässe) sieht man quere äusserst feine Blutgefässe. Die Lunge selbst ist auffallend schwer und etwas kleiner, als normal. Auf dem Durchschnitt sind nur einzelne diffuse Stellen lufthaltig, die anderen entleeren nur schaumige Flüssigkeit. An letzteren Stellen ist das Lungengewebe bläulichroth, fest, glatt oder undeutlich granulirt, nur bei starkem Darüberstreichen einen blutigen Inhalt entleerend; derartige Stellen schwimmen unter der Oberfläche des Wassers. Die Bronchien enthalten spärliche schleimig-seröse Flüssigkeit; ihre Schleimhaut verhält sich ebenso, wie die der Trachea. Die Bronchialdrüsen sind grösser, schwarz, weicher; in den grösseren Lungengefässen ist reichliches flüssiges Blut. — Die rechte Pleura, Lunge etc. verhält sich in allen Stücken ebenso, wie die linke, nur ist der untere Lungenlappen zum grösseren Theile lufthaltig, stark hyperämisch. Die Lunge selbst ist etwas grösser als die linke.

Im Herzbeutel 2 Unzen klare Flüssigkeit. Visceralblatt gleichmässig schwach getrübt. Das Herz selbst 6" im Längs- und Querdurchmesser, rechts fest, links schlaff. Im linken Vorhof und Ventrikel reichliche Blutgerinnsel. Beide Herzhöhlen um die Hälfte weiter. Das Herzfleisch links um die Hälfte dicker, in den inneren Schichten bleich, mässig fettig entartet, in den äusseren dunkel. Die Papillarmuskeln dicker, an den Spitzen sehnig; die Sehnenfäden etwas kürzer und stark verdickt. Dass das Segel der Mitralklappe dicker, stellenweise liniendick, grau und gelb gefärbt; am freien Rande ringsherum auf der Vorhoffläche eine bis 2''' hohe und ebenso breite, grauröthliche, papilläre, weiche, der Oberfläche fest aufsitzende Masse. Alle übrigen Herzklappen normal. Der rechte Ventrikel und Vorhof wenig erweitert, mit mässig reichlichen Gerinnseln. Die Aorta normal weit; ihre Innenfläche stellenweine fettig.

Der Unterleib zeigt vom Nabel bis nahe zur Symphyse eine Schnittfläche, in deren Umgebung keine Reaction sichtbar ist. Der Uterus reicht bis 3" unter den Nabel; seine Umgebung und seine vordere Fläche, sowie der 3" lange Schnitt an letzterer enthalten ziemlich reichliche frische Blutgerinnsel.

Die Leber ist in allen Durchmessern etwas grösser; ihr Gewebe ist grauroth, von normaler Consistenz, deutlich acinös. Die Galle ist spärlich, blass, dünnflüssig. — Die Milz ist mit der Umgebung stellenweise verwachsen, gegen 6" lang. Unter ihrer Kapsel einzelne frische Hämorrhagien, ihr Gewebe schmuzig grauroth, weicher.

Beide Nieren normal gross; Kapsel stellenweise fest ansitzend; an der Oberfläche einzelne flache Narben; die Rinde mässig injicirt, undeutlich faserig, fester, deutlich glänzend; Pyramiden normal.

Magen sehr gross, Schleimhaut mässig gefaltet, auf der Höhe der Falten überall gleichmässig blassroth.

Dünndarm, Dickdarm und Mesenterialdrüsen normal.

Der Uterus wurde nicht weiter untersucht, war übrigens dem äusseren Ansehen nach normal. Ebenso die Mammae.

15. Insufficienz der Mitralklappe. Dilatation und Hypertrophie des rechten Ventrikels, Hypertrophie und Erweiterung der Aorta, Fettmetamorphose besonders des linken Ventrikels.

63jähriges Weib, secirt am 7. Juli 1862.

Körper mittelgross, überall in hohem Grade ödematös, namentlich an den unteren Extremitäten. Haut graugelblich, mit reichlichen violetten Todtenflecken. Mässige

Starre. Unterhautzellgewebe am untern Bauch noch gegen zolldick. Musculatur spärlich, bleich, mürbe, mit spärlichen Trichinen.

Schädeldach dünn; an der Aussenfläche des vorderen Endes des linken Scheitelbeins eine $1^1/_2$ linsengrosse flache Exostose. An der Innenfläche des Stirnbeins spärliches Osteophyt. Weiche Hirnhäute an der Convexität mässig getrübt, überall schwach ödematös. Hirnsubstanz mässig bluthaltig, weicher.

Rachen- und Halsorgane normal. Schleimhaut blauröthlich, mit spärlichem Schleim bedeckt, stellenweise, besonders am Kehldeckel und auf dem innern Larynx ecchymosirt. Klappenapparate an den beiderseitigen Bulbi venae jugularis vollkommen sufficient.

Beide Lungen ringsum kurz und mässig fest verwachsen; die Adhäsionen theilweise in hohem Grade ödematös; nur in der rechten Pleura findet sich hinten eine gegen faustgrosse Ansammlung von gelbröthlicher Flüssigkeit. Der obere Lappen der linken Lunge ist normal gross, der untere etwas kleiner; das Lungengewebe überall mässig lufthaltig, mässig bluthaltig und mässig ödematös, von reichlichen grossen schwarzen und ebenso zahlreichen hellrothen Flecken durchsetzt. In den Bronchien ziemlich reichliche blutig schleimige Flüssigkeit. Schleimhaut dunkel geröthet und mässig geschwollen, das Lumen derselben mässig erweitert. Bronchialdrüsen mässig vergrössert, schwarz. Die Lungenarterie und ihre Aeste etwas weiter, faltig; die Innenfläche ziemlich gleichmässig fettig entartet. — Die rechte Lunge verhält sich in allen Stücken wie die linke, nur ist das untere Drittel des unteren Lappens zur Luftleere comprimirt und das Lungengewebe stärker ödematös.

Im Herzbeutel gegen 2 ℥ klare Flüssigkeit, das Visceralblatt theils gleichmässig, theils fleckig getrübt und an zahlreichen Stellen fein ecchymosirt. Herz fast 6″ breit, wenig verlängert, linkerseits schlaffer, als rechts. Im linken Ventrikel mässig reichliche Blutgerinnsel, der linke Ventrikel mässig erweitert, der Vorhof gegen doppelt weiter. Das Herzfleisch grauroth, weicher. Einzelne Papillarmuskeln normal, an der Spitze sehnig. Die Sehnenfäden überall stark verdickt, aber wenig verkürzt. Das vordere Klappensegel wenig, das hintere stark verkürzt, an den meisten Stellen gegen 1‴ dick, an der Vereinigungsstelle rechts in der Länge von $^1/_2$″ steinig hart anzufühlen. Das Endocardium des linken Ventrikels überall schwach getrübt. Das Ostium venosum wenig enger. Der rechte Ventrikel gegen doppelt weiter, mit reichlichen Blutgerinnseln; sein Endocardium nur stellenweise getrübt, die Sehnenfäden und angrenzenden Theile derselben nur schwach verdickt, wenig verkürzt. Die Klappensegel nur am Rande bis $1^1/_2$‴ dick, das Herzfleisch grauroth, fester, der rechte Vorhof doppelt weiter. Im Herzohr ein dasselbe ganz erfüllendes, in der Mitte weiches Gerinnsel. Die Aortenklappen ragen wie im geschlossenen Zustande nach innen, wobei der Schluss vollständig ist. Ihr mittlerer Theil stark verdickt; an der Innenfläche nach der Arterie zu stellenweise vorspringende Kalkmassen; 2 Klappen sind 2—3‴ weit mit einander verwachsen. Die Aorta ist weit; ihre Innenfläche enthält mehrere stark vorspringende, zum Theil verkalkte Massen.

In der Bauchhöhle ungefähr 15 Pfd. grauröthliche, in den oberen Theilen klare, in den unteren trübe Flüssigkeit. Das Zwerchfell bis zum obern Rand der 4. Rippe reichend. Die Leber in allen Durchmessern um die Hälfte kleiner; ihr scharfer Rand besonders am linken Lappen und über der Gallenblase hautartig dünn; ihre Oberfläche theils gleichmässig getrübt, theils mit sehr reichlichen, dicht stehenden, sehr feinen, festen, grauweissen Zotten besetzt, neben welchen dieselbe vorzugsweise am linken Lappen fein granulirt ist. Die Schnittfläche fester, undeutlich acinös; die Acini sehr klein; Centralvene deutlich erweitert; die Umgebung derselben grau- oder gelbröthlich gefärbt. Nur die venösen Gefässe enthalten mässig reichliches, flüssiges Blut. Die Consistenz der Leber ist ziemlich stark vermehrt. Galle spärlich, dickflüssig. — Milz normal lang, etwas dicker, ihre Kapsel vielfach getrübt, ihr Gewebe braunroth, fester, mässig bluthaltig.

Linke Niere etwas kleiner, Kapsel fester ansitzend, Oberfläche unregelmässig fein granulirt, grauroth, die Rinde schmaler, grauroth, die Malpighischen Körper deutlich injicirt. Das Rindengewebe fester und homogener. Rechte Niere etwas grösser, als normal, übrigens ebenso, wie die linke, nur deutlicher granulirt. Die Rinde stellenweise etwas breiter. In Becken und Kelchen beider Nieren einzelne Hämorrhagieen.

Magen normal gross; seine Schleimhaut, vorzüglich in der rechten Hälfte mit sehr zähem, fest ansitzendem Schleim bedeckt, darunter theils gleichmässig, theils fleckig geröthet, mässig geschwollen.

Dünndarm eng; seine Schleimhaut dunkel geröthet, mässig geschwollen; in der untern Hälfte reichliche gallige Flüssigkeit, im obern Theile reichlicher graugelber, trüber Schleim. Im obersten Theile blutig schleimige Flüssigkeit. Die Schleimhaut des Proc. vermiformis in seiner äussern Hälfte mit glasigem Schleim bedeckt; seine innere Hälfte verdickt. Dickdarmschleimhaut gleichfalls an den meisten Stellen ziemlich dunkelroth, überall mässig ödematös. Das grosse Netz und die Appendices epiploicae fast fettlos, vorzugsweise aus Bindegewebe bestehend. Das Pancreas sehr fest; seine acinöse Structur auffallend deutlich; Schnittfläche fest, blutarm.

Uterus mit seinen Anhängen ringsum langfädig verwachsen, in allen Durchmessern über doppelt grösser, in allen Theilen gleichmässig hypertrophisch. Am äussern Muttermund ragt ein gegen halbkirschengrosser blasiger Körper hervor, welcher an dem angrenzenden Theile des Cervix stielförmig aufsitzt. Die ganze Uterusschleimhaut stark hämorrhagisch infiltrirt. Tuben nnd Ovarien vielfach untereinander verwachsen; letztere theils fest, theils in Cysten verwandelt, in ersteren Catarrh.

16. Insufficienz der Mitralklappe (und der Aortenklappen?): Hypertrophie und Fettmetamorphose besonders des linken Ventrikels. Lungeninfarcte.

61jähriges Weib, secirt am 17. Mai 1863.

(Diagnose: Insufficienz der Mitralklappe.)

Körper mittelgross, mager; Haut schwach icterisch gefärbt, an der Rückenfläche mit ausgebreiteten dunklen Todtenflecken. Beträchtliches Oedem der unteren Extremitäten. Unterhautzellgewebe mässig fetthaltig; Musculatur dürftig, bleich, sehr schlaff. Starre mittleren Grades.

Schädeldach normal; dura mater schwach icterisch gefärbt; weiche Hirnhäute an der Basis stark getrübt. Gehirnsubstanz weich, zäh, sehr glänzend; stellenweise, besonders in den Centraltheilen des Gehirns, diffus hellrosenroth gefärbt. Grosse Gehirngefässe mässig gefüllt; Ventrikel normal.

Die Schleimhaut der Rachen- und Halsorgane zeigt eine diffuse, livide Röthe und zahlreiche erweiterte und stark injicirte Gefässe.

In der linken Pleurahöhle befinden sich etwa 8 Unzen schwach blutige Flüssigkeit. Die Lunge ist allseitig frei, um mindestens den vierten Theil kleiner. Die Lungenpleura ist geröthet. Der obere Lappen besteht aus mässig emphysematösem und mässig pigmentirtem Lungengewebe, welches auf dem Durchschnitt eine rothe Farbe mit einem starken Stich ins Gelbe zeigt. Der untere Lappen fühlt sich fester an. Auf dem Durchschnitt sieht man zunächst mehrere luftleere, meist keilförmige, bis hühnereigrosse Partien von schwarzrother Farbe, welche sich sehr fest anfühlen, und aus deren Schnittfläche bei schwachem Druck sich flüssiges, dunkelrothes, nicht schaumiges Blut entleert. Neben diesen dunkeln Partieen befinden sich, den Rest des Lappens bildend, hellere von graurother Farbe, welche zwar noch Luft enthalten, aber in geringerer Menge als im normalen Zustand. Die Schleimhaut der Bronchien des unteren Lappens ist mit blutigem Schleim überzogen, stark geröthet und etwas geschwollen; die Bronchialschleimhaut des oberen Lappens ebenfalls geröthet, mit trübem, sehr schwach blutigem Schleim bedeckt. Bronchialdrüsen mässig geschwollen, schwarz, weich. — In der rechten Pleurahöhle gegen $^3/_4$ Pfd. durchscheinender, intensiv gelber Flüssigkeit; Lunge allseitig frei. Der obere Lappen verhält sich wie der obere linke; der mittlere und untere wie der linke untere. Bronchien und Bronchialdrüsen wie links.

Im Herzbeutel ca. 1 Unze klarer, gelblicher Flüssigkeit. Visceralblatt normal. Das Herz ist 5" breit und ebenso lang, an seiner Spitze abgerundet. Der linke Ventrikel, dessen Wände ungefähr die normale Dicke haben, ist stark ausgedehnt. Die Wände des rechten Ventrikels sind verhältnissmässig wenig verdickt. Das Herzfleisch ist sehr schlaff und leicht zerreisslich und hat eine graubraune Farbe. Die Fleischbalken sind in den Ventrikeln sehr dünn. Das Endocardium besonders des linken Ventrikels ist überall mehr oder weniger getrübt, stellenweise verdickt und zeigt ein gelb geflecktes Aussehen. Unter der verdickten Stelle des Endocardium ist das Herzfleich stärker fettig entartet. Alle Muskelfasern der innern Hälfte des linken Ventrikels und die Papillarmuskeln sind stark fettig entartet. Die Segel der Mitralklappe sind im Durchschnitt auf die Breite von $^1/_4$" reducirt. Das Klappensegel ist mässig verdickt. Die Sehnenfäden sind dicker und kürzer ($^1/_4$—$^1/_2$" lang). Die Aortenklappen sind stellenweise schwach verdickt, erscheinen etwas zusammengezogen, sind aber dehnbar. Tricuspidal- und Pulmonalarterienklappen normal. Aorta ziemlich stark fettig entartet.

In der Bauchhöhle 10—12 Unzen klarer, intensiv gelb gefärbter Flüssigkeit. — Leber wenig verkleinert; ihre Serosa im Verlaufe eines Schnürstreifens verdickt. Das Lebergewebe ist hart, knirscht unter dem Messer, zeigt auf der Schnittfläche das Aussehen der sogenannten Muscatnussleber. Stellenweise sieht man kleine, schwach strahlige, narbige Einziehungen nicht blos in der Nähe der Serosa, sondern auch im inneren Lebergewebe. Die Leber ist mässig bluthaltig; die Klinge wird sehr schwach fettig beschlagen. Galle reichlich, dickflüssig, dunkel, braungrün. — Die Milz ungefähr normal gross, sehr fest, dunkelgrauroth; die Schnittfläche ist glatt, homogen.

Nieren etwas grösser, besonders dicker als normal. Kapsel ziemlich leicht abziehbar, nicht verdickt. Die Corticalsubstanz ist blassroth, weicher. Die Pyramiden sehr blutreich, übrigens normal.

Magen klein, mit spärlichem trüben Inhalt. Schleimhaut mit etwas graurothem Schleim überzogen, gleichmässig stark geröthet und geschwollen. Dünndarm mit dünnem bräunlichen Inhalt; Schleimhaut mässig geschwollen, aber ziemlich beträchtlich und gleichmässig injicirt. Dickdarm meteoristisch aufgetrieben, mit spärlichen festen Kothmassen. Schleimhaut normal.

Uterus normal gross, im Halse nach hinten gebogen. Portio vaginalis mit flachen Erosionen; Canal des Collum verengt; Uterushöhle mit wenig blutigem Schleim erfüllt. Schleimhaut intensiv dunkelroth, stark geschwollen. Ovarien mit erbsengrossen Cysten, keine Follikel enthaltend und aus narbiger Masse bestehend. Tuben normal.

In den zwölf Fällen von Insufficienz der Mitralis ohne Fettmetamorphose des Herzfleisches fand sich einmal (F. V) keine weitere Störung. Uebrigens war Todesursache:

viermal Pneumonie verschiedener Art (F. XII, XXII, XXIV, XXX);
zweimal mehrfache hämorrhagische Lungeninfarcte (F. XXVII und XXXIV), einmal zugleich mit beiderseitiger Pleuritis;
einmal Pneumonie (und Delirium tremens) (F. VII);
einmal linkseitige Pleuritis und Pleuratuberculose (F. XXI);
einmal Pericarditis (F. XIII);
zweimal grössere frische Gehirnhämorrhagieen (F. XVI u. XXIX).

Stenose des linken venösen Ostium.

Die Stenose des linken Ostium venosum kam allein oder mit geringer Insufficienz der Mitralklappe zwölfmal vor. Die secundären Veränderungen des Herzens und der übrigen Organe gleichen im Allgemeinen denen der Mitralklappeninsufficienz, nur dass der linke Ventrikel selten erweitert, fast stets verengt ist. Daraus lässt sich auch der Einfluss der Fettmetamorphose auf den Herzfehler erklären.

Die Fettmetamorphose des Herzfleisches kam fünfmal bei Stenose des linken venösen Ostium vor: zweimal betraf sie den rechten, einmal beide, zweimal den linken Ventrikel. Unter letzteren Fällen wurde einmal keine weitere Todesursache gefunden; einmal fand sich Hirnerweichung (und Hemiplegie).

17. Stenose am linken Ostium venosum. Partielle Verfettung des rechten Herzens.

61jähriges Weib. secirt am 30. Sept. 1861.

Körper mittelgross, in der linken obern Körperhälfte und in der ganzen unteren Körperhälfte stark ödematös. Haut sehr bleich, fast ohne Todtenflecke. Geringe Starre. Musculatur sehr sparsam, blass.

Schädeldach und harte Hirnhaut normal. Weiche Hirnhäute mässig getrübt. Hirnsubstanz normal.

Halsorgane normal.

Linke Lunge allseitig kurz und mässig fest verwachsen, in allen Durchmessern kleiner, sehr welk; ihr Gewebe blutarm, mässig pigmentirt; ausserdem stellenweise sowohl am untern, als obern Lappen bis zur Luftleere comprimirt. Bronchien ohne Secret; Schleimhaut mässig injicirt; die kleinern mässig erweitert. Rechte Lunge über dem obern Lappen mässig fest, über dem untern sehr kurz und fest verwachsen; ihr Gewebe ebenso wie links, nur stark ödematös. Bronchien wie links.

Im Herzbeutel ungefähr 2 Unzen schwach trübe Flüssigkeit; das Visceralblatt an der obern Hälfte stellenweise mit einer dünnen frischen Fibrinschicht bedeckt, übrigens vielfach verdickt. Herz in allen Durchmessern etwa um die Hälfte grösser. Der linke Vorhof über doppelt weiter, mit spärlichen Blutgerinnseln; im Herzohr ein dasselbe ganz ausfüllendes grauröthliches Gerinnsel. Das Ostium spaltförmig, höchstens $1^1/_2'''$ breit.

nach dem Vorhof zu stark verdickt, an einer zwei Linsen grossen Stelle verkalkt und rauh. Der linke Ventrikel normal weit. Papillarmuskeln nur an den Spitzen sehnig, meist stark atrophisch. Sehnenfäden um die Hälfte kürzer und dicker. Klappensegel am freien Rande 1—1½''' dick. Rechter Vorhof ebensoweit, als der linke. Rechter Ventrikel um die Hälfte weiter; Tricuspidalis an ihren Sehnenfäden und dem Segel stark verkürzt; letzteres am freien Rande bis ½''' dick. Herzfleisch übrigens wenig verdickt, blass, im rechten Ventrikel stellenweise stark, sonst überall schwach fettig entartet. Aortenklappen kürzer und mässig verdickt; Pulmonalklappen mässig verdickt. Innenfläche der Aorta mit sparsamen, die der Pulmonalis und ihrer Lungenäste mit reichlichen erhabenen gelben Flecken.

In der Bauchhöhle ungefähr 10 Pfd. blassgelbe klare Flüssigkeit und spärliche fibrinöse Gerinnsel. Das Peritonaeum parietale, die Serosa der Leber und Milz theils gleichmässig, theils netzförmig stark verdickt, ausserdem stellenweise ecchymosirt und pigmentirt. — Leber in allen Durchmessern ungefähr um die Hälfte kleiner, sehr schlaff, fest anzufühlen, schwer zu durchschneiden. Acini undeutlich, kleiner, im Centrum blassgelb, in der Peripherie braun; die Centralvenen deutlich erweitert. Milz kleiner, die Kapsel stellenweise ¾''' dick; am obern Ende der Peripherie findet sich ein halbkirschengrosser, rundlich zackiger, graugelber, homogener, scharf umschriebener Heerd; das übrige Milzgewebe braunroth, fester.

Nieren um die Hälfte kleiner; die linke injicirt, die rechte zeigt an der Oberfläche zahlreiche tiefe Narben, ist ausserdem blass, stellenweise unregelmässig granulirt. Die Rinde stellenweise um die Hälfte schmaler, überall grau, fest. Pyramiden klein, fest.

Serosa des Magens und des Endes des Dünndarms gleichmässig stark verdickt. Mehrere Dünndarmwindungen fest untereinander und mit der Bauchwand verwachsen. Die Schleimhaut des Magens überall, besonders in der rechten Hälfte, mit reichlichem zähem Schleim überzogen, ausserdem stark verdickt und an zahlreichen Stellen frisch ecchymosirt. Auf der Schleimhaut des Dünndarms reichlicher Schleim; Schleimhaut selbst normal, ebenso die Dickdarmschleimhaut.

Die Serosa des Uterus und der übrigen Genitalien ebenso verdickt, stellenweise frisch injicirt. Uterus selbst etwas kleiner, Schleimhaut der Körperhöhle hämorrhagisch infiltrirt. Ovarien stark granulirt, sehr fest.

In der rechten Inguinalgegend findet sich eine faustgrosse, mit gelblicher klarer Flüssigkeit erfüllte Cyste, deren Innenfläche ebenso verdickt ist, wie das parietale Peritonäum, und die nach dem Annulus cruralis einen deutlichen Fortsatz schickt.

18. Stenose des linken Ostium venosum etc. Fettentartung des Herzfleisches.

38jähriges Weib, secirt am 13. Juli 1857.

Körper mässig ödematös. Hydrops der rechten Pleura, des Pericardium und Peritonäum. Chronische Bronchitis. Herz fast doppelt länger und fast dreimal breiter; sein Fleisch wenig dicker, gleichmässig fettig entartet. Mitral- und Aortenklappen mässig verdickt. Linkes Ostium venosum in hohem Grade verengt, seine Umgebung, stellenweise auch das anliegende Muskelfleisch verknöchert. Leber etwas, Milz über doppelt grösser und fester. Nieren grösser, mässig fettig entartet. Hypertrophie des Uterus; Schleimhautpolyp seiner Höhle.

19. Insufficienz der Mitralis. Stenose des linken Ostium venosum. Herzhypertrophie; Fettmetamorphose des linken Ventrikels.

23jähriges Weib, secirt am 22. April 1860.

Allgemeines mässiges Oedem; ziemlich starke Abmagerung. Hirnhäute schwach ödematös. Linkseitiges fibrinös-seröses Pleuraexsudat, c. $1^1/_2$ Pfd.; rechte Lunge allseitig verwachsen. In beiden Lungen acht bis ganseigrosse, peripherische, keilförmige, ziemlich frische hämorrhagische Infarcte. Chronische Bronchitis. Verstopfung der zu den Infarcten führenden Aeste der Lungenarterie. Sparsames fibrinös-seröses Pericardialexsudat. Hypertrophie des Herzens, besonders des rechten ums Doppelte; Fettmetamorphose unter dem Endocardium des rechten Ventrikels. Sehr starke Schrumpfung und Verdickung der Mitralklappe, geringere der Tricuspidalis, besonders der Segel, stellenweise mit Concrementbildung. Hochgradige Stenose des linken venösen Ostium. Mässige Verdickung aller und geringe Verwachsung von zwei Aortenklappen. In der Bauchhöhle 1 Pfd. trübe röthliche Flüssigkeit. Induration von Leber, Milz und Nieren. Chronischer Catarrh von Magen, Ileum und Colon. Netzverwachsung. Alte Periuterinverwachsungen.

20. Stenose des linken Ostium venosum. Thrombose im linken Herzohr Fettmetamorphose des linken Ventrikels. Gehirnerweichung.

58jähriges Weib, secirt am 25. December 1857.

(Diagnose: seit einem halbem Jahre linkseitige Hemiplegie.)

Körper mässig fettreich. — Rechtes Corpus striatum und Thalamus opticus grau erweicht. Gehirnhöhlen weiter. Hirnarterien nicht atheromatös, an den betreffenden Stellen embolisch verstopft. — Mässiges Lungenemphysem. Chronische Bronchitis. — Im Herzbeutel eine geringe Menge trübe Flüssigkeit und frische Fibrinmassen. Visceralblatt rechts sehr fettreich. Starke Stenose des linken venösen Ostium durch starke Schrumpfung aller Klappentheile. Erweiterung des linken Vorhofs und des rechten Herzens. Herzfleisch linkerseits gleichmässig stark fettig entartet, rechts etwas fester. — Consecutive Veränderungen von Leber, Milz und Nieren. In letzteren mehrfache frische und ältere hämorrhagische Infarcte. — Narbe eines perforirenden Geschwürs an der linken Hälfte der grossen Magencurvatur. — Atresie des äussern Muttermundes.

21. Stenose des linken Ostium venosum. Erweiterung des Herzens.

26jähriger Mann, secirt am 9. November 1859.

(Pat. ist seit c. 5 Jahren krank. Vor 3 Tagen kam er in Behandlung: geringer Icterus ziemlich starkes Oedem der untern Extremitäten und des Bauches; rechtseitige Dämpfung (Hydrothorax); alle Verhältnisse des Herzens normal; Ascites; Harn sehr spärlich, vollständig normal. — Diagnose: allgemeiner Hydrops, wahrscheinlich durch Speckkrankheit.)

Körper mittelgross. Gesicht schwach icterisch; obere Körperhälfte mager untere, besonders auch Genitalien, stark ödematös. Geringe Todtenstarre.

Innenfläche des Schädeldaches, besonders längs der Pfeilnaht, mit zartem Osteophyt. Auf der Höhe beider Hemisphären geringe Pachymeningitis interna. Alte Trübungen der Hirnhäute. Hirnsubstanz blutarm, schwach ödematös.

Halsorgane normal.

Beide Lungen allseitig kurz und ziemlich fest verwachsen. Ihr Gewebe lufthaltig, überall etwas fester, nicht ödematös, mit sehr zahlreichen kleinen runden schwarzen Stellen, dazwischen vielfach schwach gelbroth gefärbt. — Intensive chronische Bronchitis. — Alle Zweige der Lungenarterie bis zu den kleinsten etwas weiter; ihre Innenhaut theils sulzig grauröthlich, theils gelblich, stark erhaben.

Herzbeutel normal. Herz um die Hälfte breiter. Linker Ventrikel normal weit: Muscularis normal dick, mürber, gleichmässig fettig entartet. Einzelne kleine Stellen des Endocardiums sehnig verdickt. Papillarmuskeln lang, normal dick, an den Spitzen sehnig entartet. Sehnenfäden theils stark verdickt, wenig kürzer, grösstentheils membranartig untereinander verwachsen. Klappensegel einen in den Ventrikel vorspringenden, starren Kegel bildend, dessen Ostium spaltähnlich, kaum 3''' lang und 3/4''' breit war. Vorhoffläche der Segel stark vorspringend, mit unregelmässig drusigen, zum Theil liniendicken, kalkigen Massen besetzt, von denen einzelne Ausläufer bis in die angrenzende Vorhofsubstanz ausliefen. Vorhof um die Hälfte weiter, etwas dicker. — Rechter Ventrikel fast doppelt weiter. Trabeculae carneae stark, Papillarmuskeln mässig verdickt. Klappensegel etwas kürzer, an mehreren Stellen des freien Randes gallertig verdickt. Rechter Vorhof fast doppelt weiter. Alle Venenostien erweitert, besonders stark das der Vena coronaria; die Valvula Thebesii sehr entwickelt, vielfach fein durchlöchert. In der Umgebung der grossen Venenmündungen zahlreiche unregelmässige bis bohnengrosse erhabene sulzige Stellen. — Aortenklappen etwas verdickt. Aorta enger, mit einzelnen fettig entarteten Stellen.

In der Bauchhöhle ca. 6 Pfd. klare gelbliche Flüssigkeit und einzelne spinnwebartige Flocken. — Leber von normaler Grösse; vorderer Rand stumpf; Kapsel vielfach getrübt und verdickt. Ihre Schnittfläche gelb und dunkelroth gefleckt; die gelben, runden, länglichen oder unregelmässigen, hirsekorngrossen bis über linienlangen Stellen entsprachen dem Umkreis der kleinsten Lebervenen, die rothen der Peripherie der Leberacini; letztere selbst nirgends scharf begrenzt; das ganze Lebergewebe fester. Die Hauptäste der Lebervene sämmtlich sehr bedeutend, manche bis doppelt weiter, ihre Häute verhältnissmässig dicker; im Lumen reichliches Blut. Pfortader enger als normal. Gallengänge normal. Gallenblase klein, dunkle dicke Galle enthaltend. — Milz wenig grösser. Gewebe blutarm, zäher, etwas trocken.

Magen und Darmkanal ohne besondere Abnormität.

Nieren normal gross. Kapsel normal. Oberfläche blass, glatt; an der Peripherie der linken ein bis zur Papille reichender alter metastatischer Heerd, vollständig vernarbt. Rinde grauroth, fester (Fettmetamorphose der Epithelien; Bildung faserigen Bindegewebes im Stroma); Malpighische Körper grösser, stark injicirt. Pyramiden normal.

In den sieben Fällen, in welchen das Herzfleisch bei Stenose des linken venösen Ostium nicht fettig entartet war, fanden sich einmal (F. XL) zahlreiche hämorrhagische Lungeninfarcte; einmal (F. X) bei einer Schwangeren starke catarrhalische Condensation der Lungen; einmal (F. XIX) starke Wasseransammlung in der Bauchhöhle durch chronische Peritonitis; einmal (F. XXXI — vergl. das Detail im Arch. der Heilk. II, pag. 572) grosses linkseitiges Pleuraexsudat durch brandige Erweichung eines hämorrhagischen Lungeninfarctes. In den übrigen Fällen (F. IV, XIV und XXXV) kam keine bemerkenswerthe Todesursache vor.

Insufficienz der Tricuspidalklappe ohne weitere Klappenveränderungen kam nur einmal vor, zugleich mit Fettmetamorphose des linken Ventrikels.

22. Endocarditis der Tricuspidalklappe. Herzerweiterung.

36jähriger Mann, secirt am 4. October 1857.

Körper mässig abgemagert, an den untern Extremitäten stark ödematös.

Schädel- und Halsorgane nicht eröffnet.

Geringer Hydrothorax. Obere Lappen pigmentirt, stark ödematös; in den unteren zahlreiche bis eigrosse, frische und alte, runde oder keilförmige, meist peripherische Infarcte. In den zugehörigen Aesten der Lungenarterie zahlreiche ältere Gerinnsel. Chronische Bronchitis. — Im Herzbeutel ℥jv röthliche trübe Flüssigkeit. Am Visceralblatt nahe der Spitze ein zolllanges Büschel sehniger Fäden. Herz gegen doppelt breiter, wenig verlängert; alle Höhlen stark erweitert, mit reichlichen Gerinnseln. Klappen links normal. Herzfleisch links etwas dicker, blassgrauroth, leicht zerreisslich, gleichmässig fettig entartet. Der äusere Zipfel der überall mässig geschrumpften Tricuspidalis ist an der Vorhofflâche normal; an der Ventrikelfläche findet sich eine haselnussgrosse, buchtige, gelbliche und grauliche, derbem Faserstoff, ähnliche Masse. An der gleichen Fläche der übrigen Klappenzipfel, sowie auf einzelnen Sehnenfäden und Trabekeln hirsekorn- bis linsengrosse, graurothe, fest aufsitzende Massen. Rechtes Herz stark erweitert.

In der Bauchhöhle einige Pfund grünlichgelbe Flüssigkeit. Leber gegen doppelt grösser, blutreich, fester. Milz c. 12" lang, entsprechend breit und dick, fester. Nieren grösser und fester.

Combinirte Klappenfehler.

Unter den combinirten Klappenfehlern sind, wenn man von der gleichzeitigen Insufficienz und Stenose desselben Ostiums absieht, die Insufficienz der Mitralis (ohne oder mit Stenose des venösen Ostium) und die Insufficienz der Tricuspidalis am häufigsten. Fälle dieser Art sind bei den Insufficienzen der Mitralis und Stenosen des Ostium venosum mitgetheilt, da man am Leichentisch meist kein sicheres Urtheil über das Vorhandengewesensein der Tricuspidalinsufficienz hat.

Nächstdem kommen am häufigsten Insufficienzen der Mitralis und der Aortenklappen zusammen vor. Diese stellen sich in ihren Rückwirkungen auf die Herzhöhlen, zum Theil auch auf die übrigen Organe sehr verschieden dar, je nachdem die eine oder andere primär und vorwaltend ist. Dem entsprechend wird sich auch der Einfluss der Fettmetamorphose verschieden darstellen.

Unter dreizehn Fällen der genannten Klappenaffection fanden sich vier Fälle, in denen das Herzfleisch beiderseits oder vorzugsweise im linken Ventrikel fettig entartet war. Nur in einem dieser Fälle war der Tod höchst wahrscheinlich Folge einer Magenblutung.

23. Insufficienz der Aortenklappen und der Mitralis: Hypertrophie und Fettmetamorphose besonders des linken Ventrikels. Aortitis.

45jähriger Mann, secirt am 15. Sept. 1862.

Körper mittelgross, mässig ernährt. Haut grau, mit einem Stich ins Gelbliche. Ziemlich reichliche Todtenflecke. Starke Starre. Unterhautzellgewebe mässig fetthaltig. Musculatur mässig entwickelt, blass.

Schädeldach normal. Dura mater mit der Tabula vitrea fest verwachsen, sonst normal. Weiche Hirnhäute überall mässig getrübt. Hirnsubstanz blutarm, weicher.

Rachen und Halsorgane normal. Ihre Schleimhaut bleich.

Pleuren leer. Lungen nicht verwachsen, in der Mittellinie näher aneinander reichend. Lungengewebe überall aus den feinsten Bronchien reichliche schmuzige Flüssigkeit entleerend; an den meisten Stellen grauröthlich, eigenthümlich fest, fast luftleer, an anderen Stellen blass, an noch anderen von einzelnen frischen und älteren Hämorrhagieen durchsetzt. Ränder beider Lungen schwach emphysematös, die Ränder des unteren Lappens stellenweise luftleer, comprimirt. In den grösseren Bronchien spärliche schleimige Flüssigkeit; in den kleineren schaumiges Serum. Bronchialdrüsen wenig vergrössert, schwarz, fest. — Im Herzbeutel 3 Unzen klare Flüssigkeit; Visceralblatt überall schwach, stellenweise stärker getrübt. Herz gegen 7" im queren und ebensoviel im Längsdurchmesser, vorzugsweise aus dem linken Ventrikel bestehend. Linker Ventrikel von reichlichen Blutgerinnseln erfüllt, in allen Durchmessern über doppelt weiter. Herzfleisch ausser an der Spitze um die Hälfte dicker; seine äussern Schichten grauroth, deutlich fasrig; die inneren Schichten, Papillarmuskeln und Fleischbalken gelbröthlich, theils gleichmässig, theils gelb gefleckt. Die Papillarmuskeln lang, aber glatt, die Sehnenfäden wenig verkürzt, etwas dicker. Der hintere Zipfel der Mitralis stellenweise mässig verdickt; der Aortenzipfel der Mitralis längs des freien Randes, sowie einzelne der angrenzenden Sehnenfäden stellenweise mit einer grauweissen, weichen, unebenen, festansitzenden Masse bedeckt, welche sich sowohl an der vorderen als hinteren Fläche dieses Zipfels findet. Von den Aortenklappen ist nur die rechte noch theilweise erhalten, ungefähr doppelt kleiner, bis $^{3}/_{4}$''' dick und weich, die hintere ist nach der rechten zu an einer linsengrossen Stelle perforirt, in ihrem übrigen Theil $^{1}/_{2}$—2''' dick, theils mit einer ähnlichen Masse bedeckt, wie die Mitralis, theils verkalkt. Diese Klappe ist gegen 3''' weit verwachsen mit der linken, welche gleich der hinteren ungefähr normal gross, aber mit denselben Massen besetzt ist, wie die Mitralis. Zwischen dieser Klappe und dem angrenzenden Theil der Aorta, also an deren vorderer Wand gelegen, findet sich eine 1□" grosse Stelle, deren Grund bläulich weiss, ziemlich glatt, oben aber von einzelnen kleinen Ausbuchtungen und sehnigen Strängen durchsetzt ist; der Rand dieser Stelle ist 1—3''' hoch, zum Theil von der letztgenannten Aortenklappe gebildet, zum Theil scheint er aus der unterwühlten, aber senkrecht stehenden Innenhaut der Aorta zu bestehen. — Das rechte Herz fast doppelt weiter; Wand normal dick, mit mässig reichlichen Gerinnseln erfüllt; Fleisch bleich, sonst gleich den Klappen normal. Der rechte Vorhof gegen doppelt weiter. Aorta normal weit; Innenfläche fettig entartet.

Bauchhöhle ohne Flüssigkeit.

Leber in allen Durchmessern, mit Ausnahme des dicken, etwas grösser; ihre Oberfläche stellenweise unregelmässig und flach granulirt. Schnittfläche bloss in den grösseren Gefässen bluthaltig, undeutlich acinös. Centrum der Acini weiss, mit erweiterten Centralvenen, Peripherie grauroth. Lebergewebe etwas fester. Wand der grossen Gefässe normal. Galle spärlich, dunkel. — Milz 6 ' lang, verhältnissmässig breit und dick; Kapsel mässig verdickt; Milzgewebe grauroth, von sehr zahlreichen bis hirsekorngrossen, festen, weissen Stellen durchsetzt. Am äussern Rande des obern Theils der Milz eine tiefe Narbe, in deren Grund sich eine gegen bohnengrosse, weisse und gelbe, homogene, ziemlich feste Masse befindet.

Nieren etwas grösser. Kapsel dünn, leicht abziehbar; Oberfläche glatt; Rinde etwas breiter, grauroth, ziemlich homogen, fester, mattglänzend; Pyramiden blass normal gross; an einem Nierenkelche mehrere kleine gelbliche Concremente. An der hinteren Fläche der linken Niere ein ähnlicher, viel kleinerer Infarct, als der der Milz. Becken und Kelche der rechten Niere sämmtlich gegen doppelt weiter; einzelne Kelche enthalten sehr reichliche gelbe, rundliche Concremente. In der Schleimhaut einzelne Hämorrhagieen.

Im Magen sehr reichliche, ziemlich frische Speisereste; Schleimhaut theils blassröthlich, theils grünlich gefärbt, etwas dicker. — Im obern Dünndarm sehr reichliche gelbweisse schleimige Flüssigkeit; Schleimhaut fast überall wenig hyperämisch und stellenweise frisch hämorrhagisch. Dickdarm normal.

Die Wirbelsäule zeigt in ihrem mittleren Thoraxtheil eine sehr starke Krümmung, deren Convexität nach rechts sieht. Die Aorta liegt an der Concavität dieser Krümmung, ist in ihrem Lumen vollständig normal, ihre Innenfläche stellenweise fettig.

24. Insufficienz der Mitralis und der Aortenklappen. Erweiterung und Fettmetamorphose des Herzens.

17jähriger Mensch, secirt am 11. März 1863.

(Kam vor 5 Monaten mit acutem Gelenkrheumatismus in's Spital. Später Endocarditis und Insufficienz der Mitralklappe.)

Körper mittelgross, stark abgemagert; Haut gelbgrau, mit reichlichen violetten Todtenflecken und stellenweise mit Miliaria. Am linken Trochanter ein thalergrosser, am rechten ein zweithalerstückgrosser, dort oberflächlicher, hier bis auf den Knochen dringender Decubitus. Schwache Starre. Unterhautzellgewebe fast fettlos; Musculatur spärlich, blass.

Schädeldach dünn. An der Aussenseite beider Scheitelbeine zahlreiche bis linsengrosse, meist flache, auf dem Grund zum Theil vascularisirte und meist etwas weiche Vertiefungen, über welchen das Periost leicht abziehbar ist. Dura mater normal - weiche Hirnhäute schwach getrübt. Hirnsubstanz blutarm, etwas weicher.

Rachen- und Halsorgane normal.

In der linken Pleurahöhle etwa $^1/_4$ Pfd. klare Flüssigkeit. Lunge stellenweise langfädig verwachsen, im obern Lappen normal gross, im unteren mässig comprimirt, fester anzufühlen und schwer. Das Gewebe des oberen Lappens fast überall nur in den Bronchien lufthaltig, an den meisten Stellen eigenthümlich gelbröthlich gefärbt nur stellenweise schwach schieferfarben, dabei glatt, homogen, beim Darüberstreichen reichliche lufthaltige, gelbröthliche Flüssigkeit ergiessend. Unterer Lappen mässig bluthaltig, braunroth, mässig lufthaltig. In den Bronchien spärlicher blutiger Schleim. Bronchien des oberen Lappens blass, die des unteren in der Schleimhaut stärker geröthet und geschwollen. Bronchialdrüsen klein, schwach und fest. — Rechte Pleura wie links. Unterer Lappen schwach comprimirt; der obere und mittlere Lappen gleich dem linken oberen; der untere Lappen fast vollständig luftleer, gleichmässig braunroth, undeutlich fein granulirt. Bronchien wie links. Bronchialdrüsen etwas grösser, theils schwarz, theils grau und mürbe.

Im Herzbeutel gegen ℥jj schwach trübe Flüssigkeit. An der Umschlagsstelle des Herzbeutels finden sich spärliche Reste von theils blassem, theils dunklem Faserstoff. Herz in beiden Durchmessern fast doppelt grösser, vorzugsweise aus dem stark hervortretenden linken Ventrikel bestehend. Der linke Ventrikel über doppelt weiter, mit reichlichen Gerinnseln; sein Fleisch, auch abgesehen von der Erweiterung, um die Hälfte dicker, nach der Spitze hin an Dicke zunehmend, gelbröthlich, stellenweise, besonders zunächst dem Endocardium, gelblich gefärbt, überall stark fettig entartet; Papillarmuskeln normal gross, gleichmässig graugelb, homogen, weicher, stark fettig entartet. Sehnenfäden stark verdickt und wenig verkürzt. Klappensegel wenig verkürzt und nur längs des freien Randes mässig verdickt. Aortenklappen schwach verdickt; an den Rändern stellenweise perforirt, leicht beweglich. Linker Vorhof, rechter Ventrikel und rechter Vorhof stark erweitert. Fleisch des rechten Ventrikels normal dick, übrigens ebenso wie links oder noch stärker fettig entartet. Die meisten Papillarmuskeln schwach gelb gefleckt. Pulmonalarterie und Aorta normal.

In der Bauchhöhle ungefähr 1 Pfd. schwach trübe gelblichrothe Flüssigkeit. — Leber in beiden Lappen über die Hälfte grösser; im rechten Lappen stark zungenförmig, bis 2" vom Darmbein reichend; ihre Oberfläche schwach getrübt; Rand des linken Lappens scharf, der des rechten stumpf. Lebergewebe etwas fester, braun und grauroth gefärbt, weniger deutlich acinös. Galle spärlich, schleimig. — Milz gegen doppelt grösser, dunkel, derb.

Linke Niere ungefähr doppelt grösser. Kapsel leichter abziehbar; Oberfläche glatt, in der vorderen Hälfte blass, in der hinteren mässig injicirt; Rinde mässig verbreitert, an der vorderen Fläche gelblich, an der hinteren grauroth, homogen, fester. Rechte Niere kleiner als die linke, blutärmer, sonst ebenso.

Magen in der Pförtnerhälfte schwach geröthet, sonst normal. Im unteren Dünndarm einzelne solitäre Follikel schwach vergrössert. Mesenterialdrüsen etwas grösser, graugelb, derb. Dickdarm normal.

Blase normal. Urachus und fötale Nabelgefässe auffallend deutlich.

25. Chronische und acute Endocarditis der Mitralis und der Aortenklappen. Fettmetamorphose besonders des linken Ventrikels. Drei runde Magengeschwüre; in einem derselben vier offene Gefässe. Blut im Darmkanal.

19jähriger Mann, secirt am 9. November 1862.

Körper mittelgross, stark abgemagert, an den unteren Extremitäten mässig ödematös. Haut sehr bleich, mit reichlichen blassen Todtenflecken.

Schädeldach dünn; in der Gegend der grossen Fontanellen mehrere Schaltknochen. Dura mater normal; weiche Hirnhäute an der Convexität schwach getrübt, in hohem Grade anämisch. Hirnsubstanz sehr blutarm, schwach ödematös, sonst normal.

Rachen- und Halsorgane normal.

Linke Lunge überall mässig fest verwachsen; Pleurahöhle ohne Flüssigkeit; die Lunge im oberen Lappen wenig, im unteren stärker verkleinert. Das Gewebe des oberen Lappens auffallend schwach lufthaltig, nur aus den kleineren Bronchien lufthaltige Flüssigkeit ergiessend, grauröthlich, an zahlreichen bis zwei Linsen grossen Stellen blassroth, seltener dunkelroth gefärbt. Der untere Lappen von demselben Luftgehalt, auch übrigens gleich beschaffen, nur durchaus heller gefärbt. Bronchien schwach erweitert; Schleimhaut der obern blass, die der unteren mässig geröthet. — In der rechten Pleurahöhle circa 2 Pfund gelblich klare Flüssigkeit. Lunge frei; grössere untere Hälfte des unteren Lappens fast um die Hälfte kleiner; unter der Pulmonalpleura des mittleren und oberen Lappens sind die Lymphgefässe deutlich sichtbar, rothgefärbt. Das Gewebe des oberen Lappens enthält nur in den kleineren Bronchien nachweisbare Luft; ihre Schnittfläche theils gelblich, theils gelb; an wenigen Stellen dunkelroth oder schwarz gefärbt. Das Gewebe sehr undeutlich zellig, meistens homogen und fester anzufühlen. Der mittlere Lappen ebenso. Der untere in seinem untern Drittel gleichmässig braunroth, glatt, luftleer. Bronchien wie links; Bronchialdrüsen wenig vergrössert, schwarz, fest.

Im Herzbeutel circa ℥jj gelbgrüne, schwach trübe Flüssigkeit mit spärlichen Fibringerinnseln; das Visceralblatt an den betreffenden Stellen fettreich; an der Basis des Herzens über den grossen Gefässen und längs der Vasa coronaria theils gleichmässig roth gefärbt, theils sehr zahlreiche kleine bis linsengrosse Hämorrhagieen zeigend. Herz gleichmässig vergrössert, $4^{1}/_{2}''$ breit, ebenso lang, schlaff; im linken Herzen spärliche Gerinnsel; linker Ventrikel um $^{1}/_{2}$ grösser; Endocardium normal; Papillarmuskeln an den Spitzen in der Höhe von $1—1^{1}/_{2}'''$ sehnig entartet; Sehnenfäden am vorderen Zipfel fast um $^{1}/_{2}$ kürzer, am hinteren weniger kurz, überall stark verdickt. Das Klappensegel des vorderen Zipfels wenig verkürzt, das des hinteren nur noch $2—3'''$ breit, beide an ihrem freien Rande in der Breite von $1—2'''$ bis $^{1}/_{2}'''$ dick, grauweisslich, zahlreiche sehr kleine Vegetationen zeigend; an einer Stelle ein halb linsengrosses Loch, nahe am freien Rande. Im rechten Herzen reichlichere Gerinnsel; rechter Ventrikel normal gross, an der Oberfläche der Tricuspidalklappe nahe dem freien Rande sehr zahlreiche, feine Vegetationen. Endocardium des normal weiten Vorhofes vielfach getrübt; Klappen der Pulmonalarterie normal; Arterie selbst auffallend eng. Aortenklappen kleiner; an ihrer hinteren Fläche eine $1'''$ breite und $1'''$ hohe gleiche Auflagerung wie an der Mitralklappe. Herzfleisch links etwas dicker; in beiden Herzhälften gelblich röthlich, weicher: links ziemlich stark, rechts mässig fettig entartet.

In der Bauchhöhle 2 Pfd. klare gelbe Flüssigkeit. Leber am linken Rand des linken Lappens fest mit dem Magen verwachsen; Kapsel vielfach getrübt. Gewebe graugelb und roth gefleckt; Acini deutlich, im Centrum graugelb, peripherisch dunkel, von normaler Consistenz; grosse Gefässe normal. Galle reichlich, graubraun, dünn. — Milz normal gross; in ihrer oberen Hälfte nahe dem hinteren Rand ein gegen $^{5}/_{4}''$ langer, bis $4'''$ breiter scharf umschriebener hämorrhagischer Infarct; nach aussen davon ein kleinerer, weniger deutlich umschriebener.

Der Magen hängt mit dem linken Rand des linken Leberlappens an einer circa quadratzollgrossen Stelle kurz zusammen, ist gegen die Leber herangezogen und lässt daselbst eine Härte fühlen. Auch das Pancreas hängt in seiner linken Hälfte kurz und fest mit dem Magen zusammen. Auf der Magenschleimhaut sieht man an der kleineren Curvatur, vorzüglich an der hinteren Wand, $2''$ von der Cardia eine ovale, $1\square''$ grosse, gegen $2'''$ tiefe Grube, in welche sich die Schleimhaut wenig fortsetzt, deren Grund ziemlich glatt ist, und 4 $^{1}/_{2}$—1 erbsengrosse, warzenförmige Höcker zeigt, in deren Mitte mit röthlicher Flüssigkeit erfüllte Canäle (arrodirte Arterien) liegen. Dieser Stelle gegenüber eine 2kaffeebohnengrosse narbige Stelle; unterhalb der ersten Narbe findet sich eine gleiche ovale $^{1}/_{4}\square''$ grosse Stelle. Die übrige Magenschleimhaut wenig geschwollen, mit zähem Schleim belegt, ohne Blut. — Im oberen Jejunum gelblicher Chymus. Im übrigen Dünndarm reichliche theils blutrothe, meist aber theerartige Flüssigkeit. — Im Dickdarm dieselben Massen.

Nieren normal gross; Kapsel normal; Oberfläche vorn blass, hinten geröthet, glatt; Rinde normal breit, homogen, fester.

26. Chronische Endocarditis der Mitralis und der Aortenklappen: Dilatation und Hypertrophie des linken, mässige Fettmetamorphose beider Ventrikel. Lungenemphysem.

55jähriger Mann, secirt am 22. Juli 1862.

Körper mittelgross, ziemlich abgemagert, von den Knieen an mässig ödematös. Haut graugelblich, mit sehr reichlichen dunklen Todtenflecken. Mässige Starre. Unterhautzellgewebe fast fettlos, Musculatur spärlich, blassroth.

Schädeldach dünn. In der Dura mater ein kleiner stachlicher Knochen. Weiche Hirnhäute an der Convexität und Basis schwach getrübt. Hirnsubstanz blutarm.

Schleimhaut des Larynx und der Trachea mit spärlichem zähen Schleim belegt darunter geröthet, mässig geschwollen. Schilddrüse normal.

Die Lungen reichen vorn in der obern Hälfte gegen 2'' übereinander, so dass die rechte vor der linken liegt, sind an ihren vorderen Rändern mässig emphysematös, schlaff anzufühlen. In der linken Pleurahöhle ungefähr 1 Pfd. braunrothe, schwach trübe Flüssigkeit. Die linke Lunge an der Spitze verwachsen, ihr oberer Lappen mit zahlreichen Flecken, zwischen denen das Gewebe vielfach hellroth ist. Der untere Lappen mit denselben Flecken, zwischen denen die Pleura an den meisten Stellen braunroth ist; an der Basis ausserdem noch eine dünne Fibrinschicht. In der rechten Pleurahöhle gegen 2 Pfd. klare gelbliche Flüssigkeit; die Lunge über dem oberen Lappen stellenweise verwachsen, der untere Lappen etwas kleiner. Beide Lungen $1^1/_2$ — bis 2'' tiefer stehend. — Der linke obere Lappen ist überall lufthaltig, schwach ödematös, von zahlreichen schwarzen und weniger reichlichen blassrothen Flecken durchsetzt. Der untere Lappen fester anzufühlen, von sehr zahlreichen bis kirschengrossen, meist peripherischen, nicht scharf begrenzten, braunrothen, etwas festeren Stellen durchsetzt. Der hintere untere Theil dieser Lunge ist in der Höhe von 4'' gleichmässig braunroth, luftleer, reichliche trübe blutige Flüssigkeit entleerend, unregelmässig und grob granulirt. In den Bronchien reichliche blutig-schaumige Flüssigkeit. Schleimhaut mässig geröthet und wenig geschwollen. Die Bronchien im untern Lappen gleichmässig schwach erweitert. — Die rechte Lunge verhält sich im obern Lappen gleich dem linken untern. Der mittlere ist vorn ebenso beschaffen; der grösste Theil seiner hintern Partie ist luftleer, braunroth. Der hintere Theil des untern Lappens ist grösstentheils luftleer, glatt, reichliche trübe Flüssigkeit ergiessend.

Im Herzbeutel ca. 1 Unze gelbliche klare Flüssigkeit. Das Herz gegen doppelt grösser, beiderseits fest anzufühlen. In allen Herzhöhlen reichliche dunkle Gerinnsel. Der linke Ventrikel gegen doppelt weiter, die Trabekeln theils etwas dicker, theils sehnenartig dünn. Die Papillarmuskeln grösstentheils um die Hälfte grösser und dicker, die Sehnenfäden zum kleinern Theil normal lang, grösstentheils über doppelt dicker, und vielfach untereinander verwachsen. Der vordere Zipfel des Klappensegels ist um die Hälfte kürzer, etwas nach hinten umgekrempt; der hintere Zipfel wenig verkürzt, stark in den Ventrikel hineinragend. Der Durchschnitt stellenweise bis 2''' verdickt, theils einfach fibrös, an vielen Stellen verkalkt. An der Vorhoffläche des hintern Zipfels ist eine gegen $^1/_2$□'' grosse Fläche, welche aus vollständig verkalkter, ulcerirter Masse besteht. Der linke Vorhof schwach erweitert. Die Aortenklappen ragen weit in das Lumen herein, schliessen aber. Ihre Berührungsstellen sind 2—3''' weit miteinander verwachsen, ihr Gewebe stellenweise verdickt und mit kalkigen Concrementen besetzt. Die Aorta etwas enger, mit Auflagerungen. Der rechte Ventrikel etwas kleiner, als normal; seine Klappen normal, das Segel der Tricuspidalis etwas verdickt. Der rechte Vorhof wenig erweitert. Die Pulmonalklappen normal. Das Herzfleisch links im Verhältniss zur Weite des Herzens fast doppelt dicker, grauroth, beiderseits, besonders links unter dem Endocardium, stellenweise gelb punctirt. In der Bauchhöhle gegen 3 Pfund klare Flüssigkeit. Leber in allen Durchmessern fast um die Hälfte kleiner, an der Oberfläche glatt, stellenweise unregelmässig schwach granulirt. Die Schnittfläche etwas fester, in den grössern Gefässen blutreich, aus einem gelben Netzwerk mit rothen Inseln bestehend, in ersterem an zahlreichen Stellen die Centralvenen sichtbar. Galle reichlich, dunkel. — Milz normal gross; Kapsel mässig getrübt und verdickt; Gewebe braunroth, fester, reicher an Stroma.

Nieren etwas kleiner; Kapsel fester ansitzend; Oberfläche braunroth. Rinde fester, fein roth punctirt. Pyramiden braunroth, mit reichlichen Kalkinfarcten.

Magen weit; mässiger chronischer Catarrh der Schleimhaut. Geringer chronischer Catarrh des Dünndarms und stärkerer chronischer Catarrh des ganzen Dickdarms.

In den übrigen neun Fällen von Insufficienz der Mitralis und der Aortenklappen ohne gleichzeitige Fettmetamorphose des Herzfleisches war der Tod bedingt:

- dreimal durch Pneumonie, einmal zugleich mit Pericarditis (F. XVII, XXIII und XXXVI);
- einmal durch sehr starke und allgemeine catarrhalische Condensation der Lungen (F. XLI);
- einmal durch doppelseitiges hämorrhagisches Pleuraexsudat (F. I);
- je einmal durch beginnende (embolische) Gangrän einer Unterextremität (F. III), und durch Gangrän des Scrotum (F. XXXII).

In zwei Fällen fand sich keine letzte Todesursache: einmal trat der Tod ganz plötzlich ein (F. XI); der andere Fall betraf einen Säufer (F. XXV).

Combinationen von mehr als zwei Klappenfehlern sah ich nur dreimal. In zwei Fällen fand sich Fettmetamorphose des ganzen Herzens. Einmal fehlte die Fettmetamorphose, der Tod war wahrscheinlich Folge einer älteren eitrigen Pericarditis (F. XX).

27. Fehler mehrerer Herzklappen. Fettmetamorphose des Herzfleisches.

46jähriger Mann, secirt am 4. December 1856.

Körper mässig icterisch und mässig ödematös. Beiderseits mässiger Hydrothorax und starkes Emphysem der obern Lungenlappen. Drei grosse frische Infarcte im rechten Unterlappen. Condensation des Lungengewebes. Allgemeine starke Herzhypertrophie durch Verschrumpfung der Mitralis, der Aortenklappen, theilweise auch der Tricuspidalis, und Stenose am linken venösen Ostium. Punctirte und streifige Fettmetamorphose des gesammten Herzfleisches. Consecutive Veränderungen der Bauchorgane.

28. Insufficienz der Mitral- und der Aortenklappen; Stenose des linken Ostium venosum: Hypertrophie und Fettmetamorphose des Herzens. Induration von Leber, Milz und Nieren.

27jähriger Mann, secirt am 10. April 1860.

Körper mittelgross, schwach genährt. Haut schmuzig-gelblich; ausgebreitete violette Todtenflecke. Starke Starre. Untere Extremitäten von den Knieen an links schwach, rechts stärker ödematös. Musculatur verhältnissmässig reichlich, blass.

Schädeldach dick, compact; überall schwaches villöses Osteophyt. Am linken Scheitelbein, $1^1/_2''$ von der Pfeilnaht, eine $1''$ lange, $2'''$ breite und $1'''$ tiefe, glatte Furche, die sehr durchsichtig ist. Nahe der Pfeilnaht mehrere andere kleine durchsichtige Stellen. Dura mater normal dick, an ihrer inneren Fläche längs der Pfeilnaht ein gelbröthlicher, sehr dünner, weicher Anflug. Auf den weichen Hirnhäuten ebendaselbst reichliche Pacchionische Granulationen. Hirnhäute der Convexität in den Furchen getrübt, mässig ödematös. Hirnwindungen etwas abgeplattet. Hirnsubstanz etwas feuchter. In der weissen Substanz die Gefässe durchschnittlich auffallend weit.

Larynx normal. Die hintere Wand des Larynx und der Trachea grauroth, mässig geschwollen. — Schilddrüse gross, gleichmässig colloid entartet.

In der linken Pleurahöhle ca. 2 Pfd. braungelbe, klare Flüssigkeit. Die Lunge an der Basis des unteren Lappens und am untern äusseren Theil der Convexität mit einer dünnen, fibrinösen Schicht bekleidet und darunter roth gefärbt. Jener Stelle entspricht ein $2''$ im längsten, $1^1/_2''$ im kleinsten Durchmesser haltender, scharf umschriebener, stellenweise zackiger, dunkelrother, glatter, auf der Schnittfläche reichliches Blut entleerender Infarct. In zwei zu demselben führenden Aesten der Lungenarterie finden sich 2 weiche ältere Gerinnsel. Nahe der Lungenwurzel finden sich im untern Lappen mehrere linsengrosse, unregelmässige, nicht scharf umschriebene, hellrothe, schlaff infiltrirte Stellen. Das übrige Lungengewebe ist reichlich schwarz gefleckt, dazwischen theils blass, theils gelbröthlich. Bronchien in den feinern Verzweigungen weiter, mit eitriger Flüssigkeit erfüllt; in den grössern eine mässige Menge glasigen Schleimes. Der untere Lungenlappen ca. $^1/_3$ kleiner. — In der rechten Pleurahöhle dieselbe Flüssigkeit in etwas reichlicherer Menge. Die Lunge an der Spitze verwachsen, um die Hälfte comprimirt, der untere, mittlere und die Hälfte des oberen Lappens mit einer einige Linien dicken Fibrinschicht bekleidet. Oberer und mittlerer Lappen wie der linke obere, ebenso der grösste Theil des unteren Lappens. An der Basis findet sich ein ganseigrosser, scharf umschriebener, braunrother, etwas schlaffer Infarct, auf dessen Durchschnitt zahlreiche kleine Aeste der Lungenarterie verstopft sind. An einer Stelle setzt sich der Thrombus bis zu einem $1^1/_2''$ dicken Ast fort. Bronchien wie linkerseits. Die gröbern Aeste der Art. pulm. in beiden Lungen zeigên ausgebreite gelbe, wenig vorragende Flecke.

Im Herzbeutel ca. 3 Unzen gleiche Flüssigkeit wie in der Pleura. Herz $6''$ lang, an der breitesten Stelle $9''$ breit, fast kugelig. Das Pericardium über dem rechten Atrium fleckig getrübt. An zahlreichen Stellen des rechten Ventrikels eine ausgebreitete fein gelbe Fleckung, welche kaum $^1/_2''$, weit in die Muscularis hereinragt (Fettmetamorphose derselben). Der linke Ventrikel auffallend eng, (von der halben normalen Weite). Linker Vorhof doppelt weiter. Das Endocardium des letzteren an verschiedenen Stellen trüb gefleckt:

vor dem Eingang in das gleichfalls doppelt weitere Herzohr findet sich eine 3/4''' lange, fast 1/2'' breite, einige Linien dicke, ovale Erhebung, welche aus dunkelgraurothem, meist älterem Faserstoff besteht und mit dem Endocardium innig zusammenhängt. Das Ostium venosum hat die Form einer dreieckigen Spalte, deren jede Seite c. 3'' lang ist. Das Klappensegel ist nach dem Ventrikel hereingezogen; an einer Stelle der Vorhoffläche erhaben, steinig anzufühlen, letzteres bis zur Dicke von 3'''. Das übrige Segel ist überall stark, stellenweise bis 1 1/2''' verdickt. Von den Sehnenfäden findet sich nur ein einziger linienlanger und linienbreiter. Papillarmuskeln etwas dünner und länger; das Herzfleisch links normal dick, blass. Rechter Vorhof und rechter Ventrikel ca. 3mal weiter als normal. In beiden sehr viel Blutgerinnsel. Alle Fleischbalken des rechten Ventrikels und Atriums stark verdickt. Unter dem Endocardium des rechten Ventrikels an einzelnen Stellen dieselbe gelbliche Fleckung wie an der Aussenfläche; dieselbe reicht überall kaum 1/4''' weit ins Muskelgewebe hinein. An einzelnen Stellen der Tricuspidalis nach dem freien Rand zu eine geringe grauröthliche granulirte Auflagerung. Klappen der Art. pulm. normal; die der Aorta fast um die Hälfte kürzer, überall schwach, in der Gegend der Noduli stark verdickt. Nur an wenigen Stellen der Aorta gelbliche Färbung.

Bauchhöhle ohne Flüssigkeit. Leber in allen Durchmessern ca. um die Hälfte kleiner; in den grössten Gefässen mässig bluthaltig. Die Schnittfläche überall grauweiss und gelb gefleckt, wobei wechselweise die eine Färbung die andere übertrifft. Das Gewebe glatt, keine besondern Acini, schwach glänzend. Alle grössern Gefässe mässig, die grössern Lebervenen fast doppelt weiter. Oberfläche der Leber theils glatt und fest, theils (und dies an der untern Fläche) fein und unregelmässig granulirt. Galle spärlich, dunkel, dickflüssig. — Milz 5'' lang, fest; Gewebe braunröthlich, fester, etwas glänzend.

Magenschleimhaut starkfaltig und überall, besonders am Pylorus mässig verdickt. Die Musculatur des letztern c. um die Hälfte verdickt. Im ganzen Jejunum sehr reichlicher, wenig zäher Schleim; im untern Speisereste, an einer Stelle mit Blut vermischt; an letzterer Stelle die Schleimhaut mässig roth, stark geschwollen. Im Dickdarm reichlicher fester Koth und stellenweise eitriger Schleim. — Die Schleimhaut überall stärker vascularisirt; stellenweise zahlreiche Narben von solitären Follikeln.

Nieren etwas grösser als normal; Kapsel leicht abziehbar; auf der Oberfläche mehrere kleine tiefe Narben; Rinde um die Hälfte breiter, grauroth, fester. Pyramiden blass. Harnblase normal. Prostata nicht vergrössert.

Den Herzfehlern reihe ich noch den folgenden Fall von Offenbleiben des *Foramen ovale* an, bei welchem sich eine allgemeine punctförmige Fettmetamorphose des Herzfleisches fand.

29. Offnes Foramen ovale; Hypertrophie und Fettentartung des Herzens.

25 1/2jähriger Mann, mager, an den untern Extremitäten schwach ödematös. Ich erhielt nur das Herz am 24. Juli 1859.

Herz gegen dreimal länger und breiter durch sehr bedeutende Erweiterung des rechten Ventrikels und Vorhofs. Septum stark in den linken Ventrikel vorragend. Herzfleisch überall punctförmig fettig entartet. Mitral- und Aortenklappen gallertig verdickt. Foramen ovale gegen 2'' im Durchmesser, mit glatten Rändern.

Die chronische Aortenentzündung und die Fettmetamorphose des Herzfleisches.

Den Klappenfehlern des Herzens, besonders den Insufficienzen der Aortenklappen, schliesst sich die chronische Entzündung der Aorta nicht nur pathologisch-anatomisch, sondern auch in ätiologischer und klinischer Beziehung an.

Dass die chronische Aortitis an sich und wegen ihrer Folgen, besonders wegen der Fettmetamorphose der Muscularis und der consecutiven Erweiterung des Lumens, eine häufige Ursache von Dilatation und Hypertrophie des linken Ventrikels ist, ist hinreichend bekannt. Es war *a priori* zu erwarten, dass auch die Fettmetamorphose dieses Ventrikels ein häufiger Befund sein werde. Aber eine genauere Inbetrachtnahme bestätigte diese Erwartung nicht.

Unter 2000 Sectionen kamen 65 Fälle vor, in welchen die mässige oder starke Hypertrophie des linken Ventrikels (alle geringgradigen Fälle wurden unberücksichtigt gelassen) allein oder doch vorzugsweise auf Rechnung obiger Arterienkrankheit zu setzen war. In beifolgender Tabelle sind nur die ersten 26 Fälle in Kürze mitgetheilt, da sich in den übrigen wesentlich dieselben Verhältnisse ergaben. Eine Durchsicht dieser Tabelle zeigt, dass auch das jugendliche Alter von der chronischen Aortitis nicht verschont ist, besonders wenn mehrjähriger Alcoholmissbrauch stattfand, sowie dass die Todesursache, wie schon lange bekannt, auffallend häufig in Gehirnblutungen lag. Hingegen ergab sich auch ein mir bis dahin weder aus der Literatur, noch aus eigner Erfahrung bekanntes Factum, dass nähmlich fast die Hälfte aller mit chronischer Aortitis und Hypertrophie des linken Ventrikels Behafteter an Pneumonie zu Grunde ging. Ich unterlasse vorläufig die nähere Begründung dieser Thatsache.

Fälle von Hypertrophie des linken Ventrikels durch chronische Arteriitis.

30j. W. 30. Dec. 1856. Rechts. eitriges pleurit. Exs. Pneumonie des grössten Theils des rechten Oberlappens.

65j. M. 31. Dec. 1856. Frische Hämorrhagie des r. Corpus str., Thal. opt. u. des grössten Theils der Marksubstanz. Verkleinerung der Leber. Chronischer Magencatarrh.

42j. M. 11. Jan. 1857. Frische Hämorrh. des r. Corp. str. mit Durchbruch in den Ventrikel. Emphysem der r., starke Verkleinerung und sackige Bronchiectasieen der l., Miliartuberkel beider Lungen, sowie des Ileum. Chron. Magencatarrh.
72j. M. 13. Jan. 1857. Starke Kyphose der Brustwirbelsäule mit geringer Verengerung der Aorta Emphysem und Compression der Lungen. Rechtes Herz etwas weiter.
71j. M. 5. März 1857. Links. dünneitriges Pleuraexsudat; Infiltration des l. unt. Lungenlappens; Lungenemphysem. Krebs der Retroperitonäaldrüsen. Chron. Hydrocephalus. Hypertrophie der Prostata und Harnblase; Hydronephrose.
68j. W. 29. Mai 1857. Alte Gehirnhämorrhagieen neben den Ventrikelwandungen beider Gehirnhälften. Syphilom der Dura mater u. des Gehirns. Emphysem und Bronchitis. Chron. Magencatarrh.
73j. M. 30. Juni 1857. Aeltere apoplectische Cyste im r. *Thal. opt.* u. der angrenzenden Markmasse. Chron. Meningitis. Beiders. blutig-ser. pleurit. Exsudat. Pneumonie des grössten Theils der r. Lunge.
77j. W. 10. Juli 1857. Emphysem der Lungen; chronische Bronchitis und Bronchiectasieen. Im Fleisch des l. Ventrikels halbwallnussgr. ältere Entzündungsheerde. Granulirte verkleinerte Nieren. Malum senile beider Kniegelenke.
45j. M. 27. Juli 1857. Frische Hämorrhagie des grössten Theils des Pons. Nieren um die Hälfte kleiner, granulirt, fest.
40j. M. 6. August 1857. Ausgebreitete chron. u. acute Lungen- u. Ileumtuberculose.
24j. M. 10. Sept. 1857. Totale rechtseit. Pneumonie. Frische beiderseit. Pleuritis. Mässige Pericarditis.
26j. M. 15. Nov. 1857. Prim. Pneumonie des r. Unter- u. des angrenzenden Theils des Oberlappens.
42j. M. 28. Nov. 1857. Eitrige Basilarmeningitis u. acuter Hydrocephalus. Chron. Bronchitis. Pneumonie des r. Unterlappens.
36j. M. 30. Nov. 1857. (Säufer.) Pneumonie des r. obern Lungenlappens. Fettleber. Chron. Magencatarrh.
49j. M. 19. Dec. 1857. Chronische Tuberculose u. Emphysem der Lungen. Darmtuberculose.
61j. M. 22. Jan. 1858. Synostose der Pfeilnaht. Hämorrh. Pachymeningitis. Chron. Hydroceph. Lungenemphysem. Chron. Bronchitis. Eitrige und diphtheritische Colitis.
58j. M. 24. Jan. 1858. Osteophyten der Tabula vitrea. Chronische cavernöse Lungentuberculose. Divertikel des Duodenum.
67j. M. 27. März 1858. Geringe hämorrh. Pachymeningitis. Pneumonie des l. untern u. des r. obern Lappens. Gallensteine.
54j. M. 5. April 1858. Aeltere Tuberculose von Lungen, Darm, Milz u. Mesenterialdrüsen. Lobul. Pneumonieen. Metastat. Infarcte der Milz. Thrombose der l. Cruralvene. Abscess in der l. Inguinalgegend. Lebernarben.
56j. M. 15. Mai 1858. Wallnussgrosse graue Erweichung des l. Corpus striatum Lobul. Pneum. Chron. Bronch. Mehrere myocarditische Schwielen.
61j. M. 22. Juni 1858. Grosse Hämorrhagie in der Umgebung des Seitenventrikels der rechten Gehirnhemisphäre, mit Perforation des Ventrikels.
42j. M. 13. Juli 1858. Aeltere Endocarditis (mit Thrombose) in beiden Herzventrikeln u. im r. Vorhof. Hämorrhag. Lungeninfarcte. Beiders. hämorrhag. Pleuraexs. Chron. Magen- u. Darmcatarrh.
62j. W. 29. Sept. 1858. Adhäsive Pericarditis; alte Myocarditis; frische Endocard. Lungenemphysem. Pneumonie des l. Unterlappens.

58j. M. 9. Nov. 1858. Frische (traumatische) Fractur d. l. Tibia. Embolie mehrerer Hauptäste der r. Lungenarterie. Thrombose des r. Vorhofs.

65j. M. 14. April 1859. Tuberculose von Lungen, Larynx, Darm und Leber. Varices der Submucosa des Jejunum.

78j. W. 6. Mai 1859. Emphysem und Pigmentinduration der Lungen. Chronische Bronchitis. Darmgeschwüre. Tuberculose des Peritonäum.

Von den wenigen Fällen, welche gleichzeitig Hypertrophie und Fettmetamorphose des linken Ventrikels darboten, theile ich vier mit. Einige andere sind schon bei den Klappenstörungen des Herzens mit erwähnt.

30. Erweiterung der Aorta; Hypertrophie d Fettmetamorphose des linken Ventrikels. Narben und Fettmetamorphose des Herzfleisches.

57jähriger Zeichnenlehrer, secirt am 5. März 1861 (Dr. Kirsten).

(Seit c. 10 Jahren an Herzklopfen, Dyspnöe und Schmerzen in den Oberextremitäten leidend. Vor 4 Jahren fand ich: starke Hypertrophie des linken Ventrikels; reine Herztöne, zwei starke Geräusche vom Bogen der Aorta längs der Rückenwirbelsäule herab; am rechten Sternalrand undeutlich fühlbare Pulsation. Zunahme der Beschwerden, besonders stark in den beiden letzten Jahren.)

Körper mittelgross, an Vorderarmen und Unterextremitäten stark ödematös, übrigens stark abgemagert. Schädel- und Halsorgane nicht eröffnet. Lungen stellenweise verwachsen, mässig pigmentirt, stark ödematös. In der Spitze des linken Unterlappens mehrere erbsen- bis wallnussgrosse, grauweisse, glatte, trockne, luftleere Stellen. Mässige chronische Bronchitis. — Herzbeutel leer; am Visceralblatt mehrere Sehnenflecke. Herz 7" lang, 4½" breit, oval gestaltet, fest anzufühlen. Linker Ventrikel gegen dreimal weiter; sein Fleisch überall gegen doppelt dicker als normal, nach dem Endocardium zu an sehr zahlreichen, hirsekorngrossen, vielfach confluirenden Stellen gelb gefärbt, an einzelnen, meist durch das ganze Herzfleisch reichenden, bis kirschengrossen Stellen schwielig. Mitralklappe normal; Aortenklappen gleichmässig schwach verdickt, nicht verkürzt. Aorta bis zum untern Ende des Thorax doppelt weiter; ihre Innenfläche durchweg grau gefärbt, erhaben, stellenweise runzlig, verkalkt und verfettet; ihre Häute ungefähr normal dick, von d. Muscularis nichts mehr sichtbar. — Leber etwas kleiner; Rand stellenweise atrophisch. Auf der Schnittfläche kleine gelbgraue Inseln mit centralem dunkeln Punct (Lebervene) und braunrothes Netzwerk. — Milz normal. — Geringe Granularatrophie beider Nieren.

31. Aneurysma der aufsteigenden Aorta. Hypertrophie und Fettmetamorphose des linken Ventrikels.

69jähriger Mann, secirt am 17. März 1859.

Körper mässig genährt. An beiden Unterschenkeln flache Geschwüre, in deren Umgebung die Haut sclerosirt ist. — Chronische Pachymeningitis und Sarcome der Dura mater. Chronischer Hydrocephalus. Bindegewebshypertrophie der Schilddrüse. — Mässiges Emphysem beider Lungen. Chronische Bronchitis und cylindrische Bronchiectasieen. Herz im linken Ventrikel doppelt weiter und dicker; sein Fleisch blass, weich, gleichmässig fettig entartet. Aufsteigende Aorta über doppelt weiter. Im Anfang des Bogens drei $1^1/_2$—3" im Durchmesser haltende, mit breiter Basis aufsitzende Ausbuchtungen, deren zwei mit älteren Thromben ganz erfüllt waren. Chronische Entzündung der Innenhaut der Aorta und ihrer Hauptäste in allen Stadien. — Leber, Milz, Magen und Darm normal. Nieren grösser und fester.

32. Aehnlicher Fall.

54jähriger Mann, secirt am 12. Juni 1863. (Dr. Kindermann).

(Zweijährige Krankheitsdauer: zuerst „Rheumatismus des linken Arms"; später auch Erscheinungen von Fettherz.)

Starke gleichmässige Erweiterung der aufsteigenden Aorta; sackige Erweiterung am obern vordern Theil derselben mit Schwund des zweiten Rippenknorpels. Starke Dilatation, Hypertrophie und gleichmässige starke Fettentartung des linken Ventrikels. Mässige Induration von Leber, Milz und Nieren.

33. Chronische Arteriitis; Hypertrophie und Erweiterung des linken Ventrikels. Bronchitis. Pleuraexsudat. Geringe Fettmetamorphose des Herzens.

41jähriger Mann, secirt am 18. Juni 1863 (13 h. p. m.) (Dr. Ploss.)

(Starb nach wenigtägiger „mässiger Bronchitis.")

Körper mittelgross, mässig fett. Haut bleich, mit reichlichen dunkeln Todtenflecken. Mässige Starre.

Schädel- und Halsorgane nicht eröffnet.

In der linken Pleurahöhle c. $^1/_4$, in der rechten $^1/_2$ Pfund seröse, schwach trübe Flüssigkeit ohne Fibringerinnungen; linker Unterlappen an der Basis, rechter in der untern Hälfte, beide in scharfer Begrenzung, mässig comprimirt. Das Lungengewebe beiderseits weniger lufthaltig, blutreich; das des rechten Unterlappens gleichmässig schlaff infiltrirt. Alle Bronchien beider Lungen, besonders die der untern Lappen, enthalten mässig viel schleimige oder schleimigeitrige, ziemlich zähe Flüssigkeit, sind gleichmässig schwach erweitert; ihre Schleimhaut wenig geröthet, nicht geschwollen. Bronchialdrüsen normal.

Im Herzbeutel eine geringe Menge klarer Flüssigkeit. Visceralblatt vielfach getrübt, fettreich. Herz fast doppelt grösser, sowohl in der Länge als Breite, schlaff, mit spärlichen Blutgerinnseln. Linker Ventrikel über doppelt weiter, gegen doppelt dicker; Fleisch blass, weicher (nur ein Theil der Muskelfasern mässig fettig entartet). Mitralklappe und linker Vorhof normal. Aortenklappen gleichmässig schwach, an den Noduli stärker verdickt. Rechtes Herz normal. Aorta in ihrer ganzen Länge, im Anfangstheil um die Hälfte weiter und ihre Wände auffallend dünner. Die Innenhaut in der aufsteigenden Aorta sehr stark und unregelmässig gefaltet, graubräunlich, im übrigen Theil gleichmässig gelb gefärbt oder gelb gefleckt; die Muscularis graugelb, weicher. Die Coronar- und Iliacalarterien ebenso.

Bauchhöhle ohne Flüssigkeit. Leber zungenförmig, mässig bluthaltig, fester, beim Durchschnitt schwach kreischend; Acini klein, scharf umschrieben. — Milz etwas grösser, weicher, blutreich. — Nieren normal gross, blutreich, sonst normal. — Magen und Darm normal.

Die Pericarditis und die Fettmetamorphose des Herzfleisches.

Das Vorkommen von Fettmetamorphose des Herzfleisches bei Pericarditis ist schon länger bekannt, und die Wichtigkeit des ersteren Vorganges ist bei dieser Krankheit auch theilweise anerkannt. Trotzdem wird die Häufigkeit der Herzverfettung gewöhnlich viel zu gering angeschlagen.

Die reine adhäsive Pericarditis, d. h. diejenige, wo es ohne jeden flüssigen Erguss oder mit nur spärlichem serösen Exsudat zu einer Verwachsung beider Herzbeutelblätter kommt, habe ich im Folgenden ganz ausser Acht gelassen. In den zahlreichen Fällen, wo sie in der Leiche gefunden wurde, waren nie bemerkenswerthe Symptome seitens des Herzens vorhanden gewesen, und fast nie war man im Stande, ein Urtheil über das Alter der Affection zu fällen. In einigen Fällen, wo sich bei adhäsiver Pericarditis Fettherz fand, rührte letzteres wohl meist von andern Umständen her.

Mit Abrechnung dieser Fälle blieben noch 35 übrig, wo sich Pericarditis verschiedener Art, bald mit vorwiegendem faserstoffigen Exsudat, bald eitriger, bald hämorrhagischer Natur fand. In 17 dieser Fälle wurde durch die microscopische Untersuchung eine mässige oder starke Verfettung des Herzfleisches nachgewiesen. In den übrigen 16 Fällen fand entweder keine microscopische Untersuchung statt (aus der Beschreibung des Herzfleisches geht aber hervor, dass auch von diesen Fällen mehrere höchst wahrscheinlich Fettentartung darboten), oder die Untersuchung ergab das Herzfleisch nicht fettig entartet.

Leider fehlt mir bei fast allen folgenden Fällen jede klinische Notiz, so dass ich ausser Stand bin, anzugeben, wie lange vor dem Tode ungefähr die Fettentartung des Herzfleisches eingetreten sei. Wohl in keinem der Fälle war die Fettentartung chronisch. Wahrscheinlich in den meisten war sie so acut, wie das Virchow (l. c.) hervorgehoben hat.

Von rein primärer Pericarditis mit allgemeiner Fettmetamorphose des Herzfleisches sah ich nur einen Fall.

34. Primäre Pericarditis und hochgradige Fettentartung des Herzens.

45jähriges Weib, secirt am 18. Juli 1862 (14 h. p. m.) (Dr. Schmieder.)
(Neuntägige Krankheit.)

Körper mittelgross, sehr fett, an den Knöcheln schwach ödematös. Haut bleich, mit reichlichen dunkeln Todtenflecken. Mässige Starre. Unterhautfettgewebe in der vordern Körpermittellinie 1—2½" dick. Musculatur spärlich, dunkelroth, von reichlichen Fettgewebsstreifen durchsetzt, weich.

Schädel- und Halsorgane nicht eröffnet.

In der rechten Pleurahöhle c. 2, in der linken ½ Pfund klare Flüssigkeit. Linke Lunge grösstentheils langfädig verwachsen; rechte im Unterlappen mässig comprimirt. Lungengewebe lufthaltig, in den obern Lappen mässig, in den untern sehr bluthaltig, mässig pigmentirt. Intensive chronische Bronchitis. — Im Herzbeutel ca. 3 Unzen grauröthliche trübe Flüssigkeit und einzelne Fibrinflocken. Pericardium mit einer dünnen Fibrinschicht bedeckt, darunter trübe und vielfach ecchymosirt. Herz in allen Durchmessern gegen die Hälfte grösser; unter dem Visceralblatt eine 1—2''' dicke Fettschicht. Linker Ventrikel um die Hälfte weiter und dicker; die innern drei Viertel des Herzfleisches, sowie die auffallend schmächtigen Papillarmuskeln und Fleischbalken sind nach innen zu gleichmässig gelblich oder fein gelb gefleckt, nach aussen graugelbroth, fast durchaus sehr stark fettig entartet; ihr äusserer Theil ist mässig dunkelroth, an verschiedenen Stellen schwach oder mässig fettig entartet. Der rechte Ventrikel ist mässig erweitert; sein Fleisch ist überall gleichmässig gelbroth, undeutlich fasrig; es besteht aus normalen und fettig entarteten Muskelfasern zu ungefähr gleichen Theilen. Klappen und grosse Gefässe normal.

In der Bauchhöhle c. 1 Pfund klare Flüssigkeit. Leber im rechten Lappen stark zungenförmig, überhaupt etwas grösser. Gewebe fester, in den grossen Gefässen blutreich, grauroth, undeutlich acinös. In den Leberzellen mässig reichliche Fetttropfen. Gallenblase klein, am Hals verschlossen, mit grauem Schleim und einem halbkirschengrossen, graugelben, warzigen Stein erfüllt. Ductus choledochus und hepaticus über doppelt weiter, gallehaltig. — Milz über doppelt grösser, fester, braunroth. — Magen, Darm und Nieren normal. — Uterus und seine Appendices vielfach verwachsen: ersterer doppelt grösser, mit mehreren kleinen Fibroiden.

Zweifelhaft ist es, ob der folgende Fall für eine primäre Pericarditis angesehen werden darf, oder ob derselbe noch zu den Puerperalerkrankungen zu rechnen ist.

35. Fibrinöse Pericarditis. Fettmetamorphose des linken Ventrikels.

32jähriges Weib, secirt am 16. October 1857 (Dr. Hennig).

(Hatte viermal geboren, zum letzten Male vor 7 Wochen. Wochenbett ganz normal. Vor zehn Tagen Intermittens ähnliche Anfälle, dann Rheumatismus verschiedener Gelenke; Tod unter maniacalischer Aufregung.)

Körper mässig genährt. Schädelorgane und Lungen normal. Beide Herzbeutelblätter durch eine ¼''' dicke fibrinöse Masse verklebt. Herz normal gross, links gleichmässig stark fettig entartet; rechts normal. Klappen normal. Leber und Milz normal. Alte Magengeschwürsnarbe. Darm normal. Nieren etwas grösser; in der Rinde links mehrere kaffeebohnengrosse, gelbliche, weiche Stellen (?). Genitalien normal.

Ebenso zweifelhaft ist der folgende Fall.

36. Pericarditis und Fettherz.

50jähriger Mann, secirt am 8. Juni 1863.

(Pat. litt seit c. acht Wochen an einem grossen Carbunkel des Nackens, welcher vollständig geheilt war, als Pat. von Neuem erkrankte und nach 12tägiger Krankheit starb.)

Die Section ergab eine starke fibrinös-seröse Pericarditis, das Herz in allen Durchmessern erweitert, sein Fleisch überall schwach, stellenweise stark fettig entartet.

37. Serös-eitrige Pericarditis und Fettmetamorphose des Herzfleisches u. s. w.

58jähriger Mann, secirt am 12. Februar 1861.

Die Section ergab: papillöses Syphilom des Larynx; circumscriptes Syphilom des Magens; Abscesse und Tuberculose der Lungen; chronische Bronchitis und Bronchialerweiterung; Erweiterung des Herzens durch Insufficienz der Mitralklappe; chronischen Catarrh und Muskelhypertrophie der Harnblase durch Verengerung der Urethra; u. s. w.

(S. das Nähere im Arch. der Heilk. IV, pag. 225.)

38. Eitrig-fibrinöse Pericarditis und Fettmetamorphose des Herzfleisches. (Insufficienz der Aortenklappen?)

33jähriges Weib, secirt am 17. Februar 1861. (Dr. Göpel.)

(In unserer Gegend Struma höherer Grade selten. Die Eltern der Kranken gesund, ohne Struma, noch am Leben. Ein Bruder vor c. 2 Jahren an hochgradiger Struma und Lungentuberculose gestorben. Ein noch lebender Bruder hatte eine gleich grosse Struma, an der einzelne Cysten punctirt sind. Die Struma der Kranken begann im 7. Lebensjahre.)

Körper mittelgross; obere Hälfte mager, untere stark ödematös. Schädel nicht eröffnet. An Stelle des linken Schilddrüsenlappens eine kuglige, 7'', an der des rechten eine 3'' im Durchmesser haltende Geschwulst, über denen die Halsmuskeln sehr verdünnt sind. Ihre Kapsel $^1/_8$''' dick, fibrös. Ihr Gewebe besteht zum grössten Theil aus hirsekorn- bis zweierbsengrossen, mit flüssiger oder fester Colloidsubstanz erfüllten Cysten, aus mehrern bis wallnussgrossen Cysten mit serösem oder blutigem oder gelblich-schmierigem Inhalt, stellenweise aus röthlicher, weicher, drüsenähnlicher Substanz (Schilddrüsenparenchym) und aus einzelnen, bis 2''' dicken, fibrösen Zügen. Die Carotiden und Artt. thyreoideae gegen doppelt weiter. Trachea von einer Seite zur andern mässig verengt. — In jeder Pleurahöhle c. 4 Unzen klare Flüssigkeit. Untere Lungenlappen links bis zum Viertel, rechts bis zur Hälfte comprimirt. Lungenpleura links mit sehr zahlreichen kleinsten, frischen Miliartuberkeln gleichenden Körnchen besetzt; rechts nur einzelne gleiche. Lungengewebe in den untern Lappen luftleer, comprimirt; im rechten Oberlappen sparsame erbsengrosse frisch infiltrirte Stellen. Geringe Bronchitis. — Herzbeutel c. 8'' in jedem Durchmesser haltend, besonders die linke Pleurahöhle ausfüllend. An seiner Aussenfläche dieselben Körnchen wie an der Pleura in sehr grosser Menge. In seiner Höhle c. $1^1/_2$ Pfund grüngelbliche, trübe Flüssigkeit; sein Parietal- und Visceralblatt mit 1—4''' hohen, streifigen und polypösen Faserstoffmassen bedeckt. Herz etwas grösser, sehr schlaff. Linker Ventrikel etwas dicker, wenig weiter; sein Fleisch, wie das des rechten, grauröthlich, homogen, mürbe, gleichmässig fettig entartet. Mitralklappe normal. Aortenklappen stark verkürzt, stark und unregelmässig verdickt, zum Theil untereinander verwachsen. — Bauchhöhle c. 3 Pfund Flüssigkeit enthaltend. Bauchorgane normal.

Die Körnchen an Pleuren und Pericardium waren unter dem Microscop scharf umschrieben, rund oder länglichrund und bestanden central aus Eiweismolecülen und verschrumpften Kernen, peripherisch aus dicht beieinanderliegenden kleinen, runden oder ovalen Kernen, die in eine sehr sparsame fasrige Substanz eingelagert waren.

Zwei andere Fälle von Herzfehlern und Pericarditis siehe oben.

39. Chronische Pneumonie. Pericarditis und Fettherz.

67jähriger Mann, secirt am 1. August 1863.

Körper gross, mässig genährt. Chronischer Hydrocepalus. Der linke obere Lungenlappen von zahlreichen sackigen Bronchiectasieen durchsetzt, kleiner, übrigens luftleer, schwarz, fest. Frische schlaffe Pneumonie des grössten Theils des rechten Oberlappens. Chronische Bronchitis. Beide Herzbeutelblätter durch eine 1—3''' dicke, ältere Fibrinschicht verklebt; Herz grösser, bleich, schlaff, gleichmässig und mässig fettig entartet. Unterleibsorgane blutreich. Chronischer Magencatarrh.

40. Chronische Lungen- und Darmtuberculose. Pericarditis. Fettherz.

50jähriger Mann, secirt am 22. September 1856.

Körper gross, Haut sehr bleich. Allgemeines schwaches Oedem.

In jeder Pleurahöhle c. 3 Pfund serös-eitrige Flüssigkeit. Die Lungenpleuren mit sehr zahlreichen, meist sehr kleinen, blassen oder pigmentirten Vegetationen besetzt. Lungenspitzen fest verwachsen. In den oberen Lungenlappen zahlreiche, meist kleine, sackige Bronchiectasieen mit meist eingedicktem eitrigen Inhalte, in deren Umgebung pigmentindurirtes Gewebe und ältere Tuberkel. Uebriges Lungengewebe mässig emphysematös, stark pigmentirt.

Frische fibrinöse Pericarditis. Herz besonders rechts stark erweitert. Herzfleisch sehr blass, weich, gleichmässig fettig entartet. Aortenklappen etwas dicker.

Im Ileum und aufsteigenden Colon einzelne erbsengrosse tuberculöse Geschwüre.

Uebrige Organe blutarm, sonst normal.

In allen folgenden Fällen war die Pericarditis eine secundäre Affection. Die Primärleiden waren chronische Herzkrankheiten, Krankheiten der Luftwege, Lungen und Pleuren, sackige Bronchiectasien mit oder ohne secundäre Tuberculose der Lungen, Pneumonie, Pleuraexsudate von verschiedener Beschaffenheit, chronische Nierenkrankheiten u. s. w.

In einzelnen Fällen waren mehrere ältere Affectionen vorhanden, so dass nicht zu bestimmen ist, auf Rechnung welcher man die Pericarditis setzen soll.

Einmal kam die Pericarditis im Puerperium vor.

41. Chronische und akute Pericarditis. Fettmetamorphose des Herzfleisches. Pneumonie.

61jähriger Mann, secirt am 1. Februar 1860.

(Erkrankte am 10. November 1859 an einer unbekannten Herzaffection. Später Symptome von Pericarditis. Magenkrebs?)

Körper stark abgemagert, an den Unterextremitäten schwach ödematös. Geringer chronischer Hydrocephalus. — In der linken Pleura 1, in der rechten 1/2 Pfund trübe, schwach blutige Flüssigkeit. Linker Unterlappen grau hepatisirt, sehr weich; rechter schlaff grauroth infiltrirt. Chronische Bronchitis. — Herzbeutel ohne Flüssigkeit, überall mit einer dünnen Schicht fibrinöser Substanz bedeckt. Herz doppelt grösser. Linker Ventrikel fast doppelt weiter und dicker. Fleisch dunkelroth, fest; in den oberflächlichen Theilen einzelne unregelmässig zackige, scharf umschriebene, gelbliche (vollständig fettig entartete) Stellen; in seinen übrigen Theilen, sowohl peripherisch als central, bis $^1/_2\square''$ grosse Schwielen. Geringe chronische Endocarditis an der Mitralis und den Aortenklappen und chronische Endarteriitis. Rechtes Herz normal. — In der Bauchhöhle 1 Pfund schwach blutige Flüssigkeit. Leber etwas kleiner und fester. Senile Atrophie der Milz. Magenschleimhaut schieferfarben oder schwarz, mässig verdickt. Nieren etwas kleiner; Ober- und Schnittfläche stellenweise stark pigmentirt; erstere schwach uneben; letztere in der Rinde schmaler, fester.

42. Linkseitige totale Pneumonie, eitrige Pleuritis und Pneumothorax. Adhäsive und eitrige Pericarditis; Fettmetamorphose des Herzfleisches.

68jähriger Mann, secirt am 19. März 1861.

(Die linkseitige Pneumonie bestand seit Ende Januar.)

Körper gross, mässig genährt; an den Genitalien und untern Extremitäten ziemlich stark ödematös. Haut graugelb, mit reichlichen dunklen Todtenflecken. Am Kreuzbein sehr grosser brandiger Decubitus. Mässige Todtenstarre.

Schädeldach normal. Weiche Hirnhäute ziemlich stark getrübt. Hirnsubstanz weich, wässrig. Ventrikel gegen doppelt weiter, schwach trübe Flüssigkeit enthaltend, ihre Umgebung grösstentheils breiig erweicht.

Halsorgane normal; nur die hintere Fläche des Larynx etwas stärker injicirt.

Bei Eröffnung des linken Thorax entweicht Luft unter schwach zischendem Geräusch. In der rechten Pleurahöhle ungefähr $^1/_4$ Pfund schwach trübe gelbliche Flüssigkeit. Lunge überall mässig emphysematös. Das Lungengewebe durchaus lufthaltig, grösstentheils blutarm, gleichmässig ziemlich stark emphysematos, stellenweise pigmentirt. Geringe chronische Bronchitis. — In der linken Pleurahöhle findet sich vorn und unten in der Ausdehnung ungefähr einer Faust keine Flüssigkeit; in dem hintern Theile, nach oben bis ungefähr zur vordern Achsellinie, nach unten bis nahe zur Wirbelsäule, findet sich eine graugrüne, dickflüssige, stinkende, eitrige Flüssigkeit; zwischen beiden Höhlen in der Höhe der 6. Rippe und bis 3'' vom Knorpelansatz reichend liegt eine ungefähr 2''' dicke Scheidewand; an den übrigen Stellen ist die Lunge sehr fest und kurz vermachsen. Die Pleura ist an den Stellen, wo sich die Flüssigkeit findet, mit einer gegen $^1/_2$''' dicken grünlichen Schwarte überzogen. Am vordern seitlichen Theile des obern Lungenlappens, 4'' vom vordern Rande und von der Spitze dieses Lappens entfernt, findet sich eine $^1/_4\square''$ grosse Oeffnung, deren Umgebung eitrig beschlagen ist und die in eine kleinkirschengrosse Höhle mit eitrigem Inhalte und eitrig beschlagener, übrigens glatter Innenfläche führt. Die Höhle hängt mit einen fast 1''' dicken Bronchus zusammen. Die Lunge selbst ist in ihrem grössten Theile fest anzufühlen, nur der vordere Rand des obern Lappens ist lufthaltig. Sie hat im Ganzen eine mehr cylindrische Gestalt. Das Lungengewebe ist luftleer, an den meisten Stellen graugrünlich, an andern grauröthlich, vielfach fein gelb punctirt und von grösseren schwarzen Flecken durchsetzt. Das Bindegewebe zwischen den Lungenläppchen ist an zahlreichen Stellen stark verdickt. Bronchien sämmtlich weit, enthalten reichlichen blutigen Schleim, ihre Schleimhaut ist stark geröthet und geschwollen. Bronchialdrüsen wenig vergrössert, schwarz und fest.

Herzbeutel 8'' im queren Durchmesser, ungefähr 4'' in Höhe und Dicke; liegt etwas weiter nach links. Die linke Hälfte desselben fühlt sich fester, die rechte fluctuirend an. Beim Einschnitt in die rechte Hälfte ist das Parietalblatt gegen 1''' dick, fibrös, und man kommt in eine über mannsfaustgrosse, mit gelbem rahmigen Eiter gefüllte Höhle, deren Innenfläche allerwärts mit eitrig fibrinösen Massen besetzt ist. Die linke Hälfte des Herzbeutels ist kurz und untrennbar fest mit dem Herzen verwachsen. Zwischen Visceral- und Parietalblatt, entsprechend dem linken Vorhof, findet sich eine ähnliche, gegen hühnereigrosse, mit der ersteren nicht zusammenhängende Eiterhöhle. Die Verwachsung zwischen Visceral- und Parietalblatt ist an den meisten Stellen durch sehr gefässreiches Bindegewebe vermittelt. D a s H e r z f l e i s c h n i c h t v e r d i c k t, g r a u r ö t h l i c h, s e h r m ü r b e, m ä s s i g f e t t i g e n t a r t e t. Mitral- und Aortenklappen, besonders letztere, ungleichmässig schwach verdickt. Die Aorta normal weit, ihre Innenfläche mit sehr zahlreichen, plattenartigen Verdickungen besetzt. Das rechte Herz etwas weiter, übrigens normal.

In der Bauchhöhle gegen 1 Pfund klare grünlichgelbe Flüssigkeit, auf dem Beckenboden reichliche, sehr weiche Fibringerinnsel. Leber nicht verwachsen. Dickendurchmesser etwas grösser, Kapsel schwach, an einzelnen Stellen stärker verdickt. Schnittfläche der Leber mässig bluthaltig, Acini sehr undeutlich, grauröthlich, im Centrum blass. An einzelnen Stellen miliartuberkelähnliche weisse Stellen. Scheiden der grössern Gefässe etwas verdickt. Galle reichlich, dunkel, dünn. — Milz an den meisten Stellen sehr fest mit der Umgebung, besonders mit dem Zwerchfell, verwachsen. Kapsel etwas dicker; Gewebe braunroth, etwas mürber.

Linke Niere um die Hälfte grösser; Kapsel stellenweise fester sitzend; Oberfläche mit deutlicher angeborner Lappung, grauroth, stellenweise punctförmig schwarz gefleckt. Rinde normal breit, mässig injicirt, etwas fester. Pyramiden klein, Nierenbecken etwas grösser, Schleimhaut blass. Rechte Niere normal gross, übrigens gleich der linken. Becken und Kelche normal.

Magen gross, seine Schleimhaut etwas dunkler, schwach verdickt. Dünndarm und Dickdarm normal.

43. Eigenthümliche Pleuritis. Eitrig-fibrinöse Pericarditis; Fettherz.

36jähriger Mann, secirt am 29. Juli 1862.

(Pat. starker Biertrinker — täglich c. 20 Seidel Lagerbier — starb am 15. Tage einer rechtseitigen totalen Pneumonie.)

Körper gross, gut genährt. Haut graugelb, mit sehr reichlichen dunklen Todtenflecken. Fast ohne Starre. Unterhautzellgewebe am Bauche $^3/_4$'' dick, stärker gelb gefärbt, weicher. Musculatur mässig, grauroth.

Schädeldach dünn; in der Mitte des linken Scheitelbeines eine erbsengrosse, flache Exostose. Dura mater normal; weiche Hirnhäute auf der Convexität schwach getrübt. Hirnsubstanz in der Rinde wenig, im Marke stärker bluthaltig, die Gefässlücken im letzteren auffallend weit; Hirnsubstanz stärker glänzend, von normaler Consistenz.

Schleimhaut des Pharynx bläulich geröthet und geschwollen; die der vorderen Fläche ödematös. Schleimhaut des Larynx und der Trachea bläulich geröthet und geschwollen. In der linken Pleurahöhle ca. $^1/_4$ Pfund gelbröthliche trübe Flüssigkeit. Linke Lunge frei; über der Pleura pulmonalis, besonders des untern Lappens, einige frische Ecchymosen. Der obere Lappen blutreich, mässig ödematös; der untere ebenfalls blutreich, weniger deutlich lufthaltig. Bronchien und Bronchialdrüsen normal. — Rechte Lunge allseitig kurz und mässig fest verklebt. Zahlreiche Stellen der Pleura costalis und pulmonalis mit einer bis liniendicken, gelben, homogenen, beim Ablösen trübe eitrige Flüssigkeit entleerenden Schicht bedeckt. Der obere Lappen etwas, der untere fast um die Hälfte kleiner. Das Gewebe des oberen Lappens in den vorderen Theilen mässig, in den hinteren zwei Dritteln viel geringer lufthaltig, blutreich, auf dem Durchschnitte reichliche blutige Flüssigkeit entleerend. Die vorderen zwei Drittel des mittleren, wie der vordere Theil des oberen Lappens; das hintere Drittel gleich den hinteren zwei Dritteln des obern. Der untere Lappen vollständig luftleer, auf dem Durchschnitt schwarzbraun, schwach granulirt, reichliche blutige Flüssigkeit ergiessend. Bronchien des oberen und mittleren Lappens normal; in denen des unteren Lappens reichliche blutige Flüssigkeit. Schleimhaut dunkel geröthet und geschwollen.

Herzbeutel ungefähr dreieckig, enthält vorzugsweise an der hinteren Fläche ca. 3℥ trübe graugelbe Flüssigkeit; an allen übrigen Stellen beide Herzbeutelblätter durch eine $^3/_4$''' dicke, areoläre, graugelbe, weiche Schicht untereinander verklebt. Das Herz selbst ist in allen Durchmessern fast um die Hälfte grösser, sehr schlaff. Unter dieser Schicht in beiden Herzbeutelblättern stellenweise reichliche frische Extravasate. Linker Ventrikel um die Hälfte grösser, mit spärlichen Blutgerinnseln; ebenso der rechte Ventrikel. Klappen ohne besondere Abnormität. Die aufsteigende Aorta 1'' oberhalb der Klappen mit sehr zahlreichen, dem Längsdurchmesser parallelen Falten besetzt. Herzfleisch grauroth, weicher, in den innern Schichten stark, in den äussern schwach, überall gleichmässig fettig entartet. Unter dem Pericardium viscerale, vorzugsweise an der Spitze, reichliches Fett.

Leber in allen Durchmessern grösser, $3^3/_4$ Pfund schwer. Gewebe grauroth, deutlich acinös, die Messerklinge schwach fettig beschlagend. Einzelne oberflächliche Stellen der Leber gelb, homogen. Galle mässig reichlich, grünbraun, gelb. — Milz $6^1/_2$'' lang, entsprechend breit und dick; ihr Gewebe grauroth, Stroma und Pulpa gleichmässig vermehrt.

Nieren c. $^1/_2$ grösser; Kapsel dünn, leicht abziehbar, Rinde um die Hälfte breiter, grauröthlich, weicher, stellenweise roth gefleckt. Pyramiden etwas grösser.

Magen gross; seine Schleimhaut mit reichlichem trüben Schleim bedeckt, stark injicirt und geschwollen. Dünndarm sehr weit; Schleimhaut des obern Theiles stark pigmentirt, mit spärlichem Schleim bedeckt; die des untern normal, mit gleichem Schleim. Dickdarm im Anfangstheil schwach pigmentirt, sonst normal.

44. Alte Pleuritis und Pericarditis; Fettmetamorphose des Herzfleisches. Eitrige Meningitis.

46jähriges Weib, secirt am 27. Februar 1858.

(Diagnose: Krebs oder Echinococcus der Leber. Tod an Pneumonie.)

Körper an den Knöcheln schwach ödematös. — Totale eitrige Meningitis. Geringer acuter Hydrocephalus. Cysticercus cellulosae am Chiasma nervorum opticorum. — In der linken Pleurahöhle $1^1/_2$ Pfund seröse Flüssigkeit; geringe Compression des Unterlappens. Rechte Lunge kleiner, fast cylindrisch, mit dicker Schwarte bekleidet. Aeltere gleichmässige, stellenweise fettig entartete Infiltration des Oberlappens; Verkleinerung des sonst normalen Unterlappens. Herzbeutelblätter allseitig theils fest, theils lose miteinander verwachsen; Visceralblatt stellenweise, besonders links, mit einer bis $^1/_2$''' dicken Lage älteren Faserstoffs bekleidet. Herz normal gross, sehr schlaff; Fleisch sehr mürbe, mässig fettig entartet. — In der Bauchhöhle 2 Pfund seröse Flüssigkeit. Fettmuscatnussentartung der stark zungenförmigen

Leber. Chronischer starker Milztumor. Intensiver chronischer Magencatarrh. Nieren grösser, blutreicher, weicher. Uterushypertrophie.

45. Eitrig-jauchige Pericarditis und Fettmetamorphose des Herzfleisches.

42jähriger Leichenknecht, starker Trinker, secirt am 22. Juli 1855.

Körper gross, kräftig.

Schädel- und Halsorgane normal.

Beide Lungen ödematös und in den Unterlappen, besonders rechts, comprimirt. Im Herzbeutel c. 1 Pfund stinkender, schmutziggrünlicher Flüssigkeit und gelbliche Gerinnsel. Beide Blätter, besonders das viscerale, mit schmierigen Fibrinmassen bedeckt. Herz normal gross; das Fleisch schmutziggrauroth, blutarm, sehr mürbe, mässig fettig entartet.

Mässige Fettinfiltration der Leber. Milz reicher an Stroma. Ovaler, 1½" langer Heerd von eingedicktem Eiter unter der Magenserosa nahe der Cardia. Darm normal. Nieren fast doppelt grösser, gleichmässig fein granulirt, blutreicher, weicher.

46. Fibrinös-eitrige Pericarditis und Fettmetamorphose des Herzfleisches.

73jähriges Weib, secirt am 7. Januar 1858.

(„Starb an Marasmus.")

Körper ohne Oedem. — Reichliche Osteophyten der Tabula vitrea und chronische Pachymeningitis. — Beide obere Lungenlappen mässig emphysematös. Linker Unterlappen an zahlreichen Stellen pigmentindurirt, an andern grauroth, luftleer. Zahlreiche Emboli der Aeste beider Unterlappen. Im Herzbeutel c. 1 Pfund grünlicher Eiter; beide Blätter mit bis liniendicken Fibrinlagen bedeckt; unter dem Visceralblatt reichliches Fettgewebe. Herz weiter; sein Fleisch gleichmässig und stark fettig entartet. Im Conus arteriosus pulmonalis ein wandständiges Gerinnsel. Mässige chronische Endarteriitis. — Leber fast um die Hälfte kleiner, fester (Bindegewebshypertrophie). Chronischer Milztumor. Nieren weicher. Thrombose der Venen des Plexus pampiniformis. Hypertrophie des Uterus.

47. Eitrige Pericarditis und Pleuritis. Pneumonie des rechten mittlern Lappens. Nierenabscesse. Fettherz.

c. 30jähriges Weib, secirt am 25. August 1862.

(Starb in der zweiten Woche nach der Entbindung.)

Körper mittelgross, mässig ernährt, von den Knieen an mässig ödematös. Haut bleich. Mässige Todtenflecke. Unterhautzellgewebe ziemlich fettreich; Musculatur spärlich, blass.

Nach Wegnahme des Sternum bis zum knöchernen Theil der Rippen zeigt sich der freiliegende Theil der Thoraxhöhle vollständig eingenommen von dem stark vergrösserten Herzbeutel, der ausserdem noch weit in den linken Thorax hineinragt. In der Höhle desselben c. 1 Pfund, in den oberen Theilen serös-eitriger, in den unteren dickeitriger Flüssigkeit. Das Parietalblatt des Herzbeutels ist stark verdickt und mit einer c. ½''' dicken, graugelben, fest ansitzenden fibrinösen Substanz überzogen; eine ähnliche, etwas weniger dicke Masse findet sich auf dem Visceralblatte, welches darunter noch mit dicken Fibrinmassen bedeckt ist. Entsprechend dem oberen Rande des rechten Herzens sind Visceral- und Parietalblatt an einer 2□" grossen unregelmässigen Stelle miteinander verwachsen. Das Herz selbst ist ungefähr normal gross, in hohem Grade schlaff, enthält spärliche Faserstoffgerinnsel; das Fleisch desselben ist beiderseits normal dick, grauröthlich, weniger deutlich faserig, weicher, nirgends deutlich gelb gefärbt, aber gleichmässig stark fettig entartet. Mitral- und Aortenklappen schwach verdickt, sonst normal.

Die linke Lunge ist im obern Lappen wenig, im untern stärker verkleinert. in jenem lufthaltig und blutreich, in diesem an zahlreichen peripherischen und centralen Stellen luftleer und hochgradig comprimirt. In den Bronchien geringer chronischer Catarrh. Bronchialdrüsen normal. Einige kleinere Aeste der Lungenarterie, besonders des obern Lappens, durch frische Gerinnsel verstopft. — In der rechten Pleurahöhle c. 2 Pfund gelbliche dicke Flüssigkeit; die Pleura ähnlich verändert, wie das Pericardium. Der obere Lappen fest verwachsen, sonst gleich dem linken oberen. Der mittlere Lappen, sowie der angrenzende Theil des untern vollständig luftleer, ziemlich weich, undeutlich körnig, grauröthlich, fein gelb gefleckt, beim Darüberstreichen spärliche, trübe, eiterähnliche Flüssigkeit entleerend; die übrigen Theile des unteren Lappens bis zur Luftleere comprimirt. Bronchien wie links.

In der Bauchhöhle ungefähr $^1/_4$ Pfund blassröthliche klare Flüssigkeit. Leber in allen Durchmessern etwas grösser, blutreich, deutlich acinös, etwas weicher. Galle spärlich, dickflüssig. — Milz um die Hälfte grösser, etwas fester, in der Pulpa mürbe, blutreich.

Nieren etwas grösser; ihre Kapsel fester ansitzend; die Rinde mässig verbreitert, blutreich, weicher; die Pyramiden gleichfalls grösser, einzelne mit graugelben, etwas festeren, und mit gelben, etwas weicheren, eitrigen Streifen durchsetzt.

Uterus äusserlich normal, gegen 4" lang, weich anzufühlen, am äussern Muttermund mehrere vernarbte pigmentirte Einrisse. Cervix an den meisten Stellen faltig, mit glasigem Schleim bedeckt. In der Körperhöhle, entsprechend der vorderen Fläche im linken Horn, pigmentirte Reste von Nachgeburt. Die übrigen Stellen normal. Die Muscularis des Uterus $^1/_3$—$^1/_2$" dick, in den äusseren Schichten grauröthlich, in den inneren gelblichroth, im Uebrigen auffallend weich. Tuben und Ovarien ohne besondere Abnormität.

Die grösseren Beckengefässe normal. Magen und Darmcanal normal.

Schädelorgane ohne besondere Abnormitäten.

Besonders auffallend ist die Häufigkeit der Fettmetamorphose des Herzfleisches bei Tuberculose des Pericardiums, wie die folgenden drei Beobachtungen zeigen. In dem vierten Falle war wenigstens wahrscheinlich gleichfalls Verfettung des Herzens zugegen.

48. Tuberculose von Pleura, äusserem Pericardium und Leber. Frische fibrinöse Pericarditis; Fettmetamorphose des Herzens. Atrophie der Nieren.

56jähriges Weib, secirt am 19. October 1860.

Körper klein, stark abgemagert. Haut graugelblich, mit reichlichen dunklen Todtenflecken. An den untern Extremitäten ziemlich starkes Oedem. Mässige Todtenstarre. Unterhautzellgewebe an Brust und Bauch sehr fettarm, schwach ödematös. Bauch spitz vorgewölbt; die Musc. recti dünn, $2^1/_2$" von einander abstehend. Die übrige Musculatur spärlich, blass,

Schädeldach und harte Hirnhaut normal. Weiche Hirnhäute an der Convexität stellenweise getrübt, in den Furchen stark ödematös. Hirnsubstanz blutarm, stark wässrig. — Halsorgane normal.

In der linken Pleurahöhle c. 2 Pfund klare gelbliche Flüssigkeit. Die Spitze und einzelne Stellen der übrigen linken Lunge kurz und fest mit der Umgebung verwachsen. An der Pleura costalis sehr sparsame, an der diaphragmatica sehr reichliche, kleine, einzeln oder dicht bei einanderstehende, stark prominirende, grauweisse Knötchen. Ebensolche in geringerer Menge an der Pleura pulmonalis. Die Lunge in allen Durchmessern verkleinert, insbesondere der untere Lappen. Das Lungengewebe in der Spitze an einer ungefähr hühnereigrossen Stelle schwarz, luftleer, theils fest, theils brüchig. Das Lungengewebe durchaus frei von Tuberkeln, stark pigmentirt, im obern Lappen ödematös, im untern bis zur Luftleere comprimirt. Bronchien gleichmässig schwach erweitert, spärliche schleimige Flüssigkeit enthaltend. Bronchialdrüsen grösser, schwarz, hart; eine derselben an der Theilungsstelle der Bronchien durch die Bronchialwand bis an deren Innenfläche hereinragend. — In der rechten Pleura dieselbe Flüssigkeit wie links; die Pleura an allen Stellen wie linkerseits. Die Lunge an mehreren Stellen sehr fest und langfädig mit der Umgebung verwachsen; das untere Ende des obern Lappens verhält sich wie die Spitze der linken Lunge, enthält ausserdem mehrere sackige Bronchiectasieen und einzelne scharf umschriebene bis bohnengrosse käsige Heerde. Der mittlere Lappen verhält sich in seiner vordern Hälfte ähnlich. Das übrige Lungengewebe und die Bronchien wie links. Mehrere Bronchialdrüsen haben die Bronchialwände erster Ordnung ebenso wie linkerseits consumirt.

Die äussere Fläche des Pericardium ist an den meisten Stellen, besonders links, mit gleichen Miliartuberkeln besetzt. Das äussere Herzbeutelblatt an den meisten Stellen gegen liniendick, grauroth, sulzig. Der grössere Theil beider Herzbeutelblätter durch eine unregelmässig geschichtete, stellenweise 2''' dicke, grauröthliche, fibrinöse Substanz mit einander verklebt, mit Ausnahme des untern hintern Theils, in welchem sich gegen $1^1/_2$ Unzen grauröthliche klare Flüssigkeit finden. Das Herz sammt Herzbeutel gegen doppelt grösser. Das Herz selbst ungefähr normal gross. Das Herzfleisch blassbraun, sehr mürbe, undeutlich fasrig, gleichmässig fettig entartet. Papillarmuskeln linkerseits um die Hälfte kürzer, an den Spitzen sehnig; Sehnenfäden wenig verkürzt und stark verdickt. Klappensegel am Rande ungleichmässig verdickt. Aortenklappen etwas dicker; Aorta schwach erweitert. Innenfläche stellenweise fettig.

Ueber dem hintern und äussern Ende des linken Leberlappens, zwischen diesem und der entsprechenden Stelle des Zwerchfells, findet sich ein querliegender, ovaler, über hühnereigrosser Heerd mit graugelblichem, käsigem, stellenweise pigmentirtem Inhalt und schieferfarbner, fibrösfester Wand. In der Umgebung desselben liegen mehrere, theils stark pigmentirte, theils stellenweise käsige Lymphdrüsen. — In der Bauchhöhle ungefähr 1 Pfund klarer Flüssigkeit. Die Leberkapsel, besonders am vordern Ende des rechten Lappens, stellenweise bis liniendick. Die Oberfläche an den übrigen Stellen undeutlich granulirt. Das Lebergewebe auf dem Durchschnitt fester; die Acini grösstentheils deutlich umschrieben, von sehr wechselnder Grösse, grösstentheils blass grauroth; Centralvene deutlich sichtbar; die grossen Lebergefässe wie die Scheide der Lebervene wenig, die der Pfortader sehr stark verdickt. Im Lebergewebe übrigens sparsame, sehr kleine, schwach vorragende Knötchen. Galle sparsam, blass. — Milz normal gross. Kapsel etwas dicker, ihr Gewebe blassbraun, an sehr zahlreichen Stellen fein schwarz pigmentirt.

Nieren klein. Kapsel dicker, fester ansitzend. Nierenoberfläche mit zahlreichen flachen Narben, übrigens glatt und blass. Nierenrinde schmaler, weniger deutlich fasrig, fest; die Malpighischen Körper sehr stark injicirt. Pyramiden fest, an den

Papillen geringer Kalkinfarct. An der Oberfläche beider Nieren, besonders der rechten, sparsame sehr feine gelbliche Flecke.

Magen normal gross; an der Oberfläche reichlicher grauweisser Schleim. Schleimhaut ziemlich gleichmässig geröthet, wenig verdickt. Magenhäute im Fundus viel weicher. In mehrern Schlingen des obern Jejunum eine braunröthliche, dünne Flüssigkeit; die Schleimhaut daselbst nur an wenigen Stellen ecchymosirt. An den meisten Stellen des übrigen Dünndarms ziemlich reichlicher Schleim. Dickdarm normal.

Uterus am innern Muttermunde mässig stark nach vorn geknickt, verhältnissmässig gross; übrigens normal. Tuben und Ovarien ohne besondre Abnormität.

49. Frische serös-haemorrhagische Pleuritis. Alte Pericarditis. Fettmetamorphose des Herzfleisches.

40jähriges Weib, secirt am 27. December 1859.

Körper in der obern Hälfte schwach, in der untern stärker ödematös. In der linken Pleurahöhle c. 3 Pfund serös-hämorrhagisches Exsudat; die Lunge stark comprimirt; die Pleura übrigens mit einer dünnen Fibrinschicht bedeckt. Rechtseitiger mässiger Hydrothorax. Herzbeutel an der Aussenfläche stellenweise mit zahlreichen kleinen festen Knötchen besetzt. Seine Blätter kurz und ziemlich fest untereinander verwachsen durch eine stellenweise 2‴ dicke, graugelbliche, zum Theil vascularisirte, meist älterem Faserstoff ähnliche, theilweise aus denselben kleinen Knötchen bestehende Masse. Herz etwas grösser; sein Fleisch gleichmässig und ziemlich stark fettig entartet. — Geringer Ascites. Leber etwas grösser, mit einzelnen bis kirschengrossen, scharf umschriebnen, grauröthlichen, weichen, blutreichen Massen durchsetzt. Geringer Milztumor.

50. Pericarditis und Endocarditis. Fettmetamorphose des Herzens. Miliartuberculose des Pericardium, Endocardium und der Leberserosa.

18jähriger Mann, secirt am 3. Januar 1863.

(Früher mehrmals Gelenkrheumatismus Diagnose: Pericarditis. Plötzlicher Tod.)

Körper mittelgross, schlecht genährt; Haut sehr bleich, mit spärlichen sehr blassen Todtenflecken. Schwache Starre. Unterhautzellgewebe mässig fetthaltig, überall schwach ödematös; Musculatur spärlich, blass, weicher.

Schädeldach und Dura mater normal; weiche Hirnhäute an der Convexität schwach getrübt; Hirnsubstanz blutarm, schwach ödematös, etwas fester.

Tonsillen gross, mit mässig reichlichen alten Narben; Larynx normal. Schilddrüse in jedem Lappen 3″ lang, verhältnissmässig breit und dick, colloid entartet.

In der linken Pleurahöhle ungefähr 1 Pfd. klare Flüssigkeit; Lunge frei. Oberer Lappen normal gross, unterer um die Hälfte kleiner. Der obere Lappen enthält fast nur in den kleinen Bronchien feinschaumige Flüssigkeit; das übrige Lungengewebe luftleer, braunroth, schwarz pigmentirt, sehr derb anzufühlen. Dieselben Verhältnisse finden sich in noch viel höherem Grade im unteren Lappen. In der Spitze des oberen Lappens ausserdem noch mehrere gleich pigmentirte und verkalkte Stellen. In den Bronchien spärlicher Schleim; Schleimhaut geröthet und geschwollen. Bronchialdrüsen zum Theil stark vergrössert, manche pigmentirt, manche markig weich. — In der rechten Pleurahöhle reichlichere, sonst gleiche Flüssigkeit wie links. Die übrigen Verhältnisse wie links, nur der untere Lappen noch stärker verkleinert und noch stärker comprimirt, auf dem Durchschnitt noch weniger lufthaltig. Bronchien und Bronchialdrüsen wie links.

Die vordere Fläche des Herzbeutels ist sehr fest und kurz mit dem Sternum verwachsen; an dessen Aussenfläche finden sich einzelne verdickte, schwielige, auch mit dendritischen Vegetationen besetzte Stellen, sowie reichliches Fettgewebe. Beide Blätter des Herzbeutels hängen kurz und locker zusammen. Das Parietalblatt ist überall 2–3mal dicker als normal und gleich dem Visceralblatt an zahlreichen Stellen theils mit älteren Schichten von Faserstoff, theils mit meist sehr kleinen, tuberkelähnlichen Knötchen besetzt. Ueber dem linken Ventrikel ist das Visceralblatt ausserdem gleichmässig roth gefärbt und auf dem Durchschnitt $^1/_2$–$^3/_4$''' dick, fibrös und schwach ödematös. Das Herz selbst ist in allen Durchmessern etwas grösser; der linke Ventrikel um die Hälfte weiter, mit spärlichen Blutgerinnseln. Das Herzfleisch zeigt zunächst dem Pericardium dickes schwach ödematöses Fettgewebe; ist übrigens blass und weicher. Die Papillarmuskeln sehnig; die Sehnenfäden wenig verkürzt, mässig verdickt; der hintere Klappenzipfel etwas kürzer und gleich dem vorderen mit einer mehrere Linien breiten, grauweissen, dendritischen Vegetation besetzt. Der rechte Ventrikel wenig vergrössert; sein Fleisch weich, wie links; Papillarmuskeln gleichfalls sehnig; Sehnenfäden schwach verdickt. In der Nähe des Pulmonalostium eine Reihe weisser Körnchen; Klappen der Pulmonalis schwach verkürzt. Aortenklappen ebenfalls schwach verdickt, mit gleichen dendritischen Vegetationen wie die Mitralklappe.

In der Bauchhöhle gegen 2 Pfd. gleiche Flüssigkeit wie in der rechten Pleura. Die Leber in allen Durchmessern, vorzugsweise in dem von vorn nach hinten, fast um die Hälfte grösser; Kapsel gleichmässig getrübt und stellenweise mit dendritischen Vegetationen und kleinen grauweissen Knötchen besetzt. Lebergewebe auf dem Durchschnitt fester, braunroth, deutlich acinös. Galle spärlich, dunkel. — Milz schwach vergrössert; Kapsel mässig getrübt; Substanz braunroth und grau gefleckt, von normaler Consistenz.

Nieren schwach vergrössert; Kapsel etwas dicker, fester ansitzend; Nierensubstanz ziemlich blutreich; die Rinde etwas breiter, fester.

Magen klein, seine Serosa mässig getrübt und verdickt, die Schleimhaut mässig gefaltet und stellenweise stärker injicirt. — Der Dünndarm enthält in seinem unteren Ende zahlreiche, höher oben spärliche, theils mässig, theils stark geschwollne solitäre Follikel. Im Dickdarm zahlreiche, kleine, narbenähnliche Vertiefungen.

51. Hochgradige Peritonaealtuberculose mit Darmperforation. Tuberculöse Pericarditis.

17jähriger Mann, secirt am 18. Mai 1862.

Körper mittelgross, stark abgemagert. Haut schmutziggraugelb, mit reichlichen blassen Todtenflecken. — Keine Starre. Unterhautzellgewebe fettarm. Musculatur spärlich, bleich.

Schädeldach normal. Dura mater mässig gespannt. Hirnwindungen über der vorderen Hälfte der Convexität etwas abgeplattet. Die weichen Hirnhäute zeigen längs der Pfeilnaht ziemlich reichliche Pacchioni'sche Granulationen. An allen übrigen Stellen sind die weichen Hirnhäute fleckig getrübt, nur in den Vertiefungen stärker und gleichmässig getrübt, schwach ödematös. Hirnsubstanz in hohem Grade blutarm, mässig ödematös. Hirnhöhlen schwach erweitert, mit klarer Flüssigkeit erfüllt; ihr Ependym etwas dicker.

Larynx normal. Schilddrüse schwach colloid entartet.

In der linken Pleurahöhle $^1/_2$ Pfund blassbraune Flüssigkeit, mit einzelnen Fibrinfetzen. Lunge nur an einer Stelle der unteren Hälfte des oberen Lappens langfädig verwachsen. Der obere Lappen enthält reichliche, nach unten abnehmende, meist hirsekorngrosse, in kleinen Gruppen stehende, runde oder zackige Tuberkel, in deren Umgebung das Gewebe meist schlaff und frisch infiltrirt ist. Der untere Lappen enthält dieselben Tuberkel in geringerer Menge. Das übrige Lungengewebe vollständig blutleer, lufthaltig und stark pigmentirt. In den Bronchien spärliche schleimige Flüssigkeit. Bronchialdrüsen grösstentheils vergrössert, käsig, theilweise schwärzlich und fest. In einzelnen mittleren Aesten der Lungenarterie des unteren Lappens grauröthliche, mürbe, mit der Wand nicht zusammenhängende Gerinnsel. — In der rechten Pleurahöhle dieselbe Flüssigkeit wie links. In der rechten Lunge zahlreichere und grössere Gruppen derselben Tuberkel wie links, in deren Umgebung das Gewebe meist hämorrhagisch, an anderen Stellen frisch pneumonisch infiltrirt ist. Das übrige Lungengewebe wie links; zum Theil von diffuser grünlicher Farbe.

Im Pericardium 1 Unze dunkler blutiger Flüssigkeit. An einzelnen Stellen des Parietalblattes, vorzugsweise an seinem oberen Ende über den grossen Gefässen und in der Längsfurche des Herzens, quadratlinien- bis über halbquadratzollgrosse Stellen, die zum Theil linienhoch, grau und grauröthlich gefärbt und von der Consistenz älteren Faserstoffes sind. Ausserdem enthält das Visceralblatt sehr kleine zahlreiche Tuberkel mit hämorrhagischer Umgebung. Visceralblatt über dem rechten Ventrikel ziemlich fettreich. Herz normal gross, von normaler Consistenz; in seinen Höhlen spärliche Blutgerinnsel. Mitral- und Aortenklappen gleichmässig schwach verdickt. Herzfleisch blass, weniger deutlich fasrig, weicher. Grosse Gefässe normal.

Bauch mässig vorgewölbt, stark gespannt. Beim Eröffnen der Bauchhöhle entweicht stinkende Luft. Nach der Eröffnung sieht man in der Gegend des Nabels eine handgrosse Stelle, an welcher sich über den Dünndarmwindungen schmutzigbraunrothe Flüssigkeit und sehr feine graugelbe Partikelchen finden. Dieselbe Flüssigkeit, circa 2 Pfund, findet sich an den übrigen abhängigen Stellen der Bauchhöhle. Bei Druck auf die Darmwindungen entleert sich die Luft aus einer ungefähr dem Nabel entsprechenden Stelle, da, wo mehrere Dünndarmwindungen untereinander fest zusammenhängen. Die gesammte Serosa der Bauchwandungen, des Dickdarmes, vorzüglich auch des Dünndarmes schmutzig schwarz gefärbt, von verschieden dicken Fibringerinnseln und zahlreichen bis linsengrossen Gruppen sehr kleiner, grauer oder graugelber Tuberkel besetzt. Die meisten Dünndarmwindungen hängen ausserdem durch stellenweise grössere Mengen einer graugelben, öfters käsigen Masse zusammen. Der Dünndarm ist übrigens ungefähr von normaler Weite, seine Schleimhaut in den Falten normal gefärbt, an den Stellen zwischen den Falten (von der durchscheinenden Serosa) bläulich. Nur die Schleimhaut des oberen Jejunum ist stärker schwarz pigmentirt. Im Ende des Ileum zwei linsengrosse frische tuberculöse Geschwüre. Die obengenannte Perforationsstelle reisst bei Ablösen der Dünndarmwindungen in weiter Ausdehnung ein. Sämmtliche Häute des Dünndarms dicker, aber ziemlich mürbe. Das Ende des Ileum enthält circa 12 mässig pigmentirte Peyer'sche Plaques. Mesenterialdrüsen nur theilweise schwach vergrössert, meist blass, stellenweise in der Peripherie stark pigmentirt; Marksubstanz normal. Dickdarm weit; seine Schleimhaut blass, an der Flexura sigmoidea und im Rectum stellenweise schwach geschwollen, mässig injicirt. Magenschleimhaut normal.

Die Leber hängt mit dem Zwerchfell kurz und locker zusammen. Zwerchfell- und Leberserosa mit zahlreichen Gruppen kleiner, meist graugelber Tuberkel besetzt. Einzelne bis zweierbsengrosse graugelbe Tuberkel erstrecken sich 2''' ins Lebergewebe hinein. Letzteres sehr blutarm, grauröthlich, deutlich acinös, enthält sehr spärliche graue Miliartuberkel. Die Messerklinge wird schwach fettig beschlagen. Galle reichlich, grün, dünn. — Milz $4\frac{1}{2}''$ lang, auf ihrer Kapsel dieselben Tuberkel wie auf der Leberkapsel. Gewebe braunroth, blutarm, sonst normal. Nieren normal gross, Kapsel normal; Oberfläche blass; Substanz blutarm, schlaff, weicher. Harnwege und Blase normal. Retroperitonaealdrüsen gleich den Mesenterialdrüsen.

An der vorderen Fläche der linken Hälfte des Hodensackes ein über linsengrosses Geschwür mit dünnen Rändern; dasselbe hängt mit einer über bohnengrossen Höhle zusammen, die mit gelblichem käsigem Eiter erfüllt ist; letztere endlich bildet den peripherischen Theil einer 1'' dicken, peripherisch weichen, im Centrum festeren, trocknen gelblichen Masse, die an Stelle des linken Nebenhodens liegt. Der Hoden ist etwas comprimirt, erscheint sonst normal. Ebenso der Samenleiter, sowie die rechtseitigen Genitalien.

Dass nicht bei jeder Pericarditis eine Fettmetamorphose des Herzfleisches vorhanden ist, geht theils aus theoretischen Gründen hervor, theils beweisen dies einzelne, aus andern Ursachen tödtlich abgelaufne Fälle. Z. B.

26$^1/_2$jähriger Mann, welcher 6 Wochen vor dem Tode an acutem Gelenkrheumatismus, später an Pericarditis erkrankte und an einer Hämoptyse starb. Die Section zeigte in der Mitte des rechten obern Lungenlappens eine kleinwallnussgrosse, mit Blutgerinnseln erfüllte Caverne, sowie in der ganzen rechten Lunge spärliche ältere miliare und grössere Tuberkel. Linke Lunge normal. Die Herzbeutelblätter durch eine dicke Fibrinschicht verklebt; Herz etwas breiter; frische geringe Endocarditis der Mitralis; das Herzfleisch für das blosse Auge und bei der microscopischen Untersuchung normal. Tuberculöses Geschwür des obern Jejunum.

Die Hindernisse im Lungenkreislauf, meist mit consecutiver Dilatation und Hypertrophie des rechten Ventrikels und die Fettmetamorphose des letzteren.

Unter denjenigen Störungen der Lungen, welche eine länger dauernde Behinderung des Blutlaufes durch dieselben und weiterhin Dilatation, meist mit folgender Hypertrophie, des rechten Ventrikels zur Folge haben, fand ich als die häufigste die sog. chronische Pneumonie mit sackigen Bronchiectasieen, vorzugsweise der obern Lappen, und mit gewöhnlichem chronischen Catarrh der andern Bronchien, meist auch mit späterer Tuberculose, bald nur der Lungen, bald auch des Darms und anderer Theile.

Die chronische Pneumonie, welche in den meisten Fällen Folge der sackigen Bronchiectasieen ist, besteht in reichlicher Neubildung von interlobulärem und meist auch interalveolärem Bindegewebe mit consecutiver Obliteration zahlreicher Gefässe und dadurch bewirkter Pigmentirung (sog. Pigmentinduration). Die Tuberculose der Lungen, welche der chronischen Pneumonie nicht selten folgt, besteht bald in den gewöhnlichen miliaren Tuberkeln, bald aber ist es eine mehr diffuse Tuberkelbildung, meist mit gleichzeitiger oder consecutiver pneumonischer Infiltration der betreffenden Alveolen. Häufig endlich kommen auch lobuläre Pneumonieen in zahlreicher Menge und in sehr verschiednen Stadien, besonders oft in sog. Tuberculisirung, vor.

In der Mehrzahl der von mir beobachteten Fälle fand sich zugleich meist nur einseitiges, selten beiderseitiges pleuritisches Exsudat, fast immer mit stärkerer Verkleinerung, wenigstens des untern Lappens. Diese Verkleinerung war aber meist nicht so stark, wie bei bisher normalen Lungen, sondern meist gehindert durch die theilweise Verdichtung des Lungengewebes. Besonders häufig hatte dann die Lunge die sog. Cylindergestalt. — War die Pleuritis ältern Datums und einseitig, so trat nicht selten noch Emphysem der andern Lunge hinzu, wenn dessen Zustandekommen nicht durch alte vielfache Verwachsungen, durch zahlreiche chronische Entzündungsheerde u. s. w. gehindert war.

Der rechte Ventrikel ist bei der in Rede stehenden Affection bald einfach dilatirt, bald zugleich hypertrophisch. Im letzteren Falle ist die Hypertrophie selten rein, sondern entweder ist das Muskelfleisch colloid entartet (Rokitansky), oder es findet sich neben der Neubildung von

Muskelfasern zugleich eine vermehrte Neubildung von Bindegewebe — welche beide Zustände vorzugsweise die sog. cautschukähnliche Beschaffenheit des rechten Ventrikels bedingen.

Durch diese Beschaffenheit des rechten Ventrikels entstehen dann häufig theils die sog. globulösen Vegetationen, theils die bekannten Stauungshyperämieen in Leber, Milz und Nieren. Letztere erreichen aber meist nicht die hohen Grade, wie bei wirklichen Fehlern der venösen Klappen und Ostien des linken oder rechten Ventrikels. Wahrscheinlich ist meist auch Stauungshyperämie der Kranzvenen des Herzens vorhanden.

Besonders häufig aber kommt hier Thrombose der Venen einer oder beider Unterextremitäten, oder der Beckenvenen oder anderer Venen vor.

Bisweilen endlich erstreckt sich die Stauung vom rechten nach dem linken Ventrikel, welcher dann gleichfalls dilatirt, selten zugleich hypertrophisch wird.

Seltenere begleitende Zustände der chronischen Pneumonie mit sackigen Bronchiectasieen sind secundäre Tuberkel in zahlreichen Organen; — in Folge der langen Eiterabsonderung in den Bronchiectasieen Speckentartung von Milz, Nieren und Leber u. s. w.

Der fragliche Zustand betrifft nicht nur ältere Individuen, sondern kommt in jedem Lebensalter, besonders häufig zwischen dem 20. und 30. Jahre vor.

In ungefähr einem Sechstel aller von mir beobachteten Fälle (38 an Zahl) fand ich Fettmetamorphose des erweiterten und fast immer mehr oder weniger hypertrophischen rechten Ventrikels. In einem zweiten Sechstel aller Fälle kam gleichzeitig Fettmetamorphose des normal weiten oder des erweiterten linken Ventrikels vor. Die Fettmetamorphose des rechten Ventrikels war fast stets punct- oder netzförmig, die des linken ebenso oder häufiger gleichmässig. Erstere war wohl meist chronisch, letztere meist acut.

52. Chronische Tuberculose von Lungen und Darmcanal. Rechtseitiges Fettherz.

64jähriger Mann, secirt am 21. März 1857.

Körper an den untern Extremitäten mässig ödematös.

Schädel- und Halsorgane normal.

Lungen, vorzugsweise in den Oberlappen, durchsetzt von zahlreichen schwieligen Streifen und von frischen und älteren, vielfach tuberculisirenden, Infiltraten. Chronische Bronchitis mit gleichmässiger Erweiterung, besonders der Oberlappen. — Herz breiter, im rechten Ventrikel weiter, theils fettig entartet, theils mit reichlichem subpericardialen Fettgewebe.

Zahlreiche kleine und grosse tuberculöse Geschwüre des untern Ileum. Ausgebreitete tuberculöse Verschwärung des Cöcum. Stark pigmentirter Polyp der Schleimhaut des Cöcum. Tuberculose der Mesenterialdrüsen.

53. Chronische Tuberculose. Chronische Bronchitis. Erweiterung und Fettmetamorphose des rechten Ventrikels.

25jähriger Mann, secirt am 30. Juni 1862.

Körper stark abgemagert. Schädel- und Halsorgane normal. Linke Lunge allseitig verwachsen, kleiner, rechte frei, mässig emphysematös. In beiden Spitzen mässig reichliche alte Cavernen, besonders links. In den Oberlappen reichliches, in den Unterlappen spärliches pigmentindurirtes Gewebe mit zahlreichen ältern Miliartuberkeln und einzelnen grösseren käsigen Heerden. Intensive chronische Bronchitis, cylindrische und stellenweise sackige Erweiterung der Bronchien. — Herz um die Hälfte breiter durch Dilatation und Hypertrophie des rechten Ventrikels. Alle Muskelfasern desselben undeutlich quergestreift, von mässig reichlichen Fettmolecülen gleichmässig durchsetzt. Einzelne Muskelfasern des sonst normalen linken Ventrikels schwach fettig. Klappen und grosse Gefässe normal. — Mässig reichliche Miliartuberkel von Leber, Milz und Nieren. Im mittlern Ileum ein vernarbendes, im Dickdarm c. 15 theils ältere, theils vernarbende tuberkulöse Geschwüre.

54. Chronische Lungentuberculose. Erweiterung und Fettmetamorphose des rechten Ventrikels.

c. 40jähriger Mann, secirt am 21. März 1860.

Körper abgemagert, an den untern Extremitäten ödematös.

Schädel- und Rachenorgane normal. Grosses einfaches Geschwür an der hintern Larynxwand. Allseitige Verwachsung beider Lungen. Frische fibrinöse Pleuritis linkerseits. In beiden Oberlappen grosse alte Cavernen. Im übrigen Theil beider Lungen einzelne tuberculöse Infiltrate und zahlreiche frische und ältere Miliartuberkel. Chronische Bronchitis. — Herz breiter, im rechten Ventrikel weiter, an zahlreichen Stellen zunächst dem Endocardium gelb punctirt und gestreift. Daselbst, im rechten Vorhof und Herzohr zahlreiche rothe und gelbe globulöse Vegetationen. Geringer Ascites. Leber und Nieren kleiner, fester, blass (Pat. hatte Albuminurie). In beiden Cruralvenen ältere Thromben.

55. Chronische Tuberculose der Lungen. Linkseitiges Pleuraexsudat. Partielle Fettentartung des rechten Ventrikels.

20jähriger Mann, secirt am 11. October 1861.

Körper gross, stark abgemagert. Haut bleich; violette Todtenflecke; starke Starre. Unterhautzellgewebe fast fettlos. Musculatur spärlich, blass.

Schädeldach an der Innenfläche mit reichlichem villösen Osteophyt. Dura mater fester ansitzend, etwas dicker. Weiche Hirnhäute an Convexität und Basis mässig getrübt. Hirnsubstanz verhältnissmässig blutreich, sonst normal.

Die vordere und hintere Fläche, sowie die Seiten der Larynxschleimhaut sind mit reichlichem eitrigen Schleim bedeckt, darunter fein granulirt und flach exulcerirt. An den hintern Enden beider untern Stimmbänder finden sich zwei kaffeebohnengrosse, den Knorpel blosslegende Ulcera. Die übrige Larynxschleimhaut enthält vorn eben solche Granulationen, und an der hintern Fläche mehrere bis 1 □''' grosse, tiefe, zum Theil deutlich tuberculöse Geschwüre.

In der linken Pleurahöhle findet sich eine abgesackte, gegen 2 Pfund blutig-eitrige Flüssigkeit enthaltende Höhle, auf der linken Seite mit einer liniendicken älteren fibrinösen Schicht bekleidet. Im übrigen Theil der Lunge sind die Costal- und Pulmonalpleura 1—1½‴ dick, fest mit einander verwachsen, stark vascularisirt. Lunge in allen Durchmessern etwa um die Hälfte kleiner. In ihrer Spitze eine über ganseigrosse Höhle mit eitrigem Inhalt und glatter, fast nur aus Pleura bestehender Wand. Das übrige Gewebe ist überall, besonders im obern Lappen, mit älteren miliaren Tuberkeln, sowie mit frischen und älteren tuberculösen Infiltraten durchsetzt, dazwischen stellenweise stark pigmentirt und indurirt. Sämmtliche Bronchien enthalten reichliche blutig-schleimige Flüssigkeit; die meisten sind gleichmässig und ziemlich stark erweitert. Die Schleimhaut der grössern verhält sich wie die Trachealschleimhaut. — Die rechte Lunge ringsum kurz und mässig fest verwachsen, normal gross; in ihrer Pleura sparsame Extravasate. In der Lungenspitze eine hühnereigrosse, gleiche, und mehrere kleinere Cavernen wie links. Lungengewebe wie links, nur an zahlreichen Stellen frisch pneumonisch. Bronchien wie links. Bronchial- und Mediastinaldrüsen stark vergrössert, meist grauroth, feucht, weich, stellenweise schwarz, fest.

Herzbeutel allseitig kurz und ziemlich fest verwachsen. Herz normal gross, schlaff, unter dem Visceralblatt stellenweise kleine Extravasate. In allen Herzhöhlen mässig reichliche Gerinnsel. An der Vorhoffläche des vordern Zipfels der Mitralklappe finden sich mehrere bis 3‴ lange, 1‴ breite und 1‴ hohe, graurothe, condylomähnliche, mässig fest aufsitzende Excrescenzen. Ebensolche, meist erbsengrosse, an der Vorhoffläche der Tricuspidalis. Herzfleisch bleich, links normal; im rechten Ventrikel einige ¼□″ grosse, gelbliche, vollständig fettig entartete Stellen. Klappen und grosse Gefässe normal.

In der Bauchhöhle einige Unzen klare Flüssigkeit. Leber normal gross. Kapsel stellenweise getrübt. Gewebe grauroth, undeutlich acinös, homogen, matt glänzend, mit sehr zahlreichen kleinen Miliartuberkeln durchsetzt. Galle mässig reichlich, blass; Schleimhaut stellenweise fettig. — Milz normal gross. Gewebe grauroth, etwas fester, schwach glänzend (nicht speckig).

Linke Niere normal gross. Kapsel fester ansitzend; Oberfläche stark geröthet. Rindensubstanz braunroth, fest, mattglänzend. In Rinde und anstossenden Pyramiden eine gegen kirschengrosse, scharf begrenzte, graugelbe, käsige Stelle. Rechte Niere blasser als die linke, ohne Tuberkelinfiltrat, sonst ebenso.

Magenschleimhaut stellenweise stark geröthet. Schleimhaut des obern Dünndarms gleichmässig fein schwarz punctirt; die des untern stellenweise stark injicirt; ausserdem etwa ein Dutzend, ¼□″ grosse, frische und ältere tuberculöse Geschwüre enthaltend. Im Coecum und im Anfangstheil des Colon ascendens zahlreiche, im übrigen Colon ascendens sparsame, theils ebensolche, theils linsengrosse Geschwüre. Die untern Mesenterialdrüsen frisch und älter tuberculös.

56. Allgemeine Tuberculose. Fettherz.

24½jähriges Weib, secirt am 14. Februar 1863.

Körper stark abgemagert. Haut bleich, mit starken Todtenflecken; schwache Starre. Unterhautzellgewebe fettarm; Musculatur spärlich, blass.

Schädeldach dick, stellenweise besonders an der Vorderseite und Innenfläche mit villösem Osteophyt. Weiche Hirnhäute an der Convexität an zahlreichen Stellen stark getrübt, mit reichlichen Granulationen. Hirnsubstanz blutarm, sonst normal.

Rachenorgane normal. In den Tonsillen zahlreiche alte Narben; Kehldeckel in seiner Schleimhaut an der Vorder- und Hinterfläche mässig geschwollen und gleichmässig schwach injicirt. Am unteren Ende des Larynx mehrere, zum Theil halbwallnussgrosse, theils stark pigmentirte, theils tuberculöse Lymphdrüsen.

Linke Lunge vielfach und mässig fest mit der Umgebung verwachsen, normal gross, im oberen Lappen einzelne, im untern noch spärlichere, erbsen- bis wallnussgrosse, luftleere Heerde, welche in einer pigmentindurirten Masse graugelbe, vielfach confluirende Miliartuberkel und erweiterte, mit eitriger Flüssigkeit erfüllte Bronchien enthalten. An einer Stelle der Spitze, sowie des hintern mittleren Theils des oberen Lappens ist das Gewebe in der Ausdehnung von 1—2□'' in eine graulichbraune, geruchlose, grösstentheils sulzigweiche, nicht scharf begrenzte Masse verwandelt. Im unteren Lappen finden sich ziemlich zahlreiche, bis $^1/_2$□'' grosse, meist scharf begrenzte, dunkelrothe, luftleere, in verschiedenen Graden erweichte Stellen. Das übrige Lungengewebe lufthaltig, mässig bluthaltig und mässig pigmentirt. Die übrigen Bronchien normal weit, mit mässig reichlicher, eitriger, stellenweise blutiger Flüssigkeit; Schleimhaut wenig geröthet. Bronchialdrüsen mässig vergrössert, ziemlich gleichmässig schwach pigmentirt, von normaler Consistenz. — Die rechte Lunge ist über dem ganzen oberen Lappen kurz und fest verwachsen, übrigens frei. Der obere Lappen enthält in seiner Spitze eine ganseigrosse, mit käsiger Masse beschlagene, darunter glattwandige und stark injicirte Caverne, an der stellenweise noch Reste von käsig infiltrirtem Lungengewebe sitzen. In der nächsten Umgebung mehrere ähnliche kleinere Höhlen. Der übrige Theil dieses Lappens fast vollständig luftleer: er enthält in einem schieferfarbenen, schlaff infiltrirten Gewebe ziemlich reichliche, meist gleichmässig vertheilte, sehr kleine bis erbsengrosse, gelbe und graugelbe Tuberkel. Der mittlere und untere Lappen enthält dieselben Massen, wie der linke obere Lappen, nur in reichlicherer Menge. Die übrigen Verhältnisse wie links. Stärkere Bronchitis.

Herzbeutel mit geringer Menge klarer Flüssigkeit. Visceralblatt ziemlich gleichmässig getrübt. In beiden Herzhälften spärliche Gerinnsel. Das Endocardium des linken Ventrikels vielfach schwach getrübt; die Herzhöhlen etwas weiter; das Herzfleisch beiderseits etwas dicker, sehr bleich, weniger deutlich faserig, weicher, gleichmässig und mässig stark fettig entartet. Klappen und grosse Gefässe normal.

Unterleib ziemlich stark aufgetrieben; in der Beckenhöhle einige Unzen klarer Flüssigkeit. Die Dünndarmwindungen sämmtlich weit, vielfach mässig injicirt und mit Ausnahme der oberen Schlingen mit einer dünnen, ziemlich festaufsitzenden, blassen Substanz bedeckt; stellenweise, namentlich über den der Schleimhautfläche entsprechenden Geschwüren, mit meist sehr undeutlichen frischen Miliartuberkeln besetzt.

Leber in allen Durchmessern um die Hälfte grösser, an der Ober- und Schnittfläche blass, die Messerklinge stark fettig beschlagend, deutlich acinös. Nur an der Oberfläche spärliche Miliartuberkel. Galle spärlich, dickflüssig. — Milz normal gross, dünn; Kapsel schwach getrübt; Gewebe braunroth, sehr blutarm, von normaler Consistenz.

Nieren normal gross; Kapsel dicker, fester ansitzend. Rinde an der Oberfläche bleich; stellenweise undeutlich flach granulirt. Schnittfläche etwas breiter, blass, homogen, fester. Pyramiden normal gross; an den Papillen stellenweise Kalkinfarct.

Magen gross; Schleimhaut sehr bleich, vielfach fein warzig, sonst normal. Im Dünndarm reichliche blassgelbe Flüssigkeit. Das unterste Drittel des Dünndarms besteht zum grössten Theile aus alten tuberculösen Geschwüren. Dieselben liegen meist quer, sind linien- bis mehrere Zoll breit; ihr Grund enthält meist nur noch spärliche Reste von infiltrirtem submucösen Gewebe; die Ränder sind dicht granulirt. Nach oben zu spärlichere gleiche Geschwüre. Ebenso im Coecum, Colon und Mastdarm.

Uterus normal gross; am inneren Muttermund schwach nach vorn geknickt; Schleimhaut mässig pigmentirt. Appendices des Uterus normal.

57. Chronische Lungentuberculose, besonders linkerseits. Tuberculös-hämorrhagische Peritonitis. Erweiterung und Verfettung des Herzens.

51jähriger Mann, secirt am 27. September 1862.

Körper mittelgross, stark abgemagert, an den Knöcheln und dem untern Theil der Unterschenkel schwach ödematös. Haut graugelblich, dünn, mit reichlichen blassen Todtenflecken; schwache Starre. Unterhautzellgewebe fettlos, Musculatur spärlich, blass.

Schädeldach etwas dicker, mit normaler Diploë. Im mittleren Theile der Aussenfläche beider Scheitelbeine ist eine c. 3□" grosse, aus zahlreichen flachen Narben bestehende Stelle; zwei halbneugroschengrosse, flache Narben an der linken Schuppe des Stirnbeins. Tabula vitrea normal. Dura mater etwas dicker; weiche Hirnhäute an der Convexität vielfach getrübt und zwischen den Windungen mässig ödematös. Hirnsubstanz blutarm, ödematös, sonst normal.

Rachenorgane normal; ebenso der Larynx. Schilddrüse etwas grösser, gleichmässig colloid entartet.

Linke Lunge allseitig kurz und fest verwachsen, oberer Lappen in der Spitze von reichlichen, im übrigen Theil von sparsamen pigmentindurirten Stellen und älteren Tuberkelgruppen durchsetzt; das übrige Gewebe desselben theils hochgradig ödematös, theils schlaff und frisch infiltrirt. Unterer Lappen blutreich, mässig ödematös, mit spärlichen Tuberkelgruppen. Mässige chronische Bronchitis. Bronchialdrüsen gross, schwarz und fest. — Rechte Lunge längs des hinteren Theils des oberen Lappens und über dem ganzen mittleren Lappen durch eine bis liniendicke ödematöse Bindegewebsschwarte verwachsen. Nur in der Spitze eine gegen wallnussgrosse, im übrigen Theil sehr sparsame erbsengrosse Gruppen von älteren miliaren Tuberkeln und pigmentindurirtem Gewebe. Uebriges Lungengewebe blutreich, stark ödematös. Bronchien und Bronchialdrüsen wie links.

Im Herzbeutel spärliche Flüssigkeit, Visceralblatt gleichmässig getrübt. Herz in allen Durchmessern um die Hälfte grösser, mit reichlichen Gerinnseln; linker Ventrikel um die Hälfte dicker und weiter, sein Fleisch gleichmässig gelbröthlich, weicher (gleichmässig und mässig fettig entartet), nur an wenigen Stellen fein gelb punctirt. Rechter Ventrikel normal weit; an der Spitze zahlreiche gelbliche globulöse Vegetationen. Sein Fleisch fast durchaus in den Schichten zunächst dem Endocardium fein gelb gefleckt, vorzugsweise an den Papillarmuskeln und Fleischbalken. Alle Klappen stellenweise schwach verdickt. Grosse Gefässe normal.

In der Bauchhöhle c. 2 Pfund braunröthliche, schwach trübe Flüssigkeit. Das Parietalblatt mit einer dünnen, braunrothen, leicht abstreifbaren Substanz überzogen und von sehr zahlreichen, meist gleichmässig vertheilten, zum Theil auch in Gruppen sitzenden, einzeln liegenden oder zusammenfliessenden, meist gegen hirsekorngrossen Tuberkelgranulationen besetzt. Wesentlich gleich verhält sich auch die Serosa des Dünndarms, Dickdarms, der Blase, während sich an den übrigen Organen die Granulationen in viel geringerer Menge finden. — Leber klein, mit der Umgebung vielfach verwachsen; ihr Gewebe schwach muscatnussfarben, deutlich acinös, die Messerklinge schwach fettig beschlagend; die Acini klein. Galle reichlich, schwarzbraun, dickflüssig. — Milz etwas grösser; ihr Gewebe blassroth, etwas weicher.

Linke Niere normal gross. Oberfläche mit einzelnen flachen Narben. Rinde blass; Malpighi'sche Körper deutlich injicirt. Am oberen Ende eine Gruppe kleiner frischer und ein gegen bohnengrosser gelber, weicher Tuberkel. Rechte Niere ebenso, ohne Tuberkel; an einer Stelle der Rinde eine erbsengrosse Cholestearincyste.

Magen klein; seine Schleimhaut grösstentheils mässig injicirt, pigmentirt und geschwollen. — Dünndarm eng; seine Schleimhaut zeigt reichlichen blassgrünen, zähen Schleim; die der oberen Hälfte ist mässig schwarz pigmentirt. Nirgends Geschwüre. — Im Dickdarm reichlicher Koth; ähnlicher Schleim in geringerer Menge; zahlreiche Follicularnarben. In der untern Hälfte zahlreiche Stellen schwarz gefleckt.

Im linken Hoden, in der Nähe des Nebenhodens, ein zweierbsengrosser, grösstentheils gelber, scharf umschriebener Tuberkel. Rechter Hode normal.

58. Allgemeine Tuberculose. Fettherz.

38jähriger Mann, secirt am 7. April 1862.

Körper mittelgross, ziemlich stark abgemagert. Haut bleich, mit sparsamen blassen Todtenflecken. Starke Starre.

Schädeldach etwas dicker und fester. Dura mater normal. Weiche Hirnhäute an der Convexität schwach getrübt; an der Basis, besonders zwischen Chiasma und Pons, theils schwach getrübt, theils aus dünner grauer, mit einzelnen Tuberkeln durchsetzter Substanz bestehend. An der Convexität finden sich zwischen den Hirnwindungen und der angrenzenden Hirnsubstanz gegen 6 bis kaffeebohnengrosse, graugelbe, theils feuchte, theils käsige Stellen, in deren Umgebung Rinden- und Marksubstanz roth erweicht ist. Die übrige Hirnsubstanz weicher, blutarm; die Hirnhöhlen gegen doppelt weiter, ihre Umgebung an den meisten Stellen weiss erweicht.

Halsorgane normal.

Linke Lunge stellenweise verwachsen. In der Spitze mehrere sehr kleine bis wallnussgrosse schwielige Stellen; in deren Umgebung mit käsiger Substanz erfüllte sackige Bronchiectasieen. Im oberen Lappen sparsame, gleichmässig vertheilte Gruppen älterer miliarer Tuberkel; eben solche in gleicher Menge im unteren Lappen. Das übrige Lungengewebe an den meisten Stellen blutarm, an einzelnen Stellen blutreicher, an der Basis schlaff infiltrirt. Bronchien an den meisten Stellen spärliche, an der Basis reichliche eitrige Flüssigkeit enthaltend, an letzterer Stelle stark cylindrisch erweitert; ihre Schleimhaut stark geröthet und geschwollen. Bronchialdrüsen mässig vergrössert, fester, schieferfarben. — Rechte Lunge an zahlreichen Stellen kurz und mässig fest verwachsen. Pleura mit mässig reichlichen, meist frischen Tuberkeln besetzt. Das Lungengewebe enthält dieselben Tuberkel wie links, ausserdem einzelne bis eigrosse schlaff infiltrirte Stellen, und im hintern Theile des oberen Lappens eine wallnussgrosse sackige Bronchiectasie. Bronchien und Drüsen wie links.

Im Herzbeutel eine geringe Menge klarer Flüssigkeit. Herz in allen Durchmessern etwas grösser, sehr schlaff; links spärliche, rechts reichliche Gerinnsel. Beide Ventrikel weiter. Fleisch beiderseits bleich, auffallend weich, stark fettig entartet. Klappen und grosse Gefässe normal.

Bauch ziemlich stark aufgetrieben. Das Parietalblatt des Peritonaeum überall kurz und mässig fest mit den umliegenden Theilen zusammenhängend; besetzt mit sehr zahlreichen, sehr kleinen bis ½□" grossen, dünnen, bis ½''' dicken, rundlichen, unregelmässig zackigen und vielfach confluirenden graugelben Massen, die auf dem Durchschnitt glatt, feucht oder schwach käsig sind, zwischen denen das Peritonaeum mässig injicirt ist. Dieselben Massen finden sich an allen sichtbaren Stellen des Dünn- und Dickdarms, besonders des ersteren, dessen Windungen durch dieselben überall sehr kurz und mässig fest untereinander zusammenhängen. Nach dem oberen Theile des Peritonaeum zu und an der Peritonaealfläche des Zwerchfells zahlreiche, meist kleine weisse Miliartuberkel.

Die Leber hängt mit allen umliegenden Theilen kurz und mässig fest zusammen. Der Durchmesser von vorn nach hinten mässig vergrössert, Dickendurchmesser geringer. Gewebe sehr schlaff durchsetzt von sehr zahlreichen kleinen Miliartuberkeln, und mässig reichlichen bis erbsengrossen Körpern, welche aus einer verhältnissmässig dicken, grauweissen, feuchten Rinde bestehen und einen dunkelgrünen, dünn- oder dickflüssigen Inhalt haben. Das übrige Lebergewebe blass, sehr schlaff, blutarm. Galle mässig reichlich, sehr dick und dunkel. — Milz ringsum sehr kurz und fest verwachsen, um die Hälfte grösser; an ihrer Oberfläche und im Innern zahlreiche kleine grauweisse Tuberkel; übriges Gewebe grauroth und weicher.

Linke Niere etwas kleiner, Kapsel normal, an der Oberfläche mässig reichliche kleine Tuberkel, welche nur wenig weit sich in die Rindensubstanz fortsetzen. Diese und die Pyramiden blutarm, fester. Rechte Niere ebenso wie links; auch im Innern der Rindensubstanz einzelne Tuberkel.

Serosa des Magens mit denselben Tuberkeln wie das übrige Peritonaeum. Schleimhaut etwas dicker, schieferfarben, mit zähem Schleim überzogen. Nur im untern Ileum einzelne bis $1/2$□" grosse, frische tuberculöse Geschwüre. Uebrige Schleimhaut des Dünndarms schwach pigmentirt, sonst normal. Alle Darmhäute leicht zerreisslich. Dickdarm ohne Geschwüre. Mesenterialdrüsen nur mässig vergrössert, weicher, sonst normal. — Retroperitonaealdrüsen normal.

59. Allgemeine Tuberculose. Fettmetamorphose des Herzens.

49jähriger Mann, secirt am 13. Mai 1860.

Körper abgemagert, an den Unterextremitäten schwach ödematös. Im subcutanen Bindegewebe und in den oberflächlichen Muskeln der Waden und Knöchel (andre Muskeln wurden nicht untersucht) bis handgrosse, ziemlich frische Blutergüsse. — Schädel- und Halsorgane normal. — In der linken Pleura costalis, diaphragmatica und pulmonalis zahlreiche frische Miliartuberkel. In der Lungenspitze mässig reichliche grosse umschriebene Knoten, welche in schwieligem pigmentirten Gewebe frische und ältere Miliartuberkel enthielten. Ebensolche kleinere Knoten in der übrigen Lunge. Rechte Lunge emphysematös und mit reichlicheren gleichen Knoten. Chronische Bronchitis. — Sehr ausgebreitete punctirte Fettmetamorphose des ganzen rechten, gleichmässige schwächere des linken Ventrikels; mässige Erweiterung beider Ventrikel. Mässig reichliche globulöse Vegetationen in der Spitze des rechten Ventrikels. — Mässig reichliche Miliartuberkel der Leber. Geringer Milztumor. — Chronischer Magencatarrh. Dünndarmserosa schwarz pigmentirt. Im Dünndarm c. 40 linsen- bis pfennig-grosse, in Cöcum und Colon ascendens 10 ältere bis 6□" grosse tuberculöse Geschwüre. Mesenterialdrüsen normal. In der Rinde der linken Niere zwei streifige Tuberkel.

60. Tuberculose der Lungen, besonders des rechten Unterlappens. Erweiterung des Herzens mit consecutiven Veränderungen, besonders der Bauchorgane. Fettentartung des Herzfleisches.

58jähriges Weib, secirt am 28. Mai 1861.

Körper mittelgross, stark abgemagert; an der rechten untern Extremität mässig, an der linken stark ödematös. Haut sehr bleich, mit dunklen Todtenflecken. Starke Starre.

Schädeldach normal. Die weichen Hirnhäute an der Convexität schwach getrübt an der Basis, besonders in der rechten Fossa Sylvii, grösstentheils bis zur Dicke von $\frac{1}{2}'''$ eitrig infiltrirt. Hirnsubstanz sehr blutarm, etwas weicher. Ventrikel normal.

Halsorgane normal. — Linke Lunge an der Spitze verwachsen; daselbst mehrere sehr kleine bis kirschengrosse pigmentirte festere Stellen. In der Spitze, sowie im untern Lappen sparsame kleine, bis halberbsengrosse, grauweisse, weiche Knötchen. Das übrige Gewebe im obern Lappen blutarm, im untern blutreich. — Rechte Lunge sehr fest und kurz verwachsen. Das hintere Drittel des obern Lappens gleich der Spitze des linken, sowie mit einzelnen über bohnengrossen, sackigen Bronchiectasieen. Uebriger oberer und mittlerer Lappen gleich der linken Lunge. Der untere Lappen durchaus luftleer, durchsetzt von zahllosen hirsekorngrossen, einzelnstehenden, grauen Knötchen, zwischen denen das übrige Gewebe braunroth und schlaff pneumonisch infiltrirt ist. Bronchien sämmtlich gleichmässig stark erweitert, mit sparsamem schleimigen Sekret; ihre Schleimhaut mässig geröthet. Bronchialdrüsen stark vergrössert, schwarz, theils fest, theils weich.

Herzbeutel normal. Herz fast 5'' breit, über 4'' lang, sehr schlaff. Linker Ventrikel gegen doppelt breiter, von normaler Dicke; sein Fleisch gleichmässig grauröthlich, homogen, weicher, an den Papillarmuskeln, sowie an zahlreichen Stellen unterhalb des Endocardiums bis zur Tiefe von 1''' fein gelb gefleckt. Rechter Ventrikel ebenfalls weiter; sein Fleisch gleich dem linken Ventrikel. In allen Herzhöhlen sparsame frische Gerinnsel; ausserdem an der Spitze des linken Ventrikels, sowie zwischen den Fleischbalken des rechten Vorhofs kleine bis bohnengrosse, gelbe, globulöse Vegetationen. Klappen und grosse Gefässe normal.

In der Bauchhöhle gegen 2 Pfund klare Flüssigkeit. Leber an zahlreichen Stellen der Convexität langfädig verwachsen, im rechten Lappen zungenförmig; ihr Dickendurchmesser geringer. Das Lebergewebe besteht aus einem graugelben Netzwerk mit rothen Inseln; innerhalb des erstern zahlreiche erweiterte Oeffnungen (Centralvenen). Im Uebrigen ist das Gewebe grösstentheils blutreich, etwas weicher. Die Scheide der grösseren Pfortadergefässe stark verdickt. Galle reichlich, dunkel. — Milz $5\frac{1}{2}''$ lang, langfädig verwachsen; ihr Gewebe braunroth, ziemlich blutreich, etwas fester; die Stromabalken verdickt. — Nieren normal gross, homogen, fester; in den Papillen schwacher Kalkinfarct.

Magenschleimhaut in der rechten Hälfte stellenweise stärker injicirt und ecchymosirt. — Pancreas fester, deutlicher acinös. — Dünndarmschleimhaut an zahlreichen Stellen stärker injicirt, schwach verdickt. Dünndarm mit reichlicher grauweisser, schleimiger Flüssigkeit erfüllt. Dickdarm normal. Ebenso Mesenterialdrüsen.

Die rechte Vena spermatica 2'' unter ihre Einmündung in die Cava durch ein nach oben halbrundes braunrothes Gerinnsel verschlossen, welches sich bis zum Ligamentum latum herab fortsetzt, stellenweise 2—3''' breit, blass und im Centrum breiig weich ist. — Der Uterus um die Hälfte grösser, an seiner Serosa stellenweise pigmentirt; sein Parenchym grau- und gelbröthlich, etwas weicher. Schleimhaut des Körpers glatt, roth, mit gelblichen Flecken. Vaginalportion stark pigmentirt, mit mehrern vernarbten Einrissen. Ovarien gross, ihre Kapsel stark verdickt. Die obern Theile beider Venae crurales normal.

61. Allgemeine Tuberculose. Ausgebreitete gallertige Erweichung des Rückenmarks. Fettherz.

38jähriger Mann, secirt am 26. April 1862.

Körper gross, mässig genährt. Haut bleich, mit reichlichen blassen Todtenflecken; über dem Kreuzbein ein gegen 2□" grosser flacher Decubitus. Sehr starke Starre. Unterhautzellgewebe fettarm. Musculatur mässig entwickelt, blassroth.

Schädeldach gegen $^1/_4$" dick, die Diploë grösstentheils sclerosirt; längs der Pfeilnath ein gegen 1" breites, villöses Osteophyt; an den übrigen Stellen dasselbe Osteophyt mässig entwickelt. Die Innenfläche der Dura mater ist über der hinteren und vorderen, und in der ganzen mittleren Schädelgrube rechterseits mit einer dünnen, graurothen, schwer abstreifbaren Schicht bedeckt. Die übrige Dura mater normal, stark gespannt. Die weichen Hirnhäute an Convexität und Basis schwach getrübt. Hirnsubstanz blutarm, weich, mässig ödematös. An der unteren Grenze der Rindensubstanz der Convexität des mittleren Theils der linken Grosshirnhemisphäre findet sich eine gegen erbsengrosse verkalkte, scharf umschriebene Masse. Die Hirnhöhlen schwach erweitert, mit klarer Flüssigkeit erfüllt. Das Septum ventriculorum vollständig erweicht; die übrigen Theile der Ventrikelwandungen normal.

Halsorgane normal.

Linke Lunge über dem oberen Theile kurz und fest mit dem Thorax verwachsen; der ganze untere Lappen durch eine $^1/_2$''' dicke Masse älteren Fibrins ziemlich fest mit der Umgebung verklebt. Die Pleura des oberen Lappens enthält in ihrem unteren Theile, die des unteren Lappens überall sehr reichliche, gleichmässig vertheilte, frische Miliartuberkel. Der obere Lappen normal gross, der untere etwas kleiner. Die obere Hälfte des oberen Lappens besteht ganz aus schwieligem pigmentirten Gewebe und aus sackigen, mit käsiger Flüssigkeit erfüllten und in ihrer Wand tuberculisirenden Bronchiectasieen. Der übrige Theil des unteren Lappens enthält Pigmentindurationen und ältere käsige Infiltrationen in mässiger Menge. Der untere Lappen zeigt nur in der Spitze spärliche Tuberkel. Der übrige Theil desselben ist mässig bluthaltig, lufthaltig und nur an der Basis zur Luftleere comprimirt. Geringe Bronchitis. — Rechte Lunge allseitig kurz und fest verwachsen; rings um die Lunge eine stellenweise $^1/_2$''' dicke, zum Theil vascularisirte Schwarte. Der obere Lappen vollständig luftleer, aus sehr reichlichem, schwieligem, schwarzen Gewebe, mit dazwischen liegenden älteren, miliaren, trocknen oder käsigen, etwas grösseren Tuberkeln, sowie aus zahlreichen, theils gleichmässig, theils schwach sackig erweiterten Bronchien mit blutigem Inhalt und stark gerötheter Schleimhaut bestehend. Die übrigen Theile der Lunge gleich der untern Hälfte der linken Lunge. Das freie Lungengewebe mässig hyperämisch und ödematös. Ziemlich starke acute Bronchitis. Bronchialdrüsen beiderseits mässig vergrössert, theils schwarz, theils grau und weich.

Die äussere Fläche des Pericardium linkerseits mit denselben Miliartuberkeln wie die linke Pleura. Herzbeutel leer; Visceralblatt stellenweise schwach getrübt. Herz fast um die Hälfte grösser, schlaff, unter dem Pericardium rechterseits verhältnissmässig fettreich. Alle Herzhöhlen um die Hälfte weiter. Herzfleisch nicht verdickt, grauroth, auffallend weich, überall mässig fettig entartet. Klappen und grosse Gefässe normal.

Leber im rechten Lappen schwach zungenförmig, normal gross; ihr Gewebe grauroth, undeutlich acinös, fester, mit spärlichen Miliartuberkeln durchsetzt. Galle sparsam, blass. — Milz 6" lang, gegen 5" breit, über 2" dick. An ihrer Kapsel spärliche

Vegetationen. Das Gewebe braunroth, weicher, blutarm. — Nieren um die Hälfte grösser; Kapsel etwas fester ansitzend; Oberfläche braunroth, glatt; Rinde um die Hälfte breiter, gleichmässig, ziemlich stark geröthet, glatt, glänzend, etwas fester; Pyramiden normal.

Magen weit, sonst normal. Der Dünndarm enthält fast in der ganzen Länge gegen 20 kleine bis 1½□" grosse, ältere, tuberculöse Geschwüre, welche meist bis in die Muscularis reichen und über denen die Serosa mit zahlreichen frischen Miliargranulationen besetzt ist. Mesenterialdrüsen grösser, mit frischen miliaren Tuberkeln durchsetzt. — Dickdarm in seiner ganzen Länge zahlreiche bis 2□" grosse, meist ältere, tuberculöse Geschwüre enthaltend.

Nächst der chronischen Pneumonie mit Bronchiectasieen und mit oder ohne Lungentuberculose hat das chronische vesiculäre Lungenemphysem, wenn es allgemein ist und längere Zeit hindurch gedauert hat, am häufigsten Dilatation und Hypertrophie des rechten Herzens zur Folge. Die Entstehungsweise dieser Dilatation scheint uns vollkommen erklärbar zu sein aus Verhältnissen, welche ich hier nicht näher auseinandersetzen will. Hingegen ist es sehr auffallend, dass andre Male, scheinbar unter ganz gleichen Verhältnissen, namentlich bei gleichem Grade des Emphysems, jede Rückwirkung auf das rechte Herz ausbleibt, auch wenn das Emphysem nachweisbar schon eine Jahre lange Dauer hatte.

Fettmetamorphose des in Folge des Emphysems dilatirten rechten Ventrikels sah ich in mindestens einem Sechstel aller Fälle (49 an Zahl). Der Einfluss dieser Metamorphose auf die Circulation der Lungen ist nach dem oben Mitgetheilten leicht ersichtlich. Die Fettmetamorphose schien sogar in einzelnen Fällen die alleinige Todesursache zu sein.

62. Lungenemphysem und chronische Bronchitis. Dilatation und Fettmetamorphose des rechten Ventrikels.

36jähriger Mann, secirt am 17. November 1857.

Körper an den Unterextremitäten mässig, an den Genitalien stark ödematös. — Schädel- und Halsorgane blutreich. — Beiderseits mässiger Hydrothorax. Massiges Emphysem beider Lungen; Narben und verkreidete Stellen der Spitzen. Chronische Bronchitis und Bronchialerweiterung. — Herz breiter. Rechter Ventrikel weiter, sein Fleisch dicker, ziemlich fest, exquisit punctirt fettig entartet. Alle Klappen etwas dicker. Chronische Endarteriitis. — Mässiger Ascites. Bindegewebshypertrophie und Blutüberfüllung von Leber, Milz und Nieren. Chronischer Magen- und Darmcatarrh.

63. Beiderseitiges Lungenemphysem mit consecutiven Veränderungen aller Organe. Fettmetamorphose des Herzens, besonders rechterseits.

60jähriger Mann, secirt am 30. Mai 1862.

Körper gross, ziemlich mager. Haut graublau, mit reichlichen violetten Todtenflecken. Starke Starre. Unterhautzellgewebe fettarm. Musculatur mässig reichlich, blass.

Schädeldach dünn; Venen der Diploë stark injicirt. Dura mater stark gespannt; alle ihre Venen stark injicirt. Weiche Hirnhäute an Convexität und Basis meist nur längs des Verlaufs der grösseren, mässig gefüllten Venen getrübt und verdickt. Die Rindensubstanz des Gehirns ziemlich dunkel, mit spärlichen Gefässen. Die Marksubstanz enthält reichliche stark erfüllte kleinste und grössere Gefässe und ist an einzelnen nicht scharf umschriebenen Stellen blauroth gefärbt. Beide Substanzen sind auf dem Durchschnitt stark glänzend, etwas fester. Die gröberen Hirnarterien normal.

Die Schleimhaut des Larynx und der Trachea mit spärlichem trüben Schleim belegt, darunter mässig geröthet und geschwollen. — Schilddrüse normal.

Nach Eröffnung des Thorax ragen beide Lungen soweit nach vorn, dass der Rand der rechten Lunge den der linken gegen $1^1/_2$'' überragt. Beide Lungen an zahlreichen Stellen langfädig mit dem Thorax verwachsen, eigenthümlich flaumig anzufühlen; ihre vorderen Ränder mässig stumpf und stellenweise mit dendritischen Vegetationen besetzt. Ihre Oberfläche an den meisten Stellen gleichmässig schwarzblau. Das Gewebe der linken Lunge auf dem Durchschnitt in hohem Grade pigmentirt, im obern Lappen blutarm, im unteren blutreicher, auf dem Durchschnitt sehr reichliche Flüssigkeit mit kleinen und auffallend grossen Blasen ergiessend. Ebenso der rechte obere und mittlere Lappen. Die Pleura des unteren Lappens ist vorzüglich an ihrer äusseren Fläche mit einer dünnen Fibrinschicht bedeckt. Der Lappen selbst fester anzufühlen. Auf dem Durchschnitt die unteren zwei Dritttheile luftleer, braunroth, glatt, blutige trübe Flüssigkeit entleerend. Sämmtliche Bronchien enthalten spärliche graue, schleimigeitrige Flüssigkeit; ihre Schleimhaut ist überall mässig geröthet und geschwollen; die Lumina selbst gleichmässig weit. Bronchialdrüsen stark vergrössert, schwarz gefärbt, theils fester, theils von normaler Consistenz.

Im Herzbeutel c. 1 Unze klare Flüssigkeit; Visceralblatt stellenweise, besonders rechts, vielfach verdickt. Das Herz über 6'' breit, beiderseits schlaff anzufühlen. Der linke Ventrikel um die Hälfte weiter, das Endocardium vielfach schwach getrübt. Papillarmuskeln schlaff und platt; Sehnenfäden verdickt, schwach verkürzt; Klappensegel nur am Rande stellenweise verdickt. Herzfleisch normal dick, grauroth, weicher. Linker Vorhof nicht erweitert. Rechter Ventrikel fast doppelt weiter, auf dem Durchschnitt klaffend. Das Endocardium an zahlreichen Stellen regelmässig gelb gefleckt; ebenso verhält sich an den entsprechenden Stellen die Muskelsubstanz, vorzüglich in der dem Endocardium zunächst liegenden Schicht. Tricuspidalklappe in ihren Segeln stellenweise verdickt. Rechter Vorhof gleichfalls stark erweitert und strotzend mit Blut gefüllt.

Leber an der unteren Fläche stellenweise verwachsen; der rechte Lappen in allen Durchmessern kleiner, vorzugsweise dünner; an der oberen Fläche desselben die Serosa gleichmässig stark getrübt. An der oberen Fläche des rechten Lappens 5 erbsen- bis kirschengrosse, scharf umschriebene, blauschwarze Stellen, welche auf dem Durchschnitt cavernöse Structur darbieten. Der linke Lappen ist nur $1^1/_2$—$2^1/_2$'' breit, nahe dem Ligamentum suspensorium von normaler Dicke, an seinem vorderen und linken Rande hautartig dünn. Nahe am Ligamentum, $1^1/_2$'' vom hinteren Ende entfernt, liegt eine gegen wallnussgrosse, grösstentheils scharf umschriebene, blaurothe, weiche Geschwulst, welche nach Injection der Leberarterie mit Bleiweiss fast vollständig weiss wurde. Das Lebergewebe zeigt auf dem Durchschnitt, obgleich nur ein Zweig des linken Astes der Arteria hepatica injicirt wurde, zahlreiche weisse, aus Injectionsmasse bestehende Flecken, selbst am äussern Ende des rechten Lappens. Das Gewebe selbst ist etwas fester. — Milz $4^1/_2$'' lang, entsprechend breit und dick; Kapsel gleichmässig getrübt; Milzgewebe dunkelroth; das Stroma überall reichlicher, die Pulpa fester, blutreich.

Nieren normal gross; Kapsel normal; Oberfläche glatt, mit einzelnen erbsengrossen Colloidcysten, übrigens bläulichroth. Die Rindensubstanz normal breit, gleichmässig grauroth, homogen, etwas fester; die Malpighi'schen Körper deutlich sichtbar; Pyramiden klein, fest, mit stellenweisem Kalkinfarct.

Magen normal gross; Schleimhaut in der rechten Hälfte mit zähem Schleim belegt, daselbst stellenweise gefaltet und an den meisten Stellen fein warzig; die erhabenen Stellen sind überall stark injicirt. Die Schleimhaut im Ganzen mässig geschwollen. Die ganze Dünndarmschleimhaut mit reichlicher, gelbgrünlicher, rahmig schleimiger Substanz bedeckt, darunter schwach geröthet und geschwollen. In der Höhle des Dickdarms spärlicher fester Koth.

64. Hochgradiges Lungenemphysem. Pneumonie. Pleuritis. Hirnerweichung. Erweiterung und geringe Fettentartung des rechten Ventrikels.

60jähriger Mann, secirt am 2. April 1862.

Körper gross, ziemlich gut genährt. Haut graugelblich; mässig reichliche violette Todtenflecke. Starke Starre. Unterhautzellgewebe mässig fetthaltig. Musculatur mässig reichlich, blassroth.

Schädeldach dünn. Am vordern Ende des rechten Os parietale, $1^1/_2$'' von der Stirnnath entfernt, eine $^1/_2$□'' grosse, schwach convexe, stellenweise papierblattdünne Stelle; eine ähnliche ein Stück weiter nach vorn, und eine dritte am vordern Ende des linken Scheitelbeins. Dura mater diesen Stellen entsprechend perforirt. Die Arachnoidea an denselben Stellen, sowie noch in weiterer Umgebung, mit sehr reichlichen grossen Zotten besetzt, an allen übrigen Stellen gleichmässig und sehr stark verdickt. Die Hirnsubstanz an der rechten grossen Hirnhemisphäre, $2^1/_2$'' vom vordern Ende entfernt, unmittelbar neben der Mittellinie, in der Rinde und angrenzenden Marksubstanz, in der Ausdehnung von 1 Cubikzoll im Centrum grauweiss, in der Peripherie röthlich erweicht. Am unteren Ende der linken Grosshirnhemisphäre neben der Mittellinie nicht ganz peripherisch eine etwas kleinere apoplektische Cyste, deren Innenfläche röthlich gelb beschlagen, von gefässarmem Bindegewebe ausgekleidet ist. An der unteren Fläche des rechten mittleren Hirnlappens, 2'' von der Mittellinie entfernt, eine gleich grosse breiig weiche Stelle. Die übrige Hirnsubstanz in den grössern Gefässen ziemlich blutreich, etwas weicher, und stark glänzend. Die grossen Hirnarterien an der Basis stark erfüllt, in ihren Wänden etwas dicker, sonst normal.

Halsorgane normal.

In der linken Pleurahöhle über 2 Pfund röthliche, schwach trübe Flüssigkeit und reichliche weiche Fibringerinnsel. Der ganze untere Lappen mit einer $^1/_2$''' dicken, grauen und graurothen Fibrinschicht bedeckt, mit Zwerchfell und Pericardium vielfach verklebt. Die Lunge erscheint übrigens wegen der bedeutenden Vergrösserung des oberen Lappens von normaler Grösse. Letzterer in allen Durchmessern gleichmässig vergrössert, an seinen Rändern stumpf, an der Schnittfläche stark pigmentirt. Die Schnittfläche ergiesst sehr reichliche grossblasige Flüssigkeit, nach deren Abfluss sie äusserst schlaff und blutleer erscheint. Das vorderste unterste Ende des oberen Lappens ist in der Dicke von 1—2'', in der Länge von $1^1/_2$'' grau und schwarz gefleckt, weich, rahmige Flüssigkeit entleerend, von schwieligen Stellen und zahlreichen gleichmässig stark erweiterten Bronchien durchsetzt. Der untere Lappen bis zur Luftleere comprimirt und an seiner Basis stellenweise ähnlich beschaffen, wie das genannte Stück des oberen Lappens. In allen Bronchien mässig reichliche, grauweisse, rahmige Flüssigkeit; Schleimhaut mässig geröthet, schwach geschwollen. Bronchien sämmtlich etwas weiter. Bronchialdrüsen grösser, schwarz, fest. — Die rechte Lunge nur an der Basis fest verwachsen. Pleurahöhle gegen 1/4 Pfund klare gelbliche Flüssigkeit enthaltend. Der obere Lappen fast ebenso gross, wie der linke obere. Ränder überall stumpf; am vordern untern Ende desselben theils gleichmässig, theils in erbsen- bis kirschengrossen Blasen emphysematös. Der mittlere Lappen ist mit Ausnahme des hinteren Drittels in eine 1—2" dicke, an den Rändern sehr stumpfe Blase verwandelt, in deren Innerem man beim Durchschnitt sehr zahlreiche feine Balken sieht. An den stark emphysematösen Stellen, sowie an der Aussenfläche des unteren Lappens findet sich stellenweise ein Netzwerk blasser, nicht vorragender Streifen (Lymphgefässe), über denen stellenweise quere feine Gefässe sichtbar sind. Der obere Lappen gleicht übrigens in jeder Beziehung dem linken oberen. Der stark emphysematöse mittlere Lappen ist um die Hälfte kleiner, ausser an den emphysematösen Stellen. Der untere Lappen ist luftleer, gleichmässig braunroth, trübe blutige Flüssigkeit entleerend, stellenweise grauroth, undeutlich granulirt und von zahlreichen gleichmässig und sackig erweiterten, mit Eiter erfüllten Bronchien durchsetzt. Die übrigen Bronchien und Bronchialdrüsen wie links.

Im Herzbeutel eine geringe Menge klarer Flüssigkeit. Visceralblatt an den meisten Stellen, besonders über dem ganzen rechten Ventrikel, stark getrübt und verdickt. Herz 6½" im Querdurchmesser, im Längsdurchmesser wenig vergrössert, ziemlich prall anzufühlen, besonders rechterseits. Im linken Herzen mässige, im rechten reichliche Blutgerinnsel. Linker Ventrikel mässig, rechter doppelt weiter, beide Vorhöfe ebensoweit. Endocardium des linken Ventrikels schwach getrübt. Mitralis an den Rändern ziemlich stark verdickt. Fleisch desselben schwach verdickt, grauroth, von normaler Consistenz, von einzelnen bis erbsengrossen sehnigen Flecken durchsetzt. Rechter Ventrikel stark erweitert, gleichmässig grauroth, fester, an sparsamen kleinen Stellen fettig entartet, an den meisten Stellen normal. Tricuspidalklappe überall schwach verdickt. Pulmonalarterie auffallend weit, in Stamm und Aesten fettig entartet. Aorta ebenso erweitert; Klappen schwach verdickt; Innenfläche stärker fettig entartet.

Bauchhöhle ohne Flüssigkeit. Leber in allen Durchmessern etwas kleiner, sehr schlaff, vorzugsweise über der Gallenblase die Kapsel stark verdickt. Durchschnitt braunroth, undeutlich acinös. Acini im Centrum blass. Centralvene stark erweitert. Lebergewebe auffallend brüchig. An der Convexität des rechten Lappens eine gegen erbsengrosse seröse Cyste. In der Gallenblase gegen 20 tetraëdrische, gelbliche Steine und spärliche grünliche Galle. — Milz um die Hälfte kleiner. Kapsel stark verdickt, stellenweise gelbröthlich beschlagen. Gewebe blass braunroth, reich an Stroma, übrigens weich.

Nieren um die Hälfte grösser, Kapsel fester ansitzend. Oberfläche mit einer gegen wallnussgrossen serösen und zahlreichen kleinen Colloidcysten. Rinde stellenweise breiter, grau, mit zahlreichen rothen Puncten. Pyramiden fester, blass, mit mässigem Kalkinfarct.

Magen normal gross; seine Schleimhaut stellenweise schwach injicirt, stellenweise dicker. Auf der Schleimhaut des Dünndarms eine geringe Menge zähen Schleimes.

Nicht selten kommt bei Lungenemphysem neben der Fettmetamorphose des dilatirten rechten Ventrikels auch eine gleiche Metamorphose des normal weiten oder erweiterten linken Ventrikels vor. Dann zeigen die Ventrikel bald die gleiche Art der Fettmetamorphose; bald aber ist der rechte Ventrikel punct- oder fleckförmig, der linke gleichmässig fettig entartet.

65. Emphysem der Lungen. Chronische Bronchitis. Erweiterung des rechten Herzens. Fettmetamorphose des Herzfleisches.

c. 60jähriger Mann, secirt am 17. März 1857.

Körper ziemlich stark abgemagert, in der untern Hälfte stark ödematös. Haut dünn, etwas cyanotisch. — Hirnhäute und Gehirn mit dünnflüssigem dunkeln Blute stark erfüllt; erstere stark fleckig getrübt. Mässiger chronischer Hydrocephalus. Lungen ringsum verwachsen, mässig emphysematös, von zahlreichen kleinen, runden und ästigen, pigmentindurirten Stellen durchsetzt; unter der Lungenpleura mässig zahlreiche, erbsen- bis bohnengrosse, runde und keilförmige gleiche Stellen; übriges Lungengewebe blutreich. Chronische intensive Bronchitis und cylindrische Bronchiectasieen. Bronchialdrüsen grösser, schwarz, fest. — Herz um die Hälfte breiter, wenig verlängert. Linker Ventrikel eng; sein Endocardium stark getrübt. Rechter Ventrikel stark erweitert. Fleisch links wenig, rechts doppelt dicker, dort überall, hier stellenweise fettig entartet. Starke chronische Endarteriitis. Klappen sämmtlich schwach verdickt.

Leber am vordern Rand stark atrophisch; ihr Gewebe fester, dunkelroth, undeutlich acinös. — Milz klein, fest, stromareich. — Intensiver chronischer Magencatarrh. Pigmentirung der Jejunalschleimhaut. — Nieren grösser. Oberfläche schwach uneben und mit zahlreichen kleinen Colloidcysten; Rinde etwas dicker, grauroth, saftig, Malpighi'sche Körper stark injicirt; mässiger Kalkinfarct der Papillen. Harnblase in ihrer Muscularis mässig hypertrophisch. Am Orificium urethrae eine 4''' grosse Colloidcyste. In der normal grossen Prostata drei bis erbsengrosse sarcomatös-fibroide Geschwülste.

66. Hochgradiges Lungenemphysem. Hypertrophie und Fettentartung des Herzens.

74jähriger Mann, secirt am 28. Februar 1860.

Körper gross, mässig abgemagert, an den untern Extremitäten mässig ödematös. Zwischen Scrotum und rechtem Oberschenkel ein dünngestieltes, ovales, 5'' langes Lipom. — In jeder Pleurahöhle $1\frac{1}{2}$ Pfund klare Flüssigkeit. Obere Lungenlappen mässig, untere sehr stark emphysematös, insbesondere der linke untere fast ganz aus grossen emphysematösen Blasen bestehend. Chronische Bronchitis und cylindrische Bronchialerweiterung. — Herz in allen Durchmessern fast doppelt grösser. Herzfleisch links schwach, rechts stärker verdickt; links spärliche, rechts reichliche kleine Hämorrhagieen und bis kaffeebohnengrosse, unregelmässig zackige, scharf umschriebne, graugelbe (ganz fettig entartete), Stellen enthaltend. Linker Ventrikel wenig, rechter ziemlich stark erweitert. Geringe chronische Endocarditis der linkseitigen Klappen und geringe chronische Endarteriitis. — Senile Leberatrophie. Chronischer Milztumor. — Nieren um die Hälfte grösser, sehr fest, auf der Schnittfläche gleichmässig dunkelroth.

67. Lungenemphysem. Pleuritis. Pneumonie. Fettherz.

72jähriger Mann, secirt am 13. Mai 1857.

Körper mässig genährt, schwach cyanotisch. Schädeldach dick, compact; dura mater allseitig damit verwachsen; weiche Hirnhäute und Gehirn mässig ödematös.

Schilddrüse faustgross, die Trachea ringförmig umfassend, gleichmässig colloid entartet.

Linke Lunge mässig emphysematös. In der rechten Pleurahöhle 1 Pfund serös-eitriges Exsudat. Rechte Lunge etwas grösser und fester, auf dem Durchschnitt luftleer, glatt oder undeutlich granulirt, saftreich, reichliche schmutzigröthliche Flüssigkeit ergiessend, hellröthlich und vielfach graugelb gefleckt. Acuter Bronchialcatarrh. — Herz breiter; sein Fleisch gleichmässig fettig entartet. Mitral-, Aortenklappen und Aorteninnenhaut mässig verdickt.

Leber und Milz etwas altersatrophisch. Nieren kleiner, an der Oberfläche undeutlich granulirt und mit einzelnen Colloidcysten durchsetzt; Rinde schmaler, fester, blutarm. An der hinteren Magenwand ein rundes, fast quadratzollgrosses, bis zur Muscularis reichendes Geschwür.

68. Lungenemphysem und chronische Bronchitis. Dilatation und Fettentartung des Herzens.

51jähriger Mann, secirt am 16. März 1859.

(Litt seit circa 25 Jahren an Lungenemphysem mit häufigen asthmatischen Anfällen und bisweilen sehr reichlichem Auswurf. Nur in der letzten Lebenswoche bettlägrig.)

Körper an den Unterextremitäten schwach ödematös. Lungen stellenweise schwach verwachsen, in hohem Grade emphysematös. Starke gleichmässige Bronchialerweiterung, besonders im linken Unterlappen, mit reichlichem eitrigen Secret. Herz in allen Durchmessern, besonders in der Breite grösser; linker Ventrikel mässig hypertrophisch; rechter stark erweitert, mässig hypertrophisch; Herzfleisch beiderseits gleichmässig und stark fettig entartet. — Uebrige Organe mit den gewöhnlichen consecutiven Veränderungen.

In manchen Fällen endlich findet sich neben dem Emphysem sog. chronische Lungentuberculose. Auch hier ist bald nur der erweiterte rechte Ventrikel fettig entartet, bald betrifft die Fettmetamorphose auch den linken nicht erweiterten Ventrikel.

69. Lungentuberculose und Lungenemphysem; chronische Bronchitis. Herzhypertrophie; gleichmässige Fettentartung im linken, punctirte im rechten Ventrikel.

24jähriger Mann, secirt am 29. Juli 1857.

Körper mässig abgemagert, an den untern Extremitäten schwach ödematös. — Schädel- und Halsorgane normal. — Linke Lunge oben locker, rechte daselbst fest verwachsen. Beide Lungen mässig emphysematös. Beiderseits spärliche, gleichmässig vertheilte oder in Gruppen stehende, selten frische, meist alte und stark pigmentirte Miliartuberkel. In beiden Unterlappen ausserdem zahlreiche lobuläre, ziemlich frische Infiltrate. Im rechten Oberlappen eine hühnerei- und sechs kirschengrosse sackige Bronchiectasieen. Chronische hämorrhagische Bronchitis. Vergrösserung und Pigmentirung der Bronchialdrüsen. — Herz in allen Durchmessern doppelt grösser; in den vergrösserten Höhlen reichliche Blutgerinnsel. Herzfleisch beiderseits um die Hälfte dicker, links in den höchsten Graden gleichmässiger Fettmetamorphose, rechts punctirt fettig entartet. Klappen und grosse Gefässe normal. — Leber normal. Mässiger acuter Milztumor. Magen, Darm und Nieren normal.

70. Lungenemphysem, Tuberculose der Lungen etc. Erweiterung des Herzens; Fettentartung des rechten Ventrikels.

49jähriger Mann, secirt am 13. October 1857.

Körper mässig abgemagert. Hirnödem und acuter Hydrocephalus. — Tuberculöse Larynxgeschwüre. — Starkes Emphysem beider Lungen. In den Spitzen, besonders rechts, alte Cavernen. Beiderseits Gruppen von alten Miliartuberkeln, eingebettet in schwieliges pigmentirtes Gewebe. Zahlreiche lobuläre, graurothe Pneumonien, besonders rechts unten. Chronische Bronchitis. Herz grösser, schlaff, mit reichlichen Blutgerinnseln. Im rechten Ventrikel zahlreiche globulöse Vegetationen. Fetthypertrophie an der Spitze des erweiterten rechten Ventrikels und gleichmässige Fettentartung seines Fleisches. — Fettleber. Geringer acuter Milztumor. Chronischer Magencatarrh. Zahlreiche alte tuberculöse Geschwüre im Ileum, einzelne im Colon ascendens. Nieren normal.

71. Lungenemphysem und Lungentuberculose; chronische Bronchitis. Erweiterung und Fettentartung des Herzens.

25jähriger Mann, secirt am 27. Januar 1857.

Körper stark icterisch, an den untern Extremitäten stark, übrigens schwach ödematös. Lungen mässig emphysematös, von zahlreichen bis wallnussgrossen Gruppen älterer Miliartuberkel, eingebettet in schwieliges Gewebe, durchsetzt. Intensive chronische Bronchitis und zahlreiche, in den Oberlappen bis eigrosse, sackige Bronchiectasieen. Rechter Unterlappen schlaff pneumonisch. Herz um die Hälfte grösser; rechter Ventrikel weiter; Fleisch beiderseits nicht verdickt, gleichmässig fettig entartet. Leber um die Hälfte grösser, fettmuscatnussähnlich entartet. In der Gallenblase sehr reichliche dunkelbraune dickbreiige Flüssigkeit. Chronischer hochgradiger Milztumor. Nieren um die Hälfte grösser, sehr schlaff, auf dem Durchschnitt icterisch, feucht, weicher.

72. 54jähriger Mann, secirt am 8. März 1857.

Dem vorigen analoger Fall, aber ohne Icterus und Oedem.

Pleuritische Exsudate ohne weitere wesentliche Complicationen, mit Erweiterung des rechten Herzens allein und consecutiver Fettmetamorphose sah ich nicht; in allen Fällen war auch der linke Ventrikel fettig entartet. Ich zähle desshalb diese Fälle unter eine andre Categorie.

Hindernisse im grossen Kreislauf, meist mit consecutiver Dilatation und Hypertrophie des linken Ventrikels.

Die chronischen Nierenkrankheiten, welche den meisten chronischen Herz- und Lungenkrankheiten (Pericarditis, besonders aber Insufficienz der Mitralis und Stenose am linken Ostium venosum — pleuritisches Exsudat, Emphysem, sackige Bronchiectasieen ohne oder mit Pigmentinduration oder Tuberculose) folgen, kommen hier nicht in Betracht, da sie schon oben erwähnt wurden. Dass in manchen dieser Fälle die Nierenstörung von Einfluss auf die Entstehung des Fettherzens war, ist wohl zweifellos, lässt sich aber im einzelnen Falle schwer entscheiden.

Hier handelt es sich vorzugsweise um diejenigen Affectionen der Nieren, welche man gewöhnlich Morbus Brightii, parenchymatöse oder diffuse Nephritis, in ihrem letzten Stadium granulirte Nieren nennt. Dass diese Affection auch jetzt noch, wo man die catarrhalische Nephritis, die primäre Fettentartung der Nieren, die sog. Stauungshyperämie und -hypertrophie derselben, die Speckniere davon abgetrennt hat, wahrscheinlich von verschiedener pathologisch-anatomischer Natur ist, ist mir wohl bekannt. Trotzdem fasse ich die hierher gehörigen Fälle zusammen, da ich noch ausser Stand bin, eine strenge Scheidung derselben durchzuführen. Die in Rede stehende Nierenaffection betrifft stets gleichzeitig die Epithelien und das Stroma der Nieren, meist auch die Gefässe, die Membranen der Harncanälchen und der Malpighi'schen Körper.

Die innige Beziehung zwischen den Nieren und dem Herzen springt nicht blos bei den gewöhnlichen Klappenfehlern des letzteren in die Augen, sondern geht namentlich auch aus der von Bright, Traube, Rosenstein u. A. bewiesenen Häufigkeit der linkseitigen Herzhypertrophie in Fällen von chronischem Morbus Brightii sowohl zweiten, als besonders dritten Stadiums hervor. Auch ich fand diesen Zusammenhang zwischen chronischer diffuser Nephritis und linkseitiger Herzhypertrophie in 35 Fällen. In 12 dieser Fälle war das Herzfleisch bald beiderseits, bald nur linkerseits fettig entartet.

Die Ursache der Fettmetamorphose liegt wahrscheinlich in der wirklichen Ueberanstrengung des durch die Nierenveränderung übermässig ausgedehnten linken Ventrikels, ebenso wie wir auch sonst bisweilen nach übermässigen Anstrengungen musculöser Gewebe Atrophie derselben eintreten sehen.

Ist das Herz beiderseits fettig entartet, so kann der Grund auch in der allgemeinen, vorzugsweise durch die Albuminurie bedingten Cachexie liegen. Letztere hängt ab: theils von den Veränderungen des Blutes (verminderter Eiweissgehalt, Abnahme der rothen Blutkörperchen); theils von den Verdauungsstörungen, welche bald mehr den Magen, bald mehr den Darm betreffen, u. s. w.

Endlich kann die Fettmetamorphose vielleicht darauf beruhen, dass in Folge der Nierenkrankheit einzelne Harnbestandtheile in grösserer Menge im Blute zurückbleiben und einen verderblichen Einfluss gerade auf die Ernährung des Herzfleisches haben, — ähnlich wie wir nach manchen Intoxicationen, z. B. durch Phosphor, Fettentartung des Herzens eintreten sehen.

Die Fettentartung des hypertrophischen linken Ventrikels, sowie des Herzens überhaupt kommt häufig sowohl beim zweiten, als besonders beim dritten Stadium des Morbus Brightii vor. Schon Heschl (Comp. d. path. Anat. 1855, pag. 308) machte auf die Häufigkeit, ja das fast constante Vorkommen allgemeiner Fettdegeneration des ohne Klappenfehler hypertrophischen Herzens mit granulirter Atrophie der Nieren aufmerksam.

In neun Fällen fand sich keine weitere Todesursache; dabei war dreimal allgemeines Oedem, zweimal Oedem der untern Körperhälfte vorhanden; viermal fehlte das Oedem. Einmal fanden sich noch andre Todesursachen.

A. Fälle von Fettmetamorphose des hypertrophischen linken Ventrikels allein.

73. Chronische Nierenaffection. Hypertrophie und Fettmetamorphose des linken Ventrikels.

c. 30jähriges Weib, secirt am 11. Februar 1859.

(Im November 1858 soll der Kranken eine Frucht abgetrieben worden sein. Seitdem Krankheit mit unbestimmter Diagnose — Hysterie?!)

Körper mager. Auf der Haut zahlreiche punct- und streifenförmige Krusten von Blut. Das Bindegewebe beider Augenlider und der Lippen beiderseits sehr stark eitrig infiltrirt. Conjunctiva bulbi stark ödematös. Mässiges Oedem an Hals, Brust und Knöcheln. — Hirnhäute und Gehirn blutarm. Mässige Colloidstruma.

Einzelne Hämorrhagieen der rechten Pleura. Obere Lungenlappen stark ödematös; in den untern Lappen zahlreiche kleine und grössere schlaffe Entzündungs- und Extravasatheerde. — Linker Herzventrikel mässig erweitert, stark hypertrophisch, gleichmässig stark fettig entartet. Mitralklappe in allen ihren Theilen und Aortenklappen schwach verdickt. Starke Fettmetamorphose der Innenhaut der Bauchaorta.

Mässige Fettleber. — Milz, Magen und Darm normal. — Nieren normal gross. An ihrer Oberfläche zahlreiche flache Narben und schwarze Puncte. Rinde normal breit, mit denselben schwarzen Streifen und Puncten, homogen, fester. Geringer Kalkinfarct der Papillen. Geringer chronischer Catarrh von Nierenbecken, Nierenkelchen und Harnblase. — Uterus doppelt grösser; seine Schleimhaut und die der Vagina stark pigmentirt. Chronischer Tubarcatarrh. Ovarien grösser, weicher.

74. Granulirte Nieren. Hypertrophie und Fettmetamorphose des linken Ventrikels.

68jähriges Weib, secirt am 12. April 1858.

Körper stark abgemagert, ohne Oedem. Auf der Haut des Gesichts und Halses reichlicher Harnstoffbeschlag.

Pachymeningitis mit Hämorrhagieen in der linken mittlern Schädelgrube. Weiche Hirnhäute getrübt. Chronischer Hydrocephalus. Hirnarterien stark atheromatös.

Lungen emphysematös und stark pigmentirt. Schlaffe Infiltration des untern Theils beider unterer Lungenlappen. Chronische Bronchitis. — Aeltere adhäsive Pericarditis. Hypertrophie, gleichmässige und punctirte Fettmetamorphose des linken Ventrikels. Septum ventriculorum in der untern Hälfte schwielig. Mitralklappe in Segel und Sehnenfäden kürzer und dicker. Ebenso die Aortenklappen. Aorta stark erweitert, mässig atheromatös.

Leber kleiner, fester. Hydrops der Gallenblase durch Gallensteine. Milz klein, welk. — Chronischer Magencatarrh. — Linkseitiger innerer Leistenbruch, in welchem eine Schlinge des mittlern Dünndarms und Netz liegen. — Nieren kleiner, fester, oberflächlich granulirt.

Senile Atrophie des Uterus. Wallnussgrosse seröse Cyste im rechten Ovarium.

75. Granulirte Nieren. Erweiterung, Hypertrophie und Fettentartung des linken Ventrikels.

66jähriges Weib, secirt am 30. November 1857.

Körper mager, an den Unterextremitäten stark ödematös.

Oedem der weichen Hirnhäute. Kaffeebohnengrosse alte Hämorrhagie des rechten Proc. cerebelli ad pontem.

Mässiges Altersemphysem beider Lungen. Chronische Bronchitis. — Herz im linken Ventrikel weiter und mässig verdickt; Fleisch desselben blass, weicher, mässig fettig entartet. Verdickung der linkseitigen Herzklappen. Aorta und deren Aeste stark atheromatös. Rechtes Herz normal.

Leber und Milz altersatrophisch. Magen und Darmcanal ohne besondre Abnormität.

Nieren um die Hälfte kleiner; Kapsel verdickt. Oberfläche unregelmässig fein granulirt, mit einzelnen serösen Cysten. Rinde schmal, fest. Chronischer Catarrh und starke Erweiterung von Becken, Kelchen, Ureteren und Harnblase; Muscularhypertrophie letzterer. Narbe in der Vagina mit Verengerung der Urethra. Chronischer Catarrh der Genitalien.

76. Granulirte Nieren. Hypertrophie und Fettmetamorphose des linken Ventrikels.

77jähriges Weib, secirt am 10. Juli 1857.

Körper mager. Grosse, oberflächlich granulirende Wunde in der rechten Kniekehle (von einem Streckversuch herrührend). Brandiger Decubitus an Kreuzbein, rechtem Hüftbein und rechter Patella. Chronisches Oedem und Bindegewebshypertrophie der rechten Unterextremität.

Schädel- und Halsorgane ohne besondre Abnormität.

Beide Lungen altersemphysematös. Chronische Bronchitis. — Linker Ventrikel mässig erweitert, fast doppelt dicker, bleich, gleichmässig fettig entartet; mit mehreren älteren Schwielen in seiner Wand. Mitral- und Aortenklappen mässig verdickt. Rechter Ventrikel normal.

Senile Atrophie der Leber. Mässiger subacuter Milztumor. Magen, Darm und Genitalien ohne besondre Abnormität. Nieren doppelt kleiner, oberflächlich granulirt, mit ziemlich zahlreichen kleinen und grössern Cysten. Rinde schmal, fester.

Mehrere Gelenke mit Malum senile.

77. Granulirte Nieren. Hypertrophie des linken Ventrikels. Fettherz.

58jähriger Mann, secirt am 4. October 1861.

Körper stark ödematös, verhältnissmässig wenig an Unterschenkeln und Füssen. Haut bleich, an den meisten Stellen glänzend, an einzelnen, besonders in der mittleren Unterbauchgegend, zu mehreren Zollen langen, gegen linienbreiten und bis linienhohen, theils gestreckten, theils gewundenen, und zum Theil varicösen Venen ähnlichen Leisten erhoben. Todtenflecke mässig reichlich, blass. Unterhautfettgewebe am Thorax gegen 1'' dick. Musculatur sparsam, blass. Starre mässig.

Schädeldach normal; ebenso Dura mater; weiche Hirnhäute mässig getrübt; Hirnsubstanz ziemlich stark ödematös.

Schleimhaut des Larynx schwach ödematös. Schilddrüse normal.

In der linken Pleurahöhle c. 1 Pfund klare Flüssigkeit; ausserdem die Lunge durch sehr zahlreiche, stark ödematöse Pseudomembranen verwachsen, in allen Durchmessern mehr als doppelt kleiner. Das Gewebe des mittleren Theiles des obern Lappens luftleer, schwarz, reichliche trübe Flüssigkeit entleerend; das interlobuläre Bindegewebe in hohem Grade verdickt. Das übrige Gewebe mässig pigmentirt, blutarm, am vordern Rande stellenweise emphysematös, überall stark ödematös. In den Bronchien reichliche schleimigeitrige Flüssigkeit. Schleimhaut stark geröthet und geschwollen. Die kleinen Bronchien gleichmässig stark erweitert. Bronchialdrüsen wenig vergrössert, fest. — Rechte Pleura ebensoviel Flüssigkeit enthaltend. Lunge durch ebensolche Adhäsionen in geringerer Zahl verwachsen. Der obere Lappen etwas grösser, der untere fast um die Hälfte kleiner. Das Lungengewebe überall stark, stellenweise gleichmässig pigmentirt, in hohem Grade ödematös; im untern Lappen ausserdem vielfach comprimirt. Bronchien und Bronchialdrüsen wie links.

Im Herzbeutel 2 Unzen klarer Flüssigkeit. Visceralblatt mit zahlreichen Sehnenflecken, in der rechten Hälfte fettreich. Herz in allen Durchmessern, besonders im longitudinalen, um die Hälfte grösser. Im linken Ventrikel mässig reichliche Blutgerinnsel. Herzfleisch links um die Hälfte dicker, blass, weicher, undeutlich fasrig, fettig entartet. Papillarmuskeln verdickt, in den Spitzen sehnig; Sehnenfäden kürzer, dicker; Endocardium ziemlich stark, Klappensegel schwach verdickt. Rechter Ventrikel wenig erweitert, Musculatur wenig verdickt, übrigens wie links. Aortenklappen mässig verdickt, an den Anheftungsstellen starr. Aorta mässig erweitert, mit zahlreichen fettig entarteten und verkalkten Stellen.

In der Bauchhöhle etwa 10 Pfund schwach trübe, etwas milchige Flüssigkeit. Das Peritonäum überall mässig getrübt. — Leber im rechten Lappen schwach zungenförmig, am vordern Rande des linken Lappens und über dem Gallenblasenausschnitt hautartig dünn. Die Kapsel daselbst stark verdickt; die Leber selbst normal gross. Gewebe ziemlich deutlich acinös, aus gelbem Netzwerk mit rothen Inseln bestehend, weicher, mässig bluthaltig. Galle reichlich, dunkel, dick; Blasenhäute mässig ödematös. — Milz etwas kleiner, runzlich; Kapsel mässig verdickt, stellenweise mit gelbrothem Beschlag; Gewebe grauroth, fester.

Nieren etwas kleiner; Kapsel mässig getrübt und verdickt, ziemlich fest ansitzend. Oberfläche graugelblich, mit vielen ziemlich gleichmässig vertheilten, unregelmässig gestalteten, kleinen, gelben Puncten und gleichmässig fein granulirt stellenweise etwas tiefere und unregelmässige Narben. Rinde etwas schmaler, grau und gelb gestreift, undeutlich fasrig. Pyramiden kleiner, blasser, fester. In dem Becken ein bohnengrosser und drei gegen erbsengrosse, gelbgraue, peripherisch fein granulirte Concremente. Becken und Kelche grob injicirt.

Magen gross; Schleimhaut mit reichlichem zähen Schleim überzogen, ziemlich stark verdickt, grob injicirt; Magenhäute mässig ödematös. Schleimhaut des Dünndarms nur stellenweise mit spärlichem glasigen Schleim bedeckt, an den übrigen Stellen fein schwarz punctirt. Dickdarm normal.

Uterus um die Hälfte grösser. Ovarien stark narbig. Tuben normal.

78. Granulirte Nieren. Hypertrophie und Fettentartung des linken Ventrikels. Pneumonie.

31jähriger Kaufmann, welcher zehn Jahre im Hamburg war, seit zwei Jahren hier lebte. Seit anderthalb Jahren sehr häufiger Kopf- und Rückenschmerz, zeitweise Gesichtsschwäche, Abmagerung. Seit Ostern Erscheinungen eines chronischen Magencatarrhs unter Zunahme der früheren Symptome. Nie Erscheinungen von den Nieren, nie Oedem, nie Erbrechen. Am 24. October, wo ich den Kranken zuerst sah, fand sich geringe Dämpfung und unbestimmtes Athmen in der rechten Lungenspitze; kein Eiweiss im Harn; nach Cylindern nicht gesucht. Am 7. November wurde Pat. bettlägrig: mässig erhöhte Hauttemperatur, Puls 120—130, Respiration 44, blutige Sputa; Percussion vorn normal, hinten nicht untersucht; feines Rasseln überall vorn. Am 10. Puls etc. im Gleichen; Respiration 24. An diesem Tage in dem klaren, hellen, in normaler Menge gelassenen Harn zuerst Eiweiss (c. $^1/_8$ Vol.) und lange, dicke, dunkelgranulirte Cylinder gefunden. Am 12. zeitweise, vom 13. fortdauernd Besinnungslosigkeit, heitere Delirien, zweimaliges Erbrechen; Harnstoffbeschlag der Gesichtshaut. Am 16. früh Tod.

Section am 16. November 1861, Nachmittags 4 Uhr.

Körper gross, abgemagert. Haut graugelblich, dünn; in Gesicht und rechter Halsseite reichlicher Harnstoffbeschlag. Mässig dunkle Todtenflecke. Geringe Starre. — Mässige Trübungen der weichen Hirnhäute an der Convexität. Grosse Anämie und mässiges Oedem des Gehirns. — Halsorgane nicht untersucht.

Lungen stellenweise langfädig verwachsen, in beiden Spitzen flach narbig. In den obern Lappen zahlreiche lobuläre dunkel- oder blassrothe, schlaffe Infiltrate. Beide Unterlappen und der angrenzende Theil des linken Oberlappens rothbraun, luftleer, mürbe, glatt. Geringe Bronchitis. — Herzbeutel leer. Linker Ventrikel über doppelt grösser, besonders länger, ebensoviel dicker; das Herzfleisch blassgrauröthlich, undeutlich fasrig, weicher, ziemlich stark fettig entartet. Mitralklappe normal. Aortenklappen schwach und gleichmässig verdickt.

Bauchhöhle ohne Flüssigkeit. Leber normal gross, mässig bluthaltig, sonst normal. — Milz dunkelroth, etwas fester. — Magen an der kleinen Curvatur mit dem Leberrand verwachsen; dessen Schleimhaut mit Ausnahme des linken Fundustheils dicker, grösstentheils rothbraun; zunächst dem Pylorus schieferfarben, stark verdickt, an mehreren runden 1—2linsengrossen Stellen exulcerirt. Dünn- und Dickdarm stellenweise pigmentirt.

Nieren um fast die Hälfte kleiner, fest; Kapsel wenig dicker, etwas fester ansitzend. Oberfläche ungleichmässig fein granulirt, in der obern Hälfte grauweiss, in der untern grauroth. Rinde auf dem Durchschnitt ebenso gefärbt, um die Hälfte schmaler, sehr fest, homogen. Pyramiden kleiner, sonst normal. Geringe Pigmentirung der Schleimhaut der Nierenbecken.

B. Fälle von allgemeiner Fettmetamorphose des Herzens.

79. Morbus Brightii. Fettherz.

38jähriger Mann, secirt am 30. Mai 1861.

(Kam 24 Stunden vor dem Tode in halber Agone mit starker Albuminurie und Bronchitis in's Spital.)

Körper gross, mässig genährt, an der untern Hälfte mässig ödematös. Schädel- und Halsorgane normal.

Beiderseitiger Hydrothorax (c. 2 Pfund) mit mässiger Compression der untern Lungenlappen. Hochgradiges Lungenödem und starkes Emphysem der vordern Lungenränder. Chronische Bronchitis. Herz über dem rechten Ventrikel sehr fettreich, um die Hälfte grösser, sehr schlaff. Linker Ventrikel um die Hälfte weiter und dickwandiger. Herzfleisch überall grauroth, homogen, weicher, an einzelnen Stellen unter dem Endocardium, besonders der Papillarmuskeln, fein gelb gefleckt: überall mässig, an den gelben Stellen stark fettig entartet. Klappen und grosse Gefässe normal.

In der Bauchhöhle 3 Pfund Flüssigkeit. Leber normal gross, nur in den grössern Gefässen blutreich. Mässiger acuter Milztumor. Blutiger Inhalt im Dünndarm: Hämorrhagieen der Schleimhaut an zahlreichen Stellen. Pigmentirung der Dickdarmschleimhaut. Nieren etwas grösser; Oberfläche glatt, grauröthlich; Rinde etwas breiter, graugelblich, homogen, fester (Epithelien der Harncanälchen und der Malpighi'schen Körper stark getrübt, zum Theil fettig entartet; Stroma dicker, fibrös). Pyramiden blass, fest.

80. Albuminöse Nephritis. Fettherz.

c. 35jähriges Weib, secirt am 7. September 1863.

(Die vorher gesunde Frau, Mutter von zwei Kindern, bekam zu Ende ihrer dritten Schwangerschaft starkes Oedem der Labien und der untern Extremitäten. Am 2. Juli 1862, wo sie zuerst ärztliche Hilfe nachsuchte, wurde sehr starker Eiweissgehalt des Urins gefunden. Am 4. Juli drei schwere und ein leichter eclamptischer Anfall; Einleitung der künstlichen Frühgeburt; das bald darauf geborne Kind ziemlich reif, schon länger abgestorben. Seit dieser Zeit Fortdauer der Albuminurie, sowie des Oedems, welches zeitweise auch Gesicht und obere Extremitäten betraf; Appetitlosigkeit; zunehmende Anämie und Abmagerung. Im März 1863 Conception: danach geringe Besserung der subjectiven und objectiven Symptome; häufige Herzpalpitationen. Am 30. August Geburt eines c. 5monatlichen Kindes. Seit 2. September Erscheinungen von Peritonitis. Am 6. September Tod.)

Die in Wittekind von den Herren Doctoren Graefe und Colberg gemachte Section ergab geringes allgemeines Oedem. Linker Ventrikel sehr dilatirt, stark hypertrophisch, ohne Klappenfehler. Das mir übersandte Stück desselben enthielt zahlreiche ½—1erbsengrosse, gelbe Stellen, welche ganz aus fettig entarteten Muskelfasern bestanden, während die übrigen Stellen normal oder schwach fettig waren. Rechter Ventrikel normal weit; alle Muskelfasern schwach oder mässig fettig entartet. Lungen ohne besondre Abnormität. Leber blutreich, etwas fettig infiltrirt. Frischer Milztumor. Nieren mässig vergrössert; Kapsel fester ansitzend; Rinde breiter, buttergelb, weicher; Pyramiden hyperämisch. Uterus puerperal, sonst normal. In der Bauchhöhle gegen zwei Pfund fibrinös-eitrige Flüssigkeit.

81. Chronische Nierenkrankheit. Erweiterung und Fettmetamorphose des Herzfleisches.

50jähriges Weib, secirt am 12. August 1857.

(Am 2. März Erkrankung an Pneumonie des rechten Unterlappens; Anfang Mai allgemeines Oedem.)

Körper hochgradig ödematös. — Schädel- und Halsorgane nicht untersucht. — In jeder Pleura c. 3 Pfund Serum: Compression der Unterlappen. Mehrere frische hämorrhagische Infarcte im linken Oberlappen und im rechten Mittellappen. Chronische Bronchitis. — Herz doppelt breiter; sein Fleisch gleichmässig fettig entartet. Linker Ventrikel etwas dicker. Mitralklappe in Segel und Sehnenfäden mässig verdickt; an ersterem eine Reihe frischer Vegetationen. — In der Bauchhöhle 2 Pfund blutigseröse Flüssigkeit. Faustgrosser Nabelnetzbruch. — Leber zungenförmig; ihr Gewebe fester. — Milz doppelt grösser, fester. — Nieren etwas grösser. Kapsel dicker, fester ansitzend. Oberfläche grob drusig. Rinde etwas breiter; vielfach fettig entartet. In der rechten Niere ein wallnussgrosser hämorrhagischer Infarct.

82. Granulirte Nieren. Hypertrophie und Fettmetamorphose des Herzens.

c. 60jähriger Mann, secirt am 11. December 1856.

Körper nicht ödematös. Chronischer Hydrocephalus. Intensive chronische Bronchitis; Pneumonie beider Unterlappen. Herzhöhlen sämmtlich erweitert, mässig hypertrophisch; das Fleisch des linken Ventrikels netzförmig fettig entartet. Mitralklappe mässig verdickt. Chronische Entzündung und mässige Erweiterung der Aorta und ihrer Aeste, sowie der Pulmonalis. Sog. Morbus Brightii dritten Stadiums.

In den drei folgenden Fällen fanden sich nicht die gewöhnlichen anatomischen Veränderungen des sog. Morbus Brightii, sondern andre Störungen, deren schliessliche Wirkung aber sowohl in Betreff der Harnsecretion, als des Einflusses auf das Herz sich den früher geschilderten Fällen anschliesst. In allen Fällen war das Herzfleisch fettig entartet. Besonders interessant war mir der erste Fall, welchen ich zwei Tage vor dem Tode sah und bei dem die Section die Nieren für das blosse Auge so wenig verändert zeigte, dass erst die microscopische Untersuchung die bedeutenden Structurveränderungen derselben aufdeckte. Ohne letztere hätte der Fall sehr leicht für eine primäre Verfettung und Dilatation des Herzens mit den consecutiven Veränderungen in Lungen, Leber, Milz und Nieren aufgefasst werden können.

83. Diffuse Nephritis. Erweiterung und Fettmetamorphose des Herzens.

29jähriger Mann, secirt am 27. Januar 1864 (Dr. Göpel).

(Der Kranke, ein Freund geistiger Getränke, klagt seit fünf Jahren über Herzklopfen. Vor c. 1 Jahre war er mehrere Wochen lang allgemein ödematös. Seitdem befand er sich ziemlich wohl, bis vor c. drei Wochen. Zwei Tage vor dem Tode, wo ich ihn zum ersten Male sah, fand ich eine schwache Cyanose und mässiges Oedem der untern Körperhälfte. Herzdämpfung normal, Herzstoss fehlend, Puls klein, Herztöne sehr schwach; Lungen normal, Orthopnöe; spärlicher Harn ohne Eiweiss mit zahlreichen hyalinen Cylindern.)

Körper mittelgross, mässig ernährt, in der untern Hälfte mässig ödematös. Haut graugelblich. Musculatur spärlich. — Schädel- und Halsorgane nicht eröffnet. — In den Pleurahöhlen spärliche seröse Flüssigkeit. Lungen frei, schwerer, auf dem Durchschnitt compact ödematös, an sehr zahlreichen Stellen gelbröthlich, bräunlich und schwarz gefleckt. Geringe chronische Bronchitis. — Im Herzbeutel spärliche seröse Flüssigkeit. Herz in allen Durchmessern gleichmässig und fast ums Doppelte vergrössert, schlaff. Visceralblatt des Pericardium gleichmässig getrübt. Linker und rechter Ventrikel gegen doppelt weiter, rechter Vorhof wenig, linker nicht erweitert; links spärliche, rechts reichliche Gerinnsel. Herzfleisch beiderseits wenig dicker, in den äussern Schichten wenig, in den inneren, vorzugsweise an den Papillarmuskeln des rechten Ventrikels und im rechten Vorhof, stark fettig entartet. Zahlreiche Trabekeln linkerseits in sehnige Fäden verwandelt. Mitralis und Tricuspidalis normal; Aortenklappen schwach verdickt und verkürzt. Pulmonalklappen und grosse Gefässe normal.

In der Bauchhöhle c. 1 Pfund klare Flüssigkeit. Leber normal gross, schwach muscatnussfarben, fester, mässig fettig, blutreich; die Centralvenen der Acini stark erweitert. — Milz normal gross, fester, dunkelroth, blutreich. — Beide Nieren etwas kleiner. Kapsel etwas dicker, leicht abziehbar. Oberfläche glatt, gelbroth. Rinde wenig schmaler, sehr fest, gelbroth, homogen, blutarm, (ungefähr zu gleichen Theilen aus Bindegewebe und aus wenig oder stark erweiterten, mit fettigen Molecülen oder verschieden stark fettig entarteten Epithelien erfüllten Harncanälchen bestehend); Pyramiden klein, dunkel. — Starker chronischer Magencatarrh. Darm normal.

84. Apoplectische Cyste des Gehirns. Lungenemphysem. Morbus Brightii. Hypertrophie des Herzens. Fettmetamorphose des Herzfleisches.

41jähriger Mann, secirt den 22. Januar 1860.

(Vor zwei Jahren Gehirnhämorrhagie. — Potator)

Körper gross, gut genährt. Haut bleich, schwach gelblich. Sparsame blasse Todtenflecke. Mässige Todtenstarre. Rechte Extremitäten weniger umfangreich, als die linken. Unterhautzellgewebe an den Bauchdecken 1 Zoll dick. Musculatur mässig reichlich, dunkel.

Schädeldach dick, sonst normal. Dura mater normal, sehr stark gespannt. Weiche Hirnhäute überall schwach getrübt. Hirnwindungen beiderseits mässig abgeplattet. Sämmtliche an der Oberfläche des Gehirns sichtbare Arterien, namentlich auch die kleinen der Hirnconvexität, zeigen zahlreiche gelbe feste Puncte und quere Streifen. Am äussern und untern Theile des linken Corpus striatum und Thalamus opticus, von der Mitte des ersteren bis zum hintern Rande des letzteren liegen vorn eine kleinere, nach hinten eine hühnereigrosse Höhle, gefüllt mit gelbröthlicher, ziemlich klarer Flüssigkeit. Die Innenfläche derselben ist glatt, nur stellenweise schwach uneben, braunröthlich gefärbt, grösstentheils abziehbar. Die Wand ist an den meisten Stellen sehr dünn; nur nach vorn zu ist sie etwas dicker und stellenweise von ödematösem Aussehen. Am Corpus striatum der rechten Seite keine besondere Abnormität. Der Thalamus opticus sehr blass und zäher, als derselbe linkerseits. Die Marksubstanz in der Umgebung der Cysten gleichfalls zäher und zunächst den Cysten gleichmässig gelbröthlich gefärbt. Die übrige Hirnsubstanz blutarm, grösstentheils etwas weicher als normal, nur stellenweise etwas härter. Ventrikel normal.

Larynx normal. Schilddrüse über doppelt grösser, theils gleichmässig colloid entartet, fest, theils mit einzelnen Kropfknoten.

In der linken Pleurahöhle 1 ℥ Flüssigkeit. Lunge nicht verwachsen, in allen Durchmessern etwas grösser, an den Rändern mässig emphysematös. Das Lungengewebe im höchsten Grade ödematös, im untern Lappen etwas blutreicher. Bronchien reichlichen Schaum enthaltend, nur wenig weiter. — Rechte Lunge etwas weniger ödematös, als die linke; in den Bronchien reichliche schleimigeitrige Flüssigkeit, ihre Höhlen etwas weiter. — Im Herzbeutel 1 ℥ klare Flüssigkeit. Rechter Ventrikel ziemlich fettreich. Herz in allen Durchmessern ungefähr doppelt grösser, namentlich seitens des linken Ventrikels. Letzterer in den mittlern Theilen 1″ dick, das Herzfleisch grauröthlich, nach aussen zu an zahlreichen Stellen, meist von unregelmässig zackiger Gestalt und in der Grösse einer Linse bis Bohne, meist umschrieben gelb punctirt (exquisite Fettmetamorphose). Herzhöhle ungefähr doppelt weiter. Papillarmuskeln stark, Trabekeln mässig hypertrophisch. Sehnenfäden und Klappensegel stellenweise mässig verdickt. Rechter Ventrikel etwas dünner als normal. Sein Visceralblatt sehr fettreich, namentlich an der Spitze (des r. Ventr.), wo stellenweise das Fleisch ganz fehlte. Aortenklappen überall schwach, nach der Basis stärker verdickt und rigid. Aorta etwas weiter, auf ihrer Innenfläche sehr zahlreiche, unregelmässige, gelbliche, schwach hervorragende Stellen. An der Aorta ascendens dieselben Stellen in geringerer Menge, aber zahlreiche halbknorplige Verdickungen.

In der Bauchhöhle keine Flüssigkeit. Leber in der Gallenblasengegend vielfach verwachsen. An der Oberfläche des rechten Lappens eine unregelmässige bis 2‴ breite sehnige Schwiele, welche die Umgebung narbenähnlich heranzieht. Das Lebergewebe wenig bluthaltig, schwach fettig. Die Acini klein, ziemlich scharf umschrieben. Gallenblase sehr gross, reichliche schwarzbraune Galle enthaltend. — Milz über 5″ lang. Ihr Gewebe ziemlich dunkel, weicher. Magen klein. Schleimhaut am Pförtnertheil stellenweise schieferfarben, überall unregelmässig netzförmig, etwas verdickt. — Das grosse Netz hängt mittels eines am untern Ende sehnigen Fadens an der Flexura sigmoidea fest. Im untern Ileum einzelne solitäre Follikel schwach vergrössert, fest, höher oben einzelne kleine submucöse Hämorrhagieen. Dickdarm normal.

Linke Niere etwas grösser, namentlich dicker. Kapsel schwach verdickt, leicht abziehbar. Oberfläche unregelmässig flach granulirt, grösstentheils grauroth, stellenweise schwarz gefleckt. Rinde auf dem Durchschnitt etwas breiter, grösstentheils grau, stellenweise röthlich gefärbt, homogen, viel fester. Pyramiden klein und fest.

Im Nierenbecken einzelne ältere Hämorrhagieen. — Rechte Niere etwas kleiner als normal. Ihre Oberfläche stärker granulirt, übrigens ähnlich wie die linke. Rinde fast um die Hälfte schmaler, sonst wie linkerseits, nur viel fester; in den Pyramiden einzelne gelbliche Streifen. Harnblase normal.

85. Induration von Leber und Nieren. Hypertrophie und Fettentartung des linken Ventrikels.

36jähriger Potator, secirt am 30. December 1862.

Körper mittelgross, schwach genährt, gleichmässig blassgelb gefärbt, mit reichlichen, ziemlich dunkeln Todtenflecken. Der ganze Körper schwach, die linke untere Extremität stark ödematös; an der linken Seite des Stammes mehrere, zum Theil bis 3″ lange, mit gelblichem klaren Serum erfüllte Blasen. Schwache Starre. Unterhautzellgewebe mässig fetthaltig; Musculatur mässig entwickelt, blassroth. Zwischen Muskeln und Bindegewebe stellenweise kleinere und grössere, ziemlich frische Extravasate.

Schädeldach normal dick; an seiner ganzen Oberfläche einzelne lineare und verzweigte narbige Vertiefungen. An beiden Scheitelbeinen eine flache Narbe; am hinteren Ende des rechten Scheitelbeines mehrere stark vorragende, Hirnwindungen ähnliche, scharf begrenzte Vertiefungen. Schädeldach schwer, vorzugsweise aus compacter Substanz bestehend. An der Innenfläche längs der Pfeilnaht sparsames villöses Osteophyt. Dura mater in allen Durchmessern etwas dicker, ziemlich stark gelblich gefärbt. Weiche Hirnhäute an der Convexität sehr stark, nach der Basis hin allmälig abnehmend, gelb gefärbt. Hirnsubstanz etwas weniger fest; in der Umgebung der Wände des rechten Seitenventrikels auffallend weich, sehr blutarm, sonst normal.

Die Tonsillen klein, mit vielfachen Narben. Schleimhaut des Rachens an der Uebergangsstelle zur Mund- und Kehlkopfsschleimhaut mit einer sehr dünnen, graugelben, ziemlich festaufsitzenden Schicht bedeckt, nach deren Abstreifung die Schleimhaut trüb, mässig injicirt ist. In derselben Weise verhält sich die Schleimhaut des vorderen und hinteren Theiles des Kehlkopfes, welche ausserdem geschwollen ist. Die übrige Schleimhaut des Larynx und die der Trachea mit glasigem Schleim bedeckt, stellenweise extravasirt. — Schilddrüse normal.

In der linken Pleurahöhle eine geringe Menge klarer Flüssigkeit. Oberer Lappen normal gross; der untere zeigt unter der Pulmonalpleura sehr zahlreiche Ecchymosen. Der obere Lappen ungefähr zur Hälfte lufthaltig, stark ödematös, die andre Hälfte braunroth, nur in den grössern Bronchien Luft enthaltend, glatt. Unterer Lappen völlig luftleer, ergiesst auf dem Durchschnitt reichliche, theils blutige, theils trübseröse Flüssigkeit. Alle Bronchien schwach erweitert; in denen des oberen Lappens spärlicher Schleim; in denen des unteren reichliche blutigschleimige Flüssigkeit. Die Schleimhaut überall mässig geschwollen, im oberen Lappen mässig geröthet, im unteren dunkelroth. Bronchialdrüsen klein, schwarz, fest. — Die rechte Pleura leer; Lungenoberfläche vielfach pigmentirt; oberer und mittlerer Lappen blutarm, schwach ödematös. Unterer Lappen mit ebensolchen Infiltraten in der vorderen Hälfte wie der obere: die hintere Hälfte bis zur Luftleere comprimirt und schlaff infiltrirt.

Im Herzbeutel eine geringe Menge klarer Flüssigkeit; am Visceralblatt zahlreiche Sehnenflecke, sowie überall bis linsengrosse Blutaustritte. Das Herz in der Breite wenig vergrössert, in der Länge fast um die Hälfte grösser; am linken Herzen spärliche, im rechten reichliche Gerinnsel. Linker Ventrikel um die Hälfte weiter; das Herzfleisch um die Hälfte dicker, grauroth, weicher, fettig entartet. Das Segel der Mitralis am Rande stellenweise verdickt; die Aortenklappen stellenweise stärker, überall schwach verdickt. Die Aorta normal weit, mit einzelnen fettigen Stellen.

In der Bauchhöhle einige Unzen klarer Flüssigkeit. — Die Leber in allen Durchmessern etwas grösser, 2940 gr. schwer. Die Oberfläche ungleichmässig und undeutlich fein granulirt, theils grauweiss, theils capergrün gefärbt und nur stellenweise schwach injicirt. Das Gefühl beim Durchschneiden gleich dem einer sehr festen Speckleber. Die Schnittfläche im höchsten Grade blutarm, ohne Spur einer acinösen Anordnung, fest und glatt, besteht aus einer grauweissen Fläche mit sehr reichlichen, ungleichmässig vertheilten, theils scharf begränzten, theils diffusen Flecken von meist capergrüner, selten dunkelgrüner Farbe. Das Bindegewebe um die Pfortader stellenweise nur wenig verdickt; ebenso die Wand der Lebervene. Galle mässig reichlich, dunkel, dickflüssig. — Milz gegen 7" lang, verhältnissmässig breit und dick; Kapsel glatt, mässig getrübt, braunroth, stellenweise grauroth. An letzteren Stellen ist die Milz körnig anzufühlen. Gewebe blutarm, meist grauroth, weich, an zahlreichen, theils peripherischen, theils centralen Stellen bis zur Grösse einer Wallnuss braunroth, fester, von der Umgebung scharf begränzt.

Nieren um die Hälfte grösser; Kapsel dünn, leicht abziehbar. Oberfläche congenital gelappt; die Rinde um die Hälfte breiter, grauroth, fester, undeutlich faserig. Pyramiden etwas grösser, fest, sehr blutarm. Becken und Kelche etwas weiter, mit einzelnen kleinen Hämorrhagieen.

Magen gross; auf der Schleimhaut reichlicher zäher Schleim. Die Schleimhaut mässig injicirt und pigmentirt, überall dicker. — Pancreas etwas grösser, fester, deutlich acinös. — Die Schleimhaut des Dünndarms mit glasigem Schleim bedeckt, mässig infiltrirt. Ebenso die des Dickdarms. Mesenterialdrüsen normal. — Harnblase weit, reichlichen icterischen Harn enthaltend.

Im linken Kniegelenk mehrere Unzen einer gelben eitrigen Flüssigkeit und in den abhängigen Theilen spärliche Fibringerinnsel. Die sämmtlichen Weichtheile des Gelenkes stark injicirt und mässig geschwollen. Die Knorpelfläche, ausser einer linsengrossen Stelle der Patella, trüb, glatt, mässig icterisch. — Die linkseitigen Inguinaldrüsen sind stark vergrössert, graugelb, mässig injicirt, theilweise weich, trübeFlüssigkeit entleerend. Das Bindegewebe in der Umgebung der grossen Gefässe, die normal sind, ist stark sclerosirt und blutarm.

Bei Speckentartung der Nieren findet sich nur sehr selten Dilatation und Hypertrophie des linken Ventrikels. Einen derartigen Ausnahmsfall habe ich im Archiv der Heilkunde, II, pag. 507 mitgetheilt; einen zweiten habe ich später beobachtet. In beiden Fällen war das Herzfleisch normal. — Diejenigen Fälle, in welchen sich neben Speckentartung eines oder mehrerer Organe Fettmetamorphose des Herzfleisches findet, gehören nicht in diese Categorie.

Einen gleichen Einfluss wie die beschriebene Nierenentartung hat die granulirte Induration der Leber auf das Herz. In der grössern Mehrzahl der von mir beobachteten Fälle fand sich Dilatation und Hypertrophie des linken Ventrikels. Dieselbe kann allerdings auch ihren Grund in dem häufigsten ätiologischen Moment der granulirten Leber, im Alcoholmissbrauch, sowie in der schon früher von mir nachgewiesenen (l. c. III, pag. 474) fast constanten Nierenaffection haben.

In zehn Fällen von wahrer granulirter Leberinduration fand sich
3mal keine Hypertrophie, aber Fettentartung des Herzens,
3mal Hypertrophie und Fettentartung des Herzens,
4mal Hypertrophie ohne Fettentartung.

Einen Fall der zweiten Categorie habe ich schon früher (l. c. pag. 474) mitgetheilt. Zwei weitere Fälle folgen.

86. Granulirte Leberinduration. Chronische Lungentuberculose. Caries. Hypertrophie und Fettmetamorphose des Herzens.

56jähriger Mann, secirt am 4. August 1858.

Körper überall mässig, an den Unterextremitäten stark ödematös. — Schädel nicht eröffnet. — Halsorgane normal. — Caries des rechten Sternoclaviculargelenks und der angrenzenden Knochentheile mit Communication nach der äussern Haut und entzündlicher Infiltration derselben. — In der linken Pleurahöhle 1 Pfund seröse Flüssigkeit. Lunge etwas emphysematös. Im obern Lappen zahlreiche erbsengrosse, schwarze, trockne, feste Massen, sowie Gruppen älterer und frischer Miliartuberkel. Rechte Lunge fast um die Hälfte kleiner. Oberer Lappen luftleer, schwarz und schwarzgrau, fest, mit einzelnen mittelgrossen, alten, Concremente und dünneitrige Flüssigkeit enthaltenden Cavernen. Chronische Bronchitis. Pigmentinduration der Bronchialdrüsen. — Herz etwas grösser, sehr schlaff. Fleisch blass, sehr weich. Geringe Verdickung der Mitral- und Aortenklappen. — In der Bauchhöhle 3 Pfund seröse Flüssigkeit. — Leber um die Hälfte kleiner, hochgradig indurirt und granulirt. Galle reichlich, dunkel, dick. — Milz um die Hälfte grösser, fester, blutarm. — Starke Pigmentirung des obern Dünndarms. — Nieren grösser, schlaff. Rinde breiter, grauroth, stellenweise graugelb, weicher.

87. Granulirt-indurirte Leber und chronische Nephritis. Fettherz.

65jähriger Mann, secirt am 27. Januar 1859.

Körper gross, in der obern Hälfte mässig, in der untern stark ödematös, schwach icterisch. Frische Fractur des 7. und 8. rechten Rippenknorpels. Grosser brandiger Decubitus.

Chronische Pachymeningitis. Oedem der Hirnhäute und des Gehirns. — In der rechten Pleurahöhle 2 Pfund klare Flüssigkeit. Allseitige Verwachsung der linken Lunge. Frische pneumonische Infiltration des linken obern Lappens. Oedem der übrigen Lunge. Chronische Bronchitis und cylindrische Bronchiectasieen. — Im Herzbeutel eine geringe Menge klare Flüssigkeit. Herz etwas breiter. Mitral- und Aortenklappen mässig verdickt. Gleichmässige Fettmetamorphose des Herzfleisches.

In der Bauchhöhle c. 20 Pfund klare Flüssigkeit und einzelne gelbliche schmierige Faserstoffgerinnsel. — Leber um die Hälfte kleiner, hochgradig indurirt und granulirt. Galle reichlich, dünn, blass. Am Blasenhals ein kaffeebohnengrosses Divertikel, welches einen glattovalen, dunkeln, rauhen Stein enthält. — Milz dreimal grösser, fester, blutarm. — Intensiver chronischer Magen- und Dickdarmcatarrh. Narbe an der hintern Magenwand. — Nieren normal gross, im Uebergang des sog. 2. in's 3. Stadium von Morbus Brightii.

Chronische Krankheiten mit grossen Säfteverlusten, besonders chronische Eiterungen, und Fettherz.

Dass chronische Krankheiten mit grossen Säfteverlusten, insbesondre chronische Eiterungen, nicht selten Fettmetamorphose des Herzfleisches zur Folge haben, lehren schon die Beobachtungen von Ormerod, Quain und andern, vorzüglich englischen Pathologen. Ich kann dieselben in jeder Beziehung bestätigen.

Die Ursache des Fettherzens bei den in Rede stehenden Fällen liegt wahrscheinlich in der mangelhaften Ernährung des Herzfleisches, dessen Arbeit im Vergleich zu der der übrigen willkürlichen Musculatur und ohne Rücksicht auf die Säfteverluste in keiner Weise verringert ist. Dass in derartigen Fällen die Körpermusculatur gleichfalls häufig ohne Fettmetamorphose atrophisch wird, ist bekannt. Leider habe ich nicht untersucht, ob auch bei letzterer bisweilen die gleiche Metamorphose vorkommt, was aus mancherlei Gründen wahrscheinlich ist.

Im Folgenden gebe ich von den hierher gehörenden Fällen nur einzelne Beispiele. Einigemal fand sich aus gleicher Ursache gleichzeitig Speckentartung von Leber, Milz, Nieren u. s. w.

1. Die chronische Tuberculose der Lungen mit Cavernen.

Hier kommen nur diejenigen Fälle von chronischer Lungentuberculose in Betracht, bei welchen sich keine Erweiterung und Hypertrophie eines, besonders des rechten, oder beider Ventrikel findet. Fälle letzterer Art sind oben erörtert worden.

Hingegen ist es unmöglich, im einzelnen Falle sicher zu entscheiden, ob die Tuberculose rein oder mit sackigen Bronchiectasieen und chronischer Pneumonie complicirt ist. Wahrscheinlich sind alle grösseren sog. tuberculösen Cavernen mit glatter oder ziemlich glatter Wand und mit einmündendem Bronchus sackige Bronchiectasieen.

Fettentartung des normal grossen Herzens kommt nicht häufig bei chronischer Lungentuberculose vor. Sie betrifft meist beide Ventrikel in ungefähr gleicher Weise. Da wo nur ein Ventrikel fettig entartet ist, liegen wohl meist Complicationen vor; bei rechtseitigem Fettherz solche der Lungen (z. B. Schrumpfungen durch alte Pleuraexsudate), bei linkseitigem solche der Nieren und andrer Organe. Auch bei beiderseitigem Fettherz finden sich nicht selten Complicationen, welche für die Entstehung der Herzdegeneration wichtig sind: z. B. chronische Bronchitis, Darmgeschwüre.

88. Chronische Lungen- und Darmtuberculose. Fettherz.

48jähriges Weib, secirt am 19. Februar 1857.

Allgemeine starke Abmagerung. In der linken, verkleinerten Lunge mehrere bis wallnussgrosse Cavernen, eingebettet in schwieliges Gewebe, und zahlreiche Gruppen von Miliartuberkeln. In der rechten, emphysematösen Lunge dieselben Tuberkel, keine Cavernen. Chronische Bronchitis und cylindrische Bronchiectasieen. Herz klein, gleichmässig und stark fettig entartet. Mässige Fettleber. Subacuter Milztumor. Narbe und kleiner Polyp im Magen. Im untern Dünndarm zahlreiche tuberculöse Geschwüre. Tuberculose der Mesenterialdrüsen. Geringe eitrige Peritonitis.

89. Lungen-, Darm-, Meningeal- und Drüsentuberculose. Fettmetamorphose des Herzfleisches. Fettleber.

32jähriger Mann, secirt am 15. December 1860.

(Pat., der seit Jahren täglich für 5—$7\frac{1}{2}$ Ngr. Branntwein trank, hat seit 1 Jahre Symptome von den Lungen. Vor 6 Wochen war er noch kräftig. Vor 2 Tagen kam er sehr abgemagert ins Spital, wo er nach 24 Stunden Symptome einer Basilarmeningitis bekam und starb.)

Körper mittelgross, mager. Haut bleich, dünn, mit sparsamen violetten Todtenflecken. Mässige Starre. Kein Oedem. Musculatur sparsam, blass.

Schädeldach und Dura mater normal. Weiche Hirnhäute an der Convexität und Basis schwach getrübt. An den untern Enden beider Mittellappen sparsame sehr kleine graue Körnchen. Hirnsubstanz blutarm, zäh. Ventrikel normal.

Pharynxschleimhaut mit grauem rahmigen Eiter bedeckt, stark injicirt, wenig geschwollen. Gegenüber dem Ende der Giesskannenknorpel eine kaffeebohnengrosse, ovale, graubraune Masse, welche in die oberflächlichen Schleimhautschichten reichte und auf dem Durchschnitt gleichgefärbt, homogen, fest war. An der hintern Larynxwand zahlreiche tiefe, an der hintern Trachealwand sehr viele seichte, runde und längliche, zackige, mit Eiter bedeckte Geschwüre. Halslymphdrüsen grösser, grauroth, saftig.

Beide Lungen in den Spitzen fest verwachsen, etwas kleiner. In den obern Lappen beiderseits je 6 bis wallnussgrosse, weit mit Bronchien zusammenhängende, leere oder mit käsiger Flüssigkeit erfüllte, glattwandige Höhlen; sowie einzelne gleichgrosse, aus netzförmigen schwarzen Schwielen bestehende Stellen. Ausserdem in dem Lungengewebe, nach der Basis abnehmend, zahlreiche erbsen- bis kirschengrosse, luftleere Stellen, grösstentheils gelb, käsig, zum Theil auch graugelb, grauroth und roth, glatt oder deutlich granulirt. Uebriges Lungengewebe lufthaltig, stark pigmentirt. Intensive chronische Bronchitis; in den grössern Bronchien flache Geschwüre. Bronchialdrüsen gross, grau oder schwarz, fester. Herzbeutel leer. Unter dem Visceralblatt sehr reichliches Fettgewebe, besonders rechterseits. Herz normal gross, im höchsten Grade schlaff; nur rechts sparsame Gerinnsel. Fleisch sehr bleich, homogen, leicht zerreisslich, gleichmässig und stark fettig entartet. Klappen normal.

Bauchhöhle ohne Flüssigkeit. Leber hoch in den Thorax hinauf reichend, unter dem Rippenbogen nur 1" hervorragend, in allen Durchmessern gleichmässig und fast doppelt grösser, 6 Pfund schwer. Oberfläche glatt, grösstentheils gelb gefärbt, mit gleichmässig vertheilten, kleinen, grauen Flecken. Gewebe der Leber beim Durchschneiden sehr resistent, fast kreischend. Schnittfläche vollständig blutleer, glatt, ziemlich deutlich acinös; die Acini grösstentheils normal gross, zum Theil grösser, in ihrem grössten Theil gelb gefärbt, in der Peripherie blassgrünlich, keine Centralvene sichtbar. Ferner zeigte die Schnittfläche nur die grössten Pfortader- und Lebervenenäste; mittelgrosse und kleine waren gar nicht sichtbar. Galle sparsam, dunkel, dickflüssig; Gallengänge normal. — Milz 8" lang, dunkel, weich, stellenweise breiig.

Magen klein. Schleimhaut stellenweise grob injicirt, schwach verdickt. Im Dünndarm vom mittlern Jejunum an c. 30 bohnen- bis 3□" grosse, durchaus quere Geschwüre, mit meist glatter, bis zur Muscularis reichender, nicht tuberculöser Basis und hohen, festen, tuberculös infiltrirten Rändern. An der Serosa fast überall sehr zahlreiche kleine frische Miliartuberkel. Ebensolche Geschwüre im Cöcum und aufsteigenden Colon. Die Mesenterialdrüsen zum Theil stark vergrössert, weich, grauroth, mit einzelnen miliaren Tuberkeln.

Nieren etwas grösser, sonst normal, blutarm. Geringer chronischer Catarrh der Nierenbecken. Harnblase normal.

90. Chronische Tuberculose. Frische Pachymeningitis. Fettherz.

30jähriger Mann, secirt am 9. März 1862.

Körper gross, stark abgemagert, an der rechten unteren Extremität vom Knie abwärts stark ödematös. Haut bleich, mit spärlichen blassen Todtenflecken. Mässige Starre.

Schädeldach dick, an der Innenfläche mit spärlichem Osteophyt. Dura mater normal dick; ihre Innenfläche über der Convexität beider Seiten sowie an der Basis der vorderen und mittleren Schädelgrube mit einer dünnen, weichen, grösstentheils blassen, stellenweise rothgesprenkelten Schicht überzogen. Weiche Hirnhäute an der Convexität stark, an der Basis schwach getrübt. Hirnsubstanz in hohem Grade blutarm, weicher. Ventrikel normal.

Der Larynx zeigt längs des linken oberen und unteren Stimmbandes bis linienbreite, flache, tuberculöse Geschwüre. Die entsprechende Morgagni'sche Höhle ist mit reichlichem Eiter erfüllt.

Linke Lunge etwas kleiner, ringsum mässig fest verklebt. Pleura überall mit einer bis halbliniendicken frischen Fibrinschicht bedeckt. Der obere Lappen besteht fast ganz aus vielfach untereinander zusammenhängenden, älteren, mit gelber Flüssigkeit erfüllten Höhlen. Das noch übrige Gewebe desselben, sowie der untere Lappen, ist vollständig luftleer, an den meisten Stellen grauröthlich, glatt, und von zahlreichen einzelnen oder in Gruppen stehenden, meist sehr kleinen, gelben Tuberkeln und einzelnen kleinsten Höhlen durchsetzt. Mässige chronische Bronchitis. Bronchialdrüsen stark vergrössert, theils grauroth und weich, theils graugelb und schwarz, fest. — In der rechten Pleurahöhle ungefähr $^3/_4$ Pfund schwach trübe Flüssigkeit. Die Pleura pulmonalis fast durchaus mit einer dünnen frischen Fibrinschicht bedeckt. Die Lunge in allen Durchmessern etwas grösser. Der obere Lappen enthält einzelne, meist zusammenhängende, bis wallnussgrosse Höhlen. Sein übriges Gewebe ist fast vollständig luftleer und ebenso beschaffen, wie die linke Lunge. Der mittlere und untere Lappen sind ungefähr zu drei Viertheilen lufthaltig, blutarm, stark ödematös; der übrige Theil besteht aus denselben Knoten wie die luftleeren Stellen des oberen Lappens. Bronchien und Bronchialdrüsen wie links.

Im Herzbeutel ungefähr 6 Unzen klare Flüssigkeit. Visceralblatt ziemlich gleichmässig stark getrübt. Herz normal gross, schlaff, mit reichlichen Blutgerinnseln. Das Herzfleisch bleich, etwas weicher, mässig fettig entartet. Klappen und grosse Gefässe normal.

Leber normal gross; ihre Schnittfläche etwas fester, deutlich acinös. Die Centra der Acini bleich; die Centralvenen stark erweitert. Keine Tuberkel. Galle reichlich, blass. — Milz über 7" lang, entsprechend breit und dick; ihre Kapsel etwas dicker, fleckig gelbroth; das Milzgewebe braunroth, gleichmässig blutarm, etwas fester. Das Stroma nicht sichtlich verdickt.

Nieren normal gross. Kapsel fester ansitzend, Oberfläche blass, stellenweise flachnarbig. Rinde etwas breiter, grau und roth gestreift, schlaff, aber etwas fester. In der Rinde spärliche Miliartuberkel und linkerseits eine halbkirschengrosse Cyste. Pyramiden normal.

Magen normal. In den unteren zwei Dritttheilen des Dünndarms gegen zwanzig, 1—2□" grosse, alte, meist glatte, tuberculöse Geschwüre, denen entsprechend die Serosa mit frischen Miliartuberkeln besetzt ist. Im Dickdarm ebensoviel, meist kleinere, gleiche Geschwüre. — Mesenterialdrüsen zum Theil wallnussgross, peripherisch bleich, im Centrum grauröthlich, an beiden Stellen mit zahlreichen, sehr kleinen Miliartuberkeln durchsetzt.

Die rechte Cruralvene ist 2" unterhalb des Inguinalcanals durch einen graurothen, peripherisch festen, central eitrig weichen Thrombus verstopft, der an seinem centralen Ende eine platte, ziemlich glatte Fläche darbietet.

91. Chronische Tuberculose der Lungen etc. Fettherz. Speckleber und Specknieren.

32jähriger Mann, secirt am 9. November 1861.

Körper mittelgross, stark abgemagert. Haut graugelb, mit sparsamen blassen Todtenflecken. Starke Starre. — Schädeldach normal. Weiche Hirnhäute an der Convexität schwach getrübt. Hirnsubstanz mässig bluthaltig. — In der rechten Hälfte der hintern Larynxwand bis nahe an die Stimmbänder reichend ein 4''' langes, 3''' breites und 2''' tiefes Geschwür mit wulstigen, festen, speckähnlichen, nirgends tuberculösen Rändern, ziemlich glatter, nur stellenweise unregelmässig papillärer Basis. Die Schleimhaut in der Umgebung mässig, die der entsprechenden Stelle der Oesophaguswand sehr stark ödematös.

Linke Lunge ringsherum fest und kurz, namentlich längs ihrer hintern Fläche durch eine dicke Schwarte verwachsen. Die Lunge in allen Durchmessern etwas grösser. Den ganzen obern Lappen nimmt, mit Ausnahme des vorderen zungenförmigen Endes, eine faustgrosse Höhle ein, welche mit einem Blutgerinnsel gefüllt ist. Die Innenfläche der Höhle ist an den meisten Stellen glatt, nur stellenweise finden sich schwach vorragende Balken und ein brückenförmiger grösserer Strang. Das übrige Gewebe des oberen, sowie das des unteren Lappens blutarm, von sparsamen sehnigen Strängen, streifigen Pigmentindurationen und älteren Tuberkeln durchsetzt. — Die rechte Lunge ist längs ihrer ganzen hinteren Fläche fest und kurz verwachsen, in ihrer vorderen Hälfte, besonders am untern Lappen stark emphysematös; im obern Theile des obern Lappens findet sich eine eigrosse Höhle mit schmutziggelblichem Inhalt und glatter Innenfläche. Das übrige Gewebe gleich dem des linken untern Lappens. — Herz in allen Durchmessern fast um die Hälfte breiter. Linker Ventrikel schlaff, rechter fester. Linker Ventrikel um die Hälfte weiter; sein Fleisch grauroth, an einzelnen Stellen zunächst dem Endocardium gleichmässig oder punctförmig gelb gefärbt. Rechter Ventrikel etwas weiter, die Wand etwas dicker; sein Fleisch, besonders zunächst dem Endocardium, an allen Theilen ziemlich gleichmässig gelb gefärbt. Klappen und grosse Gefässe normal. Bauchhöhle ohne Flüssigkeit.

Leber in allen Durchmessern über die Hälfte grösser, $7^1/_5$ Pfund schwer; ihre Oberfläche zeigt zahlreiche grösstentheils unter einander zusammenhängende blassgelbe Inseln in einer blassrothen Grundsubstanz. Die Schnittfläche matt glänzend, ohne Spur von Acini, in dünnen Schnitten durchscheinend; sie besteht aus gelben ungefähr hirsekorngrossen isolirten oder zusammenfliessenden Stellen und aus einer dazwischen liegenden blassrothen Grundsubstanz. Galle reichlich, dunkelgrün, zähflüssig. — Milz normal gross, etwas schwerer; ihre Schnittfläche unregelmässig grau und grauroth gefärbt und an einzelnen kleinen, schwach vorragenden Stellen speckig. — Nieren etwas grösser. Kapsel leicht abziehbar, ihre Oberfläche unregelmässig flach granulirt, grösstentheils grauröthlich gefärbt, stellenweise grob vascularisirt. Rinde etwas breiter, grösstentheils graugelb, trocken, mattglänzend, schwach durchscheinend, sehr blutarm. Pyramiden grauroth, blass, fest.

Magen normal gross, in seiner linken Hälfte grauroth, in der rechten schwach schieferfarben, mit reichlichem glasigen Schleim überzogen. Die Schleimhaut des ganzen Jejunum enthält reichlichen schieferfarbnen oder schwarzgrünen zähen Schleim und ist ziemlich gleichmässig und fein schwarz gefleckt. An zahlreichen Stellen der Falten finden sich feine gelbe Körnchen, an einer Stelle eine über bohnengrosse, mit graugelbem Chylus erfüllte Vorbuchtung der Schleimhaut. Ungefähr in der Mitte des Dünndarms liegen 2 linsengrosse Geschwüre, deren eines deutliche tuberculöse Ränder hat; die übrige Dünndarmschleimhaut grösstentheils blutarm, grob vascularisirt, nur an einigen Stellen deutlich sammtartig. Am Ende des Ileums fünf linsengrosse, stark pigmentirte, vernarbende, im Coecum sechs bis neugroschengrosse flache Geschwüre, die undeutlich tuberculös sind. Die Dickdarmschleimhaut enthält stellenweise reichlichen Schleim, ist übrigens normal. Ebenso die Mesenterialdrüsen. Pancreas etwas fester und grösser.

92. Tuberculose der Lungen und des Darms. Fettmetamorphose des linken Ventrikels.

46jähriger Mann, secirt am 10. April 1860.

Körper mässig genährt, an den Knöcheln schwach ödematös. Oedem der weichen Hirnhäute. Chronischer Catarrh des Larynx und der Trachea. Lungen an den Spitzen verwachsen, über den untern Lappen mit frischer Fibrinschicht; in jeder Pleurahöhle c. $^1/_2$ Pfund dünneitrige Flüssigkeit. In den obern Lappen bis eigrosse, schwarze, feste Knoten mit älteren miliaren Tuberkeln, rechts oben alte Cavernen. Aehnliche Tuberkel auch in den untern Lappen. Die linke Lunge übrigens lufthaltig; die rechte grösstentheils frisch und stellenweise älter pneumonisch infiltrirt. Beiderseitige Bronchitis und cylindrische Bronchiectasieen. — Herz um die Hälfte breiter, mit mehreren Sehnenflecken; linker Ventrikel durchaus und gleichmässig fettig entartet; rechter weiter, auffallend starr und fest, nicht fettig entartet. Fettmetamorphose der Aorteninnenhaut.

Leber etwas dicker, an der Oberfläche mehrere Sehnenflecke. Schnittfläche weicher als normal, blutarm. Kleine blassrothe Inseln, umgeben von einer schmalen gelben oder graugelben Substanz; keine Spur von Durchschnitten der Centralvenen. Galle dunkel, spärlich; auf der Schleimhaut ein zierliches gelbliches, erhabenes Netzwerk. — Milz ringsum verwachsen, Kapsel verdickt; Gewebe sehr weich, dunkel.

Magen normal. Jejunum in der obern Hälfte an der Aussenfläche gelbroth gefärbt (Fettmetamorphose der Muscularis). Auf einer Falte eine zweierbsengrosse, weiss gefleckte, weiche Hervorragung (Chylangiectasie). Ileum normal. Im Dickdarm c. 30, bis 2" lange, schmale, quer liegende, alte tuberculöse Geschwüre. Mesenterialdrüsen normal.

Rechte Niere um die Hälfte grösser; Kapsel normal; Rinde breiter, grauroth, mattglänzend. Die linke Niere liegt vor der linken Symphysis sacro-iliaca, den Hilus nach vorn gekehrt; ihre Gestalt in der gewöhnlichen Weise verändert. Die Nierenvene besteht aus zwei gesonderten Gefässen, deren oberes aus dem untern Ende der Cava entspringt, und mehrere Lumbalvenen abgibt, während das andre aus der linken Iliaca communis kommt. Die Nierenarterie hat normalen Ursprung. Die linke Nebenniere liegt an ihrem normalen Orte.

93. Chronische Tuberculose. Eigenthümliches Fettherz.

47jähriges Weib, secirt am 20. März 1863.

Körper lang, gut genährt. Hautfarbe brünett. Unterhautzellgewebe mässig fettreich. Musculatur kräftig, dunkelroth. Starre bedeutend; Todtenflecke ausgedehnt, aber bleich.

Schädeldach allenthalben fest, 1/4" dick, sonst normal. Dura mater normal. Weiche Hirnhäute an der Convexität verdickt und mit der Dura verwachsen. Dem linken Tuber parietale entsprechend ein kleines frisches Blutextravasat unter der Arachnoidea. Gehirnsubstanz blutreich, sonst normal.

Kehlkopfschleimhaut mässig geröthet, wenig geschwollen; an den unteren Stimmbändern mit kleinen oberflächlichen Substanzverlusten. Epiglottis an ihrem vorderen Rande etwas rauh, ihre Schleimhaut verdickt.

Die linke Lunge ist bis auf eine kleine Stelle an der vorderen Fläche des oberen Lappens vollständig und sehr fest mit der Costalpleura, dem Pericardium und dem Zwerchfell verwachsen. Die Lungenpleura ist mit einer dünnen Exsudatmasse überzogen; die Lunge selbst um den vierten Theil verkleinert. Im oberen Lappen findet sich an der Spitze eine hühnereigrosse, dünnwandige, vielfach ausgebuchtete Caverne, welche mit einer grauröthlichen, dickflüssigen Masse theilweise gefüllt ist. Ausserdem mehrere bis über erbsengrosse Bronchiectasieen mit eingedickter, gelber, bröcklicher Masse. In der Umgebung der Cavernen ist noch wenig lufthaltiges Lungengewebe übrig geblieben, welches in einzelnen Partieen emphysematös erscheint. Der untere Theil des oberen Lappens ist fast ganz luftleer. Auf der Schnittfläche sieht man hier eine grosse Anzahl erbsengrosser, grauweisslicher, fein granulirter Heerde und zwischen den letzteren zahlreiche frische Miliartuberkel, sowie einzelne bis halberbsengrosse, erweichte gelbe Tuberkel. Hier und da tritt bei schwachem Druck ein Eiterpfropf aus den erweiterten kleinen Bronchien hervor. Von der Schnittfläche fliesst spärliche wässrige und schaumige Flüssigkeit ab. Durchschneidet man den unteren Lappen, so fliesst eine reichliche Menge blutigwässrige, schaumige Flüssigkeit ab. Auf der Schnittfläche sieht man reichlichere frische Miliartuberkel als im oberen Lappen; dagegen weniger zahlreiche, grauweisse, fein granulirte Heerde. Die grösseren Bronchien enthalten viel schaumigen Schleim; ihre Schleimhaut ist stark geröthet, wenig geschwollen. Bronchialdrüsen mässig vergrössert, weich und schwarz. — In der rechten Pleurahöhle etwa 1 Pfund röthlicher, ziemlich klarer Flüssigkeit. Rechte Lunge nur an der Spitze verwachsen. Der obere Lappen ist vollständig luftleer und von der Consistenz der Leber. Die Schnittfläche ist glatt, homogen, hellgrau, ohne Tuberkel. Der mittlere Lappen verhält sich wie der untere

Theil des linken oberen Lappens. An der hinteren Fläche des unteren Lappens eine schwach strahlige Narbe der Pleura, unter welcher das Gewebe etwas verdichtet, aber nicht wesentlich von der Umgebung verschieden ist. Uebrigens verhält sich der untere Lappen wie der der linken Seite. Bronchien und Bronchialdrüsen wie links.

Der Herzbeutel enthält 4 ℥ schwach röthlicher, klarer Flüssigkeit. Visceralblatt stellenweise milchig getrübt. Das Herz nach allen Dimensionen etwa um $^1/_4$ grösser, die Wände der Ventrikel nicht hypertrophisch, die Herzhöhlen erweitert. Das Fleisch des linken Ventrikels enthält zahlreiche, gelbbräunliche bis hanfsamengrosse, ganz fettig entartete Heerde. Die Papillarmuskeln an ihrer Spitze fettig entartet. Beide Herzhöhlen mit weichen, dunkelrothen Gerinnseln erfüllt. Endocardium, Klappen und grosse Gefässe normal.

Bauchhöhle ohne Flüssigkeit. Leber etwas dicker, sonst von normaler Dimension; Serosa normal. Lebergewebe deutlich acinös, blutarm, an einzelnen Stellen eine auffallend starke Injection der die Leberinseln umgebenden Gefässnetze. Die Klinge wird fettig beschlagen. Galle spärlich, dunkelgrün, dickflüssig. — Milz über 5" lang, mehrfach gelappt, von normaler Consistenz und Farbe, mit einigen, etwa erbsengrossen, frischen hämorrhagischen Infarcten in der Nähe ihrer Oberfläche.

Nieren normal gross: Kapsel leicht abziehbar, nicht verdickt; Nierengewebe ohne wahrnehmbare Abnormität.

Magen mit spärlichem Inhalt; Schleimhaut stark gefaltet, mit dickglasigem Schleim überzogen, bleich. Unterer Theil des Dünndarms mit spärlichen festen Kothmassen; oberer Theil desselben fast leer. Die Schleimhaut des ganzen Dünndarms geröthet und geschwollen, mit dickem Schleim überzogen, ohne Geschwüre. Der Dickdarm enthält reichliche feste Kothmassen; seine Schleimhaut ebenfalls geröthet und geschwollen. Im Coecum etwa ein Dutzend kleinere bis halberbsengrosse Geschwüre mit wallförmigem Rande und dunkelrother Umgebung. Uebriger Dickdarm frei von Geschwüren. Mesenterialdrüsen normal. Blase und Genitalien ohne Abnormität.

94. Chronische Tuberculose von Lungen, Leber und Darm. Fettmetamorphose des rechten Ventrikels.

35jähriges Weib, secirt am 16. August 1862.

Körper stark abgemagert, an den Knöcheln schwach ödematös. Haut bleich, fast ohne Todtenflecke; schwache Starre.

Schädeldach normal dick; an der Aussenfläche des hintern Endes des linken Scheitelbeins mehrere flache Narben; an der Innenfläche des Stirnbeins spärliches Osteophyt. Dura mater normal; weiche Hirnhäute schwach getrübt; Hirnsubstanz ziemlich fest, mässig bluthaltig.

Rachenorgane normal. An dem hinteren Ende beider unteren Stimmbänder rechts ein kleines, links ein grösseres bis halblinsengrosses Geschwür. Schilddrüse mässig vergrössert.

Linke Lunge allseitig kurz und fest verwachsen, in allen Durchmessern kleiner. Der obere Lappen ist mit Ausnahme des vorderen und hinteren Endes (in der Länge von $1^1/_2$") in eine einzige Caverne verwandelt, welche nur theilweise mit grauröthlicher, käsigeitriger Flüssigkeit erfüllt ist. Die Höhle ist von zahlreichen balkenförmigen Strängen durchsetzt, welche, gleich der stellenweise kaum liniendicken Wand der Caverne selbst, luftleer, pigmentindurirt und nur von spärlichen kleinen älteren Tuberkeln durchsetzt sind. Der untere Lappen enthält in seiner Spitze eine über ganseigrosse ähnliche Höhle, und unmittelbar darunter mehrere ähnliche kleinere. Das übrige Gewebe ist, mit Ausnahme einzelner bis 1/2" dicker Stellen der Basis, luftleer, von reichlichen, sehr kleinen bis erbsengrossen gelben Tuberkeln und älteren schlaffen Infiltraten durchsetzt. Ueber dem untern Lappen findet sich stellenweise eine dünne Fibrinschicht. Die Bronchien des oberen Lappens münden nach kurzem Verlauf in eine grosse Höhle; die des unteren Lappens sind mässig erweitert, mit schleimigem Eiter bedeckt; ihre Schleimhaut blass, stellenweise ecchymosirt, an anderen Stellen flach exulcerirt. Bronchialdrüsen schwach vergrössert, schwarz und fest. — Rechte Lunge in der Spitze mässig fest verwachsen, übrigens grösstentheils mit einer dünneren oder dickeren Fibrinschicht bedeckt, ungefähr normal gross. Der obere Lappen etwas kleiner; seine obere Hälfte besteht aus gleichen Cavernen wie links, die aber zur Hälfte mit schleimigem Eiter und käsigen Bröckeln erfüllt sind. Das übrige Gewebe derselben vollständig luftleer, mit zahlreichen grösseren und kleineren älteren Miliartuberkeln durchsetzt, dazwischen pigmentirt und schlaff infiltrirt. Der mittlere Lappen zur Hälfte luftleer, übrigens von denselben Massen durchsetzt, wie der obere. Der untere ähnlich dem mittleren, nur etwas stärker lufthaltig; in seiner Spitze einzelne kleine glattwandige, mit Eiter erfüllte Höhlen. In den Bronchien reichlicher schleimiger Eiter. Bronchialdrüsen wie links. Im unteren Lappen enthalten mehrere mitteldicke Lungenarterienäste embolische Gerinnsel.

Im Herzbeutel ungefähr 1 ℥ klare Flüssigkeit. Herz normal gross, sehr schlaff; Herzfleisch braunroth, weniger deutlich faserig, im rechten Ventrikel vielfach punctirt, fettig entartet. In beiden Herzhöhlen reichliche Blutgerinnsel. Zwischen den Trabeculae carneae des rechten Herzens zahlreiche verschieden grosse graugelbe globulöse Vegetationen. Mitral- und Aortenklappen an den Rändern schwach verdickt.

In der Bauchhöhle eine geringe Menge klarer Flüssigkeit. — Leber normal gross; ihr Gewebe braunroth, deutlich acinös, blutarm, mattglänzend, von mässig reichlichen, meist gelben Miliartuberkeln durchsetzt. Galle reichlich, dunkel, dickflüssig. — Milz normal gross, Kapsel schwach verdickt; Milzgewebe braun- und grauroth, ziemlich gleichmässig etwas fester, mattglänzend, nicht speckig.

Nieren normal gross; Kapsel etwas dicker und fester ansitzend; Oberfläche gleichmässig fein granulirt, blass. Rinde auf dem Durchschnitt grauroth, weniger deutlich fasrig, fester, mattglänzend. — Nebennieren normal. — Magenschleimhaut normal; nur an der hinteren Wand, nahe der kleinen Curvatur, gleichweit von Pförtner und Cardia, eine ungefähr 1□" grosse flachnarbige Stelle. Die Schleimhaut des untern Dünndarms mässig injicirt und mässig geschwollen; übrige Dünndarmschleimhaut normal. Im Dickdarm sehr reichliche flüssige gallenarme Faeces. Im Coecum ungefähr 6 1□" grosse ältere tuberculöse Geschwüre. Die ganze übrige Schleimhaut des Dickdarmes ist mässig geröthet und geschwollen und vorzugsweise nach dem Mastdarm zu mit dünnen, meist fein flockigen, selten ziemlich gleichmässigen, graugrünen, weichen, theils leicht abstreifbaren, theils fester ansitzenden Massen bedeckt. Mesenterialdrüsen schwach vergrössert, fester, sonst normal.

Uterus um die Hälfte grösser, in den Wänden dicker. In der Höhle seines Körpers eine gegen kirschkerngrosse graubraune, fibrösschleimige Masse. Im linken Horn sitzt dieselbe an der Schleimhaut fest, welche daselbst unregelmässig weich granulirt ist. In der Schleimhaut der Höhle zahlreiche sehr kleine Cysten. Ovarien vielfach geschrumpft.

Von ausgebreiteten chronischen Tuberculosen andere Organe und ohne gleichzeitige Tuberculose der Lungen, z. B. primärer ulceröser Darmtuberculose, primärer Tuberculose der Harn- oder Geschlechtsorgane, sah ich selbst nur wenige Fälle. In keinem derselben fand sich Fettherz.

Der folgende Fall zeigt das Vorkommen des Fettherzens bei Lungentuberculose nach mehrjähriger Zuckerharnruhr. In mehreren anderen Fällen gleicher Complication fand ich keine Fettmetamorphose des Herzfleisches.

95. Tuberculose der Lungen. Fettmetamorphose des Herzens. (Diabetes mellitus.)

(Dreijähriger Diabetes mellitus.)

40jähriger Mann, secirt am 1. März 1863.

Körper gross, ziemlich abgemagert. Haut blass, mit sparsamen blassen Todtenflecken. Mässige Starre. Unterhautzellgewebe fettarm; Musculatur spärlich, blass.

Schädeldach dick, grösstentheils compact; an der Oberfläche des hintern Theils der Scheitelbeine mehrere, theils flache, theils tiefe, übrigens glatte und in ihrer Umgebung normale Narben; einzelne davon bis $^1/_2$□" gross. Auf der Innenfläche gleichfalls einzelne körnige Osteophyten. Dura mater normal; weiche Hirnhäute an der Convexität und Basis schwach getrübt. Die Seiten- und der mittlere Ventrikel ungefähr um die Hälfte weiter, mit klarer Flüssigkeit erfüllt; das Septum pellucidum stark verdünnt. Die übrige Hirnsubstanz sehr weiss, weicher.

Rachen- und Halsorgane blutarm. Schleimhaut der Morgagn. Ventrikel mässig ödematös; das Uebrige normal.

Linke Lunge allseitig kurz und fest verwachsen, schwach vergrössert; der freie Theil des vorderen Endes des unteren Lappens mit einer älteren Fibrinschicht bedeckt. In der Spitze, vorzugsweise nach den hinteren Rande zu, mehrere fast faustgrosse, mit blutig-eitriger Flüssigkeit erfüllte Höhlen, welche sämmtlich eine glatte, stark vascularisirte Wand haben; im übrigen Theile einzelne kleine gleiche Höhlen. Der obere Lappen ist übrigens mit Ausnahme einzelner kleiner, nicht scharf umschriebener Stellen luftleer, grösstentheils braunroth, schwach oder stark granulirt, vielfach grob reticulirt, brüchig und nur von spärlichen bis erbsengrossen, graugelben, käsigen Massen durchsetzt. In der Spitze des unteren Lappens findet sich eine über wallnussgrosse, an der Innenfläche glatte Caverne, welche ganz erfüllt ist mit grünlichem schleimigen Eiter, und einer sulzigen, halbwallnussgrossen, aus erweichtem Lungengewebe bestehenden Masse. Das übrige Gewebe enthält ziemlich zahlreiche, meist über erbsengrosse, hornige Tuberkel. In den Bronchien mässig reichliche, theils schleimig eitrige, theils blutigschleimige Flüssigkeit. Ihr Lumen mässig erweitert; ihre Schleimhaut geröthet und mässig geschwollen. Mit ihnen communiciren die meisten Cavernen. Bronchialdrüsen stark vergrössert, schwarz und grau gefärbt, ziemlich fest. — Der grössere Theil des obern und einzelne Stellen des untern rechten Lungenlappens sind langfädig fest verwachsen. Der Oberlappen etwas kleiner; hinten nahe der Basis eine hühnereigrosse, glattwandige Höhle mit gelbgrünem, etwas schleimigen Eiter. Im übrigen Theil zur grösseren Hälfte lufthaltiges Gewebe, zum kleinern Theil kleine Höhlen mit ähnlichem Eiter erfüllt. Der mittlere und untere Lappen enthält nur sehr spärliche gleiche Tuberkel wie links; das übrige Gewebe ist lufthaltig, mässig pigmentirt. Die Bronchien mässig erweitert, mit spärlichem glasigen Schleim erfüllt. Ihre Schleimhaut mässig geröthet. Bronchialdrüsen wie links.

Im Herzbeutel geringe Menge Flüssigkeit. Am Visceralblatt mässige Trübungen. Das Herz fest und um die Hälfte grösser, besonders länger und entsprechend dem linken Ventrikel kuglich; in seiner Höhle spärliche Gerinnsel. Das Endocardium in beiden Ventrikeln, besonders im linken, getrübt; das Herzfleisch in den innern Schichten netzförmig fettig entartet. Linker Ventrikel etwas weiter und dicker, rechter normal weit. Mitral- und Aortenklappen gleichmässig schwach verdickt. Aorta etwas weiter; ihre Innenhaut schwach runzlig.

Leber 2060 Grm. schwer, in beiden Lappen zungenförmig, im Dickendurchmesser grösser. Gewebe schlaff, braunroth, deutlich acinös. Galle sparsam, blass, dünnflüssig. — Milz fast 8" lang, verhältnissmässig breit, etwas weniger dick. Kapsel ziemlich gleichmässig getrübt, schwach runzlig. Das Milzgewebe braunroth, glatt; etwas fester, sehr blutarm. — Magen und Darm weit; Schleimhaut blass, gleichmässig dicker, ohne Geschwüre. — Linke Niere über die Hälfte grösser (255 grm. schwer). Kapsel schwach verdickt, leicht abziehbar; Oberfläche glatt, theils grau und roth gefleckt, theils gleichmässig geröthet; die Rinde wenig verbreitert, grau und roth gefleckt, homogen, speckähnlich glänzend; Pyramiden sehr stark geröthet, besonders an der Basis fester, mit reichlichem Kalkinfarct. Becken und Kelche weit, umgeben von sehr reichlichem stark ödematösen Fettgewebe. Rechte Niere etwas weniger gross, sonst ebenso. Harnblase reichlichen Harn enthaltend; Schleimhaut normal; Musculatur gleichmässig stark hypertrophisch. Prostata normal.

2. Die chronische Bronchitis mit Bronchiectasieen kommt selten rein vor, ist vielmehr meist mit Emphysem oder chronischer Pneumonie complicirt. Die folgenden Fälle zeigen allerdings das erstere Verhalten, waren aber sämmtlich mit Zuständen combinirt, welche vielleicht auch allein Fettmetamorphose des Herzens bedingen können.

96. Bronchiectasieen und Pneumonieen. Chronische Cystitis und Pyelitis. Fettherz.

58jähriger Mann, secirt am 2. December 1863.

Körper altersmarastisch.

Am rechten Scheitelbein eine zweierbsengrosse Exostose. Verdickung der Dura mater und der weichen Hirnhäute. Gehirnödem. Chronischer Hydrocephalus.

Rachenorgane ohne besondere Abnormität. Flache linsengrosse Narbe an der Hinterfläche des Kehldeckels.

Beiderseitige geringe fibrinös-eitrige Pleuritis der Unterlappen. Intensive chronische Bronchitis und gleichmässige Erweiterung der kleinen Bronchien der Unterlappen, sowie Anfüllung derselben mit reichlichem stinkenden Eiter. Emphysem der Oberlappen. Im linken Unterlappen zahlreiche, im rechten spärliche, 1—6 □''' grosse, runde und zackige, eitrig infiltrirte, meist glatte, mässig weiche, zum Theil eitrigweiche Stellen. Das übrige Gewebe dieser Lappen links durchaus, rechts zur Hälfte schlaff pneumonisch infiltrirt. Vergrösserung und Pigmentinduration der Bronchialdrüsen. — Herz länger und besonders breiter, im Fleisch beiderseits dicker. Linker Ventrikel von zahlreichen, meist kleinen Schwielen durchsetzt, welche zum Theil bis ans Endocardium reichen. Eine derselben mit erbsengrosser Vegetation. Mitralklappe in den Sehnenfäden mässig, am Segel stark verkürzt und verdickt. An der Vorhoffläche des Aortenzipfels eine $^3/_4$" lange, 1''' breite und dicke Reihe grauröthlicher, glatter, fibrinähnlicher Auflagerungen. Aortenklappen gleichmässig schwach verdickt. Starke chronische Arteriitis der ganzen Aorta.

Leber und Milz altersatrophisch. Nieren normal gross; Becken, Kelche und Ureteren mit reichlichem gelbgrünen, dicken Eiter erfüllt, stark ausgedehnt; die Kelche gegen kirschengross. Pyramiden stark abgeplattet. Rinde schmaler, grauroth, fest. Nierenhilus sehr fettreich. Starker chronischer Blasencatarrh; mässige Hypertrophie der Muscularis.

Magen und Darm normal.

97. Chronische Bronchitis und Colitis. Erweiterung des Herzens. Fettmetamorphose des linken Ventrikels.

31jähriger Mann, secirt am 23. Januar 1862.

Körper mittelgross, gut genährt. Haut bleich, mit reichlichen violetten Todtenflecken. Sehr starke Starre.

Schädelknochen normal. Weiche Hirnhäute an der Convexität theils gleichmässig getrübt, theils mit zahlreichen kleinen, grauen oder gelben, ziemlich festen Flecken besetzt. Hirnsubstanz ziemlich bluthaltig, etwas weicher. Kleine Gefässe etwas weiter.

Auf der Schleimhaut des Larynx zäher glasiger Schleim. Die Schleimhaut selbst, sowie die der Trachea ziemlich gleichmässig geröthet, mässig geschwollen. Schilddrüse normal.

Beide Lungen ringsum ziemlich fest und kurz verwachsen. Ihr Gewebe in hohem Grade ödematös, dadurch an den meisten Stellen ziemlich fest und luftleer. Die Bronchien sämmtlich etwas weiter, ihre Schleimhaut gleich der des Larynx und der Trachea. Bronchialdrüsen stark vergrössert, grösstentheils schwarz und fest, stellenweise grauröthlich und weich.

Herzbeutel mit einer geringen Menge klarer Flüssigkeit. Herz in allen Durchmessern um die Hälfte grösser, im linken Ventrikel weich, gleichmässig fettig entartet, im rechten starr anzufühlen. In den Herzhöhlen reichliche Gerinnsel. Beide Herzhöhlen um die Hälfte weiter. Die Klappen ohne besondere Abnormität. An der Spitze des rechten Ventrikels unter dem Pericardium reichliches Fettgewebe. Grosse Gefässe normal.

Leber an den meisten Stellen der Convexität kurz und fest verwachsen, normal gross. Gewebe von normaler Consistenz, mässig bluthaltig. Galle mässig reichlich, blassbraun. — Milz um die Hälfte grösser; ihr Gewebe reich an Stroma, übrigens dunkelbraunroth, blutreich.

Nieren normal gross. Ober- und Schnittfläche dunkel, letztere normal breit, fest, undeutlich faserig, blutreich.

Magen normal gross; seine Schleimhaut mit zähem Schleim überzogen; die Schleimhaut selbst mässig geröthet, gleichmässig verdickt. Die letzte Dünndarmschlinge ist mittelst eines gegen 2'' langen Bandes mit dem unteren Ende der Flexura sigmoidea verwachsen, so dass letztere in der rechten Körperhälfte liegt. Die übrige Dünndarmschleimhaut normal; die des Dickdarmes an den meisten Stellen mit einer geringen Menge zähen Schleimes überzogen. Die Schleimhaut überall mässig geröthet, wenig verdickt; in der unteren Hälfte zahlreiche, verschieden grosse, diffuse graurothe Flecken, sowie einzelne dünngestielte, gegen erbsengrosse polypöse Wucherungen.

98. Chronische Bronchitis und Bronchiectasieen, zum Theil gangraenescirend; Pneumonie. Fettmetamorphose des Herzfleisches und zahlreiche Lipome des Endocardium und Herzfleisches.

63jähriges Weib, secirt am 16. Februar 1860.

Körper mittelgross, ziemlich stark abgemagert, nicht ödematös.

Schädeldach dick, compact; an der Innenfläche zahlreiche kleine Exostosen. Dura mater normal. Weiche Hirnhäute schwach getrübt; unter denselben an der Aussenfläche des rechten Grosshirns eine dünne Lage frisch geronnenen Blutes. Hirnwindungen rechterseits stark abgeplattet. An Stelle des rechten Corpus striatum, Thalamus opticus, des Seitenventrikels und des grössten Theils der Marksubstanz derselben Hemisphäre ein Klumpen dunkeln Blutgerinnsels und einzelne erweichte Hirntrümmer. Septum theils perforirt, theils weiss erweicht. Die umgebende Marksubstanz weiss, stellenweise blassbräunlich, weicher und von zahlreichen capillären Apoplexieen durchsetzt. Ebensolche auch an einer Stelle der Hirnrinde, entsprechend der submeningealen Hämorrhagie. Uebrige Hirnsubstanz blass, weicher. Im linken Seitenventrikel einige Tropfen flüssigen Blutes; Innenfläche desselben blass. Hirnarterien überall, die grössern und kleinern, von zahlreichen grauen Kalkplatten durchsetzt.

Halsorgane normal.

Lungen an den Spitzen fest verwachsen; ausser dem rechten untern Lappen und der angrenzenden Stelle des mittlern, mässig emphysematös, stark pigmentirt, trocken; Bronchien derselben etwas weiter, Schleimhaut blass. Erstgenannte Theile luftleer, abwechselnd und ohne scharfe Begrenzung grau und braunroth gefärbt, undeutlich granulirt, weicher, reichliche eitrige Flüssigkeit an das Messer abgebend. An drei Stellen des untern Lappens, an dessen Peripherie, kleinwallnussgrosse, ovale, mit erweiterten Bronchien communicirende Höhlen, erfüllt mit brandig stinkender, graugrüner, dünnbreiiger Masse; ihre Innenfläche glatt, missfarbig, deutlich in die Bronchien übergehend. Letztere theils gleichförmig und stark, theils schwach sackig erweitert, mit reichlicher eitriger Flüssigkeit erfüllt; ihre Innenfläche dunkel geröthet, verdickt. Bronchialdrüsen grösser, fest, schwarz. Lungenarterie normal.

Herzbeutel normal, über dem rechten Ventrikel fettreicher. Herz in allen Durchmessern etwas weiter; Fleisch nicht verdickt, graugelb, weicher, mässig fettig entartet. Höhlen mässig erweitert, reichliche Blut- und Fibringerinnsel, peripherisch zahlreiche hirsekorngrosse, graugelbe, weiche Knötchen (vorzugsweise farblose Blutkörperchen) enthaltend. Endocardium stellenweise schwach getrübt; im linken Ventrikel stellenweise, im rechten fast überall, besonders über den Trabeculae carneae, theils 1- bis 2hirsekorngrosse, runde oder achterförmige, stark prominirende, gelbliche, Fettgewebe gleichende Knötchen enthaltend, theils längliche, nicht prominirende, bis 3 □''' grosse, nicht circumscripte Flecken, gleichfalls vom Aussehen von Fettgewebe. Alle diese Stellen setzten sich in die obersten Schichten der Muscularis fort. Aortenzipfel der Mitralis in allen Theilen stark verdickt. Aortenklappen und Innenfläche der Aorta mit sparsamen, schwach vorragenden, gelblichen Stellen.

Leber im rechten Lappen zungenförmig, fester, undeutlich acinös, blutarm. Galle spärlich, grün. — Senile Milzatrophie. — Nieren etwas kleiner. Kapsel schwer abziehbar; Oberfläche schwach granulirt, gleichmässig grauroth; Rinde schmaler, grauroth, homogen, fester. Pyramiden und Harnblase normal.

Magen normal. — Im Anfangstheil des Duodenum an der vordern und hintern Wand zwei narbige Stellen: die eine beginnt $^3/_4$'' hinter dem Pförtner, der Darmlängsaxe parallel, ist 1" lang, 4''' breit, oval, bräunlich gefärbt, eben, die Schleimhaut der Umgebung geht allmälig in den Grund über; die andere beginnt 1/4" hinter dem Pylorus, ist länger, schmaler, unregelmässig grob zackig, übrigens ähnlich beschaffen. Am Ende des obern Horizontalstücks des Duodenum liegen drei ähnliche, quere, ovale, 2 und 4''' lange Stellen; die Schleimhaut fehlt nur im Centrum von zweien, ist bräunlich, zunderartig mürbe. Zwischen diesen befindet sich eine wallnussgrosse Ausbuchtung sämmtlicher Darmhäute, deren Grund und Rand nicht narbig ist. Uebriger Dünndarm normal. Im Dickdarm sparsame feste Fäces und reichlicher zäher Schleim.

Uterus im Körpertheil etwas grösser. In seinem Grund ein platter und zwei breitgestielte, kaffeebohnengrosse Cystenpolypen und reichliche dünnschleimige Flüssigkeit. Ovarien fest, klein.

Chronische Cystitis und Pyelitis fand ich zwar mehrmals mit Fettherz combinirt; aber gleichzeitig kamen immer andere Affectionen vor, welche auch selbständig Fettmetamorphose des Herzfleisches bedingen können.

3. Wahrscheinlich aber war letztere Metamorphose in den folgenden Fällen durch die chronische Eiterung bedingt.

99. Brandiges Geschwür am Unterschenkel; Hypertrophie von Tibia und Fibula. Emphysem der Lungen. Herzerweiterung. Fettmetamorphose des Herzfleisches.

58jähriger Mann, secirt am 17. Mai 1863.

Körper mittelgross, stark abgemagert. Haut gelbbraun, mit spärlichen bleichen Todtenflecken. Unterhautzellgewebe fast fettlos; Musculatur dürftig; Starre mittleren Grades.

Schädeldach dick und schwer. Dura mater am seitlichen Umfang der Convexität schwach verdickt. Weiche Hirnhäute sehr blutreich, allgemein getrübt und stellenweise schwach verdickt. Hirnsubstanz schwach ödematös. Die Corpora striata, die Sehhügel, die Brücke und das kleine Gehirn zeigen auf der Schnittfläche bohnengrosse rosenrothe Flecke. Ventrikel normal.

Rachen- und Halsorgane normal.

Linke Pleurahöhle ohne Flüssigkeit. Die Lunge vielseitig mit der Costalpleura verwachsen. Das Lungengewebe lufthaltig, in den vorderen Partieen sehr blutarm, in den hinteren etwas blutreicher, schwach pigmentirt, an den Rändern der Lappen und an der unteren Fläche des unteren Lappens emphysematös. In der Mitte des oberen Lappens eine hühnereigrosse, schmutzig graurothe, luftleere, undeutlich und fein granulirte Stelle, welche ziemlich weich ist und aus der bei schwachem Druck gelbgraue, eitrige Flüssigkeit austritt. Ausser diesem grösseren pneumonischen Heerde finden sich noch einige erbsengrosse hie und da zerstreut. Bronchien spärlichen trüben Schleim enthaltend; Schleimhaut geröthet, kaum geschwollen. Bronchialdrüsen bis taubeneigross, weich, auf dem Durchschnitt theils graugelb, theils schwarz und grau tingirt. — Rechte Pleurahöhle ohne Flüssigkeit. Die Lunge vielfach mit der Costalpleura verwachsen. Das Lungengewebe wie links, aber ohne pneumonische Heerde. Bronchien und Bronchialdrüsen wie links.

Im Herzbeutel eine geringe Menge klarer Flüssigkeit. Visceralblatt stellenweise sehnig getrübt. Das Herz gegen ein Drittel breiter. In den mässig erweiterten Herzhöhlen frische Blut- und Faserstoffgerinnsel. Das Herzfleisch von hellgraubrauner Farbe, sehr schlaff, eigenthümlich glänzend, sehr stark fettig entartet. Die oberflächlichen Fleischbalken des linken Herzens auf die Dicke von Sehnenfäden reducirt. Das Endocardium im linken Ventrikel überall getrübt, stellenweise stärker oder schwächer verdickt. In den Papillarmuskeln einige leinsamengrosse, narbige Stellen. Mitral- und Tricuspidalklappe, sowie die Sehnenfäden beträchtlich verdickt. Uebrige Klappen normal. Aorta stellenweise schwach fettig.

Bauchhöhle ohne Flüssigkeit. Leber etwas kleiner; ihr Gewebe fester, mässig bluthaltig, braunroth, deutlich acinös, schwach fettig. Galle reichlich, dickflüssig, dunkelgrün. — Milz mit der Umgebung fest verwachsen, normal gross; Kapsel stellenweise beträchtlich verdickt. Milzgewebe fest, dunkel grauroth, schwach körnig.

Nieren normal gross; Kapsel meist leicht, stellenweise schwerer abziehbar, an letzteren Stellen schwach verdickt. Corticalsubstanz normal dick, sehr blutarm, gelbgrau; Pyramiden normal.

Magen mit etwas graugrünem, trüben, flüssigen Inhalt. Schleimhaut mit dickem, glasigen Schleim überzogen, grau, hie und da etwas geröthet. Dünn- und Dickdarm, sowie Mesenterialdrüsen normal. Die Retroperitonaeal-, sowie die äusseren und inneren Leistendrüsen der rechten Seite haselnuss- bis kirschengross, weich, auf dem Durchschnitt graugelb und stellenweise grauroth.

An der unteren Hälfte des rechten Unterschenkels, und zwar an seiner hinteren Fläche, ein handgrosses, brandiges Geschwür. Dasselbe beginnt 1" über den Knöcheln und geht bis über die Mitte des Unterschenkels hinaus. Die Ränder des Geschwürs sind scharf abgeschnitten; die Umgebung ödematös geschwollen, zunächst dem Rande schwärzlich, weiter von demselben entfernt blauroth gefärbt. Im Grunde des Geschwürs sieht man die Muskeln in eine graugrüne, stinkende, schmierige oder fasrige Masse umgewandelt. Die brandige Zerstörung erstreckt sich bis auf den Knochen; das Fussgelenk ist normal. Die Knochen sind aufgetrieben, an ihrer Oberfläche mit gröberen und feineren Höckern versehen; das missfarbige Periost lässt sich bis an diese Stellen leicht abziehen.

100. Grosse congenitale Geschwulst der Perinaealgegend. Fettmetamorphose des Herzfleisches.

52jähriges Weib, secirt am 5. August 1862.

(Die Frau litt wahrscheinlich seit der Geburt an dem Perinäaltumor, welcher seit dem 27 Jahre stärker, seit dem 49. noch mehr wuchs und zuletzt eine colossale Grösse erreichte, so dass er bis zu den Kniekehlen herabhing und die Kranke fast vollständig am Gehen hinderte, sowie durch zahlreiche flache und tiefere Geschwüre belästigte. Die am 2. August vorgenommene Punction ergab, dass die Geschwulst eine colossale Cyste war, welche 9000 Cub.-Cent. dünne, braungelbe Flüssigkeit enthielt. Tod nach 48 Stunden.

S. das Nähere bei W. Braune. Die Doppelbildungen und angebornen Geschwülste der Kreuzbeingegend. Leipzig 1862. S. 79 und 140.)

Die Section ergab in Schädel- und Halsorganen, sowie in den Lungen und Bauchorganen keine wesentliche Abnormität. Das Herz war im Längsdurchmesser um fast die Hälfte, im Querdurchmesser schwach vergrössert; Mitral- und Aortenklappen mässig verdickt, stellenweise verkalkt. Alle Muskelfasern beider Ventrikel waren mässig oder stark fettig entartet. Die Leberzellen waren stark fettig infiltrirt. — Die Geschwulst wurde vorzugsweise von der Art. glutaea dextra versorgt, welche stärker war als die Subclavia.

101. Caries von linker Hand und linkem Fuss. Speckentartung von Leber, Milz und Nieren. Fettherz.

9¼jähriges Mädchen, secirt am 16. August 1862.

Körper entsprechend gross, ziemlich stark abgemagert. Haut graugelblich, mässig dünn, fast ohne Todtenflecke. Kein Oedem. Schwache Starre. — Der Zeigefinger der linken Hand reicht mit seiner Spitze bis zur Mitte der 1. Phalanx des Mittelfingers und zeigt an seiner Basis ein neugroschengrosses granulirendes Geschwür, in dessen Mitte ein 2erbsengrosses, schwarz gefärbtes, cariös-necrotisches Knochenstück liegt. — Die Innenfläche des unteren Endes des linken Unterschenkels und Fusses enthält ein zweithalergrosses, mit weichen, missfarbigen Granulationen und jauchigem Eiter bedecktes Geschwür, auf dessen Grund einzelne Fisteln zum rauhen Knochen führen. Mehrere ähnliche kleine Geschwüre an der vorderen Fläche des unteren Endes des Unterschenkels und des vorderen Theiles des Fusses. Die Knochen des unteren Endes des Unterschenkels und der Fusswurzel sind theilweise oberflächlich cariös; übrigens bestehen dieselben aus einer dünnen Rindenschicht und sehr reichlichem, mässig vascularisirten, schmierigen Markgewebe. — Die Lymphdrüsen der linken Leistengegend zum Theil stark geschwollen, grauröthlich, weich, ziemlich homogen. — Die Gefässe normal. Die Muskeln des Unterschenkels zum grössten Theil von sehr reichlichem fettigen Gewebe durchsetzt.

Schädeldach normal; ebenso Dura mater; weiche Hirnhäute an Convexität und Basis mässig getrübt; Gehirn verhältnissmässig gross, sehr blutarm, mässig ödematös.

Rachen- und Halsorgane normal.

Beide Lungen allseitig kurz und mässig fest verwachsen. Linke Lunge etwas kleiner. Der obere Lappen längs des vorderen Randes schwärzlich gefärbt, fest anzufühlen, auf dem Durchschnitt in scharfer Begrenzung grau und weiss gefleckt, luftleer, von reichlichen fibrösen Streifen und erweiterten Bronchien durchsetzt. Uebriges Gewebe des oberen Lappens, namentlich nahe der Wurzel, enthält dieselben pigmentindurirten Massen, ist sonst blutarm, schwach ödematös. Der untere Lappen enthält einzelne kleine Pigmentindurationen, ist übrigens mässig pigmentirt, blutarm, schwach ödematös. Die Bronchien enthalten bis in die letzten Verzweigungen spärlichen zähen Schleim. Schleimhaut mässig geröthet und geschwollen. Bronchialdrüsen schwach vergrössert, theils schwarz, fibrös, theils verkalkt. — Rechte Lunge in allen Durchmessern etwas grösser, vollständig lufthaltig, mässig pigmentirt, sehr blutarm, schwach ödematös. Bronchien normal. Bronchialdrüsen mässig pigmentirt.

Im Herzbeutel geringe Menge klarer Flüssigkeit. Herz fast um die Hälfte grösser als die Faust des Kindes. In den Höhlen spärliche blasse Gerinnsel. Linker Ventrikel etwas weiter und dicker. F l e i s c h b e i d e r s e i t s b l e i c h, g r a u g e l b l i c h, w e n i g e r d e u t l i c h f a s e r i g, w e i c h e r, g l e i c h m ä s s i g u n d m ä s s i g f e t t i g e n t a r t e t. Klappen und grosse Gefässe normal.

Leber in allen Durchmessern über doppelt grösser, 1680 Grm. schwer; ihre Oberfläche gelbroth, glatt; ihre Schnittfläche ebenso gefärbt, undeutlich acinös, mattglänzend. Die Centralvenen etwas weiter. Galle spärlich, zähschleimig. — Milz 4'' lang; ihre Kapsel grauroth; ihr Gewebe ebenso gefärbt, schwach speckig. — Beide Nieren um die Hälfte grösser; Kapsel normal; Oberfläche graugelb, grob vascularisirt; Rinde um die Hälfte breiter, graugelb, stellenweise grob vascularisirt, mattglänzend; Pyramiden ebenso gefärbt, klein, sonst gleich beschaffen. — Nebennieren etwas grösser, blass, speckig.

Magenschleimhaut sehr bleich, sonst normal. Dünndarmschleimhaut in der oberen Hälfte mit reichlichem trüben Schleim bedeckt. Im Dickdarm blasser, dünnbreiiger Koth; Schleimhaut bleich, sonst normal. — Pancreas etwas grösser, sonst ohne besondere Abnormität.

Harnblase gross, klaren Harn enthaltend. Genitalien kindlich, sonst normal.

102. Gangränöse Parotitis; Endocarditis der Mitralis; stellenweise Fettmetamorphose des linken Ventrikels; Milzinfarcte; beiderseitige Hydronephrose.

30jähriger Mann, secirt am 4. Juli 1858.

Körper mittelgross, stark abgemagert. In der linken Parotisgegend eine tiefe, mehrere Zoll lange, 1'' breite, schwärzliche, brandig riechende, unregelmässige Vertiefung, welche ein spärliches, schwarzbraunes, stinkendes Secret enthielt und deren Ränder ziemlich derb, glatt oder unregelmässig zottig waren. Nach oben zu waren die Muskeln und das Periost bis über den obern Rand des Keilbeinflügels und der Schläfenbeinschuppe theils von kleinen, dicken Eiter enthaltenden Abscessen durchsetzt, theils gleichmässig eitrig infiltrirt, das Periost sehr leicht ablösbar, die Knochenoberfläche ohne sichtbare Abnormität. Die umliegenden Gefässe ohne Anomalie.

Schädeldach und Dura mater normal. Weiche Hirnhäute entsprechend den genannten Abscessen gleichmässig dunkelroth, nach der Peripherie heller roth gefärbt, etwas verdickt, leicht abziehbar. Gehirn blass, derb. Hirnsinus normal.

Halsorgane normal. Lungen stellenweise angeheftet, sonst normal. Geringe chronische Bronchitis. Lungenarterie frei.

Herzbeutel normal. Herz normal gross. Das Muskelfleisch des linken Ventrikels blass, weicher, von ziemlich zahlreichen, meist mitten drin sitzenden, streifen- und fleckförmigen, meist sehr kleinen, stellenweise bohnengrossen, meist scharf umschriebnen, gelblichen Stellen durchsetzt, an welchen das Microscop eine ausgezeichnete Fettmetamorphose der Muskelfasern zeigte. Am Vorhoftheil der Mitralis, nahe dem freien Rande, zahlreiche grauröthliche, mürbe, trockne, bis 3''' lange, unregelmässig zottige, unebene Massen, welche dem Endocardium fest aufsassen; letzteres dem entsprechend verdickt, sehr weich, eitrig infiltrirt. An 3 Stellen war die Klappe zu kleinkirschengrossen Säcken vorgewölbt; hier fanden sich an der Hinterfläche gleiche Auflagerungen und ein Zusammenhang derselben mit dem gleichfalls trüben und unebnen gegenüberliegenden Endocardium; die unter letzterem liegende Musculatur normal. Uebrige Klappen normal.

Leber etwas grösser, sehr blass, fest. Galle spärlich, dünn, hell. — Milz dreimal grösser, von sehr zahlreichen, erbsen- bis wallnussgrossen, meist peripherischen und keilförmigen, scharf umschriebenen, dunkelrothen bis graugelben, mürben Infarcten durchsetzt.

In der linken Bauchseite fand sich eine, vom untern Milzende bis zum Rande des kleinen Beckens reichende, ovale, ungefähr mannskopfgrosse Geschwulst, welche überall breit vom Bauchfell überzogen war und an deren Vorderfläche das absteigende Colon lose angeheftet verlief. An ihrer hintern Fläche näher dem untern Ende verlief der normale Ureter. Ihrer obern Fläche sass die normale Nebenniere auf. Die Geschwulst fluctuirte und entleerte angeschnitten zuerst klare, weingelbliche, später flokig trübe, deutlich urinös riechende Flüssigkeit. Die Wand des Sackes war $^1/_2$ bis 1''' dick, fibrös. Seine Innenfläche glatt, glänzend, hier und da mit kleinen gestielten colloidähnlichen Cysten besetzt. Die Einmündung in den Ureter war sehr eng, gleich letzterem selbst, für eine $^1/_2$''' dicke Sonde durchgängig, etwas sichelförmig. An der hintern und äussern Wand des Sackes zeigte die Innenfläche mehrere bis $^3/_4$'' im Durchmesser haltende rundliche Ausstülpungen, deren Rand durch sichelförmige Vorsprünge der Wand gebildet wurde. Diesen Stellen entsprechend fand sich ein ca. 4'' langes, 2'' breites, in der Mitte 3''' dickes, nach der Peripherie sich abflachendes, aus fester, blasser Rindensubstanz bestehendes Stück. — Die rechte Niere hing an ihrer Hinterfläche ihrem Lager sehr fest an und bei der Abtrennung berstete ein eigrosser Abscess zwischen oberstem Nierenende und Leber. Derselbe hatte glatte Wände und enthielt dünne eitrige Flüssigkeit nebst zahlreichen sehr weichen Stücken einer der Nebenniere gleichen Substanz. Die Niere selbst war etwas grösser, ihr Becken doppelt weiter; ihre Kelche bildeten länglichrunde, über wallnussgrosse Säcke mit graugelbem dünneitrigen flockigen Inhalte und reichten zum Theil bis nahe an die Nierenoberfläche; der oberste derselben communicirte mit dem über der Niere liegenden Abscesse durch eine unregelmässig zackige Oeffnung, deren Umgebung missfärbig und zottig war. In einem Nierenkelch lag ein rundlich keilförmiger, braun und weissgefärbter, haselnussgrosser Stein. Die übrige Nierensubstanz graugelb, blutarm, fester, ihre Epithelien mässig granulirt, einzelne Harncanälchen der Pyramiden fettig entartet. Ureter normal. Harnblase mässig ausgedehnt, mit trübem Harn gefüllt; Schleimhaut normal; Muskelhaut mässig hypertrophisch; Prostata wenig vergrössert.

Magen und Darmcanal ohne besondre Anomalie.

103. Grosse subcutane Abscesse. Thrombose der Vena cruralis und Embolie der Lungenarterie. Fettmetamorphose des Herzfleisches.

50jähriges Weib, secirt am 23. Juni 1862.

Körper mittelgross, mässig genährt. Haut graugelblich, mit sparsamen blassen Todtenflecken. Schwache Starre. — Am innern Rande des linken Schulterblattes, auf der Höhe der Schulter, und auf der inneren Seite in der Mitte des linken Oberschenkels finden sich bis 1'' lange subcutane Gruben, die einen grünlichen, stinkenden Eiter entleeren. Zwischen Haut und linkem Glutaeus liegt ein circa zweihandgrosser, gegen 1''' dicker, mit geronnenem Blut und mit graugrüner Jauche erfüllter Heerd, welcher sich bis nahe zur Mittellinie des Kreuzes nach unten bis 3'' unter den grossen Trochanter erstreckt, dessen Innenfläche mit schwarzgrüner, dicker Flüssigkeit beschlagen, übrigens unregelmässig ausgebuchtet ist. Nur in der Mitte des Abscesses sind linsengrosse Perforationsstellen nach aussen. Die Muskelsubstanz des Glutaeus stellenweise 1''' dick pigmentirt, theils fester, theils weicher. Die Oeffnung auf der Schulterhöhe führt in einen, die ganze Fossa supraspinata füllenden Abscess, welcher unterhalb des Acromion mit einem halb so grossen gleichen Abscess communicirt. Am Acromion nur eine linsengrosse cariöse Setlle. Endlich setzt sich der Abscess zwischen Deltoideus und Haut bis zu dessen Insertionsstelle fort. — In der linken Vena cruralis bis zur Vena poplitaea findet sich ein oben schief und ziemlich gradlienig endender, die halbe Venenlichtung einnehmender Pfropf, dem peripherisch frisch geronnenes Blut aufliegt, während sein grösster Theil graugelblich, fest und ziemlich trocken ist.

Schädeldach dick; auf der Innenfläche einige kleine Exostosen. Hirnhäute und Gehirn sehr blutarm, letzteres etwas fester, sonst normal.

Larynx normal. Schilddrüse doppelt grösser, gleichmässig colloid entartet.

Linke Lunge stellenweise verwachsen. In der Spitze ein gegen wallnussgrosser, aus schwarzem schwieligen Gewebe und verkalten Massen bestehender Knoten; mehrere kleinere ähnliche zerstreut in den übrigen Lungentheilen. Lungengewebe im oberen Lappen blutarm, im unteren blutreich, mässig ödematös, überall pigmentirt. Bronchien normal, Bronchialdrüsen schwach vergrössert, schwarz, fest. — Rechte Lunge in allen Stücken gleich der linken. Die rechte Lungenarterie in ihrem Stamm sowie in den Hauptästen zu $^2/_3$ ihres Lumens verstopft von einem gegen 3'' langen, verästigten, in den Anfangstheilen 3''', dann 1''' dicken, unregelmässig cylindrischen, schmutziggrauweissen, derben Gerinnsel, das nach dem Herzen zu, sowie an einer Stelle seiner Peripherie, uneben, nach den kleinen Aesten zu platt, auf dem Durchschnitt theils ebenso gefärbt und glatt, theils braunroth und weich ist.

Herzbeutel leer. Visceralblatt über beiden Höhlen sehr fettreich. Herz links wenig, rechts sehr schlaff, mit sehr spärlichen Blutgerinnseln. Linker Ventrikel etwas weiter, Endocardium stellenweise getrübt. Mitralis normal, Aortenklappen schwach verdickt. Herzfleisch grauroth, weniger deutlich fasrig, in beiden Ventrikeln gleichmässig und mässig fettig entartet. Aorteninnenfläche stellenweise fettig.

Bauchhöhle ohne Flüssigkeit. Leber in beiden Lappen zungenförmig, grauröthlich. Oberfläche deutlich acinös; Schnittfläche ebenso, blutarm, matt glänzend. Galle grünlich und schwärzlich, ziemlich dickflüssig. — Milz über 4'' lang, entsprechend breit und dick. Kapsel mässig getrübt. Gewebe grauroth, ziemlich homogen, blutarm, von normaler Consistenz (nicht speckig).

Nieren normal gross; Kapsel normal; Oberfläche glatt, mässig injicirt; Rinde normal breit, blass, undeutlich fasrig, etwas weicher; Pyramiden klein, blass.

Magen klein, Schleimhaut stellenweise stark gefaltet, gleichmässig graugrün, auf der Höhe der Falten etwas injicirt, überall etwas dicker; mit zähem Schleim bedeckt. — Dünndarm eng, seine Schleimhaut fein schwarz pigmentirt, dünn. — Im Coecum und Anfangstheil des Colon ascendens zwölf 2''' breite, $^1/_4$'' lange, dunkelrothe, theilweise im Centrum graugelbe, erhabene Stellen. Mesenterialdrüsen normal.

3. Verschwärende Carcinome

haben in ungefähr einem Sechstel aller Fälle Fettmotamorphose des Herzfleisches zur Folge. Von mehreren Fällen dieser Art theile ich nur die folgenden mit.

104. Krebs des Uterus und der Scheide. Peritonitis. Fettmetamorphose des Herzfleisches.

29jähriges Weib, secirt am 7. Mai 1861.

Körper mittelgross, ziemlich abgemagert. Haut sehr bleich, überall schwach, an der untern Körperhälfte stärker ödematös, mit sehr sparsamen Todtenflecken; mässige Starre.

Schädeldach dick. Weiche Hirnhäute an der Basis schwach getrübt. Hirnsubstanz sehr blutarm, schwach ödematös.

Larynx normal. Schilddrüse über doppelt grösser, gleichmässig colloid entartet.

Beide Lungen allseitig kurz und mässig fest verwachsen, in allen Durchmessern kleiner. (Zwerchfell bis zur vierten Rippe reichend.) Der peripherische Theil des obern Lappens der rechten Lunge ist bis zur Tiefe von 1'' durchsetzt von sehr reichlichen, schwieligen, stark pigmentirten Stellen von netzförmiger Ausbreitung und bis Kirschengrösse, innerhalb deren sich mässig reichliche, scharf begrenzte, gegen erbsengrosse, graugelbe, käsige Stellen finden. Letztere ergeben sich als $^1/_4$—$^1/_2$'' lange Bronchien 4. und 5. Ordnung, die an dieser Stelle gleichmässig erweitert und in ihrer Wand meist verdünnt, zum Theil bis gegen 1''' dick, graugelb, weich und homogen sind. In der linken Lunge findet sich eine einzige ähnliche halbkirschengrosse Stelle. Das übrige Lungengewebe beiderseits in den obern Lappen trocken, mässig pigmentirt, in den untern stark ödematös, überall blutarm.

Herzbeutel ohne Flüssigkeit. Herz um die Hälfte breiter, sehr schlaff, rechterseits reich an Fettgewebe. Zwischen den davon freien Stellen ist die Musculatur regelmässig gelb punctirt oder reticulirt. In den Höhlen des Herzens sparsame Blutgerinnsel. Das Endocardium des linken Ventrikels ist überall, vorzugsweise an den Papillarmuskeln, stark gelb reticulirt, welche Fleckung in gleicher Weise stellenweise sich bis 2''' tief ins Herzfleisch hineinerstreckt. Im rechten Ventrikel die gleiche Fleckung in viel geringerem Grade. Die Herzklappen normal, nur die Aortenklappen etwas dicker. Das übrige Herzfleisch blassgelb, undeutlich fasrig, viel weicher. Grosse Gefässe normal.

Unterleib ziemlich stark aufgetrieben, gegen 3 Pfund theils serös-eitrige, theils rein eitrige Flüssigkeit enthaltend. Das Peritonäum besonders des Dünndarms mit spärlichen fibrinöseitrigen Massen belegt; die Darmwindungen selbst an den meisten Stellen untereinander verklebt. Ausserdem hängt das Netz der untern Bauchwand an zahlreichen Stellen fest an. Der Uterus ist durch die stark ausgedehnte Harnblase weit nach hinten gedrängt, am hintern untern Ende grösstentheils fest mit dem Mastdarm verwachsen, die Douglas'sche Falte sehr seicht. Uterus fast 4'' lang, seine Gestalt ziemlich normal, nur im untern Ende etwas verbreitert. Den obern Theil der Scheide und das untere Drittel des Cervix nimmt ein ringförmiges, gegen 2'' breites Geschwür ein, dessen Grund mit reichlicher gelblicher, rahmigeitriger Flüssigkeit bedeckt ist. Die Mitte des Geschwürs ist stellenweise gegen 1'' tief und in der Ausdehnung von 1 □'' bis unmittelbar an die äussere Mastdarmhaut reichend; die übrigen Theile des Geschwürs sind unregelmässig zottig, grösstentheils grauweiss, stellenweise grünlich gefärbt, an sparsamen Stellen grob injicirt. Die Ränder des Geschwürs sind steil, stellenweise gegen 3/4'' hoch. Auf dem Durchschnitt ist das Gewebe an diesen Stellen weiss, homogen und ergiesst reichliche rahmige Flüssigkeit, theils gleichmässig, theils aus macroscopischen Höhlen. Die Vaginalportion fehlt links ganz, rechterseits ist noch ein 4''' dicker, ziemlich gestielter Zapfen vorhanden. Der Cervix uteri ist an den meisten Stellen gegen 3/4'' dick und verhält sich bis zum innern Muttermund ziemlich genau wie der Rand des Geschwürs. Die Schleimhaut des Cervix ist stark injicirt, die Körperhöhle gegen doppelt grösser, pigmentirt, platter. Das Parenchym des Körpers ist über 1/4'' dick, fest. Beide Tuben laufen längs der hintern und seitlichen Wand des Uterus fast bis zur Höhe der Vaginalportion hinab, sind längs dieser Stellen fest und kurz angeheftet, in ihren untern Enden gegen hühnereigross, nach oben hin ziemlich allmälig im Durchmesser abnehmend. In ihrer Höhle findet sich reichliche übelriechende, grünlich gelbe, eitrige Flüssigkeit; ihre Schleimhaut fehlt fast vollständig. An Stelle derselben findet sich ein rothbraunes, narbenähnliches Gewebe; von der Schleimhaut finden sich links reichliche, rechts sparsame schmale faltenähnliche Reste. Die Häute sind an allen Stellen mässig verdünnt, mürber, stellenweise finden sich auf der Innenfläche linsengrosse flache Abscesse. Die Ovarien sind schwach vergrössert, gleichfalls fest an den Uterus angelöthet; in jedem ein grosses scharfbegrenztes Blutgerinnsel. Der Mastdarm ist an der Hinterfläche bis zur Nähe des innern Muttermundes kurz, aber lose mit dem Uterus verwachsen.

Leber in allen Durchmessern etwas kleiner, schlaff; ihre Kapsel schwach getrübt, an zahlreichen Stellen unregelmässig und fein gelb punctirt oder gestreift (entsprechend dem Centrum der Acini). Das Lebergewebe auf dem Durchschnitt ist grünbraun gefärbt, undeutlich acinös, die Acini an zahlreichen Stellen central gelb gefärbt, ihre Peripherie an andern Stellen etwas breiter, deutlicher fibrös. Die Wand der Pfortaderäste an den meisten Stellen dicker. In der Gallenblase mässig reichliche blasse Flüssigkeit und ein gegen $^3/_4$'' langer ovaler Cholestearinstein. — Milz normal gross, blass, von normaler Consistenz.

Nierenkapsel etwas dicker, fester ansitzend; Oberfläche stellenweise narbig, sehr bleich. Rinde normal breit, graugelblich, vollständig homogen, etwas fester. Pyramiden bleich. Nierenbecken und Kelche linkerseits schwach erweitert; in den mittleren Aesten der Nierenvenen beiderseits grauröthliche mürbe Gerinnsel.

Magen normal. Dünndarm und Dickdarm normal.

An der Theilungsstelle der Cava liegen ungefähr sechs 2—3fach vergrösserte, auf dem Durchschnitte weiche, rahmigen Saft enthaltende Lymphdrüsen. Die Hohlader und ihre grösseren Aeste ohne Gerinnsel.

105. Krebs des Uterus und der Vagina; eitrige Peritonitis. Frische und alte Endocarditis (Insufficienz der Mitralis); Fettmetamorphose des Herzens.

44jähriges Weib, secirt am 8. Juli 1862.

Körper gross, mässig genährt, an den untern Extremitäten mässig ödematös. Haut schmutzig gelblich, mit spärlichen blassen Todtenflecken. Starke Starre. Unterhautzellgewebe in der Bauchgegend stellenweise $^3/_4$'' dick, gelblich. Musculatur ziemlich reichlich, mässig geröthet, fest.

Schädeldach an der Innenfläche mit spärlichem villösen Osteophyt. Dura mater normal; weiche Hirnhäute an der Convexität mässig getrübt. Gehirn blutarm.

In der Bauchhöhle etwa 2 Pfd. dünne, gelbgrüne, mit zahlreichen Flocken untermischte Flüssigkeit. Die Serosa der Bauchwandungen, sowie sämmtliche Windungen des an den meisten Stellen stark erweiterten Dünndarms mit einer dünnen, theils glatten, theils areolirten, meist leicht abstreifbaren Fibrinschicht überzogen. In derselben Weise verhält sich die Serosa des Uterus und seiner Anhänge. Letzterer ist in der Gegend der linken Cervicalhälfte fest mit der Umgebung verwachsen. Die unterste Hälfte des Cervix fehlt; an deren Stelle, sowie an dem angrenzenden Scheidentheil findet sich eine 4 □''' grosse, mit rahmiger Flüssigkeit bedeckte und mit zahlreichen vascularisirten Zotten besetzte Fläche. Der übrige Theil des Cervix, sowie die angrenzenden Theile des Körpers sind im allmäligen Uebergang zum normalen Gewebe homogen, markweiss, mässig fest, und geben auf der Schnittfläche eine dickrahmige Flüssigkeit. Der Körper des Uterus selbst ist etwas dicker, einfach hypertrophisch. — Die linke Tuba ist in ihrem abdominalen Ostium verschlossen und in ihrer äussern Hälfte in eine fluctuirende, eigrosse Masse verwandelt, die spärlichen rahmigen Eiter enthält und deren Schleimhaut mässig geschwollen ist. Die Uterushälfte der Tuba ist gegen 3''' dick, fest. An der Einmündungsstelle der Tuba in den Uterus ist eine erbsengrosse fibroide Geschwulst.

Larynx normal. Schilddrüse stellenweise colloid entartet.

Beide Lungen in der Mittellinie stellenweise 1'' weit übereinander ragend, ihre Ränder überall stumpf, flaumig anzufühlen. Das Zwerchfell beiderseits tief stehend. Die linke Lunge stellenweise verwachsen; ihr Gewebe im obern Lappen blutarm, mässig emphysematös und ödematös. Der untere Lappen ergiesst auf dem Durchschnitt reichliche seröse Flüssigkeit, ist weniger lufthaltig, braunroth, glatt, weich, an einzelnen erbsengrossen Stellen dunkelroth, grob granulirt, mürbe. Bronchien und Bronchialdrüsen normal. In einzelnen mittelgrossen Aesten der Lungenarterie des obern Lappens finden sich einzelne, das Lumen erfüllende Gerinnsel von graurother Farbe und mürber Consistenz. — Rechte Lunge an der Spitze und dem untern Lappen langfädig verwachsen. Ihr oberer und mittlerer Lappen gleich dem linken obern Lappen; das hintere Ende des obern, sowie die Spitze des untern Lappens sind in der Grösse eines Gänseeies braunroth, luftleer, grob granulirt. Im Innern dieser Stellen finden sich zahlreiche kleine verstopfte Arterienäste, wie links. Der untere Lappen verhält sich übrigens gleich dem linken untern Lappen. Bronchien u. s. w. wie links.

Im Herzbeutel geringe Menge klarer Flüssigkeit; Visceralblatt überall mässig getrübt, zum Theil ecchymosirt. Herz um die Hälfte breiter, wenig verlängert. Linker Ventrikel etwas grösser, mit spärlichen Blutgerinnseln Visceralblatt überall mässig getrübt. Papillarmuskeln meist etwas dicker, zum Theil sehnig, zum Theil punctirt fettig entartet; einzelne Papillarmuskeln glatt und grösstentheils sehnig. Alle Sehnenfäden um die Hälfte kürzer, stellenweise liniendick. An der Vorhoffläche, nahe dem freien Rand, zwei $1/2''$ lange, bis $1'''$ hohe und ebenso breite, unregelmässig granulirte, der Innenfläche ziemlich fest ansitzende, graugelbe Massen. Der linke Vorhof mässig erweitert, übrigens normal. Im rechten Herzen reichliche Gerinnsel. Das rechte Herz etwas erweitert, mit reichlichen Blutgerinnseln. Das Endocardium schwach getrübt und gleich der anliegenden Muskelsubstanz überhaupt, vorzugsweise der einzelnen Papillarmuskeln, punctirt fettig entartet. Das übrige Fleisch im rechten Herzen blassgrauroth, das im linken ebenso gefärbt, von einzelnen runden und ästigen sehr kleinen bis bohnengrossen fibrösen Streifen durchsetzt Pulmonalklappen normal. Aortenklappen schwach verdickt. Aorta weiter, ihre Innenfläche an zahlreichen umschriebenen Stellen verdickt, zum Theil verkalkt.

Leber an ihrer convexen Fläche stellenweise verwachsen, stellenweise mit derselben fibrinösen Schicht bedeckt. Leber in allen Durchmessern schwach vergrössert. Kapsel gleichmässig getrübt. Gewebe sehr blutarm, undeutlich acinös; die Acini im Centrum bleich, peripherisch grauroth und fein gelb gefleckt. Galle reichlich, blassgrün, dünnflüssig. — Milz mit der Umgebung vielfach verwachsen; Kapsel stark getrübt; Gewebe grauroth, blutarm, weicher.

Linke Niere kleiner; Kapsel dicker, fester ansitzend; Oberfläche mit zahlreichen, theils flachen, theils tiefen Narben, übrigens graugelb gefärbt, glatt. Rinde um die Hälfte schmäler, gleichmässig graugelblich, nur stellenweise injicirt. Pyramiden kurz, breit, Papillen verstrichen. Becken, Kelche und Ureter zum Dreifachen ausgedehnt, mit klarer Flüssigkeit erfüllt. — Rechte Niere normal gross; Kapsel ebenso verdickt, schwerer abziehbar. Oberfläche unregelmässig fein granulirt, stellenweise narbig. Rinde blass grauroth, normal breit, von normaler Consistenz; an zwei Stellen eine durch deren ganze Dicke gehende, graugelbliche, brüchige, homogene Masse. Pyramiden blass; eine derselben in ihrer Mitte ebenso verändert, in der Umgebung frisch hämorrhagisch. Becken und Kelche normal.

Magen weit, sonst normal; seine Häute ausserordentlich blass. Dünn- und Dickdarm ebenso. Mesenterialdrüsen normal. Retroperitonaealdrüsen grösser, bleich, etwas weicher, nicht deutlich markig.

Beckenvenen und die obern Theile der Cruralvenen normal. Die Inguinaldrüsen beiderseits gleich den Retroperitonaealdrüsen.

Blase und Mastdarm normal.

4. Pleuritische Exsudate

kommen selten ohne schwerere Complicationen zur Section. Um so wichtiger sind zwei der folgenden Fälle, bei welchen sich ohne weitere Krankheit plötzlicher Tod und Fettherz fand.

106. Linkseitiges pleuritisches Exsudat. Fettmetamorphose des Herzfleisches.

45jähriger Mann, secirt am 19. Mai 1862 (Dr. Ehrenberg).

(Früher keine längere Krankheit. Seit 10 Tagen Krankheitsgefühl; seit 2 Tagen Bettlägerigkeit. Beim Sitzen auf dem Nachtstuhl plötzlicher Tod.)

Körper gross, gut genährt, kräftig. Haut bleich. Sehr reichliche dunkle Todtenflecke. Geringe Starre. Unterhautzellgewebe fettreich. Musculatur reichlich, ziemlich dunkel, fest.

Schädel- und Halsorgane nicht eröffnet. — In der linken Pleurahöhle 6—8 Pfd. gelbgrüne, klare, nur in den abhängigen Theilen schwach trübe, sparsame Faserstoffgerinnsel enthaltende Flüssigkeit. Letztere fanden sich in geringer Menge auch über der Costal- und Zwerchfell-, in grösserer über der Lungenpleura. Lunge an der Spitze fest verwachsen, längs der Wirbelsäule und der entsprechenden Herzbeutelfläche lose verklebt, in allen Durchmessern, besonders dem dicken, stark verkleinert. Durchschnitt in der Spitze mit zahlreichen hirsekorn- bis erbsengrossen, grauweissen, käsigen und kreidigen Massen, übrigens vollkommen luftleer, im höchsten Grade comprimirt. Mässige chronische Bronchitis. — Rechte Lunge mässig emphysematös, in der Spitze fest angeheftet. Letztere wie linkerseits. Gewebe des übrigen obern und des mittlern Lappens blutarm, das des untern blutreich, lufthaltig. Bronchien wie links. Lungenarterie normal.

Herzbeutel 1 ℥ schwach blutige Flüssigkeit enthaltend. Herz in allen Durchmessern etwas grösser, sehr schlaff, über der rechten Hälfte fettreich. In allen Herzhöhlen spärliches flüssiges Blut, keine Gerinnsel. Weite derselben im Verhältniss zur Herzgrösse. Endocardium und innere Gefässhaut gleichmässig geröthet. Herzfleisch überall, besonders im linken Ventrikel, grauroth, nicht oder undeutlich fasrig, meist so weich, dass es leicht eindrückbar war. Papillarmuskeln und Trabekeln überall sehr platt, ihr Fleisch ebenso. (Die Muskelfasern des linken Ventrikels waren sämmtlich stark getrübt durch Eiweissmolecüle. Ungefähr der sechste Theil derselben bot die höchsten Grade von Fettmetamorphose dar. Letztere betraf stets die Muskelfasern in ihrer ganzen Ausdehnung; nie eine einzelne Faser, sondern stets zahlreiche beisammenliegende. Die Fettentartung schien an allen Stellen des Herzfleisches gleichmässig vorhanden zu sein, wenigstens fand sich an Durchschnitt mit dem Doppelmesser, welche ich genau durchsah, keine bevorzugte Stelle. Der rechte Ventrikel zeigte dieselben Veränderungen in geringerem Grade. Auffallend war, dass sich in den ziemlich zahlreich sichtbaren Capillaren meist reichliche farblose Blutkörperchen fanden.) Klappen normal.

Bauchhöhle ohne Flüssigkeit. Leber schwach vergrössert, grauroth, etwas weicher, undeutlich acinös. In den Pfortaderästen und Venen reichliches flüssiges Blut. — Geringer acuter Milztumor. — Starke Hyperämie der Nieren. — Magen und Darm etc. normal.

107. Chronische Bronchitis. Linkseitiges Pleuraexsudat. Fettherz. Echinococcus der Leber. Diffuse Nephritis.

78jähriger Mann, welcher nach nur 24stündigem Krankenlager starb, secirt am 14. Juni 1863 (Georgenhaus).

Körper mittelgross, mager, an der untern Körperhälfte mässig ödematös. Haut bleich.

Schädel- und Halsorgane normal.

In der linken Pleurahöhle ca. 1 Pfd. serös-eitrige Flüssigkeit; unterer Lungenlappen mässig comprimirt. Rechte Lunge an der Basis kurz und fest mit dem Zwerchfell verwachsen und von letzterem aus stark comprimirt. Lungengewebe beiderseits stark ödematös, stark pigmentirt. Intensive chronische Tracheitis und Bronchitis mit zahlreichen cylindrischen Bronchiectasieen. — Herz etwas grösser, in beiden Ventrikeln etwas weiter und dicker, in seinem Fleisch gleichmässig, links mässig, rechts stark fettig entartet. Mitral- und Aortenklappen mässig verdickt, etwas kleiner. Aorta und Pulmonalis vielfach fettig gefleckt.

In der Bauchhöhle 2 Pfd. klare Flüssigkeit. Leber am hintern Ende fest mit dem Zwerchfell verwachsen, durch eine kindskopfgrosse Geschwulst zwischen ihr und diesem. Dieselbe hat eine 1 - 2''' dicke, schwielige Wand und enthält eine reichliche, grützähnliche, glitzernde Masse, zusammengefallne grosse und kuglige kleine Echinocokken. Links von der Gallenblase am vordern Leberrand eine ei-, rechts davon eine faustgrosse, ovale, dickwandige, fluctuirende Geschwulst; die linkseitige enthält ganz collabirte, vielfach geschichtete Echinococcusblasen. Uebrige Lebersubstanz blutroth, weicher. — Milz normal. — Magen und Darm ohne besondre Abnormität. — Nieren etwas grösser. Kapsel dicker, fester ansitzend. Oberfläche glatt, braunroth; Rinde breiter, braunroth und grauroth gestreift, fester, homogen (Stroma reichlicher; zahlreiche Harncanälchen mit fettig entarteten Epithelien); in den Pyramiden mässiger Kalkinfarct.

108. Pneumothorax durch Perforation einer Bronchiectasie. Dilatation und Fettentartung des Herzens.

65jähriger Mann, welcher ein etwas dissolutes Leben führte, seit October 1861 ein linkseitiges pleuritisches Exsudat hatte, am 3. April früh starke Dyspnöe bekam und am 4. Abends starb.

Section am 5. April 1862. (Dr. Schmieder.)

Körper gross, mässig genährt. — Schädel- und Halsorgane nicht eröffnet.

Bei Eröffnung der rechten Pleurahöhle entwich Luft unter stark zischendem Geräusch. Die Lunge lag fast vollständig collabirt neben der Wirbelsäule und hing an der Spitze nur durch mehrere lange Adhäsionen mit der Brustwand zusammen. Nach Herausnahme derselben zeigte sich an der Spitze, neben einer Adhäsion, eine halblinsengrosse, unregelmässig zackige Oeffnung, welche in eine kaffeebohnengrosse, zum Theil mit glasigem Schleim erfüllte Bronchiectasie führte. Auf der ganzen Pleura keine Reaction sichtbar; die Lunge viermal kleiner, an den Rändern stumpf; die Lungenbläschen theils gar nicht sichtbar, theils erweitert. Das Gewebe luftarm, schwer zu durchschneiden, zäh, ohne Infiltrate, Tuberkel u. s. w. Alle Bronchien schleimigen Eiter enthaltend, stark cylindrisch, die der Spitze meist sackig erweitert, mit glasigem Schleim erfüllt; Schleimhaut blass. Bronchialdrüsen etwas grösser, schwarz, fest. — Linker Thorax im untern Theil fast doppelt enger. Die Lunge selbst überall verwachsen, in der Spitze locker, im übrigen Theil durch eine ca. 2''' dicke, fibröse Schwarte, welche an der der Lunge entsprechenden Fläche mit zahlreichen älteren Miliartuberkeln gleichmässig besetzt war. Das Lungengewebe ziemlich lufthaltig, übrigens wie links. Ebenso die Bronchien; in der Spitze ausserdem zahlreiche gegen halbwallnussgrosse Bronchiectasieen.

Herzbeutel leer. Herz um die Hälfte grösser, besonders breiter, rechts mit reichlichen Gerinnseln. Herzhöhlen sämmtlich weiter. Fleisch blass, sehr mürbe, gleichmässig und ziemlich stark fettig entartet. Klappen des linken Herzens etwas verdickt; Aorta mässig erweitert.

Bauchhöhle ohne Flüssigkeit. Leber in allen Durchmessern etwas kleiner, stellenweise flach granulirt, grauröthlich, fest, auf dem Durchschnitt kreischend. Schnittfläche ohne sichtbare Acini, grauroth, stellenweise deutlich granulirt. — Milz etwas grösser, sonst normal. — Nieren etwas grösser, fester, blutarm. — Magen und Darm ohne besondre Abnormität.

109. Tuberkulose von Lungen, Leber, Darm. Rechtseitiges Pleuraexsudat. Hypertrophie und Fettentartung des Herzens; globulöse Vegetationen im linken Ventrikel.

26jähriger Mann, secirt am 26. Juni 1860.

Allgemeine starke Abmagerung; schwaches Oedem der untern Extremitäten.

Weiche Hirnhäute an der Convexität schwach, an der Basis stark getrübt.

Im Larynx und in der obern Trachea zahlreiche Folliculargeschwüre und ödematöse Schwellung der Schleimhaut.

Linke Lunge an der Spitze fest verwachsen, von mässig zahlreichen, wallnussgrossen Knoten durchsetzt, welche aus schwieligem und pigmentirtem Gewebe und zahlreichen unregelmässigen, bis erbsengrossen tuberculösen Infiltraten bestanden. — In der rechten Pleura über 2 Pfund dünneitrige Flüssigkeit; das Zwerchfell stark nach unten gedrängt; überall eine $^1/_2$''' dicke feste fibröse Schwarte. Oberer Lappen äusserst fest verwachsen, aus zahlreichen mittelgrossen älteren Cavernen bestehend. Das übrige Gewebe der ganzen, um die Hälfte kleinern Lunge luftleer, theils schwielig, pigmentirt, theils von gleichen Infiltraten durchsetzt wie links. Chronische Bronchitis und cylindrische Bronchiectasieen; zahlreiche kleine Bronchien in ihren Wänden tuberculös.

Am Visceralblatt des Herzbeutels zahlreiche Sehnenflecke; einer an der Spitze $^1/_2$ □'' gross, 2''' hoch, zottenförmig; Parietalblatt normal. Herz in allen Durchmessern um die Hälfte grösser, besonders länger. Linker Ventrikel fast doppelt weiter; sein Fleisch absolut normal dick, in den verdickten Papillarmuskeln und in der Wand grossfleckig fettig entartet; seine Höhle von dunkeln Gerinnseln strotzend erfüllt; einzelne dieser zwischen den Fleischbalken in allen Stadien der Bildung globulöser Vegetationen. Uebrige Verhältnisse am Herzen normal.

Bauchhöhle 1 Pfund klare Flüssigkeit enthaltend.

Leber 3'' tiefer stehend. Convexität des rechten Lappens stark getrübt; vorderer Rand stumpf. Gewebe grauroth, fester; Acini deutlich umschrieben, blutarm. Gallenblase grösstentheils an der obern Leberfläche liegend, kleiner, blasse Galle enthaltend. Leberzellen normal, viele schwach fettig infiltrirt. Interacinöses Bindegewebe etwas reichlicher, stellenweise von feinen bis $^1/_{300}$''' grossen runden Hämatoidinkörnchen durchsetzt.) In der Lebersubstanz einzelne Miliartuberkel. Mässiger acuter Milztumor.

Magen normal. Schleimhaut des Jejunum reichlich fein pigmentirt. Im untern Ileum mässig zahlreiche einfache und tuberculöse linsengrosse Geschwüre. Ein bohnengrosses im Cöcum. Zahlreiche kleine tuberculöse im Wurmfortsatze. Schleimhaut des Colon descendens bis zum After stark geschwollen, weich, stellenweise stark injicirt und fein ecchymosirt. Im Rectum zahlreiche linsengrosse Folliculargeschwüre.

Nieren normal gross, blass, fester.

Die dunkle Hautfärbung und die Fettmetamorphose des Herzens.

Bekanntlich bieten manche sonst ganz gesunde Menschen eine eigenthümliche, mit keiner Farbe genau übereinstimmende, angeborne dunklere Hautfärbung dar, welche wahrscheinlich in einer Vermehrung des gewöhnlichen oder vielleicht auch des veränderten Pigments des Rete Malpighi besteht. Von dem eigenthümlichen, mehr schmutzigbraunen und eigenthümlichen Hautcolorit, welches Leute niederer Stände, welche mit Läusen u. s. w. lange behaftet waren, zeigen und welches in einer Pigmentirung des Coriums selbst besteht, ist dabei nicht die Rede. Die fragliche Hautfärbung entwickelt sich aber nicht selten erst in den spätern Lebensjahren, bald ohne weitere nachweisbare Krankheit, bald im Verlaufe schwerer chronischer Krankheiten, z. B. Tuberculose und Krebs.

Eine erhöhte Bedeutung gewann diese letztere Hautfärbung erst seit dem Jahre 1855, wo Addison (On the constitutional and local effects of dis. of the supra renal glands) nachwies, dass ein eigenthümliches, im Ganzen bronzeähnliches Hautcolorit das wichtigste objective Symptom einer fast immer tödtlichen Krankheit sei, bei welcher sich constant schwerere Veranderungen, besonders chronische eitrige Entzündung und Tuberculose der Nebennieren fänden. Addison's Beobachtungen wurden in den folgenden Jahren theils bestätigt, theils vielfach angefochten. Man fand allerdings in vielen Fällen die von Addison angegebenen oder auch andersartige Affectionen der Nebennieren mit Bronzehaut und mit den übrigen characteristischen Symptomen. Dagegen wurde auch eine ganze Reihe von Fällen veröffentlicht, in welchen sich entweder Erkrankungen der Nebennieren (freilich meist solche andrer Art, als von Addison angegeben war) ohne Bronzehaut, oder Bronzehaut ohne Nebennierenaffection gefunden hatte.

Auf jeden Fall ist Addison's Lehre weder so einfach zu adoptiren, als dies in der ersten Zeit ihrer Veröffentlichung der Fall war; aber noch viel weniger ist dieselbe ohne Weiteres zu verwerfen, wie in den letzteren Jahren mehrfach versucht worden ist.

Ich selbst sah im Leben zwei Fälle von Addison'scher Krankheit. Der eine derselben glich in jeder Beziehung dem Addison'schen Bild, so dass ich beim ersten Anblick des Kranken die Diagnose vermuthen konnte. Die weitere Untersuchung, der Verlauf und die Section bestätigten dieselbe. Vergleiche die ausführliche Mittheilung von Ploss in Küchenmeisters Zeitschr. II, pag. 127. — Der andre Kranke, dessen Hautfarbe von dem Addison'schen Bild abwich, litt an melanotischen Krebsen der Haut und zahlreicher innerer Organe, vorzugsweise der gegen faustgrossen Nebennieren. (Vergl. Arch. d. Heilk. 1864. V, pag. 280.)

Zwei weitere Fälle von Addison'scher Krankheit hatte ich zu seciren Gelegenheit. In einem dritten Falle, wo die Diagnose von Wunderlich mit grösster Sicherheit auf die gleiche Affection gestellt worden war, fand sich starke und allgemeine Fettentartung des Herzens als hauptsächlichste Affection; die Nebennieren waren ganz normal. Dasselbe war in einer vierten Beobachtung der Fall, wo die eigenthümliche Hautfärbung der Leiche und die nachträglich erhobene Anamnese und Krankengeschichte den gleichen Symptomencomplex, die Section die gleiche Herzaffection und normale Nebennieren ergab. In mehreren andern Fällen fand ich an der Leiche eine ähnliche Hautfarbe, bedingt durch stärkern, zum Theil sehr starken Pigmentgehalt des Rete Malpighi (Vulpian und Robin), sowie Fettentartung des Herzens und normale Nebennieren; die im Leben beobachteten Symptome von allgemeiner Anämie und Schwäche konnten aber ebensowohl auf Rechnung der übrigen schweren Affectionen, als des Fettherzens gesetzt werden.

Eine Durchsicht der Literatur der Addison'schen Krankheit ergab gleichfalls, dass in einzelnen Fällen Fettherz in der Leiche gefunden worden war. Dabei war bald die characteristische oder eine andre, z. B. carcinomatöse, Affection der Nebennieren vorhanden, z. B. in Addison's letztem Falle, in einem Falle von Hutchinson (Med. tim. and gaz. Dec. 1855 und März 1856), in Fällen von Mettenheimer (Deutsche Klinik 1856, Nr. 47), von Mingoni (Gazz. lomb. 1856, Nr. 42), von Fletcher (Assoc. journ. Nov. 1856), von Leeming (Med. tim. and gaz. Jan. 1860), von Henoch (Med. Centr.-Zeit. 1860, No. 98); — bald waren die Nebennieren normal, z. B. in einem Falle von Puech (Gaz. hebd. 1856, III, Nr. 40) und in einem von v. d. Byl (Harley in Brit. rev. XXI).

Ueber den Zusammenhang des Fettherzens mit der eigenthümlichen Hautfärbung weiss ich nichts mitzutheilen, wenn ich es auch für wahrscheinlich halte, dass bei dem gestörten venösen Rückfluss der Hautcapillaren eine reichlichere Transsudation durch die Gefässe stattfindet.

Von den Fällen von Fettherz mit der eigenthümlichen Hautfärbung und dem mehr oder weniger deutlichen Symptomecomplex der Addison'schen Krankheit theile ich einige mit, ohne aber damit, wie schon gesagt, den Morbus Addisonii und die Fettmetamorphose des Herzfleisches identificiren zu wollen.

110. Hypertrophie und Fettmetamorphose des Herzfleisches.

39jähriger Mann, secirt am 20. October 1861.

(Wunderlich's Diagnose: Morbus Addisonii.)

Der ausführliche Sectionsbericht ist mir leider verloren gegangen. Der Körper zeigte allgemeines schwaches Oedem. Das Herz war in allen Durchmessern mässig vergrössert; seine Fasern waren fast sämmtlich in hohem Grade fettig entartet. — Die für das blosse Auge normalen Nieren zeigten die Harncanälchen etwas weiter, ihre Epithelien etwas grösser, meist mit einzelnen, wenige mit zahlreichen Fettmoleculen, das Stroma etwas reichlicher, die Glomeruli normal. — An der untern Leberfläche, gegenüber der rechten Nebenniere, aber ohne Zusammenhang damit, zwei linsengrosse, rundliche Körper, gleich der Rindensubstanz der Nebennieren. Letztere, sowie alle übrigen Organe, vollkommen normal.

111. Fettmetamorphose des Herzfleisches. Allgemeines Oedem. Induration von Leber, Milz und Nieren. Capilläre Gehirnhämorrhagieen.

33jähriger Mann, secirt am 29. April 1861.

(Diagnose: Morbus Addisonii.)

Körper schwach genährt, überall sehr schwach, an Vorderarmen und Unterschenkeln ziemlich stark ödematös. Haut überall blass bronzefarbig (schmutzig graugelb, mit einem Stich ins Bräunlichgrünliche), mit sehr sparsamen violetten Todtenflecken. Ziemlich starke Starre. Conjunctiva blass.

Schädeldach normal. Hirnhäute und Hirnsubstanz ausserordentlich blutarm. In der Decke der Seitenventrikel, vorzugsweise in der vordern Hälfte und nahe der Mittellinie, finden sich theils dicht beieinander liegende, theils etwas weiter von einander entfernte, frische capillare Apoplexieen; ebensolche in viel geringerer Menge an den verschiedensten Stellen der Marksubstanz des Gross- und einzelne in der des Kleinhirns. Nur am untern Theile des linken Corpus striatum finden sich auch innerhalb der grauen Substanz ebensolche Hämorrhagieen. Hirnsinus und grössere Hirngefässe normal.

Das Bindegewebe an der hintern Larynxfläche gegen liniendick ödematös. Stimmritze selbst frei. Schleimhaut ausserordentlich bleich. — Schilddrüse normal gross, gleichmässig colloid entartet.

In der linken Pleurahöhle gegen 2 Pfund gelbgrünliche klare Flüssigkeit. Linke Lunge an den meisten Stellen durch eine $^1/_2$''' dicke, fibröse Schicht kurz mit der Umgebung verwachsen, in hohem Grade ödematös. Ihr Gewebe sehr blutarm, mässig pigmentirt, lufthaltig. Bronchialschleimhaut blass, an einzelnen Stellen der grösseren Bronchien schwach injicirt. — In der rechten Pleurahöhle die gleiche Flüssigkeit wie links. Oberer und mittlerer Lappen mässig, unterer sehr stark ödematös.

Im Herzbeutel ungefähr 3 ℥ klare Flüssigkeit. Herz normal gross, über dem rechten Ventrikel ziemlich fettreich; links fest, rechts schlaff. In allen Herzhöhlen sehr sparsame, blasse, derbe Gerinnsel. Linker Ventrikel zur Grösse des Herzens um die Hälfte weiter; seine Wand etwas dicker. Das Endocardium nur stellenweise schwach getrübt, an den meisten Stellen, besonders stark an den Papillarmuskeln, ziemlich regelmässig blass oder stärker gelb gefleckt; auf dem Durchschnitt ist das Herzfleisch ebenso beschaffen, ohne Spur von Faserung. Sehnenfäden und Klappensegel der Mitralis sehr schwach, letztere nur an den Rändern stellenweise stark verdickt. Aortenklappen gleichmässig stärker verdickt. Rechtes Herz normal gross; Endocardium normal. Herzfleisch ebenso wie links, nur in geringerem Grade verändert. Tricuspidalis normal. Auf der Innenfläche der Aorta stellenweise gegen 1 □" grosse, knorpelähnliche Verdickungen. — Die microscopische Untersuchung des linken Ventrikels ergab an den gelblichen Stellen die stärkste, an den übrigen eine ziemlich starke Fettmetamorphose der Muskelfasern.

In der Bauchhöhle gegen 4 Pfund klare, gelbgrüne Flüssigkeit. — Am Peritonäum keine abnorme Färbung. Leber in allen Durchmessern, besonders im Dickendurchmesser, etwas grösser. An der Oberfläche sehr zahlreiche, meist kaum linsengrosse, flache Narben, welchen entsprechend sich im Lebergewebe gegen 1 □''' grosse, fibröse Streifen finden. Leber auf der Schnittfläche etwas fester, deutlich acinös; Centrum der Acini dunkelroth, Peripherie graugelb gefärbt. Im Innern der Leber kleine Narben. Lebergefässe normal. Gallengänge etwas ausgedehnt. Galle mässig reichlich, dunkel, zähflüssig. Die microscopische Untersuchung der Leber ergab eine über das Doppelte betragende Vermehrung des inter- und intraacinösen Bindegewebes, und eine ziemlich starke Erfüllung der meisten Leberzellen, mit Ausnahme der centralen, mit kleinen und grösseren Fetttröpfchen. Die Capillargefässe enger. — Milz $5^1/_2$" lang, verhältnissmässig dünn; ihr Gewebe braunroth, gleichmässig fester.

Magenschleimhaut in der rechten Hälfte schwach pigmentirt, sonst normal. — Im Dünndarm reichlicher, meist galliger, ziemlich dickbreiiger Chymus. Dickdarm und Mesenterium normal. Nieren normal gross, sehr fest anzufühlen. Kapsel normal dick, stellenweise fester ansitzend. Nierenoberfläche grösstentheils graugelb und grauroth gefärbt, glatt. Rinde schwerer zu durchschneiden, normal breit, gleich der Oberfläche gefärbt, undeutlich fasrig, trocken. Pyramiden blass. Die microscopische Untersuchung der Nierenrinde erwies das interstitielle Gewebe sehr bedeutend vermehrt, undeutlich fasrig, mit ziemlich reichlichen länglichen Kernen. Ebenso beschaffen war die Kapsel der Malpighi'schen Körper. In den Epithelien mässig reichliche feine Fetttröpfchen. — Nebennieren vollständig normal. — Das Pancreas gross, fester, seine Acini viel deutlicher. — Die Innenfläche der Bauchaorta fein gelb gefleckt.

112. Tuberculose der Lungen und des Darmcanals. Fettherz.

60jähriger Mann, secirt am 2. Mai 1862.

Körper gross, in hohem Grade abgemagert. Haut an allen Stellen, vorzüglich am Rumpf und an den Oberschenkeln, gleichmässig und stark schmutzigbraun gefärbt.

Schädeldach und Dura mater normal. Hirnhäute mässig getrübt und ödematös. Hirnsubstanz blutarm, sehr weich. Hirnhöhlen mässig erweitert; ihre Umgebung auffallend weich. — Halsorgane normal.

Linke Lunge am oberen Lappen kurz und fest verwachsen, an der vorderen Fläche derselben mit dünner Fibrinschicht bedeckt. Der obere Lappen normal gross; der untere um ein Viertheil grösser, vorzüglich in seinen unteren zwei Dritteln in mässigem Grade emphysematös. Der obere Lappen zeigt in seinem hinteren oberen Theile eine über ganseigrosse, mit blutiger Flüssigkeit gefüllte, glattwandige Caverne. In den übrigen Stellen desselben finden sich mässig reichliche, meist halbkirschengrosse, mit Eiter gefüllte Höhlen. Das übrige Gewebe dieses Lappens ist von zahlreichen schwarzen Schwielen und von graugelben, meist hirsekorngrossen, festeren, käsigen Tuberkeln durchsetzt; ausserdem finden sich einzelne frische und ältere lobuläre pneumonische Infiltrationen. Der untere Lappen enthält in seiner Spitze spärliche kleinere gleiche Cavernen und einzelne pigmentindurirte Stellen. Das übrige Gewebe ist blutreich und mässig ödematös. Mässige chronische Bronchitis. — Rechte Lunge ebenso verwachsen, wie die linke. Oberer Lappen normal; unterer ebenso emphysematös, wie links. Im oberen Lappen spärlichere Cavernen, Tuberkel und Pigmentindurationen, als links. Das übrige Gewebe und die Bronchien ebenso wie linkerseits. Bronchial- und Mesenterialdrüsen stark vergrössert, vielfach pigmentirt, übrigens grauroth und rothweiss.

Im Herzbeutel geringe Menge Flüssigkeit. Herz ungefähr um die Hälfte und gleichmässig vergrössert. An dem Visceralblatte mehrere Sehnenflecke. Alle Herzhöhlen mässig erweitert, mit spärlichen Faserstoffgerinnseln. Das Endocardium des linken Ventrikels an zahlreichen Stellen mässig getrübt und an den meisten Stellen frisch ecchymosirt. Das Herzfleisch beiderseits wenig verdickt, gelbröthlich, undeutlich faserig, weicher; die microscopische Untersuchung desselben zeigte überall hochgradige sog. colloide und meist schwache, stellenweise starke Fettmetamorphose. Mitral- und Aortenklappen schwach verdickt. Auf der Aorteninnenfläche zahlreiche schwielige Stellen.

Bauchhöhle ohne Flüssigkeit. — Leber normal gross. Ihre Kapsel an zahlreichen unregelmässigen Stellen verdickt. Die Oberfläche diesen Stellen entsprechend schwach eingezogen. Lebergewebe normal consistent, grauroth, deutlich acinös; die Acini im Centrum blass, peripherisch grauroth. Im Innern der Leber nirgends Narben. Galle sparsam, blass. — Milz stellenweise verwachsen, normal gross; ihr Gewebe dunkelroth, etwas weicher.

Beide Nebennieren normal.

Nieren normal gross; Kapsel und Oberfläche normal; Rinde blutarm, etwas fester; an den Pyramiden einzelne sehr kleine Fibroide.

Magen normal gross. Die Schleimhaut in der rechten Hälfte grob injicirt, stark gefaltet, auf dem Durchschnitt an letzterer Stelle mässig verdickt. Im Dünndarm mässig reichliche, erbsengrosse, gelbe Tuberkel, einzelne linsengrosse frische und wenige grössere ältere tuberculöse Geschwüre, letztere vorzugsweise in den oberen Theilen des Dünndarms. Letzteren Stellen entsprechend findet sich ein gegen gansseigrosses Packet von stark vergrösserten, graugelben, theils käsigen, theils eitrigweichen Mesenterialdrüsen.

113. Tuberculose von Lungen, Darm und Luftwegen. Fettmetamorphose des Herzens.

64jähriger Mann, secirt am 2. Juni 1862.

Körper gross, mässig mager. Haut überall gleichmässig graubräunlich gefärbt, dünn, an der oberen Körperhälfte feinschuppig; Unterhautzellgewebe fettarm. Musculatur mässig entwickelt, graubraun.

Schädeldach dick, compact. Dura mater überall gegen doppelt dicker; auf ihrer Innenfläche an der Convexität eine dünne, grauröthliche, weiche, abstreifbare Auflagerung. Weiche Hirnhäute an der Convexität überall sehr stark verdickt, mit reichlichen grösseren Granulationen besetzt. Zwischen ihnen und der Dura gegen 2 Unzen klare Flüssigkeit. Hirnsubstanz zähe; Rinde blutarm; zahlreiche Stellen im Mark etwas hyperämisch. Hirnhöhlen gegen doppelt weiter, mit schwach trüber Flüssigkeit gefüllt. Die Umgebung derselben, vorzüglich in den hinteren Theilen, breiig erweicht. Arterien und Venen normal.

Die obere Hälfte des Larynx ist normal; in der unteren Hälfte finden sich an der hinteren rechten Wand 6 linsen- und darüber grosse, rundliche, theils bloss stark injicirte und geschwollene, theils im Centrum grauweisse und flach ulcerirte Stellen. Ebensolche sitzen in viel reichlicherer Menge und meist grössere und tiefere Geschwüre bildend, einzeln oder zusammengeflossen, auf der Schleimhaut der ganzen Trachea.

In der linken Pleurahöhle gegen $1^1/_2$ Pfund schwach trübe, blassrothe Flüssigkeit und einzelne Fibringerinnsel. Die Lunge ist an der Spitze verwachsen, ungefähr normal gross. Ihre Spitze lufthaltig, mässig pigmentirt, blutarm und mässig ödematös. Im mittleren Theile des obern Lappens sitzen mehrere bis über ganseigrosse, zackige, luftleere Stellen, welche aus schwieligem Gewebe und zahlreichen, bis bohnengrossen, meist scharf umschriebenen, graugelben, theils feuchten, meist aber trocknen und käsigen Infiltraten bestehen, und in deren Umgebung wiederum grauröthliche, feuchte infiltrirte Stellen liegen. Stellenweise finden sich auch sehr kleine bis bohnengrosse frische Cavernen, sowie cylindrisch erweiterte, mit Eiter erfüllte Bronchien. Der untere Lappen ist in seinem obersten Drittel in eine gegen 2" dicke, 4" lange, peripherisch sitzende, übrigens gleiche, luftleere Masse verwandelt. An den übrigen Stellen dieses Lappens finden sich einzelne, meist kleine gleiche Stellen. Das übrige Gewebe ist lufthaltig, an den Rändern emphysematös, stark pigmentirt, blutarm. Im Hauptbronchus und in den nächsten Bronchien des oberen Lappens gleiche Ulcerationen, wie in der Trachea. Die übrigen Bronchien mit schleimigblutiger Flüssigkeit erfüllt, ihre Schleimhaut dunkel geröthet, mässig geschwollen, ihr Lumen cylindrisch erweitert. Die Bronchialdrüsen mässig vergrössert, schwarz, fest. — Die rechte Lunge ist allseitig kurz und mässig fest verwachsen, normal gross. Die Spitze ist in der Dicke von 2" nur stark ödematös und pigmentirt. Die mittleren Theile des oberen Lappens sind theils in derselben Weise infiltrirt, wie die entsprechenden Stellen der linken Seite, theils pigmentindurirt. Aehnliche zerstreute, bis wallnussgrosse Infiltrate finden sich in dem vorderen Theile des mittleren und unteren Lappens. Der grösste Theil des unteren Lappens ist luftleer, weich, auf dem Durchschnitt reichliche blutige Flüssigkeit ergiessend. Bronchien und Bronchialdrüsen wie links.

Im Herzbeutel ungefähr 2 Drachmen klare Flüssigkeit. Herz unter dem Visceralblatt sehr fettreich, 5" breit, sehr schlaff, mit spärlichen Gerinnseln. Der linke Ventrikel etwas weiter, sein Endocardium stellenweise getrübt. Mitral- und Aortenklappen schwach verdickt, letztere vorzugsweise an der Insertion. D a s H e r z f l e i s c h i m l i n k e n V e n t r i k e l g r a u r o t h, w e n i g e r d e u t l i c h f a s e r i g, w e i c h e r, i n b e i d e n V e n t r i k e l n m ä s s i g f e t t i g e n t a r t e t. Aorta weiter; die Innenfläche stellenweise fettig entartet.

Bauchhöhle ohne Flüssigkeit. — Leber im Dickendurchmesser etwas kleiner, schlaff; das Lebergewebe braunroth, deutlich acinös, etwas weicher, blutarm. Galle sparsam, blass, dünn. — Milz normal gross; Kapsel fleckig getrübt; Pulpa graubraun, weich.

Nebennieren normal.

Nieren normal gross; Kapsel fester ansitzend; Oberfläche stellenweise flach vertieft; Rinde normal breit, grauroth, homogen; Pyramiden normal.

Magen normal gross; Schleimhaut in der rechten Hälfte vielfach pigmentirt. An der hinteren Wand nahe der kleinen Curvatur, näher dem Pylorus eine strahlige, flache Narbe. — In der unteren Hälfte des Dünndarms gegen 40 ein- bis zweilinsengrosse und 6 bis $^1/_2$□" grosse, alte, meist stark pigmentirte tuberculöse Geschwüre. Im Coecum ein 2□" grosses und mehrere kleinere gleiche, bis zur Muscularis reichende Geschwüre, über denen die Serosa stellenweise pigmentirt ist. — Chronische Tuberculose der Mesenterialdrüsen.

114. Chronische Tuberculose der Lungen und des Darms; linkseitiger Pneumothorax. Fettherz.

42jähriger Mann, secirt am 17. Juli 1857.

Körper gross. Haut graubräunlich gefärbt, an Bauch und Oberschenkeln mit zahlreichen flachen Narben (vielleicht in Folge früherer Fettleibigkeit). — Schädelorgane normal. In der Mitte der Medulla oblongata eine über erbsengrosse, unregelmässig zackige, graue und gelbe, steinharte Masse. — In der linken Pleurahöhle Gas und mehrere Pfunde seros-eitriges Exsudat. Unterer Lappen vollständig comprimirt; in seiner Spitze eine halblinsengrosse Perforationsstelle, welche in eine haselnussgrosse, ziemlich frische Caverne führte. In den Spitzen beider Oberlappen einzelne kleine alte Cavernen, schwielig-pigmentirtes Gewebe, sowie ziemlich zahlreiche alte Miliartuberkel. Im übrigen Gewebe spärliche gleiche Tuberkel. Geringe chronische Bronchitis. — Herz normal gross; sein Fleisch besonders links sehr bleich, schlaff, weich, sehr leicht zerreisslich, hochgradig fettig entartet. Klappen etc. normal. — Leber stellenweise schwach fettig infiltrirt. In der Gallenblase zahlreiche runde und eckige gelbe Steine. — Geringer acuter Milztumor. — Nieren und Nebennieren normal. — Magen, Dünndarm und Mesenterialdrüsen normal. Im Dickdarm bis zur Flexur acht sehr grosse alte tuberculöse Geschwüre.

115. Chronische Endocarditis. Eitrige Meningitis. Pneumonie. Fettherz.

50jähriger Mann, secirt am 11. April 1857.

Körper mässig abgemagert, gleichmässig schmutziggelblich gefärbt. Eitrige Meningitis der Basis, in geringerem Grade der Convexität des Gehirns; acuter Hydrocephalus und weisse Erweichung der Umgebung der Ventrikel. Im rechten Corpus striatum und Thalamus opticus einzelne capilläre Hämorrhagieen. Rechter Oberlappen und untere Hälfte des untern Lappens schlaff, linker Unterlappen lobulär pneumonisch. Chronische Bronchitis. Totale, mässig alte Verwachsung der Herzbeutelblätter. Hypertrophie des linken Ventrikels; Papillarmuskeln an den Spitzen sehnig, im übrigen Theil, gleich dem andern Herzfleisch, fleckig fettig entartet. Sehnenfäden verdickt. Segel der Mitralis mässig geschrumpft; an der Vorhoffläche frische Endocarditis. — Leber stellenweise fettig. Milz grösser, fester. Nieren grösser, weicher. Nebennieren normal. Magen am Fundus, Zwerchfell an der entsprechenden Stelle cadaverös erweicht.

116. Krebs der Lunge. Fettherz.

53jähriges Weib, secirt am 20. Mai 1857.

Körper in der obern Hälfte hochgradig abgemagert, in der untern sehr stark ödematös. Haut schmutzigbraun gefärbt, dünn. Hirnhäute und Gehirn mässig ödematös. Schilddrüse doppelt grösser, colloid entartet. Linke Lunge mässig emphysematös, stark pigmentirt. In der rechten Pleurahöhle 1 Pfund dünneitrige Flüssigkeit; oberer Lappen gleichmässig eitrig infiltrirt; unterer Lappen cylindrisch, grösstentheils weich carcinomatös. Herz etwas breiter, schlaff. Herzfleisch bleich, mürbe, links gleichmässig gelblichroth (stark fettig entartet), rechts von sehr zahlreichen, punct- und streifenförmigen, fettig entarteten Stellen durchsetzt. Klappen und grosse Gefässe normal. — In der Bauchhöhle 1 Pfund klare Flüssigkeit. Leber und Milz altersatrophisch. Chronischer Magencatarrh. Nieren etwas kleiner; Kapsel dicker, fester ansitzend. Rinde gelblich gestreift, weicher. Nebennieren und Genitalien normal.

Die Intoxications- und die Infectionskrankheiten, und die Fettmetamorphose des Herzfleisches.

1. Die acute Phosphorvergiftung.

Ich habe zuerst vor zwei Jahren (Arch. d. Heilk. III, pag. 359) an einem Falle zweifelloser und an einem Falle zweifelhafter Phosphorvergiftung mit Sicherheit nachgewiesen, dass sich neben der schon früher bekannten hochgradigen Verfettung der Leber und Nieren eine gleichfalls sehr starke Fettmetamorphose des Herzfleisches und zahlreicher Fasern von willkürlichen quergestreiften Muskelfasern, sowie mehrerer andrer Gewebe findet. Ungefähr gleichzeitig mit mir machte Helbert in Hamburg dieselbe Beobachtung am Herzfleisch, nachdem Lewin schon die gleiche Vermuthung ausgesprochen hatte. Seitdem ist Obiges von Rokitansky und Andern in mehreren andern genauer untersuchten Fällen bestätigt worden.

Ich sprach damals die Vermuthung aus, dass drei von Rokitansky (Ztschr. d. Wien. Aerzte. 1859, II, pag. 32) als acute lethale Leber- und Nierensteatose, sowie drei von Wunderlich (Arch. d. Heilk. I, pag. 9) als spontaner Icterus gravis beschriebene Fälle gleichfalls acute Phosphorvergiftungen gewesen seien. Helbert (l. c.) hat nach mir dieselbe Meinung über die Rokitansky'schen Fälle geäussert. Rokitansky hat bei Gelegenheit eines neuerdings von ihm beobachteten Falles sich seitdem auf meine Seite gestellt (Wochenbl. d. Ztschr. d. Wien. Aerzte, 1862. Nr. 46). Wunderlich hingegen hat einen Fall, bei dessen Section ich den obigen gleiche Veränderungen fand und den ich deshalb gleichfalls als Phosphorvergiftung ansehen zu müssen glaubte, benutzt, um zu beweisen, dass die intoxicationsartige Form des perniciösen Icterus auch in spontaner Entwicklung oder doch ohne toxische Einflüsse sich ausbilden könne (l. c. IV, pag. 145) Trotz dieser gewichtigen Gegnerschaft kann ich jedoch die Vermuthung meines geehrten Lehrers und Collegen nicht theilen. Vielmehr bin ich heute noch mehr als damals davon überzeugt, dass sämmtliche erst in den letzten Jahren beobachteten und beschriebenen Fälle von acuter Verfettung des Herzens, der Leber, der Nieren u. s. w. Vergiftungen, und zwar höchst wahrscheinlich mit Phosphor gewesen seien. Das allgemeine Bekanntsein der Giftigkeit des Phosphor, die allgemeine Verbreitung dieser Substanz in den Streichhölzern und in der Phosphorlatwerge, die in den letzten Jahren bedeutend vermehrten Vergiftungen damit, die meist geringe Läsion der Mund-,

Rachen-, Oesophagus- und Magenschleimhaut, welche u. A. auch in Tüngel's Fällen beobachtet wurde, endlich die in den meisten Fällen vorgekommene Incompetenz der chemischen Untersuchung sind wichtige, zu meinen Gunsten sprechende Argumente.

Ausser den beiden von mir mitgetheilten Fällen fand ich die gleiche Verfettung des Herzfleisches in dem von Wunderlich (l. c. I, pag. 218) als primär perniciöser Icterus mitgetheilten Falle eines 25jährigen, am 5. Krankheitstage verstorbenen Mädchens, sowie in dem von Wunderlich veröffentlichten, schon oben erwähnten zweiten Falle (l. c. IV, pag. 145). Seitdem endlich sind mir noch zwei weitere Fälle vorgekommen, deren ersten ich sicher, den zweiten sehr wahrscheinlich hierher zählen muss, trotzdem dass auch hier weder Anamnese, noch chemische Untersuchung Anhalts- oder Beweispuncte brachten.

Dass in allen diesen Fällen die Fettmetamorphose des Herzfleisches ebenso wichtig ist, als die von Rokitansky und Wunderlich besonders hervorgehobene Leber- und Nierenstörung, bedarf wohl keines Beweises.

117. Acute Verfettung von Herzfleisch, Körpermuskeln, Leber, Nieren u. s. w. Brandiges Magengeschwür. Vielfache Hämorrhagieen.

20jähriges Weib, secirt am 20. October 1863.

(Starb nach 60stündiger Krankheit.)

Körper mittelgross, gut genährt. Haut an einzelnen Stellen der Extremitäten schwach gelb, sonst grau gefärbt, mit reichlichen violetten Todtenflecken. Conjunctiva schwach gelb gefärbt; Pupille beiderseits erweitert. Unterhautzellgewebe ziemlich fettreich, sonst normal; Musculatur spärlich, bleich; zwischen einzelnen Muskeln kleine Hämorrhagieen.

Schädeldach normal; die Dura mater stellenweise damit verwachsen; Schädelsinus überall blutreich. Weiche Hirnhäute an der Convexität mässig getrübt; Hirnsubstanz blutarm, von normaler Consistenz.

Beide Lippen zeigen in ihrer Mitte, in der Länge von $1^1/_2$'', in der Breite von $1^1/_2$''', grünliche, schorfähnliche Massen, unter denen die Schleimhaut der Oberlippe blass, in der Tiefe stärker injicirt ist. Das Zahnfleisch blass, am Rande geröthet. Die Mundschleimhaut blass; der Zungenrücken, sowie die Rachenschleimhaut geröthet, zum Theil mit hellgrünem Schleim bedeckt; ebenso geröthet ist die Schleimhaut der Ligamenta aryepiglottica, die Schleimhaut der Ventric. Morgagni und der oberen Trachea; die Schleimhaut der unteren Stimmbänder zeigt einzelne kleine Hämorrhagieen. Thymusdrüse normal.

In der linken Pleurahöhle etwas Flüssigkeit. Linke Lunge frei, normal gross, im oberen Lappen wenig, im unteren stärker bluthaltig; überall lufthaltig, mässig pigmentirt. Die grösseren Bronchien mässig injicirt, leer; Bronchialdrüsen schwach vergrössert, fest. — Rechte Pleura wie die linke; Lunge stellenweise langfädig verwachsen; unter der Costalpleura kleine frische Hämorrhagieen. Uebrigens das Lungengewebe wie links. In einzelnen grösseren Bronchien spärlicher grünlicher Schleim; die übrigen und die Drüsen wie links.

Im Herzbeutel eine geringe Menge klarer Flüssigkeit. Herz normal gross; links derb, rechts schlaff; unter dem Pericardium fettreich. Im linken Herzen spärliches flüssiges Blut; im rechten graurothe Gerinnsel. Unter dem Visceralblatt einzelne kleine Hämorrhagieen. Das Herzfleisch links etwas dicker; auf dem Durchschnitt die inneren Schichten ziemlich gleichmässig graugelb; die äusseren graugelb gefleckt. Das Fleisch des rechten Herzens zeigt dieselbe Punctirung in geringerem Grade. (Das Microscop zeigte alle normal aussehenden Muskelfasern wenig oder mässig, die der graugelben Stellen stark fettig entartet.) Das Endocardium besonders links gleichmässig getrübt. Klappen normal.

In der Bauchhöhle eine geringe Menge blass gelblicher klarer Flüssigkeit. Die Leber ist im Dickendurchmesser etwas grösser; Kapsel gleichmässig getrübt; die Leberoberfläche an den meisten Stellen schmutzig gelb gefärbt, an einzelnen schmutzig röthlich und spärlich injicirt. Das Lebergewebe etwas weicher, spärliches Blut enthaltend; die acinöse Structur deutlich. Die Acini verschieden gross; ihr Centrum und die umliegenden Theile gelb; die peripherischen Theile gleichmässig blassroth; die Centralvene meist deutlich erweitert. Der linke Leberlappen ist viel weicher und blutärmer als der rechte; das interacinöse Bindegewebe blass oder blassröthlich; die Centra der Acini vielfach grünlich. Die Galle spärlich, dunkelgrün. — Milz normal gross; ihre Kapsel fleckig getrübt; in der Peripherie der Milz zahlreiche zerstreute, bis erbsengrosse, erhabene Stellen, welche auf der Schnittfläche bis 1''' im Durchmesser halten, grauweiss, feucht und etwas consistenter sind. Das übrige Milzgewebe braunroth, etwas consistenter, blutarm.

Nieren etwas grösser, besonders dicker als normal; Kapsel normal. Oberfläche grauröthlich, spärlich injicirt; Rinde etwas breiter, grau; die Malpighischen Körper deutlich sichtbar; das Rindengewebe selbst homogen, saftreich, fest; Pyramiden blass. In der Schleimhaut des Beckens und der Kelche einzelne kleine Hämorrhagieen.

Der Magen normal gross; seine Serosa vorn ziemlich gleichmässig getrübt; an der hinteren Fläche finden sich sehr zahlreiche, unregelmässig fleckige, bis mehrere □''' grosse, frische Hämorrhagieen. Die Magenwände selbst dicker. In der Magenhöhle einige Unzen einer schwarzbraunen, feinflockigen Flüssigkeit. Die ganze Magenschleimhaut mit einer dicken Schicht eines grauweissen, vielfach schwarz gefleckten, zähen Schleims überzogen. Unter diesem Schleim ist sie stellenweise gefaltet und dazwischen feinwarzig. In der rechten Magenhälfte eine 1□'' grosse Stelle, deren Schleimhaut dünner und in eine schwarzbraune Masse verwandelt ist. Von hier setzen sich nach links hin mehrere Zoll lange, unregelmässig breite Stellen fort, die sich theils ebenso verhalten, theils in den tieferen Theilen dunkelroth sind; die Schleimhaut darum ist mässig dick. Endlich finden sich noch einzelne □'' grosse Stellen, die unregelmässig geformt, tiefer liegend, grau und roth gefleckt und wenig verschiebbar sind. Die übrige Schleimhaut gleichmässig schwach verdickt, blass. — Der Dünndarm ist von mittlerer Weite. In seinem oberen Theile finden sich theils spärliche, theils reichliche, der Wand anliegende, braunschwarze, zähe Massen; im unteren Dünndarm spärliche, theils schwärzliche, theils grüne Massen. Die Schleimhaut des Duodenum ist mit gleichem Schleim überzogen wie die Magenschleimhaut; Einzelne solitäre Follikel sind mässig geschwollen; die Schleimhaut auf der Höhe der Falten des obern Jejunum von spärlichen, die des untern von reichlichen Ecchymosen durchsetzt. Einzelne bis in das obere Jejunum heraufreichende Peyer'sche Plaques sind blässer, dicker, an der Oberfläche undeutlich narbig. Die Schleimhaut des mittleren und unteren Ileums gleichmässig verdickt, injicirt; auf der Höhe der Falten frisch ecchymosirt; die betreffenden Peyer'schen Plaques und solitären Follikel mässig infiltrirt. — Der Dickdarm, von mittlerer Weite, enthält ziemlich reichliche, geruchlose, dunkelgrüne Faeces; in diesen überall reichliche, meist sehr kleine bis hirsekorngrosse, graugelbe, feste, zackige Partikelchen; die Schleimhaut nur im Umfang des Dickdarms mässig injicirt. — Die Mesenterialdrüsen schwach vergrössert, theils blass, theils mässig geröthet, von normaler Consistenz. — Das Pancreas normal; im interacinösen Gewebe etwas blutreicher.

In der Harnblase gegen 1 ℥ dunkler Harn; die Schleimhaut an den meisten Stellen stärker injicirt.

Uterus um die Hälfte grösser. Die Schleimhaut des Körpers von blutigem Schleim bedeckt, dick, blutreicher. Das linke Ovarium grösser, einzelne kleine und eine kirschengrosse seröse Cyste enthaltend. Im rechten kleineren Ovarium kleinere Cysten. An der Oberfläche beider Ovarien keine Narben.

Die microscopische Untersuchung des Herzfleisches s. o. Präparate aus den Bauch- und Oberschenkelmuskeln zeigten alle Muskelfasern, die meisten sehr stark, fettig entartet; die Fettmolecüle waren äusserst klein, gleichmässig vertheilt. Dieselbe Entartung bot stellenweise die Zungenmusculatur dar.

Die Leber zeigte die höchste Anämie, die Leberzellen mässig vergrössert, mit kleineren und grösseren Fetttropfen strotzend erfüllt, viele zerfallen. Stellenweise fanden sich im interacinösen Bindegewebe und im angrenzenden Lebergewebe sehr zahlreiche, kleine, runde, glänzende Kerne, welche sich namentlich durch ihr Volumen von den Kernen zerfallener Leberzellen unterschieden.

In den Nieren waren fast alle Epithelien, besonders der breiteren Harncanälchen, stark fettig entartet.

Ferner zeigten stärkere oder schwächere Fettmetamorphose: die Epithelien der Schleimdrüsen der Epiglottis; die Muskelzellen der kleinen Nieren- und Hirnhautarterien, die Kerne der Capillaren der weichen Hirnhäute und des Gehirns; die Epithelien der Drüsen des Uteruskörpers, die Cylinderepithelien des Uterus und der Tuben, die rundlichen Zellen der aufgelockerten Uterusschleimhaut; die Epithelien der Bronchien; die Epithelzellen und einzelne Muskelfasern des Dünndarms.

Die rothen und weissen Blutkörperchen normal.

118. Fettmetamorphose von Herzfleisch, Leber und Nieren. Angina tonsillaris.

c. 25jähriges Freudenmädchen, secirt am 10. Januar 1864.

(Starb nach 60stündiger Krankheitsdauer unter choleraähnlichen Erscheinungen.)

Körper mittelgross, mässig genährt. Haut grau, mit einem Stich ins Gelbliche; mit sehr zahlreichen, theils rothen, theils violetten Todtenflecken. Starke Starre. Unterhautzellgewebe in der Bauchgegend ungefähr $^1/_2$'' dick. Musculatur mässig entwickelt, etwas blasser.

Schädeldach normal; ebenso die Dura mater, welche nur an ihrer Innenfläche stellenweise auffallend blutreich ist. In den Schädelsinus reichliches dunkles, geronnenes Blut. Die weichen Hirnhäute in den gröbern und feinen Gefässen, vorzugsweise der Convexität, stark gefüllt mit dunklem, dickflüssigen Blute. Die Hirnsubstanz in der Rinde von normaler Farbe, am Rande an sehr zahlreichen, meist kleinen, vielfach zusammenfliessenden Stellen rosenroth und auch in den gröbern Gefässen stark injicirt. Hirnventrikel und die übrigen Verhältnisse des Gehirns normal.

Die rechte Tonsille ist über 1'' lang, entsprechend breit und dick; an ihrer Oberfläche finden sich gegen 10 $^1/_2$—3□''' grosse, flache oder tiefere, mit eitriger Flüssigkeit, einzelne mit graugelber, käsiger Masse erfüllte Gruben; zwischen denselben ist die Schleimhaut ziemlich stark injicirt, mässig geschwollen, ohne Beleg. Auf dem Durchschnitt sieht man 2—6''' lange, stellenweise 1''' breite, eitriginfiltrirte Stellen, die im Zusammenhang mit den Gruben an der Oberfläche stehen. Das übrige Gewebe der Tonsille ist grauröthlich, weicher. Die linke, wenig vergrösserte Tonsille zeigt an der Oberfläche eine flache Narbe und im Inneren mehrere untereinander zusammenhängende, erbsengrosse, mit eitriger Flüssigkeit erfüllte Gruben. Die Tonsille selbst wenig vergrössert, übrigens normal. — Magen- und Larynxschleimhaut normal, blutarm. Schilddrüse normal.

Linke Pleura leer. Linke Lunge überall lufthaltig, auf der Schnittfläche hellroth, im oberen Lappen blutarm, im unteren gleichmässig hellroth, mit mässig reichlichem dunklen Blute. In sämmtlichen grösseren und mittleren Bronchien reichliche schleimige Flüssigkeit; Schleimhaut mässig geröthet, etwas geschwollen. — Rechte Pleura und Lunge im Wesentlichen gleich der linken; nur im unteren Lappen einzelne grössere, nicht scharf umschriebene, blutreiche Stellen. Bronchien wie links; Bronchialdrüsen normal gross, stärker pigmentirt. — Im Herzbeutel eine geringe Menge schmutzig röthlicher Flüssigkeit; das parietale und viscerale Blatt stark injicirt, letzteres ausserdem ziemlich gleichmässig getrübt. Herz selbst normal gross, links mit spärlichen, rechts mit reichlichen weichen Faserstoffgerinnseln. Beide Ventrikel schwach erweitert, Endocardium des linken stellenweise getrübt. Mitralklappe stellenweise, Aortenklappen durchaus mässig verdickt. Zahlreiche Fleischbalken im linken Ventrikel schmächtig, fast ganz aus Bindegewebe bestehend. Das Herzfleisch im linken Ventrikel grauröthlich, weicher, weniger deutlich fasrig. An einzelnen Papillarmuskeln kleine frische Hämorrhagieen. Innenhaut der Aorta etwas runzlich.

Bauchhöhle ohne Flüssigkeit. Leber im rechten Lappen, sowie in der rechten Hälfte des linken zungenförmig verlängert. Oberfläche glatt und stellenweise getrübt, meist braunroth, stellenweise hellgelb gefärbt. Die Schnittfläche nur in den grösseren Gefässen bluthaltig, weniger deutlich acinös; die Acini theils gleichmässig braunroth, theils nur in der Peripherie, während das Centrum in grosser Ausdehnung blassgelb ist. Die meisten Centralvenen deutlich erweitert. Lebergewebe selbst weicher, ziemlich fettreich. Galle dunkelgrün, von normaler Consistenz. — Milz $7^1/_2$'' lang, entsprechend breit und dick; Kapsel glatt; Milzgewebe braunroth, weicher, von zahlreichen weissen, weichen Flecken durchsetzt.

Linke Niere normal gross; Kapsel normal; Oberfläche in den Venen stark injicirt, glatt, schlaff. Rindensubstanz etwas breiter, graugelblich, mässig injicirt, homogen. Pyramiden blass. Die rechte Niere etwas kleiner, sehr schlaff; Kapsel fester ansitzend; Oberfläche ziemlich gleichmässig flachnarbig, stellenweise mit reichlichen frischen Hämorrhagieen. Rinde normal breit, übrigens, sowie die Pyramiden, wie links. Harnblase leer, sonst normal.

Schleimhaut der Mundhöhle normal; die des Oesophagus stärker injicirt. Der Magen normal weit; in seinem Fundus einige Unzen grünlicher dünner Flüssigkeit. Schleimhaut an den meisten Stellen blass, stellenweise stark injicirt und ecchymosirt, mit spärlichem rahmigen Schleim überzogen. Unterste Schlinge des Ileum mit dem rechten Uterushorn fest verwachsen. Grösster Theil des Dünndarms in der Höhle des kleinen Beckens liegend, eng; Serosa in den venösen Gefässen ziemlich stark injicirt. Im Innern des Darms eine geringe Menge grünlicher, meist dickschleimiger Flüssigkeit. Schleimhaut grösstentheils stark injicirt und vielfach fein ecchymosirt. Im oberen Dünndarm reichliche, dünnschleimige gelbgrüne Flüssigkeit; Schleimhaut auffallend blass, gleichmässig schwach geschwollen. Ebenso die Schleimhaut des Duodenum. Mesenterialdrüsen zum Theil etwas grösser, theils blutarm, theils schwach injicirt, von normaler Consistenz. Im Darm eine geringe Menge hellgrüner, theils dünner, theils dicker breiiger Flüssigkeit; Schleimhaut selbst blass; nur einzelne solitäre Follikel schwach vergrössert.

Uterus schwerer beweglich, sein Cervix bogenförmig gekrümmt, so dass die Convexität nach vorn liegt; Uterus selbst schwach vergrössert; Schleimhaut des Cervix und besonders des Corpus stärker injicirt, mässig geschwollen; übriges Parenchym des Uterus normal. Ovarien und Tuben vielfach miteinander verwachsen; letztere stellenweise stärker ausgedehnt und mit einer hellbräunlichen dünnschleimigen Flüssigkeit erfüllt.

Die microscopische Untersuchung zeigte im Herzen alle Muskelfasern beider Ventrikel sehr brüchig, undeutlich oder gar nicht quergestreift, trübe, die meisten von zahlreichen äusserst kleinen Fettmolecülen ganz gleichmässig durchsetzt. Vorzugsweise stark fettig waren die Papillarmuskeln und die innern Schichten des Herzfleisches. — In etwas geringerem Grade fand sich dieselbe Metamorphose im Rectus abdominis, im Extensor quadriceps und in mehreren Halsmuskeln.

Die Lungenepithelien enthielten sämmtlich spärliche Fettmolecüle.

Die Leberzellen enthielten sämmtlich reichliche kleine, die peripherischen der Acini reichliche grössere Fetttropfen. An zahlreichen Stellen des interacinösen Gewebes, sowie des Gewebes der Acini selbst fanden sich Haufen von 30—100 dicht beieinander liegenden kleinen runden Kernen.

Die Nierenepithelien waren sämmtlich trübe, undeutlich zellig und enthielten einzelne oder zahlreiche Fettmolecüle. Manche Harncanälchen enthielten nur stark fettig entartete Epithelien. Die Malpighi'schen Körper gross, aber blutarm.

2. Die acute Schwefelsäurevergiftung.

Die folgende Beobachtung lehrt, dass der Phosphor nicht die einzige Substanz ist, welche eine acute Fettmetamorphose verschiedner Gewebe bedingt, dass vielmehr auch in Folge von gewöhnlicher Schwefelsäurevergiftung in mancher Beziehung gleiche Veränderungen verschiedner Gewebe eintreten können. Ob auch andre Substanzen noch dieselbe Fettinfiltration zur Folge haben, weiss ich weder aus eigner Erfahrung, noch aus der Literatur.

119. Acute Schwefelsäurevergiftung.

22jähriges Weib, secirt am 7. Juni 1863.

(Starb 3 Stunden nach Genuss von zwei Unzen Schwefelsäure.)

Körper mittelgross, sehr gut genährt; Haut schwach bräunlich, am Rücken mit ausgebreiteten livіden Todtenflecken. Unterhautzellgewebe sehr fettreich; Musculatur gut entwickelt, dunkelroth; starke Starre. Ueber dem Kinn und dem ganzen Hals bis zum Sternum entlang ist die Haut im Verlaufe eines herabfliessenden Tropfens, c. $^1/_4$—$^1/_8$" breit, trocken, braun, hart.

Schädeldach dünn; Dura mater und weiche Hirnhäute normal. Gehirn mässig bluthaltig, ohne jegliche Störung.

Die Schleimhaut der Mund- und Rachenhöhle, sowie die des oberen Oesophagus hat eine ziemlich homogene, bleigraue Farbe. Ihre Oberfläche ist mit spärlichem geronnenen Schleim überzogen. Streicht man mit dem Messer über die Schleimhaut, so lässt sich ziemlich leicht eine weisse, dünne, fast croupartige Schicht abziehen, unter welcher die Schleimhaut eine graue, homogene Farbe zeigt. — Die Schleimhaut des Kehlkopfs und der Luftröhre ist ebenfalls mit geronnenem Schleim überzogen, hat aber eine mehr weisse Farbe, welche nach den Bronchien zu in Roth übergeht. — Die bisher erwähnten Schleimhäute sind nicht erweicht, sondern zeigen eine eigenthümliche festweiche Consistenz.

Linke Pleurahöhle mit ℥j—jj blutfarbiger, durchscheinender Flüssigkeit erfüllt. Lunge allseitig frei, normal gross; ihr Gewebe lufthaltig, mässig blutreich. Die Fläche der Lunge, welche auf dem Zwerchfell aufliegt, hat in der Dicke von $^1/_4$'' eine bräunliche Färbung angenommen, reagirt stark sauer und ist gegen das normal gefärbte Lungengewebe scharf abgegrenzt. Bronchien theils mit wenigem geronnenen Schleim, theils mit blutig-schleimigen Massen überzogen. Schleimhaut mässig geröthet, nicht deutlich geschwollen. Bronchialdrüsen normal. — Die rechte Pleurahöhle gleich der linken. Die Lunge in allen Beziehungen vollständig normal; die Bronchien und Bronchialdrüsen wie links. — Im Herzbeutel c. ℥j feinflockiger, getrübter, schwach gelblicher Flüssigkeit. Am Parietalblatt einzelne stecknadelkopfgrosse Ecchymosen. Visceralblatt normal. Herz normal gross; Herzhöhlen ganz leer. Herzfleisch hellbraunroth, deutlich faserig, aber weniger straff. Endocardium, Klappen und grosse Gefässe normal. Im linken Vorhof ist die Wand, welche auf dem Zwerchfell aufliegt, in scharfer Begrenzung graugrün, gegen den Rand hin schwärzlich gefärbt, ohne Veränderung der Consistenz. Auf der Vorhofswand liegen kleine, dunkle, trockne, fast pechähnliche Blutgerinnsel auf.

Der in der Brusthöhle liegende Theil des Oesophagus reisst, nachdem er von seiner Nachbarschaft isolirt worden ist, bei schwachem Zug von der Cardia ab. Er enthält eine trübe, dunkelbraune Flüssigkeit, ist seiner ganzen Dicke nach von grünlichbrauner Farbe, welche auch das benachbarte Zellgewebe zeigt, und besonders gegen sein unteres Ende hin gallertartig erweicht, so dass man hier seine einzelnen Lagen nicht mehr unterscheiden kann.

In der Bauchhöhle 3—4 Unzen dunkelbrauner, schwach trüber, sehr saturirter Flüssigkeit. Leber vom aufgetriebenen Magen etwas zur Seite gedrängt, normal gross, blassbraunroth und an der Fläche, durch welche sie mit dem Magen in Berührung steht, in der Dicke von $^1/_6$'', hellgraugelb gefärbt. Ihr Gewebe sehr blutarm, ziemlich deutlich acinös, fettreicher. Die Gallenblase, höchstens pflaumengross, enthält eine trübe, hellgelbgrüne, dünnflüssige Galle. — Milz c. 3'' lang und c. $^1/_2$'' breit. Da, wo sie am Magen angelegen, ist sie ganz hellgraugelb, sonst braunroth gefärbt und von normaler Consistenz.

Nieren normal gross; Kapsel leicht abziehbar, nicht verdickt. Das Nierengewebe auffallend blutarm. Rinde normal dick, an ihrer Peripherie hell rosenroth, gegen den Umfang der Pyramiden wird sie allmälig blässer. Pyramiden hell blauroth.

Magen stark aufgetrieben; seine Oberfläche stark glänzend, glatt, von schwarzer bis dunkelschwarzgrauer Färbung. Er enthält mindestens 2 Kannen einer dunkelbraunen, schwach getrübten, sehr gesättigten, schwach ölartigen Flüssigkeit. Bei den Abtrennungsversuchen von seinen Nachbarorganen reisst der Magen an der Cardia und am Pylorus sogleich ab und zerreisst an der hinteren Fläche sogar durch mässigen Fingerdruck. Der aufgeschnittene Magen stellt, von der Innenfläche betrachtet, eine dunkelschwarzbraune, homogene, saftige, sammtartig weiche, $^1/_6$—$^1/_4$'' dicke Masse dar, an welcher sich keine Lagen, ausser der Serosa, unterscheiden lassen und welche in allen ihren Schichten die gleiche Consistenz und Farbe besitzt. — Die Dünndärme boten bei der Eröffnung der Unterleibshöhle ein eigenthümlich weissgefiecktes Ansehen dar, indem ihre Serosa wie das Visceralblatt des Pericardiums sehnig getrübt schien. Die verdickte Serosa liess sich mit der Längsfaserschicht derart abheben, dass die Kreisfasern wie durch sorgfältige Präparation blossgelegt waren. Sobald aber der Mageninhalt mit dem Dünndarme in Berührung kam, wurden sie über und über sehnig getrübt, und zwar in wenig Minuten. — Der oberste Theil des Duodenum war da, wo er vom Magen sich ablöste, gallertartig erweicht, von graubrauner Farbe. Ebenso war das Bindegewebe um das Duodenum und Pancreas gallertartig weich und braun gefärbt. Der obere Theil des Dünndarms enthielt eine ziemlich reichliche Menge trüben, graubraunen, dünnflüssigen Speisebreies. Die Schleimhaut sehr schwach geröthet, von grauer Färbung und etwas aufgelockert. Der untere Theil des Dünndarms ist fast leer; seine Schleimhaut ähnlich beschaffen wie die des oberen Oesophagus, d. h. trocken, bleigrau, wie gegerbt, das Epithelium lässt sich wie eine dünne Croupmembran als weisse Schicht abziehen, worauf die entblösste Schleimhaut dunkelgrau erscheint und von den weissen solitären Follikeln und Peyer'schen Plaques sich scharf abgrenzt (als ob weisse Perlen auf grauem Grunde eingestickt wären). — Dickdarm weit, mit flüssigen, grauen, trüben Kothmassen von mässiger Menge gefüllt. Seine Schleimhaut verhält sich bis auf das normale Rectum, wie der untere Theil des Dünndarms.

Uterus normal, jungfräulich. Ovarien gross, mit reichlichen Graf'schen Follikeln. Scheide und Blase normal.

Die microscopische Untersuchung zeigte mehrere Extremitätenmuskeln normal; im Rectus abdominis zahlreiche gleichmässige und stark fettig entartete Muskelfasern; ungefähr ein Viertel der Muskelfasern des linken und rechten Ventrikels ebenso fettig entartet. Die Leberzellen stark getrübt, mit reichlichen kleinsten und grössern Fetttröpfchen. Die Epithelien der Rinden- und Pyramidensubstanz beider Nieren gleichmässig und meist stark fettig entartet. In den verschiedenen Häuten der Gehirngefässe, besonders in der Intima der Arterien und in den Capillaren, meist reichliche Fettmolecüle. Ebensolche in den Epithelien der feineren Bronchien.

120. Acute Schwefelsäurevergiftung.

In einem andern, früher beobachteten Falle, wo ein 15jähriges Mädchen $3\frac{1}{2}$ Tage nach einer Schwefelsäurevergiftung starb, fand ich diphtheritische Entzündung und Geschwüre auf der Schleimhaut von Mund, Rachen, Oesophagus, Magen, Larynx und oberer Trachea, acute Tracheitis und Bronchitis, rechtseitige frische Pleuritis und lobuläre Pneumonieen. Das Herz war sehr schlaff und blass.

3. Der chronische Alcoholismus.

Zu den wichtigsten Folgen lange fortgesetzten Missbrauchs geistiger Getränke gehört auch die Hypertrophie des subpericardialen Fettgewebes und die Fettmetamorphose des Herzfleisches. Constant aber kommt wenigstens die letztere Degeneration bei Säufern nicht vor. Bei ungefähr zehn derartigen Individuen, welche entweder an zufälligen Ereignissen, z. B. Schädelfractur mit Gehirnhämorrhagie, oder im Delirium tremens mit Pneumonie u. s. w. nach ein- bis wenigtägiger Krankheit gestorben waren, fand ich das Herzfleich nicht fettig entartet. Bei einer ungefähr gleichen Anzahl unter nahezu gleichen Verhältnissen gestorbener Säufer fand ich das Herzfleisch schwächer, nur in zwei Fällen stärker fettig entartet. Darunter war ein todt aufgefundner, wahrscheinlich plötzlich verstorbner 57jähriger Mann, dessen Section verschiedne Zeichen von Säuferkrankheit und als einzig nachweisbare Todesursache starke Fettmetamorphose des Herzfleisches darbot.

121. Acuter Hydrocephalus. Fettmetamorphose des Herzfleisches.

51jähriger Gewohnheitstrinker, welcher nach 3—4tägigem maniakalischem Delirium starb, secirt am 26. September 1861.

Körper gross, sehr kräftig, mit starker Starre, reichlichen Todtenflecken. Unterhautzellgewebe mässig fettreich. Musculatur reichlich, dunkel. — Mässige Trübung der Convexität der Hirnhäute. Hirnsubstanz blutarm, weicher, in der Umgebung und an der Innenfläche der mässig erweiterten, schwach trübes Serum enthaltenden Ventrikel stark erweicht. — Halsorgane normal. — Lungen stellenweise verwachsen, in den obern Lappen mässig, in den untern in hohem Grade blutreich, stark pigmentirt. Herz etwas grösser, sehr schlaff, spärliches flüssiges Blut enthaltend. Fleisch grauröthlich, homogen, sehr weich, mässig fettig entartet. Klappen normal. Innenfläche der Aorta mit einzelnen Atheromflecken. — Bauch sehr aufgetrieben durch Meteorismus von Magen und Darmcanal. Leber in allen Durchmessern schwach vergrössert, glatt, graubraun, sehr schlaff. Schnittfläche von normaler Consistenz, deutlich acinös, blutarm. Die Acini deutlich umgrenzt, graubraun, normal gross oder etwas grösser, mit meist deutlicher Centralvene; einzelne (ca. 1 auf 1 bis $1^{1}/_{2}$ □'') kleiner oder normal gross, gelbgrau, weich, ganz homogen. Grosse Gefässe normal. Galle reichlich, gelbbraun, dünn — Milz doppelt grösser, etwas stromareicher, übrigens weicher, schwarzroth. — Magen und Darm ohne besondere Abnormität. — Nieren etwas grösser, sehr schlaff, blutarm.

122. Sog. Lungenödem. Fettherz.

ca. 30jähriger Mann, secirt am 20. Juni 1862.

(Ging am 19. betrunken in's kalte Bad und wurde darin bewusstlos. Aus dem Bade herausgeholt blieb Pat. bewusstlos, bekam bald Lungenödem und starb nach ca. 12 Stunden.)

Körper gross, gut genährt. Haut mit reichlichen violetten Todtenflecken. Starke Starre. Unterhautzellgewebe in der Bauchgegend $^{1}/_{2}$'' dick. Musculatur reichlich.

Schädeldach und Dura mater normal. Weiche Hirnhäute an der Convexität mässig getrübt. Hirnsubstanz mässig bluthaltig. Ventrikel und grosse Gefässe normal.

Larynx normal. Rechter Lappen der Schilddrüse normal; der linke Lappen ist in eine $2^{1}/_{3}$'' lange, ovale Geschwulst verwandelt, die auf dem Durchschnitt aus bohnengrossen, grauröthlichen, weichen Abtheilungen besteht; in der Mitte eine fast kirschengrosse Höhle, die theils gelbe colloide Flüssigkeit, theils fest aufsitzende, der Schilddrüse ähnliche Masse enthält, eine glatte Innenfläche und eine $^{1}/_{2}$—3''' dicke fibröse Wand zeigt.

Linke Lunge allseitig kurz und ziemlich fest mit dem Thorax verwachsen, normal gross, fester und schwerer anzufühlen. Auf dem Durchschnitte ergiesst sich aus den Bronchien ausserordentlich reichliche schaumige Flüssigkeit von blassblutiger Farbe. Das Lungengewebe ist braunroth, mässig pigmentirt, glatt, vollständig luftleer. Die Bronchien normal weit; die Schleimhaut der grösseren und mittleren mässig geröthet, die der kleineren normal. — Rechte Lunge wie die linke. Feine Scheerenschnitte der Lungen zeigten nur in sehr wenigen Alveolen Luft.

Die meisten Alveolen waren erfüllt mit sehr zahlreichen, meist dreikernigen, Eiterkörperchen gleichen Zellen, sowie mit spärlicheren, grösseren, ovalen oder runden Zellen, welche einen einfachen runden, langen oder eingeschnürten Kern einschlossen. Alle Zellen enthielten einzelne Fettmolecüle. — Bronchialdrüsen mässig vergrössert, schwarz, fester. — Im Herzbeutel eine geringe Menge klarer Flüssigkeit. Das Herz vorzugsweise im Längsdurchmesser etwas vergrössert. Visceralblatt überall mässig getrübt. Linker Ventrikel um die Hälfte weiter, dem entsprechend dickwandig; rechter Ventrikel normal. In beiden Ventrikeln alle Muskelfasern undeutlich quergestreift, theils gleichmässig staubförmig getrübt, theils von sehr zahlreichen Fettmolecülen gleichmässig durchsetzt. In allen Herzhöhlen mässig reichliche Blutgerinnsel. Klappen und grosse Gefässe normal.

Leber normal gross, braunroth, mässig bluthaltig, von normaler Consistenz. An der Oberfläche des linken Lappens eine hirsekorn- und eine kaffeebohnengrosse Teleangiectasie; an der unteren Fläche ein verkalktes Pentastomum. Milz normal gross; schlaff, blutarm. Nieren normal gross; Rinde und Pyramiden von normaler Consistenz und stärkerem Blutgehalt.

Magen sehr gross, reichliche gelbbraune Flüssigkeit enthaltend; seine Schleimhaut zeigt im Pförtnertheil stark geschwollene Follikel, sowie einzelne stark injicirte und ecchymosirte Stellen. Dünndarm sowie Mesenterialdrüsen normal. Im Anfangstheil des Dickdarms spärliche dickbreiige Faeces.

123. Gehirnerweichung; Fettmetamorphose des Herzens.

(59jähriger Mann, welcher ein sehr bewegtes Leben hatte, Jahre hindurch mässiger Potator war und ohne vorherige andre Krankheit am 1. November 1860 Abends vor 7 Uhr plötzlich besinnungslos wurde und mit allgemeinen Krämpfen niederstürzte. Eine halbe Stunde darauf fand ich den Kranken vollständig bewusstlos. Haut bleich, wenig wärmer; Puls 96, gross, voll. Mundhöhle und Rachen normal. Ebenso Respiration und Circulation. Bauch normal. — Ungefähr alle 5 Minuten traten allmälig zunehmend und gegen 2 Minuten dauernd allgemeine Convulsionen ein. Kopf Anfangs gestreckt, im Nacken steif, später regelmässig nach hinten gezogen. Kiefer fest vereinigt, später starkes Zähneknirschen. Kein Schaum vor dem Munde. Extremitätenmuskeln sehr starr, kurze clonische Bewegungen machend, im Ganzen schwach gebeugt. Puls unfühlbar. Clysma von Essig, Eisumschläge ohne Wirkung. Schlucken unmöglich. Gegen $^1/_4$9 Uhr begann Trachealrasseln. Dabei gleicher je fünfminutiger Eintritt der Convulsionen. Um 9 Uhr Tod.)

Section 19. h. p. m. Körper gross, gut genährt. Haut normal, mit sparsamen Todtenflecken. Starke Starre. — Schädeldach dick. Dura mater stark gespannt. Weiche Hirnhäute an der Convexität stark getrübt. Das vordere Ende der untern Fläche der linken Grosshirnhemisphäre sass in einer Ausdehnung von ca. 1 □" auf der Basis der vordern Schädelgrube so fest an, dass es zunächst nicht davon ablösbar war. Dieser Stelle entsprechend war die Marksubstanz des Gehirns in der Länge von $1^1/_2$", in der Breite von $^1/_2$" und in der Dicke von 2—4"', in allmäligem Uebergang zur Umgebung und bei normaler Beschaffenheit der Rindensubstanz, gelbröthlich, breiig weich oder schmierig. Die Hirnhäute an jener Stelle gegen $^1/_2$"' dick und fest mit der Dura verwachsen; letztere selbst und der Knochen normal. Hirnwindungen stark abgeplattet. Gehirn in der grauen Substanz aller Stellen sehr blutreich, durchaus fest. Hirnarterien stellenweise rigid.

Die übrigen Organe zeigten ausser den gewöhnlichen Altersveränderungen keine Abnormität. Das Herz um die Hälfte grösser, sehr schlaff, gleichmässig und mässig fettig entartet. Die Aorta asc. um die Hälfte weiter.

Die microscopische Untersuchung der erweichten Gehirnstelle zeigte die milchige Flüssigkeit aus Serum, sehr zahlreichen mittelgrossen, meist runden Fettkörnchenhaufen und aus einzelnen kleinsten Fettkörnchen bestehend. In der Wand des Erweichungsheerdes fanden sich stellenweise sehr reichliche, stellenweise sparsamere, sehr feine, unregelmässig nebeneinander liegende oder netzförmig verflochtne Fäden, welche die grösste Aehnlichkeit mit den Fäden frisch geronnenen Fibrins hatten und auch gegen Essigsäure und Aetzkali sich gleich verhielten. Innerhalb dieser Fäden lagen nicht selten längere oder kürzere Reihen feinster Fetttröpfchen dicht aneinander. Hier und da fanden sich dickere Bündel gewöhnlichen wellenförmigen Bindegewebes; diese, sowie die zahlreichen kleinen arteriellen und venösen Gefässe in ihrer Adventitia waren dicht besetzt und durchsetzt von kleinen, mittelgrossen und grossen, runden oder ovalen Kernen. Auch die Capillarmembran war stellenweise reich an denselben Kernen. Nervenmark kam in sehr geringer Menge vor.

4. Der Abdominaltyphus.

Beim Abdominaltyphus kommt nicht nur constant eine albuminöse Infiltration des Herzfleisches, sowie der Zellen der Leber, Nieren u. s. w. (Buhl), sondern auch eine eigenthümliche colloidähnliche Erkrankung mit Untergang und späterer Regeneration eines Theils der Rumpf- und Extremitätenmuskeln (Zenker) vor. Dass das Herzfleisch in späteren Stadien nicht selten fettig entartet, hat vorzugsweise Lebert (Handb. d. prakt. Med. I, pag. 121) hervorgehoben.

Unter meinen 2000 Sectionen fanden sich 59 Fälle von Abdominaltyphus. Unter diesen fand ich nicht selten einzelne fettig entartete Muskelfasern des Herzens in Fällen, wo der Tod in der Mitte oder am Ende der zweiten Woche eintrat. Stärkere und ausgebreitetere Fettmetamorphose (nie mit Zeichen von beginnender Regeneration) kam in 9 Fällen vor, — eine Zahl, welche wahrscheinlich aber zu niedrig ist. In diesen 9 Fällen war der Tod eingetreten: 1mal in der 3., 1mal in der 4., 2mal in der 5., je 1mal in der 6., 7., 8., 9. und 12. Krankheitswoche. Ueber den Krankheitsverlauf dieser Fälle weiss ich nur so viel, dass alle schwer waren, dass insbesondere nicht bei einem leichten oder mittelschweren Verlauf plötzlich ein unvorhergesehener tödtlicher Ausgang, z. B. durch Darmperforation, Darmblutung, Glottisödem u. s. w. eintrat.

Ausser den unten mitgetheilten Fällen fand ich noch stärkere Fettentartung des Herzfleisches bei einem 42jährigen, in der 5. Woche gestorbenen Manne, dessen gerade Bauchmuskeln zahlreiche kleine und grössere Hämorrhagieen zeigten;

bei einem 28jährigen Säufer, welcher am 17. Tage starb und der sehr auffallende Cerebralsymptome, ähnlich denen bei Delirium tremens, darbot;

bei einem 5jährigen, später an Noma gestorbenen Knaben (s. den Fall unten).

124. Typhöse Infiltration des Ileum und der Leber.

32jähriger Mann, secirt am 2. Januar 1863.

(Starb in der 5. Woche des Typhus. Blutungen aus dem Darm. Hochgradiger Meteorismus.)

Körper gross, mässig genährt. Haut blass, mit mässig reichlichen violetten Todtenflecken. Mässige Starre. Unterhautzellgewebe fettreich; Musculatur reichlich, dunkelroth, fest.

Schädeldach und Dura mater normal. Weiche Hirnhäute an der Convexität mässig getrübt. Hirnsubstanz blutarm, schwach ödematös.

Rachen- und Halsorgane normal; ihre Schleimhaut sehr bleich.

Zwerchfell bis zum oberen Rand der 4. Rippe reichend. Beide Lungen vielfach kurz verwachsen, in den unteren Lappen mässig comprimirt, blutreich, in den oberen Lappen blutarm, trocken, mässig pigmentirt. Schleimhaut der Luftwege gleichmässig schmutzigroth gefärbt, ohne schleimigen Inhalt. Bronchialdrüsen normal. — Herzbeutel leer. Herz normal gross, schlaff; links ohne, rechts mit spärlichen Gerinnseln. Herzfleisch grauroth, weicher, mässig fettig entartet. Endocardium links gleichmässig stark, rechts stellenweise getrübt. Mitral- und Aortenklappen stellenweise verdickt; Aorteninnenfläche stellenweise fettig entartet.

Bauch stark aufgetrieben; Dünndarm mässig, Dickdarm im höchsten Grade ausgedehnt, die Leber ganz verdeckend. — Leber etwas kleiner; ihre Kapsel mässig getrübt; das ganze Organ schlaff; die rechte Hälfte des rechten Leberlappens ist auf dem Durchschnitt graubraun, undeutlich acinös, blutarm. Der übrige Theil der Leber ist blass braunroth, etwas fester, deutlich acinös und stellenweise von undeutlichen, welchen, sehr kleinen Granulationen durchsetzt. Galle reichlich, dunkel, dünnflüssig. — Milz über 7" lang, in Breite und Dicke wenig vergrössert; Kapsel mässig runzlich; Gewebe braunroth, blutarm, von normaler Consistenz.

Linke Niere normal gross, schlaff; Kapsel etwas dicker und fester ansitzend; Rinde mässig injicirt, auf dem Durchschnitt normal breit, grauröthlich, homogen, etwas fester und blutarm; Pyramiden klein, blass. — Rechte Niere gleich der linken, nur etwas blutreicher und weicher.

Oesophagusschleimhaut normal. Magenschleimhaut nur in der linken Hälfte schwarz gefärbt; die übrige Magenschleimhaut schieferfarben. Schleimhaut im Ganzen etwas dicker. — Im Dünndarm reichlicher, schwarzer, dünner Inhalt. In dem untersten Viertel des Ileum nahe bei einander 7 bis 2thalerstückgrosse Substanzverluste, an denen sich nur noch spärliche Reste der Submucosa finden, so dass die Muscularis bloss liegt, während der Rand wenig verdickt, theilweise unterminirt, schwarz gefärbt, etwas weicher ist. Ungefähr 6" höher liegen nahe bei einander 3 quere, weniger tiefe, in ihrem Rand markig infiltrirte Geschwüre. Etwa 10" höher liegen 2 gleichfalls quere gleiche Geschwüre. Uebrige Darmschleimhaut ohne Geschwüre und ohne Infiltration. Mesenterium fettreich; die oberen Mesenterialdrüsen klein, welk, schieferfarben an ihrer Peripherie. Die Mesenterialdrüsen entsprechend den Geschwüren gleichfalls schwach vergrössert, grauroth gefärbt, markig weich, nicht schieferfarben. — Im Coecum u. Colon ascendens mässig reichliche hirsekorngrosse, weisse, narbenähnliche Stellen mit schwarzem Hofe.

125. Typhöse Ablagerungen in Ileum, Colon, Lymphdrüsen, Milz und Leber. Fettmetamorphose des Herzfleisches.

28jähriger Mann, secirt am 9. Juli 1862.

(Starb nach sechswöchentlicher Krankheitsdauer.)

Körper gross, stark abgemagert. Haut grauweiss, dünn, mit ziemlich reichlichen, blass-violetten Todtenflecken. Mässige Starre. Unterhautzellgewebe fast fettlos. Musculatur dunkel, ziemlich spärlich.

Schädeldach etwas dicker und fester; Dura mater normal; weiche Hirnhäute an der Convexität, vorzugsweise in den auffallend weiten und tiefen Furchen, stark, an der Basis mässig verdickt. Hirnsubstanz in der Rinde blutarm, in der Marksubstanz von mässigem Blutgehalt, überall etwas weicher und wässrig glänzend. Sämmtliche Hirnhöhlen etwas weiter, mit klarer Flüssigkeit erfüllt. Sinus und grosse Gefässe normal.

Larynx normal. Schilddrüse über doppelt grösser, gleichmässig colloid entartet.

Linke Pleura frei. Lunge nur an einer kleinen Stelle der Spitze verwachsen, nach der Eröffnung des Thorax stark zurücksinkend. Der obere Lungenlappen blutarm, von normalem Luftgehalt. Der untere Lappen an zahlreichen, meist nicht scharf umschriebenen Stellen, vorzüglich in seiner hinteren Hälfte, dunkelbraunroth, luftleer, glatt, ergiesst bei Druck reichliche trübe, luftleere Flüssigkeit. (Unter dem Microscop fanden sich im Stroma spärliche kleine und mittelgrosse Corpora amylacea.) Die übrigen Stellen dieses Lappens lufthaltig und sehr blutarm. Bronchien des obern Lappens normal; in denen des untern spärliche schleimige Flüssigkeit. Bronchialdrüsen normal. — Die rechte Lunge in ihrem vordersten Drittel lufthaltig und sehr blutarm. Der hinterste Theil des obern, sowie der ganze untere Lappen vollständig luftleer, ergiessen auf dem Durchschnitt reichliche trübe, grauröthliche Flüssigkeit. Das Gewebe ist braunroth, nur stellenweise fein gelblich gefleckt, glatt, nur an wenigen Stellen undeutlich granulirt, verhältnissmässig fest. Bronchien des obern Lappens wie links; die des untern gleichmässig ziemlich stark erweitert, mit graugelblicher schleimiger Flüssigkeit erfüllt. Ihre Schleimhaut dunkel geröthet, mässig geschwollen.

Im Herzbeutel geringe Menge klarer Flüssigkeit. Visceralblatt überall mässig getrübt. Herz normal gross, links fester, rechts schlaff anzufühlen. Das Herzfleisch im linken Ventrikel ziemlich gleichmässig grauröthlich, weicher, blutarm, gleichmässig fettig entartet; rechts weniger blass, von normaler Consistenz, mit weniger zahlreichen verfetteten Muskelfasern. Klappen und grosse Gefässe normal.

Bauchhöhle ohne Luft und ohne Flüssigkeit. — Leber normal gross, nach der Mitte zu stark zungenförmig; ihr Gewebe von normaler Consistenz, sehr blutarm, braunroth, deutlich acinös, mit spärlichen, feinen Körnchen durchsetzt. Galle spärlich, blass. — Milz 6" lang, Kapsel etwas runzlich; das Milzgewebe braunroth, stellenweise dunkelroth, von normaler Consistenz.

Linke Niere etwas grösser; Kapsel normal; Oberfläche glatt; Rinde breiter, theils grauröthlich, theils grau- und rothgestreift, weicher, homogen. Die rechte Niere etwas bluthaltiger, als die linke, mit einzelnen undeutlichen weissen Körnchen. Pyramiden normal.

Magen normal gross; seine Schleimhaut stellenweise ecchymosirt. Der Dünndarm grösstentheils in der Höhle des Beckens liegend. Jejunum normal. Im obern Ileum einzelne kleine Hämorrhagieen. In den untersten 2 Schlingen finden sich auf ungefähr 6 Peyer'schen Plaques 18 linsen- bis bohnengrosse, durch die ganze Dicke der Schleimhaut bis zur Muscularis reichende Geschwüre, mit hohen, wenig infiltrirten Rändern und grösstentheils glattem Grund. Die übrige Schleimhaut dieses Darmstücks stark injicirt und stellenweise ecchymosirt. Der Dickdarm bis zur Flexur sehr stark aufgetrieben; im Coecum, Colon ascendens und transversum bis zur linken Curvatur finden sich sehr zahlreiche, stellenweise $^1/_3$ der Fläche einnehmende, sehr kleine bis 1 und 2 □'' grosse Geschwüre, von meist unregelmässig zackiger Gestalt, und wenig oder stark unterminirten Rändern, auf deren Durchschnitt nur noch undeutlich eine markige Infiltration zu erkennen ist; viele reichen bis zur Muscularis und haben zum Theil einen graugelben Grund. Sämmtliche Häute sind diesen Geschwüren entsprechend mürbe. Serosa im ganzen Darmstück grob injicirt und stellenweise mit einer dünnen Fibrinschicht bedeckt. Im übrigen Dickdarm, bis herab zum Anfang des Mastdarms, finden sich spärliche gleiche, meist runde Geschwüre. Die zwischenliegende Schleimhaut ist an allen jenen Stellen theils wenig geschwollen und injicirt, theils graublau gefärbt, nicht verdickt. Eine Anzahl von Geschwüren sind vollständig vernarbt. Die Mesenterialdrüsen und die Drüsen am aufsteigenden Colon sind mässig vergrössert, ziemlich dunkel, auf dem Durchschnitt fest, schlaff, dunkel.

126. Abdominaltyphus. Fettherz.

24jähriger Mann, secirt am 12. August 1863.

(Starb in der 7. Krankheitswoche.)

Körper lang, abgemagert. Haut gelblichweiss, am Rücken mit gleichmässigen, hellrothen Todtenflecken. Unterhautzellgewebe fettarm; Musculatur kräftig, düsterroth. Geringe Starre.

Schädeldach normal, stellenweise fest mit der Dura mater verwachsen. Weiche Hirnhäute im Verlauf der Pfeilnaht getrübt und verdickt, an der Convexität wenig ödematös. Gehirn blutarm.

Rachen- und Halsorgane normal.

Linke Lunge frei. Ihr Gewebe überall lufthaltig, ziemlich stark ödematös. Bronchialschleimhaut schwach geröthet. Bronchialdrüsen erbsen- bis haselnussgross, weich, saftig, grauschwarz und gelblichweiss tingirt. — Rechte Lunge im ganzen Umfang des unteren Lappens fest und kurz mit der Parietalpleura verwachsen. In den abgesackten Räumen liegt eine gallertartige, weit über faustgrosse, gelbe Masse, welche den unteren Lungenlappen bis zur absoluten Luft- und Blutleere comprimirt hat. An der Peripherie des Lappens liegt eine haselnussgrosse, pneumonische, graugelbe, hepatisirte Stelle. Oberer und mittlerer Lappen lufthaltig, mässig bluthaltig, nicht ödematös. Bronchien und Bronchialdrüsen wie links.

Im Herzbeutel eine geringe Menge klarer Flüssigkeit. Visceralblatt mit einem Sehnenfleck von der Grösse eines Zehngroschenstücks. Herz in allen Theilen über die Hälfte grösser; H e r z f l e i s c h ä u s s e r s t s c h l a f f, b l a s s, m ü r b e, u n d e u t l i c h f a s r i g, d i e K l i n g e s t a r k f e t t i g b e s c h l a g e n d; Fleischbalken des linken Ventrikels in hohem Grade atrophisch. Endocardium, Klappen und grosse Gefässe normal.

Bauchhöhle ohne Flüssigkeit. Leber normal gross; ihr Gewebe sehr blutarm, hellbraunroth, normal consistent, sehr deutlich acinös, ohne deutliche Körnchenbildung, mit ganz schwachen Spuren von Fett auf der Klinge. Galle sehr reichlich, gelb, trüb, mit lockeren Fettklümpchen und kleinen Pigmentkörnern. — Milz 5'' lang, 3'' breit, weich, schlaff, blutarm, hellgrauroth, stellenweise blutreicher.

Nieren normal gross; ihre Kapsel auffallend zart; Nierengewebe sehr schlaff, saftig, schwappend; einzelne Gefässe stärker injicirt; übrigens das Gewebe blutarm; Corticalsubstanz blass, mit weissen Streifen, fettig entartet; Pyramiden normal. In der Corticalsubstanz sind zahlreiche, sandkorngrosse Körnchen eingestreut, welche weisslich, durchscheinend sind und ziemlich fest mit ihrer Grundlage zusammenhängen.

Der Magen enthält eine reichliche Menge von graugrüner, trüber Flüssigkeit. Schleimhaut bleich, stellenweise blutig imbibirt, etwas geschwollen und mit trübem Schleim überzogen. — Dünndarm meteoristisch, mit spärlichem, gelbgrauem, dünnflüssigem Inhalte. Im untersten Theil des Dünndarms befinden sich in der Schleimhaut 6—8, höchstens die Grösse eines Zweigroschenstücks erreichende Geschwüre, welche zusammen nicht mehr als 2—3 □'' Ausdehnung haben. Diese Geschwüre sind flach; ihr Grund und Rand glatt, grauschwarz, nicht infiltrirt, nicht auffallend geröthet. Sie betreffen **nicht** die Peyerschen Plaques, welche überall normal und nur mit regelmässig gestellten Pigmentpünctchen versehen sind. Nur ein einziges erbsengrosses, vollkommen gereinigtes Geschwür lag inmitten einer Peyer'schen Plaque. Die Schleimhaut des unteren Dünndarms ist überall stark und gleichmässig pigmentirt, mässig geschwollen. Schleimhaut des oberen Dünndarms stärker geröthet und etwas geschwollen. — Dickdarm von Gasen aufgetrieben, spärliche dickbreiige Kothmassen enthaltend. Zwei flache, gereinigte, linsengrosse Geschwüre im Colon ascendens. Schleimhaut normal. — Mesenterialdrüsen geschwollen, erbsen- bis haselnussgross, saftig, weich, hellgelbroth.

127. Typhus abdominalis. Rechtseitige Pleuritis. Fettherz.

29jährige Amme, secirt am 30. April 1861.

(Starb in der 8. Krankheitswoche an Abdominaltyphus.)

Körper mittelgross, schwach genährt. Haut graugelblich, mit blassvioletten Todtenflecken. Mässige Starre. Schädel- und Halsorgane normal.

Linke Pleura normal. Linke Lunge lufthaltig, mässig bluthaltig. In der rechten Pleurahöhle gegen 2 Pfund schwach trübe, gelbröthliche Flüssigkeit und reichliche gelbe, weiche, theils freiliegende, theils der Costal- und Pulmonalpleura aufliegende fibrinöse Massen. Lunge an der Aussenfläche des obern Lappens fest und kurz mit den Rippen verwachsen. Der obere Lappen ungefähr um die Hälfte, der untere bis zu $^1/_4$ verkleinert; letzterer auf dem Durchschnitte grauroth, vollständig luftleer, stark comprimirt; der obere Lappen grösstentheils lufthaltig, ziemlich stark pigmentirt. Bronchien des obern Lappens normal; die des untern etwas erweitert, mit sparsamem schleimigen Inhalt.

Im Herzbeutel ungefähr 1 Pfund klare Flüssigkeit. Herz grösser, sehr schlaff. Linker Ventrikel um die Hälfte weiter, mit sparsamen Gerinnseln. Unter den Fleischbalken am vordern Rande des Septum finden sich mehrere kaffeebohnengrosse grauröthliche mürbe Gerinnsel. Rechter Ventrikel normal weit, reichliche Gerinnsel enthaltend; Klappen normal. **Herzfleisch grauroth, undeutlich fasrig, viel weicher, gleichmässig fettig entartet.** Grosse Gefässe normal.

Leber normal gross, schlaff anzufühlen; ihr Gewebe mässig bluthaltig; die Acini deutlich, in der Mitte blass, peripherisch braunröthlich. Im Innern der Leber ausserdem sehr sparsame, sehr kleine, grauweisse, weiche Körperchen. Galle sparsam, sehr blass. — Milz 5'' lang, entsprechend breit uud dick, auf dem Durchschnitt braunroth, weicher. An der convexen Fläche der Milz eine erbsengrosse, daneben eine halberbsengrosse Cyste.

Nieren schwach vergrössert; Kapsel normal; Oberfläche grob injicirt; Rinde etwas breiter, grau und roth gestreift, undeutlich fasrig, weicher; Pyramiden blass.

Magen normal. Im untersten Dünndarm zunächst der Klappe finden sich 8 bis ½ guldengrosse Geschwüre, deren Grund glatt ist und grösstentheils die Ringhaut der Muscularis blosslegt. Ihre Ränder sind sehr wenig infiltrirt, stark pigmentirt. und stellenweise ½''' tief unterminirt. In den zwei letzten Dünndarmschlingen findet sich ungefähr noch ein Dutzend gleicher, meist gegen kaffeebohnengrosser Geschwüre, sowie einzelne schwarz pigmentirte, undeutlich narbige Stellen. Die entsprechenden Stellen der Serosa sind grösstentheils pigmentirt, stellenweise stärker injicirt. grösstentheils glatt. In der übrigen Schleimhaut dieses Darmstückes finden sich sparsame, wenig geschwollene, feste solitäre Follikel. Die zugehörigen Mesenterialdrüsen sind wenig vergrössert, nirgends mehr deutlich infiltrirt. Dickdarm normal.

128. Typhus abdominalis. Mehrfache Abscesse und Decubitus. Fettherz.

24jähriges Weib, secirt am 7. November 1863.

(c. zweimonatliche Krankheitsdauer.)

Körper mittelgross, ziemlich stark abgemagert. Haut blass, mit zahlreichen blassen Todtenflecken. Mässige Starre. An zahlreichen Stellen der Haut kleine bis 3 □'' grosse, braunrothe Hämorrhagieen, welche theils nur die Haut, theils auch das subcutane Fettgewebe betreffen. In der Gegend des linken Trochanter findet sich ein haselnussgrosser bis zu den Sehnen reichender, brandiger Decubitus, dessen Ränder stellenweise zollweit unterminirt und mit fettigjauchiger Flüssigkeit erfüllt sind. Ein kleinerer Decubitus findet sich am rechten Trochanter. Unterhautzellgewebe fettarm; Musculatur spärlich, bleich, fester. An spärlichen Stellen finden sich bis erbsengrosse, in der Haut gelegene Abscesse. Unterhautzellgewebe vor dem Praepatellarschleimbeutel der linken Seite in der Ausdehnung von 3 □'' eitrig infiltrirt; Haut daselbst an einzelnen Stellen perforirt. Beiderseitige Kniegelenke normal.

Schädeldach normal; ebenso Dura mater; weiche Hirnhäute an der Convexität schwach getrübt; Hirnsubstanz blutarm, wässrig. Sinus sphenoidales weit, enthalten theils dünnflüssigen, theils mit käsigen Partikelchen vermischten Eiter. Die Schleimhaut der Sinus stark pigmentirt, etwas dicker, mürber. Die angrenzende Knochensubstanz pigmentirt, aber glatt.

An den oberen Halswirbeln, entsprechend der linken Choane ist der Gaumen in der Ausdehnung von ½ □'' schwarz gefärbt, pappig weich, in der Umgebung eitrig infiltrirt. Die angrenzende Knochensubstanz normal. Gaumenschleimhaut normal. Die Epiglottis hat eine regelmässig dreieckige Gestalt, deren nach oben sehender Winkel normal ist, während die Seitentheile gegen 3''' lange, 1''' breite Geschwüre bilden, auf deren Grund der Knorpel blossliegt; die zum Theil unterminirten Geschwürsränder sind deutlich eitrig infiltrirt. Die übrige Larynxschleimhaut sehr bleich, sonst normal. — Schilddrüse mässig colloid entartet.

Linke Lunge frei. Der obere Lappen blutarm, lufthaltig, mässig pigmentirt. Unterer Lappen blutreicher, besonders nach der Basis, ebenso pigmentirt und an zahlreichen, nicht scharf umschriebenen Stellen schlaff infiltrirt. Schleimhaut der Bronchien mässig geröthet, wenig geschwollen, mit spärlichem schleimigen Secret bedeckt. Die meisten Bronchien des unteren Lappens cylindrisch erweitert und mit reichlichem Eiter erfüllt. Bronchialdrüsen vergrössert, schwarz. — Rechte Lunge allseitig locker angeheftet, im Wesentlichen gleich der linken. In der Spitze des unteren Lappens finden sich peripherisch einzelne eitrig infiltrirte, vollständig luftleere Heerde. — Unter der Pleura beider Lungen einzelne kleine Hämorrhagieen. Die grossen Aeste der Lungenarterie beiderseits frei.

Im Herzbeutel eine geringe Menge klarer Flüssigkeit. Visceralblatt ziemlich gleichmässig getrübt. Herz verhältnissmässig gross, schlaff, mit spärlichen Gerinnseln. Herzfleisch sehr bleich, undeutlich fasrig, weich, beiderseits gleichmässig und mässig stark fettig entartet. Klappen und grosse Gefässe ohne besondere Abnormität.

Uterus stark nach hinten gedrängt; am inneren Muttermund etwas nach vorn geknickt, etwas grösser. In der Körperhöhle zäher Schleim. Schleimhaut mässig injicirt, etwas verdickt; an der Serosa des Körpers zahlreiche dendritische Vegetationen, ebenso in der Serosa der Umgebung; auf der Serosa der Plica Dougl. feine Concremente. Ovarien und Tuben vielfach miteinander verwachsen, erstere mit einzelnen gelben Körpern.

Leber normal gross, schlaff; Kapsel stellenweise getrübt. Gewebe blassbraunroth, wenig deutlich acinös, blutarm, von normaler Consistenz, von zahlreichen, nur microscopisch sichtbaren, atrophischen, lymphatischen Neubildungen durchsetzt. Galle in mässiger Menge, blass, dünnflüssig; Schleimhaut der Gallenblase stellenweise injicirt und geschwollen. — Milz $4^1/_2$'' lang, entsprechend breit und dick; Kapsel runzlich; Gewebe braunroth, etwas weniger consistent.

Linke Niere etwas grösser, sehr schlaff; Kapsel dünn, leicht abziehbar. Oberfläche blass; Rinde etwas breiter, blass grauroth, schwach injicirt, blutarm, zäh. Pyramiden normal gross, blass. — Rechte Niere etwas blutreicher, weicher als die linke. Becken und Kelche normal.

Magen klein, spärliche grünliche Flüssigkeit enthaltend. Schleimhaut blass, grünlich gefärbt, stellenweise sowohl am Pförtner als an der Cardia schwach ecchymosirt; ebenso die Schleimhaut des oberen Duodenum. — Das Duodenum weit; spärliche dünnbreiige Flüssigkeit enthaltend. Schleimhaut des oberen Dünndarms mässig pigmentirt. Im mittleren Dünndarm auf der Höhe der Falten stellenweise Ecchymosen. Schleimhaut des unteren Dünndarms, dessen Schlingen im Becken liegen, ziemlich stark venös injicirt; in den zwei untersten Dünndarmschlingen finden sich gegen 30 1 □''' bis 1 □'' grosse Geschwüre, deren Grund aus der blossliegenden, gleichmässig injicirten Kreisfaserschicht der Muscularis besteht, während die theils wenig unterminirten, theils anliegenden Ränder stark injicirt, weniger infiltrirt sind. Serosa diesen Stellen entsprechend stark injicirt und gleichmässig getrübt. Die untersten Mesenterialdrüsen sind vom pigmentirten Peritonäum bedeckt und 2- bis 3fach vergrössert, grösstentheils braunroth, schlaff, blutarm, stellenweise, vorzugsweise in der Peripherie, auch im Centrum aus einer graugelblichen, derben Masse bestehend. — Im Anfangstheil des Dickdarms reichliche gelbe breiige Massen; Schleimhaut nur stellenweise injicirt.

5. Die acute gelbe Atrophie der Leber

ist in der grossen Mehrzahl der Fälle mit einer gleichmässigen und meist starken Fettentartung des Herzfleisches complicirt, wie ich gleich Buhl, Klob, Wunderlich u. A. gefunden habe. Sie schliesst sich hierdurch einerseits dem Typhus abdominalis, andererseits den Befunden bei acuter Phosphorvergiftung an. Nähere Mittheilungen verspare ich mir für einen andern Ort. Nur das Eine will ich noch hier bemerken, dass ich in einem neuerlich beobachteten Falle, wo nach c. 14tägigem Bestehen eines gewöhnlichen leichten Icterus der schwere Symptomencomplex der acuten gelben Leberatrophie eintrat und nach wenigen Tagen den Tod zur Folge hatte, auch eine schwächere oder stärkere Fettmetamorphose zahlreicher Muskeln des Stammes und der Extremitäten fand.

6. Verschiedene schwere acute und subacute Krankheiten fand ich in einzelnen oder mehreren Fällen mit stärkerer Fettmetamorphose des Herzfleisches combinirt. Hierzu gehört zunächst die Pyämie nebst den ähnlichen Fällen von Puerperalfieber, über welche ich mir weitere Mittheilungen vorbehalte. Zwei andere Fälle von Puerperalfieber, sowie mehrere Fälle von andern Affectionen theile ich im Folgenden mit.

129. Puerperaler Zustand. Fettmetamorphose des Herzfleisches.

18jähriges Weib, secirt am 6. Juni 1861.

(Starb 6 Tage nach der Entbindung an „puerperaler Scarlatina.")

Körper klein, mässig genährt. Haut graugelblich, mit ausserordentlich reichlichen, an zahlreichen Stellen bis zur Mitte der Vorderfläche des Körpers reichenden Todtenflecken; ausserdem an Brust, Bauch, Schultern, Beugeseite der Ellenbogen und Oberhälfte der Oberschenkel bedeckt mit sehr kleinen, an zahlreichen Stellen confluirenden, hellen Bläschen. Mässige Todtenstarre.

Schädeldach dünn; an der Innenfläche sehr reichliches, dünnes, villöses Osteophyt. Weiche Hirnhäute und Hirnsubstanz mässig bluthaltig, sonst normal.

Brüste gross, mässig reichliche, dünne Milch enthaltend.

Auf der Zunge ein reichlicher schleimiger Beleg. Zungenwurzel und weicher Gaumen mit einer dünneitrigen Flüssigkeit belegt. Tonsillen normal gross, an der Oberfläche vielfach narbig; auf dem Durchschnitte mehrere Follikel schwach vergrössert, gleichmässig dunkelroth gefärbt. An der Hinterfläche des Kehldeckels drei halblinsengrosse, stark geröthete Flecke. Uebrige Larynxschleimhaut normal.

Linke Lunge frei, im obern Lappen mässig, im untern stärker bluthaltig, überall lufthaltig. Bronchialschleimhaut etwas stärker geröthet, mit sehr sparsamem, dünnschleimigen Secret. Rechte Lunge wesentlich gleich der linken. In der Spitze mehrere über erbsengrosse, scharf umschriebene, grauweisse, glatte, ziemlich trockne Infiltrate. Die Lunge übrigens stark ödematös und stärker pigmentirt.

Herzbeutel normal. Herz normal gross, sehr schlaff; nur im rechten Herzen spärliche Gerinnsel. Herzfleisch sehr blass, sehr mürbe, theils albuminös, theils fettig getrübt. Klappen und grosse Gefässe normal.

Leber normal gross; ihr Gewebe blutarm, undeutlich acinös, gleichmässig grauroth. Galle dunkel. — Milz 6" lang, entsprechend breit und dick. An der Oberfläche der Convexität eine dünne Fibrinschicht. Gewebe braunroth, sehr weich, stellenweise breiig zerfliessend.

Nieren normal gross. Kapsel und Oberfläche stärker vascularisirt. Rinde normal breit, grauröthlich, weicher.

Magenschleimhaut an zahlreichen Stellen, besonders der Cardia, grob vascularisirt. Im Dünndarm sparsame gallige Flüssigkeit. Im untern Dünndarm einzelne solitäre Follikel schwach vergrössert. Mesenterialdrüsen mässig vergrössert, braunroth, sonst normal. Dickdarm normal.

Uterus 6" lang; Serosa überall normal; in seiner Höhle spärliche Blutgerinnsel; im Cervicaltheil sparsame eiterähnliche Flüssigkeit. In der rechten Uterinhälfte nahe dem Horne sitzen an einer gegen 4 □" grossen Stelle noch bis 1/4" dicke Massen von Blutgerinnseln auf; die übrige Schleimhaut des Uterus ist mit einer dünnen, graurothen, grösstentheils leicht abstreifbaren Schicht überzogen. An der Vaginalportion mehrere seichte Einrisse. Das Fleisch des Uterus blassroth, an den meisten Stellen 3/4" dick, übrigens normal. Tuben und Ovarien ohne besondere Abnormität.

Die Retroperitonäalgefässe und Lymphdrüsen normal.

130. Puerperalzustand. Fettmetamorphose des Herzfleisches.

35jähriges Weib, secirt am 12. Juni 1858 (Dr. Sickel).

(Am 10. Juli Abends 11 Uhr von 8monatlichem Fötus normal entbunden. Mässiger Blutverlust. Am 11. früh 2 Uhr Convulsionen, welche sich mehrmals wiederholten. Tod früh 9 Uhr.)

Körper mässig genährt. — Schädel- und Halsorgane nicht eröffnet. — Geringes Lungenödem. — Herz schlaff, blutleer. Musculatur besonders des linken Ventrikels schmutzgelbroth, sehr weich, mässig fettig entartet. — Einzelne Hämorrhagieen des Peritonäum. Acute parenchymatöse Hepatitis und Nephritis, theilweise schon mit fettigem Zerfall der Drüsenzellen. Milz und Darmcanal normal. Puerperaler Zustand der Genitalien; mehrere Geschwüre im Scheidengewölbe.

131. Fettmetamorphose des Herzens nach Verbrennung.

12jähriges Mädchen, secirt am 13. August 1862 (9 h. p. m.).

(Das bisher gesunde kräftige Kind starb c. 72 Stunden nach einer Verbrennung, meist zweiten, stellenweise dritten Grades an der grössern Hälfte beider Unterextremitäten.)

Mässige Anämie aller Organe. Herz normal gross, rechts mit reichlichen Faserstoffgerinnseln. Hinter dem grossen Zipfel der Tricuspidalis war das Herzfleisch unter dem Endocardium in der Ausdehnung von 1½ □" und in unregelmässig netz- und fleckenförmiger Gestalt, in der Dicke von ½‴, fettig entartet. Die Entartung war hier sehr stark. Sämmtliche Muskelfasern des übrigen Theils dieses Ventrikels waren gleichmässig und schwach fettig. In letzterer Weise verhielt sich auch der linke Ventrikel.

132. Fettmetamorphose des Herzens nach Verbrennung.

48jähriger Mann, secirt am 13. August 1857.

(Pat. verbrannte sich vor c. 3 Wochen 1/8 der Körperoberfläche mit Schellack.)

Körper ziemlich abgemagert. Ungefähr 1/8 der Körperoberfläche zeigt eine eiternde, bis zu Muskeln und Sehnen reichende Fläche. Kein Oedem. Schwaches Gehirnödem. Schlaffe blutige Pneumonie beider unteren Lungenlappen mit mässiger Bronchitis. Herz schlaff, weiter; Fleisch bleich, weich, gleichmässig und mässig fettig entartet. — Geringer acuter Milztumor. Chronischer Magencatarrh.

133. (Alter Abdominaltyphus?) Hydrocephalus. Noma der Wange. Punctirte Fettmetamorphose des Herzfleisches.

5¼jähriger Knabe, secirt am 16. August 1859 (Georgenhaus).

(Der immer kränkliche Knabe hatte vor 9 Wochen einen mittelschweren Abdominaltyphus, welcher 5 Wochen dauerte. Darauf Drüsenanschwellungen am Halse. Seit 6 Tagen Noma.)

Körper klein, blass, mager. Die linke Wange bis zum Mundwinkel äusserlich grünlich, innen graugelb gefärbt, blutleer, eitrig-jauchig infiltrirt, sehr weich.

Mässiger chronischer Hydrocephalus. — Halsorgane normal. Die Halslymphdrüsen bis wallnussgross, graugelb, weicher.

Linke Lunge allseitig kurz verwachsen. In beiden Unterlappen zahlreiche frische lobuläre Infiltrate. Alle Bronchien, besonders der Unterlappen, gleichmässig stark erweitert, mit reichlichem Eiter erfüllt. Bronchialdrüsen gleich den Halslymphdrüsen. — Herzbeutel am Visceralblatt vielfach ecchymosirt. Herz über doppelt grösser. Linker Ventrikel doppelt dicker, bleich; die Papillarmuskeln, sowie einzelne andere Stellen nächst dem Endocardium fleckig fettig entartet. Rechter Ventrikel wenig dicker; sein Fleisch am Conus arteriosus ebenso. In den Herzhöhlen reichliche blasse Gerinnsel. Mitralklappe schwach, Aortenklappen stark gallertig verdickt.

Leber normal gross, blutarm. Galle spärlich, dünn. — Milz $4^1/_2$'' lang, grauroth und graugelb, blutarm, fester. — Magen normal. — Im untern Ileum zahlreiche solitäre Follikel und Peyer'sche Plaques nicht oder wenig geschwollen, pigmentirt. Ebenso das Colon. Mesenterialdrüsen klein, fester.

Nieren doppelt grösser. Kapsel normal. Oberfläche glatt, bleich, nur schwach injicirt. Rinde breiter, graugelb, undeutlich fasrig, weicher. Pyramiden blassroth.

134. Syphilom der Leber und Milz. Noma der Wange. Geringe Fettmetamorphose des Herzfleisches.

$6^3/_4$jähriger Knabe, secirt am 26. März 1861.

(Vergl. den ausführlichen Befund im Arch. d. Heilk. IV, pag. 437.)

Die Blutungen und die Fettmetamorphose des Herzfleisches.

Ausser den zahlreichen, in ihren Ursachen bekannten Fällen von Blutung kommen nicht selten Blutergüsse in einem oder in mehreren Organen vor, bei denen weder active noch passive Hyperämie, noch Zerreisslichkeit der Gefässwandungen nachweisbar ist. Ein Theil dieser Blutungen hat in der neuern Zeit auch schon seine anatomische Begründung mehr oder weniger vollständig gefunden: so die Blutungen durch Embolie bei ulceröser Endocarditis, manche Blutungen bei Leukämie, die Blutungen bei acuter Phosphorvergiftung, welche höchst wahrscheinlich auf acuter Fettentartung der Gefässwände beruhen.

Die noch übrig bleibenden Fälle von Blutungen entbehren vorläufig noch jeder anatomischen Begründung. Zunächst gilt dies von den sog. primären hämorrhagischen Affectionen, von der Hämophilie, dem Morbus maculosus und dem Scorbut, sowie von der sog. hämorrhagischen Diathese, welche einzelne Kliniker noch als besondere Krankheit gelten lassen.

Ueber die Hämophilie habe ich gar keine eigne Erfahrung.

Von tödtlichem Morbus maculosus secirte ich einen Fall, in dem sich eine sehr bedeutende Fettentartung des Herzfleisches fand. Wie in diesem, so blieb es auch in den übrigen Fällen, wo sich bei tödtlichen Blutungen Fettmetamorphose des Herzfleisches fand, unentschieden, ob letztere die Ursache der Blutung war oder ob das umgekehrte Verhältniss stattfand. In einem zweiten Fall fand sich tödtlicher Morbus maculosus bei einem Säufer, zugleich mit schwach granulirter Leber und Nieren.

135. Hochgradige Fettentartung des Herzens. Hauthämorrhagieen. Zahlreiche lobuläre Pneumonieen.

17jähriger Mensch, secirt am 21. März 1862.

(Litt 13 Wochen an „Morbus maculosus Werlhofii“.)

Körper mittelgross, gut genährt. Haut graugelblich, vom Kopf nach den Zehen hin zunehmend mit zahlreichen sehr kleinen bis 2 □''' grossen, rundlichen, theils gleichmässig blaurothen, theils im Centrum blassen Flecken bedeckt, denen entsprechend das Corium meist in der ganze Dicke ebenso gefärbt ist. Sparsame blasse Todtenflecke. Starke Starre. Unterhautzellgewebe der Bauchgegend stellenweise $^1/_4$'' dick, gelblich, ohne Hämorrhagieen. Musculatur kräftig.

Schädeldach dünn, ohne Blutaustritte. Dura mater normal; weiche Hirnhäute an der Convexität sehr schwach getrübt. Hirnsubstanz in der Rinde und dem Mark auffallend blutarm, zäh, nur aus den grösseren Gefässen spärliches halbflüssiges Blut entleerend; nur einzelne Stellen der Marksubstanz des Grosshirns in der Ausdehnung von ¼ □″ etwas hyperämisch; an der obern und untern Fläche des Kleinhirns finden sich peripherisch einzelne, kaum hirsekorngrosse Blutaustritte. In noch geringerer Ausdehnung finden sich solche im Kleinhirn und in der Rindensubstanz des Grosshirns.

Halsorgane normal.

Linke Lunge frei. Costal- und Zwerchfellpleura normal; in der Lungenpleura vorzugsweise des unteren Lappens zahlreiche kleine Hämorrhagieen. Der obere Lappen enthält im vorderen Drittel zahlreiche, ½—3‴ im Durchmesser haltende, scharf umschriebene, glatte oder granulirte, luftleere Stellen, von denen die grösseren einzeln liegen, während die kleineren Gruppen bilden. Das übrige Lungengewebe theils blutarm, meist aber etwas blutreicher, mässig pigmentirt und stark ödematös. Der ganze untere Lappen von denselben hämorrhagischen Infiltraten wie der obere durchsetzt; sein übriges Gewebe luftleer, grauroth, glatt, reichliche schwach trübe Flüssigkeit entleerend. In den Bronchien spärliche schleimige Flüssigkeit; Schleimhaut meist blass, an einigen injicirt. Bronchialdrüsen grösser, schwarz und fest. — Rechte Pleura gleich der linken; oberer und mittlerer Lappen gleich dem linken oberen; der untere Lappen gleich dem linken unteren. In den Bronchien theils dünne Blutgerinnsel, theils blutige Flüssigkeit. Bronchialdrüsen wie links. (Die Infiltrate der Lungen bestanden fast ganz aus Faserstoff, der mit zahlreichen Fettmolecülen durchsetzt war; keine Blutkörperchen.)

Im Herzbeutel 2 Unzen klare Flüssigkeit. Parietalblatt normal. Im Visceralblatt über den Ventrikeln zahlreiche sehr kleine bis linsengrosse blassrothe Blutergüsse. Herz in allen Durchmessern etwas grösser, links fest, rechts schlaff. In beiden Ventrikeln verhältnissmässig reichliche, auffallend blasse, wie sulzige Gerinnsel. Die Herzhöhlen ungefähr normal weit, mit Ausnahme des etwas vergrösserten linken Ventrikels. Das Fleisch des letzteren ist unter dem Endocardium theils ziemlich regelmässig grob reticulirt, theils gleichmässig blassgelb gefärbt. Die Papillarmuskeln und Trabekeln sind in ihrer ganzen Dicke, das übrige Herzfleisch in seinem inneren Drittheile ebenso gefärbt, homogen, weicher. Im rechten Herzen finden sich unter dem Endocardium nur sparsame fettig entartete Stellen. Das übrige Fleisch grauroth und von ungefähr normaler Consistenz. Die Mitral- und Aortenklappen schwach verdickt; erstere an den Rändern schwach sulzig; ebenso die Ränder der Tricuspidalis.

Bauchhöhle leer. Leber normal gross, blass, glatt. Ihre Schnittfläche äusserst blutarm, ziemlich gleichmässig grauroth, deutlich acinös, etwas weicher; an der Oberfläche des linken Lappens, nahe dem Ligamentum suspensorium eine gegen erbsengrosse Stelle von cavernösem Gewebe. Galle reichlich, dunkel, etwas dickflüssig. — Milz normal gross, Oberfläche glatt, Schnittfläche grauroth, von normaler Consistenz, blutarm.

Nieren normal gross. Kapsel normal; Oberfläche blass, grauroth mit sparsamen grösseren Gefässen. Rinde breiter, gleichmässig graugelb, nur stellenweise schwach injicirt, undeutlich fasrig, ziemlich reichliche trübe Flüssigkeit auf der Schnittfläche entleerend. Pyramiden normal gross, fest und sehr blass. Das Microscop zeigte die meisten Epithelien schwach fettig entartet, das Stroma etwas reichlicher. Becken und Kelche normal.

Oesophagus normal. Schleimhaut des Magens mit reichlichem, zähem Schleim überzogen, an allen Stellen von zahlreichen, meist gegen linsengrossen, blassen Hämorrhagieen durchsetzt. Vom rechten unteren Rande des grossen Netzes geht ein 3″ langer Faden an das freie Ende des Wurmfortsatzes; in dessen Mitte geht ein gleicher Faden nach einer unteren Ileumschlinge ab. In der Serosa des Dünndarms sparsame kleine Hämorrhagieen; ebensolche in etwas grösserer Menge in der Submucosa des Dünndarms. Der Wurmfortsatz an zahlreichen Stellen schieferfarben, seine Wände verdickt, seine Schleimhaut vielfach narbig, an den übrigen Stellen dicker, mässig injicirt. Der Dickdarm enthält im Anfangstheil reichlichen dunkelbraunen, dickbreiigen Koth. Die Mesenterialdrüsen blass, grauroth, sonst normal.

In der Harnblase flockiger, übrigens wasserheller Harn. Auf der Schleimhaut einzelne Ecchymosen.

Die Muskeln der rechten unteren Extremität vollständig normal.

136. Morbus maculosus. Zahlreiche Hämorrhagieen innerer Organe. Fettherz. Granulirte Nieren.

52jähriger Mann, Säufer, secirt am 28. Februar 1858.

Körper blass. In und unter der Haut zahlreiche linsengrosse und einzelne bis zweithalerstückgrosse frische und ältere Hämorrhagieen; letztere besonders an den untern Extremitäten. Ebensolche meist kleinere Flecke in der Diploë des Schädeldaches und in verschiedenen Muskeln.

Schädel-, Rachen- und Halsorgane normal.

In jeder Pleurahöhle c. 2 Pfund blutigseröse Flüssigkeit; untere Lungenlappen mässig comprimirt. Obere Hälfte beider Oberlappen luftleer, schwielig fest, schwärzlich; in den gleichmässig oder sackig erweiterten Bronchien eingedicktes Secret. Chronische Bronchitis. — Im Herzbeutel 2 Unzen blutige Flüssigkeit. Herzfleisch blass, sehr mürbe, gleichmässig ziemlich stark fettig entartet. Linkseitige Klappen mässig verdickt.

In der Bauchhöhle 2 Pfund blutigseröse Flüssigkeit. Leber kleiner, fester, an der Oberfläche flach granulirt; Schnittfläche fester, deutlicher acinös; interacinöses Bindegewebe vermehrt. Gallenblase leer. — Milz etwas grösser, sehr weich. — Starker chronischer Magencatarrh. Im Darm stellenweise blutiger Inhalt. — Nieren kleiner, fester, blutarm, an der Oberfläche flach granulirt.

Wahrscheinlich gehört auch der folgende Fall hierher.

137. Lungenemphysem. Erweiterung und Fettmetamorphose des Herzfleisches. Zahlreiche kleine Haut- und Gehirnhämorrhagieen. Cysticercus cellulosae der Hirnrinde.

33jähriges Weib, secirt am 12. Februar 1861.

Körper klein. Obere Körperhälfte schwach, untere stark ödematös. Haut graubläulich, an der obern Hälfte schwach gelblich; an der untern einzelne bis fast 1 □" grosse, rundliche, violette Flecke (Hauthämorrhagieen) und reichliche, ebenso gefärbte Todtenflecke. Geringe Todtenstarre.

Schädeldach dünn. Weiche Hirnhäute schwach ödematös. In der Marksubstanz des grossen Gehirns sehr zahlreiche, theils gleichmässig verbreitete, theils in Gruppen liegende, sehr kleine bis hirsekorngrosse, runde und längliche, scharf begrenzte, braunrothe Flecke (Hämorrhagieen). Die übrige Marksubstanz schwach rosenroth. Die Rindensubstanz durchaus frei von Hämorrhagieen. In ihr, oder halb in ihr, halb in der Marksubstanz auf der Höhe beider Grosshirnhemisphären gegen 15 nicht weiter veränderte, walzenförmige Exemplare von Cysticercus cellulosae. In der Marksubstanz des Kleinhirns dieselben Hämorrhagieen in viel geringerer Menge. Uebriges Gehirn normal. Schädelsinus und Hirnarterien normal.

Schleimhaut des Larynx und der Trachea ziemlich reichlichen glasigen Schleim enthaltend, grösstentheils gleichmässig bläulichroth, stellenweise mit zahlreichen feinen Hämorrhagieen. Giesskannenknorpel schwach ödematös.

Thorax nach vorn stark convex; nach der Oeffnung desselben ist vom Herzen blos eine zweithalergrosse Fläche sichtbar. Den übrigen Raum nehmen die stark ausgedehnten, in der Mittellinie fast übereinanderreichenden Lungen ein. Die vorliegenden Theile der Lungen zeigen die Lungenbläschen überall, besonders an den stumpfen und scharfen Rändern hirsekorn- bis erbsengross erweitert, über die Lungenoberfläche hervorragend. — In der linken Pleurahöhle keine Flussigkeit. Lunge nicht verwachsen. Unter der Pleura des untern Lappens stellenweise zahlreiche bis linsengrosse Hämorrhagieen. Die obern Lappen in allen Theilen stark emphysematös. Der untere Lungenlappen blauroth, gleichmässig stark pigmentirt. Bronchien ebenso wie die Trachea. Bronchialdrüsen klein, schwarz, fest. Rechte Lunge wesentlich gleich der linken. — Im Herzbeutel ungefähr 1 ℥ klare Flüssigkeit. Unter dem Visceralblatt, besonders an der Basis der Ventrikel, zahlreiche kleine Hämorrhagieen. Herz gegen 7″ breit, Längendurchmesser wenig vergrössert. Linker Ventrikel und linker Vorhof von normaler Grösse. Herzfleisch grauröthlich, weniger deutlich fasrig, weicher, gleichmässig fettig entartet. Papillarmuskeln kürzer, an den Spitzen schwach fasrig, glatt. Sehnenfäden kaum verkürzt, etwas verdickt. Vorderer Zipfel der Mitralis stark verkürzt. Aortenzipfel wenig kürzer. Rechter Ventrikel über doppelt breiter; Herzfleisch ebenso gefärbt, wie links, undeutlich fasrig, aber auffällig starr. Tricuspidalklappe normal. Pulmonal- und Aortenklappen normal. Innenfläche der Aorta stellenweise fettig entartet.

In der Bauchhöhle ungefähr 6 Pfund gelbliche Flüssigkeit und reichliche weiche Fibringerinnsel. Leber am obern Rande ungefähr 2″ tiefer stehend, im rechten Lappen stark zungenförmig. Die Ränder sehr wulstig. Leberoberfläche schwach getrübt und stellenweise schwach granulirt. Leber auf dem Durchschnitt etwas fester, undeutlich acinös. Acini central gelblich, Centralvene deutlich; peripherisch grauroth. Galle sparsam, braun, dünn. — Milz vielfach mit der Umgebung verwachsen. Kapsel stellenweise stark verdickt. Gewebe braunroth.

Nieren normal gross. Kapsel leicht abziehbar. Oberfläche glatt, schwach vascularisirt. Rinde etwas breiter, gelbröthlich, weniger deutlich fasrig. Malpighische Körper deutlich sichtbar. Pyramiden blass, stellenweise mit Kalkinfarct.

Magen klein. Schleimhaut dicker; unter derselben, besonders an der Cardia, kleine Apoplexieen. Dünndarm normal. Auf der Schleimhaut des Dickdarms reichlicher glasiger Schleim.

Uterus normal gross, am innern Muttermunde nach vorn geknickt. Beide Ovarien, besonders das rechte, stark vergrössert, mit zahlreichen Follikeln und ödematösem Zwischengewebe. In den übrigen Genitalien keine Abnormität.

Von Scorbut sah ich einen frischen und einen älteren tödtlichen Fall.

138. Allgemeine Anämie. Fettherz. Mässiger Milztumor. Pneumonie. (Alter Abdominaltyphus?)

29jähriger Mann, secirt am 23. Juni 1863.

(Diagnose: Scorbut.)

Körper gross, mässig genährt. Haut bleich, mit einem schwachen Stich ins Gelbe. Sehr spärliche blasse Todtenflecke; mässige Starre. Unterhautzellgewebe in der Bauchgegend mehrere Zoll dick; Musculatur mässig reichlich, blassroth. An beiden unteren Extremitäten zahlreiche kleine Hämorrhagieen.

Schädeldach an der Aussenfläche normal; an der Innenfläche längs der Pfeilnaht und des grössten Theils der Scheitelbeine spärliches villöses Osteophyt. Dura mater stark gespannt; weiche Hirnhäute an der Convexität mässig getrübt. Hirnwindungen nicht deutlich abgeplattet; Hirnsubstanz sowohl in der Rinde als im Mark im höchsten Grade blutarm, schwach glänzend; die Seitenventrikel mässig erweitert, mit klarer Flüssigkeit gefüllt. Ependym normal.

Rachen- und Halsorgane normal.

Beide Pleuren ohne Flüssigkeit. Linke Lunge an der Spitze fest verwachsen. Daselbst ist das Gewebe luftleer, pigmentindurirt; das übrige Gewebe im oberen Lappen sehr blutarm, stellenweise mässig ödematös. Unterer Lappen im vorderen Drittel lufthaltig, schwach ödematös; sein hinterer Theil luftleer, braunroth, stellenweise grauroth, theils glatt, theils gleichmässig fein granulirt, blutige Flüssigkeit entleerend, mürbe. Bronchien und Bronchialdrüsen normal. — Die rechte Lunge zeigt an ihrer Spitze eine ähnliche Stelle wie links, mit reichlicheren verkalkten Heerden. In sämmtlichen Bronchien dieser Lunge reichlicher glasiger Schleim. Der untere Lappen enthält in seiner oberen Hälfte eine c. 1" hohe, ebenso dicke, ebenso infiltrirte Stelle wie links; an dessen Peripherie finden sich noch einige gleiche lobuläre Infiltrate. Das übrige Gewebe des unteren Lappens sehr stark ödematös. grösstentheils blutarm. Bronchien und Bronchialdrüsen wie links.

Im Herzbeutel eine geringe Menge klarer Flüssigkeit. An der vorderen Fläche des rechten Ventrikels ein $^{3}/_{4}$ □" grosser Sehnenfleck; übriges Visceralblatt mässig getrübt. Herz normal gross, schlaff, mit spärlichen Gerinnseln. Alle Klappen gleichmässig schwach, Mitralklappe stellenweise stärker verdickt; Fleisch des linken Ventrikels blassbraunroth, nur an wenigen Stellen gelb gefärbt, gleichfalls etwas weicher. An den gelben Stellen des linken Ventrikels war das Herzfleisch stark, an den übrigen schwach, im rechten Ventrikel mässig fettig entartet. Grosse Gefässe normal.

Bauchhöhle mit geringer Menge klarer Flüssigkeit. Leber im Dickendurchmesser etwas grösser, in den übrigen Durchmessern normal. Lebergewebe auf dem Durchschnitt fester, mässig bluthaltig, deutlicher acinös. Acini blassgrauroth. Galle spärlich, braun; Gallenblase gegen 2‴ dick, in allen ihren Wänden, ausser der Schleimhaut, stark ödematös. Leberpforte normal. — Milz gegen 6" lang, entsprechend breit und dick. Milzgewebe braunroth, weich, aber mit reichlicherem Stroma.

Nieren normal gross; Kapsel fester ansitzend, dünn. An der Oberfläche der Nieren zahlreiche flache Narben; die Oberfläche selbst blass. Rinde normal breit, theils blass, theils etwas röther, fester. Malpighische Körper deutlich sichtbar. (Das Nierenstroma reichlicher; die Epithelien vieler Harncanälchen schwach fettig.) Pyramiden klein. In den Papillen stellenweise Kalkinfarcte. In der Rinde mehrere bis 2‴ im Durchmesser haltende Colloidcysten.

Magen gross; Schleimhaut stellenweise stark geröthet. Im Dünndarm ziemlich reichliche gallige Flüssigkeit. Im unteren Ende des Dünndarms einige geschwollne, aber feste solitäre Follikel und eine $^{1}/_{4}$ □" grosse, pigmentirte, in der Mitte flach exulcerirte Stelle. Mesenterialdrüsen blutarm, normal. — Im Dickdarm zahlreiche flachnarbige solitäre Follikel. Schleimhaut auf der Höhe der Falten stark pigmentirt. Im unteren Dickdarm reichlicher glasiger Schleim.

Linker Hode normal. Am rechten Hoden fehlt die Scheidenhöhle. An Stelle des Hodengewebes findet sich grösstentheils eine grauweisse, schwielige, nur stellenweise Hodenparenchym zeigende Masse; im untern Theil des Hodens eine gelbgraue, derbe aber nicht deutlich käsige Masse.

Am rechten Musc. psoas finden sich flache ältere Blutgerinnsel; ebenso in der Scheide des Nervus cruralis. Der linke Psoas und mehrere andere angeschnittene Muskelstellen sind normal.

139. Allgemeine Tuberculose. Fettherz.

31jähriger Mann, secirt am 18. August 1861.

(Hatte früher Scorbut, dann Tuberculose.)

Körper von tuberculösem Habitus. — Im Grosshirn drei, in der Brücke sechs, im Kleinhirn acht, erbsen- bis halbkirschengrosse, meist grösstentheils erweichte Tuberkel. — Beide Lungen stark emphysematös, ohne Cavernen, in den Oberlappen mit sehr zahlreichen, hirsekorn- bis halberbsengrossen, runden oder zackigen, graugelben Tuberkeln durchsetzt, in deren Umgebung das Gewebe stellenweise schlaff pneumonisch war; in den Unterlappen sehr reichliche gewöhnliche Miliartuberkel. — Herz in allen Theilen etwas grösser, schlaff, in seiner Musculatur gleichmässig fettig entartet. — Zahlreiche frische miliare Tuberkel der Leber und der geschwollenen Milz. Chronischer Magencartarrh. — Nieren grösser (in den Epithelien der Rinde stark fettig infiltrirt). An den Kelchen zahlreiche frische Blutgerinnsel. Harnblase leer.

Von sog. hämorrhagischer Diathese sah ich mehrere tödtliche Fälle. Die meisten ergaben sich als ulceröse Endocarditis mit Capillarembolie. Ich theile davon nur einen Fall mit, in welchem sich ausserdem noch Fettherz fand. Die Blutungen des Gehirns waren durch Verstopfung der Capillargefässe bedingt; über die der Haut fand ich keine entscheidenden Präparate.

140. Granulirte Nieren. Hypertrophie und Fettmetamorphose des linken Ventrikels. Endocarditis. Meningitis. Zahlreiche Hämorrhagieen der Haut und der Hirnsubstanz. Granulirte Nieren.

60jähriges Weib, secirt am 18. Januar 1861.

(Starb an „hämorrhagischer Diathese.“)

Körper klein, stark abgemagert. Haut graugelb, dünn. Am rechten Oberschenkel zahlreiche flache Narben. Am seitlichen Theile des Körpers reichliche Todtenflecke und zahlreiche kleine frische Ecchymosen. Starke Todtenstarre.

Schädeldach normal. Dura mater stark gespannt. Gehirn abgeplattet, die Vertiefungen stellenweise serös, grösstentheils aber eitrig infiltrirt; letzteres sowohl an der Convexität, als vorzugsweise in der mittlern und hintern Hälfte der Basis, namentlich in der Umgebung der Nervenursprünge. In derselben Weise verhalten sich Pons, Medulla oblongata und die obersten Theile der Medulla spinalis. Gehirnsubstanz überall blutarm, zäh. In den Ventrikeln schwach trübe Flüssigkeit. Die Innenfläche der Seitenventrikel, besonders deren oberer und äusserer Theil, enthält zahlreiche bis hirsekorngrosse frische Ecchymosen, häufig unmittelblar neben kleinen stark erfüllten Gefässen. Dieselben durchsetzen in reichlicher Menge den grössten Theil des rechten und linken Thalamus opticus und das linke Corpus striatum. Einzelne bis erbsengrosse Apoplexieen finden sich ausserdem in der Marksubstanz des grossen und kleinen Gehirns.

Rachen- und Halsorgane normal.

In der linken Pleurahöhle gegen 1½ Pfund dünneitrige Flüssigkeit und reichliche weiche Fibringerinnsel. Die Pleura costalis, diaphragmatica und pulmonalis von leicht abstreifbaren Fibrinschichten bedeckt. Oberer Lappen normal gross; unterer ums Doppelte kleiner. Der obere Lappen in der Spitze luftleer. Das übrige Gewebe des oberen Lappens mit Ausnahme der Basis luftleer, in den oberen Theilen braunroth, in den untern grauroth, reichliche blutige Flüssigkeit entleerend. Der untere Lappen ausser an der Spitze stark comprimirt und besonders in den obern Theilen grauroth und schlaff infiltrirt. In den Bronchien des oberen Lappens sparsame blutigschleimige, in denen des unteren hellschleimige Flüssigkeit. Schleimhaut wenig geschwollen. Bronchialdrüsen klein, schwarz. — Rechte Lunge angeheftet. Gewebe überall lufthaltig, grösstentheils stark pigmentirt; Ränder schwach emphysematös.

Im Herzbeutel geringe Flüssigkeit. Herz in allen Durchmessern um die Hälfte grösser. In der rechten Hälfte zahlreiche Sehnenflecke. Linker Ventrikel um die Hälfte dicker; Fleisch blass, weich, stark fettig entartet. Papillarmuskeln kürzer, an den Spitzen sehnig. Sehnenfäden um die Hälfte kürzer, stark verdickt, theilweise untereinander verwachsen. Segel der Mitralis stark verkürzt, an den meisten Stellen dick, schwielig; an der Vorhofffläche am freien Rande befindet sich in der Breite von 2—4''' eine theils schwach, theils stark vertiefte braune, unebne Fläche, mit welcher die Faserstoffgerinnsel verbunden sind; an einer Stelle ein halberbsengrosses, zackiges, halbmondförmiges, lose ansitzendes, steinhartes Concrement. Der übrige Theil der Geschwürsfläche mit fest aufsitzender, graugelber, sehr mürber, fibrinöser Substanz bedeckt. Die übrige Innenfläche des linken Ventrikels stark getrübt; Aortenklappen überall schwach, an den Rändern mehr verdickt. Innenfläche der Aorta an zahlreichen Stellen fettig entartet.

Leber an der obern Fläche überall durch zahlreiche bis zolllange Adhäsionen mit dem Zwerchfell verwachsen; ihre Oberfläche stark getrübt; quer über dem rechten Lappen vom Gallenblasenausschnitt nach rechts und hinten eine gegen $^3/_4$'' tiefe Furche zeigend, an welcher das vordere Ende des rechten Lappens auf die Oberfläche des übrigen umgeklappt werden kann. Leber schwer schneidbar, auf der Schnittfläche die Acini gross, deutlich umschrieben, stärker vorragend, von grauröthlicher, im Centrum blasser Färbung. Lebergefässe normal. Häute der Venen etwas dicker. Die Gallenblase zeigt am vordern Ende eine kleinkirschengrosse abgeplattete Masse, welche auf dem Durchschnitt einem vollständig abgeschnürten, mit bröcklichen, bräunlichen Concrementen erfüllten Divertikel entspricht. Hals der Gallenblase von einem kleinkirschengrossen, sehr mürben, runden, gallenfarbstoffigen Cholestearinstein erfüllt. Die Höhle der Gallenblase selbst klein, enthält eine trübe, weissliche, schleimige Flüssigkeit; ihre Innenfläche glatt, an zahlreichen Stellen schwach narbig. — Milz 7'' lang, verhältnissmässig breit und dick. Kapsel gleichmässig verdickt. Gewebe grauroth; Corpora Malpighi mässig vergrössert.

Nieren normal gross. Kapsel und Oberfläche fest verwachsen; letztere gleichmässig fein injicirt, von zahlreichen kleinen, braunrothen Blutpuncten durchsetzt. Rinde auf dem Durchschnitt etwas schmäler, grauroth, fester; Pyramiden blass; Becken normal. Harnblase sehr ausgedehnt; Muscularis etwas dicker.

Magenschleimhaut glatt, mit dicht beieinanderstehenden runden und unregelmässigen schwarzen Flecken durchsetzt; hier und da hirsekorngrosse Ecchymosen. — Dünndarm eng, die Peyerschen Plaques stellenweise pigmentirt. Dickdarmschleimhaut normal. Genitalien altersatrophisch.

Ueber tödtliche acute Krankheiten mit hämorrhagischem Charakter, z. B. die acuten Exantheme, Abdominaltyphus, Cholera, habe ich keine eignen Erfahrungen.

Ueber die Blutungen bei acuter Phosphorvergiftung, bei acuter gelber Leberatrophie siehe oben.

Fälle von Blutungen bei schweren Milz- und Nierenkrankheiten sind gleichfalls nicht selten. Von letzteren habe ich oben mehrere Beispiele mitgetheilt. Die Fälle von Blutungen bei Leukämie, complicirt mit Fettherz, theile ich an einem andern Orte mit. Schon Zenker sah die gleiche Complication. (Jahresber. d. Ges. f. Natur- u. Heilk. in Dresden 1858. pag. 56). Er glaubt, dass die hämorrhagische Diathese bei Leukämie nicht der Vermehrung der farblosen Blutkörperchen zuzuschreiben sei, da sie sich auch ohne diese bei Milztumoren fände; er bezieht sie auf eine Störung in der Ernährung der Gefässwandungen durch chemischen Einfluss des Blutes. Die fettige Degeneration des Herzens ist nach Zenker blos eine Theilerscheinung der über das ganze Gefässsystem verbreiteten Störung.

Schliesslich theile ich noch einige Fälle von tödtlichen Blutungen verschiedener Körpertheile mit, bei denen der wesentlichste anatomische Befund Fettmetamorphose des Herzfleisches war. Zwei derartige Fälle habe ich schon vor sechs Jahren gesehen und im Arch. f. physiol. Heilk. 1859, pag. 415 beschrieben. Seitdem ist auch von anderer Seite dieses Vorkommen beobachtet worden.

141. Metrorrhagie und Morbus maculosus. Fettherz.

20jähriges Weib, secirt am 28. Februar 1858.

(Pat. hatte früher die Menstruation häufiger und reichlicher als normal. Seit c. 14 Tagen sehr profuse Menorrhagie; in den letzten 5 Tagen Morbus maculosus.)
Siehe das Weitere l. c.

142. Hochgradige Anämie durch Nasenbluten. Starke Fettmetamorphose des Herzens.

50½jähriger Mann, secirt am 18. März 1862 (Dr. Werner).

(Litt seit c. 3 Monaten an häufigem sehr profusen Nasenbluten und an hochgradiger Anämie nebst schwachem Icterus.)

Körper gross, ziemlich mager, an den Unterextremitäten schwach ödematös. Haut und Conjunctiva schwach, aber deutlich gelb. Geringe Starre. — Schädelhöhle und Halsorgane nicht eröffnet. Nasenhöhle mit der Sonde, sowie von der Mundhöhle aus mit dem Finger untersucht, aber ohne nachweisbare Abnormität.

Rechte Lunge stellenweise verwachsen. In der linken Pleurahöhle c. 1 Pfund trübe, gelbröthliche Flüssigkeit und einzelne Fibrinfetzen. Lungengewebe im hintern Theil des obern linken Lappens luftleer, feingranulirt, meist graugelblich, theilweise grauröthlich, feucht, mürbe. Uebrigens in den obern Lappen sehr trocken, in den untern mässig ödematös, höchst blutarm. Geringe chronische Bronchitis. — Im Herzbeutel c. ℥j gelbröthliches Serum. Herz normal gross, äusserst schlaff, über dem rechten Ventrikel ziemlich fettreich. Im Herzen fast kein Blut. Herzfleisch beiderseits gleichmässig gelbröthlich, homogen, sehr weich. Papillarmuskeln platt. Die microscopische Untersuchung des Herzfleisches ergab, vorzugsweise linkerseits, sehr hochgradige Fettmetamorphose der allermeisten Muskelfasern, stellenweise in solcher Menge, dass nicht eine einzige Fibrille frei von Fettmolecülen war. Klappen und grosse Gefässe normal.

In der Bauchhöhle c. 1 Pfund gelbröthliche Flüssigkeit. Leber normal gross. Gewebe fester, sehr blutarm, grauröthlich, undeutlich acinös, ziemlich trocken. An der Oberfläche und im Innern des rechten Lappens je eine wallnussgrosse cavernöse Geschwulst. In der Gallenblase reichliche grüne dünnflüssige Galle und c. ℥j gelbgraue, bröckligе, bis erbsengrosse Concremente. Gallenwege normal. — Milz um die Hälfte grösser, blutreich, etwas fester. — Nieren etwas grösser, gelbröthlich, etwas fester, in der Rinde schwach bluthaltig, in den Pyramiden blutleer. In der Harnblase $^1/_4$ Pfund gelbröthlichen Harns. — Magen, Darm und grosse Gallengänge normal.

143. Schwere Magenblutung. Insufficienz der Mitral- und der Aortenklappen. Hypertrophie und mässige Verfettung des Herzens.

20jähriger Instrumentmacher, secirt am 12. Februar 1861

(Dr. Hammer).

(Der Kranke hatte im 12. Jahre mehrere Wochen hindurch starkes Blutbrechen und blutigen Stuhl. Später soll sich ein Herzfehler entwickelt haben. Ende 1859 wiederum Blutbrechen. Ebenso Anfang Februar 1861. Am 3. früh brach Pat. c. 2 Pfd. Blut. Mittags sah ich denselben zuerst. Grosser, kräftiger Körper. Haut und sichtbare Schleimhäute im höchsten Grade bleich, etwas gedunsen; mässige Unruhe; viel Durst. Puls 100, klein. Respiration 24. Herzdämpfung gegen doppelt breiter; Herzstoss fast in der ganzen Ausdehnung der Dampfung; zwei rauhe Geräusche am Herzen; Accentuation des 2. Pulmonaltons; Katzenschnurren. Magengegend vorgewölbt, bei Druck schmerzhaft. Uebriger Bauch mässig meteoristisch: Milzdämpfung gegen doppelt grösser. Uebrige Organe normal. — Diagnose: Magengeschwür. Insufficienz und Stenose am linken Ostium venosum. — In den folgenden Tagen wiederholte sich das Erbrechen nicht wieder. Nur auf Klystiere Entleerung von trocknen, schwarzen Massen. Sehr viel Durst. Herzverhältnisse im Gleichen. Am 7. viele Schmerzen in der Herzgegend und rechten Brusthälfte; Respiration 44. Dämpfung über dem rechten untern Lungenlappen; sehr schwache Athemgeräusche. Zunahme der Dämpfung bei normalem Stand der Leber; schwach bronchiales Athmen; Husten ohne Auswurf. Puls 120, Abends 140. Tod am 11.)

Körper mittelgross, knochig und musculös. Haut sehr bleich, überall sehr schwach ödematös, etwas starker an den Knöcheln. Sparsame Todtenflecke. Starke Starre. — Schädel- und Halsorgane nicht eröffnet. — Linke Lunge frei; rechte über dem untern Lappen sehr fest verwachsen; zwischen beiden Pleurablättern $^3/_4$—$^5/_4$'' dicke, sehr stark ödematöse Pseudomembranen. Lungengewebe beiderseits im höchsten Grade ödematös, rechts unten zugleich comprimirt, mässig pigmentirt, nirgends infiltrirt. Geringe chronische Bronchitis. — Herzbeutel allseitig kurz und fest verwachsen durch eine $^1/_2$—1''' dicke, reichlich vascularisirte Bindegewebsmasse. Herz 6'' breit, wenig verlängert, schlaff, mit sparsamen Gerinnseln. Herzfleisch links doppelt dicker, grauroth, mürbe (Muskelfasern gleichmässig stark getrübt, stellenweise fettig entartet). Papillarmuskeln links in den Spitzen sehnig; Sehnenfäden stark verdickt und verkürzt, vielfach untereinander verwachsen; Segel stark verdickt und verkürzt, nach der Ventrikelhöhle starr hereinragend. Linker Ventrikel mässig, Vorhof stark erweitert. Aortenklappen kürzer und gleichmässig stark verdickt. Aorta normal. Rechtes Herz weiter, sonst normal. — Leber etwas grösser.

Rand des linken Lappens hautartig dünn. Leber etwas fester, undeutlich acinös, sehr blutarm. Acini central blass, peripherisch grauroth. Galle sparsam, blass. — Milz 6″ lang, entsprechend breit und dick, stellenweise verwachsen. Kapsel gegen ½‴ dick, fibrös, stellenweise knochenhart. Gewebe etwas fester, hellroth, blutarm, sarcomähnlich. — Der Oesophagus enthält in seinem untern Drittel sparsame, schwach varicöse, submucöse Venen. Magen gross, seine Schleimhaut durchaus normal. Ebenso das Duodenum und der übrige Darm. Im Dickdarm einzelne feste grünliche Fäces. — Nieren grösser. Rinde breiter, grau und roth gestreift, homogen, sehr saftreich.

In dem eben mitgetheilten Falle erwartete ich auf der Magenschleimhaut schwere Veränderungen, fand aber davon keine Spur. Etwas Analoges bietet der folgende Fall dar, dessen Section ich nicht selbst anstellte.

23jähriges fettes Mädchen, welches seit dreizehn Jahren an häufigen, meist sehr profusen, das Leben gefährdenden Blutungen aus dem Magen (Blutbrechen und blutigem Stuhl) litt und höchst anämisch war. Kein Intermittens.

Bei der am 7. August 1859 vorgenommenen Section fand Dr. Kühn jun. grosse allgemeine Anämie; kein Oedem; das Blut sehr dünn und blass (zwei mir übergebene Proben aus Jugularis und Pfortader zeigten die farblosen Blutkörperchen eher vermindert als vermehrt). Die Milz war 10″ lang, entsprechend breit und dick, vielfach fest verwachsen, mit einzelnen mehrere Quadratzoll grossen und bis liniendicken Sehnenflecken. Ihr Gewebe grauroth, blutarm, von normaler Consistenz. In dem Gewebe sparsame runde und unregelmässige, scharf umschriebene, meist bis erbsengrosse, fibröse Streifen oder kleinen Arterien aufsitzende, schmutzigbraune, feste, zum Theil concrementähnliche Massen. Herz, Lungen, Leber, Nieren, Magen und Darmcanal sollen normal gewesen sein.

Primäre Fettentartung des Herzfleisches.

Die primäre Fettdegeneration des Herzens ist entweder sehr selten oder kommt nie vor. Während des Lebens kann von einem Urtheil hierüber, wegen diagnostischer Gründe, keine Rede sein. In den von Andern mitgetheilten, sowie in einem von mir selbst beobachteten tödtlichen Fall primären Fettherzens, dessen Mittheilung unten folgt, sind vielleicht andere wichtige ätiologische Momente übersehen worden. Ueber die Beziehung des Morbus Addisonii, sowie über die der Blutungen zum Fettherz habe ich oben das Nähere beigebracht (s. pag. 121 und 148). Einen Fall von Morbus Brightii mit Fettherz habe ich oben erwähnt: der Kranke wurde drei Tage vor dem Tode von mir untersucht und bot sowohl im Leben als in der Leiche viele für primäres Fettherz sprechende Momente, bis die microscopische Untersuchung der Nieren letztere als das primär erkrankte Organ auswies.

144. Primäre (?) Fettmetamorphose des Herzfleisches. Allgemeine Anämie.

41¼jährige Schauspielerin, secirt am 26. December 1859.

(Die Kranke kam mit Eczem der untern Extremitäten und halb verhungert ins Spital. Das Eczem heilte. Danach trotz höchst bedeutenden Appetits und guter Verdauung zunehmende Anämie und Tod.)

Körper mittelgross, schlecht genährt. Haut sehr blass, überall schwach, an den untern Extremitäten stärker ödematös. Keine Todtenflecke. Starke Starre. Unterhautzellgewebe mässig entwickelt, in den Bauchdecken noch ½" dick. Musculatur mässig, roth, fest.

Schädeldach dick, compact, auf der Innenfläche zartes Osteophyt. Dura mater an der Innenfläche der Convexität mit dünner, stark vascularisirter Pseudomembran. Höchste Anämie der weichen Hirnhäute und des Gehirns. — Halsorgane normal.

Lungen nicht angeheftet. In der rechten Pleurahöhle 2 ℥ trübes Serum; auf dem untern Lungenlappen eine stellenweise ½''' dicke, sulzige, grünliche Exsudatmasse, besonders hinten und unten. Pleura fast überall, besonders an den obern Lappen, mit zahlreichen hirsekorngrossen weissen, festen, breit aufsitzenden Knötchen besetzt, zwischen denen hie und da feine weisse Streifen lagen. Lungengewebe ödematös, an einzelnen Läppchen vollständig luftleer, blutarm; rechts unten schwach comprimirt. Im linken obern Lappen central ein abgekapseltes erbsengrosses Concrement. Bronchien und Gefässe normal.

Im Herzbeutel 2 ℥ klares Serum. Herz fast quer liegend, fast doppelt grösser; über dem rechten Ventrikel sehr fettreich: an allen Stellen die Musculatur stark und ziemlich regelmässig gelb gefleckt. In den erweiterten Höhlen sparsame blasse Gerinnsel. Herzwände etwas dicker. Unter dem Endocardium, besonders des linken Ventrikels, namentlich an den stark entwickelten Fleischbalken und Papillarmuskeln, zahlreiche, zum Theil ein regelmässiges Netz bildende, gelbe hirsekorngrosse Flecke, welche in den mittlern Fleischschichten am sparsamsten waren; dieselben in viel geringerer Menge in den inneren Schichten des rechten Ventrikels und rechten Vorhofs; alle diese Stellen stark fettig entartet. Aortenzipfel der Mitralis am Rande gallertig verdickt; das ganze Klappensegel etwas kürzer. Auf der Aorta geringe Auflagerung.

Bauchhöhle ohne Flüssigkeit. — Leber im rechten Lappen zungenförmig, etwas grösser. Oberfläche gelbgenetzt, mit blassrothen Inseln. Schnittfläche höchst blutarm, mürbe, mattglänzend. Acini klein, undeutlich geschieden. Die Leberzellen etwas grösser, durch sehr zahlreiche kleinste, selten etwas grössere oder ganz grosse Fetttropfen so trübe, dass der Kern meist nicht sichtbar war; keine Neigung derselben zum Zerfall. Galle spärlich, blass, dünn. — Milz normal gross, normal fest, blutarm.

Magen gross, normal. Ebenso Duodenum und Jejunum. Im Ileum, nach der Klappe zunehmend, eine sehr reichliche feine schwarze Pigmentirung der Schleimhaut. Dickdarm mit reichlichen festen Fäces und geringem Schleimüberzug. Mesenterialdrüsen normal.

Nieren etwas grösser. Kapsel normal. Oberfläche und Rinde sehr blass, blutleer, homogen, etwas fester; nur einzelne Stellen der rechten Niere blutreicher. Harnblase gross.

Uterus mit der Umgebung, besonders dem Mastdarm und seinen Adnexen vielfach verwachsen, normal. Ovarien klein, fest. Hydrops der Tuben und Anheftung derselben an den Uterus.

LEIPZIG,
DRUCK VON GIESECKE & DEVRIENT.

FSC
www.fsc.org
MIX
Papier | Fördert gute Waldnutzung
FSC® C083411

Zeitfracht Medien GmbH
Ferdinand-Jühlke-Straße 7
99095 Erfurt, Deutschland
produktsicherheit@kolibri360.de